제3판

토질역학

권호진 · 박준범 · 송영우 · 이영생 공저

So liMechanics

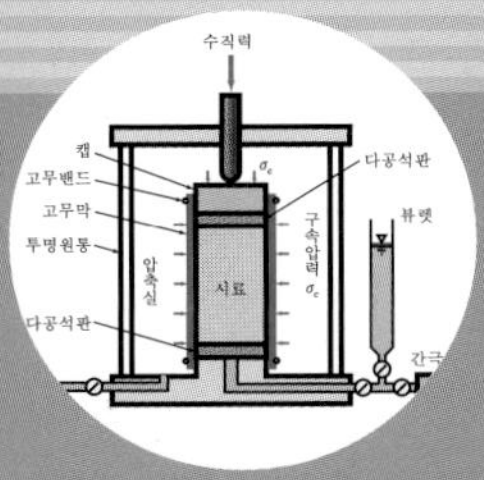

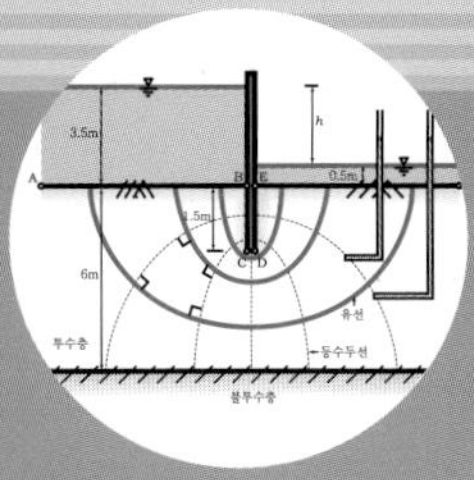

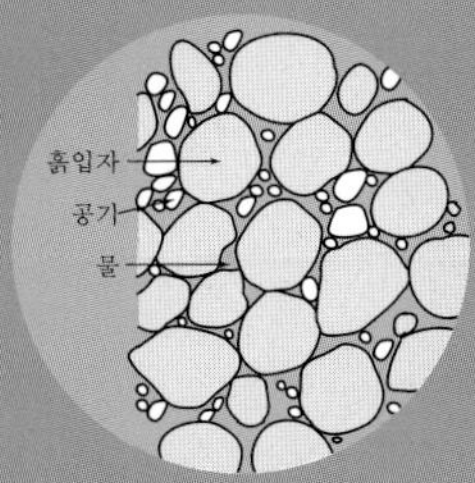

도서출판
구미서관

머리말

흙은 지구의 표피를 형성하고 있는 물질로서, 여러 건설공사에서 건설재료로 쓰이거나 각종 구조물을 지지하는 데 사용되고 있습니다. 토질역학은 흙의 물리적 성질을 파악하고 이들이 흙의 역학적 특성에 미치는 관련성에 대하여 연구하는 학문입니다.

토질역학의 원리는 교량, 댐, 도로, 항만, 상하수도, 건물 등과 같은 각종 구조물의 설계나 시공에 응용되고 있으며, 토목공학과를 졸업한 기술자들이 설계회사나 시공회사에서 실제로 흔히 부딪히는 어려움의 많은 부분은 토질역학과 관련된 사항입니다.

이처럼 중요한 토질역학이 많은 대학생들에게 어려운 과목으로 잘못 인식되고 있는데, 이는 대부분의 토질역학 교재가 불충분한 설명으로 인하여 체계적으로 이해하기 어렵거나 또는 대학수준을 넘는 어려운 내용으로 되어 있어서 토질역학의 개념을 쉽게 습득하는 데 어려움을 느끼고 있기 때문입니다.

여러 해 동안 대학에서 토질역학 분야를 강의하여 온 저자들은 누구나 쉽게 이해하고 친근감을 가질 수 있는 적절한 토질역학 교재의 필요성을 절감하게 되었으며, 이에 국내외에서 사용하고 있는 많은 참고문헌을 분석 종합하여 대부분의 대학생들에게 알맞는 쉬우면서도 체계적인 교재를 저술하게 되었습니다.

이 책의 주요한 특징은 다음과 같습니다.

(1) 토질역학 전반에 걸친 핵심적인 내용을 체계적으로 정리하였습니다.
(2) 대부분의 내용을 수학이나 물리에 대한 기초가 부족하더라도 충분히 이해할 수 있도록 최대한으로 쉽게 기술하였습니다.
(3) 각 장마다 많은 그림과 예제를 사용하여 이해를 돕도록 하였습니다.
(4) 각 장마다 연습문제와 정답을 수록하여 복습과 응용력 향상에 도움이 되도록 하였습니다.
(5) 여러 기술용어는 가능한 한 실무에서 사용하고 있거나 우리 실정에 적합한 용어를 선정하여 사용하였습니다.
(6) 국내 최초로 지반환경공학 분야에 관한 내용을 한 장으로 수록하여 이 분야에 관한 이해와 관심을 증진시키도록 하였습니다.
(7) 4년제 대학교 및 2년제 대학에서 두 학기 강의에 충분한 내용으로 저술하였습니다.

(8) 11, 12, 13장은 기초공학 분야에 관한 내용으로 기초공학 과목의 한 학기 교재로도 사용할 수 있도록 하였습니다.

이 책이 1999년에 처음 출간된 이후 다행히 호평을 받아서 많은 대학에서 강의교재로 사용되고, 실무자들의 일목요연한 참고도서로 널리 활용되고 있습니다. 그동안 저자의 강의 및 여러 교수님들의 조언을 통하여 다소 미흡하다고 여겨진 부분을 보완하고, 국제적으로 사용되고 있는 SI단위를 적용하여 제3판을 발행하게 되었습니다.

이 책이 많은 대학생들이 토질역학을 쉽게 이해하고 친근감을 갖는 데 도움이 되도록 저술하였으나 아직도 미흡한 점이 많을 것으로 생각되며, 추후 계속 보완하여 더욱 좋은 교재가 되도록 노력하겠습니다.

저자 일동

목 차

제1장 • *개론*

1.1 흙과 토질역학 3

1.2 흙의 생성 4

1.2.1 풍화 4

1.2.2 암석의 종류와 순환 4

1.2.3 성인에 따른 흙의 종류 5

1.3 흙의 특성과 공학적 문제 7

1.4 토질역학에서 많이 사용하는 단위 8

1.4.1 단위계 8

1.4.2 질량과 중량 8

1.4.3 밀도와 단위중량 9

1.4.4 압력 9

◇ 참고문헌 11

제2장 • *흙의 기본적 특성*

2.1 흙입자의 분류 15

2.2 흙입자의 비중 16

2.3 입도분석 18

2.3.1 개요 18

2.3.2 체분석 19

2.3.3 비중계분석 20

2.3.4 입도분포곡선 21

2.3.5 유효입경, 균등계수 및 곡률계수 23

2.4 흙의 구성 24

2.4.1 구성요소의 부피 24

2.4.2 구성요소의 무게 27

2.4.3 포화도, 간극비, 함수비, 비중 사이의 관계 30

2.4.4 상대밀도 33

2.5 아터버그한계 36
2.5.1 흙의 연경도 36
2.5.2 액성한계 37
2.5.3 소성한계 39
2.5.4 수축한계 40
2.5.5 각종 지수 42
2.6 흙의 구조 43
2.6.1 개요 43
2.6.2 점토광물의 기본구조 44
2.6.3 점토광물의 종류 45
2.6.4 점성토의 구조 46
2.6.5 비점성토의 구조 48
2.7 흙의 기타 특성 49
2.7.1 비표면적 49
2.7.2 활성도 49
2.7.3 비화작용 50
2.7.4 팽창작용 51
2.7.5 함수당량 51
◇ 연습문제 52
◇ 참고문헌 56

제3장 • *흙의 분류와 다짐*

3.1 흙의 분류 59
3.1.1 개요 59
3.1.2 입도조성분류법(삼각좌표분류법) 59
3.2 통일분류법 61
3.2.1 개요 61
3.2.2 통일분류법의 기호 62
3.2.3 소성도 63
3.2.4 통일분류법의 순서 63
3.3 AASHTO분류법 70
3.4 흙의 다짐 원리 73
3.5 실내다짐시험 74
3.5.1 실내다짐시험의 종류 74
3.5.2 실내다짐시험의 방법과 순서 76

3.5.3 영공기간극곡선 78
3.6 흙의 다짐에 영향을 미치는 요인 80
3.6.1 다짐에너지에 의한 영향 81
3.6.2 흙의 종류에 의한 영향 81
3.7 흙의 다짐 특성 82
3.7.1 사질토의 다짐 특성 82
3.7.2 점토의 다짐 특성 83
3.8 현장다짐 86
3.8.1 현장다짐 장비 86
3.8.2 현장다짐 특성 87
3.8.3 현장다짐에 관한 규정 89
3.8.4 현장 건조단위중량의 결정 91
◇ 연습문제 94
◇ 참고문헌 96

제4장 • *지중응력*

4.1 개설 99
4.2 흙의 자중으로 인한 연직응력 99
4.2.1 흙만 있는 경우 99
4.2.2 물만 있는 경우 101
4.2.3 흙속에 지하수가 있는 경우 101
4.3 흙의 자중으로 인한 수평응력 104
4.4 집중하중으로 인한 지중응력 105
4.5 선하중으로 인한 지중응력 108
4.6 반무한 등분포하중으로 인한 연직응력 110
4.7 띠하중으로 인한 연직응력 110
4.8 제방하중으로 인한 연직응력 112
4.9 원형 등분포하중으로 인한 연직응력 115
4.10 직사각형 등분포하중으로 인한 연직응력 117
4.11 영향원 방법 120
4.12 2:1 경사법 122
◇ 연습문제 128
◇ 참고문헌 130

제5장 • 유효응력과 모관현상

5.1 유효응력의 원리 133
5.2 수두 136
5.3 침투압과 분사현상 139
5.3.1 침투압 139
5.3.2 분사현상 140
5.4 모관현상 144
5.4.1 모관현상 144
5.4.2 모관상승높이 144
5.4.3 모관현상의 영향 147
5.5 모관상승영역에서의 유효응력 147
5.6 동상현상 149
5.6.1 동상과 융해 149
5.6.2 동상조건 150
5.6.3 동상방지대책 152
5.6.4 동결깊이 152
◇ 연습문제 154
◇ 참고문헌 156

제6장 • 흙속의 물의 흐름

6.1 Darcy의 법칙 159
6.1.1 층류와 난류 159
6.1.2 Darcy의 법칙 159
6.2 투수계수 162
6.3 투수계수 측정 방법 164
6.3.1 측정 방법의 종류 164
6.3.2 정수위 투수시험 164
6.3.3 변수위 투수시험 166
6.3.4 양수시험 167
6.3.5 주수시험 170
6.4 다층지반의 등가투수계수 172
6.4.1 토층에 평행한 흐름 173
6.4.2 토층에 직각 방향 흐름 174

6.5 2차원 흐름의 기본이론 176
6.6 유선망 178
6.6.1 유선망 178
6.6.2 유선망을 이용한 침투수량의 계산 179
6.6.3 유선망을 이용한 간극수압 및 동수경사의 계산 182
6.7 비등방성 및 비균질 지반의 유선망 184
6.7.1 비등방성 지반에서의 유선망 184
6.7.2 비균질 지반에서의 유선망 187
6.8 흙댐의 침투 187
6.8.1 흙댐의 유선망 187
6.8.2 침윤선의 결정 189
6.8.3 침투수량의 산정 191
6.9 침투와 융기 193
6.10 필터 195
◇ 연습문제 197
◇ 참고문헌 199

제7장 • *흙의 압밀*

7.1 개 설 203
7.2 압밀의 원리 204
7.2.1 Terzaghi 모델 204
7.2.2 Kelvin 모델 205
7.3 압밀시험 207
7.3.1 압밀시험 207
7.3.2 간극비-압력 곡선 208
7.4 선행압밀압력 210
7.4.1 선행압밀압력 210
7.4.2 정규압밀점토와 과압밀점토 210
7.4.3 선행압밀압력의 결정 211
7.5 압축지수 212
7.5.1 압축지수 212
7.5.2 시료교란의 영향 213
7.6 압밀침하량의 산정 214
7.7 압밀이론 219

7.7.1 1차원 압밀의 미분방정식 219
7.7.2 압밀방정식의 해 223
7.8 압밀도 224
7.8.1 압밀도 224
7.8.2 평균압밀도 228
7.8.3 초기 과잉간극수압 분포가 다른 경우 233
7.9 압밀계수 234
7.9.1 압밀계수 234
7.9.2 $\log t$ 방법 235
7.9.3 $\sqrt{t}$ 방법 236
7.9.4 압밀비 237
7.10 2차 압밀침하 239
7.11 점증하중으로 인한 압밀침하 240
7.12 압밀침하의 촉진 242
7.12.1 연직 드레인공법 242
7.12.2 샌드드레인공법의 특성 242
7.12.3 샌드드레인공법의 원리 243
◇ 연습문제 246
◇ 참고문헌 250

제8장 • 흙의 전단강도

8.1 수직응력과 전단응력 253
8.1.1 수직응력과 전단응력 253
8.1.2 Mohr원 방법 254
8.1.3 극점 방법 255
8.2 흙의 전단강도 256
8.2.1 전단강도 256
8.2.2 Mohr-Coulomb의 파괴이론 256
8.2.3 파괴포락선의 의미 258
8.2.4 전단파괴면의 경사 258
8.2.5 전단강도 측정 방법 260
8.3 직접전단시험 260
8.3.1 시험방법과 원리 260
8.3.2 직접전단시험의 특징 262
8.4 삼축압축시험 262

8.4.1 시험방법과 원리 262
8.4.2 압밀배수시험 264
8.4.3 압밀비배수시험 268
8.4.4 비압밀비배수시험 270
8.4.5 삼축압축시험의 특징 273
8.5 일축압축시험 274
8.5.1 시험방법과 원리 274
8.5.2 예민성 275
8.6 비점성토의 전단특성 276
8.6.1 비점성토의 전단강도 성분 276
8.6.2 모래의 전단 특성 276
8.6.3 모래의 전단강도에 영향을 미치는 요인 277
8.6.4 액화현상 278
8.7 점성토의 전단특성 278
8.7.1 직접전단시험 특성 278
8.7.2 삼축압축시험 특성 279
8.7.3 퇴적점토의 비배수 점착력 281
8.8 간극수압계수 283
8.8.1 등방압력이 작용할 때의 간극수압 283
8.8.2 일축압력이 작용할 때의 간극수압 284
8.8.3 삼축압력이 작용할 때의 간극수압 285
8.9 응력경로 286
8.9.1 응력경로 286
8.9.2 ϕ선과 K_f선 287
8.9.3 삼축압축시험에 대한 응력경로 290
8.9.4 압밀시험에 대한 응력경로 291
◇ 연습문제 293
◇ 참고문헌 296

제9장 • *수평토압*

9.1 개 설 299
9.2 정지토압 300
9.3 Rankine의 토압이론 303
9.3.1 Rankine의 주동상태 303
9.3.2 Rankine의 수동상태 304

9.3.3 Rankine의 토압과 변위 306
9.4 비점성토에서의 Rankine 토압 307
9.4.1 주동토압 307
9.4.2 수동토압 309
9.4.3 상재하중과 지하수위가 있는 경우의 주동토압 310
9.4.4 상재하중과 지하수위가 있는 경우의 수동토압 314
9.5 점성토에서의 Rankine 토압 317
9.5.1 주동토압 317
9.5.2 수동토압 321
9.6 지표면이 경사진 경우의 Rankine 토압 324
9.6.1 주동토압 324
9.6.2 수동토압 327
9.7 벽면이 경사진 경우의 Rankine 토압 329
9.8 Coulomb의 토압이론 331
9.8.1 주동토압 331
9.8.2 수동토압 335
9.9 Culmann의 도해법에 의한 토압 산정 337
9.9.1 주동토압 338
9.9.2 수동토압 339
9.10 흙쐐기법에 의한 토압 산정 339
9.11 지진으로 인한 수평토압 341
9.11.1 주동토압 341
9.11.2 수동토압 344
9.12 상재하중으로 인한 수평토압 345
9.12.1 집중하중으로 인한 수평토압 345
9.12.2 선하중으로 인한 수평토압 346
9.12.3 띠하중으로 인한 수평토압 348
9.13 옹벽의 수평토압 349
9.13.1 켄틸레버식 옹벽 349
9.13.2 중력식 옹벽 350
9.14 흙막이벽의 수평토압 350
9.14.1 개요 350
9.14.2 근입깊이 결정에 사용하는 수평토압 351
9.14.3 단면 결정에 사용하는 수평토압 352
9.15 널말뚝벽의 수평토압 353
9.15.1 켄틸레버식 널말뚝 353

9.15.2 앵커식 널말뚝 353

◇ 연습문제 355

◇ 참고문헌 357

제10장 • *사면의 안정*

10.1 개 설 361

10.2 안전율 362

10.3 침투가 없는 무한사면의 안정해석 363

10.4 침투가 있는 무한사면의 안정해석 366

10.5 수중에 잠긴 무한사면의 안정해석 368

10.6 평면활동을 일으키는 유한사면의 안정해석 370

10.7 원호활동을 일으키는 유한사면의 안정해석 373

10.8 일체법에 의한 유한사면의 안정해석 374

10.8.1 점토사면의 안정해석 374

10.8.2 $\phi > 0$인 흙사면의 안정해석 378

10.9 절편법에 의한 유한사면의 안정해석 382

10.9.1 개요 382

10.9.2 Fellenius 방법 382

10.9.3 Bishop의 간편법 385

10.9.4 정상침투가 있는 유한사면의 안정해석 387

10.10 수중에 잠긴 유한사면의 안정해석 388

10.10.1 일체법 388

10.10.2 절편법 389

10.11 복합활동을 일으키는 유한사면의 안정해석 390

10.12 시간에 따른 사면안전율의 변화 392

10.12.1 포화점토지반에서의 성토사면 392

10.12.2 포화점토지반에서의 굴착사면 393

10.12.3 흙댐의 사면 394

10.13 전응력해석과 유효응력해석 396

◇ 연습문제 397

◇ 참고문헌 399

제11장 • 얕은 기초

11.1 개설 403
11.2 얕은 기초의 전단파괴와 극한지지력 404
11.3 Terzaghi의 지지력 공식 406
11.4 Meyerhof의 지지력 공식 411
11.5 순극한지지력 415
11.6 지하수위를 고려한 지지력 415
11.7 표준관입시험에 의한 지지력 산정 417
11.8 평판재하시험 420
11.8.1 평판재하시험의 원리 420
11.8.2 크기 효과 421
11.9 기초의 침하 423
11.10 기초의 탄성침하량 424
11.11 흙의 탄성계수 426
11.12 허용침하량과 허용지지력 427
◇ 연습문제 430
◇ 참고문헌 432

제12장 • 깊은 기초

12.1 개설 435
12.2 말뚝의 종류 435
12.2.1 나무말뚝 436
12.2.2 기성 콘크리트말뚝 436
12.2.3 현장타설 콘크리트말뚝 438
12.2.4 강말뚝 438
12.3 말뚝의 시공방법 439
12.3.1 타입공법 439
12.3.2 매입공법 441
12.4 말뚝 시공시 말뚝과 흙의 거동 441
12.5 말뚝의 축방향 지지력 443
12.5.1 허용지지력 443

12.5.2 극한지지력 443
12.5.3 지지력의 감소요인 444
12.6 정역학적 지지력공식에 의한 선단지지력의 산정 445
12.6.1 선단지지력 445
12.6.2 Meyerhof 방법 447
12.7 정역학적 지지력공식에 의한 마찰지지력의 산정 450
12.7.1 사질토에서의 마찰지지력 450
12.7.2 점성토에서의 마찰지지력 452
12.8 표준관입시험결과를 이용한 지지력 산정 454
12.9 항타공식에 의한 지지력 산정 455
12.9.1 ENR공식 455
12.9.2 Hiley 공식 457
12.10 말뚝재하시험 458
12.11 부마찰력 460
12.12 무리말뚝 460
12.13 무리말뚝의 지지력 461
12.13.1 사질토지반의 무리말뚝의 지지력 462
12.13.2 점토지반의 무리말뚝의 지지력 463
12.14 피어기초의 특징 465
12.15 피어기초의 시공방법 467
12.15.1 인력굴착공법 467
12.15.2 어스드릴공법 467
12.15.3 올케이싱공법 469
12.15.4 RCD공법 470
12.16 케이슨의 종류 472
12.16.1 오픈케이슨 472
12.16.2 공기케이슨 474
12.16.3 박스케이슨 475
12.17 케이슨의 침설 476
◇ 연습문제 478
◇ 참고문헌 480

제13장 • 지반조사

13.1 개 설 483

13.2 지반조사 484
13.2.1 지반조사의 단계 484
13.2.2 지반조사의 간격과 깊이 485
13.3 시추 487
13.3.1 시굴조사 487
13.3.2 오거시추 487
13.3.3 충격식 시추 488
13.3.4 수세식 시추 489
13.3.5 회전식 시추 490
13.3.6 해상 시추 491
13.4 시료채취 491
13.4.1 교란시료와 비교란시료 491
13.4.2 샘플러의 기준 492
13.5 암석시료 채취 493
13.6 원위치시험 495
13.7 표준관입시험 496
13.7.1 표준관입시험 방법 496
13.7.2 표준관입시험의 특징 497
13.7.3 표준관입시험 결과의 이용 498
13.8 콘관입시험 500
13.8.1 더치콘 관입시험 500
13.8.2 피에조콘 관입시험 501
13.8.3 휴대용 콘관입시험 501
13.9 현장베인시험 502
13.10 시추주상도의 작성 503
13.11 지반조사 보고서 505
◇ 연습문제 506
◇ 참고문헌 507

제14장 • *지반환경공학*

14.1 서론 511
14.2 오염물질의 종류 512
14.2.1 개요 512
14.2.2 유기화합물의 분류 512

14.2.3 NAPL 514

14.3 오염물질의 지반내 이동과 변환 516

14.3.1 개요 516

14.3.2 오염물질의 미시적 지중이동 517

14.3.3 오염물질의 거시적 지중이동 519

14.4 오염물질의 지중변환 522

14.4.1 휘발 522

14.4.2 용해 523

14.4.3 흡착 523

14.4.4 생분해 524

14.5 지반오염의 정화방법 525

14.5.1 오염원의 제거 및 차단 525

14.5.2 생분해법 526

14.5.3 토양증기추출법 528

14.5.4 양수처리법 529

14.5.5 토양세척법 530

14.5.6 수압파쇄공법 532

14.5.7 동전기정화법 532

14.6 토양오염 및 지하수오염 정화공법 동향 535

14.6.1 오염원/오염매체 정화공법 536

14.6.2 지하수오염 정화공법 537

14.6.3 혁신적인 토양 및 지하수 정화공법 537

◇ 참고문헌 539

찾아보기 543

연습문제 정답 551

제 1 장

개론

SOIL MECHANICS

SOIL MECHANICS

제1장 개론

1.1 흙과 토질역학

일반적으로 공학적인 관점에서의 흙(soil)이란 광물입자나 부식된 유기물의 집합체인 흙입자(soil particle) 및 흙입자들 사이의 빈 공간 즉, 간극(void)에 존재하는 물(water)과 공기(gas, air)로 구성된 것이다(그림 1-1).

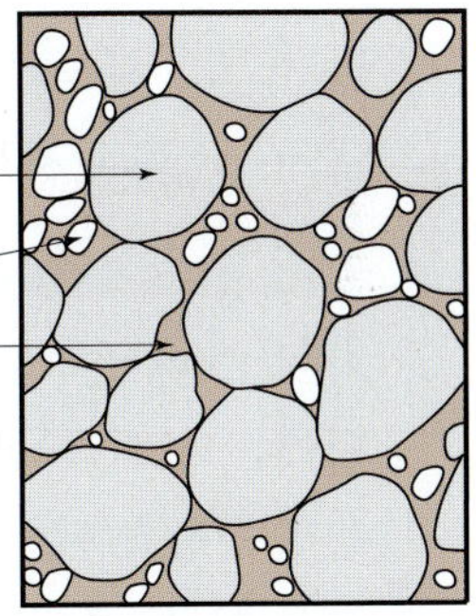

그림 1-1 흙의 구성 요소

흙은 이와 같이 고체(흙입자), 액체(물), 기체(공기) 등 3가지 상태의 물질이 자연적으로 결합은 되어 있지만 강하게 결합되어 있지는 않으므로 불연속체로 볼 수 있다.

흙은 여러 토목공사에서 건설재료로 쓰이거나 구조물의 기초로 사용되므로 흙의 생성원인, 입도분포, 투수성, 압축성, 전단강도, 지지력 등과 같은 흙의 성질을 알아야 한다.

토질이란 공학적으로 본 흙의 성질과 종류를 일컬으며, 농학적으로는 토양이라고 한다. 또한 구조물을 설치하거나 건설공사에서 굴착의 대상이 되는 지구 표층 부분의 흙과 암반을 합하여 지반(ground)이라고 한다.

토질역학(soil mechanics)은 흙의 물리적 성질을 파악하고 이들이 흙의 강도, 압축성, 안정성, 투수성 등에 미치는 관련성에 대하여 연구하는 학문이다. 토질공학(soil engineering)은 토질역학의 원리들을 실제 문제에 적용하는 것이며, 기초공학(foundation engineering)은 토질역학의 원리들을 구조물의 기초에 적용시키는 토질공학의 한 분야이다. 토질역학과 토질공학 또는 기초공학을 포함하여 이를 지반공학(geotechnical engineering)이라고도 한다.

건설공사에 흙을 사용하였다는 기록은 오래 전부터 있었으나 토질공학적 기술은 오랫동안 경험적 지식으로만 존재하여 왔다. 그러다가 20세기 초반에 이르러 과학과 기술의 발달 및 안전하고 경제적인 설계와 시공에 대한 요구에 따라 흙의 특성에 관한 연구가 본격적으로 이루어지기 시작하였다. 1925년에 발간된 Karl Terzaghi의 "토질역학(Erdbau Mechanik)"이 현대 토질역학의 모태가 되었다.

토질역학에 관한 세계적인 단체로서는 1948년에 설립된 국제토질기초공학회(International Society of Soil Mechanics and Foundation Engineering ; ISSMFE)가 있으며, 이는 1994년에 국제토질지반공학회(International Society of Soil Mechanics and Geotechnical Engineering ; ISSMGE)로 개명되었다. 국내에는 대한토목학회 내에 토질 및 기초 위원회가 있으며, 1984년에 대한토질공학회가 설립된 후 1991년에 한국지반공학회(Korean Geotechnical Society)로 개명되었다.

1.2 흙의 생성

1.2.1 풍화

흙의 고체부분인 흙입자를 형성하는 광물입자들은 암석이 풍화하여 생성된 것이다. 광물입자의 크기는 매우 다양하며, 흙의 여러 물리적 성질은 광물입자의 크기, 형태, 화학적 성분 등에 따라 달라진다.

풍화(weathering)는 암석이 물리적, 화학적 작용에 의하여 더 작은 조각들로 깨어지는 과정이다. 풍화에는 물리적 풍화와 화학적 풍화가 있다.

물리적 풍화에는 먼저 연속적인 온도의 변화로 인하여 암석이 팽창과 수축을 되풀이하면서 분쇄되는 현상이 있다. 흔히 물은 암석의 간극이나 갈라진 틈 사이로 스며들며, 온도가 낮아짐에 따라 스며든 물은 얼어서 부피가 팽창하게 된다. 이때 부피팽창에 의한 압력은 상당히 커서 큰 암석도 깨뜨리게 된다. 암석의 분쇄를 유발하는 또 다른 물리적 요인들은 빙하, 바람 및 강이나 바다의 물결 등이 있다. 물리적 풍화에서 중요한 사실은 큰 암석들이 화학적 성분의 변화 없이 작은 조각으로 갈라진다는 것이다.

화학적 풍화에서는 원래의 암석광물이 화학적 작용으로 인하여 다른 광물로 변화된다. 대기 중의 물과 이산화탄소는 탄산을 만들며, 이것이 기존의 암석광물과 반응하여 새로운 광물과 용해성 염분을 만든다. 지하수 속에 존재하는 용해성 염분이나 부식된 유기물질에서 형성된 유기산도 화학적 풍화를 일으킨다.

1.2.2 암석의 종류와 순환

암석은 형성과정에 따라 화성암(igneous rock), 퇴적암(sedimentary rock), 변성암(metamorphic rock) 등으로 구분할 수 있다. 그림 1-2는 암석의 순환과 그 과정을 나타낸 것이다.

화성암은 지구 맨틀(mantle)의 깊은 곳에서 분출된 마그마(magma)가 굳어서 만들어진 암석이다. 마그마가 냉각하여 형성된 화성암의 종류는 마그마의 성분이나 냉각속도와 같은 여러 요인에 따라 달라진다.

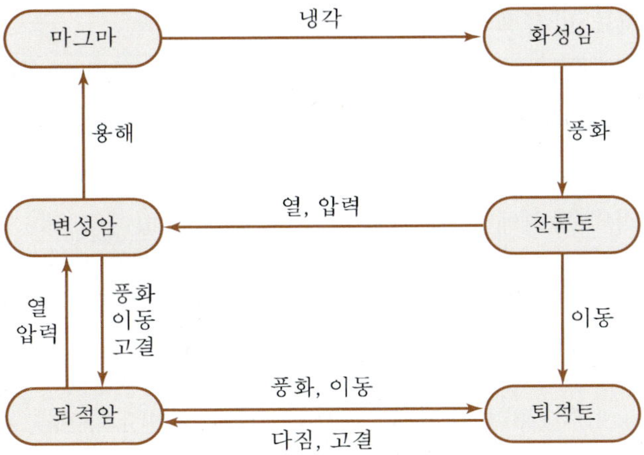

그림 1-2 암석의 순환

퇴적암은 풍화작용에 의하여 형성된 자갈, 모래, 실트, 점토 등의 퇴적물이 상재하중이나 고결제 또는 화학적 작용에 의하여 고결되어 만들어진 암석이다. 철산화물, 방해석, 백운석, 석영 등과 같은 고결제는 지하수에 의하여 용해 운반되며, 입자 사이의 빈 공간을 채워서 퇴적암을 형성한다.

변성암은 암석이 열이나 압력에 의하여 녹지 않은 상태로 성분이나 구조가 변하여 만들어진 암석이다. 변성암의 광물입자는 대개 엽리구조(foliated texture)를 나타낸다. 매우 높은 열이나 큰 압력을 받으면 변성암이 녹아서 마그마가 되고, 암석의 순환이 되풀이된다.

1.2.3 성인에 따른 흙의 종류

풍화는 화성암에 한정된 것이 아니며, 퇴적암과 변성암도 화성암과 비슷한 방법으로 풍화된다. 이와 같이 암석은 풍화에 의하여 여러 크기와 형태의 작은 조각으로 변화된다. 다양한 비율로 섞인 이러한 작은 입자들의 고결되지 않은 집합체는 서로 다른 형태의 흙을 형성한다.

풍화에 의한 생성물들은 제자리에 남아있거나 물, 바람 및 빙하 등에 의하여 다른 장소로 이동하기도 한다. 풍화생성물이 원래의 위치에 남아있는 흙을 정적토(sedimentary soil)라고 한다. 정적토에는 모암의 파쇄로 형성되어 원래 위치에 잔류하는 잔류토(residual soil)와 동식물 등의 유기물이 부식하여 형성된 유기질토(organic soil)가 있으나 주로 잔류토로 대표된다.

잔류토 중에서 풍화정도가 심한 것을 풍화토(weathered soil), 덜한 것을 풍화암(weathered rock)이라 하여 구분한다. 지표면에서는 미세립자의 풍화토가 발견되고 깊어짐에 따라 입자크기가 커지며 보다 더 깊은 곳에서는 모난 암석조각들이 들어있는 풍화암이 발견된다. 풍화토와 풍화암의 구분은 강도에 의거하고 있으나 명확하지는 않다. 화강암의 풍화로 생긴 잔류토를 화강암풍화토 또는 화강토라고 하며, 일본식 용어로 마사토라고도 한다.

유기질토란 공학적으로는 일반적으로 유기성분을 5% 이상 함유한 흙을 말한다. 유기질토에는 동물성 유기물을 다량 함유한 산호토(coral)와 식물성 유기물을 다량 함유한 이탄(peat), 흑니(muck) 등이 있다.

풍화생성물이 다른 장소로 이동하여 형성된 흙을 운적토(transported soil) 또는 퇴적토라고 한다. 퇴적토에는 운반과 퇴적의 방식에 따라 다음과 같은 종류가 있다.

1. 충적토(alluvial soil) : 하천에 의해 운반, 퇴적된 흙
2. 풍적토(aeolian soil) : 바람에 의해 운반, 퇴적된 흙
3. 붕적토(colluvial soil) : 중력에 의해 경사면 아래로 운반, 퇴적된 흙
4. 빙적토(glacial soil) : 빙하에 의해 운반, 퇴적된 흙
5. 해성토(marine soil) : 바다에 퇴적된 흙
6. 호성토(lacustrine soil) : 호수에 퇴적된 흙
7. 화산쇄설물(pyroclastic material) : 화산에서 분출되어 중력, 바람 등에 의해 운반 퇴적된 흙

지질시대는 신생대, 중생대, 고생대, 원생대, 시생대로 구분하며, 지질시대에 따라 지층과 토질을 대략적으로 구분하면 그림 1-3과 같이 나타낼 수 있다.

지 질 시 대			지층명	토 질
신생대	제 4 기	충 적 세	충 적 층	미고결의 연약층
		약 1만년전		
		홍 적 세	홍 적 층	반고결~고결토층
		약 200만년전		
	제 3 기	선 신 세	제3기층	퇴적암 (연암)
		중 신 세		
		점 신 세		
		시 신 세		
		효 신 세		
		약 6500만년전		
중생대	백 악 기			화강암, 변성암 (경암)
	쥐 라 기			
	삼 첩 기			

그림 1-3 지질시대에 따른 지층과 토질의 구분

1.3 흙의 특성과 공학적 문제

흙은 본질적으로 위치마다 성질이 다른 비균질성(이질성)이며, 같은 위치에서도 연직방향과 수평방향으로 성질이 다른 비등방성(이방성)의 특성을 가지고 있다. 또 흙은 물을 포함하고 있는가 아닌가 및 포함된 물의 많고 적음에 따라 그 특성에 큰 차이를 보인다. 이러한 특성을 가진 흙에 관한 공학적인 문제로는 다음과 같은 것들이 있다.

(1) 지지력(bearing capacity)

구조물 하중을 지지할 수 있는 능력을 흙의 지지력이라고 한다. 흙의 지지력은 다른 건설재료 예를 들면 강철의 허용응력을 구하는 것과 크게 다르지는 않지만 그 과정이 매우 복잡하다. 강철의 허용응력은 대표적인 시료에 대한 시험결과로부터 비교적 쉽게 구할 수 있다. 그러나 흙의 지지력은 흙의 특성, 기초의 형태와 깊이, 지층의 변화, 지하수 상태 및 시간의 경과 등과 같은 여러 변수에 따라 달라진다.

(2) 사면(slope)

사면은 수평면과 경사각을 갖는 지표면으로서 횡방향으로 지지되지 않은 경우를 말하며, 자연사면과 인공사면이 있다. 사면의 예로는 언덕과 산, 강둑, 흙댐, 도로 절성토 등이 있다. 모든 사면은 중력을 받으며, 지진이나 빙하에 의한 힘과 수압을 받기도 하고, 이러한 힘들은 사면 안정에 직접적인 영향을 미친다.

(3) 토류구조물(retaining structure)

횡방향으로 지지되지 않은 수직에 가까운 사면은 파괴되기 쉽다. 이러한 사면을 오랫동안 안정된 상태로 유지하려면 토류구조물을 사용하여 횡방향으로 지지하여야 한다. 지반이 건조하고 지지력이 양호하며 시공 상의 어려움이 없는 곳에서는 강성 토류구조물인 옹벽을 사용한다. 강이나 호수 및 바다 부근에서 지반이 연약하고 지하수위가 높으며 굴착조건이 나쁠 경우에는 연성 토류구조물인 널말뚝을 사용한다.

(4) 댐(dam)

하천을 가로막아 인공호수를 만드는 댐의 대부분은 흙으로 이루어진다. 따라서 댐의 흙요소와 콘크리트요소를 설계하고 시공하는 기준과 절차가 필요하다. 댐은 자체의 안정을 확보하는 것도 매우 중요할 뿐만 아니라 물을 보유하는 능력을 확보하는 것도 매우 중요하다. 침투로 인한 물의 손실이 큰 댐은 설계 및 시공이 잘못된 것이다.

(5) 침식(erosion)

물이나 바람에 의한 침식에 의하여 지표면의 형상이 변할 수 있다. 침식이 잘 일어나는 지반은 연약하고 압축성이 크고 지지력이 작은 경우이며, 이러한 지반을 조사하여 특성을 파악하고 대책을 세워야 한다.

흙에 관한 공학적 문제를 해결하기 위하여 토질역학은 끊임없이 발전하고 있다. 기술자들은 토질역학의 철저한 이해를 기본으로 한 공학적 판단을 통하여 이러한 문제를 해결해 나가야 할 것이다.

1.4 토질역학에서 많이 사용하는 단위

1.4.1 단위계

우리나라에서 많이 사용하는 단위계로는 길이, 질량, 시간의 단위로 센티미터(cm), 그램(g), 초(s)를 사용하는 CGS단위계와 미터(m), 킬로그램(kg), 초(s)를 사용하는 MKS단위계가 있다. 영국이나 미국에서는 인치(in), 파운드(lb), 분(min)의 단위를 많이 사용하여 왔다.

이중 국제적으로 통일하여 사용하기로 한 MKS단위계(m, kg, s)를 SI단위계(System International Unit : 국제단위계)라고 하며, SI단위계에서는 힘이나 중량의 단위로 뉴턴(N; Newton), 압력의 단위로 파스칼(Pa; Pascal)을 많이 사용한다.

1.4.2 질량과 중량

어떤 물체가 갖는 물질의 양을 질량(mass)이라고 하며, 그 물체에 작용하는 중력의 크기를 중량 또는 무게(weight)라고 한다.

일반적으로 4℃에서 물 1cm^{3}의 질량은 1g이며, 물 1,000cm^{3}의 질량은 1,000g = 1kg이다. 질량 1kg에 작용하는 중력의 크기, 즉 중량은 1kg중 또는 1kgf로 나타내며, 중량의 단위를 뉴턴(Newton)단위로 나타내면 다음과 같이 된다.

$$1\text{kg중} = 1\text{kgf} = 1\text{kg} \times 9.8\text{m/s}^2 = 9.8\text{kg} \cdot \text{m/s}^2 = 9.8\text{N}$$

$1t중 = 1tf = 1,000kg \times 9.8m/s^2 = 9,800kg \cdot m/s^2 = 9,800N = 9.8kN$

SI단위계에서는 중량의 단위로 N, kN을 사용하지만, 일상생활에서는 실용적으로 중량의 단위 kg중(= kgf), t중(= tf)에서 중이나 f를 생략하고 간단히 kg, t을 사용하는 것이 일반적이다.

다시 말하면 중량 1kg, 1t은 각각 9.8N, 9.8kN을 의미하며, 이를 근사적으로 다음과 같이 생각하면 간편하다.

중량 $1kg = 1kg중 = 1kgf = 9.8N \fallingdotseq 10N$
중량 $1t = 1t중 = 1tf = 9.8kN \fallingdotseq 10kN$

$1N = 0.102kg \fallingdotseq 0.1kg$
$1kN = 0.102t \fallingdotseq 0.1t$

1.4.3 밀도와 단위중량

어떤 물체의 질량을 부피로 나눈 값을 밀도(density)라고 하며, 어떤 물체의 중량(무게)을 부피로 나눈 값을 단위중량(unit weight)라고 한다. 토질역학에서는 단위중량을 나타내는 기호로 γ(감마)를 사용한다.

일반적으로 4℃에서 물의 밀도는 $1g/cm^3 = 1Mg/m^3 = 1t/m^3$이며, 물의 단위중량 γ_w는 $1gf/cm^3 = 1tf/m^3$이지만 편의상 다음과 같이 나타낸다.

$$\gamma_w = 1g/cm^3 = 1t/m^3 = 9.8kN/m^3 \fallingdotseq 10kN/m^3$$

1.4.4 압력

힘(force)을 그 힘이 작용한 면적으로 나눈 값을 압력(pressure)이라고 하며, 힘의 단위는 중량의 단위와 같다. $1kgf/cm^2$의 압력은 $10tf/m^2$의 압력과 같은 값이며, SI단위계로 나타내면 1N의 힘이 면적 $1m^2$에 작용할 때의 압력을 $1N/m^2 = 1Pa$(파스칼, Pascal)이라고 한다.

압력을 나타내는 단위 사이에는 다음과 같은 관계가 성립한다.

$1\text{kg/cm}^2 = 10\text{t/m}^2$

$1\text{t/m}^2 = 0.1\text{kg/cm}^2$

1Pa(파스칼) $= 1\text{N/m}^2 \fallingdotseq 0.1\text{kg/m}^2$

1kPa(키로파스칼) $= 10^3\text{Pa} = 1{,}000\text{Pa} = 1{,}000\text{N/m}^2 = 1\text{kN/m}^2 \fallingdotseq 0.1\text{t/m}^2$

1MPa(메가파스칼) $= 10^6\text{Pa} = 1{,}000{,}000\text{Pa} = 1{,}000\text{kPa} = 1{,}000\text{kN/m}^2 \fallingdotseq 100\text{t/m}^2 = 10\text{kg/cm}^2$

$1\text{Pa} = 1\text{N/m}^2$

$1\text{kPa} = 1\text{kN/m}^2$

$1\text{MPa} = 1{,}000\text{kN/m}^2 \fallingdotseq 100\text{t/m}^2 = 10\text{kg/cm}^2$

참고문헌

1. 日本土質工學會 (1985). 土質工學用語辭典, 東京.
2. Cernica, John N. (1995). Soil Mechanics, John Wiley & Sons, Inc., New York.
3. Das, B. M. (1998). Principles of Geotechnical Engineering, 4th edition, PWS, MA.
4. Terzaghi, K. (1925). Erdbaumechanik auf Bodenphysikalischer Grundlage, Deuticke, Vienna.

제2장

흙의 기본적 특성

SOIL MECHANICS

SOIL MECHANICS

제2장 흙의 기본적 특성

2.1 흙입자의 분류

흙속에 들어있는 흙입자는 모양과 크기가 매우 다양하여 육안으로는 관찰이 불가능한 미세한 입자에서부터 지름이 수십 cm에 이르는 율석(cobble, 조약돌, 왕자갈 : 75mm~300mm), 옥석(boulder, 전석, 호박돌 : 300mm 이상)까지도 포함한다. 그러나 율석이나 옥석은 넓은 의미의 흙입자로서, 토질역학에서는 이들을 흙입자로 간주하지 않고 이보다 작은 입자들만을 취급하는 경우가 많다.

흙입자는 크기에 따라 자갈, 모래, 실트, 점토 등으로 구분하며, 각 흙입자의 크기는 제안한 기관이나 제안년도에 따라 다소의 차이가 있다. 그림 2-1은 통일분류법[1], AASHTO[2], MIT[3], ASTM[4], 미국 농무부[5] 등에서 제안한 흙입자의 분류를 나타낸 것이다.

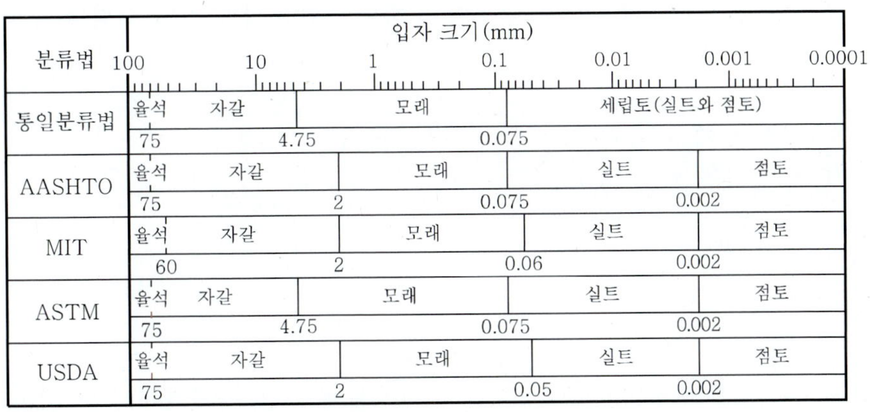

그림 2-1 크기에 따른 흙입자의 분류

1) Unified Soil Classification System

2) American Association of State Highway and Transportation Officials

3) Massachusetts Institute of Technology

4) American Society for Testing and Materials

5) US Department of Agriculture, USDA

토질역학에서 가장 많이 사용하고 있는 통일분류법에 따르면 대략적으로 자갈(gravel, G)의 크기는 75mm~4.75mm, 모래(sand, S)의 크기는 4.75mm~0.075mm이며, 0.075mm보다 작은 것은 실트(silt, M) 또는 점토(clay, C)이다. 통일분류법에서는 실트와 점토의 구분을 크기가 아닌 성질을 기준으로 구분하고 있으나 다른 분류법에서는 0.002mm보다 크면 실트, 작으면 점토로 구분하는 경우가 많다.

자갈은 석영, 장석 및 다른 광물입자들을 갖는 암석조각이고, 모래는 대개 석영과 장석으로 이루어져 있으며 간혹 다른 광물입자들이 포함되기도 한다. 자갈이나 모래는 둥근모양의 입상이 많다. 실트는 석영입자와 운모를 함유하는 광물의 파편인 은 조각 형태의 입자들로 구성되어 있는 매우 미세한 흙입자이며, 점토는 운모, 점토광물 및 다른 광물들의 얇은 판상이나 침상을 한 매우 미세한 흙입자이다.

흙입자가 비교적 굵은 자갈, 모래를 조립토(coarse soil) 또는 사질토(granular soil)라고 하며, 흙입자가 비교적 가는 실트나 점토를 세립토(fine soil)라고 한다. 세립토가 점성을 가지고 있으면 점성토(cohesive soil)라고도 한다.

2.2 흙입자의 비중

비중(specific gravity, G)은 어떤 물체가 물보다 몇 배 무거우냐를 의미하는 말이며, 어떤 물체의 중량을 같은 부피의 4℃ 물의 중량으로 나누어 구하며, 다음 식과 같이 나타낼 수 있다.

$$\text{비중} = \frac{\text{어떤 물체의 중량}}{\text{같은 부피의 물의 중량}} = \frac{\text{어떤 물체의 단위중량}}{\text{물의 단위중량}} \tag{2.1}$$

예제 2.1

어떤 물체의 부피가 10cm^3, 중량이 20g일 때, 이 물체의 단위중량과 비중을 구하라.

풀이

$$\text{단위중량 } \gamma = \frac{\text{물체의 중량}}{\text{물체의 부피}} = \frac{20\text{g}}{10\text{cm}^3} = 2\text{g/cm}^3 = 2\text{t/m}^3 = 19.6\text{kN/m}^3$$

$$\text{비중 } G = \frac{\text{물체의 중량}}{\text{같은 부피의 물의중량}} = \frac{20\text{g}}{10\text{g}} = 2 \ : \text{무차원}$$

일반적으로 흙의 비중이라고 하면 흙입자의 비중을 의미하며, 흙입자의 비중(G_s)은 흙입자의 중량과 같은 부피의 물의 중량과의 비로서 다음 식과 같이 구할 수 있다. 토질역학에서는 물의 온도 15℃를 표준으로 한다.

$$G_s = \frac{\text{어떤 흙입자의 중량}}{\text{같은 부피의 물의 중량}} = \frac{\text{흙입자의 단위중량 } \gamma_s}{\text{물의 단위중량 } \gamma_w} \tag{2.2}$$

이 값은 토질역학의 여러 가지 계산을 위하여 필요하며 실험에 의하여 정확히 결정할 수 있다. 흙입자의 비중을 구하는 시험방법은 다음과 같다.

그림 2-2와 같은 부피 50cm^3 이상의 비중병(pycnometer)에 t℃의 증류수를 비중병에 가득 채웠을 때의 중량을 W_a, 노건조시킨 흙시료의 중량을 W_s, 비중병에 건조한 흙시료를 넣고 증류수로 채웠을 때의 중량을 W_b라고 하면, t℃에서의 흙입자의 비중 G_t는 다음과 같이 된다.

$$G_t = \frac{\text{흙시료의 중량 } W_s}{\text{같은 부피의 물의 중량 } W_w} = \frac{W_s}{W_s + (W_a - W_b)} \tag{2.3}$$

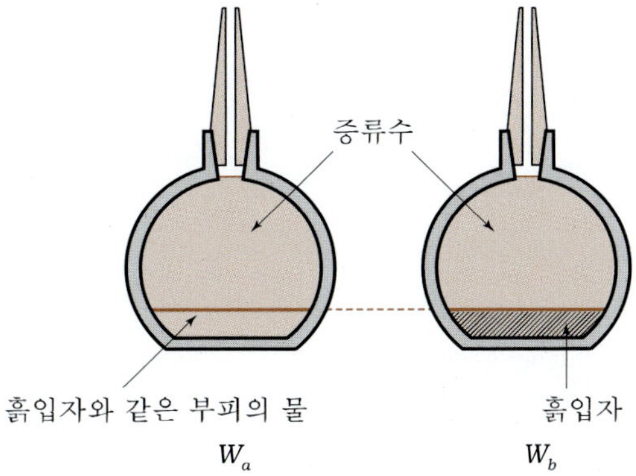

그림 2-2 흙입자의 비중 측정

물의 온도가 t℃인 경우에 구한 흙입자의 비중 G_t는 15℃ 물에 대한 흙입자의 비중 G_s로 환산하여야 하며 다음 식을 사용한다.

$$G_s = K \times G_t \tag{2.4}$$

K는 수정계수로서 표 2.1의 값을 사용한다.

표 2.1 비중 수정계수

온도(℃)	수정계수(K)	온도(℃)	수정계수(K)
4	1.0009	18	0.9995
5	1.0009	19	0.9993
6	1.0008	20	0.9991
7	1.0008	21	0.9989
8	1.0007	22	0.9987
9	1.0007	23	0.9984
10	1.0006	24	0.9982
11	1.0005	25	0.9979
12	1.0004	26	0.9977
13	1.0003	27	0.9974
14	1.0001	28	0.9971
15	1.0000	29	0.9968
16	0.9998	30	0.9965
17	0.9997		

흙입자의 비중은 흙속에 포함되어 있는 광물의 비중에 따라 다르지만 대략 2.5~2.9의 범위에 있는 값이며, 모래의 비중은 2.6~2.7이다.

2.3 입도분석

2.3.1 개요

흙입자의 직경을 입경이라고 하고, 흙입자의 크고 작은 정도를 입도라고 하며, 흙속에 있는 흙입자들의 크고 작은 정도를 파악하는 것을 입도분석이라고 한다.

흙의 입도분석에는 일반적으로 체분석(sieve analysis)과 비중계분석(hydrometer analysis)의 2가지 방법이 사용된다. 체분석은 직경이 0.075mm보다 큰 흙입자 즉 조립토의 입도분석에 사용하고, 비중계분석은 직경이 0.075mm보다 작은 흙입자 즉 세립토의 입도분석에 사용한다.

체분석이나 비중계분석에서는 입자를 구형이라 가정하고 있으나 흙입자들의 모양은 일반적으로 불규칙하기 때문에 여기에서 오차가 발생할 수 있다.

체분석 및 비중계분석에 관한 상세한 실험방법은 KS F 2302에 나와 있다.

2.3.2 체분석

체분석에 관한 대략적인 실험 방법 및 순서는 다음과 같다.

1. 먼저 흙을 노건조(oven dry)시킨 다음, 모든 흙덩어리들을 부수어서 작은 입자들로 분리시켜야 한다. 건조시킨 전체 흙의 무게와 각 체의 무게를 측정한다.
2. 체의 크기를 큰 체가 위로 가게끔 순서대로 놓고서 흙을 넣은 후 손이나 진동기(그림 2-3)로 흔들어 준다. 체분석에 많이 사용하는 체의 번호와 체눈(= 체구멍)의 크기는 표 2.2와 같으며, 체 번호가 커질수록 체눈의 크기는 작아진다.
3. 일정시간 동안 흔들어 가는 흙입자들을 통과시킨 후 각 체에 남아 있는 흙의 무게를 측정한다. 흙시료가 점착력이 있는 경우에는 흙덩어리들을 낱개의 입자들로 부수기가 어렵다. 이런 경우에는 세립분은 물로 씻어내고 남은 부분만을 통과시킨다.
4. 각 체에 남아 있는 흙 무게의 전체 흙 무게에 대한 비율 즉 잔류율을 구한다.
5. 각 체의 구멍보다 굵은 흙 무게의 전체 흙 무게에 대한 비율 즉 가적잔류율을 구하며, 어느 체의 가적잔류율은 그 체까지의 잔류율을 합한 값이다.
6. 각 체를 통과한 흙(각 체의 구멍보다 가는 흙) 무게의 전체 흙 무게에 대한 비율 즉 통과율을 구한다. 어느 체의 통과율은 100%에서 가적잔류율(%)을 뺀 값이다.

그림 2-3 체진동기

표 2.2 체의 번호와 체눈의 크기

체 번호	체눈 크기(mm)
4	4.750
6	3.350
8	2.360
10	2.000
16	1.180
20	0.850
30	0.600
40	0.425
50	0.300
60	0.250
80	0.180
100	0.150
140	0.106
200	0.075
400	0.038

체분석에 주로 사용하는 표준체는 4, 10, 20, 40, 60, 100, 200번체이며, 체 번호는 1inch(=2.54cm) 안에 포함된 체눈의 수를 말한다.

표 2.3은 체분석 계산의 한 예를 나타낸 것이다.

표 2.3 체분석 결과(전체 흙의 무게 = 100g)

체 번호	직경(mm)	각 체에 남은 흙의 무게(g)	잔류율(%)	가적잔류율(%)	통과율(%)
4	4.750	0	0	0	100
10	2.000	0	0	0	100
16	1.180	2	2	2	98
30	0.600	6	6	8	92
40	0.425	4	4	12	88
60	0.250	5	5	17	83
100	0.150	8	8	25	75
200	0.075	13	13	38	62
팬		62	62	100	0

2.3.3 비중계분석

진공 속에서 낙하하는 물체의 속도는 시간에 따라 증가하지만, 물속에서 침강하는 흙입자의 속도는 마찰저항 때문에 점차 일정한 값이 된다.

흙입자의 침강속도는 흙입자의 크기, 무게 등에 따라 다르며, 흙입자를 구라고 가정하면 흙입자의 침강속도 v는 Stokes의 법칙에 따라 다음과 같이 된다.

$$v = \frac{\gamma_s - \gamma_w}{18\eta} D^2 \tag{2.5}$$

여기서, γ_s = 흙입자의 단위중량

γ_w = 물의 단위중량

η = 물의 점성계수

D = 흙입자의 직경(입경)

흙입자의 침강속도가 입경에 따라 다르므로, 물속에서 가라앉는 흙입자의 침강속도를 측정하면 흙입자의 크기를 구할 수 있다.

물속에 흙을 넣고 가라앉히면 시간에 따라 현탁액의 비중이 감소하는데, 비중계(hydrometer)를 사용하여 특정한 깊이에서의 현탁액의 비중을 연속적으로 측정하면 흙입자의 직경과 비율을 구할 수 있으며, 이러한 방법을 비중계분석이라고 한다.

비중계분석은 입경이 0.2mm보다 작고 0.0005mm보다 큰 흙을 분석하는 데에 적당하다. 흙입자의 크기가 0.2mm 이상이면 낙하할 때 교란이 일어나고 0.0005mm 이하이면 브라운(Brown)운동이 많이 발생하므로 적당하지 않다.

비중계분석에 있어서, 흙입자는 구형이 아니고 각각의 흙입자의 비중이 반드시 같지는 않으며 다수의 흙입자가 침강 중에 서로 간섭하는 등, 실제로는 Stokes 법칙의 가정과 일치하지 않는 점이 많다. 따라서 비중계분석의 결과는 그리 신뢰성이 크지 않다.

2.3.4 입도분포곡선

체분석과 비중계분석의 결과들을 반대수용지(semi-log graph) 위에 점으로 표시하고 이 점들을 연결한 곡선을 입도분포곡선(particle size distribution curve) 또는 입경가적곡선이라고 한다.

반대수용지의 가로축에는 입경(흙입자의 직경)을 대수눈금(log scale)으로 표시하며, 세로축에는 주어진 입경보다 가는 입자들의 백분율 즉 통과율을 산술눈금으로 표시한다. 따라서 입도분포곡선 위의 어느 한 점은 그 점에 해당하는 입경보다 작은 흙입자의 무게가 전체 흙 무게의 몇 %인가를 나타낸다.

그림 2-4는 2가지 흙에 대한 입도분포곡선의 예를 나타낸 것이다. 그림 2-4에서는 입경을 나타내는 가로축의 왼쪽이 작은 값이고 오른쪽이 큰 값이지만, 때로는 가로축의 왼쪽이 큰 값, 오른 쪽이 작은 값을 나타내는 경우도 있다. 가로축의 상단에는 입경 대신에 체 번호를 나타내기도 한다.

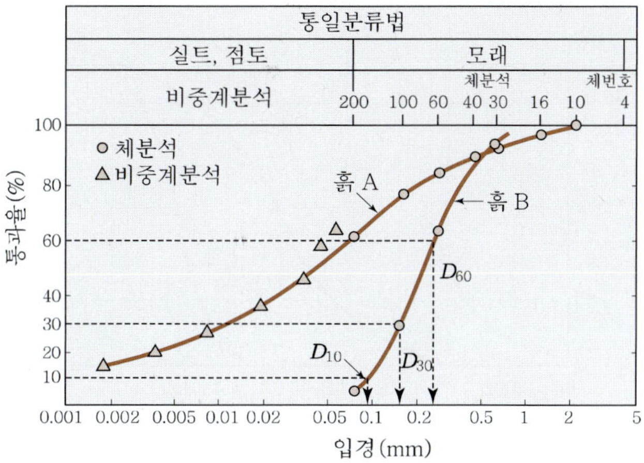

그림 2-4 입도분포곡선

흙 A에 대한 입도분포곡선은 표 2.4에 나타난 체분석 결과 및 미세한 흙입자들에 대한 비중계분석의 결과를 합친 것이다. 체분석 결과와 비중계분석 결과가 합쳐질 때는 일반적으로 겹쳐지는 부분에서 불연속이 생기게 된다. 이것은 앞에서 설명한 각 방법의 한계 때문이다. 그러나 일반적으로 체분석의 결과가 더 신뢰할 수 있으므로 입도분포곡선은 비중계분석의 결과보다는 체분석의 결과에 준하여 그려진다.

흙에 나타나는 자갈, 모래, 실트, 점토의 백분율은 입도분포곡선으로부터 구할 수 있다. 그림 2-4의 흙 A를 통일분류법에 따라 구분하면 다음과 같이 된다.

1. 자갈(4.75mm 이상) = 0%
2. 모래(4.75~0.075mm) = 100 − 62 = 38%
3. 실트 및 점토(0.075mm 이하) = 62%

입도분포곡선은 흙입자 크기의 범위를 나타낼 뿐만 아니라 여러 입자크기의 분포형태를 보여준다. 그 예가 그림 2-5에 나타나 있으며 각 곡선의 특징은 다음과 같다.

1. 곡선 Ⅰ : 대부분의 흙입자들의 크기가 거의 비슷한 흙으로서, 이런 흙을 입도 불량한 흙(poorly graded soil) 또는 입도 균등한 흙이라고 한다.
2. 곡선 Ⅱ : 흙입자들의 크기가 넓은 범위에 걸쳐 있는 흙으로서, 크고 작은 흙입자가 골고루 섞여 있으므로 입도 양호한 흙(well graded soil)이라고 한다.
3. 곡선 Ⅲ : 중간 크기의 흙입자가 없어서 중간부분이 수평에 가까운 분포를 나타내는 흙으로서, 이런 형태의 입도분포를 계단식 입도 또는 결손분포(gap graded)라고 한다.

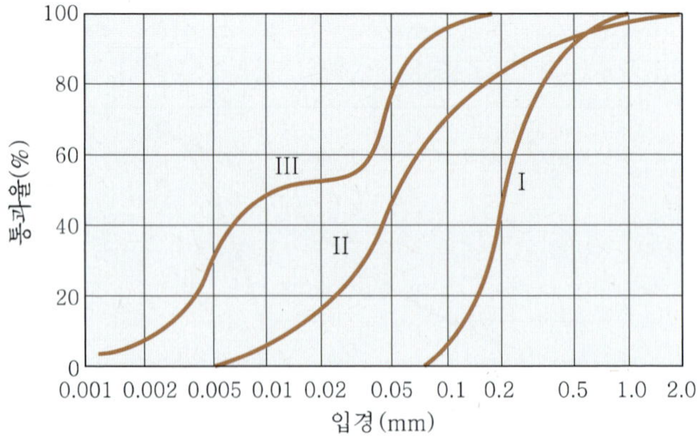

그림 2-5 여러 가지 형태의 입도분포곡선

2.3.5 유효입경, 균등계수 및 곡률계수

입도분포곡선들은 여러 흙들을 비교하는 데에 사용할 수 있다. 또한 이 곡선의 형상을 특징짓는 3가지 기본적인 값들이 있으며 이들은 조립토를 분류하는 데에 사용된다. 이들은 다음과 같다.

1. 유효경(effective size)
2. 균등계수(uniformity coefficient)
3. 곡률계수(coefficient of curvature, gradation)

유효경 또는 유효입경은 통과율 10%에 해당하는 흙입자의 직경을 말하며 D_{10}으로 표시한다. 어느 흙의 유효경 D_{10}이 0.2mm이라면, 이 흙속에서 0.2mm보다 작은 흙입자의 무게가 전체의 10%라는 뜻이다.

균등계수 C_u는 다음 식과 같이 정의한다.

$$C_u = \frac{D_{60}}{D_{10}} \tag{2.6}$$

여기서, D_{60} = 통과율 60%에 해당하는 입경

곡률계수 $C_c (= C_g)$는 다음과 같이 정의한다.

$$C_c = \frac{D_{30}^2}{D_{10} \times D_{60}} \tag{2.7}$$

여기서, D_{30} = 통과율 30%에 해당하는 입경

그림 2-4에 나타난 흙 B에 대하여 검토하면 $D_{10} = 0.09$mm, $D_{30} = 0.16$mm, $D_{60} = 0.24$mm이다. 따라서 흙 B의 유효경은 0.09mm이고, 균등계수와 곡률계수는 다음과 같이 된다.

$$C_u = \frac{D_{60}}{D_{10}} = \frac{0.24}{0.09} = 2.67$$

$$C_c = \frac{D_{30}^2}{D_{10} \times D_{60}} = \frac{0.16^2}{0.09 \times 0.24} = 1.19$$

일반적으로 균등계수 C_u 가 모래에서는 6 이상, 자갈에서는 4 이상이면 입도가 양호하다고 하며, 균등계수 C_u 가 1에 가까울수록 비슷한 크기의 흙입자로 이루어진 것을 의미한다. 또한 균등계수 조건을 만족하더라도 곡률계수 C_c 가 1~3이어야 입도양호한 흙이며, 그렇지 않으면 입도불량한 흙으로 취급한다.

예제 2.2

$D_{10} = 0.1\,\text{mm}$, $D_{30} = 0.4\,\text{mm}$, $D_{60} = 0.6\,\text{mm}$ 인 모래의 균등계수와 곡률계수를 구하라.

풀이

$$C_u = \frac{D_{60}}{D_{10}} = \frac{0.6}{0.1} = 6$$

$$C_c = \frac{D_{30}^2}{D_{10} \times D_{60}} = \frac{0.4^2}{0.1 \times 0.6} = 2.67$$

이 흙은 균등계수가 6 이상이고 곡률계수가 1~3 이어야 하는 두 조건을 모두 만족했으므로 입도양호한 흙이다.

2.4 흙의 구성

2.4.1 구성요소의 부피

일반적으로 흙은 고체인 흙입자(soil particle, solid)와 액체인 물(water), 그리고 기체인 공기(gas)의 3가지 성분으로 구성되어 있다. 흙속의 액체와 기체를 합한 부분 즉, 물이나 공기가 차지하고 있는 부분을 간극(void) 또는 공극이라고 한다.

그림 2-6은 자연상태에 존재하는 흙요소의 부피와 무게를 기호로 나타낸 것으로, 부피(volume)를 나타내는 기호는 V 이고 무게(weight)를 나타내는 기호는 W 이다. 흙을 구성하고 있는 3가지 성분을

그림 2-6(b)와 같이 따로따로 분리하여 그리면, 주어진 흙전체의 부피 V는 다음과 같이 나타낼 수 있다.

$$V = V_s + V_v = V_s + V_w + V_g \tag{2.8}$$

여기서, V = 흙전체의 부피
V_s = 흙입자의 부피
V_v = 간극의 부피
V_w = 물의 부피
V_g = 공기의 부피

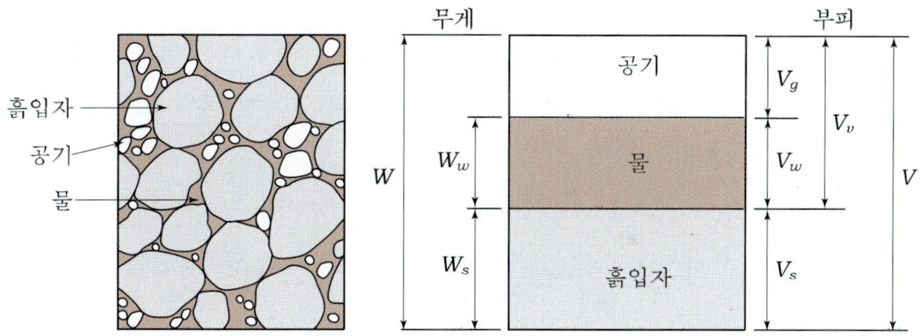

(a) 흙의 구성 (b) 흙요소의 3가지 성분

그림 2-6 흙의 구성요소

일반적으로 많이 사용되는 흙의 구성 요소들의 부피에 관한 관계에는 간극비, 간극률 그리고 포화도 등이 있다.

간극비(void ratio) e는 흙입자 부피 V_s에 대한 간극 부피 V_v의 비를 말하며, 다음과 같이 된다.

$$e = \frac{\text{간극의 부피 } V_v}{\text{흙입자의 부피 } V_s} \tag{2.9}$$

간극률(porosity) n은 흙전체 부피 V중에 간극 부피 V_v가 차지한 비율을 말하며, 다음과 같이 된다. 간극률은 일반적으로 백분율로 표시한다.

$$n = \frac{\text{간극의 부피 } V_v}{\text{흙전체의 부피 } V} \tag{2.10}$$

포화도(degree of saturation) S는 간극 부피 V_v중에 물의 부피 V_w가 차지한 비율을 말하며, 다음과 같이 된다. 포화도는 일반적으로 백분율로 표시한다.

$$S = \frac{\text{물의 부피 } V_w}{\text{간극의 부피 } V_v} \tag{2.11}$$

건조한 흙의 포화도는 0%, 간극이 물로 완전히 포화된 흙 즉 포화토의 포화도는 100%, 일부만 포화된 흙 즉 습윤토의 포화도는 0~100%이다.

간극률과 포화도는 백분율로 표시하지만, 수식 안에서는 백분율을 사용하지 않는 것이 편리하다. 간극비는 1보다 큰 값이 될 수 있지만, 간극률이나 포화도는 1(= 100%)보다 큰 값이 될 수 없다. 토질역학에서는 간극률보다는 간극비를 많이 사용한다.

간극비와 간극률 사이의 관계는 식 (2.8), 식 (2.9), 식 (2.10)으로부터 다음과 같이 된다.

$$e = \frac{V_v}{V_s} = \frac{V_v}{V - V_v} = \frac{\dfrac{V_v}{V}}{1 - \dfrac{V_v}{V}} = \frac{n}{1-n} \tag{2.12}$$

또한 식 (2.12)로부터 다음 관계식이 얻어진다.

$$n = \frac{e}{1+e} \tag{2.13}$$

예제 2.3

그림 2-6(b)에서 흙입자의 부피가 10cm^3, 물의 부피가 4cm^3, 공기의 부피가 1cm^{3}이다. 이 흙의 간극비, 간극률, 포화도를 구하라.

풀이

간극의 부피 V_v = 물의부피 V_w + 공기의부피 $V_g = 4\text{cm}^3 + 1\text{cm}^3 = 5\text{cm}^3$

간극비 $e = \dfrac{\text{간극의 부피}\, V_v}{\text{흙입자의 부피}\, V_s} = \dfrac{5\text{cm}^3}{10\text{cm}^3} = 0.5$

간극률 $n = \dfrac{\text{간극의 부피}\, V_v}{\text{흙전체의 부피}\, V} = \dfrac{5\text{cm}^3}{15\text{cm}^3} = 0.33 = 33\%$

또는 $n = \dfrac{e}{1+e} = \dfrac{0.5}{1+0.5} = 0.33 = 33\%$

포화도 $S = \dfrac{\text{물의 부피}\, V_w}{\text{간극의 부피}\, V_v} = \dfrac{4\text{cm}^3}{5\text{cm}^3} = 0.8 = 80\%$

2.4.2 구성요소의 무게

공기의 무게를 무시하면 흙전체의 무게는 다음과 같이 된다(그림 2-6(b)).

$$W = W_s + W_w \tag{2.14}$$

여기서, W = 흙전체의 무게 = 젖은 흙의 무게
W_s = 흙입자의 무게 = 마른 흙의 무게
W_w = 물의 무게

함수비(water content, moisture content) w는 흙입자 무게 W_s에 대한 물 무게 W_w의 비를 말하며, 다음과 같이 된다. 함수비는 일반적으로 백분율로 표시하며 100%보다 큰 값이 될 수 있다.

$$w = \frac{\text{물의 무게}\, W_w}{\text{흙입자의 무게}\, W_s} \tag{2.15}$$

함수율 w'은 흙전체 무게 W에 대한 물 무게 W_w의 비를 말하며, 다음과 같이 된다. 함수율은 백분율로 나타내지만, 토질역학에서는 함수율을 거의 사용하지 않는다.

$$w' = \frac{\text{물의 무게 } W_w}{\text{흙전체의 무게 } W} \tag{2.16}$$

전체단위중량(total unit weight) $\gamma(=\gamma_t)$는 흙전체의 무게 W를 흙전체의 부피 V로 나눈 값으로 다음과 같이 구한다. 전체단위중량을 습윤단위중량(moist unit weight) γ_{wet} 라고도 한다.

$$\gamma = \frac{\text{흙전체의 무게 } W}{\text{흙전체의 부피 } V} \tag{2.17}$$

건조단위중량(dry unit weight) γ_d 는 흙입자의 무게 W_s를 흙전체의 부피 V로 나눈 값으로 다음과 같이 구한다.

$$\gamma_d = \frac{\text{흙입자의 무게 } W_s}{\text{흙전체의 부피 } V} \tag{2.18}$$

전체단위중량과 건조단위중량은 다음과 같이 나타낼 수 있다.

$$\gamma = \frac{W}{V} = \frac{W_s + W_w}{V} = \frac{W_s\left[1 + \dfrac{W_w}{W_s}\right]}{V} = \frac{W_s(1+w)}{V} = \gamma_d(1+w) \tag{2.19}$$

$$\gamma_d = \frac{\gamma}{1+w} \tag{2.20}$$

예제 2.4

예제 2.3에서 흙입자의 무게가 25g일 때, 이 흙의 함수비, 전체단위중량, 건조단위중량을 구하라.

풀이

흙전체의 무게 W = 흙입자의 무게 W_s + 물의 무게 $W_w = 25\text{g} + 4\text{g} = 29\text{g}$

함수비 $w = \dfrac{\text{물의 무게 } W_w}{\text{흙입자의 무게 } W_s} = \dfrac{4\text{g}}{25\text{g}} = 0.16 = 16\%$

전체단위중량 $\gamma = \dfrac{\text{흙전체의 무게} W}{\text{흙전체의 부피} V} = \dfrac{29\text{g}}{15\text{cm}^3} = 1.93\text{g/cm}^3 = 1.93\text{t/m}^3 = 18.9\text{kN/m}^3$

건조단위중량 $\gamma_d = \dfrac{\text{흙입자의 무게} W_s}{\text{흙전체의 부피} V} = \dfrac{25\text{g}}{15\text{cm}^3} = 1.67\text{g/cm}^3 = 1.67\text{t/m}^3 = 16.4\text{kN/m}^3$

또는 $\gamma_d = \dfrac{\gamma}{1+w} = \dfrac{1.93\text{g/cm}^3}{1+0.16} = 1.66\text{g/cm}^3 = 1.66\text{t/m}^3 = 16.3\text{kN/m}^3$

예제 2.5

자연상태에서 흙전체의 부피가 9cm^3이며 무게는 18g이고 이것을 건조시킨 무게는 15g이다. 흙입자의 비중 G_s가 2.7일 때 이 흙의 함수비, 전체단위중량, 건조단위중량, 간극비, 간극률 그리고 포화도를 구하라.

풀이

흙전체의 무게 $W = 18\text{g}$

흙입자의 무게 $W_s = 15\text{g}$

물의 무게 $W_w = \text{흙전체의무게 } W - \text{흙입자의무게 } W_s = 18\text{g} - 15\text{g} = 3\text{g}$

함수비 $w = \dfrac{W_w}{W_s} = \dfrac{3\text{g}}{15\text{g}} = 0.2 = 20\ \%$

전체단위중량 $\gamma = \dfrac{\text{W}}{\text{V}} = \dfrac{18\,\text{g}}{9\ \text{cm}^3} = 2\ \text{g/cm}^3 = 2\ \text{t/m}^3 = 19.6\text{kN/m}^3$

건조단위중량 $\gamma_d = \dfrac{W_s}{V} = \dfrac{15\,\text{g}}{9\,\text{cm}^3} = 1.67\ \text{g/cm}^3 = 1.67\ \text{t/m}^3 = 16.37\text{kN/m}^3$

간극비 $e = \dfrac{V_v}{V_s}$

흙입자의 부피 $V_s = \dfrac{\text{흙입자의 무게 } W_s}{\text{흙입자의 단위중량 } \gamma_s} = \dfrac{W_s}{\gamma_w\, G_s} = \dfrac{15\text{g}}{1\text{g/cm}^3 \times 2.7} = \dfrac{15\text{g}}{2.7\text{g/cm}^3} = 5.56\text{cm}^3$

간극의 부피 $V_v = V - V_s = 9\text{cm}^3 - 5.56\text{cm}^3 = 3.44\,\text{cm}^3$

$e = \dfrac{3.44\text{cm}^3}{5.56\text{cm}^3} = 0.62$

간극률 $n = \dfrac{e}{1+e} = \dfrac{0.62}{1+0.62} = 0.38$

포화도 $S=\dfrac{V_w}{V_v}$

물의 부피 $V_w=\dfrac{\text{물의 무게 } W_w}{\text{물의 단위중량 } \gamma_w}=\dfrac{3\text{g}}{1\text{g/cm}^3}=3\text{cm}^3$

$S=\dfrac{3\text{cm}^3}{3.44\text{cm}^3}=0.872=87.2\,\%$

2.4.3 포화도, 간극비, 함수비, 비중 사이의 관계

포화도, 간극비, 함수비 그리고 비중 사이의 관계를 구하기 위하여 그림 2-7에 나타낸 바와 같이 흙입자의 부피 V_s를 1인 흙을 생각하여 보면 다음과 같은 식이 성립한다.

간극의 부피 $V_v=V_s\,e=e$

물의 부피 $V_w=V_v\,S=e\,S$

흙전체의 부피 $V=V_s+V_v=1+e$

흙입자의 무게 $W_s=\gamma_s V_s=\gamma_w G_s V_s=\gamma_w G_s$

물의 무게 $W_w=\gamma_w V_w=\gamma_w\,V_v\,S=\gamma_w\,V_s\,e\,S=\gamma_w\,e\,S$

여기서, γ_s = 흙입자의 단위중량

γ_w = 물의 단위중량

G_s = 흙입자의 비중

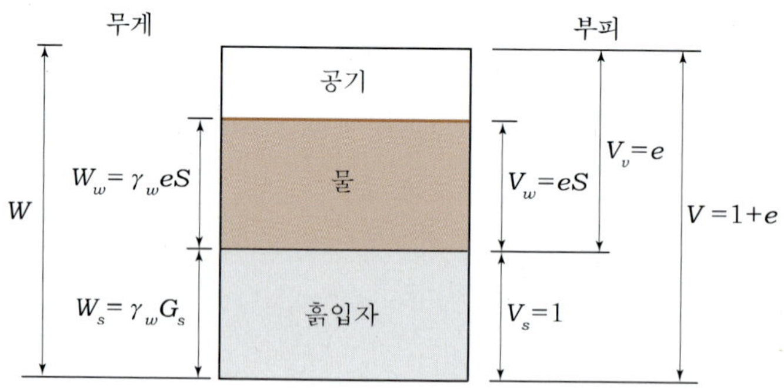

그림 2-7 흙입자의 부피 $V_s=1$일 때 흙요소의 3가지 성분

위의 식을 이용하면 함수비는 다음과 같이 나타낼 수 있다.

$$w = \frac{W_w}{W_s} = \frac{\gamma_w \, e \, S}{\gamma_w \, G_s} = \frac{e \, S}{G_s} \tag{2.21}$$

식 (2.21)을 정리하면 다음과 같은 식이 되며, 이 식은 흙의 3가지 성분에 관계되는 문제를 해결하는 데에 매우 유용한 공식이다.

$$S \, e = G_s \, w \tag{2.22}$$

흙의 전체단위중량(= 습윤단위중량)은 다음과 같이 나타낼 수 있다.

$$\gamma = \frac{W}{V} = \frac{W_s + W_w}{V} = \frac{\gamma_w \, G_s + \gamma_w S \, e}{1+e} = \frac{G_s + S \, e}{1+e} \gamma_w \tag{2.23}$$

건조단위중량은 흙을 건조시켜 간극속의 물이 없어진 경우이므로 포화도 $S = 0\% = 0$을 식 (2.23)에 대입하면 다음과 같이 된다.

$$\gamma_d = \frac{G_s}{1+e} \gamma_w \tag{2.24}$$

포화단위중량(saturated unit weight of soil) γ_{sat}는 흙이 포화되어 있는 경우 즉, 간극이 완전히 물로 채워져 있는 경우이므로 포화도 $S = 100\% = 1$을 식 (2.23)에 대입하면 다음과 같이 된다.

$$\gamma_{sat} = \frac{G_s + e}{1+e} \gamma_w \tag{2.25}$$

수중단위중량(submerged unit weight)은 흙이 지하수위 아래에 있어서 부력을 받는 경우의 단위중량을 말하며 γ' 또는 γ_{sub}로 표시한다. 수중단위중량은 포화단위중량에서 물의 단위중량을 뺀 값만큼 감소하므로 다음과 같이 된다.

$$\gamma' = \gamma_{sat} - \gamma_w = \frac{G_s + e}{1+e}\gamma_w - \gamma_w = \frac{G_s - 1}{1+e}\gamma_w \tag{2.26}$$

일반적으로 포화단위중량 > 전체단위중량 > 건조단위중량 > 수중단위중량의 관계가 성립한다.

예제 2.6

간극비 $e = 0.7$, 함수비 $w = 25\%$, 흙입자의 비중 $G_s = 2.65$인 흙의 간극률 n, 포화도 S, 전체단위중량 γ, 건조단위중량 γ_d, 포화단위중량 γ_{sat}, 수중단위중량 γ'을 구하라.

풀이

간극률 $n = \frac{e}{1+e} = \frac{0.7}{1+0.7} = 0.41$

포화도 $S = \frac{G_s\, w}{e} = \frac{2.65 \times 0.25}{0.7} = 0.95 = 95\%$

전체단위중량 $\gamma = \frac{G_s + S\,e}{1+e}\gamma_w = \frac{2.65 + 0.95 \times 0.7}{1+0.7} \times 9.8\,\mathrm{kN/m^3} = 19.11\,\mathrm{kN/m^3}$

건조단위중량 $\gamma_d = \frac{G_s}{1+e}\gamma_w = \frac{2.65}{1+0.7} \times 9.8\,\mathrm{kN/m^3} = 15.28\,\mathrm{kN/m^3}$

포화단위중량 $\gamma_{sat} = \frac{G_s + e}{1+e}\gamma_w = \frac{2.65 + 0.7}{1+0.7} \times 9.8\,\mathrm{kN/m^3} = 19.31\,\mathrm{kN/m^3}$

수중단위중량 $\gamma' = \frac{G_s - 1}{1+e}\gamma_w = \frac{2.65 - 1}{1+0.7} \times 9.8\,\mathrm{kN/m^3} = 9.51\,\mathrm{kN/m^3}$

또는 $\gamma' = \gamma_{sat} - \gamma_w = 19.31\,\mathrm{kN/m^3} - 9.8\,\mathrm{kN/m^3} = 9.51\,\mathrm{kN/m^3}$

예제 2.7

포화된 흙의 함수비가 20%이고, 이 흙을 건조시켰을 때의 건조단위중량이 $16\mathrm{kN/m^3}$이다. 다음을 구하라.

(1) 흙입자의 비중 G_s　　(2) 간극비 e　　(3) 포화단위중량 γ_{sat}

풀이

(1) 식 (2.22)에서 포화된 흙의 경우($S=1$)에는 $e = G_s w$이 된다.

$$\gamma_d = \frac{G_s}{1+e}\gamma_w = \frac{G_s}{1+G_s w}\gamma_w$$

$$16\text{kN/m}^3 = \frac{\text{G}_\text{s}}{1+\text{G}_\text{s}\times 0.20}\times 9.8\text{kN/m}^3$$

$$G_s = 2.42$$

(2) $Se = G_s w$

$$1\times e = G_s w = 2.42\times 0.2 = 0.48$$

$$e = 0.49$$

(3) 식 (2.25)에서

$$\gamma_{sat} = \frac{G_s+e}{1+e}\gamma_w = \frac{2.42+0.48}{1+0.48}\times 9.8\text{kN/m}^3 = 19.2\text{kN/m}^3$$

2.4.4 상대밀도

상대밀도(relative density) D_r 이란 모래나 자갈과 같은 조립토의 조밀하거나 느슨한 정도를 나타내는 값이며, 다음 식과 같이 구한다.

$$D_r = \frac{e_{max}-e}{e_{max}-e_{min}}\times 100(\%) \tag{2.27}$$

여기서, e = 현재 간극비 = 어느 흙의 자연상태에서의 간극비
e_{max} = 최대간극비 = 어느 흙의 가장 느슨한 상태에서의 간극비
e_{min} = 최소간극비 = 어느 흙의 가장 조밀한 상태에서의 간극비

식 (2.24)의 건조단위중량 공식을 간극비 e에 관하여 정리해서 식 (2.27)에 대입하면 상대밀도를 다음과 같이 나타낼 수 있다.

$$D_r = \frac{\gamma_d-\gamma_{dmin}}{\gamma_{dmax}-\gamma_{dmin}}\frac{\gamma_{dmax}}{\gamma_d}\times 100(\%) \tag{2.28}$$

여기서, γ_d = 어느 흙의 자연상태(e)에서의 건조단위중량
γ_{dmin} = 어느 흙의 가장 느슨한 상태(e_{max})에서의 최소건조단위중량
γ_{dmax} = 어느 흙의 가장 조밀한 상태(e_{min})에서의 최대건조단위중량

상대밀도가 클수록 조밀한 상태의 흙이며, 가장 느슨한 상태의 흙에서는 상대밀도가 0이고, 가장 조밀한 상태의 흙에서는 1이 된다. 조립토의 상태를 상대밀도에 따라 구분하면 표 2.4와 같이 된다.

표 2.4 상대밀도에 따른 조립토의 상태

상대밀도(%)	흙의 상태
0~20	매우 느슨(very loose)
20~40	느슨(loose)
40~60	중간(medium)
60~80	조밀(촘촘, dense)
80~100	매우 조밀(매우 촘촘, very dense)

식 (2.28)로 조립토의 상대밀도를 구하기 위하여 조립토를 가장 느슨한 상태와 가장 조밀한 상태로 만드는 방법은 다음과 같다.

모래의 가장 느슨한 상태를 만드는 방법은 낙하높이 약 25.4mm(1in)를 유지하면서 모래를 살며시 자유낙하시켜 부피 2,830cm^3(0.1ft^3)의 몰드를 가득 채우는 것이다. 이때 최소건조단위중량은 다음과 같이 구한다.

$$\gamma_{dmin} = \frac{W_s}{V_m} \tag{2.29}$$

여기서, W_s = 몰드를 채우는 데 필요한 모래의 무게

V_m = 몰드의 부피

모래의 가장 조밀한 상태는 몰드 속에 모래를 채우고 8분간 진동시켜 얻는다. 몰드를 채운 모래의 윗면에 0.14kg/cm^2(2lb/in^2)의 상재하중을 가하고, 주파수 3,600cycles/min, 진폭 0.635mm (0.025in)인 진동대 위에 몰드를 놓고서 8분간 진동시킨다. 진동을 끝낸 후 모래의 무게와 부피를 측정하면 최대건조단위중량을 구할 수 있다.

예제 2.8

어느 모래의 현재 상태의 간극비가 0.6이다. 이 모래를 가장 조밀한 상태로 만들면 간극비가 0.3이고, 가장 느슨한 상태로 만들면 간극비가 0.8이다. 이 모래의 현재 상태에서의 상대밀도를 구하라.

풀이

$$D_r = \frac{e_{max} - e}{e_{max} - e_{min}} \times 100(\%) = \frac{0.8 - 0.6}{0.8 - 0.3} \times 100(\%) = 40\%$$

예제 2.9

현장 흙의 단위중량을 구하기 위하여 부피 500cm^{3}의 구멍에서 파낸 젖은 흙의 무게가 900g이고, 건조시킨 후의 무게가 800g이다. 건조한 흙 400g을 몰드에 가장 느슨한 상태로 채운 부피가 280cm^{3}이고, 진동을 가하여 조밀하게 다진 후의 부피는 210cm^{3}이다. 흙입자의 비중 $G_s =$ 2.7이다. 이 흙의 상대밀도를 구하라.

풀이

(1) 식 (2.27) 이용

자연상태

$$V_s = \frac{W_s}{\gamma_s} = \frac{800\text{g}}{2.7 \times 1\text{g/cm}^3} = 296.3\,\text{cm}^3$$

$$V_v = 500 - 296.3 = 203.7\text{cm}^3$$

$$e = \frac{V_v}{V_s} = \frac{203.7}{297.3} = 0.69$$

가장 느슨한 상태

$$V_s = \frac{W_s}{\gamma_s} = \frac{400\text{g}}{2.7 \times 1\text{g/cm}^3} = 148.1\,\text{cm}^3$$

$$V_v = 280 - 148.1 = 131.9\text{cm}^3$$

$$e_{max} = \frac{V_v}{V_s} = \frac{131.9}{148.1} = 0.89$$

가장 조밀한 상태

$$V_s = \frac{W_s}{\gamma_s} = \frac{400\text{g}}{2.7 \times 1\text{g/cm}^3} = 148.1\,\text{cm}^3$$

$$V_v = 210 - 148.1 = 61.9\text{cm}^3$$

$$e_{min} = \frac{V_v}{V_s} = \frac{61.9}{148.1} = 0.42$$

상대밀도 $D_r = \dfrac{e_{max} - e}{e_{max} - e_{min}} = \dfrac{0.89 - 0.69}{0.89 - 0.42} = 0.43 = 43\%$

(2) 식 (2.28) 이용

$$\gamma_d = \frac{800\text{g}}{500\text{cm}^3} = 1.60\ \text{g/cm}^3$$

$$\gamma_{dmax} = \frac{400}{210} = 1.90\,\text{g/cm}^3$$

$$\gamma_{dmin} = \frac{400}{280} = 1.43\,\text{g/cm}^3$$

$$D_r = \frac{\gamma_d - \gamma_{dmin}}{\gamma_{dmax} - \gamma_{dmin}}\ \frac{\gamma_{dmax}}{\gamma_d} = \frac{1.60 - 1.43}{1.90 - 1.43} \times \frac{1.90}{1.60} = 0.43 = 43\%$$

2.5 아터버그한계

2.5.1 흙의 연경도

점토는 함수비가 매우 작은 상태에서는 마치 고체덩어리처럼 거동하며, 함수비가 증가하면 소성이 커지고, 함수비가 더욱 증가하면 흙탕물과 같은 액체상태가 된다.

소성이란 흙이 하중을 받아 변형이 생긴 후, 하중을 제거하여도 원래의 상태로 회복되지 않는 성질을 말한다. 이것은 하중을 제거하면 원래의 상태로 회복되는 탄성과 다르며, 일정한 형태를 가지지 않는 유체와도 다르다. 점토 이외에도 작은 크기의 실트도 소성을 보인다.

함수비의 변화에 따라 변화하는 흙의 상태를 그림 2-8과 같이 고체상태, 반고체상태, 소성상태, 액체상태 등으로 나눌 수 있다.

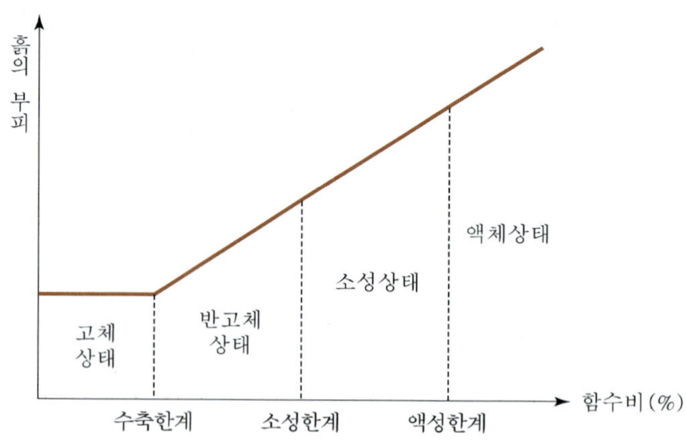

그림 2-8 아터버그한계

함수비가 매우 큰 흙은 액체상태이며, 함수비가 작아지면 흙은 부피가 줄어들면서 액체상태에서 소성상태로 변화하고, 이때의 함수비를 액성한계(liquid limit, LL, w_l)라고 한다. 함수비가 더 작아지면 흙은 부피가 더욱 줄어들면서 소성상태에서 반고체상태로 변화하며, 이때의 함수비를 소성한계(plastic limit, PL, w_p)라고 한다. 함수비가 어느 정도 작아지면 흙의 부피가 더 이상 줄어들지 않는 고체상태가 되며, 이때의 함수비를 수축한계(shrinkage limit, SL, w_s)라고 한다. 이들을 모두 통틀어 아터버그한계(Atterberg limits)라고 한다.

아터버그한계는 점토나 실트와 같은 세립토의 굳은 정도 즉 연경도(consistency)를 나타내는 데 사용되며, 점토광물의 종류와 양을 암시해 주는 역할을 하기도 한다. 흙에 포함된 점토광물의 종류가 다르면, 물분자를 당기는 점토입자의 표면력이 다르기 때문에, 함수비가 같더라도 연경도가 다르게 나타난다.

2.5.2 액성한계

액성한계를 구하기 위한 일반적인 시험방법에서는 Casagrande 기구를 많이 사용하고 있으며, 최근에는 콘낙하시험(fall cone test, cone penetrometer test)으로 액성한계를 구하는 방법도 이용되고 있다.

(1) 일반적인 시험

액성한계 시험기구(그림 2-9(a))는 황동제 접시와 경질 고무판으로 이루어져 있으며, 황동제 접시는 손잡이를 돌려서 들어 올렸다가 고무판 위에 떨어지도록 되어 있다. 액성한계 시험 방법과 순서는 다음과 같다.

1. 40번체(체눈 크기 0.42mm)를 통과한 흙에 물을 가하여 반죽하고, 황동제 접시에 흙시료를 수평하게 채운다(그림 2-9(b)).
2. 표준 홈파기날을 이용하여 흙시료 중앙에 홈을 판다(그림 2-9(c), (d)),
3. 손잡이를 회전시켜 황동제 접시를 10mm 높이에서 고무판에 떨어지도록 한다. 이렇게 여러 번 낙하시킨 후 홈 중앙의 밑부분이 13mm(0.5in) 정도 맞닿을 때의 낙하횟수 N과 맞닿은 부분의 흙시료의 함수비 w를 측정한다(그림 2-9(d)).
4. 같은 흙에 대하여 함수비를 변화시켜 가면서 최소한 네 번의 실험을 실시한다. 이때 낙하횟수 N이 15~35회 범위 안에 오도록 한다.
5. 흙의 함수비 w와 그에 해당하는 낙하횟수 N를 반대수용지(semi-log graph) 위에 점으로 표시한다(그림 2-10). 이 점들을 연결하면 w와 $\log N$ 사이의 관계는 거의 직선으로 그려지며, 이 직선을 유동곡선(flow curve)이라고 한다.
6. 유동곡선에서 낙하횟수 $N = 25$에 해당하는 함수비가 그 흙의 액성한계 LL이다.

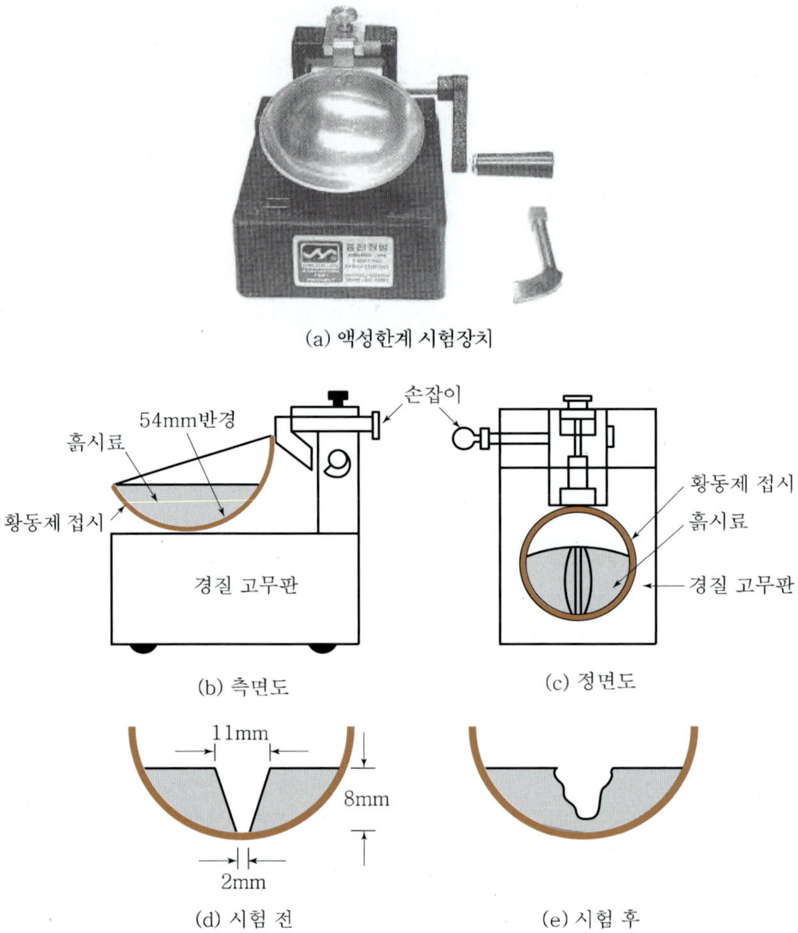

그림 2-9 액성한계 시험

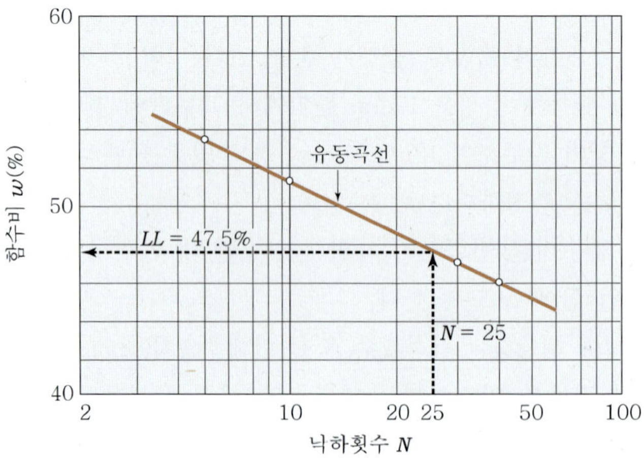

그림 2-10 유동곡선

액성한계 시험에서 여러 번의 낙하시험을 하는 대신에 간편하게 낙하시험을 한 번만 실시하여 액성한계를 구하는 방법을 일점법(one point method)이라고 하며, 다음과 같은 식을 이용한다. 이때 낙하횟수 N이 20~30 범위에 있어야 한다.

$$LL = w_N \left(\frac{N}{25}\right)^{\tan\beta} \fallingdotseq w_N \left(\frac{N}{25}\right)^{0.12} \tag{2.30}$$

여기서, N = 흙시료의 홈 중앙의 밑부분이 13mm 맞닿을 때의 낙하횟수

w_N = 낙하횟수 N에 해당하는 함수비

$\tan\beta = 0.12$

액성한계가 큰 흙은 물을 많이 흡수할 수 있으므로 압축성이 크다. 액성한계의 크기는 흙속의 점토광물의 종류와 양에 좌우되며, 일반적으로 점토함유량이 많을수록, 유기물함유량이 증가할수록 액성한계가 커진다.

(2) 콘낙하시험(fall cone test)

콘낙하시험기(그림 2-11)를 이용한 액성한계 시험 방법과 순서는 다음과 같다.

1. 직경 55mm, 높이 40mm의 캔 속에 흙시료를 채우고 그 위에 선단각 30°, 높이 35mm, 무게 80g의 콘(cone)을 올려놓는다.
2. 5초 후에 콘이 흙시료로 들어간 관입량과 흙시료의 함수비를 측정한다.
3. 같은 흙에 대하여 함수비를 변화시켜 가면서 4번 이상 실험을 실시한다.
4. 흙의 함수비와 그에 해당하는 관입량을 반대수용지 위에 점으로 표시하고 직선으로 연결한다.
5. 관입량 20mm에 해당하는 함수비가 그 흙의 액성한계 LL이다.

그림 2-11 콘낙하시험기

2.5.3 소성한계

소성한계 시험 방법 및 순서는 다음과 같다(그림 2-12).

1. 40번체(체눈 크기 0.42mm)를 통과한 흙시료 약 15g에 증류수를 가하여 끈적이지 않을 정도로 연약하게 충분히 반죽한다.

2. 이 흙시료를 유리판 위에 놓고 손바닥으로 굴려 지름 약 3mm의 막대모양으로 만든다.
3. 함수비를 변화시켜 이 조작을 반복하여 지름 약 3mm에서 막대가 끊어져 부슬부슬한 상태가 될 때의 함수비를 구하면 이것이 소성한계이다.
4. 정확성을 위하여, 위와 같은 방법으로 소성한계를 3번 구하여 평균값을 사용한다.

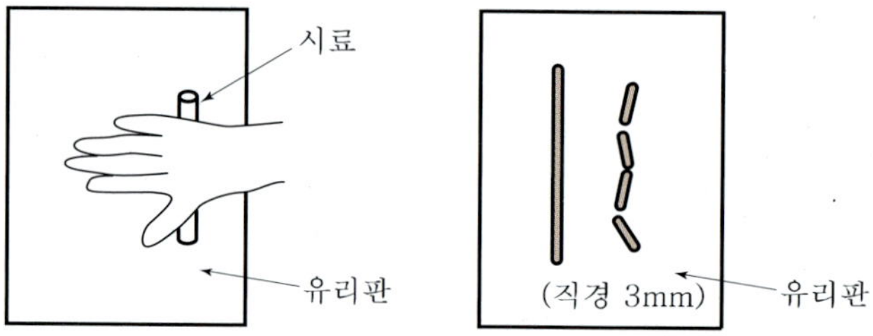

그림 2-12 소성한계 시험

소성한계는 액성한계와 마찬가지로 점토함유량 및 유기물함유량의 증가에 따라 커지며, 점토광물의 차이에 따른 소성한계의 변화폭은 액성한계의 변화폭에 비해 매우 작다.

점토함유량이 적은 흙에서는 앞의 방법에 의해 액성한계나 소성한계를 구할 수 없는 경우가 있다. 또한 소성한계가 액성한계보다 큰 경우가 있다. 이런 경우의 흙을 비소성(non plastic, NP)이라고 한다.

소성한계는 액성한계와 함께 세립토 분류의 중요한 지표가 되며, 여러 흙 및 점토광물의 대략적인 액성한계와 소성한계는 표 2.5와 같다.

표 2.5 여러 흙 및 점토광물의 액성한계와 소성한계

종 류	액성한계(%)	소성한계(%)
모 래	30~50	20~40
모래질 실트	40~70	30~50
점토질 실트	40~120	30~70
카오리나이트	30~110	25~40
일라이트	60~120	35~60
몬트모릴로나이트	100~900	50~100

2.5.4 수축한계

흙은 수분이 점차 감소함에 따라 부피가 작아진다. 수분이 어느 정도 적어지면 수분이 더 감소하더라도 부피가 더 이상 줄어들지 않는 평형상태에 도달하게 된다. 이때의 함수비를 수축한계라고 한다.

수축한계의 물리적 의미는 흙이 포화상태에서 불포화상태로 이동하는 경계이다.

수축한계 시험 방법과 순서는 다음과 같다(그림 2-13).

1. 직경 44.4mm, 높이 12.7mm인 유리그릇 속에 물로 포화된 흙을 가득 채우고, 젖은 흙의 무게 W_1와 부피 V_1를 측정하여 함수비 w를 구한다.
2. 젖은 흙을 노건조시킨 후 마른 흙의 무게 W_2를 측정한다.
3. 유리그릇에 수은을 채워서 마른 흙의 부피 V_2를 측정한다.
4. 다음 식으로 수축한계 SL를 구한다.

$$SL = w - \frac{(V_1 - V_2)\gamma_w}{W_2} \tag{2.31}$$

여기서, w = 젖은 흙의 함수비(%)

V_1 = 젖은 흙의 부피

V_2 = 마른 흙의 부피

W_2 = 마른 흙의 무게

γ_w = 물의 단위중량

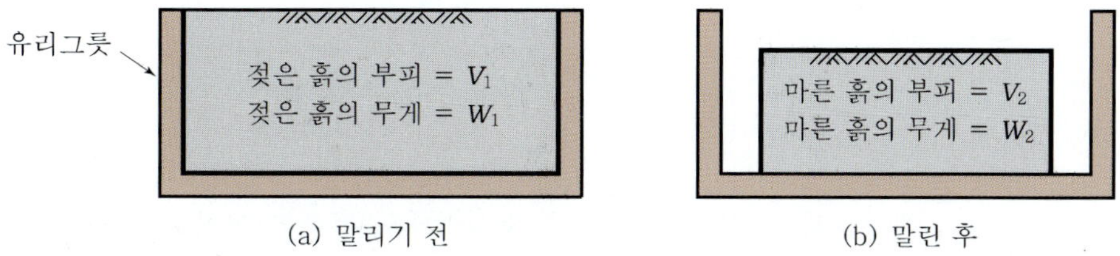

그림 2-13 수축한계 시험

예제 2.10

점토에 대하여 수축한계 시험을 한 결과가 다음과 같을 때, 이 점토의 수축한계를 구하라.

젖은 흙의 무게 $W_1 = 33.8\text{g}$　　젖은 흙의 부피 $V_1 = 23.1\text{cm}^3$

마른 흙의 무게 $W_2 = 17.3\text{g}$　　마른 흙의 부피 $V_2 = 13.5\text{cm}^3$

풀이

함수비 $w = \frac{W_1 - W_2}{W_2} = \frac{33.8 - 17.3}{17.3} = 0.954 = 95.4\%$

수축한계 $SL = w - \frac{(V_1 - V_2)\gamma_w}{W_2} = 0.954 - \frac{(23.1 - 13.5) \times 1}{17.3} = 0.399 = 39.9\%$

2.5.5 각종 지수

액성한계와 소성한계의 차이를 소성지수(plasticity index, PI)라고 하며, 다음 식과 같이 된다.

$$PI = LL - PL \tag{2.32}$$

소성지수는 흙이 소성을 보이는 함수비의 범위를 나타내는 값이며, 흙의 소성지수가 클수록 소성이 크다 하며 압축성이 커진다.

소성한계와 수축한계의 차이를 수축지수(shrinkage index, SI)라고 하며, 다음 식과 같이 된다.

$$SI = PL - SL \tag{2.33}$$

자연상태의 점토의 상대적인 연경도는 다음 식과 같은 액성지수(liquidity index, LI)로 나타낼 수 있다.

$$LI = \frac{w - PL}{LL - PL} = \frac{w - PL}{PI} \tag{2.33}$$

여기서, $w =$ 자연상태 흙의 함수비

함수비가 소성한계와 액성한계 사이에 있는 흙 즉 소성상태의 흙은 액성지수가 0~1이며, 액성지수가 1에 가까울수록 액체상태에 가깝고, 액성지수가 0에 가까울수록 반고체상태에 가깝다.

자연상태에서 흙의 함수비가 액성한계보다 커서 액체상태인 경우가 있으며, 이러한 흙의 액성지수는 1보다 큰 값이 된다. 과압밀된 흙의 함수비가 소성한계보다 작아서 반고체상태인 경우가 있으며, 이러한 흙의 액성지수는 0보다 작은 값이 된다.

다음 식으로 구한 값을 연경지수(consistency index, CI)라고 한다.

$$CI = \frac{LL - w}{LL - PL} = \frac{LL - w}{PI} \tag{2.34}$$

그림 2-10에서 유동곡선의 기울기를 유동지수(flow index, FI)라고 하며 다음과 같이 구한다.

$$FI = \frac{w_1 - w_2}{\log N_2 - \log N_1} = \frac{w_1 - w_2}{\log \dfrac{N_2}{N_1}} \tag{2.35}$$

여기서, w_1 = 낙하횟수 N_1에 해당하는 흙의 함수비(%)

w_2 = 낙하횟수 N_2에 해당하는 흙의 함수비(%)

소성지수를 유동지수로 나눈 값을 강도지수(toughness index, TI)라고 하며, 다음과 같이 구한다.

$$TI = \frac{PI}{FI} = \frac{LL - PL}{FI} \tag{2.36}$$

예제 2.11

어느 흙의 액성한계 LL이 80%, 소성한계 PL이 30%, 수축한계 SL이 10%일 때, 이 흙의 소성지수 PI, 수축지수 SI를 구하라.

풀이

소성지수 $PI = LL - PL = 80 - 30 = 50\%$

수축지수 $SI = PL - SL = 30 - 10 = 20\%$

예제 2.12

예제 2.11에서 어느 흙의 자연 상태의 함수비가 60%일 때, 이 흙의 액성지수, 연경지수를 구하라.

풀이

액성지수 $LI = \frac{w - PL}{LL - PL} = \frac{w - PL}{PI} = \frac{60 - 30}{50} = 0.6 = 60\%$

연경지수 $CI = \frac{LL - w}{LL - PL} = \frac{LL - w}{PI} = \frac{80 - 60}{50} = 0.4 = 40\%$

2.6 흙의 구조

2.6.1 개요

흙의 구조(soil structure)란 흙을 구성하는 흙입자들의 배열상태를 일컫는 말이다. 흙의 구조에 영향을 미치는 요소에는 흙입자들의 모양, 크기, 광물학적 성분 및 흙속에 있는 물의 특성과 성분 등이 있다.

일반적으로 흙은 점성토(cohesive soil)와 비점성토(사질토, cohesionless soil)의 2가지로 크게 나눌 수 있다. 자갈이나 모래와 같은 비점성토(사질토)의 공학적 성질은 그 흙을 이루고 있는 광물성분과 거의 관계가 없으나, 점성토의 공학적 성질은 흙입자의 광물성분이외에 흙입자 표면의 전기력, 이온성분, 간극수의 성분 등의 영향을 받는다.

2.6.2 점토광물의 기본구조

점토를 이루고 있는 광물성분을 점토광물이라고 하며, 장석, 철-마그네슘 광물 및 운모의 화학적 풍화의 산물인 점토광물은 흙이 소성을 갖게 하는 요인이 된다.

주요 점토광물은 카오리나이트(kaolinite), 일라이트(illite) 및 몬트모릴로나이트(montmorillo-nite) 등의 3가지이며, 이들 외에도 클로라이트(chlorite), 헬로이사이트(halloysite) 등의 점토광물이 있다.

점토광물의 기본구조는 대부분 규소사면체(silica tetrahedron)와 알루미늄팔면체(aluminium octahedron)의 두 가지이다(그림 2-14).

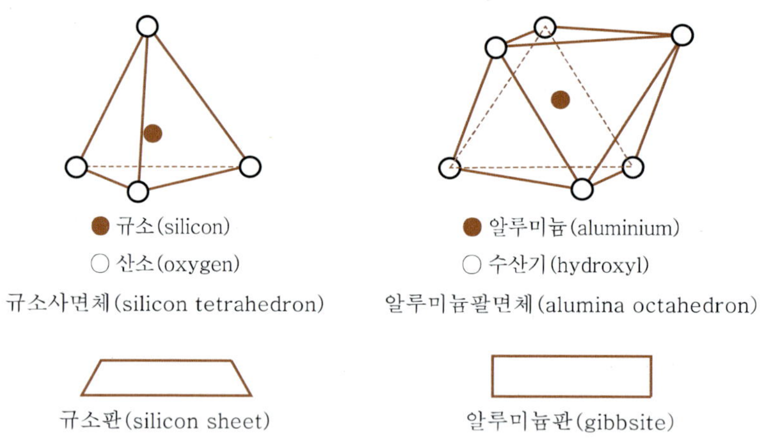

그림 2-14 점토광물의 기본구조

규소사면체는 한 개의 규소(Si) 원자를 4개의 산소(O) 원자가 둘러싸서 4면체를 형성한 것이며, 이것이 연속적으로 결합하여 규소판(silica sheet)을 형성한다.

알루미늄팔면체는 알루미늄(Al) 원자를 6개의 수산기(OH)가 둘러싸서 8면체를 형성한 것이고, 이들이 연속적으로 결합하여 각각 알루미늄판(gibbsite)을 형성한다.

팔면체 내부에 동형치환(isomorphous substitution)에 의하여 알루미늄 원자 대신에 마그네슘(Mg) 원자가 들어가면 마그네슘팔면체가 되며, 이들이 연속적으로 결합한 것을 마그네슘판(brucite)이라고 한다.

2.6.3 점토광물의 종류

점토광물은 규소판(silica sheet)이나 알루미늄판(gibbsite)과 같은 기본구조들이 여러 형태로 결합되어 형성된 것이며, 주요 점토광물의 구조는 그림 2-15와 같다.

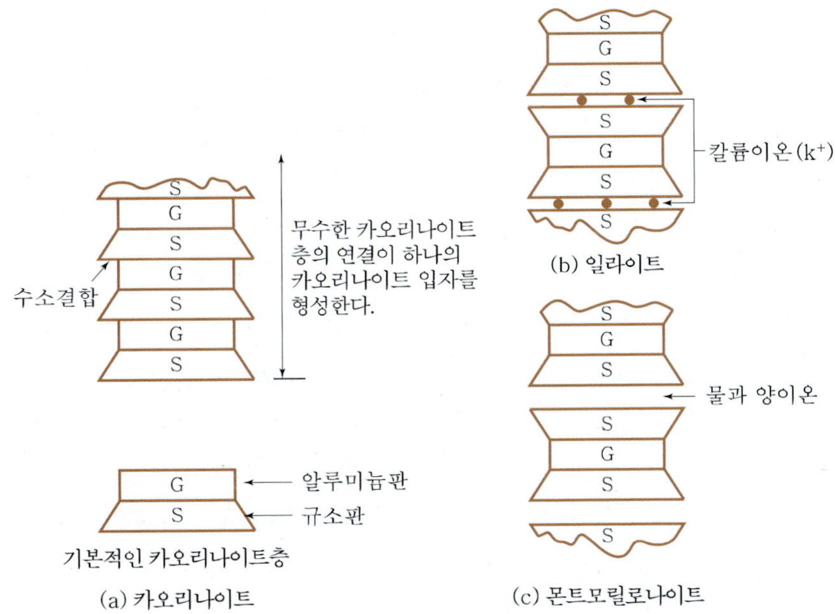

그림 2-15 주요 점토광물의 구조

카오리나이트(kaolinite)는 규소판과 알루미늄판으로 이루어진 2층구조가 무수히 많이 연결되어 형성된 점토광물이며, 각 2층구조의 두께는 약 7.2Å(= Angstrom = 10^{-10}m)이며, 수소결합으로 결속되어 있다. 카오리나이트의 화학적 성분은 다음과 같이 나타낸다.

$$(OH)_8Al_4Si_4O_{10}$$

카오리나이트는 암석이나 다른 점토광물이 풍화되어 생기며, 잔류 점토퇴적물의 가장 중요한 성분이다. 카오리나이트는 매우 안정된 구조를 이루고 있으며, 물의 침투를 억제하고 물로 포화되더라도 팽창이 잘 일어나지 않는다.

일라이트(illite)는 두 개의 규소판 사이에 한 개의 알루미늄판이 결합된 3층구조가 무수히 많이 연결되어 형성된 점토광물이다. 각 3층구조 사이에는 칼륨(K^+)이온이 있어서 서로 결속되며, 카오리나이트의 수소결합보다는 약하지만 몬트모릴로나이트의 결합력보다는 강하다. 일라이트는 물을 가하면 약간 팽창한다. 일라이트의 화학적 성분은 다음과 같이 나타낸다(y는 1과 1.5 사이의 값이다).

$$(OH)_4K_y(Al_4Fe_4Mg_4)(Si_{8-y}Al_y)O_{20}$$

몬트모릴로나이트(montmorillonite)는 일라이트와 같은 3층구조이며, 각 3층구조 사이에 물이나 양이온이 있어서 서로 결속된다. 양이온은 쉽게 교환이 가능하여 결합력이 매우 약하므로, 몬트모릴로나이트는 매우 불안정하여 물을 흡수하면 크게 팽창하고 건조하면 수축과 균열이 크게 일어난다. 화학적 성분은 다음과 같이 나타낸다.

$$(OH)_4Al_4Si_8O_{20} \cdot nH_2O$$

벤토나이트(bentonite)는 몬트모릴로나이트의 한 종류이며, 물을 흡수할 경우 크게 팽창하는 성질을 이용하여 그라우팅(grouting) 재료로 사용하기도 한다.

입경을 기준으로 하여 점토로 분류한 입자가 반드시 점토광물은 아니라는 점에 유의해야 한다. 점토광물은 물을 가하면 소성을 갖는 성질이 있다. 석영, 장석, 운모의 작은 입자는 입경으로 봐서는 점토로 분류할 수 있으나 물을 가해도 소성이 생기지 않는다. 따라서 입경으로 분류한 점토는 점토크기의 입자라 하고 오직 점토광물만을 점토입자라 해야 할 것이다. 점토입자는 대개 콜로이드 크기(0.001mm)의 범위이며 0.002mm 정도가 최대이다.

2.6.4 점성토의 구조

점성토의 기본적인 구조를 이해하기 위하여 물속에 있는 점토입자들 사이에 작용하는 힘의 종류를 알 필요가 있다. 점토입자의 표면은 동형치환과 모서리구조의 불연속 때문에 음전기를 띠고 있다.

동형치환(isomorphous substitution)은 점토광물의 형성과정에서 어떤 원자가 다른 원자와 치환되는 것을 말하며 이로 인해 점토입자는 음전기를 띠게 된다. 점토는 두 방향으로 연속되어 있는데, 산소와 규소 사이에는 반드시 불연속이 있어서 점토입자가 음전기를 띠게 된다.

건조한 점토입자의 음전기는 정전기 인력에 의하여 입자들 주위에 끌려 있는 Ca^{++}, Mg^{++}, Na^{+}, K^{+}과 같은 치환성 양이온과 평형을 이루게 된다. 이때 점토에 물을 가하면 양으로 대전된 물분자의 한쪽이 음으로 대전된 점토입자와 결합하게 된다.

이렇게 점토입자가 양이온과 결합되어 이룬 층을 확산이중층(diffuse double layer)이라고 하며, 양이온 농도는 입자표면으로부터 거리가 멀어지면 감소한다(그림 2-16).

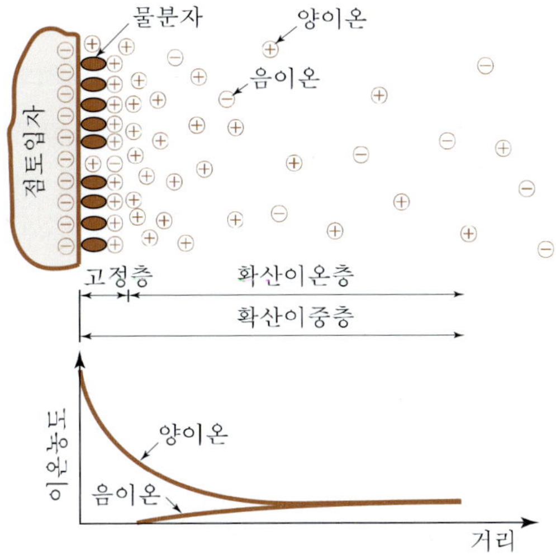

그림 2-16 확산이중층

확산이중층의 가장 안쪽에 있는 물을 흡착수(absorbed water)라 하며 점토의 일부로 보아야 한다. 이것은 일반 물과 달리 밀도가 1.4g/cm^3 정도까지 되며, 점토입자가 소성을 띠는 원인이 된다. 점토의 공학적 성질은 확산이중층의 두께에 따라 달라진다.

점토입자의 표면에는 음전기가 대전되어 있고 각 입자들은 확산이중층이 둘러싸고 있다. 이 때문에 현탁액 속에 있는 2개의 점토입자가 서로 가까워지면 확산이중층들이 서로 침투하려는 경향으로 인해 점토입자들 사이에는 반발력이 생긴다. 그와 동시에 점토입자들 사이에는 반데르발스힘(Van der Waal's force) 에 의한 인력이 존재하게 된다. 이러한 반발력과 인력은 입자들 사이의 거리가 작아짐에 따라 커지며, 입자들 사이의 간격이 매우 작으면 인력이 반발력보다 더 크게 된다.

묽은 현탁액 속에 있는 점토의 거동을 생각해 보자. 점토가 물속에서 처음으로 분산되었을 때 점토입자들은 서로 반발하며, 이것은 입자 상호간의 간격이 클 때는 입자들 사이의 반발력이 인력(반데르발스힘)보다 크기 때문이다. 그리고 각 입자의 중력은 무시할 수 있을 정도로 작아서 각 입자들은 매우 천천히 가라앉거나 현탁액 속에 남아서 브라운운동(Brownian motion : 현탁액 속에서의 콜로이드입자들의 부유운동)을 한다.

각 점토입자들이 가라앉아서 형성된 침전물은 거의 평행하게 놓이게 되며, 이러한 구조를 이산구조(dispersed structure) 또는 배향구조(oriented structure)라고 한다(그림 2-17(a)). 이산구조는 담수 중에 카오리나이트와 같은 활성도가 작은 점토입자가 퇴적할 때에 형성된다. 또한 면모구조의 점토가 1차원적으로 압밀되거나 커다란 전단변형이 발생하는 경우에도 이산구조로 된다.

처음에 물속에서 분산된 입자들이 현탁액에서 무작위운동을 할 동안 서로 가까워지면 점토입자들은 모서리와 면이 접촉하여 면모체(floc)를 형성하게 된다. 이 구조는 양의 전기를 띤 모서리가 음의 전기를 띤 면으로 끌리는 정전기력에 의하여 결속되어 있다. 이러한 현상을 면모화(flocculation)라고 한다. 면모체가 커지면 그것들은 중력에 의하여 가라앉게 된다. 이러한 방법으로 형성된 침전물의 구조를 면모구조(flocculent structure)라고 한다(그림 2-17(b)).

처음에 분산된 점토와 물의 현탁액에 소금을 가하면 이온들이 점토입자들 주위에 있는 이중층(double layer)을 억제하는 경향이 있으며, 이로 인해서 입자들 상호간의 반발력이 작아지게 된다. 이렇게 형성된 침전물의 면모구조를 염기성 면모구조(salt flocculation structure)라고 한다(그림 2-17(c)). 염기성 면모구조의 침전물에서 입자의 배열은 평행에 가깝게 된다.

(a) 이산구조 (b) 면모구조 (c) 염기성 면모구조

그림 2-17 점성토의 구조

요약해서 정리하면, 점토입자 사이의 인력이 우세하면 면모구조가 되고, 반발력이 우세하면 이산구조가 된다. 면모구조를 갖는 점토는 이산구조에 비하여 간극비가 크며 가볍다.

바다에서 형성된 침전물은 면모구조를 많이 갖고 있으며, 담수에서 형성된 침전물의 대부분은 이산구조와 면모구조의 중간 구조를 갖는다.

2.6.5 비점성토의 구조

비점성토의 구조는 단립구조(낱알구조, single-grained structure)와 봉소구조(벌집구조, honey-combed structure)로 분류할 수 있다.

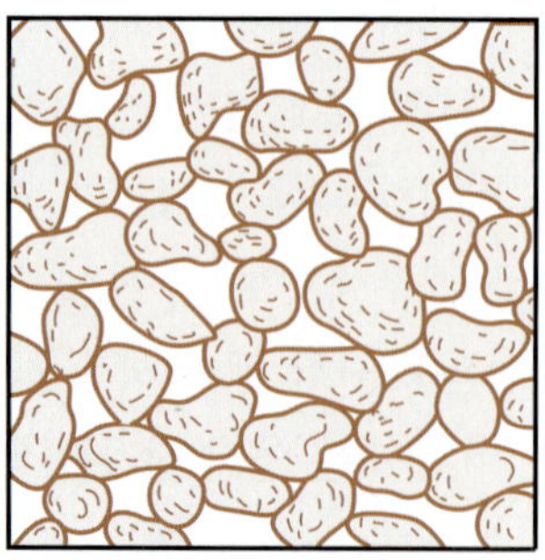

그림 2-18 단립구조

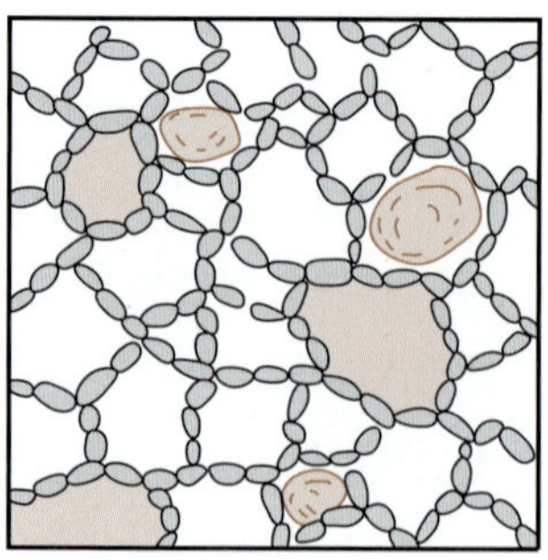

그림 2-19 봉소구조

단립구조(그림 2-18)의 흙입자들은 안정된 상태에 있으며 각각의 입자는 주위의 입자들과 붙어 있다. 흙입자의 모양, 입경, 분포 등은 밀도에 영향을 주게 되어서 간극비에 크게 영향을 미치게 된다.

봉소구조(그림 2-19)는 비교적 가는 모래와 실트가 연쇄적인 배열로 작은 고리형태를 이룬 것이다. 봉소구조의 흙은 간극비가 크며, 작은 정적하중에는 견딜 수 있지만, 큰 하중이나 충격하중을 받으면 구조가 파괴되어 커다란 침하가 발생한다.

2.7 흙의 기타 특성

2.7.1 비표면적

어떤 물체의 표면적을 질량으로 나눈 값을 비표면적(specific surface)라고 하며, 입자가 클수록 비표면적이 작고, 입자가 작을수록 비표면적이 커진다.

주요 점토광물의 비표면적은 표 2.6과 같으며, 카오리나이트의 비표면적이 가장 작고 몬트모릴로나이트의 비표면적이 가장 크다. 물은 점토입자의 표면에서 흡수하므로, 몬트모릴로나이트는 물을 많이 흡수하여 팽창이 크게 일어난다.

표 2.6 주요 점토광물의 두께. 직경, 비표면적

점토광물	두께 ($\times 10^{-6}$mm)	직경 ($\times 10^{-6}$mm)	비표면적 (m^2/g)
montmorillonite	3	100~1000	800
illite	30	10,000	80
chlorite	30	10,000	80
kaolinite	50~2,000	300~4,000	15

2.7.2 활성도

일반적으로 다른 물질을 흡착하거나 물리적, 화학적으로 결합하려는 성질의 크기를 활성(activity)이라고 한다.

흙입자의 크기가 작을수록 비표면적이 커져 물을 많이 끌어 들이므로, 흙의 활성은 점토에서 뚜렷이 나타난다.

흙의 소성지수 PI는 흙속에 존재하는 0.002mm보다 작은 흙입자의 비율 즉, 점토비율에 비례하며, PI와 점토비율 사이의 관계를 나타내는 값을 활성도(activity) A라고 한다. 활성도 A는 다음 식과 같이 나타낼 수 있다.

$$PI = A \times \text{점토비율}(\%)$$

$$A = \frac{PI}{\text{점토비율}(\%)} \tag{2.37}$$

활성도 A가 크면 활성이 크다고 하며 점토비율이 작아도 높은 소성을 보인다. 점토의 활성도가 클수록 물을 많이 흡수하여 팽창이 많이 일어난다.

여러 점토광물에 대한 대략적인 활성도의 값이 표 2.7과 같다. 일반적으로 카오리나이트의 활성도는 매우 작은 값이며, 몬트모릴로나이트의 활성도는 매우 크고, 일라이트의 활성도는 중간 정도의 값이다.

표 2.7 점토광물의 활성도

점토광물	활성도(A)
kaolimite	0.5
halloysite($2H_2O$)	0.5
halloysite($4H_2O$)	0.1
illite	0.5~1
Ca-montmorillonite	1.5
Na-montmorillonite	4~7

2.7.3 비화작용(slaking)

건조한 고체상태의 점토에 갑자기 물을 가하면, 점토입자 사이의 결합력이 약해져서 점토가 붕괴되며, 이러한 현상을 비화작용(slaking)이라고 한다.

소성상태의 점토에서는 비화현상이 일어나지 않는다. 이미 점토입자의 간극에는 모관수가 있고, 점토입자에는 흡착수가 단단히 결합되어 있기 때문에, 물을 가하여도 간극에 물이 들어갈 여유가 없어서 비화작용이 쉽게 일어나지 않는다.

사질토층에서 다짐공사를 할 때 건조된 점토를 가해서 혼합한 후에 물을 가하면서 다짐을 하면 점토가 비화하여 흙입자를 서로 결합시켜 다짐이 단단하게 잘 된다. 반면에 원래 습윤상태의 점토를 가하면 비화현상이 일어나지 않아서 흙입자의 결합이 불충분하게 되어 다짐이 불량하게 된다.

2.7.4 팽창작용(bulking)

건조한 사질토에 물을 약간 가하면 흙의 부피가 팽창하는 현상을 팽창작용(bulking)이라고 한다. 이는 흙입자의 간극에 물이 들어가 표면장력이 발생해서 흙입자 사이가 벌어져서 일시적으로 부피가 늘어나는 것이다.

그러나 팽창한 흙에 물을 더 많이 가하면 표면장력이 없어져서 부피가 감소하며 원래보다 더 줄어들기도 한다.

2.7.5 함수당량

흙속의 간극수는 흙입자가 작을수록 흡착수나 모관압력 때문에 자연증발이나 강제탈수가 어려워진다. 흙속에 간극수를 많이 함유하려는 흙의 능력을 보수력이라고 한다.

원심함수당량(centrifuge moisture equivalent, CME)은 물로 포화된 흙에 중력의 1,000배와 같은 원심력을 1시간 동안 가한 후의 흙의 함수비를 말한다.

현장함수당량(field moisture equivalent, FME)은 젖은 흙의 매끄러운 표면에 한 방울의 물을 떨어뜨렸을 때 30초 동안 흡수되지 않고 퍼져나가는 경우, 이 흙의 함수비를 말한다.

연습문제

2.1 어떤 물체의 부피가 20cm^3, 중량이 50g일 때, 이 물체의 단위중량과 비중을 구하라.

2.2 D_{10} = 0.08mm, D_{30} = 0.30mm, D_{60} = 0.50mm인 흙의 균등계수와 곡률계수를 구하라.

2.3 어느 흙의 체분석 결과가 다음과 같다(전체 흙의 무게 = 445g).

체 번호	각 체에 남아 있는 흙의 무게(g)
4	0
10	20
20	50
40	100
60	90
100	95
200	60
팬(pan)	30

(1) 각 체의 크기보다 작은 입자들의 비율(통과율)을 구하고 입도분포곡선을 그려라.

(2) 입도분포곡선으로부터 D_{10}, D_{30}, D_{60}을 구하라.

(3) 균등계수 C_u 를 구하라.

(4) 곡률계수 C_c 를 구하라.

2.4 어느 흙의 입도분석 결과가 다음과 같다. 입도분포곡선을 그리고 통일분류법에 의하여 자갈, 모래, 실트와 점토의 백분율을 구하라.

크기(mm)	통과율(%)	크기(mm)	통과율(%)
0.850	100.0	0.040	50.8
0.425	92.1	0.020	41.0
0.250	85.8	0.010	34.3
0.150	77.3	0.006	29.0
0.075	62.0	0.002	23.0

2.5 어느 흙에서 흙입자의 부피가 20cm^3, 물의 부피가 10cm^3, 공기의 부피가 5cm^{3}이다. 이 흙의 간극비, 간극률, 포화도를 구하라.

2.6 문제 2.5에서 흙입자의 무게가 50g일 때, 이 흙의 함수비, 전체단위중량, 건조단위중량을 구하라.

2.7 젖은 흙의 부피가 2,800cm^{3}이고, 무게가 5,500g이고, 건조시킨 후의 흙의 무게가 5,000g이다. 흙입자의 비중이 2.7일 때 이 흙의 함수비, 전체단위중량, 건조단위중량, 간극비, 간극률 그리고 포화도를 구하라.

2.8 $e = 0.6$, $w = 20\%$, $G_s = 2.7$인 흙의 간극률 n, 포화도 S, 전체단위중량 γ, 건조단위중량 γ_d, 포화단위중량 γ_{sat}, 수중단위중량 γ'을 구하라.

2.9 포화된 흙의 함수비가 25%이고, 이 흙을 건조시켰을 때의 건조단위중량이 15kN/m^{3}이다. 다음을 구하라.

(1) 흙입자의 비중 G_s (2) 간극비 e (3) 포화단위중량 γ_{sat}

2.10 젖은 흙시료의 무게가 5kN이고 노건조시킨 무게가 4kN이다. 이 흙의 간극비가 0.86이고, 흙입자의 비중은 2.65일 때 다음을 구하라.

(1) 흙의 건조단위중량
(2) 흙의 전체단위중량
(3) 흙의 포화단위중량
(4) 흙 1m^{3}를 완전 포화시키기 위하여 가하여야 하는 물의 무게

2.11 흙의 포화단위중량이 21kN/m^{3}이고, 흙입자의 비중이 2.7일 때, 이 흙의 간극비, 간극률, 함수비, 건조단위중량을 구하라.

2.12 어느 흙의 자연함수비가 15%이다. 이 흙을 다질 때 최대건조단위중량은 함수비 20%일 때 나타났다. 이 흙 100kN을 다져 최대건조단위중량을 얻기 위하여 필요한 물의 양을 구하라.

2.13 어느 모래의 현재 상태의 간극비가 0.4이다. 이 모래를 가장 조밀한 상태로 만들면 간극비가 0.2이고, 가장 느슨한 상태로 만들면 간극비가 0.6이다. 이 모래의 현재 상태에서의 상대밀도를 구하라.

2.14 모래의 최대간극비가 0.8, 최소간극비가 0.3이다. 상대밀도 45%에 해당하는 모래의 간극비를 구하라.

2.15 현장 흙의 단위중량을 구하기 위하여 구멍에서 파낸 젖은 흙의 무게가 500g이고, 건조시킨 후의 무게는 400g, 구멍의 부피는 250cm^{3}이다. 건조한 흙 400g을 몰드에 가장 느슨한 상태로 채운 부피가 280cm^{3}이고, 진동을 가하여 다진 후의 부피는 200cm^{3}이다. 흙입자의 비중 $G_s = 2.7$이다. 이 흙의 상대밀도를 구하라.

2.16 현장에서 모래의 단위중량은 19kN/m^{3}이고 함수비는 10%이다. 흙입자의 비중이 2.66, 최대 및 최소 간극비는 각각 0.62, 0.44이다. 현장 모래의 상대밀도를 구하라.

2.17 건조한 모래 1,500g을 1,000cm^{3}의 용기에 느슨하게 담고, 정하중을 가했을 때 부피가 2% 감소하였다. 이번에는 진동하중을 가했더니 부피가 최초보다 10% 감소하였다. 모래의 비중을 2.65라 할 때, 다음의 경우에 건조단위중량과 간극비를 구하라.

(1) 느슨한 경우 (2) 정하중을 가한 경우 (3) 진동하중을 가한 경우

2.18 어느 흙에 대한 액성한계 실험 결과가 다음과 같다. 실험의 결과로부터 유동곡선을 그리고 액성한계를 구하라.

낙하횟수	함수비(%)
15	42.0
20	40.8
28	39.1

2.19 다음 시험 1, 2, 3은 액성한계시험 결과이고, 시험 4, 5는 소성한계시험 결과이다. 이 흙의 액성한계, 소성한계, 소성지수를 구하라.

시험번호	(캔+젖은 흙) 의 무게(g)	(캔+건조한 흙) 의 무게(g)	캔의 무게 (g)	낙하횟수
1	42.66	35.75	24.27	8
2	40.83	34.56	23.13	31
3	40.14	34.98	24.69	45
4	16.97	16.81	15.76	
5	15.06	14.89	13.79	

2.20 두 시료에 대한 다음 시험결과를 보고 맞는 것을 모두 선택하라.

	시료 1	시료 2
액성한계	30%	9%
소성한계	12%	6%
함수비	15%	6%
비중	2.70	2.68
포화도	100%	100%

(1) 시료 1은 시료 2보다 더 많은 점토를 함유하고 있다.

(2) 시료 1은 시료 2보다 간극비가 크다.

(3) 시료 1은 시료 2보다 전체단위중량이 크다.

(4) 시료 1은 시료 2보다 건조단위중량이 크다.

2.21 점토에 대하여 수축한계 시험을 한 결과가 다음과 같을 때 수축한계 구하라.

$W_1 = 44.6\text{g} \quad \text{V}_1 = 16.2\text{cm}^3$

$W_2 = 32.8\text{g} \quad \text{V}_2 = 10.8\text{cm}^3$

2.22 어느 흙의 액성한계 LL이 120%, 소성한계 PL이 50%, 수축한계 SL이 15%일 때, 이 흙의 소성지수 PI, 수축지수 SI를 구하라.

2.23 문제 2.22에서 어느 흙의 자연 상태의 함수비가 80%일 때, 이 흙의 액성지수, 연경지수를 구하라.

2.24 3개의 정육면체의 한 변의 길이가 각각 1mm, 0.1mm, 0.01mm일 때, 비중을 2.7로 가정하고 각 정육면체의 비표면적을 구하라.

참고문헌

1. 김기웅, 문홍득 (2008). 토질역학, 구미서관.
2. 백영식 (2007). 토질역학, 구미서관.
3. 이종규 (2007). 토질역학, 기문당.
4. 천병식 (1998). 지반공학, 구미서관.
5. 한국표준협회 (1995). 한국산업규격.
6. 日本土質工學會 (1985). 土質工學用語辭典, 東京.
7. American Society for Testing and Materials (1982). ASTM Book of Standards, Part 19, Philadelphia, Pa.
8. Casagrande, A. (1932). "Research of Atterberg Limits of Soils", Public Roads, Vol.13, No.8, pp.121~136.
9. Cernica, John N. (1995). Soil Mechanics, John Wiley & Sons, Inc., New York.
10. Collins, K. and McGown, A. (1974). "The Form and Function of Microfabric Features in a Variety of Natural Soils", Geotechnique, Vol.24, No.2, pp.223~254.
11. Das, B. M. (1998). Principles of Geotechnical Engineering, 4th edition, PWS, MA.
12. Grim, R. E. (1953). Clay Mineralogy, McGraw-Hill, New York.
13. Holtz, R. D. and Kovacs, W. D. (1981). An Introduction to Geotchnical Engineering, Prentice-Hall, Englewood Cliffs, N. J.
14. Lambe, T. W. (1958). "The Structure of Compacted Clay", Journal of the Soil Mechanics and Foundations Division, ASCE, Vol.85, No. SM2, 1654-1~1654-35.
15. Pusch, R. (1978), "General Report on Physico-Chemical Processes Which Affect Soil Structure and Vice Versa" Proceedings, International Symposium on Soil Structure, Gothenburg, Sweden, Appendix 33.
16. Skempton, A, W. (1953). "The Colloidal Activity of Clays" Proceedings, 3rd International Conference on Soil Mechanics and Foundation Engineering, London, Vol.1, pp.57~61.
17. Yong, R. N. and Sheeran, D. E. (1973), "Fabric Unit Interaction and Soil Behaviour" Proceedings, International Symposium on Soil Structure, Gothenburg, Sweden, pp.176~183.

제3장

흙의 분류와 다짐

SOIL MECHANICS

SOIL MECHANICS

제3장 흙의 분류와 다짐

3.1 흙의 분류

3.1.1 개요

흙의 분류법(soil classification system)은 다양한 종류의 흙을 비슷한 성질을 갖는 여러 군으로 분류하는 것이다. 분류법은 무한히 다양한 흙의 일반적인 특성을 상세한 설명 없이 단순한 기호를 사용하여 간단히 표현할 수 있어야 한다.

현재 여러 가지 흙의 분류법이 사용되고 있지만 흙 성질의 다양성 때문에 어떠한 분류법도 모든 흙을 명확히 정의하지는 못하고 있다.

공학적으로 많이 사용하고 있는 흙의 분류법은 흙입자 크기와 아터버그한계를 함께 고려하는 통일분류법(united soil classification system)과 AASHTO분류법이다. 지반공학 기술자는 통일분류법을 많이 사용하며, 도로 기술자는 AASHTO분류법을 많이 사용하고 있다.

3.1.2 입도조성분류법(삼각좌표분류법)

입도조성에 의한 분류법(textural classification)은 필요에 따라 여러 단체에 의하여 만들어졌으며 그것들 중 일부가 현재 사용되고 있다. 그림 3-1은 미국 농무부(US department of agriculture, USDA)가 만든 입도조성에 의한 분류법으로, 삼각좌표분류법이라고도 한다. 이것은 다음과 같은 입자 크기에 따른 분류법이다.

① 모래 크기 : 직경 2.0~0.05mm
② 실트 크기 : 직경 0.05~0.002mm
③ 점토 크기 : 직경 0.002mm보다 작은 것

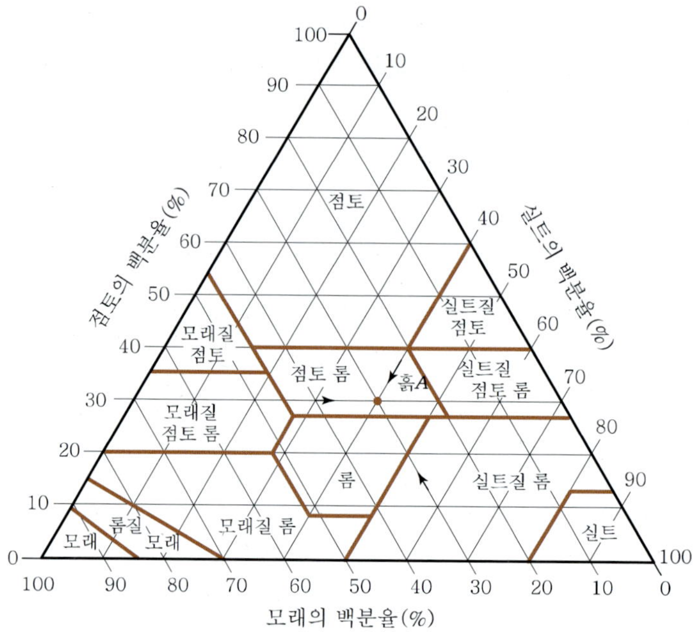

그림 3-1 입도조성분류법(삼각좌표분류법)

만약 흙 A가 30%의 모래, 40%의 실트, 30%의 점토로 이루어져 있다면, 그 흙의 구성에 의한 분류는 그림 3-1에서 화살표가 가리키는 바와 같이 점토 롬(clay loam)에 속하게 된다.

이 도표는 오직 10번체(직경 2mm)를 통과하는 흙만을 대상으로 하므로, 직경 2mm보다 큰 흙입자(자갈)는 제외하고 그보다 작은 흙입자만을 대상으로 하여야 한다. 예를 들면, 만약 흙 B가 자갈 20%, 모래 10%, 실트 30%, 점토 40%의 입자크기 분포를 갖고 있다면 다음과 같이 구성 비율을 수정하여야 한다.

$$\text{모래 크기 : } \frac{10}{100-20}\times 100 = 12.5\%$$

$$\text{실트 크기 : } \frac{30}{100-20}\times 100 = 37.5\%$$

$$\text{점토 크기 : } \frac{40}{100-20}\times 100 = 50.0\%$$

위의 수정값들을 근거로 하여 그림 3-1에 따르면 이 흙은 점토(clay)에 속한다. 그러나 자갈의 함유율이 크기 때문에 자갈질 점토(gravelly clay)라고 부를 수 있다.

흙의 입도조성에 의한 분류법은 비교적 간단하지만 전적으로 입도분포에만 근거를 두고 있다. 그러나 세립토에 존재하는 점토광물의 양과 형태도 흙의 물리적 특성에 큰 영향을 미치게 된다. 그러므로 흙의 특성을 설명하기 위하여 점토광물로 인하여 생기는 소성을 고려할 필요가 있다. 그런데 입도조성에 의한 분류법은 소성을 고려하지 않으므로 중요한 흙의 여러 성질을 나타낼 수 없기 때문에 대부분의 공학적 목적에는 부적당하다.

예제 3.1

다음과 같은 입도분포를 갖는 흙을 입도조성분류법으로 분류하라.

흙	자갈(%)	모래(%)	실트(%)	점토(%)
A	0	16	37	47
B	0	30	30	40
C	10	50	30	10

풀이

2mm보다 큰 자갈을 제외한 모래, 실트, 점토의 수정 백분율을 구하고 그림 3-1에 따라 흙을 분류한다.

흙	모래(%)	실트(%)	점토(%)	흙의 분류명
A	16	37	47	점토
B	30	30	40	점토 및 점토 롬(경계선)
C	65.6	33.3	11.1	자갈 섞인 모래질 롬

3.2 통일분류법

3.2.1 개요

통일분류법(unified soil classification system)은 미국의 Casagrande가 미국 공병단의 비행장 공사를 위하여 1942년에 개발하고 그 후 여러 차례 개정되어 현재 지반공학 기술자들이 가장 많이 사용하는 분류법이다.

통일분류법을 적용하기 위해서는 다음과 같은 사항에 대하여 파악하고 있어야 한다.

1. 자갈의 백분율 : 직경 75mm~4.75mm(4번체)

2. 모래의 백분율 : 직경 4.75mm(4번체)~0.075mm(200번체)
3. 세립토(실트와 점토)의 백분율 F : 직경 0.075mm(200번체) 이하
4. 균등계수와 곡률계수
5. 40번체(직경 0.425mm)를 통과하는 흙의 액성한계와 소성지수

3.2.2 통일분류법의 기호

통일분류법은 흙을 영문자 두 개의 기호로 표시하여 조립토 18가지, 세립토 7가지 및 피트(peat)로 분류한다. 앞의 기호는 흙입자의 주된 크기를 나타내고, 뒤의 문자는 입도분포나 소성을 나타낸다.

앞의 기호에 사용하는 문자에는 다음과 같은 것들이 있다.

1. 200번체 통과율이 50%보다 작으면 자갈이나 모래의 조립토(coarse-grained soil)이다. 여기에 속하는 흙의 기호는 G나 S로 시작된다. G는 자갈 또는 자갈질 흙을 나타내고, S는 모래 또는 모래질 흙을 나타낸다.
2. 200번체 통과율이 50% 이상이면 세립토(fine-grained soil)이다. 여기에 속하는 흙의 기호는 M, C, O로 시작된다. 무기질 실트에 대해서는 M, 무기질 점토에 대해서는 C, 그리고 유기질 실트와 유기질 점토에 대해서는 O로 나타낸다.
3. 유기질이 매우 많은 흙은 P_t(peat, 피트)로 표시하고 더 이상 세분류하지 않는다. 이들에 대해서는 검은 색이나 썩은 냄새 등 육안 및 후각으로 판정한다.

조립토에서 뒤의 기호에 사용하는 문자에는 다음과 같은 것들이 있다.

1. W : 입도분포가 양호한 흙
2. P : 입도분포가 불량한 흙
3. M : 실트가 섞인 흙
4. C : 점토가 섞인 흙

세립토에서 뒤의 문자에 사용하는 것에는 다음과 같은 것들이 있다.

1. L : 액성한계가 50% 미만인 압축성 또는 소성이 작은 흙
2. H : 액성한계가 50% 이상인 압축성 또는 소성이 큰 흙

3.2.3 소성도

세립토를 여러 가지로 세분하는 데는 액성한계 LL과 소성지수 PI의 관계 및 범위를 나타내는 그림 3-2와 같은 소성도가 사용된다.

소성도에서 A선은 무기질 실트(inorganic silt)와 무기질 점토(inorganic clay)를 구분하는 선인데, 무기질 점토는 A선 위쪽에 위치하며, 무기질 실트는 A선 아래쪽에 위치하게 된다. A선에 대한 관계식은 다음과 같다.

$$PI = 0.73(LL - 20) \tag{3.1}$$

A선 위에는 U선이 있다. 이 선은 대체로 액성한계와 소성지수의 관계의 상한선으로서 U선보다 위쪽에 있는 흙은 없다. U선에 대한 관계식은 다음과 같다.

$$PI = 0.9(LL - 8) \tag{3.2}$$

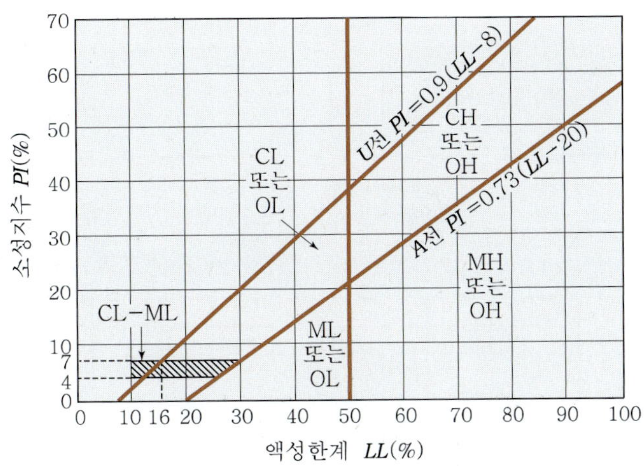

그림 3-2 소성도

3.2.4 통일분류법의 순서

통일분류법으로 흙을 분류하는 순서는 다음과 같다(ASTM, 1986).

단계 1 : 검은 색을 띠거나 썩은 냄새가 나는 등 유기질이 매우 많은 흙은 P_t(peat, 피트)로 표시하고 더 이상 세분류하지 않는다. 그렇지 않은 경우 2단계로 간다.

단계 2 : 200번체를 통과하는 흙의 백분율 F를 구한다. $F < 50\%$이면 조립토이며, 단계 3으로 간다. $F \geq 50\%$이면 세립토이며, 단계 4로 간다.

단계 3 : 조립토인 경우에는 4번체에 남는 자갈의 백분율과 4번체를 통과하고 200번체에는 남는 모래의 백분율을 구한다. 자갈의 백분율이 모래의 백분율보다 크면 자갈질 흙이며, 작으면 모래질 흙에 속한다. 조립토의 구체적인 기호(group symbol)는 그림 3-3과 같은 방법으로 결정하며, 흙의 명칭(group name)은 표 3.1에서 결정할 수 있다.

단계 4 : 세립토인 경우에는 그림 3-4와 같은 방법으로 흙의 기호를 결정한다. 그림 3-4에서 유기질 흙의 구분은 색이나 냄새 등에 의하며, 또는 노건조시킨 흙의 액성한계가 노건조시키기 전의 흙의 액성한계의 75%보다 작으면 유기질 흙으로 구분한다.
유기질 흙이 아닌 경우 즉 무기질 흙인 경우에는 표 3.2에서, 유기질 흙인 경우에는 표 3.3에서 흙의 명칭(group name)을 결정할 수 있다.

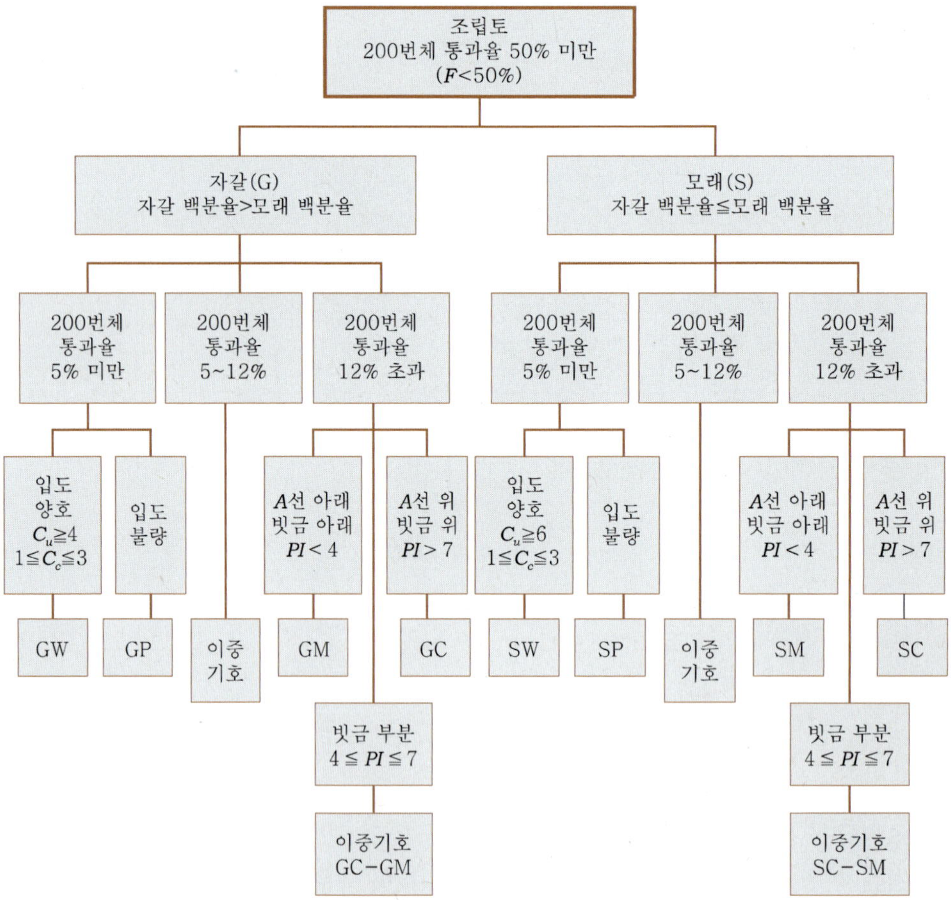

그림 3-3 통일분류법에 의한 조립토의 분류

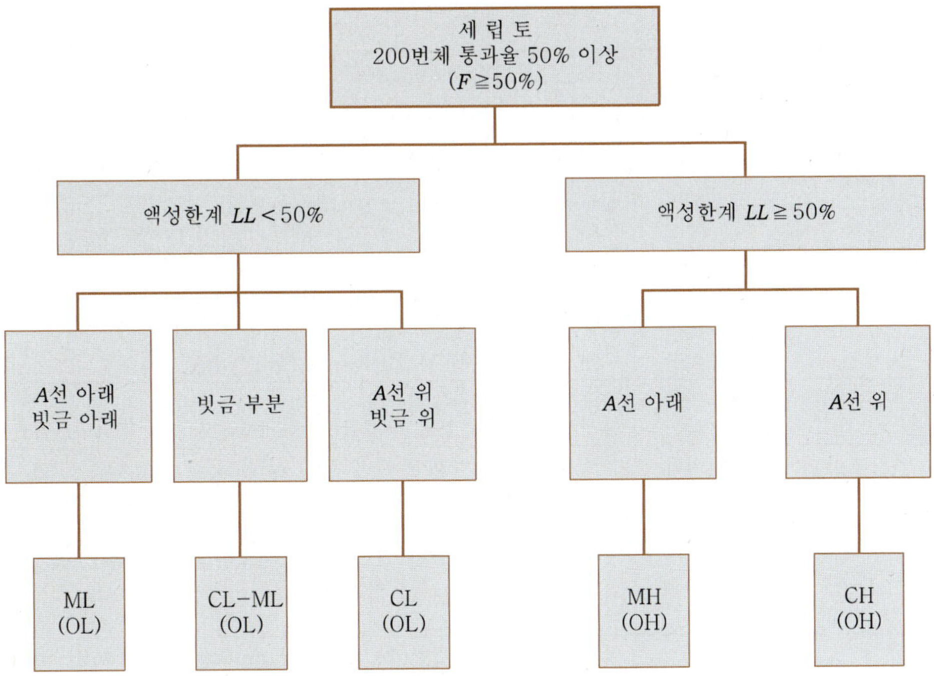

그림 3-4 통일분류법에 의한 세립토의 분류

단계 3에서 조립토를 모래질 흙과 자갈질 흙으로 구분하는 기준은 예전의 방법과는 다소의 차이가 있으며, 조립토와 세립토의 명칭을 결정하는 표 3.1, 표 3.2, 표 3.3도 ASTM(1986)에서 새로 채택된 방법이다.

표 3.1 조립토의 명칭

기 호	자갈 백분율	모래 백분율	명 칭
GW		15% 미만 15% 이상	입도양호한 자갈(well-graded gravel) 모래 섞인 입도양호한 자갈(well-graded gravel with sand)
GP		15% 미만 15% 이상	입도불량한 자갈(poorly-graded gravel) 모래 섞인 입도불량한 자갈(poorly graded gravel with sand)
GM		15% 미만 15% 이상	실트질 자갈(silty gravel) 모래 섞인 실트질 자갈(silty gravel with sand)
GC		15% 미만 15% 이상	점토질 자갈(clayey gravel) 모래 섞인 점토질 자갈(clayey gravel with sand)
GC-GM		15% 미만 15% 이상	실트 점토질 자갈(silty clayey gravel) 모래 섞인 실트 점토질 자갈(silty clayey gravel with sand)
GW-GM		15% 미만 15% 이상	실트 섞인 입도양호한 자갈(well-graded gravel with silt) 실트와 모래 섞인 입도양호한 자갈(well-graded gravel with silt and sand)
GW-GC		15% 미만 15% 이상	점토 섞인 입도양호한 자갈(well-graded gravel with silt) 점토와 모래 섞인 입도양호한 자갈(well-graded gravel with clay and sand)
GP-GM		15% 미만 15% 이상	실트 섞인 입도불량한 자갈(poorly graded gravel with silt) 실트와 모래 섞인 입도불량한 자갈(poorly graded gravel with silt and sand)
GP-GC		15% 미만 15% 이상	점토 섞인 입도불량한 자갈(poorly graded gravel with clay) 점토와 모래 섞인 입도불량한 자갈(poorly-graded gravel with clay and sand)
SW	15% 미만 15% 이상		입도양호한 모래(well-graded sand) 자갈 섞인 입도양호한 모래(well-graded sand with gravel)
SP	15% 미만 15% 이상		입도불량한 모래(poorly graded sand) 자갈 섞인 입도불량한 모래(poorly graded sand with gravel)
SM	15% 미만 15% 이상		실트질 모래(silty sand) 자갈 섞인 실트질 모래(silty sand with gravel)
SC	15% 미만 15% 이상		점토질 모래(clayey sand) 자갈 섞인 점토질 모래(clayey sand with gravel)
SC-SM	15% 미만 15% 이상		실트 점토질 모래(silty clayey sand) 자갈 섞인 실트 점토질 모래(silty clayey sand with gravel)
SW-SM	15% 미만 15% 이상		실트 섞인 입도양호한 모래(well-graded sand with silt) 실트와 자갈 섞인 입도양호한 모래(well-graded sand with silt and gravel)
SW-SC	15% 미만 15% 이상		점토 섞인 입도양호한 모래(well-graded sand with clay) 점토와 자갈 섞인 입도양호한 모래(well-graded sand with clay and gravel)
SP-SM	15% 미만 15% 이상		실트 섞인 입도불량한 모래(poorly graded sand with silt) 실트와 자갈 섞인 입도불량한 모래(poorly graded sand with silt and gravel)
SP-SC	15% 미만 15% 이상		점토 섞인 입도불량한 모래(poorly graded sand with clay) 점토와 자갈 섞인 입도불량한 모래(poorly graded sand with clay and gravel)

표 3.2 무기질 세립토의 명칭

기호	200번체 통과율	모래백분율/자갈백분율	자갈 백분율	모래 백분율	명 칭
CL	85% 이상				압축성이 작은 점토(lean clay)
	70~85%	1 이상			모래 섞인 압축성이 작은 점토(lean clay with sand)
		1 미만			자갈 섞인 압축성이 작은 점토(lean clay with gravel)
	70% 미만	1 이상	15% 미만		모래질 압축성이 작은 점토(sandy lean clay)
		1 이상	15% 이상		자갈 섞인 모래질 압축성이 작은 점토(sandy lean clay with gravel)
		1 미만		15% 미만	자갈질 압축성이 작은 점토(gravelly lean clay)
		1 미만		15% 이상	모래 섞인 자갈질 압축성이 작은 점토(gravelly lean clay with sand)
ML	85% 이상				소성이 작은 실트(silt)
	70~85%	1 이상			모래 섞인 소성이 작은 실트(silt with sand)
		1 미만			자갈 섞인 소성이 작은 실트(silt with gravel)
	70% 미만	1 이상	15% 미만		모래질 소성이 작은 실트(sandy silt)
		1 이상	15% 이상		자갈 섞인 모래질 소성이 작은 실트(sandy silt with gravel)
		1 미만		15% 미만	자갈질 소성이 작은 실트(gravelly silt)
		1 미만		15% 이상	모래 섞인 자갈질 소성이 작은 실트(gravelly silt with sand)
CL-ML	85% 이상				실트질 점토(silty clay)
	70~85%	1 이상			모래 섞인 실트질 점토(silty clay with sand)
		1 미만			자갈 섞인 실트질 점토(silty clay with gravel)
	70% 미만	1 이상	15% 미만		모래 실트질 점토(sandy silty clay)
		1 이상	15% 이상		자갈 섞인 모래 실트질 점토(sandy silty clay with gravel)
		1 미만		15% 미만	자갈 실트질 점토(gravelly silty clay)
		1 미만		15% 이상	모래 섞인 자갈 실트질 점토(gravelly silty clay with sand)
CH	85% 이상				압축성이 큰 점토(fat clay)
	70~85%	1 이상			모래 섞인 압축성이 큰 점토(fat clay with sand)
		1 미만			자갈 섞인 압축성이 큰 점토(fat clay with gravel)
	70% 미만	1 이상	15% 미만		모래질 압축성이 큰 점토(sandy fat clay)
		1 이상	15% 이상		자갈 섞인 모래질 압축성이 큰 점토(sandy fat clay with gravel)
		1 미만		15% 미만	자갈질 압축성이 큰 점토(gravelly fat clay)
		1 미만		15% 이상	모래 섞인 자갈질 압축성이 큰 점토(gravelly fat clay with sand)
MH	85% 이상				소성이 큰 실트(elastic silt)
	70~85%	1 이상			모래 섞인 소성이 큰 실트(elastic silt with sand)
		1 미만			자갈 섞인 소성이 큰 실트(elastic silt with gravel)
	70% 미만	1 이상	15% 미만		모래질 소성이 큰 실트(sandy elastic silt)
		1 이상	15% 이상		자갈 섞인 모래질 소성이 큰 실트(sandy elastic silt with gravel)
		1 미만		15% 미만	자갈질 소성이 큰 실트(gravelly elastic silt)
		1 미만		15% 이상	모래 섞인 자갈질 소성이 큰 실트(gravelly elastic silt with sand)

표 3.3 유기질 세립토의 명칭

기호	소성	200번체 통과율	모래백분율/자갈백분율	자갈 백분율	모래 백분율	명 칭
OL	PI≥4 이고 A선 위쪽	85% 이상				유기질 점토(organic clay)
		70~85%	1 이상			모래 섞인 유기질 점토(organic clay with sand)
			1 미만			자갈 섞인 유기질 점토(organic clay with gravel)
		70% 미만	1 이상	15% 미만		모래질 유기질 점토(sandy organic clay)
			1 이상	15% 이상		자갈 섞인 모래질 유기질 점토(sandy organic clay with gravel)
			1 미만		15% 미만	자갈질 유기질 점토(gravelly organic clay)
			1 미만		15% 이상	모래 섞인 자갈질 유기질 점토(gravelly organic clay with sand)
	PI<4 또는 A선 아래쪽	85% 이상				유기질 실트(organic silt)
		70~85%	1 이상			모래 섞인 유기질 실트(organic silt with sand)
			1 미만			자갈 섞인 유기질 실트(organic clay with gravel)
		70% 미만	1 이상	15% 미만		모래질 유기질 실트(sandy organic silt)
			1 이상	15% 이상		자갈 섞인 모래질 유기질 실트(sandy organic silt with gravel)
			1 미만		15% 미만	자갈질 유기질 실트(gravelly organic silt)
			1 미만		15% 이상	모래 섞인 자갈질 유기질 실트(gravelly organic silt with sand)
OH	A선 위쪽	85% 이상				유기질 점토(organic clay)
		70~85%	1 이상			모래 섞인 유기질 점토(organic clay with sand)
			1 미만			자갈 섞인 유기질 점토(organic clay with gravel)
		70% 미만	1 이상	15% 미만		모래질 유기질 점토(sandy organic clay)
			1 이상	15% 이상		자갈 섞인 모래질 유기질 점토(sandy organic clay with gravel)
			1 미만		15% 미만	자갈질 유기질 점토(gravelly organic clay)
			1 미만		15% 이상	모래 섞인 자갈질 유기질 점토(gravelly organic clay with sand)
	A선 아래쪽	85% 이상				유기질 실트(organic silt)
		70~85%	1 이상			모래 섞인 유기질 실트(organic silt with sand)
			1 미만			자갈 섞인 유기질 실트(organic clay with gravel)
		70% 미만	1 이상	15% 미만		모래질 유기질 실트(sandy organic silt)
			1 이상	15% 이상		자갈 섞인 모래질 유기질 실트(sandy organic silt with gravel)
			1 미만		15% 미만	자갈질 유기질 실트(gravelly organic silt)
			1 미만		15% 이상	모래 섞인 자갈질 유기질 실트(gravelly organic silt with sand)

예제 3.2

다음과 같은 특성을 갖는 흙을 통일분류법으로 분류하라.

75mm체 통과율 = 100%
4번체 통과율 = 80% 10번체 통과율 = 70%
40번체 통과율 = 65% 200번체 통과율 = 45%
액성한계 = 30% 소성지수 = 10%

풀이

① 200번체 통과율 F = 45% < 50%이므로 조립토에 속한다.
② 자갈 백분율(= 100−80 = 20%)이 모래 백분율(= 80−45 = 35%)보다 작으므로 모래에 속한다.
③ 200번체 통과율(45%)이 12%보다 크므로 SM 또는 SC에 속한다.
④ 소성지수 PI가 7%보다 크고, 소성도에서 A선 위에 위치하므로 이 흙의 기호는 SC이다.
⑤ 표 3.1에서 자갈 백분율(20%)이 15% 이상이므로 이 흙의 명칭은 자갈 섞인 점토질 모래(clayey sand with gravel)이다.

예제 3.3

2가지 흙에 대한 입도분포곡선이 그림 3-5에 나타나 있다. 이 흙을 통일분류법으로 분류하여 기호와 명칭을 구하라. 40번체를 통과한 흙의 액성한계와 소성한계는 다음과 같다.

	흙 A	흙 B
액성한계(%)	24	30
소성한계(%)	18	20

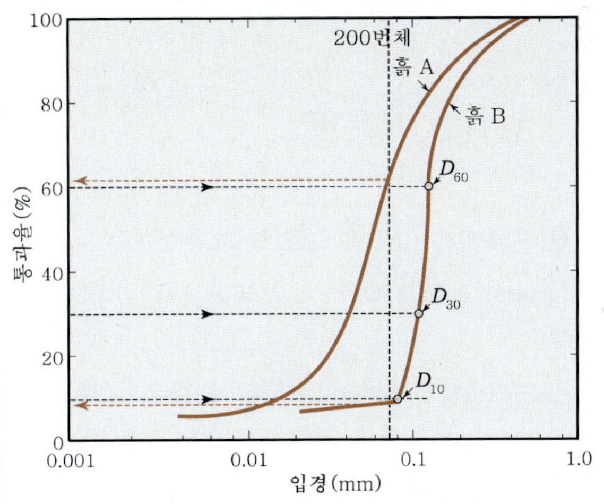

그림 3-5 2가지 흙의 입도분포곡선

풀이

(1) 흙 A

① 입도분포곡선에서 200번체 통과율 F = 61% > 50%이므로 세립토에 속한다.

② 액성한계 LL = 24%, 소성지수 PI = 24 − 18 = 6%

③ 그림 3-2의 소성도에서 빗금부분에 위치하므로, 이 흙의 기호는 CL-ML이다.

④ 명칭은 표 3.2에서 모래 실트질 점토(sandy silty clay)이다.

(2) 흙 B

① 입도분포곡선에서 200번체 통과율 F = 8% < 50%이므로 조립토에 속한다.

② 4번체(4.75mm) 통과율 = 100% 이므로 자갈 백분율 = 0%, 모래 백분율 = 100−8 = 92%. 자갈 백분율 < 모래 백분율 이므로 모래에 속한다.

③ 200번체 통과율이 5~12% 내에 있으므로 이중기호로 표기한다.

④ 그림 3-5에서 D_{10} = 0.08mm, D_{30} = 0.12mm, D_{60} = 0.14mm이며, 균등계수와 곡률계수는 다음과 같이 되어 입도불량이므로, 이 흙은 SP에 해당한다.

$$균등계수\ C_u = \frac{D_{60}}{D_{10}} = \frac{0.14}{0.08} = 1.75 < 6$$

$$곡률계수\ C_c = \frac{{D_{30}}^2}{D_{10} \times D_{60}} = \frac{0.12^2}{0.08 \times 0.14} = 1.29 > 1$$

⑤ 액성한계 LL = 30%, 소성지수 PI = 30 − 20 = 10%이어서 그림 3-2의 소성도에서 A선 위에 위치하므로 SC에 해당한다.

⑥ 따라서 이 흙의 기호는 SP-SC이다.

⑦ 명칭은 표 3.1에서 점토 섞인 입도불량한 모래(poorly graded sand with clay)이다.

3.3 AASHTO분류법

이 분류법은 미국의 도로 및 교통협회(American Association of State Highway and Transportation Officials, AASHTO)에서 발표한 분류법으로서, 여러 차례 개정되어 도로설계용으로 많이 사용되고 있다.

AASHTO분류법에서는 다음과 같은 기준을 사용하고 있다.

1. 자갈 : 직경 75mm~2mm(10번체)
2. 모래 : 직경 2mm(10번체)~0.075mm(200번체)

3. 실트와 점토 : 직경 0.075mm(200번체) 이하

소성지수 $PI \leq 10$: 실트질 흙

소성지수 $PI \geq 11$: 점토질 흙

4. 75mm보다 큰 율석(cobble)이나 옥석(boulder)은 시료에서 제외시키지만, 그 비율은 기록한다.

AASHTO분류법은 흙의 입도, 액성한계, 소성지수 등에 따라 표 3.4와 같이 흙을 12가지 기호로 분류하고 있다.

200번체 통과율이 35% 이하인 흙은 조립토로서 A-1, A-2, A-3로 분류하며, 200번체 통과율이 35%보다 큰 흙은 세립토로서 A-4, A-5는 실트질 흙, A-6, A-7는 점토질 흙으로 분류한다. 세립토에서 소성지수 PI가 10 이하이면 실트, 11이상이면 점토로 구분된다.

분류기호 뒤에는 군지수(group index, GI)를 ( )안에 기입하여야 하며, 조립토에서 2개 이상의 기호에 해당하는 경우 가장 왼쪽의 기호를 사용한다.

표 3.4 AASHTO분류법

일반적 분류		조립토 (200번체 통과율 35% 이하)							세립토 (200번체 통과율 35% 초과)			
분류기호		A-1		A-3	A-2				A-4	A-5	A-6	A-7*
		A-1-a	A-1-b		A-2-4	A-2-5	A-2-6	A-2-7				A-7-5 A-7-6
체분석 통과율 (%)	10번체	50 이하										
	40번체	30 이하	50 이하	51 이상								
	200번체	15 이하	25 이하	10 이하	35 이하	35 이하	35 이하	35 이하	36 이상	36 이상	36 이상	36 이상
40번체 통과분	액성한계				40 이하	41 이상	40 이하	41 이상	40 이하	41 이상	40 이하	41 이상
	소성지수	6 이하		비소성 (NP)	10 이하	10 이하	11 이상	11 이상	10 이하	10 이하	11 이상	11 이상
군지수		0		0	0		4 이하		8 이하	12 이하	16 이하	20 이하
주요구성재료		석편, 자갈, 모래		가는 모래	실트질 또는 점토질 자갈 및 모래				실트질 흙		점토질 흙	
노상토로서 일반적 등급		우수 또는 양호							적합 또는 불량			

* $PI \leq LL-30$이면 A-7-5　　$PI > LL-30$이면 A-7-6

AASHTO분류법에서는 도로의 노상토 재료로 사용되는 흙의 품질을 평가하기 위하여 다음과 같은 식으로 구한 군지수(group index, GI)를 사용한다. 일반적으로 군지수가 클수록 흙의 품질은 나쁘다.

$$GI = (F-35)[0.2+0.005(LL-40)]+0.01(F-15)(PI-10) \tag{3.1}$$

여기서, $F =$ 200번체 통과율
$LL =$ 액성한계
$PI =$ 소성지수

식 (3.1)의 첫 번째 항 $(F-35)[0.2+0.005(LL-40)]$은 액성한계 LL에 의하여 결정되고, 두 번째 항 $0.01(F-15)(PI-10)$은 소성지수 PI에 의하여 결정되는 값이다. 군지수를 결정하는 데는 다음과 같은 규칙을 적용한다.

1. 식 (3.1)로 구한 군지수는 반올림하여 정수로 나타낸다.
2. 만약 식 (3.1)로 구한 군지수가 음수이면 $GI = 0$으로 한다.
3. 군지수의 상한선은 없다.
4. A-1-a, A-1-b, A-2-4, A-2-5, A-3에 속하는 흙의 군지수는 항상 0이다.
5. A-2-6, A-2-7에 속하는 흙의 군지수를 계산할 때는 첫 번째 항을 무시하고 다음 식으로 계산한다.

$$GI = 0.01(F-15)(PI-10) \tag{3.2}$$

그림 3-6의 AASHTO 소성도를 사용하면 세립토(A-4, A-5, A-6, A-7) 및 A-2에 해당하는 흙을 편리하게 분류할 수 있다.

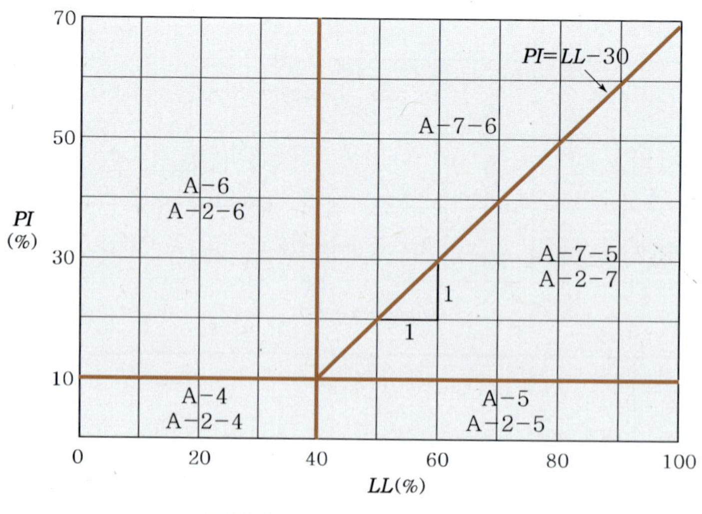

그림 3-6 AASHTO 소성도

예제 3.4

어느 흙에 대한 입도분석의 결과가 다음과 같고, 40번체를 통과한 흙의 액성한계와 소성지수는 각각 30%와 10%이다. 이 흙을 AASHTO분류법에 의하여 분류하라.

10번체 통과율 = 100%

40번체 통과율 = 80%

200번체 통과율 = 58%

풀이

① 200번체 통과율이 58% > 35%이므로 세립토이다. 즉, A-4, A-5, A-6, A-7에 속한다.

② 그 중에서도 액성한계가 40% 이하이고, 소성지수가 10% 이하이므로 A-4이다.

③ 식 (3.1)로 구한 군지수는 다음과 같다.

$$GI = (F-35)[0.2+0.005(LL-40)]+0.01(F-15)(PI-10)$$
$$= (58-35)[0.2+0.005(30-40)]+0.01(58-15)(10-10)$$
$$= 3.45 \fallingdotseq 3$$

④ 따라서 이 흙은 A-4(3)으로 분류된다.

3.4 흙의 다짐 원리

도로 성토나 흙댐 등의 흙공사를 하거나 연약한 지반을 개량할 때, 느슨한 상태의 흙은 다짐을 해줘서 조밀한 상태로 만들어야 한다. 흙의 다짐(compaction)이란 타격, 압력, 진동, 반죽 등의 방법으로 흙에 에너지를 가하여 흙입자 사이의 간격을 조밀하게 하여 흙의 물리적, 역학적 특성을 개선하는 것을 말한다.

느슨한 흙에 다짐을 하면 흙속의 공기가 배출되어 간극이 감소하여 흙의 투수성과 압축성이 감소한다. 또 흙의 단위중량이 증가하여 흙의 전단강도가 증가하며, 기초지반의 지지력은 증가하고 침하량은 감소하게 된다.

흙을 다질 때 물을 가해주면 그 물이 마치 윤활유처럼 흙입자들 사이에 작용하게 되어 흙입자들은 서로 미끄러져서 조밀하게 다져진다. 흙의 다짐 정도는 그 흙의 건조단위중량으로 알 수 있다.

함수비를 점차로 증가시키면서 동일한 다짐에너지를 가하면 단위부피당 흙입자의 무게가 점차로 증가하여 흙의 건조단위중량이 증가한다. 그러나 함수비가 계속 증가하여 어느 값을 초과하면 함수비가 증가함에 따라서 건조단위중량이 오히려 감소하게 된다. 이것은 흙입자들로 채워져 있던 공간을 물이 차지하기 때문이다.

흙의 최대건조단위중량 γ_{dmax}이 얻어질 때 즉, 흙이 가장 잘 다져질 때의 함수비를 최적함수비(optimum moisture content, OMC)라고 한다.

흙의 최적함수비와 최대건조단위중량을 구하기 위해 실시하는 실내다짐시험을 프록터 다짐시험(Proctor compaction test)이라고 하며, 이에는 표준다짐시험과 수정다짐시험이 있다.

3.5 실내다짐시험

3.5.1 실내다짐시험의 종류

실내다짐시험방법은 일정한 부피의 몰드(mold)에 흙을 3층이나 5층으로 나누어 깔고 각 층마다 래머(rammer, 철추)를 낙하시켜서 다짐에너지를 가하여 흙을 다지는 것이다.

실내다짐시험에서 다짐에너지의 크기에 따라 다짐방법을 크게 분류하면 표준다짐시험(standard Proctor test)과 수정다짐시험(modified Proctor test)이 있다.

표준다짐시험방법은 내경 100mm, 높이 127.3mm(부피 1,000cm^3)의 몰드에 흙을 3층으로 나누어 넣고 각 층마다 2.5kg의 래머를 30cm의 높이에서 25회씩 낙하시켜서 다짐을 하는 방법이다(그림 3-7).

수정다짐시험방법은 내경 150mm, 높이 125mm(부피 2,209cm^3)의 몰드에 흙을 5층으로 나누어 넣고 각 층마다 4.5kg의 래머를 45cm의 높이에서 55회씩 낙하시켜서 다짐을 하는 방법이다. 수정다짐방법을 사용하면 표준다짐시험방법보다 약 4배가 큰 다짐에너지가 가해진다.

다짐에너지(compaction energy, E_c)는 단위부피당 흙에 가해지는 에너지를 말하며 다음과 같은 식으로 나타낼 수 있다.

$$E_c = \frac{W\,h\,N_b N_l}{V} \tag{3.3}$$

여기서, W = 래머의 무게
h = 래머의 낙하높이
N_b = 각 층당 다짐횟수
N_l = 다짐 층수
V = 몰드의 부피

한국산업규격 KS F 2312에서는 몰드의 크기와 해머무게의 조합에 따라 표 3.5와 같이 다짐방법을

A, B, C, D, E의 5가지 방법으로 나눈다. A방법이 표준다짐시험방법이고, D방법이 수정다짐시험방법이다. A, B방법은 서로 다짐에너지가 같은 방법이고, C, D, E방법은 서로 다짐에너지가 같은 방법이다.

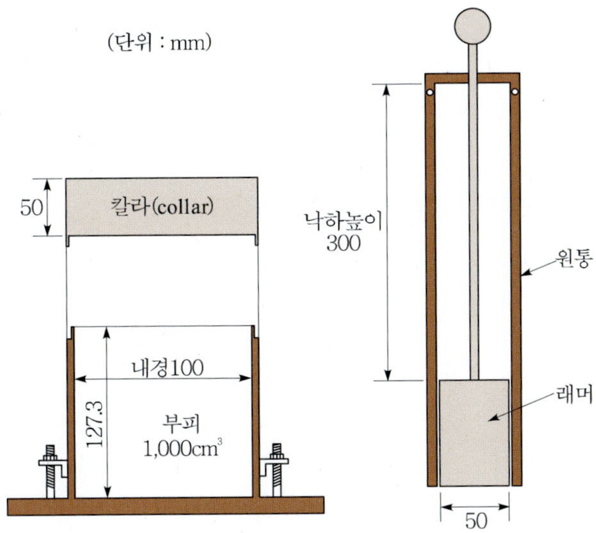

그림 3-7 표준다짐시험 장치

표 3.5 한국산업규격에 의한 실내다짐시험 방법의 종류

방법	래머무게 (kg)	낙하높이 (cm)	1층당 다짐횟수	층수	몰드내경 (mm)	허용최대입경 (mm)
A	2.5	30	25	3	100	19
B	2.5	30	55	3	150	37.5
C	4.5	45	25	5	100	19
D	4.5	45	55	5	150	19
E	4.5	45	92	3	150	37.5

예제 3.5

표준다짐시험방법과 수정다짐시험방법의 다짐에너지를 각각 계산하라.

풀이

(1) 표준다짐시험방법

$$E_c = \frac{2.5\,\text{kg} \times 30\,\text{cm} \times 25 \times 3}{1{,}000\,\text{cm}^3} = 5.63\,\text{kg} \cdot \text{cm/cm}^3 = 55.17\text{N} \cdot \text{cm/cm}^3 = 551{,}700\text{N} \cdot \text{m/m}^3$$

$$= 552\text{kN} \cdot \text{m/m}^3$$

(2) 수정다짐시험방법

$$E_c = \frac{4.5\,\text{kg} \times 45\,\text{cm} \times 55 \times 5}{2{,}209\,\text{cm}^3} = 25.21\,\text{kg} \cdot \text{cm/cm}^3 = 247.06\,\text{N} \cdot \text{cm/cm}^3 = 2{,}470{,}600\,\text{N} \cdot \text{m/m}^3 = 2{,}471\,\text{kN} \cdot \text{m/m}^3$$

3.5.2 실내다짐시험의 방법과 순서

실내다짐시험 방법을 순서대로 설명하면 다음과 같다.

1. 몰드에 흙을 3층이나 5층으로 나누어 깔고 각 층마다 래머를 낙하시켜서 흙을 다진다.
2. 다져진 흙의 무게와 부피를 측정하고, 흙의 전체(습윤)단위중량 γ 를 다음 식으로 구한다.

$$\gamma = \frac{W}{V} \tag{3.4}$$

여기서, W = 다져진 흙의 무게

V = 다져진 흙의 부피 = 몰드의 부피

3. 다져진 흙의 함수비 w를 측정하고, 흙의 건조단위중량 γ_d 를 다음 식으로 구한다.

$$\gamma_d = \frac{\gamma}{1+w} \tag{3.5}$$

여기서, w = 함수비

4. 흙의 함수비를 4~5차례 바꾸어가면서 동일한 방법으로 시험을 반복 실시한다.
5. 각 시험에서 구한 함수비 w와 건조단위중량 γ_d의 관계를 그림 3-8과 같이 표시한다. 각 점들을 부드럽게 연결한 곡선을 다짐곡선이라고 한다.
6. 다짐곡선의 꼭지점에서 최대건조단위중량 γ_{dmax}과 최적함수비 OMC(optimum moisture content)를 구한다.

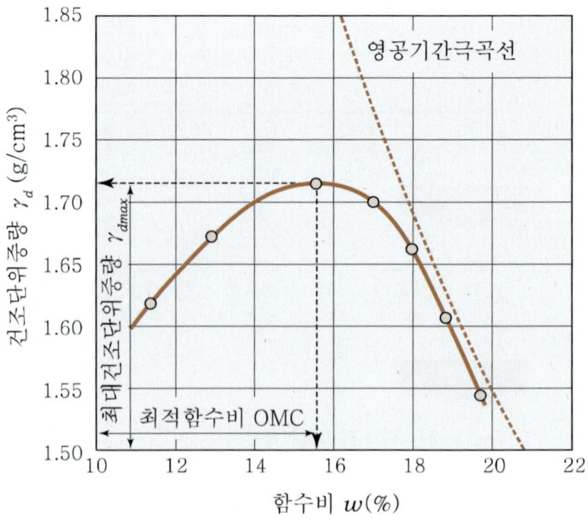

그림 3-8 다짐곡선

흙의 함수비가 최적함수비 상태일 때 다짐이 가장 잘 되며, 최적함수비보다 작은 함수비 상태에서의 다짐을 건조측 다짐, 큰 함수비 상태에서의 다짐을 습윤측 다짐이라고 한다.

점토를 다지는 경우, 흙댐의 다짐처럼 차수가 목적인 경우에는 습윤측에서 다짐을 하는 것이 효과적이며, 다짐의 목적이 강도증가인 경우에는 건조측에서 다짐을 하는 것이 효과적이다. 이에 대해서는 3.7절에서 설명한다.

흙의 최적함수비와 최대건조단위중량은 흙의 종류에 따라 다르지만 대략적인 범위는 다음과 같다.

최적함수비 OMC : 10%~20%

최대건조단위중량 γ_{dmax} : $1.5\sim2.0\text{g/cm}^3 = 1.5\sim2.0\text{t/m}^3 = 15\sim20\text{kN/m}^3$

예제 3.6

표준다짐시험결과가 다음과 같을 때 최대건조단위중량과 최적함수비를 구하라.

다져진 흙의 무게(g)	1,864	1,965	2,032	2,056	2,037	2,013
함수비 (%)	12	14	16	18	20	22

풀이

식 (3.4)와 식 (3.5)를 이용하여 다음 표와 같이 계산한다.

부피 V (cm^3)	젖은 흙무게 W (g)	전체단위중량 γ (g/cm^3)	함수비 w (%)	건조단위중량 γ_d (g/cm^3)
1,000	1,864	1.864	12	1.664
1,000	1,965	1.965	14	1.724
1,000	2,032	2.032	16	1.752
1,000	2,056	2.056	18	1.742
1,000	2,037	2.037	20	1.698
1,000	2,013	2.013	22	1.650

다짐곡선을 그리면 그림 3-9와 같이 되며, 다짐곡선의 꼭지점에서 최대건조단위중량 γ_{dmax} = $1.76\text{g/cm}^3 = 1.76\text{t/m}^3 = 17.25\text{kN/m}^3$, 최적함수비 OMC = 16.4%를 구할 수 있다.

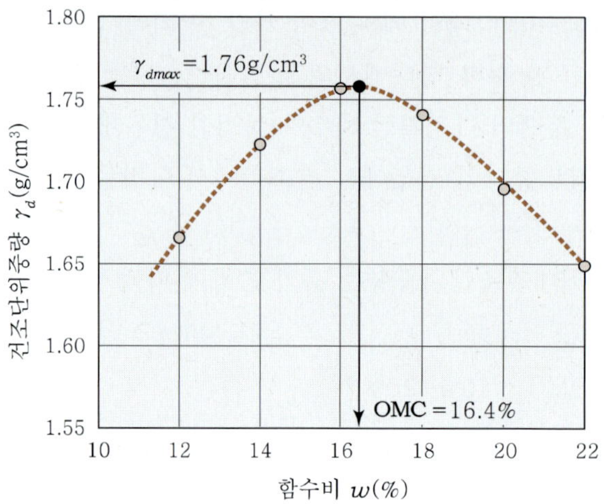

그림 3-9 예제 3.6

3.5.3 영공기간극곡선

흙의 건조단위중량을 구하는 공식을 다음 식과 같이 나타낼 수 있다.

$$\gamma_d = \frac{G_s}{1+e}\gamma_w = \frac{G_s}{1+\dfrac{G_s\,w}{S}}\gamma_w \tag{3.6}$$

여기서, γ_d = 흙의 건조단위중량

γ_w = 물의 단위중량

e = 간극비

G_s = 흙입자의 비중

S = 포화도

포화도 S가 일정할 때, 함수비 w의 변화에 따른 건조단위중량 γ_d 의 변화를 구하는 방법은 다음과 같다.

1. 흙입자의 비중 G_s를 구한다.
2. 물의 단위중량 γ_w를 구한다.
3. 포화도 S가 80%일 때, 함수비 w를 5%, 10%, 15% 등으로 바꾸어 가면서 건조단위중량 γ_d 를

식 (3.6)으로 구하고, w 와 γ_d 의 관계를 표시하면 그림 3-10의 점선과 같이 된다.

4. 포화도 S가 100%일 때, 식 (3.6)은 다음 식과 같이 된다. 함수비 w 를 5%, 10%, 15% 등으로 바꾸어 가면서 건조단위중량 γ_d 를 식 (3.7)로 구하고, w 와 γ_d의 관계를 표시하면 그림 3-10의 점선과 같이 된다.

$$\gamma_d = \frac{G_s}{1 + G_s\,w}\gamma_w \tag{3.7}$$

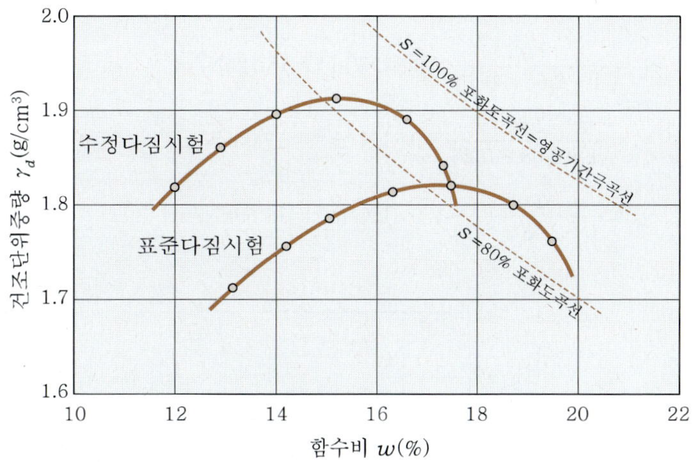

그림 3-10 영공기간극곡선

포화도 S에 따라 달라지는 w와 γ_d 의 관계곡선을 포화도곡선(saturation curve)이라고 한다. 특히 포화도 $S = 100\%$일 때, 즉 다짐에 의하여 간극속의 공기가 완전히 배출되어 공기의 부피가 0이 되고 간극이 물로 100% 포화될 때, w 와 γ_d 의 관계 곡선을 영공기간극곡선(zero air void curve)이라고 한다.

실제로는 다짐에 의하여 간극속의 공기를 모두 배출시키는 것은 불가능하므로 영공기간극곡선 상의 건조단위중량은 얻을 수 없는 값이다. 따라서 모든 다짐곡선은 다짐에너지의 크기에 관계없이 항상 영공기간극곡선의 아래쪽에 위치하게 된다(그림 3-10의 실선).

예제 3.7

흙입자의 비중 $G_s = 2.68$인 흙의 영공기간극곡선을 그려라.

풀이

영공기간극곡선은 포화도 $S=100\%$일 때의 함수비 w와 건조단위중량 γ_d 의 관계곡선이므로, 식(3.7)을 사용하여 $w=5$, 10, 15, 20, 25%일 때 건조단위중량 γ_d 를 구하면 다음과 같이 된다. 이 결과를 그림으로 표시하면 그림 3-11과 같이 된다.

$$w = 5\% : \gamma_d = \frac{G_s}{1+G_s w}\gamma_w = \frac{2.68}{1+2.68\times 0.05}\times 9.8\,\mathrm{kN/m^3} = 23.13\mathrm{kN/m^3}$$

$$w = 10\% : \gamma_d = \frac{2.68}{1+2.68\times 0.10}\times 9.8\,\mathrm{kN/m^3} = 20.68\mathrm{kN/m^3}$$

$$w = 15\% : \gamma_d = \frac{2.68}{1+2.68\times 0.15}\times 9.8\,\mathrm{kN/m^3} = 18.72\mathrm{kN/m^3}$$

$$w = 20\% : \gamma_d = \frac{2.68}{1+2.68\times 0.20}\times 9.8\,\mathrm{kN/m^3} = 17.05\mathrm{kN/m^3}$$

$$w = 25\% : \gamma_d = \frac{2.68}{1+2.68\times 0.25}\times 9.8\,\mathrm{kN/m^3} = 15.68\mathrm{kN/m^3}$$

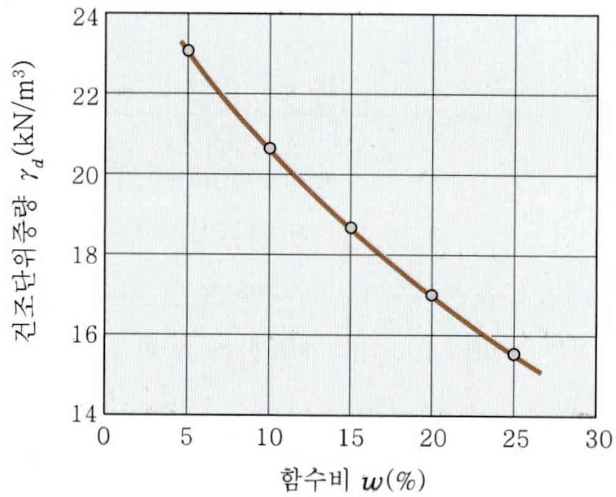

그림 3-11 예제 3.7

3.6 흙의 다짐에 영향을 미치는 요인

앞에서 함수비가 흙의 다짐에 아주 큰 영향을 미친다는 사실을 알았다. 함수비 이외에 다짐에 영향을 주는 중요한 요인으로는 다짐에너지의 크기, 흙의 종류 등이 있다.

3.6.1 다짐에너지에 의한 영향

동일한 흙에 대하여 다짐에너지를 다르게 하여 다짐을 하면 다짐곡선이 달라지며, 이것은 그림 3-12에 나타나 있다.

그림 3-12는 모래질 점토에 대한 다짐시험 결과로서, 이 다짐시험에서는 표준다짐시험용 몰드와 래머를 사용하고, 흙의 층수는 3층으로 동일하며, 각 층의 래머 낙하횟수를 20에서 50까지 변화시켜서 다짐에너지의 크기를 변화시켜 주었다.

그림 3-12에서 알 수 있는 것처럼 동일한 흙에 대하여 다짐에너지가 클수록 다짐이 잘 되고, 다짐곡선은 왼쪽 위로 이동한다. 즉 다음과 같이 된다.

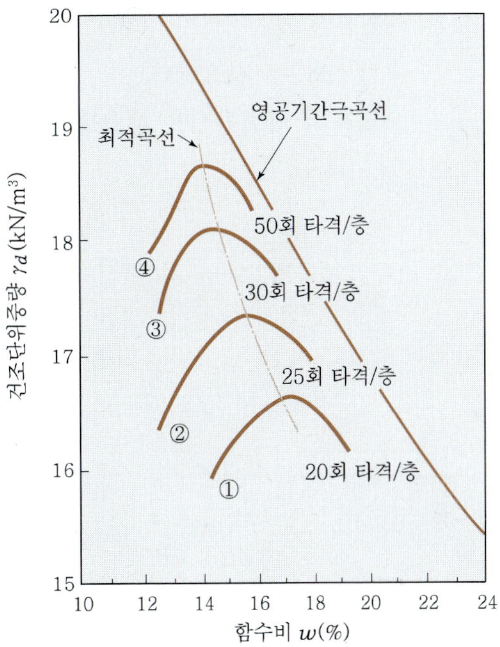

그림 3-12 다짐에너지가 다짐에 미치는 영향

1. 다짐에너지가 커지면 최대건조단위중량 γ_{dmax} 이 증가한다.
2. 다짐에너지가 커지면 최적함수비 OMC는 감소한다.

다짐에너지가 클수록 최적함수비가 감소한다는 것에서 현장에서 흙을 다질 때 대형 다짐장비를 사용하면 물을 덜 뿌려주면서 다져도 된다는 것을 알 수 있다.

그림 3-12에서 여러 다짐곡선의 꼭지점을 연결한 선을 최적곡선이라고 한다. 최적곡선은 영공기간극곡선과 평행한 경향이 있으며, 일종의 포화도곡선으로 볼 수 있다.

다짐에너지에 따른 위의 특성은 모든 종류의 흙에 적용된다. 그러나 다짐의 정도는 다짐에너지에 직접 비례하지 않으므로, 현장에서의 경제성을 고려하여 적정한 다짐에너지의 크기를 정해야 한다.

3.6.2 흙의 종류에 의한 영향

동일한 다짐에너지를 사용하여 여러 종류의 흙에 대하여 다짐시험을 한 결과를 그림 3-13에 나타내었으며, 이 그림에서 다음과 같은 특징을 알 수 있다.

1. 다짐에너지가 같을 경우 조립토(자갈, 모래)가 세립토(실트, 점토)보다 다짐이 잘 되고, 다짐곡선은 왼쪽 위로 이동한다. 즉, 최대건조단위중량 γ_{dmax} 이 증가하고 최적함수비 OMC는 감소한다.

2. 조립토에서는 입도분포가 양호할수록 다짐이 잘 된다. 즉, 최대건조단위중량 γ_{dmax}이 증가하고 최적함수비 OMC는 감소한다.
3. 세립토에서는 소성이 작을수록 다짐이 잘 된다. 즉, 최대건조단위중량 γ_{dmax}이 증가하고 최적함수비 OMC는 감소한다.
4. 조립토의 다짐곡선은 세립토의 다짐곡선에 비해서 경사가 급한 경향이 있다.

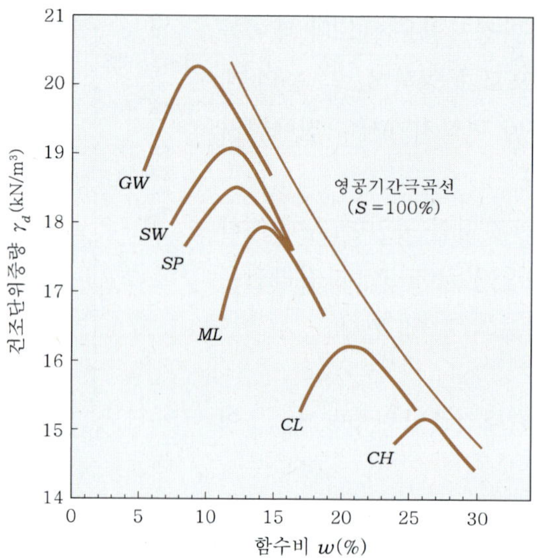

그림 3-13 여러 종류의 흙에 대한 다짐곡선

3.7 흙의 다짐 특성

3.7.1 사질토의 다짐 특성

입도불량한 모래의 다짐곡선은 1개의 꼭지점을 갖는 다짐곡선과는 달리 그림 3-14와 같이 되는 경우가 많다. 처음에는 함수비가 증가함에 따라 건조단위중량이 감소하다가 함수비가 더욱 증가하면 건조단위중량이 증가하여 최대값에 도달한다.

처음에 함수비가 증가하여도 건조단위중량이 감소하는 것은 간극수에 의한 모관장력(capillary tension)이 흙입자의 미끄러짐 및 다짐을 방해하여 오히려 흙의 부피가 늘어나기 때문이다. 이러한 부피팽창을 벌킹(bulking)이라고 한다.

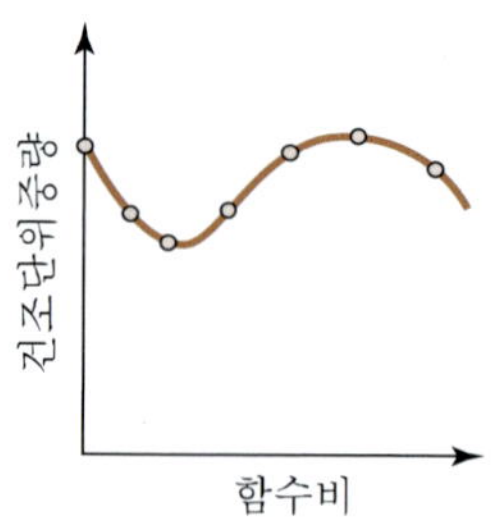

그림 3-14 입도불량한 모래의 다짐곡선

그러나 물을 더욱 증가시키면 표면장력이 사라져서 흙의 부피가 작아져서 건조단위중량이 다시 증가하게 된다.

이러한 효과를 고려하여 모래층을 다질 때 물을 충분히 가하면서 다지는 것을 물다짐이라고 한다.

3.7.2 점토의 다짐 특성

다짐을 하면 점토의 구조에 변화가 생긴다. 이러한 구조의 변화로 인하여 투수성, 압축성 및 강도에 변화가 생긴다.

(1) 다짐과 점토의 구조

점토를 최적함수비보다 작은 건조측의 함수비로 다지면 점토는 면모구조를 갖는다(그림 3-15의 점 A). 이것은 작은 함수비에서는 점토입자를 둘러싸고 있는 이온의 확산이중층 구조가 충분히 발달하지 못하고, 입자간의 반발력이 감소하여, 입자들의 배열이 불규칙하게 되고 건조단위중량이 감소하기 때문이다.

점 B와 같이 함수비가 증가하면 입자 주위의 확산이중층이 팽창하고 점토입자간의 반발력이 증가하여 면모화되는 정도가 감소하고 건조단위중량이 증가하게 된다. 한편 점 B에서 점 C로 계속 함수비가 증가하면 이중층이 더 팽창하게 되고 그 결과 입자간의 반발력이 계속 증가하여 이산구조에 가까워진다. 그러나 늘어난 물이 흙입자가 집중되는 것을 방해하기 때문에 건조단위중량은 감소한다.

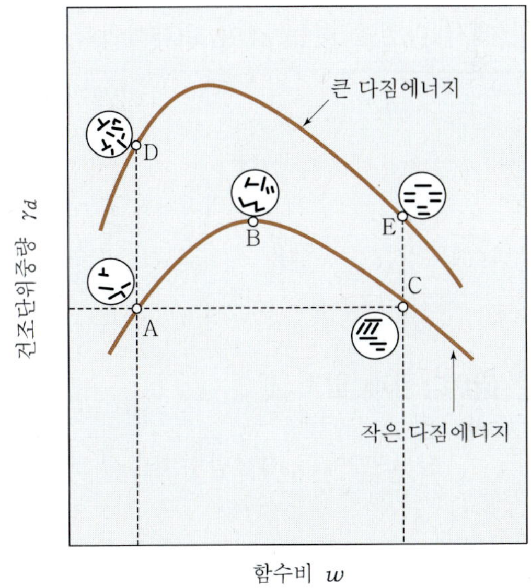

그림 3-15 다짐이 점토의 구조에 미치는 영향

함수비가 일정한 경우에는 다짐에너지가 클수록 점토입자의 배열이 더욱 평행한 형태가 되어 이산구조가 더 뚜렷하게 된다(점 D, 점 E). 또 입자간의 거리가 가깝게 되어 흙은 더 큰 단위중량을 갖게 된다.

(2) 다짐과 투수계수

그림 3-16은 모래질 점토의 투수시험 결과를 나타낸 것으로, 여러 함수비 상태에서 동일한 다짐에너지로 다짐을 하였다.

흙속에서 물이 얼마나 빨리 흐르는가를 나타내는 투수계수는 함수비가 증가함에 따라서 감소하며, 투수계수는 거의 최적함수비에서 최소값을 나타낸다. 최적함수비보다 큰 함수비에서는 투수계수가 약간 증가한다.

최적함수비의 건조측에서 투수계수가 큰 이유는 점토입자의 배열이 불규칙한 면모구조이어서 간극이 크기 때문이다.

최적함수비의 습윤측에서 다질 때 투수계수가 작아지므로, 흙댐의 다짐처럼 차수가 목적인 경우에는 최적함수비보다 약간 더 많은 함수비 즉 습윤측에서 다짐을 하는 것이 효과적이다.

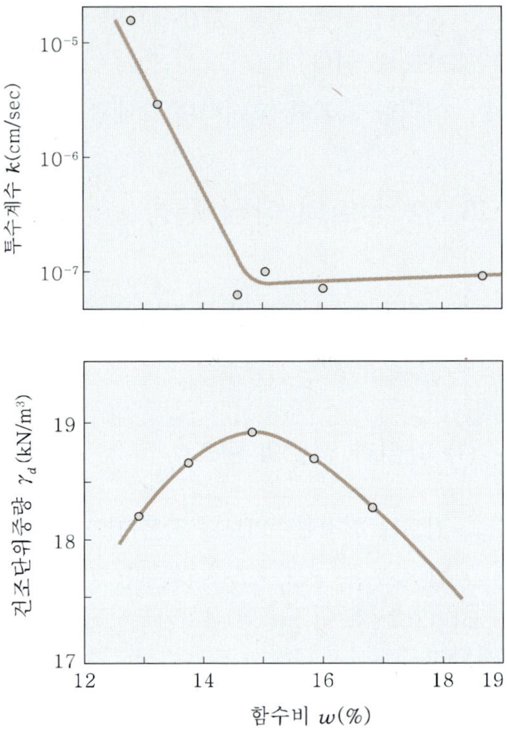

그림 3-16 다짐이 점성토의 투수성에 미치는 영향

(3) 다짐과 압축성

그림 3-17에는 최적함수비의 건조측과 습윤측 상태에서 다져진 점토의 일차원 압밀특성이 나타나 있다.

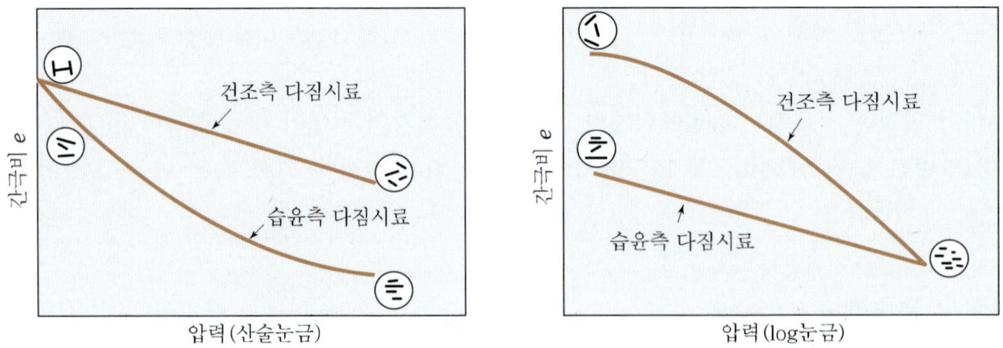

(a) 작은 압력에서의 압밀

(b) 큰 압력에서의 압밀

그림 3-17 다짐이 점성토의 압축성에 미치는 영향

면모구조를 파괴시키지 못 할 정도의 작은 압력으로 점토시료를 압밀할 경우(그림 3-17(a))에는 건조측 다짐을 한 시료가 습윤측 다짐을 한 시료보다 압축성이 작아서 간극비가 작게 감소한다.

그러나 면모구조를 파괴시킬 정도의 큰 압력으로 점토시료를 압밀할 경우(그림 3-17(b))에는 건조측 다짐을 한 시료가 습윤측 다짐을 한 시료보다 압축성이 크게 된다. 이것은 건조측 시료의 면모구조가 붕괴되면서 간극비가 많이 감소하기 때문이다.

(4) 다짐과 강도

다짐을 받은 점토의 일축압축강도는 다짐함수비가 클수록 감소하며, 최적함수비 부근에서 강도가 크게 감소한다(그림 3-18).

이것은 건조측과 습윤측에서 다짐을 하여 같은 건조단위중량을 나타내었다 할지라도, 건조측 다짐을 받은 시료의 면모구조가 습윤측 다짐을 받은 시료의 이산구조보다 더 큰 강도를 나타냄을 의미한다.

따라서 다짐의 목적이 강도증가인 경우에는 최적함수비보다 약간 작은 함수비, 즉 건조측에서 다짐을 하는 것이 효과적이다.

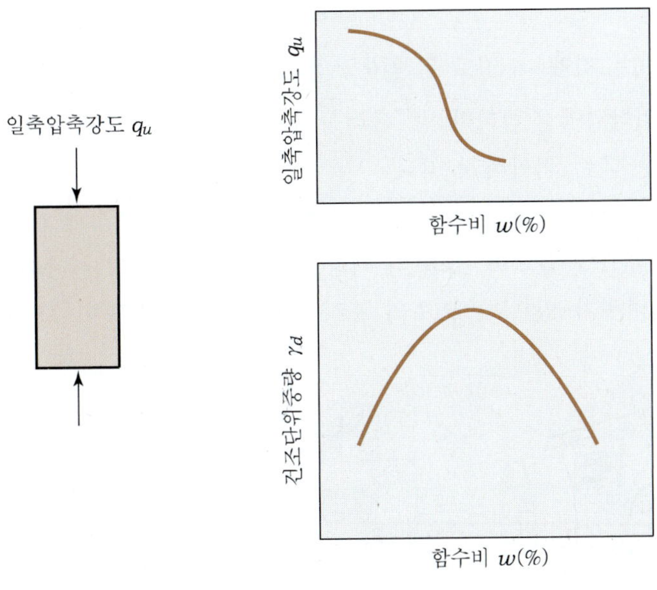

그림 3-18 다짐이 점토의 강도에 미치는 영향

3.8 현장다짐

3.8.1 현장다짐 장비

일반적으로 현장에서 흙을 다질 때 흙을 적절한 두께로 느슨하게 깐 다음 다짐장비를 이용하여 다짐을 한다. 이를 여러 층에 걸쳐 반복 실시하여 두꺼운 토층을 다지는 것을 층다짐이라고 한다.

이때 흙이 너무 건조하면 흙 위에 물을 뿌려서 함수비를 높여 주고, 흙이 지나치게 습윤상태이면 공기건조시켜서 함수비를 낮춘 후에 다짐을 한다.

대부분의 현장다짐에는 롤러(roller)를 이용하며, 롤러의 종류에는 다음과 같은 것들이 있다.

1. 강륜롤러(smooth-wheel roller)
2. 고무타이어롤러(pneumatic rubber-tired roller)
3. 양족롤러(sheep's foot roller)
4. 진동롤러(vibratory roller)

강륜롤러(그림 3-19)는 강재(steel)로 된 원통모양의 롤러로서, 도로 노상을 다지거나 사질토나 점성토로 된 성토의 마무리작업에 적합하다. 이 롤러는 30~40t/m^{2}의 접지압력을 골고루 가할 수 있지만, 두꺼운 토층을 다지는 데는 적합하지 않다.

강륜롤러에는 머캐덤(macadam)롤러와 탠덤(tandem)롤러의 두 가지가 있다. 머캐덤롤러는 한 개의 앞바퀴와 두 개의 뒷바퀴가 있으며, 도로의 기층을 다지는 데 많이 사용한다. 탠덤롤러는 한 개의 앞바퀴와 한 개의 뒷바퀴가 있으며, 도로의 포장층을 다지는 데 많이 사용한다.

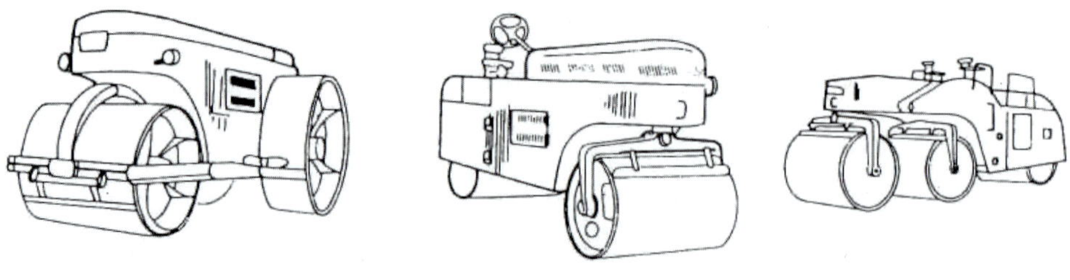

(a) 머캐덤롤러 (b) 2축 탠덤롤러 (c) 3축 탠덤롤러

그림 3-19 강륜롤러

고무타이어롤러(그림 3-20)는 여러 줄의 고무타이어가 부착된 중량이 큰 차량이며, 1줄에 4~6개의

타이어가 연결되어 있다. 이 타이어의 접지압은 60~70t/m^2 정도이다. 이 롤러는 사질토와 점성토의 다짐에 사용하며, 압축작용과 반죽작용(kneading action)의 효과에 의해 다짐이 이루어진다.

그림 3-20 고무타이어롤러

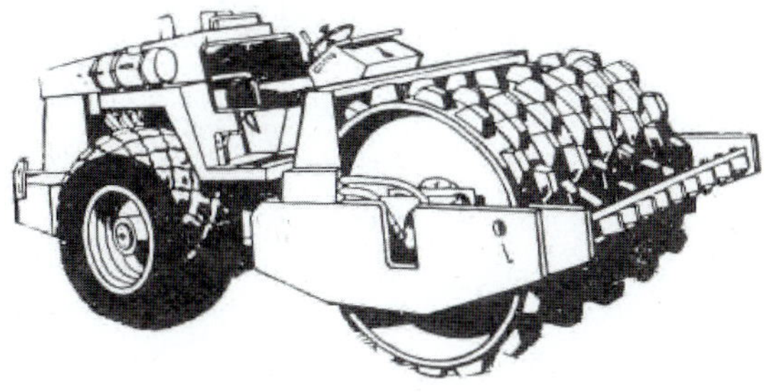

그림 3-21 양족롤러

양족롤러(그림 3-21)는 강재 원통 표면에 많은 돌기가 부착된 롤러이다. 돌기의 선단면적은 25~80cm^{2}이고 길이는 20~25cm이며, 돌기의 면적이 원통 표면적의 8~12% 정도로 작아서 140~700t/m^{2}의 큰 접지압력이 작용한다. 돌기의 작용은 흙을 혼합시키고 단단한 흙덩어리를 부수기도 한다. 이 롤러는 점토층을 다질 때 아주 효과적이다.

탬핑(tamping)롤러는 양족롤러와 비슷하지만 돌기의 면적이 100cm^2 이상이며, 돌기의 전면적이 원통 표면적의 15%를 넘는다.

진동롤러는 강륜롤러, 고무타이어 롤러에 진동기(vibrator)를 부착시킨 것으로, 분당 1,500~2,000회의 진동을 발생시킨다. 모든 흙은 진동을 가하면 다짐이 잘 되므로 모든 흙에 사용할 수 있으며, 사질토를 다질 때 특히 효과적이다.

대형 롤러의 접근이 어려운 좁은 지역이나 굴착지역의 뒤채움 다짐에는 크기가 작고 인력으로 조절하는 진동판(vibrating plate), 진동콤팩터(compactor), 진동래머(rammer), 진동탬퍼(tamper) 등을 사용한다.

3.8.2 현장다짐 특성

(1) 롤러의 통과횟수

현장다짐을 받는 흙의 건조단위중량은 롤러의 통과횟수에 의해 영향을 받는다. 그림 3-22는 실트질 점토에 대한 현장다짐 결과이다. 흙의 건조단위중량은 어느 정도까지는 롤러의 통과횟수에 따라 증가하지만, 점차 일정한 값이 된다. 대부분의 경우 경제적으로 최대건조단위중량을 얻을 수 있는 롤러의 통과횟수는 10~15회 정도이다.

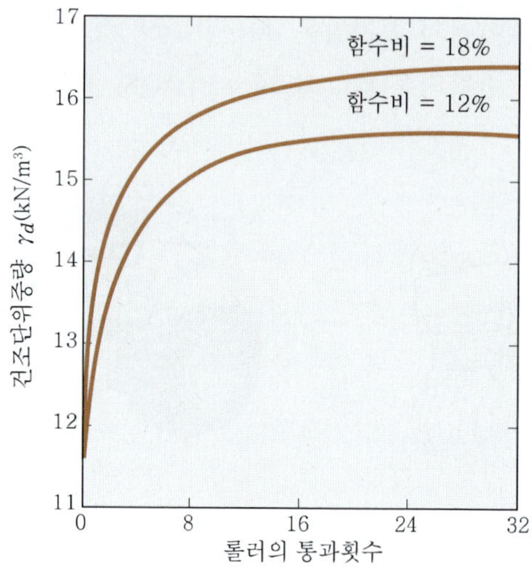

(a)

그림 3-22 롤러 통과횟수와 건조단위중량

(2) 깊이에 따른 다짐효과

그림 3-23은 롤러로 다짐을 하였을 때 깊이에 따른 흙의 건조단위중량의 변화를 나타낸 것이다. 다짐효과(건조단위중량)는 지표면보다 약간 아래에서 가장 크게 나타난 다음 깊이가 커질수록 줄어든다. 이것은 지표면에 가해진 압력이 깊이에 따라서 감소하며, 결국 깊은 곳에서는 흙이 덜 다져지기 때문이다.

지표면 가까이에서 다짐효과가 작은 것은 장비의 교란 및 지표면을 향한 구속압력이 없기 때문이다.

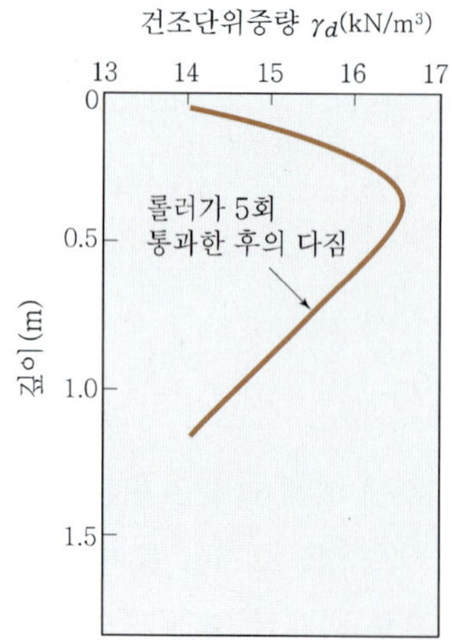

그림 3-23 깊이에 따른 다짐효과

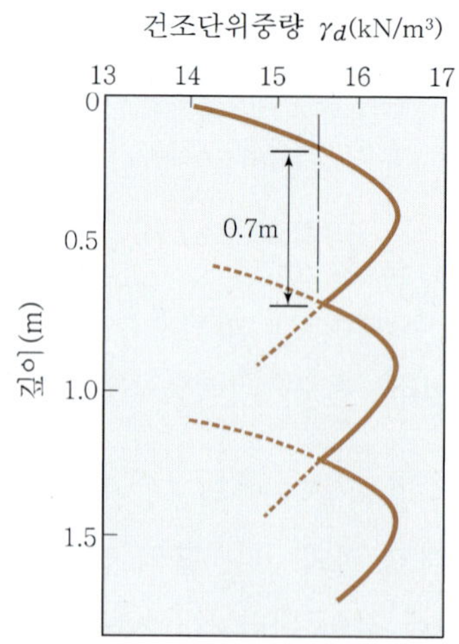

그림 3-24 다짐층 두께의 결정

(3) 다짐층 두께

다짐장비와 통과횟수가 정해지면 다짐층의 두께를 결정하여야 한다. 현장다짐시험을 하여 깊이에 따른 건조단위중량의 변화를 알면 다짐층의 적절한 두께를 구할 수 있다.

예를 들어 그림 3-23과 같은 시험결과를 얻은 경우에 건조단위중량이 $1.55 t/m^3$이 되도록 다지기 위한 다짐층 두께는 그림 3-24와 같이 그림을 그려서 구할 수 있다. 그림에서 최대 다짐층 두께는 약 70cm임을 알 수 있다.

실제로 현장에서는 대부분의 토공사의 경우 한 층의 다짐두께로 30cm를 많이 적용하고 있다.

(4) 과다짐

너무 큰 다짐에너지로 흙을 다지면 흙구조가 파괴되는 등 흙속에 결함이 생겨서 흙의 건조단위중량이나 강도가 감소하는 것을 과다짐(overcompaction)이라고 하며, 이것은 다음과 같은 경우에 발생할 수 있다.

1. 습윤측 다짐에서 다짐장비(롤러)가 너무 무거운 경우
2. 다짐횟수(롤러의 통과횟수)가 너무 많은 경우
3. 성토위에 운반장비가 반복 통행할 때 그 궤적이 집중되는 경우

3.8.3 현장다짐에 관한 규정

실내다짐시험과 현장다짐시험은 다짐장비나 다짐방법 및 흙입자의 최대크기 등이 전혀 다르기 때문에 실내다짐시험 결과를 현장다짐에 그대로 적용할 수는 없다.

다만 현장다짐의 성과를 판단하는 기준인 상대다짐도나 상대밀도를 구할 때 실내다짐시험 결과를 적용한다.

(1) 상대다짐

대부분의 현장다짐에 관한 시방서(specification)에서는 현장다짐에 의한 건조단위중량이 표준다짐시험이나 수정다짐시험으로 실험실에서 구한 최대건조단위중량의 90~95%가 될 것을 요구한다. 이는 다음 식으로 구하는 상대다짐도(relative compaction) R에 대한 규정이다.

$$R = \frac{\text{현장다짐으로 구한 건조단위중량 } \gamma_d}{\text{실내다짐시험으로 구한 최대건조단위중량 } \gamma_{dmax}} \times 100(\%) \tag{3.8}$$

상대다짐도는 공사의 중요도, 흙의 종류, 다짐의 목적 등에 따라 표준다짐 95%, 수정다짐 90% 등으로 표기하여야 하며, 공사 중요도에 따라 상대다짐도가 100%보다 클 수도 있다.

국내외에서 많이 적용하고 있는 토질구조물의 종류에 따른 상대다짐도의 대략적인 값은 표 3.6과 같다.

표 3.6 토질구조물의 종류에 따른 상대다짐도

토질구조물의 종류	상대다짐도
구조물의 기초지반	수정다짐 95%
구조물의 뒤채움	수정다짐 90%
흙댐	수정다짐 95%
도로의 노체	표준다짐 90%
도로의 노상	수정다짐 95%

(2) 상대밀도

조립토의 다짐정도는 2장에서 설명한 다음 식과 같은 상대밀도(relative density)로 규정하기도 한다.

$$D_r = \frac{\gamma_d - \gamma_{dmin}}{\gamma_{dmax} - \gamma_{dmin}} \frac{\gamma_{dmax}}{\gamma_d} \tag{3.9}$$

여기서, γ_d = 현장다짐으로 구한 건조단위중량

식 (3.8)과 식 (3.9)를 결합하면 다음과 같은 관계를 얻을 수 있다.

$$R = \frac{R_o}{1 - D_r(1 - R_o)} \tag{3.10}$$

여기서, $R_o = \frac{\gamma_{dmin}}{\gamma_{dmax}}$

조립토에 대한 여러 시험 결과 상대다짐과 상대밀도와의 관계를 다음과 같은 식으로 나타낼 수도 있다.

$$R = 80 + 0.2D_r \tag{3.11}$$

(3) 경제적인 현장다짐

상대다짐이나 상대밀도에 근거해서 현장다짐에 대한 규정을 정하는 것은 만족스러운 결과를 얻기 위한 것이므로, 어떠한 장비나 방법을 사용하여서라도 시방서에서 요구하는 최소건조단위중량을 구하기만 하면 된다.

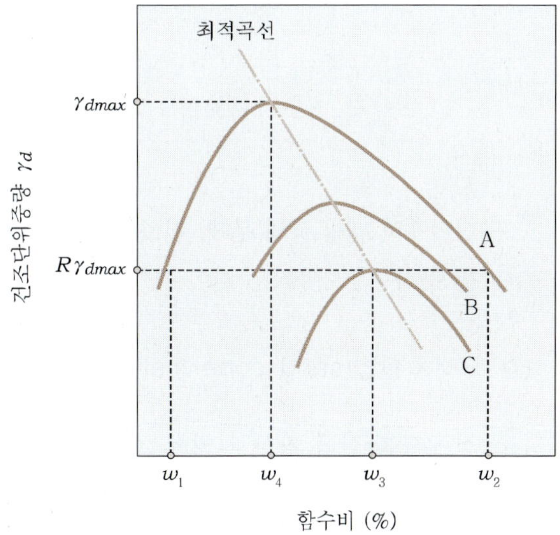

그림 3-25 경제적인 현장다짐

경제적인 현장다짐조건은 그림 3-25에서 설명할 수 있다. 다짐곡선 A, B, C는 같은 흙에 대하여 다짐에너지를 달리하여 구한 것이다. 곡선 A는 다짐장비를 이용해서 가할 수 있는 최대의 다짐에너지를 가한 경우이다.

현장에서 필요한 건조단위중량은 $\gamma_d = R\gamma_{dmax}$이다. 이를 구하기 위해서는 함수비 w가 w_1과 w_2 사이에 있어야 한다. 그러나 다짐곡선 C에서 함수비가 w_3이면 작은 다짐에너지를 사용하여서도 같은 건조단위중량을 구할 수 있다. 실제 현장에서는 최소의 다짐에너지를 사용해서 필요한 건조단위중량을 구하는 것이 쉽지 않으므로 약간 더 큰 다짐에너지를 발휘하는 장비를 사용하는 것이 좋다. 이때 경제적인 함수비는 w_3과 w_4 사이의 값이다.

실제로 현장에서는 최적함수비 OMC보다 2% 작은 값과 2% 큰 값 사이의 함수비를 많이 사용하고 있다.

3.8.4 현장 건조단위중량의 결정

현장 흙에 대한 다짐작업을 실시한 후, 규정된 건조단위중량에 도달했는지를 확인하는 것이 중요하다.

현장 건조단위중량을 측정하기 위해서는 다져진 토층에 구덩이를 파고 흙을 파낸 후 파낸 흙의 건조무게와 부피를 구하여야 하며, 현장 건조단위중량 γ_d는 다음 식으로 구할 수 있다.

$$\text{현장 건조단위중량 } \gamma_d = \frac{\text{구덩이에서 파낸 흙의 건조무게 } W_s}{\text{구덩이의 부피 } V} \tag{3.12}$$

또는 파낸 흙의 젖은 무게와 부피, 함수비 w를 구하여 다음 식으로 구할 수 있다.

$$현장\ 전체단위중량\ \gamma = \frac{구덩이에서\ 파낸\ 흙의\ 전체무게\ W}{구덩이의\ 부피\ V} \tag{3.13}$$

$$현장\ 건조단위중량\ \gamma_d = \frac{\gamma}{1+w} \tag{3.14}$$

구덩이에서 파낸 흙의 무게, 건조무게, 함수비를 구하는 것은 간단하지만, 파낸 흙의 부피 즉, 구덩이의 부피를 구하는 것은 쉬운 일이 아니다. 구덩이의 부피를 구하는 방법에는 다음과 같은 방법들이 있다.

(1) 모래치환법(sand cone method)

현장에서 다짐을 가한 지역에 조그만 구덩이를 파고 흙을 채취한 후 표준모래를 채운다(그림 3-26). 파낸 흙의 젖은 무게와 마른 무게를 측정하고, 구덩이를 채운 모래의 무게를 측정한다.

파낸 흙의 부피 즉, 구덩이의 부피 V는 다음 식으로 측정한다. 이때 표준모래의 건조단위중량은 잘 알고 있는 값이다. 표준모래로는 국내에서는 주문진 모래를 사용한다.

$$V = \frac{구덩이를\ 채운\ 표준모래의\ 무게\ W_s}{표준모래의\ 건조단위중량\ \gamma_d} \tag{3.15}$$

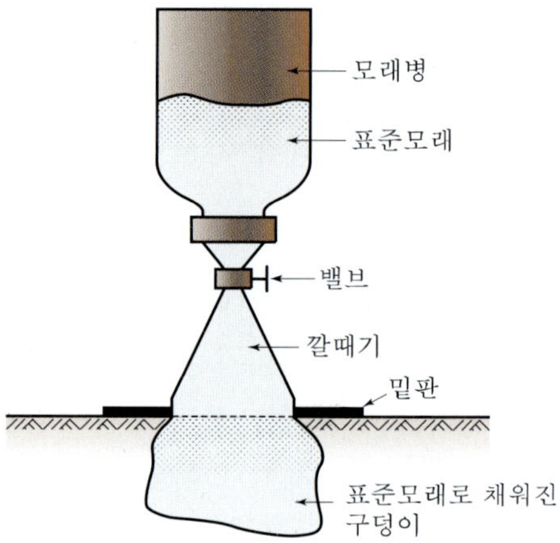

그림 3-26 모래치환법

(2) 고무막법(rubber ballon method)

이 방법은 구덩이를 파고 흙의 무게와 함수비를 측정한다는 점에서 모래치환법과 비슷하다. 그러나 구덩이의 부피는 고무막(rubber ballon)을 구덩이 속에 깔고 물을 가득 채워서, 채운 물의 부피를 측정하면 이것이 구덩이의 부피이다.

모래치환법이나 고무막법을 이용하여 현장 건조단위중량을 구하려면 다져진 흙의 함수비를 알아야 한다. 함수비는 건조로와 같은 발열기구를 사용하여 구하는 것이 일반적이지만, 함수비 측정시간을 단축하기 위하여 급속함수비측정기(speedy moisture content)를 사용하기도 한다. 급속함수비측정기는 흙시료에 칼슘카바이드 시약을 가하면 흙의 수분이 제거되면서 아세틸렌 가스를 생성시키는 장치로서, 가스의 압력이 압력계를 통하여 함수비로 변환되어 표시된다.

예제 3.8

현장에서 흙을 다진 후 모래치환법으로 다음과 같은 결과를 얻었다.

구덩이에서 파낸 흙의 무게 = 1,900g
건조로에서 건조시킨 흙의 무게 = 1,700g
구덩이를 채우기 전의 표준모래의 무게 = 2,700g
구덩이를 채우고 남은 표준모래의 무게 = 1,200g
표준모래의 건조단위중량 = 1.6g/cm^3

(1) 현장에서 다진 흙의 건조단위중량을 구하라.

(2) 실내 표준다짐시험에서 얻은 최대건조단위중량이 1.95g/cm^{3}일 때, 상대다짐도를 구하라.

풀이

(1) 구덩이의 부피 $V = \dfrac{\text{구덩이를 채운 표준모래의 무게 } W_s}{\text{표준모래의 건조단위중량 } \gamma_d}$

$$= \frac{2700\,\text{g} - 1200\,\text{g}}{1.60\ \text{g/cm}^3} = 937.5\text{cm}^3$$

현장 건조단위중량 $\gamma_d = \dfrac{\text{구덩이에서 파낸 흙의 건조무게 } W_s}{\text{구덩이의 부피 } V}$

$$= \frac{1{,}700\,\text{g}}{937.5\ \text{cm}^3} = 1.81\text{g/cm}^3$$

또는

함수비 $w = \dfrac{\text{물의 무게 } W_w}{\text{건조한 흙의 무게 } W_s} = \dfrac{1{,}900\,\text{g} - 1{,}700\text{g}}{1{,}700g} \times 100 = 0.118 = 11.8\,\%$

현장 전체단위중량 $\gamma = \dfrac{\text{구덩이에서 파낸 흙의 전체무게 } W}{\text{구덩이의 부피 } V}$

$$= \frac{1{,}900\,\text{g}}{937.5\,\text{cm}^3} = 2.03\text{g/cm}^3$$

현장 건조단위중량 $\gamma_d = \dfrac{\gamma}{1+w} = \dfrac{2.03\,\text{g/cm}^3}{1+0.118} = 1.81\,\text{g/cm}^3$

(2) 상대다짐도 $R = \dfrac{\text{현장다짐으로 구한 건조단위중량 } \gamma_d}{\text{실내다짐시험으로 구한 최대건조단위중량 } \gamma_{dmax}} \times 100(\%)$

$$= \frac{1.81\,\text{g/cm}^3}{1.95\,\text{g/cm}^3} \times 100 = 92.8\,\%$$

시방서에서 표준다짐 90% 이상을 요구하는 경우에는 이 현장다짐이 합격이지만, 시방서에서 표준다짐 95% 이상을 요구하는 경우에는 이 현장다짐은 불합격이므로 현장다짐을 추가로 실시하여야 한다.

연습문제

3.1 미국 농무부의 입도조성분류법을 이용하여 다음 흙들을 분류하라.

입자 크기 분포(%)				
흙	자갈	모래	실트	점토
A	0	20	20	60
B	0	55	5	40
C	0	45	35	20
D	15	30	43	12
E	10	30	25	35
F	24	20	25	31

3.2 체분석 결과와 액성한계와 소성한계가 다음과 같은 여러 흙들을 통일분류법으로 분류하고, 각 흙의 기호와 명칭을 구하라.

통과율(%)					
크기	A	B	C	D	E
4번체	94	98	100	100	100
10번체	63	86	100	100	100
20번체	21	60	98	100	100
40번체	10	28	93	99	94
60번체	7	18	88	95	82
100번체	5	14	83	90	66
200번체	3	10	77	86	55
0.01mm	–	–	65	42	26
0.002mm	–	–	60	37	21
LL(%)	–	–	63	55	36
PI(%)	NP	NP	25	28	22

3.3 체분석 결과와 액성한계와 소성한계가 다음과 같은 여러 흙들의 군지수를 구하고 AASHTO분류법에 의하여 분류하라.

통과율(%)					
흙 번호	10번체	40번체	200번체	액성한계(%)	소성한계(%)
1	98	80	50	38	29
2	100	92	80	56	23
3	100	88	65	37	22
4	92	75	62	43	28
5	97	60	30	25	16
6	100	55	8	–	NP
7	83	48	20	20	15

3.4 한국산업규격에 규정된 실내다짐시험방법 A, B, C, D, E 방법에 의한 다짐에너지를 각각 구하라.

3.5 표준다짐시험을 한 결과가 아래 표와 같다. 최대건조단위중량과 최적함수비를 구하라.

부피(cm^3)	젖은 흙의 무게(g)	함수비(%)
1,000	1,671	11
1,000	1,730	13
1,000	1,757	16
1,000	1,753	18
1,000	1,725	20
1,000	1,708	21

3.6 비중 $G_s = 2.7$인 흙의 영공기간극곡선과 포화도 $S = 70\%$일 때의 포화도곡선을 그려라.

3.7 토취장 흙의 함수비가 8%이다. 실내 표준다짐시험을 위해 필요한 시료가 3,000g이라고 할 때, 함수비를 10%, 15%, 20%로 하려면 각각 얼마의 물을 추가해야 하는가?

3.8 어떤 흙의 최대 및 최소 건조단위중량이 각각 18kN/m^3와 15kN/m^3이다. 현장에서 이 흙의 상대밀도가 64%일 때 상대다짐도는 얼마인가?

3.9 현장에서 흙을 다진 후 모래치환법으로 다음과 같은 결과를 얻었을 때, 현장에서 다진 흙의 건조단위중량을 구하라. 표준다짐시험에서 얻은 최대건조단위중량이 1.75g/cm^3일 때, 상대다짐도를 구하라.

구덩이에서 파낸 흙의 무게 = 3,500g
건조로에서 건조시킨 흙의 무게 = 3,000g
구덩이를 채우기 전의 표준모래의 무게 = 7,600g
구덩이를 채우고 남은 표준모래의 무게 = 4,700g
표준모래의 건조단위중량 = 1.6g/cm^3

참고문헌

1. 권호진, 임종석, 박철웅 (1995). “도로공사용 토공재 및 보조기층재의 현장다짐 관리기법에 관한 연구”, 한국지반공학회 봄 학술발표회 논문집.
2. 김상규 외 2인 (2012). 토질역학, 청문각.
3. 백영식 (2007). 토질역학, 구미서관.
4. 이종규 (2007). 토질역학, 기문당.
5. 천병식 (1998). 지반공학, 구미서관.
6. 한국표준협회 (1995). 한국산업규격.
7. American Association of State Highway and Transportation Officials (1982). AASHTO Materials, Part I, Specifications, Washington, D. C.
8. American Society for Testing and Materials (1991). ASTM Book of Standards, Sec. 4, Vol. 04.08, Philadelphia, Pa.
9. Casagrande, A. (1948). “Classification and Identification of Soils”, Transactions, ASCE, Vol.113, pp. 901~930.
10. Cernica, John N. (1995). Soil Mechanics, John Wiley & Sons, Inc., New York.
11. Craig, R. F. (1983). Soil Mechanics, 3rd ed., Van Nostrad Reinhold Co. Ltd.
12. Das, B. M. (1998). Principles of Geotechnical Engineering, 4th edition, PWS, MA.
13. Lambe, T. W. (1958). "The Structure of Compacted Clay", Journal of the Soil Mechanics and Foundations Division, ASCE, Vol.84, No. SM2, pp. 1654-1~1654-34.
14. Lee, P. Y. and Singh, A. (1971). “Relative Density and Relative Compaction”, Journal of the Soil Mechanics and Foundations Division, ASCE, Vol.97, No. SM7, pp. 1049~1052.
15. Lee, P. Y. and Suedkamp, R. J. (1972). “Characteristics of Irregularly Shaped Compaction Curves of Soils”, Highway Research Record No.381, National Academy of Sciences, Washington, D. C., pp. 1~9.
16. Proctor, R. R. (1933), “Design and Construction of Rolled Earth Dams”, Engineering News Record, Vol. 3, pp. 245~248, pp. 286~289, pp. 348~351, pp. 372~376.
17. Seed, H. B. and Chan, C. K. (1959), “Structure and Strength Characteristics of Compacted Clays”, Journal of the Soil Mechanics and Foundations Division, ASCE, Vol. 85, No. SM5, pp. 87~128.

제4장

지중응력

SOIL MECHANICS
SOIL MECHANICS

제 4 장 지중응력

4.1 개설

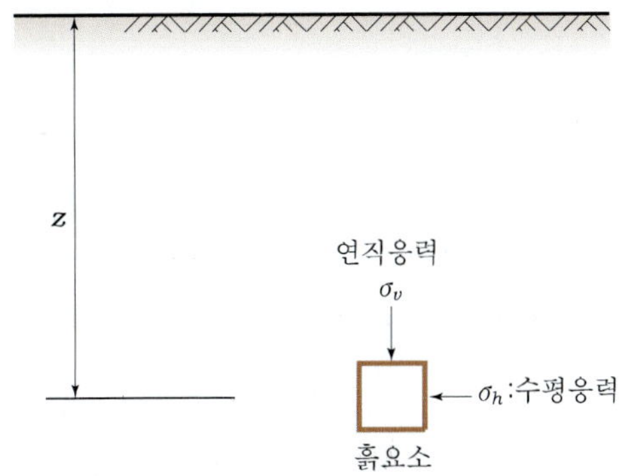

그림 4-1 지반내의 연직응력과 수평응력

지표면이 수평한 지반내의 한 요소(element)에는 흙의 자중이나 지표면에 작용하는 하중 등으로 인해 응력이 발생한다(그림 4-1). 이 응력을 지반내 응력 또는 지중응력이라고 하며, 중력방향으로 작용하는 응력을 연직응력(vertical stress) σ_v, 수평방향으로 작용하는 응력을 수평응력(horizontal stress) σ_h라고 한다.

이 장에서는 흙의 자중이나 여러 종류의 지표면하중으로 인하여 지반내에 발생하는 응력의 크기와 분포를 구하는 방법을 탄성론에 근거하여 설명한다. 실제로 흙은 탄성, 등방성, 균질성이 아니지만, 탄성론에 근거하여 계산한 결과는 실제와 크게 다르지 않은 것으로 알려지고 있다.

4.2 흙의 자중으로 인한 연직응력

4.2.1 흙만 있는 경우

흙의 자중으로 인해 흙속의 어느 깊이에서 발생하는 연직응력을 연직토압 또는 토피압력이라고 하며, 그 깊이 위에 있는 흙의 무게를 면적으로 나누어 구한다.

흙속의 깊이 z에 있는 한 요소에 작용하는 연직응력 σ_v는 다음 식과 같이 구한다(그림 4-1).

$$\sigma_v = \frac{\gamma A z}{A} = \gamma z \tag{4.1}$$

여기서, γ = 흙의 단위중량
z = 지표면으로부터의 깊이
A = 흙요소의 바닥면적

흙의 단위중량이 다른 여러 토층으로 이루어진 지반에서의 연직응력은 각 층의 연직응력을 합하여 다음 식과 같이 구한다.

$$\sigma_v = \Sigma \gamma z \tag{4.2}$$

여기서, γ = 각 토층의 단위중량
z = 각 토층의 두께

예제 4.1

그림 4-1에서 흙의 단위중량이 20kN/m^3일 때, 깊이 3m에서 흙의 자중으로 인한 연직응력을 구하라.

풀이

연직응력 $\sigma_v = \gamma z = 20\text{kN/m}^3 \times 3\text{m} = 60\text{kN/m}^2 = 60\text{kPa}$

예제 4.2

그림 4-2에서 흙속의 A, B, C 점에서 흙의 자중으로 인한 연직응력을 구하라.

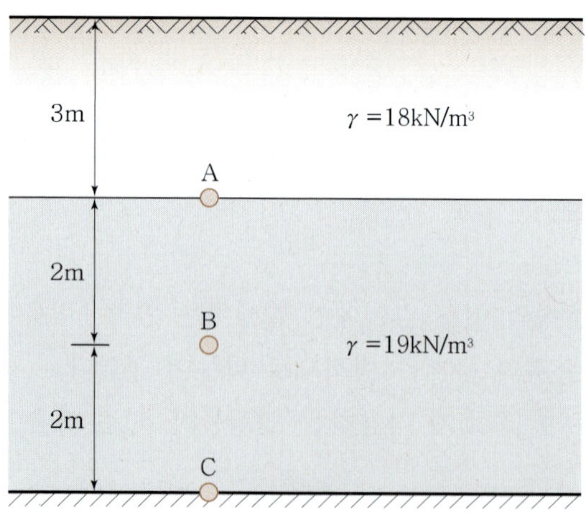

그림 4-2 예제 4-2

풀이

A점 : $\sigma_v = \gamma z = 18\,\text{kN/m}^3 \times 3\text{m} = 54\,\text{kN/m}^2 = 54\text{kPa}$

B점 : $\sigma_v = \Sigma \gamma z = 18\,\text{kN/m}^3 \times 3\text{m} + 19\,\text{kN/m}^3 \times 2\text{m} = 92\,\text{kN/m}^2 = 92\text{kPa}$

C점 : $\sigma_v = \Sigma \gamma z = 18\,\text{kN/m}^3 \times 3\text{m} + 19\,\text{kN/m}^3 \times 4\text{m} = 130\,\text{kN/m}^2 = 130\text{kPa}$

4.2.2 물만 있는 경우

정지해 있는 물속에서의 수압을 정수압이라고 하며, 정수압은 방향에 관계없이 같은 값이다. 즉, 수면 아래 어느 깊이에서의 연직수압의 크기는 수평수압의 크기와 같으며, 수압은 방향구분 없이 다음 식과 같이 구한다.

$$u = \gamma_w z_w \tag{4.3}$$

여기서, u = 수압

γ_w = 물의 단위중량 = $1\text{t/m}^3 = 9.8\text{kN/m}^3$

z_w = 수심 = 수면에서부터의 깊이

흙속에 지하수가 있어 포화된 경우에는 간극수가 서로 연결되어 있다고 생각할 수 있으므로, 흙속에서의 수압 즉 간극수압은 흙입자를 무시하고 간극수만 있는 상태로 보아서 정수압과 같은 것으로 본다. 따라서, 간극수압 u도 식 (4.3)으로 구한다.

예제 4.3

정지해 있는 수면 아래 깊이 3m에서의 수압을 구하라.

풀이

수압 $u = \gamma_w z_w = 9.8\text{kN/m}^3 \times 3\text{m} = 29.4\,\text{kN/m}^2 = 29.4\text{kPa}$

4.2.3 흙속에 지하수가 있는 경우

(1) 전응력과 유효응력

흙속에 지하수가 있는 경우 흙속의 어느 깊이에 작용하는 연직응력은 흙입자와 물(간극수) 때문에 생기는 것이며, 이를 전연직응력(total vertical stress) σ_v 또는 간단하게 전응력(total stress) σ라고 한다.

그 중에 간극수때문에 작용하는 연직응력을 간극수압(pore water pressure) u 또는 중립응력(neutral stress)이라고 하며, 흙입자때문에 작용하는 연직응력을 유효연직응력(effective horizontal stres) $\sigma_v{}'$ 또는 간단하게 유효응력(effective stres) σ'이라고 한다.

따라서, 전연직응력 σ_v와 유효연직응력 $\sigma_v{}'$ 사이에는 다음 식과 같은 관계가 성립한다.

$$\text{전연직응력 } \sigma_v = \text{간극수압 } u + \text{유효연직응력 } \sigma_v{}' \tag{4.4}$$

$$\text{유효연직응력 } \sigma_v{}' = \text{전연직응력 } \sigma_v - \text{간극수압 } u \tag{4.5}$$

위의 설명은 다음과 같이 생각할 수도 있다. 어느 깊이에 작용하는 전연직응력은 흙입자와 물(간극수)의 무게 때문에 생기는 것이고, 지하수 때문에 생기는 부력은 간극수압과 같은 값이고, 실제로 작용하는 유효연직응력은 전연직응력에서 부력(간극수압)을 뺀 값이다.

예제 4.4

그림 4-3에서 흙속의 A점에서의 전연직응력, 간극수압, 유효연직응력을 구하라. 지하수위는 지표면과 동일하며, 수면 아래의 흙은 완전 포화되었다. 흙의 포화단위중량 $\gamma_{sat} = 22\text{kN/m}^3$.

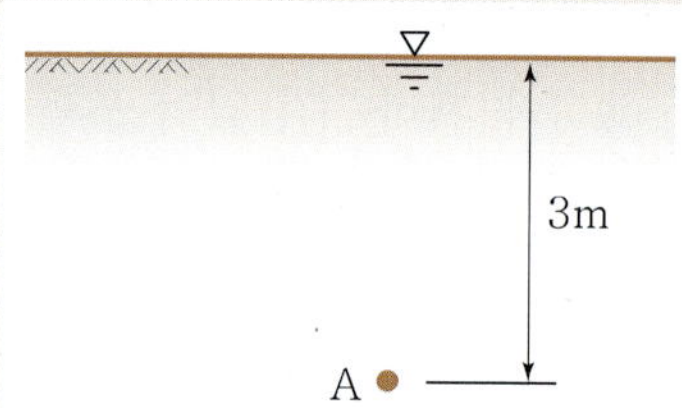

그림 4-3 예제 4-3

풀이

전연직응력 $\sigma_v = \gamma_{sat}\, z = 22\text{kN/m}^3 \times 3\text{m} = 66\text{kN/m}^2 = 66\text{kPa}$

간극수압 $u = \gamma_w\, z_w = 9.8\text{kN/m}^3 \times 3\text{m} = 29.4\text{kN/m}^2 = 29.4\text{kPa}$

유효연직응력 $\sigma_v{}'$ = 전연직응력 σ_v − 간극수압 u = $66\text{kN/m}^2 - 29.4\text{kN/m}^2 = 36.6\text{kN/m}^2 = 36.6\text{kPa}$

(2) 지반이 물에 잠긴 경우

그림 4-4와 같이 지반 전체가 물속에 잠긴 경우에 흙속의 한 요소에 작용하는 전연직응력 σ_v, 간극수압 u, 유효연직응력 $\sigma_v{}'$은 다음 식과 같이 된다.

$$\sigma_v = \gamma_w h_w + \gamma_{sat} z \tag{4.6}$$

$$u = \gamma_w (h_w + z) \tag{4.7}$$

$$\sigma_v' = \sigma_v - u = (\gamma_w h_w + \gamma_{sat} z) - \gamma_w (h_w + z) = (\gamma_{sat} - \gamma_w) z$$
$$= \gamma' z \tag{4.8}$$

여기서, γ_{sat} = 흙의 포화단위중량

γ' = 흙의 수중단위중량 $= \gamma_{sat} - \gamma_w$

유효연직응력은 식 (4.5)에서처럼 전연직응력에서 간극수압을 빼서 구하는 것이 원칙이지만, 식 (4.8)에서처럼 지반이 물에 잠긴 경우의 유효연직응력은 물의 높이와는 상관없이 흙의 수중단위중량에다 토층의 깊이를 곱해서 직접 구할 수도 있다.

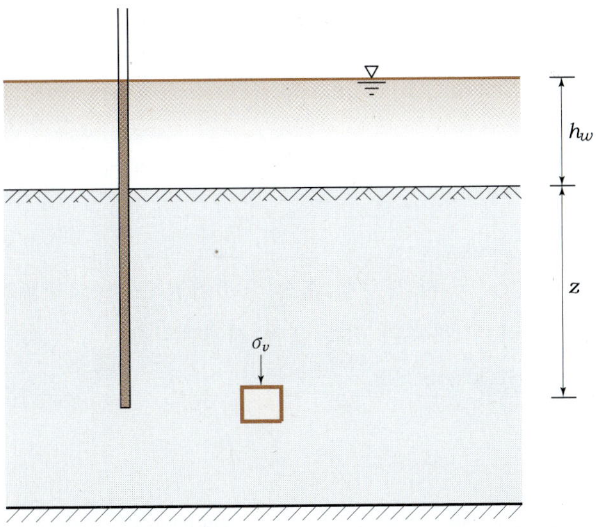

그림 4-4 지반이 물에 잠긴 경우의 연직응력

예제 4.5

그림 4-4에서 h_w = 2m, z = 3m일 때, 흙속의 주어진 요소에 작용하는 전연직응력, 간극수압, 유효연직응력을 구하라. 흙의 포화단위중량 $\gamma_{sat} = 22\text{kN/m}^3$.

풀이

전연직응력 $\sigma_v = 9.8\text{kN/m}^3 \times 2\text{m} + 22\text{kN/m}^3 \times 3\text{m} = 85.6\text{kN/m}^2 = 85.6\text{kPa}$

간극수압 $u = 9.8\text{kN/m}^3 \times 5\text{m} = 49\text{kN/m}^2 = 49\text{kPa}$

유효연직응력 $\sigma_v{}'$ = 전연직응력 σ_v − 간극수압 u = 85.6kN/m² − 49kN/m² = 36.6kN/m² = 36.6kPa

또는 $\sigma_v{}' = \gamma' z = (\gamma_{sat} - \gamma_w)z = (22 - 9.8)\text{kN/m}^3 \times 3\text{m} = 36\text{kN/m}^2 = 36.6\text{kPa}$

(3) 지반내에 지하수가 있는 경우

그림 4-5와 같이 지반내에 지하수가 있는 경우에 흙속의 한 요소에 작용하는 전연직응력 σ_v, 간극수압 u, 유효연직응력 $\sigma_v{}'$은 다음 식과 같이 된다.

$$\sigma_v = \gamma(z - h_w) + \gamma_{sat}\, h_w \tag{4.9}$$

$$u = \gamma_w\, h_w \tag{4.10}$$

$$\sigma_v{}' = \sigma_v - u = \gamma(z - h_w) + \gamma_{sat}\, h_w - \gamma_w h_w$$

$$= \gamma(z - h_w) + \gamma' h_w \tag{4.11}$$

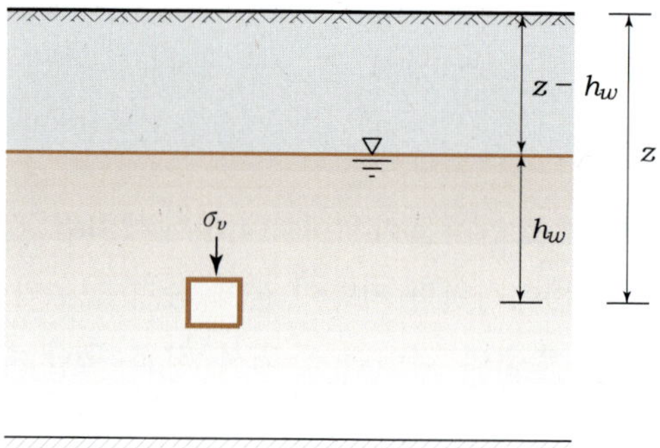

그림 4-5 지반내에 지하수위가 있는 경우의 연직응력

예제 4.6

그림 4-5에서 h_w = 3m, z = 5m일 때, 흙속의 주어진 요소에 작용하는 전연직응력, 간극수압, 유효연직응력을 구하라. 지하수위 위쪽 흙의 전체단위중량 γ = 20kN/m³, 지하수위 아래쪽 흙의 포화단위중량 γ_{sat} = 22kN/m³.

풀이

전연직응력 $\sigma_v = 20\text{kN/m}^3 \times 2\text{m} + 22\text{kN/m}^3 \times 3\text{m} = 106\text{kN/m}^2 = 106\text{kPa}$

간극수압 $u = 9.8\text{kN/m}^3 \times 3\text{m} = 29.4\text{kN/m}^2 = 29.4\text{kPa}$

유효연직응력 $\sigma_v{}'$ = 전연직응력 σ_v − 간극수압 u = 106kN/m² − 29.4kN/m² = 76.6kN/m² = 76.6kPa

또는 $\sigma_v{}' = 20\text{kN/m}^3 \times 2\text{m} + (22 - 9.8)\text{kN/m}^3 \times 3\text{m} = 76.6\text{kN/m}^2 = 76.6\text{kPa}$

4.3 흙의 자중으로 인한 수평응력

정지해 있는 물의 경우에는 임의의 요소에 작용하는 수평수압과 연직수압의 크기가 항상 같으나, 흙의 경우에는 수평응력(수평토압)과 연직응력(연직토압)의 크기가 항상 같지는 않다.

지반내의 한 요소에 작용하는 수평응력은 다음과 같은 식으로 나타낼 수 있다.

$$\sigma_h = K\,\sigma_v \tag{4.12}$$

여기서 연직응력에 대한 수평응력의 비를 수평토압계수 K라고 정의한다. 이러한 수평토압계수의 크기는 지반의 변위 정도와 응력이력(stress history)에 따라 달라지며, 이에 대해서는 9장에서 자세히 설명한다.

4.4 집중하중으로 인한 지중응력

Boussinesq는 지표면에 연직방향 집중하중(point load)이 작용할 때 균질하고(homogeneous), 등방성이고(isotropic), 탄성(linearly elastic)인 지반내에서의 응력증가량을 구하는 식을 탄성론에 근거하여 유도하였다.

어느 한 점에 작용하는 하중을 집중하중 또는 점하중(point load)이라고 한다. 그림 4-6에서 지표면에 작용하는 집중하중 Q로 인해 지반내의 A점에서 발생하는 연직응력과 수평응력을 구하는 식은 다음과 같다.

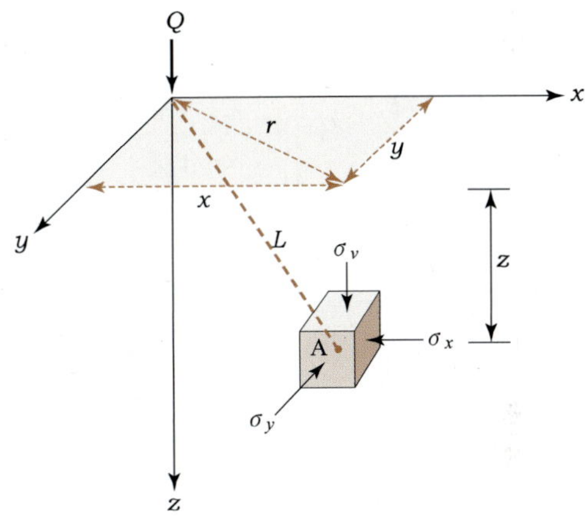

그림 4-6 집중하중으로 인한 지중응력

$$\text{연직응력}\ \sigma_v = \frac{3Q}{2\pi}\frac{z^3}{L^5} = \frac{3Q}{2\pi}\frac{z^3}{(r^2+z^2)^{5/2}} = \frac{3Q}{2\pi}\frac{z^3}{(x^2+y^2+z^2)^{5/2}} \tag{4.13}$$

$$x\text{축방향 수평응력}\ \sigma_x = \frac{Q}{2\pi}\ \{\frac{3x^2z}{L^5} - (1-2\mu)[\frac{x^2-y^2}{Lr^2(L+z)} + \frac{y^2z}{L^3r^2}]\} \tag{4.14}$$

$$y\text{축방향 수평응력}\ \sigma_y = \frac{Q}{2\pi}\ \{\frac{3y^2z}{L^5} - (1-2\mu)[\frac{y^2-x^2}{Lr^2(L+z)} + \frac{x^2z}{L^3r^2}]\} \tag{4.15}$$

여기서, μ = 흙의 포아송(poisson)비
r = 집중하중 작용점에서 A점까지의 수평거리
L = 집중하중 작용점에서 A점까지의 직선거리

이 장에서 주로 다루는 연직응력을 구하는 식 (4.13)은 다음 식과 같이 나타낼 수 있다.

$$\sigma_v = \frac{3Q}{2\pi}\frac{z^3}{(x^2+y^2+z^2)^{5/2}} = \frac{3Q}{2\pi z^2}\frac{z^5}{(x^2+y^2+z^2)^{5/2}} = \frac{Q}{z^2}\frac{3}{2\pi}\frac{z^5}{(x^2+y^2+z^2)^{5/2}}$$

$$= \frac{Q}{z^2}I \tag{4.16}$$

여기서, $I = \frac{3}{2\pi}\frac{z^5}{(x^2+y^2+z^2)^{5/2}} = \frac{3}{2\pi}\frac{z^5}{(r^2+z^2)^{5/2}} = \frac{3}{2\pi}\left\{\frac{1}{1+(r/z)^2}\right\}^{5/2}$ (4.17)

식 (4.17)의 계수 I를 영향계수라고 하며, $\frac{r}{z}$에 따른 I 값은 표 4.1과 같다.

표 4.1 집중하중으로 인한 연직응력을 구하기 위한 영향계수 I

r/z	I	r/z	I	r/z	I
0.00	0.478	0.80	0.139	1.60	0.020
0.10	0.466	0.90	0.108	1.70	0.016
0.20	0.433	1.00	0.084	1.80	0.013
0.30	0.385	1.10	0.066	1.90	0.011
0.40	0.329	1.20	0.0051	2.00	0.009
0.50	0.273	1.30	0.040	2.20	0.006
0.60	0.221	1.40	0.032	2.40	0.004
0.70	0.176	1.50	0.025	2.60	0.002

집중하중 작용점 바로 아래($x = 0$, $y = 0$)에서는 $I = \frac{3}{2\pi} = 0.4775$이 되므로 식 (4.16)은 다음 식과 같이 된다.

$$\sigma_v = \frac{Q}{z^2}I = 0.4775\frac{Q}{z^2} \tag{4.18}$$

식 (4.18)에서 집중하중 작용점 바로 아래에서의 연직응력은 깊이의 제곱 z^2에 반비례하여 깊이에 따라서 급격히 감소하는 것을 알 수 있고(그림 4-7의 좌측 분포), 식 (4.17)에서 같은 깊이에서는 집중하중 작용점에서 멀어질수록 연직응력이 크게 감소하는 것을 알 수 있다(그림 4-7의 우측 분포).

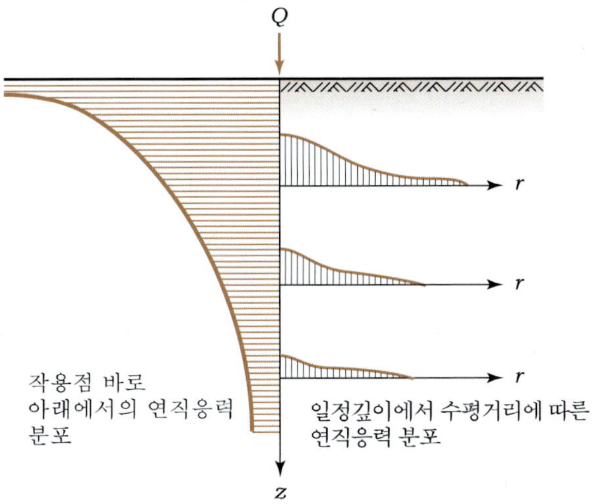

그림 4-7 집중하중으로 인한 연직응력의 분포

예제 4.7

지표면에 $Q = 10,000\text{N}$의 집중하중이 작용할 때, 집중하중 바로 아래 지반에서 발생하는 연직응력 σ_v를 깊이별로 구하라.

풀이

식 (4.18)을 사용하여 구하면 다음 표와 같이 된다.

깊이 z(m)	0	2	4	6	8	10	15	20
σ_v(N/m^2 = Pa)	–	1,194	298	133	74.6	47.8	21.2	11.9

예제 4.8

그림 4-6에서 $Q = 10,000\text{N}$의 집중하중이 작용할 때, 집중하중의 작용점에서 $x = 3\text{m}$, $y = 4\text{m}$ 떨어진 곳에서 집중하중으로 인한 연직응력 σ_v를 깊이별로 구하고 도시하라.

풀이

식 (4.13)을 사용하여 구하면 다음 표 및 그림 4-8과 같이 된다.

z(m)	σ_v(N/m^2 = Pa)
0	$\frac{3\times 10,000}{2\pi}\times\frac{0^3}{(3^2+4^2+0^2)^{\frac{5}{2}}}=0$
2	$\frac{3\times 10,000}{2\pi}\times\frac{2^3}{(3^2+4^2+2^2)^{\frac{5}{2}}}=8.5$
4	$\frac{3\times 10,000}{2\pi}\times\frac{4^3}{(3^2+4^2+4^2)^{\frac{5}{2}}}=26.5$
6	$\frac{3\times 10,000}{2\pi}\times\frac{6^3}{(3^2+4^2+6^2)^{\frac{5}{2}}}=36.0$
10	$\frac{3\times 10,000}{2\pi}\times\frac{10^3}{(3^2+4^2+10^2)^{\frac{5}{2}}}=27.3$
15	$\frac{3\times 10,000}{2\pi}\times\frac{15^3}{(3^2+4^2+15^2)^{\frac{5}{2}}}=16.5$
20	$\frac{3\times 10,000}{2\pi}\times\frac{20^3}{(3^2+4^2+20^2)^{\frac{5}{2}}}=10.3$

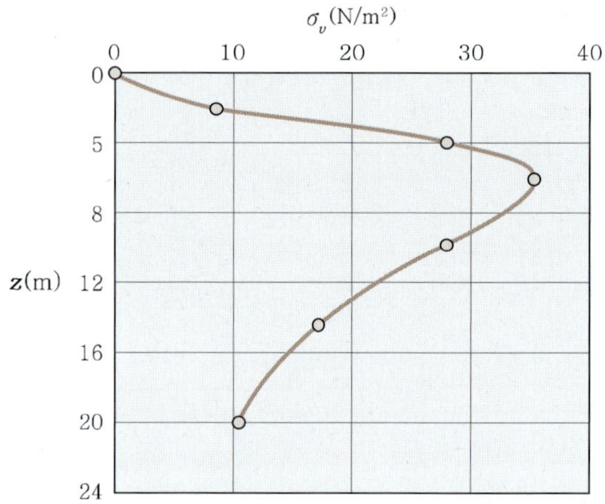

그림 4-8 깊이에 따른 연직응력

4.5 선하중으로 인한 지중응력

집중하중이 연속적으로 작용하는 경우 즉, 재하면의 폭이 매우 작아서 0에 가깝고 재하면의 길이는 매우 긴 경우의 하중을 선하중(line load)이라고 한다.

그림 4-9에서 지표면에 작용하는 선하중 q로 인해 지반 내의 A점에서 발생하는 연직응력 σ_v와 수평응력 σ_h를 구하는 식은 다음과 같다.

$$\sigma_v = \frac{2q}{\pi}\frac{z^3}{(x^2+z^2)^2} \tag{4.19}$$

$$\sigma_h = \frac{2q}{\pi}\frac{x^2 z}{x^2+z^2} \tag{4.20}$$

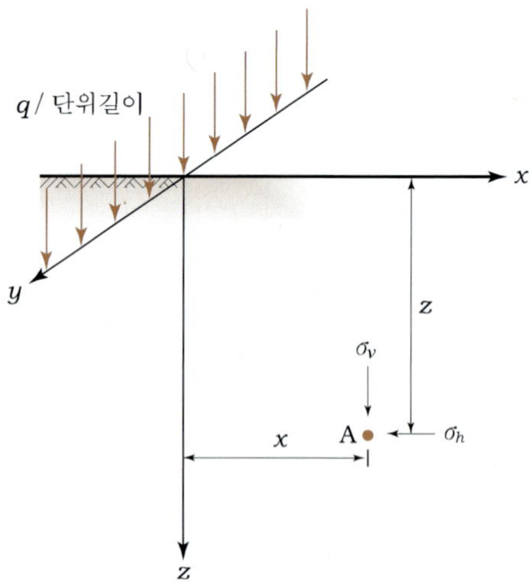

그림 4-9 선하중으로 인한 지중응력

예제 4.9

그림 4-10(a)와 같이 선하중이 작용할 때 A점에서 발생하는 연직응력을 구하라.

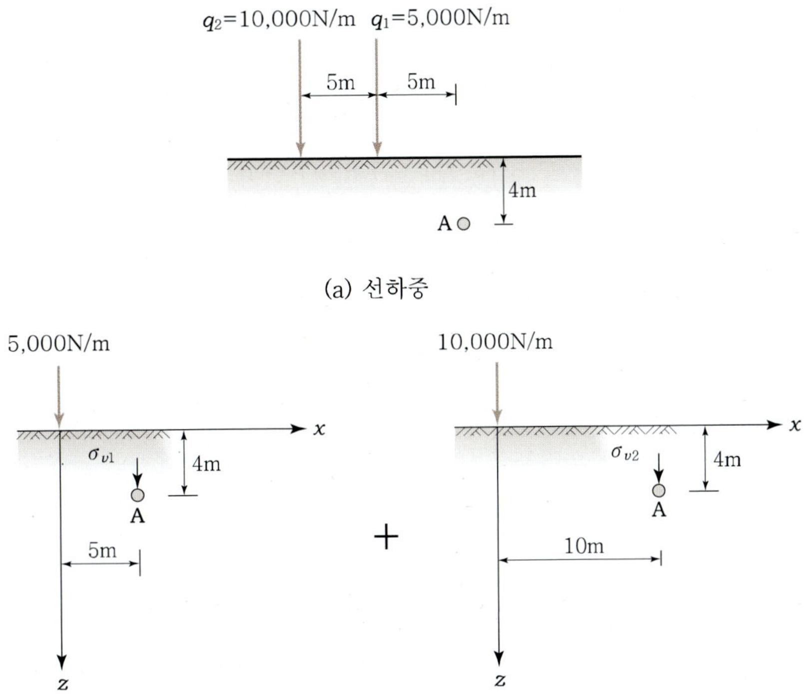

(a) 선하중

(b) 중첩법의 적용

그림 4-10 예제 4.9

풀이

각각의 선하중으로 인한 연직응력을 구하여 합산해서 A점에서의 연직응력을 구한다(그림 4-10(b)).

$$\sigma_v = \sigma_{v1} + \sigma_{v2}$$

$$\sigma_{v1} = \frac{2q_1 z^3}{\pi({x_1}^2 + z^2)^2} = \frac{2 \times 5{,}000\mathrm{N/m} \times (4\mathrm{m})^3}{\pi(5^2 + 4^2)^2\,\mathrm{m}^4} = 121.2\,\mathrm{N/m^2} = 121.2\mathrm{Pa}$$

$$\sigma_{v2} = \frac{2q_2 z^3}{\pi({x_2}^2 + z^2)^2} = \frac{2 \times 10{,}000\mathrm{N/m} \times (4\mathrm{m})^3}{\pi(10^2 + 4^2)^2\,\mathrm{m}^4} = 30.3\,\mathrm{N/m^2} = 30.3\mathrm{Pa}$$

$$\sigma_v = 121.2 + 30.3 = 151.5\,\mathrm{N/m^2} = 151.5\mathrm{Pa}$$

4.6 반무한 등분포하중으로 인한 연직응력

지표면에 작용하는 등분포하중으로 인해 지반내의 한 점에서 발생하는 지중응력의 크기는 재하면의 크기나 모양에 따라 구하는 방법이 다르다.

반무한 등분포하중의 경우 즉, 등분포하중이 작용하는 재하면이 매우 넓은 경우에 지반내의 한 점에 발생하는 연직응력 σ_v의 크기는 깊이에 관계없이 등분포하중 q의 크기와 같다(식 4.21).

$$\sigma_v = q \tag{4.21}$$

예제 4.10

매우 넓은 면적에 걸쳐 등분포하중 $q = 100\text{kN/m}^2$이 작용할 때 임의의 위치 아래 깊이 $z =$ 5m, 10m 인 곳에 발생하는 연직응력을 구하라.

풀이

반무한 등분포하중이 작용하는 경우에는 위치나 깊이에 관계없이 등분포하중이 지반내에 100% 전달되므로

$\sigma_v = q = 100\text{kN/m}^2 = 100\text{kPa}$

4.7 띠하중으로 인한 연직응력

폭이 어느 정도 있고 길이가 매우 긴 재하면에 작용하는 등분포하중을 띠하중(strip load)이라고 한다.

그림 4-11에서 지표면에 작용하는 띠하중 q로 인해 지반내의 A점에서 발생하는 연직응력 σ_v를 구하는 방법은 다음과 같다.

그림 4-11에서 폭이 B인 재하면의 미소 면적에 작용하는 하중 qdr로 인하여 A점에 발생하는 연직응력 $d\sigma_v$는 Boussinesq의 선하중 공식을

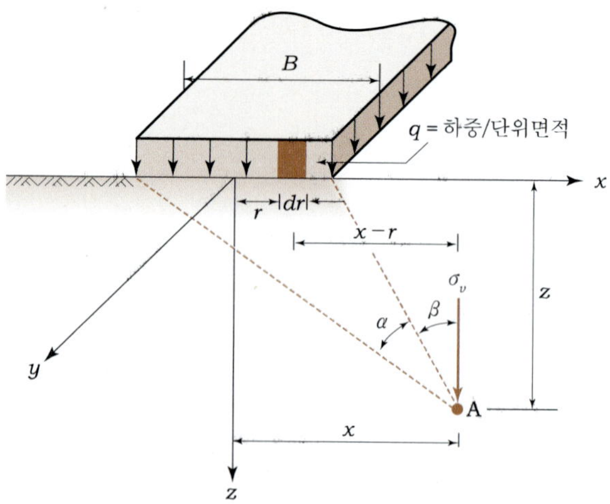

그림 4-11 띠하중으로 인한 연직응력

이용하면 다음과 같이 된다.

$$d\sigma_v = \frac{2(q\,dr)\,z^3}{\pi\,[(x-r)^2+z^2]^2} \tag{4.22}$$

폭이 B인 재하면 전체에 작용하는 등분포하중으로 인한 연직응력 σ_v는 위의 식을 적분하여 구하면 다음 식과 같이 된다.

$$\begin{aligned}\sigma_v &= \int d\sigma_v = \int_{-B/2}^{+B/2} \frac{2q}{\pi} \frac{z^3}{[(x-r)^2+z^2]^2} dr \\ &= \frac{q}{\pi}\left\{\tan^{-1}\frac{z}{x-B/2} - \tan^{-1}\frac{z}{x+B/2} - \frac{B\ z\ [x^2-z^2-B^2/4]}{[x^2+z^2-B^2/4]^2+B^2z^2}\right\}\end{aligned} \tag{4.23}$$

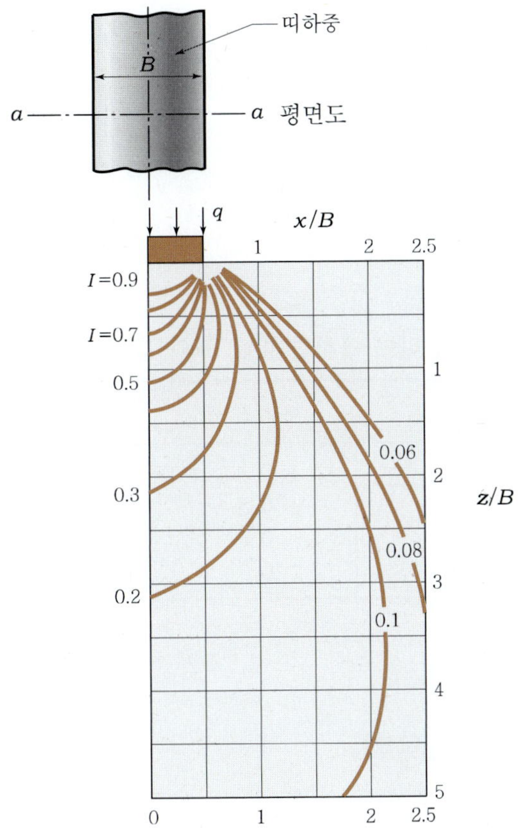

그림 4-12 띠하중으로 인한 연직응력을 구하는 영향계수 I

식 (4.23)은 너무 복잡하여 직접 이용하기 곤란하므로 영향계수 I를 사용하여 단순화하면 다음 식과 같이 되며, 영향계수 I는 그림 4-12에서 구할 수 있다.

$$\sigma_v = qI \tag{4.24}$$

또 연직응력 σ_v는 그림 4-11에 주어진 각을 적용하여 구하면 다음 식과 같이 된다.

$$\sigma_v = \frac{q}{\pi}[\alpha + \sin\alpha \cos(\alpha + 2\beta)] \tag{4.25}$$

여기서, α와 β는 그림 4-11에서 정의되었으며 라디안(radian) 단위를 사용한다.

예제 4.11

그림 4-11에서 $q=200\text{kN/m}^2$, $B=6\text{m}$이다. $z=3\text{m}$일 때 $x=0\text{m}$, 3m, 6m, 9m에서의 연직응력 σ_v를 구하라.

풀이

식 (4.24)와 그림 4.12를 이용하여 구하면 다음 표와 같이 된다.

x(m)	x/B	z/B	I	$\sigma_v = qI(\text{kN/m}^2 = \text{kPa})$
0	0	0.5	0.77	154
3	0.5	0.5	0.50	100
6	1	0.5	0.09	18
9	1.5	0.5	0.02	4

4.8 제방하중으로 인한 연직응력

제방하중(embankment load)은 띠하중에서 길이방향에 직각인 단면이 직사각형이 아닌 사다리꼴이어서 제방모양을 한 경우를 말한다.

제방모양의 등분포하중 q로 인해 지중에 발생하는 연직응력 σ_v는 다음 식으로 구할 수 있다.

$$\sigma_v = qI \tag{4.26}$$

여기서, I는 영향계수로서 그림 4-13에서 구한다.

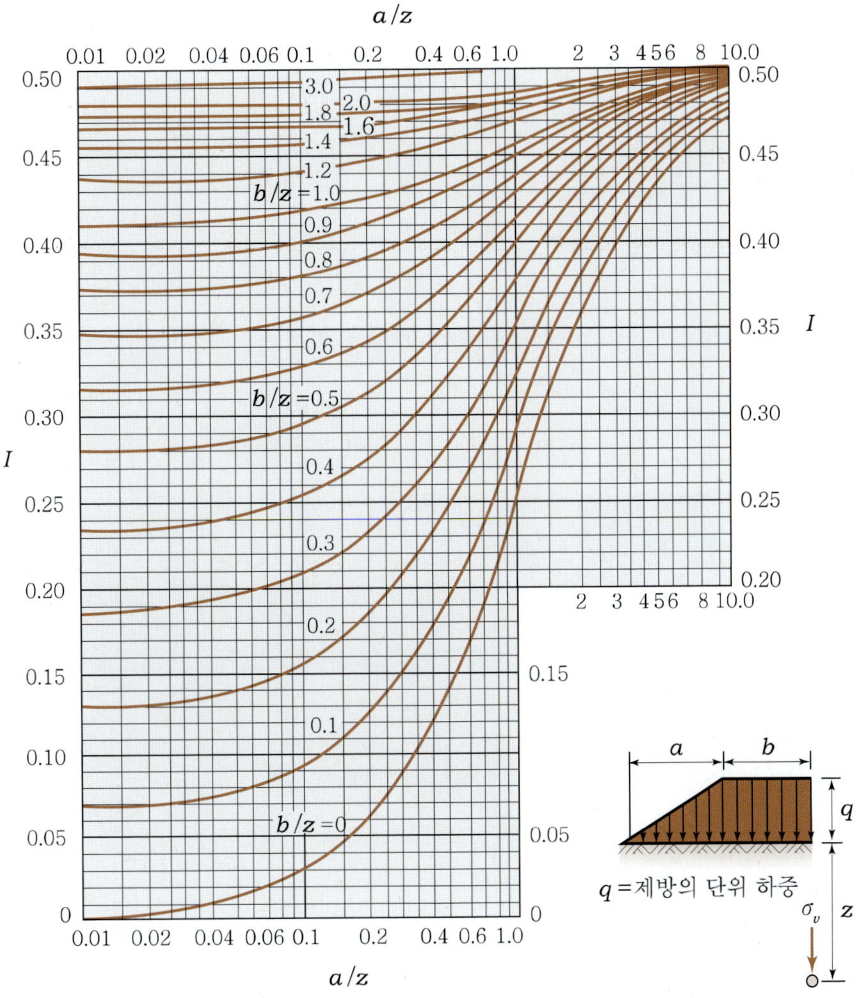

그림 4-13 제방하중으로 인한 연직응력을 구하는 영향계수

예제 4.12

그림 4-14와 같은 제방에서 제방재료의 평균단위중량은 20kN/m^{3}이다. 제방하중으로 인한 제방 중심선 아래 5m와 10m 깊이에서의 연직응력을 구하라.

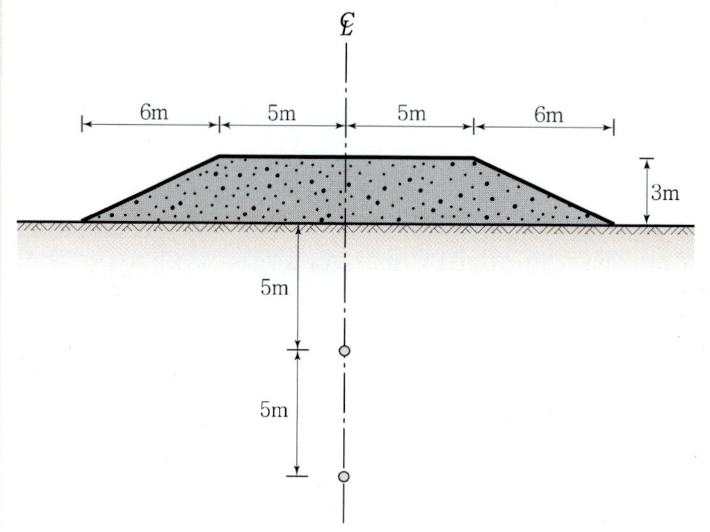

그림 4-14 예제 4.12

풀이

제방하중 $q = 20\,\text{kN/m}^3 \times 3\,\text{m} = 60\,\text{kN/m}^2 = 60\text{kPa}$

제방의 왼쪽 절반에서 $a = 6\,\text{m}$, $b = 5\,\text{m}$

깊이 z = 5m에서

$a/z = 6/5 = 1.2$

$b/z = 5/5 = 1$

그림 4-13으로부터 $I = 0.46$

$\sigma_v = qI = 60\,\text{kN/m}^2 \times 0.46 = 27.6\,\text{kN/m}^2 = 27.6\text{kPa}$

이것은 제방의 반쪽에 대한 하중이므로 제방전체에 대해서는

$\sigma_v = 27.6 \times 2 = 55.2\,\text{kN/m}^2 = 55.2\text{kPa}$

깊이 z = 10m에서

$a/z = 6/10 = 0.6$

$b/z = 5/10 = 0.5$

그림 4-13으로부터 $I = 0.36$

$\sigma_v = qI = 60\,\text{kN/m}^2 \times 0.36 = 21.6\,\text{kN/m}^2 = 21.6\text{kPa}$

이것은 제방의 반쪽에 대한 하중이므로 제방전체에 대해서는

$\sigma_v = 21.6 \times 2 = 43.2\,\text{kN/m}^2 = 43.2\text{kPa}$

4.9 원형 등분포하중으로 인한 연직응력

반경이 R인 원형 재하면에 등분포하중 q가 작용할 때, 재하면의 중심 아래 깊이 z에서 발생하는 연직응력은 Boussinesq의 해를 이용하여 구할 수 있다.

그림 4-15에서 검정부분의 미소 면적에 작용하는 하중 $q\,r\,d\alpha\,dr$으로 인해 중심 아래 A점에 발생하는 연직응력 $d\sigma_v$는 Boussinesq의 집중하중 공식을 이용하면 다음 식과 같이 된다.

$$d\sigma_v = \frac{3(q\,r\,d\alpha\,dr)}{2\pi}\frac{z^3}{(r^2+z^2)^{5/2}} \tag{4.27}$$

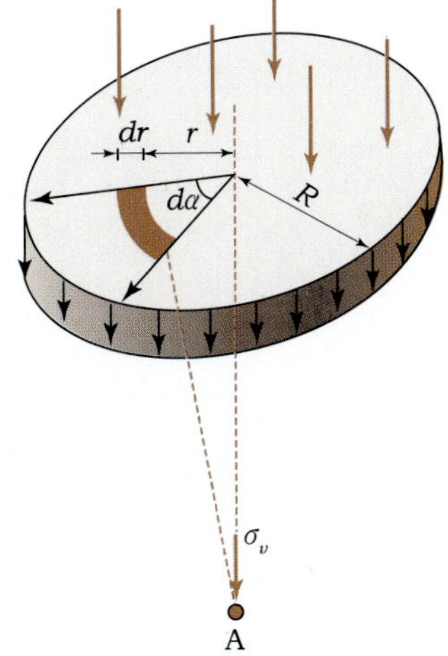

그림 4-15 원형 등분포하중이 작용할 때 중심 아래에서의 연직응력

반경이 R인 원형 재하면 전체에 작용하는 등분포하중으로 인한 연직응력 σ_v는 위의 식을 적분하여 구하면 다음 식과 같이 된다.

$$\sigma_v = \int dp = \int_{\alpha=0}^{\alpha=2\pi}\int_{r=0}^{r=R}\frac{3q}{2\pi}\frac{z^3\,r}{(r^2+z^2)^{5/2}}\,dr\,d\alpha \tag{4.28}$$

이 식을 계산하여 정리하면 다음 식과 같이 된다.

$$\sigma_v = q\left[1-\left\{\frac{1}{1+(R/z)^2}\right\}^{3/2}\right] = qI \tag{4.29}$$

여기서, 영향계수 I의 값은 그림 4-16에서 구할 수 있다.

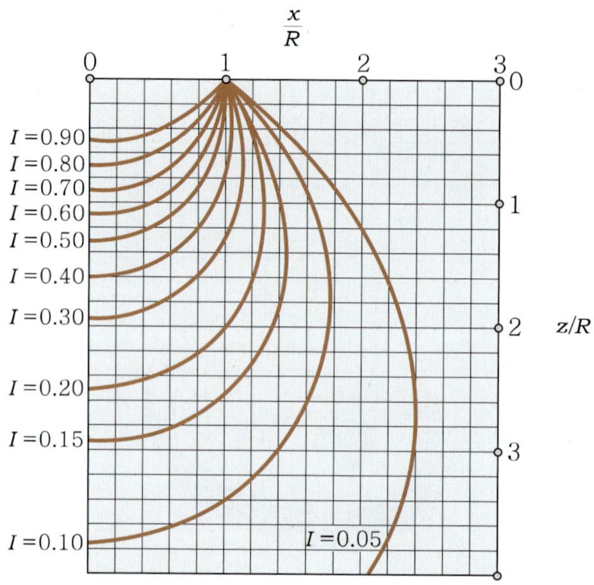

그림 4-16 원형 등분포하중으로 인한 연직응력을 구하는 영향계수

등분포하중 q가 작용하는 원형 재하면의 임의 위치 아래 깊이 z에서의 연직응력도 영향계수 I를 사용하여 단순화하면 다음 식과 같이 되며, 영향계수 I의 값도 그림 4-16에서 구할 수 있다.

$$\sigma_v = qI \tag{4.30}$$

그림 4-16에서 가로축은 연직응력을 구하려는 지점에서 원형 중심까지의 수평거리 x를 반경 R로 나눈 값 x/R이고, 세로축은 깊이 z를 반경 R로 나눈 값 z/R이며, 굵은 곡선이 영향계수의 값을 나타낸다.

예제 4.13

반경 2m의 원형탱크에 120kN/m^{2}의 등분포하중이 작용하고 있다.

(1) 탱크의 중심 아래 깊이 5m에서의 연직응력을 구하라.
(2) 탱크의 중심에서 수평거리 2m, 깊이 5m에서의 연직응력을 구하라.
(3) 탱크의 중심에서 수평거리 4m, 깊이 5m에서의 연직응력을 구하라.

풀이

(1) $\frac{x}{R}=\frac{0}{2}=0$, $\frac{z}{R}=\frac{5}{2}=2.5$일 때 그림 4-16에서 $I \fallingdotseq 0.20$

$\sigma_v = qI = 120\text{kN/m}^2 \times 0.20 = 24\text{kN/m}^2 = 24\text{kPa}$

(2) $\frac{x}{R}=\frac{2}{2}=1$, $\frac{z}{R}=\frac{5}{2}=2.5$일 때 그림 4-16에서 $I \fallingdotseq 0.15$

$\sigma_v = qI = 120\text{kN/m}^2 \times 0.15 = 18\text{kN/m}^2 = 18\text{kPa}$

(3) $\frac{x}{R}=\frac{4}{2}=2$, $\frac{z}{R}=\frac{5}{2}=2.5$일 때 그림 4-16에서 $I \fallingdotseq 0.08$

$\sigma_v = qI = 120\text{kN/m}^2 \times 0.08 = 9.6\text{kN/m}^2 = 9.6\text{kPa}$

4.10 직사각형 등분포하중으로 인한 연직응력

그림 4-17과 같은 직사각형 재하면에 등분포하중 q가 작용할 때, 재하면의 모퉁이 아래 깊이 z에서 발생하는 연직응력을 계산하는 식은 앞 절에서와 같이 Boussinesq의 해를 이용하여 구할 수 있다.

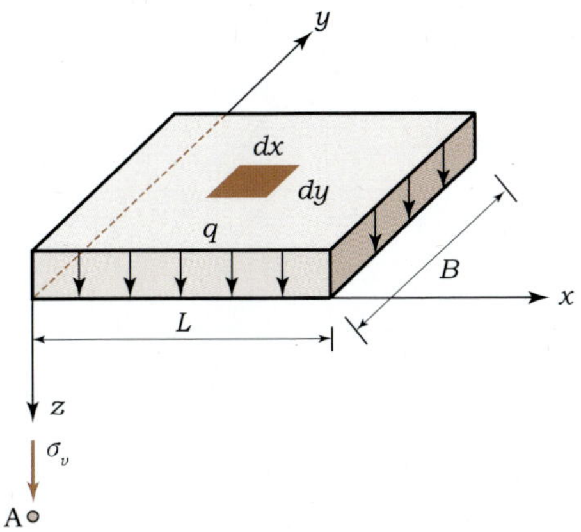

그림 4-17 직사각형 등분포하중이 작용할 때 모퉁이 아래에서의 연직응력

그림 4-17에서 검정부분의 미소 면적에 작용하는 하중 $q\,dx\,dy$으로 인해 모퉁이 아래 A점에 발생하는 연직응력 $d\sigma_v$는 Boussinesq의 집중하중 공식을 이용하면 다음 식과 같이 된다.

$$d\sigma_v = \frac{3(q\,dx\,dy)\,z^3}{2\pi(x^2+y^2+z^2)^{5/2}} \tag{4.31}$$

폭 B, 길이 L인 직사각형 재하면 전체에 작용하는 등분포하중으로 인한 연직응력 σ_v는 위의 식을 적분하여 구하면 다음 식과 같이 된다.

$$\sigma_v = \int dp = \int_{y=0}^{B}\int_{x=0}^{L} \frac{3\ q\,dx\,dy\,z^3}{2\pi(x^2+y^2+z^2)^{5/2}} = qI \tag{4.32}$$

여기서, 영향계수 I의 값은 그림 4-18에서 구할 수 있으며, 그림 4-18에서 $m = \frac{B}{z}$, $n = \frac{L}{z}$이다.

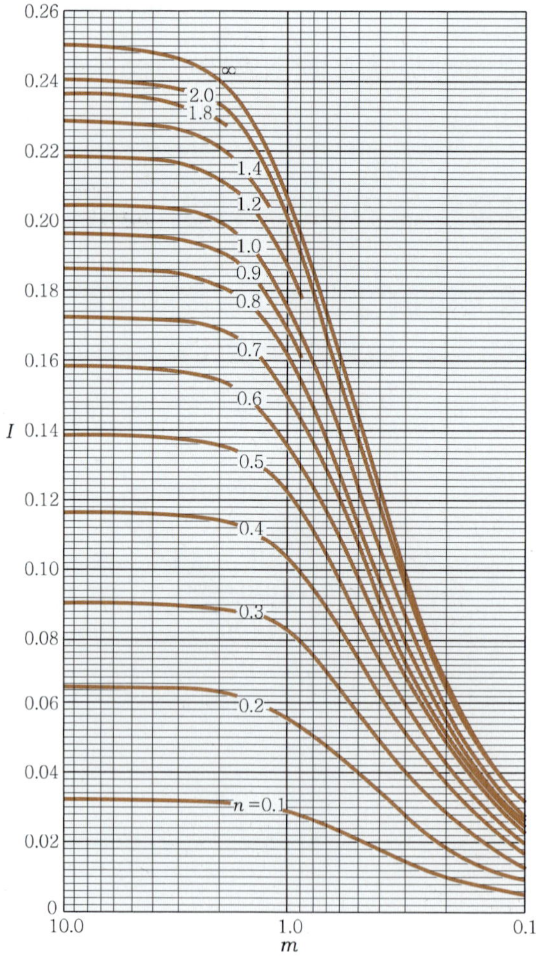

그림 4-18 직사각형 등분포하중으로 인한 연직응력을 구하는 영향계수

식 (4.32)나 그림 4-18은 직사각형 재하면의 모퉁이 아래에서의 연직응력을 구하기 위한 것으로, 재하면 안쪽이나 바깥쪽의 어느 한 점 아래에서의 연직응력은 그 점이 직사각형의 한 모퉁이가 되도록 나눈 후 그림 4-18을 적용하여 구한다.

예제 4.14

그림 4-19와 같은 폭 $B=2\text{m}$, 길이 $L=3\text{m}$인 직사각형 재하면에 150kN/m^2의 등분포하중이 작용하고 있다. A점과 B점 아래 4m 깊이에서의 연직응력을 구하라.

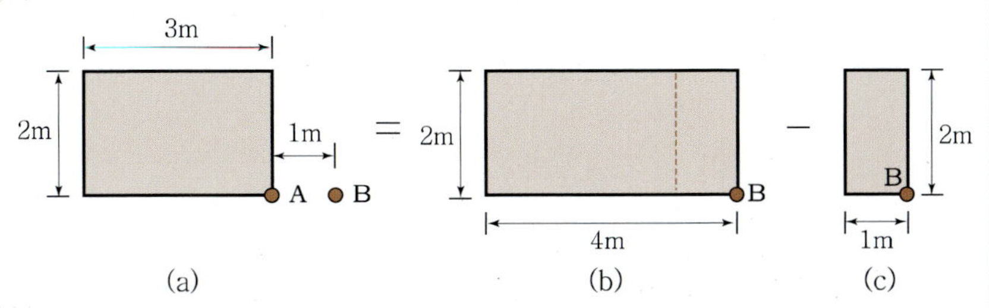

그림 4-19 예제 4.14

풀이

(1) A점은 직사각형의 모퉁이이므로 그림 4-19(a)에서

$$m=\frac{B}{z}=\frac{2}{4}=0.5 \qquad n=\frac{L}{z}=\frac{3}{4}=0.75$$

그림 4-18에서 $I \fallingdotseq 0.108$

$$\sigma_v=qI=150\times0.108=16.2\text{kN/m}^2=16.2\text{kPa}$$

(2) B점이 직사각형의 모퉁이가 되도록 그림 4-19(b)의 큰 직사각형과 그림 4-19(c)의 작은 직사각형을 생각하면

연직응력 $\sigma_v=\sigma_{v1}-\sigma_{v2}$

σ_{v1} = 그림 4-19(b)에서의 연직응력

σ_{v2} = 그림 4-19(c)에서의 연직응력

그림 4-19(b)에서

$$m=\frac{B}{z}=\frac{2}{4}=0.5 \qquad n=\frac{L}{z}=\frac{4}{4}=1$$

그림 4-18에서 $I \fallingdotseq 0.122$

$\sigma_{v1} = qI = 150 \times 0.122 = 18.3\,\text{kN/m}^2 = 18.3\text{kPa}$

같은 방법으로 그림 4-19(c)에서

$m = \dfrac{B}{z} = \dfrac{1}{4} = 0.25 \qquad n = \dfrac{L}{z} = \dfrac{2}{4} = 0.5$

그림 4-18에서 I ≒ 0.05

$\sigma_{v2} = qI = 15 \times 0.05 = 7.5\,\text{kN/m}^2 = 7.5\text{kPa}$

연직응력 $\sigma_v = \sigma_{v1} - \sigma_{v2} = 18.3 - 7.5 = 10.8\,\text{kN/m}^2 = 10.8\text{kPa}$

4.11 영향원 방법

임의의 형상의 재하면에 작용하는 등분포하중으로 인한 임의의 점에서의 연직응력을 구해야 하는 경우에 이용하는 것이 Newmark의 영향원(influence chart) 방법이다.

영향원 방법은 Boussinesq의 이론에 기초한 것으로, 원형 등분포하중에 대한 식 (4.29)를 다음과 같이 바꿀 수 있다.

$$\frac{R}{z} = \sqrt{(1 - \frac{\sigma_v}{q})^{-2/3} - 1} \qquad (4.33)$$

이 식에서 R/z와 σ_v/q는 무차원값으로, 여러 σ_v/q값에 해당하는 R/z값을 구한 다음, 기준이 되는 거리로서 AB $= z$를 정하고, 이들 사이의 관계를 원으로 그리면 그림 4-20과 같은 여러 개의 동심원으로 구성된다. 이것을 영향원이라고 한다.

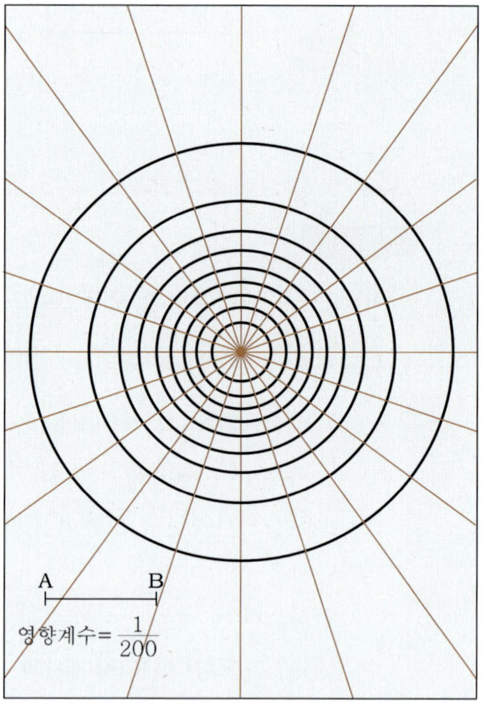

그림 4-20 영향원

이들 원을 다시 같은 간격으로 나누어, N개의 요소로 분할하면 요소 한 개의 영향계수는 $1/N$이 된다. 그림 4-20에서 N = 200이므로 요소 한 개의 영향계수는 $\dfrac{1}{200}$(= 0.005)이다.

영향원에서 기준선 AB의 크기가 달라지면 원의 크기도 달라지지만 영향계수의 값은 변하지 않는다.

영향원을 이용하여 등분포하중 q를 받는 재하면의 임의의 점에서 연직응력 σ_v를 구하는 방법과 순서는 다음과 같다.

1. 연직응력을 구하고자 하는 점의 깊이 z를 구한다.
2. 영향원의 기준선의 길이 AB가 z와 같은 값이 되도록 축척을 구한다.
3. 위에서 구한 축척을 사용하여 재하면을 축소시킨다.
4. 연직응력을 구하는 점을 영향원의 중심과 일치하도록 축소시킨 재하면을 배치한다.
5. 재하면 안에 포함된 요소의 개수 N을 구한다.
6. 연직응력을 다음 식으로 구한다.

$$\sigma_v = \frac{1}{200} N\ q \tag{4.34}$$

여기서, N=재하면 안에 포함된 요소의 개수

예제 4.15

그림 4-21과 같은 정사각형 기초에 900kN의 하중이 작용할 때, 점 A에서 깊이 2.6m인 점의 연직응력을 구하라.

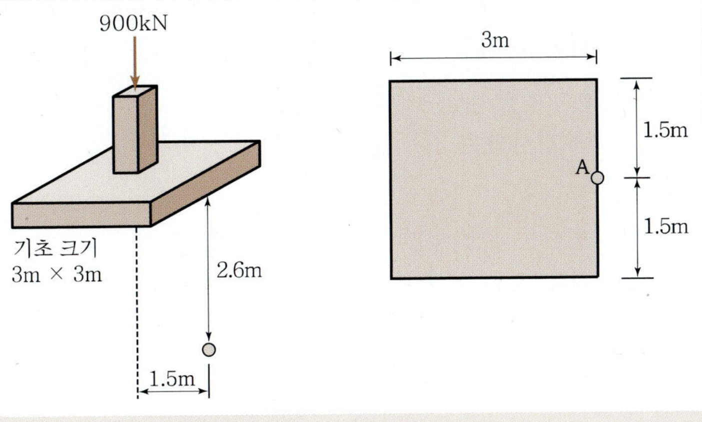

그림 4-21 예제 4.15

풀이

(1) 연직응력을 구하고자 하는 점의 깊이 $z = 2.6\text{m}$

(2) 그림 4-22의 영향원에서 기준선 AB의 길이를 실제로 측정하면 1.3cm이고, $z = 2.6\text{m}$가 1.3cm와 같도록 되는 축척은 $\frac{1.3}{260} = \frac{1}{200}$이다.

(3) 한 변이 3m인 정사각형 기초를 축척 $\frac{1}{200}$으로 축소시키면 한 변이 1.5cm가 된다.

(4) A점이 영향원의 중심에 일치하도록 한 변이 1.5cm로 축소된 정사각형 기초를 배치하면 그림 4-22와 같이 된다.

(5) 재하면 안에 포함된 요소의 개수 N을 세면 약 55개이다.

(6) 연직응력을 구한다.

$$\sigma_v = \frac{1}{200} N\, q = \frac{1}{200} \times 55 \times \frac{900\text{kN}}{3\text{m} \times 3\text{m}} = 27.5\text{kN/m}^2$$

$$= 27.5\,\text{kPa}$$

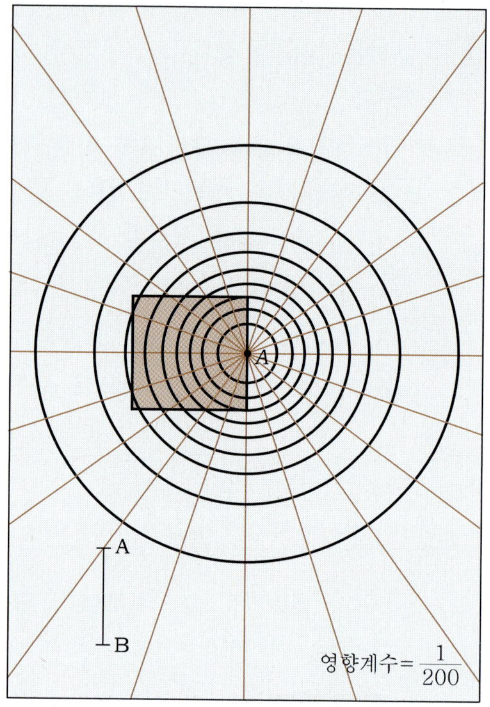

그림 4-22 영향원 예제 풀이

4.12 2 : 1 경사법

앞 절에서 설명한 것처럼 지표면에 작용하는 여러 종류의 하중으로 인한 지중응력을 구하는 방법은 탄성론에 근거한 것으로 대부분 복잡한 공식이나 도표를 사용하고 있다.

복잡한 공식이나 도표를 사용하지 않고도 연직응력을 구하는 근사해법 중 가장 간단한 방법 중의 하나가 2:1 경사법이다. 2:1 경사법은 지표면의 하중이 분산되는 면적은 2:1 경사에 따라 증가한다는 가정에 근거한 경험식이다.

그림 4-23과 같이 등분포하중 q가 작용하는 직사각형 재하면의 폭과 길이를 각각 B, L이라 하고, 이 면에서 깊이 z인 곳에서의 폭과 길이를 2:1의 경사를 적용하여 구하면 각각 $(B+z)$, $(L+z)$가 된다.

깊이 z인 곳에 작용하는 연직응력 σ_v를 등분포로 가정하면 다음 식과 같이 된다.

$$\sigma_v = \frac{qBL}{(B+z)(L+z)} = \frac{Q}{(B+z)(L+z)} \tag{4.35}$$

여기서, Q = 직사각형 재하면에 작용하는 등분포하중 q의 합 $= qBL$

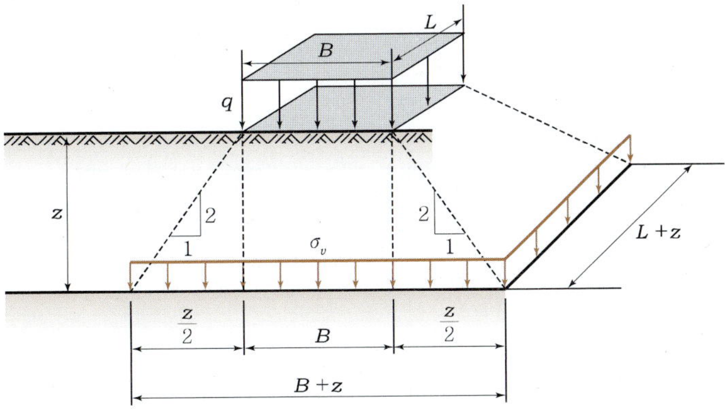

그림 4-23 직사각형 등분포하중에 대한 2:1 경사법

정사각형 등분포하중이나 원형 등분포하중의 경우에도 직사각형 등분포하중과 동일한 방법을 적용할 수 있다.

그림 4-24와 같이 등분포하중이 길이방향으로 매우 길게 작용하는 띠하중의 경우 연직응력 σ_v는 다음 식과 같이 된다. 이 경우에는 길이방향으로는 단위길이만큼만 생각한다.

$$\sigma_v = \frac{q_o(B\times 1)}{(B+z)\times 1} = \frac{q_o B}{(B+z)} \tag{4.36}$$

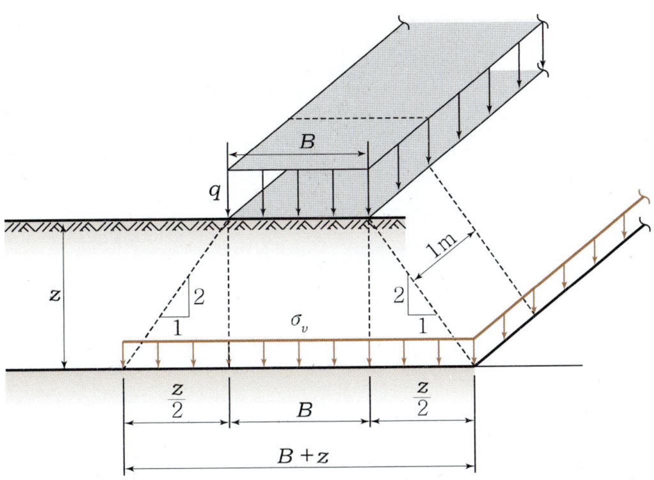

그림 4-24 띠하중에 대한 2:1 경사법

그림 4-25와 같이 집중하중 Q의 작용점 아래에서의 연직응력 σ_v는 다음 식과 같이 된다.

$$\sigma_v = \frac{Q}{\frac{\pi z^2}{4}} = \frac{4Q}{\pi z^2} \tag{4.36}$$

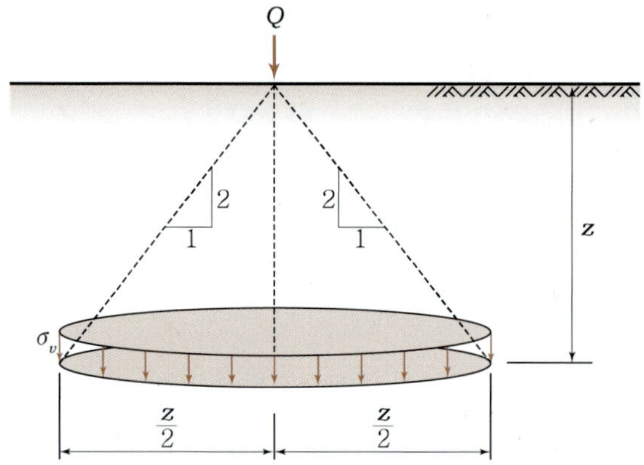

그림 4-25 집중하중에 대한 2:1 경사법

예제 4.16

2m×3m 크기의 직사각형 기초에 100kN/m²의 등분포하중이 작용할 때, 기초 아래 1m, 3m, 5m 깊이에서의 연직응력을 구하라.

풀이

깊이 1m : $\sigma_v = \frac{qBL}{(B+z)(L+z)} = \frac{100\text{kN/m}^2 \times 2\text{m} \times 3\text{m}}{(2+1)\text{m} \times (3+1)\text{m}} = 50\text{kN/m}^2 = 50\text{kPa}$

깊이 3m : $\sigma_v = \frac{qBL}{(B+z)(L+z)} = \frac{100\text{kN/m}^2 \times 2\text{m} \times 3\text{m}}{(2+3)\text{m} \times (3+3)\text{m}} = 20\text{kN/m}^2 = 20\text{kPa}$

깊이 5m : $\sigma_v = \frac{qBL}{(B+z)(L+z)} = \frac{100\text{kN/m}^2 \times 2\text{m} \times 3\text{m}}{(2+5)\text{m} \times (3+5)\text{m}} = 10.7\text{kN/m}^2 = 10.7\text{kPa}$

예제 4.17

그림 4-26(a)와 같이 원지반 위에 2m 두께로 성토층을 매우 넓게 깔고 설치한 3m×4m 크기의 직사각형 기초가 1,400kN의 집중하중을 받고 있다. 성토층 아래 원지반의 단위중량은 17kN/m³이고, 성토층 흙의 단위중량은 20 kN/m³이다.

(1) 성토하기 전에 원지반 자중에 의한 연직응력을 깊이에 따라 구하라.
(2) 성토층으로 인하여 증가한 연직응력을 구하라.
(3) 기초의 바닥이 지표면 아래 1m에 있을 때, 기초하중으로 인하여 증가한 연직응력을 깊이에 따라 구하라(기초의 자중은 흙의 무게와 같다고 가정).

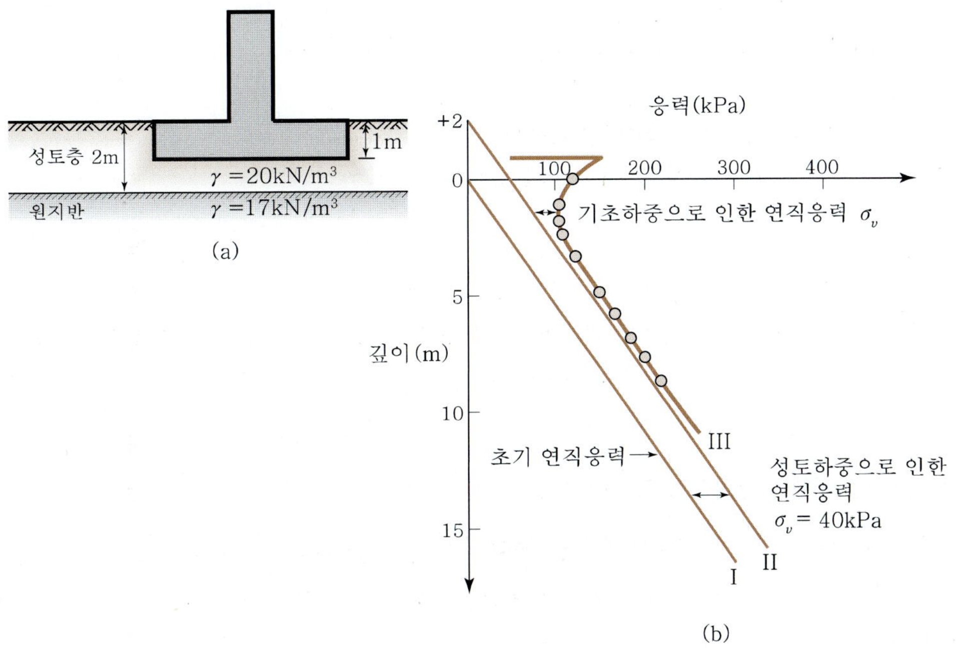

그림 4-26 예제 4.17

풀이

(1) 원지반 자중에 의한 연직응력은 깊이 0m에서는 0이고, 15m 깊이에서는 $\sigma_v = 17\text{kN/m}^3 \times 15\text{m} = 255\text{kN/m}^2 = 255\text{kPa}$이므로 그림 4-26(b)의 선 I 과 같은 분포가 된다.

(2) 2m 두께의 성토층으로 인하여 증가한 연직응력은 전체 깊이에 걸쳐 $\sigma_v = 20\text{kN/m}^3 \times 2\text{m} = 40\text{kN/m}^2 = 40\text{kPa}$로 같다(그림 4-26(b)의 선II). 왜냐하면 성토층의 면적이 매우 넓으므로 성토층의 하중은 전체 깊이를 통하여 100% 전달되기 때문이다.

(3) 직사각형 기초에 작용하는 등분포하중

$$q = \frac{1{,}400\text{kN}}{3\text{m} \times 4\text{m}} = 117\text{kN/m}^2 = 117\text{kPa}$$

이 등분포하중으로 인한 연직응력을 2:1 방법을 사용하여 구하면 그림 4-27과 같으며, 이를 도시하면 그림 4-26(b)의 선III과 같이 된다.

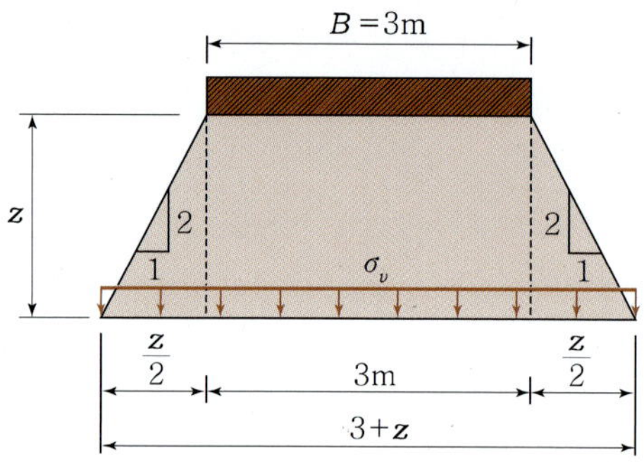

z(m)	$(B+z)$	$(L+z)$	$\sigma_v(\text{kN/m}^2=\text{kPa})$
0	3	4	117
1	4	5	70
2	5	6	47
3	6	7	33
4	7	8	25
5	8	9	19
6	9	10	16
7	10	11	13
8	11	12	11
9	12	13	9
10	13	14	8

그림 4-27 예제 4.17 풀이

예제 4.18

예제 4.17에서 직사각형 기초에 117kN/m^{2}의 등분포하중이 작용할 때

(1) 기초의 모퉁이 아래 깊이 2m에서의 연직응력의 증가량을 구하라.
(2) 기초의 중앙 아래 깊이 2m에서의 연직응력의 증가량을 구하라.
(3) 이 결과를 예제 4.17에서 2:1 경사법으로 구한 결과와 비교하라.

풀이

(1) 직사각형 기초의 모퉁이 아래 깊이 2m에서의

$$m=\frac{B}{z}=\frac{3}{2}=1.5$$
$$n=\frac{L}{z}=\frac{4}{2}=2$$

그림 4-18로부터 $I=0.223$이므로

$\sigma_v=qI=117\times 2.23=26.1\text{kN/m}^2=26.1\text{kPa}$

(2) 기초의 중앙 아래 깊이 2m에서의 연직응력의 증가량을 구하기 위해서는 3m×4m의 기초를 1.5m×2m 크기의 4개의 직사각형으로 나누고, 이 직사각형의 한 모퉁이에서의 응력증가량을 4배하면 된다.

$$m=\frac{x}{z}=\frac{1.5}{2}=0.75$$
$$n=\frac{y}{z}=\frac{2}{2}=1$$

그림 4-18로부터 $I=0.156$이므로

$\sigma_v = 4qI = 4 \times 117 \times 0.156 = 73\,\mathrm{kN/m^2} = 73\mathrm{kPa}$

이 값은 (1)에서 모퉁이에 대해 구한 값의 약 3배이다. 이러한 차이는 중앙부에서는 모든 방향으로부터 하중을 받으나 모퉁이에서는 그렇지 않기 때문이다.

(3) 깊이 2m에서 2:1 경사법으로 구한 연직응력은 그림 4-23에서 47kPa이다. 이 값은 2m 깊이에서의 평균값으로 그림 4-18을 이용하여 구한 모퉁이와 중앙에서의 평균값 (26+73)/2 = 49.5kPa과 비교할 때, 2:1 경사법은 중앙부에서의 응력은 과소평가하고, 모퉁이에서의 응력은 과대평가하는 경향이 있음을 알 수 있다.

연습문제

4.1 다음과 같은 지층에서 2, 4, 6, 8, 10m 깊이에서 흙의 자중에 의한 연직응력을 구하라.

지표면에서 0~3m : $\gamma = 17\,\mathrm{kN/m^3}$

3~6m : $\gamma = 16\,\mathrm{kN/m^3}$

6~10m : $\gamma = 18\,\mathrm{kN/m^3}$

4.2 그림 4-4에서 $h_w = 3\mathrm{m}$, $z = 4\mathrm{m}$일 때, 흙속의 주어진 요소에 작용하는 전연직응력, 간극수압, 유효연직응력을 구하라. 흙의 포화단위중량 $\gamma_{sat} = 20\mathrm{kN/m^3}$, 물의 단위중량 $\gamma_w = 9.8\mathrm{kN/m^3}$.

4.3 문제 4.1에서 지표면 아래 3m 깊이에 지하수위가 있을 경우에 2, 4, 6, 8, 10m 깊이에서의 전연직응력, 간극수압, 유효연직응력을 구하라. $\gamma = \gamma_{sat}$로 가정하라.

4.4 지표면에 $Q = 20,000\mathrm{N}$의 집중하중이 작용할 때, 집중하중 바로 아래 깊이 3, 6, 9, 12, 15m에서의 연직응력 σ_v를구하라.

4.5 그림 4-6에서 $Q = 20,000\mathrm{N}$의 집중하중이 작용할 때, 집중하중의 작용점에서 x = 2m, y = 3m 떨어진 곳에서 집중하중으로 인한 연직응력 σ_v를 깊이별로 구하고 도시하라.

4.6 그림 4-10에서 A점의 깊이 $z = 6\mathrm{m}$일 때, A점에서 발생하는 연직응력을 구하라.

4.7 10,000kN/m, 7,500kN/m, 9,000kN/m의 선하중이 일직선상에 5m 간격으로 작용한다. 중앙하중(7,500kN/m) 아래 4m 깊이에서의 연직응력을 구하라.

4.8 매우 넓은 면적에 걸쳐 등분포하중 $q = 200\mathrm{kN/m^2}$이 작용할 때 임의의 위치 아래 깊이 $z =$ 4m, 8m인 곳에 발생하는 연직응력을 구하라.

4.9 그림 4-11에서 $q=100\text{kN/m}^2$, $B=4\text{m}$ 이다. $z=4\text{m}$일 때 $x=0\text{m}$, 2m, 4m, 6m에서의 연직응력 σ_v를 구하라.

4.10 그림 4-14와 같은 제방에서 제방재료의 평균단위중량은 18kN/m^3이다. 제방하중으로 인한 제방 중심선 아래 2m와 4m 깊이에서의 연직응력을 구하라.

4.11 반경 2.5m의 원형탱크에 500kN/m^2의 등분포하중이 작용하고 있다.
(1) 탱크의 중심 아래 깊이 4m에서의 연직응력을 구하라.
(2) 탱크의 중심에서 수평거리 2.5m, 깊이 4m에서의 연직응력을 구하라.
(3) 탱크의 중심에서 수평거리 5m, 깊이 4m에서의 연직응력을 구하라.

4.12 그림 4-19와 같은 폭 $B=2\text{m}$, 길이 $L=3\text{m}$인 직사각형 재하면에 100kN/m^2의 등분포하중이 작용하고 있다. B점 아래 2m, 5m 깊이에서의 연직응력을 구하라.

4.13 그림 4-21과 같은 정사각형 기초에 900kN의 하중이 작용할 때, 점 A에서 깊이 5m인 점의 연직응력을 구하라.

4.14 $2\text{m}\times3\text{m}$ 크기의 직사각형 기초에 200kN/m^2의 등분포하중이 작용할 때, 기초 아래 1m, 3m, 5m 깊이에서의 연직응력을 2:1 경사법을 사용하여 구하라.

4.15 그림 4-28과 같은 $6\text{m}\times3\text{m}$ 크기의 직사각형 기초가 300kN/m^2의 등분포하중을 받고 있다. A점 아래 5m 깊이에서의 연직응력을 그림 4-18의 영향계수와 Newmark의 영향원을 사용하여 각각 구하라.

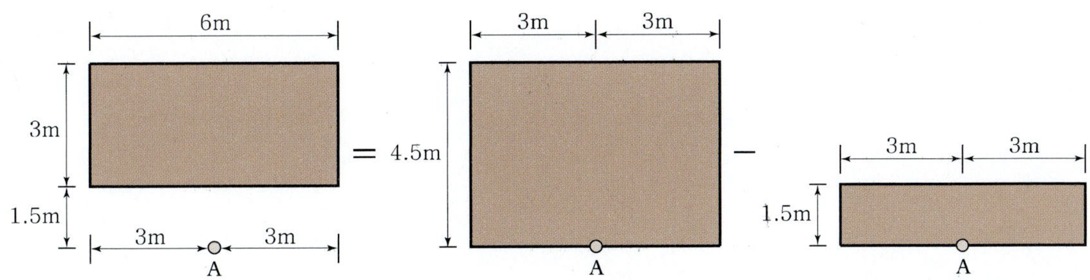

그림 4-28 연습문제 4.15

참고문헌

1. 김상규 외 2인(2012). 토질역학, 청문각.
2. 백영식 (2007). 토질역학, 구미서관.
3. Das, B. M. (1983). Advanced Soil Mechanics, McGraw-Hill, New York.
4. Das, B. M. (1998). Principles of Geotechnical Engineering, 4th edition, PWS, MA.
5. Forster, C. R., and Ahlvin, R. G. (1954). "Stresses and Deflections Induced by a Uniform Circular Load, Proceedings of the Highway Research Board, Vol. 33, pp 467~470.
6. Newmark, N, M. (1942). "Influence Charts for Computation of Stresses in Elastic Soils", University of Illinois Engineering Experiment Station, Bulletin No. 338.
7. Osterburg, J. O. (1957). "Influence Values for Vertical Stresses in a Semi-infinite Mass Due to an Embankment Loading", Proceedings of the Fourth International Conference on Soil Mechanics and Foundation Engineering, London, Vol. I, pp 393~394
8. Westergaard, H. M.(1938). "A Problem of Elasticity Suggested by a Problem in Soil Mechanics : Soft Material Reinforced by Numerous Strong Horizontal Sheets", in Contribution to the Mechanics of Solids, Stephen Timoshenko 60th Anniversary Vol., Macmillan , New York.

제5장

유효응력과 모관현상

SOIL MECHANICS

SOIL MECHANICS

제 5 장 유효응력과 모관현상

5.1 유효응력의 원리

이 장에서는 연직방향의 지중응력만 다루기 때문에 4장에서 설명한 전연직응력 및 유효연직응력의 용어 대신에 간단하게 전응력 및 유효응력의 용어를 사용하기로 한다.

또 4장에서의 유효응력은 물이 흐르지 않는 정수압 상태에서의 개념이었고, 이 장부터의 유효응력은 물이 정상적으로 흐르는 상태에서의 개념이다.

흙속의 어느 한 점에 가해지는 전체압력을 전응력(total stress) σ라고 하며, 이는 흙입자의 접촉점과 간극수를 통하여 전달된다. 흙입자의 접촉점을 통해 전달되는 압력을 유효응력(effective stress) σ'이라고 하며, 간극수를 통해 전달되는 압력을 간극수압(pore water pressure) u 또는 중립응력(neutral stress)이라고 한다.

전응력과 유효응력의 관계는 다음 식과 같이 된다.

$$\sigma = \sigma' + u \tag{5.1}$$

여기서, σ = 전응력
σ' = 유효응력
u = 간극수압

전응력은 어느 점 위의 단위면적당 흙과 물의 무게를 합하여 구한다. 간극수압은 정수압을 구하는 방법과 같이 물의 단위중량에 수면으로부터의 깊이를 곱하여 구한다.

전응력과 간극수압은 흙의 단위중량과 토층의 두께, 지하수면의 위치를 알면 쉽게 구할 수 있다. 그러나 유효응력은 측정할 수는 없고 오직 계산에 의해 구할 수 있다.

간극수압을 중립응력이라고 부르는 이유는 이 응력이 전단성분을 가지고 있지 않기 때문이다. 유체는 정적인 전단력을 지지할 수 없으며, 유체는 작용면에 모든 방향으로 같은 크기의 수직응력 성분만을 가진다. 한편 전응력과 유효응력은 수직 및 전단응력의 두 성분을 모두 가지고 있다.

그림 5-1과 같은 포화토(saturated soil)에서 흙입자에 외력 P가 작용할 때, 이 힘은 흙입자 사이의 접촉점과 간극수압이 받게 된다. 지금 접촉점의 면적을 A_c라고 하면 간극의 면적은 $(A-A_c)$가 되므로 간극수압을 u라고 하면, 전연직력 P는 다음과 같이 된다.

$$P = P' + (A - A_c)u \tag{5.2}$$

여기서, P' = 흙입자의 접촉점이 받는 힘
A = 총면적
A_c = 흙입자간의 접촉면적

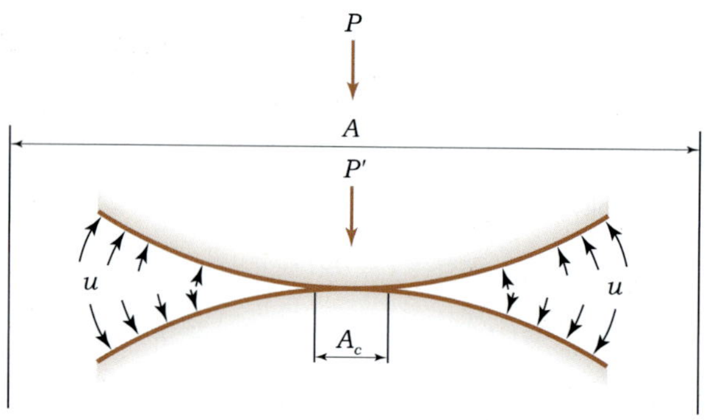

그림 5-1 흙입자 사이의 응력

이 식을 총면적 A로 나누어 응력을 구하면 다음과 같이 된다.

$$\frac{P}{A} = \frac{P'}{A} + \left(\frac{A - A_c}{A}\right)u \tag{5.3a}$$

$$\sigma = \sigma' + \left(1 - \frac{A_c}{A}\right)u \tag{5.3b}$$

$$\sigma = \sigma' + (1 - a)u \tag{5.3c}$$

여기서, a = 단위면적당 흙입자의 접촉면적

a는 접촉점의 면적으로 이 값을 정확히 알 수는 없으나, 흙입자 단면적의 수백분의 1 정도로 매우 작은 값이므로, 식 (5.3c)에서 a를 무시하면 식 (5.1)과 같이 된다.

$$\sigma = \sigma' + u \tag{5.1}$$

지반에 힘이 가해질 때 생기는 흙의 거동은 그때 작용하는 유효응력에 좌우된다. 유효응력이 커지면 흙입자가 이동하여 지반이 압축되고 조밀한 상태가 되어 강도가 증가한다. 간극수압은 흙입자에 압축력을 가하지만, 흙입자의 압축계수가 매우 크므로 변형이 거의 일어나지 않는다.

예제 5.1

그림 5-2와 같은 용기 안에 있는 흙이 지하수위에 관계없이 포화되어 있고, 포화단위중량은 20kN/m^3이다. 다음과 같은 경우에 위치 A에서의 전응력, 간극수압, 유효응력을 각각 구하라.

(1) 지하수위가 A 높이에 있을 때
(2) 지하수위가 B 높이까지 상승할 때

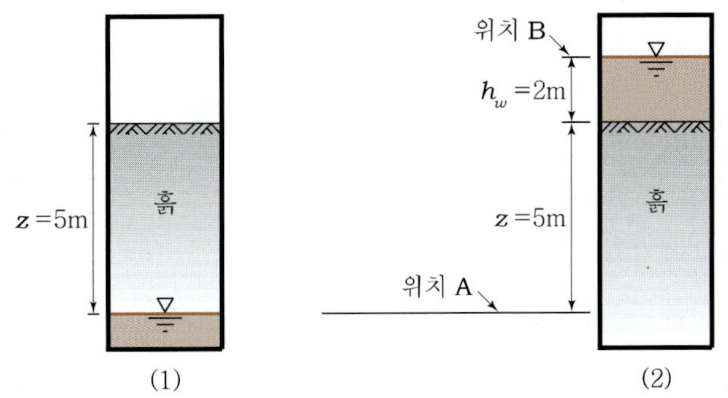

그림 5-2 예제 5.1

풀이

(1) 전응력 $\sigma = \gamma z = 20\text{kN/m}^3 \times 5\text{m} = 100\text{kN/m}^2 = 100\text{kPa}$

간극수압 $u = \gamma_w z_w = 9.8\text{kN/m}^3 \times 0\text{m} = 0\text{kN/m}^2 = 0\text{kPa}$

유효응력 $\sigma' = \sigma - u = 100 - 0 = 100\text{kN/m}^2 = 100\text{kPa}$

(2) 전응력 $\sigma = \gamma_w h_w + \gamma_{sat} z = 9.8\text{kN/m}^3 \times 2\text{m} + 20\text{kN/m}^3 \times 5\text{m} = 119.6\text{kN/m}^2 = 119.6\text{kPa}$

간극수압 $u = \gamma_w (h_w + z) = 9.8\text{kN/m}^3 \times (5+2)\text{m} = 68.6\text{kN/m}^2 = 68.6\text{kPa}$

유효응력 $\sigma' = \sigma - u = 119.6 - 68.6 = 51\text{kN/m}^2 = 51\text{kPa}$

위 예제에서와 같이, 지하수위가 위치 A에서 위치 B까지 상승함에 따라 유효응력이 크게 감소하였다. 반대로 지하수위가 위치 B에서 위치 A로 하강하면 유효응력은 증가한다. 유효응력이 증가하면 흙입자가 이동하여 지반이 압축되고 지반침하가 발생한다.

5.2 수두

물이 가지고 있는 에너지를 길이의 단위로 바꾼 것을 수두(水頭, head)라고 한다. 물의 전체 에너지에는 운동에너지, 위치에너지, 압력에너지 등이 있으며, 이를 길이의 단위로 바꾼 것을 각각 속도수두(velocity head), 위치수두(elevation head), 압력수두(pressure head)라고 한다.

물의 속도수두, 위치수두, 압력수두를 합한 것을 전수두(total head)라고 하며, 물은 전수두가 큰 곳에서 작은 곳으로 흐른다.

Bernoulli정리에 의해 흙속에서 흐르는 물의 전수두는 다음 식과 같이 나타낼 수 있다.

$$H = \frac{v^2}{2g} + z + \frac{u}{\gamma_w} \tag{5.4}$$

여기서, H = 전수두
v = 속도
g = 중력가속도
z = 위치수두
u = 물의 압력 = 간극수압
γ_w = 물의 단위중량

위의 식에서 첫 번째 항이 속도수두, 두 번째 항이 위치수두, 세 번째 항이 압력수두이며, 흙속에서는 물의 속도가 매우 작아서 속도수두는 무시할 수 있을 정도로 아주 작은 값이 된다.

위치수두는 임의의 수평 기준면에서 어느 점까지의 높이로서, 기준면보다 높은 곳에서는 (+), 낮은 곳에서는 (−)의 값을 갖는다. 위치수두는 기준면을 어느 높이로 하느냐에 따라 값이 달라진다. 기준면은 임의로 정할 수 있지만, 대개 하류쪽 수면을 기준면으로 하는 것이 편리하다.

압력수두는 어느 점에 가는 관(piezometer)을 꽂을 때 물이 올라가는 높이이며, 기준면의 높이에 관계없이 일정한 값이다.

흙속에서는 물의 속도수두를 무시하므로 전수두는 위치수두와 압력수두의 합이다. 전수두는 기준면의 높이에 따라 달라진다.

그림 5-3처럼 흙속에서 물이 흐르는 경우 점 A, B에서의 전수두는 다음 식과 같이 나타낼 수 있다.

$$\text{점 A에서의 전수두 } H_A = \text{위치수두 } z_A + \text{압력수두 } h_A \tag{5.5a}$$

$$\text{점 B에서의 전수두 } H_B = \text{위치수두 } z_B + \text{압력수두 } h_B \tag{5.5b}$$

그림 5-3에서 점 A의 전수두가 점 B의 전수두보다 크므로 물은 A에서 B로 흐른다. 흙속으로 물이 흐르면서 흙입자와의 점성저항 등에 의하여 에너지가 소모되어 전수두가 감소하게 되며, 두 점 사이의 전수두의 차이를 수두손실(head loss)라고 한다.

점 A, B 사이의 수두손실 Δh는 다음 식과 같이 된다.

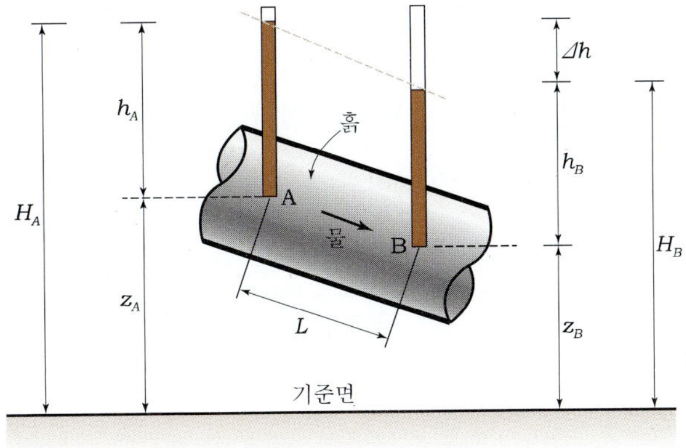

그림 5-3 압력수두, 위치수두, 전수두

$$\begin{aligned}\Delta h &= H_A - H_B \\ &= (z_A + h_A) - (z_B + h_B)\end{aligned} \tag{5.6}$$

수두손실 즉 전수두차 Δh를 두 점 사이의 거리 즉, 물이 흙속으로 흘러간 거리 L로 나눈 값을 동수경사(hydraulic gradient) i라고 하며, 다음 식과 같이 된다. 동수경사는 무차원의 값이며, 단위길이당 수두손실의 의미를 갖기도 한다.

$$i = \frac{\Delta h}{L} \tag{5.7}$$

예제 5.2

그림 5-4와 같이 흙속으로 물이 수평하게 흐르는 경우 A, B, C, D, E 점에서의 압력수두, 위치수두, 전수두를 구하라. 또 B점과 D점 사이의 동수경사를 구하라.

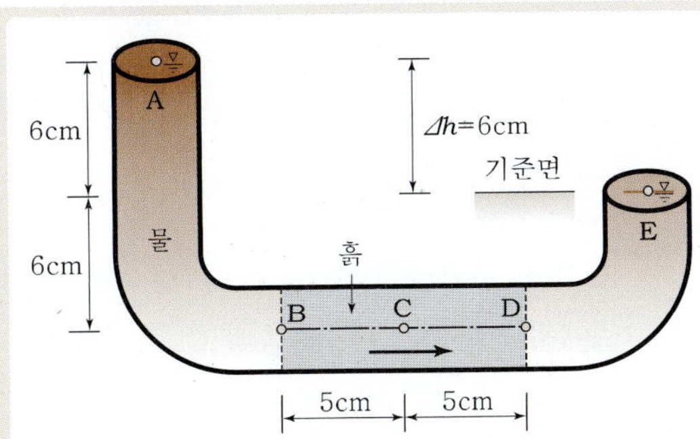

그림 5-4 예제 5.2

풀이

하류쪽 수면을 기준면으로 하면 A점의 전수두(6cm)가 E점(0cm)의 전수두보다 크므로 물은 A에서 E로 흐르며, 흙속의 B, C, D를 지나서 흐르게 된다. 이때 물속 A점에서 B점까지는 수두손실이 생기지 않으며, 흙속 B점부터 수두손실이 생겨서 C점에서는 전수두가 3cm 손실되고, D점에서는 전수두가 6cm 모두 손실된다.

B점과 D점 사이의 동수경사 $i=\dfrac{\Delta h}{L}=\dfrac{6\text{cm}-0\text{cm}}{10\text{cm}}=0.6$

각 점에서의 수두는 다음 표와 같이 된다.

위치	위치수두(cm)	압력수두(cm)	전수두(cm)	수두손실(cm)
A	6	0	6	0
B	−6	12	6	0
C	−6	9	3	3
D	−6	6	0	6
E	0	0	0	6

예제 5.3

그림 5-5와 같이 흙속으로 물이 연직 방향으로 흐르는 경우 위치 A, B, C, D, E, F에서의 압력수두, 위치수두, 전수두를 구하라. 또 위치 C와 F 사이의 동수경사를 구하라.

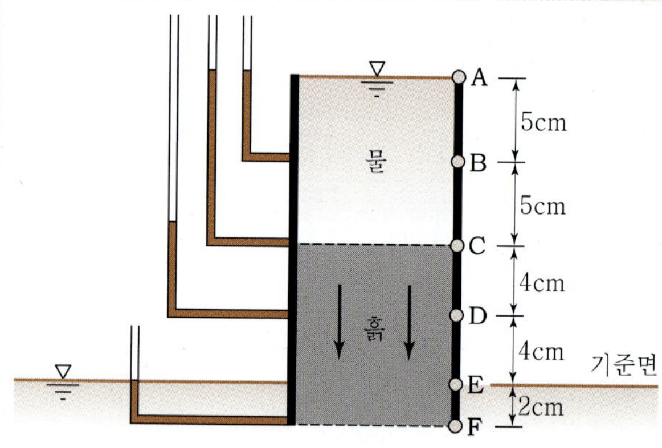

그림 5-5 예제 5.3

풀이

하류쪽 수면을 기준면으로 하면 위치 A의 전수두(18cm)가 위치 F의 전수두(0cm)보다 크므로 물은 A에서 F로 흐르며, 흙속의 C, D, E, F를 지나서 흐르게 된다. 이때 물속 A에서 C까지는 수두손실이 생기지 않으며, 흙속 C부터 수두손실이 생겨서 F에서는 전수두가 모두 손실된다.

위치 C와 F 사이의 동수경사 $i=\dfrac{\Delta h}{L}=\dfrac{18\text{cm}-0\text{cm}}{10\text{cm}}=1.8$

각 위치에서의 수두는 다음 표와 같이 된다.

위치	위치수두(cm)	압력수두(cm)	전수두(cm)	수두손실(cm)
A	18	0	18	0
B	13	5	18	0
C	8	10	18	0
D	4	6.8	10.8	7.2
E	0	3.6	3.6	14.4
F	−2	2	0	18

5.3 침투압과 분사현상

5.3.1 침투압

그림 5-6은 통속에 흙과 물이 있는 세 가지 경우이다. (a)는 통하부의 배수구가 막혀 있어 물의 유출입이 없는 경우로서, 흙의 상부쪽 B-B면과 하부쪽 A-A면에 세운 가는 관(piezometer)을 따라 올라간 수면의 높이가 같게 된다. 즉, 물의 전수두 차이가 없으며, 따라서 흙속으로 물이 흐르지 않는다.

(b)는 통상부에서 물이 유입되고 통하부의 배수구로 물이 유출되는 경우로서, 흙의 상부쪽 B-B면의 전수두가 하부쪽 A-A면의 전수두보다 커서 물이 위에서 아래로 흐르는 하향침투의 경우이다.

(c)는 통하부에서 물이 유입되고 통상부에서 물이 넘쳐 유출되는 경우로서, 하부쪽 A-A면의 전수두가 상하부쪽 B-B면의 전수두보다 커서 물이 아래에서 위로 흐르는 상향침투의 경우이다.

이와 같은 세 가지 경우에 A-A면에 대한 전응력, 간극수압, 유효응력을 각각 구하면 표 5.1과 같이 된다.

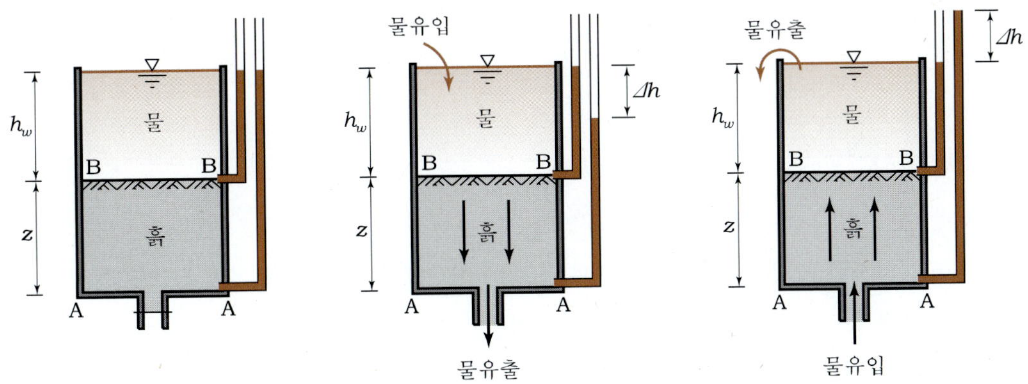

(a) 물이 흐르지 않는 경우 (b) 물이 아래로 흐르는 경우 (c) 물이 위로 흐르는 경우

그림 5-6 유효응력과 간극수압

표 5.1 전응력, 간극수압, 유효응력의 크기

	(a) 물이 흐르지 않는 경우	(b) 물이 아래로 흐르는 경우	(c) 물이 위로 흐르는 경우
전응력 간극수압 유효응력	$\sigma = r_w h_w + \gamma_{sat} z$ $u = \gamma_w (h_w + z)$ $\sigma' = (\gamma_{sat} - \gamma_w) z$ $= \gamma' z$	$\sigma = \gamma_w h_w + \gamma_{sat} z$ $u = \gamma_w (h_w + z - \Delta h)$ $\sigma' = (\gamma_{sat} - \gamma_w) z + \gamma_w \Delta h$ $= \gamma' z + \gamma_w \Delta h$	$\sigma = \gamma_w h_w + \gamma_{sat} z$ $u = \gamma_w (h_w + z + \Delta h)$ $\sigma' = (\gamma_{sat} - \gamma_w) z - \gamma_w \Delta h$ $= \gamma' z - \gamma_w \Delta h$

그림 5-6에서 하향침투 즉 물이 아래로 흐르는 경우 (b)에는 물이 흐르지 않는 경우 (a)에 비해 간극수압이 $\gamma_w \Delta h$만큼 감소하고 유효응력은 $\gamma_w \Delta h$만큼 증가함을 알 수 있다. 유효응력의 증가량 $\gamma_w \Delta h$는 물이 침투하여 발생한 것으로 침투압(seepage pressure)이라고 하며, 침투압의 방향은 물의 흐름 방향과 같은 아래 방향이다.

다시 말하면, 흙속에서 물이 흐를 때 작용하는 물의 압력을 침투압이라고 하며, 침투압은 크기가 $\gamma_w \Delta h$이고 물의 흐름과 같은 방향으로 작용한다.

따라서 물이 아래로 흐르는 하향침투에서는 부력(= 간극수압)이 $\gamma_w \Delta h$만큼 감소하고 유효응력은 $\gamma_w \Delta h$만큼 증가한다(그림 5-6(b)). 물이 위로 흐르는 상향침투에서는 부력(= 간극수압)이 $\gamma_w \Delta h$만큼 증가하고 유효응력은 $\gamma_w \Delta h$만큼 감소한다(그림 5-6(c)).

흙의 단위체적당의 침투압의 크기 j는 다음 식과 같이 된다.

$$j = \frac{\gamma_w \Delta h A}{A z} = \frac{\gamma_w \Delta h}{z} = i \gamma_w \tag{5.8}$$

여기서, A는 흙의 바닥면적, i는 동수경사이다.

5.3.2 분사현상

그림 5-6(c)에서처럼 상향침투 즉 물이 위로 흐르는 경우에는 침투압 $\gamma_w \Delta h$가 작용하여 물이 흐르지 않는 경우에 비해 A-A면의 유효응력이 $\gamma_w \Delta h$만큼 감소하여 다음 식과 같이 된다.

$$\sigma' = (\gamma_{sat} - \gamma_w) z - \gamma_w \Delta h = \gamma' z - \gamma_w \Delta h \tag{5.9}$$

물의 침투압 $\gamma_w \Delta h$이 점점 커지면 유효응력은 더욱 작아져서 유효응력이 0이 되면 다음 식과 같이 된다.

$$\sigma' = \gamma' z - \gamma_w \Delta h = 0 \tag{5.10}$$

$$\frac{\Delta h}{z} = \frac{\gamma'}{\gamma_w} \tag{5.11}$$

이때의 동수경사를 한계동수경사 i_c라고 한다.

$$i_c = \frac{\gamma'}{\gamma_w} = \frac{\frac{G_s - 1}{1+e}\gamma_w}{\gamma_w} = \frac{G_s - 1}{1+e} \tag{5.12}$$

사질토지반에서 물이 상향침투하여 유효응력이 0이 되면, 흙의 전단강도가 0이 되어 불안정한 상태가 되어 흙이 물과 함께 위로 솟구쳐 오르게 된다. 이러한 현상을 분사현상(quick sand, boiling)이라고 한다. 분사현상으로 인해 지반내에서 물의 통로가 생기면서 흙이 세굴되어 가는 과정을 파이핑(piping)이라고 한다.

사질토지반에서 상향침투가 발생할 때 동수경사 i가 식 (5.12)로 구한 한계동수경사 i_c보다 크거나 같으면 분사현상이 발생하고, 작으면 분사현상이 발생하지 않는다.

분사현상의 발생조건을 정리하면 다음 식과 같이 된다.

$$\text{동수경사 } i \geq \text{한계동수경사 } i_c \tag{5.13}$$

여기서, $i = \dfrac{\Delta h}{L}$

$$i_c = \frac{\gamma'}{\gamma_w} = \frac{G_s - 1}{1+e}$$

분사현상이 가장 잘 일어나는 지반은 모래지반이며, 점성토지반에서는 유효응력이 0이 되어도 점착력이 있어서 전단강도가 0이 아니므로 분사현상이 잘 발생하지 않는다.

예제 5.4

그림 5-7에서 관의 단면적은 $2m^2$이고, 흙의 포화단위중량은 $19kN/m^3$이다.

(1) 분사현상이 일어나기 위한 수두차 Δh를 구하라.
(2) 분사현상이 발생할 경우에 흙의 단위체적당 침투압을 구하라.
(3) 흙전체에 작용하는 전체 침투압의 크기를 구하라.

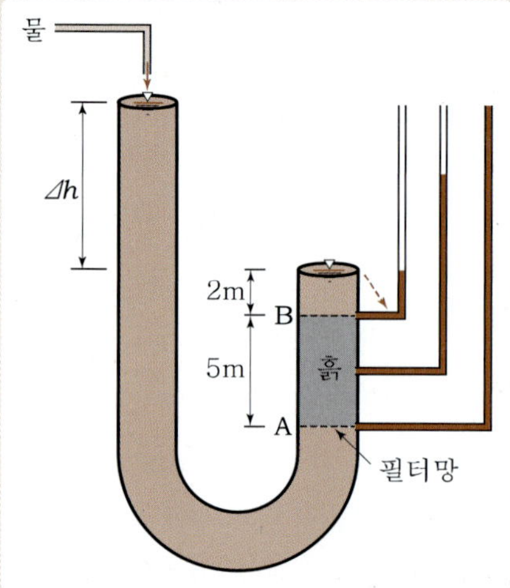

그림 5-7 예제 5.4

풀이

(1) 위치 A에서의 전수두가 위치 B에서의 전수두보다 Δh만큼 크므로 물은 A에서 B로 상향침투하며, 수두차 Δh가 커지면 분사현상이 발생한다. 식 (5.13)에서

동수경사 $i \geqq$ 한계동수경사 i_c

$$i = \frac{\Delta h}{L} = \frac{\Delta \mathrm{h}}{5\mathrm{m}}$$

$$i_c = \frac{\gamma'}{\gamma_w} = \frac{\gamma_{sat} - \gamma_w}{\gamma_w} = \frac{19\,\mathrm{kN/m^3} - 9.8\,\mathrm{kN/m^3}}{9.8\,\mathrm{kN/m^3}} = 0.94$$

$$\frac{\Delta \mathrm{h}}{5\mathrm{m}} \geqq 0.94$$

$$\Delta \mathrm{h} \geqq 4.7\mathrm{m}$$

(2) 식 (5.8)에서

$$j = i\gamma_w = 0.94 \times 9.8\mathrm{kN/m^3} = 9.21\mathrm{kN/m^3}$$

(3) 전체 침투압의 크기

$$j \times (\text{흙의 부피}) = 9.21\,\mathrm{kN/m^3} \times 2\,\mathrm{m^2} \times 5\mathrm{m} = 92.1\,\mathrm{kN}$$

예제 5.5

그림 5-8과 같이 피압수압(artesian pressure)을 받고 있는 3m 두께의 모래층이 있다. 그 위의 점토층을 7m 깊이로 굴착하는 경우에 분사현상이 일어나지 않기 위한 수심 h를 구하라.

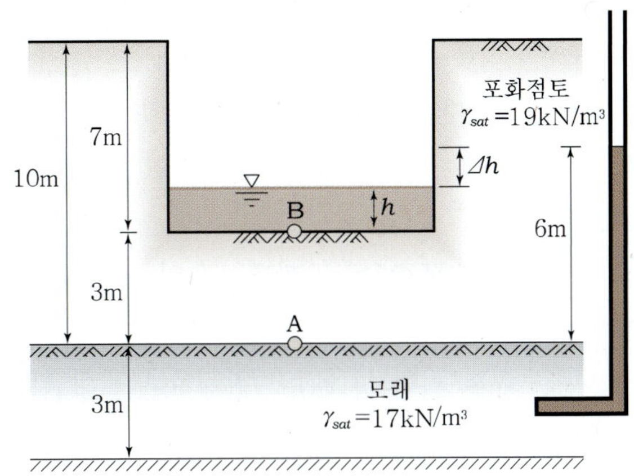

그림 5-8 예제 5.5

풀이

그림과 같이 굴착을 하면 A점의 전수두가 B점의 전수두보다 Δh만큼 크므로 물이 A에서 B로 상향 침투한다. 점토층 굴착을 너무 깊게 해서 A와 B 사이의 점토층 두께가 지나치게 작아지면 분사현상이 쉽게 일어나며, 이를 방지하려면 굴착깊이를 줄이거나 굴착부에 물을 채워 주어야 한다. 여기서는 굴착깊이를 7m로 고정하였기 때문에 굴착부에 물을 채우는 방법을 사용하였다.

-분사현상이 일어나지 않는 조건-

동수경사 $i <$ 한계동수경사 i_c

$$i = \frac{\Delta h}{L} = \frac{6-(3+\mathrm{h})}{3} = 1 - \frac{\mathrm{h}}{3}$$

$$i_c = \frac{\gamma'}{\gamma_w} = \frac{\gamma_{sat} - \gamma_w}{\gamma_w} = \frac{19\,\mathrm{kN/m^3} - 9.8\,\mathrm{kN/m^3}}{9.8\,\mathrm{kN/m^3}} = 0.94$$

$$1 - \frac{h}{3} < 0.94$$

$$h > 0.18\mathrm{m}$$

5.4 모관현상

5.4.1 모관현상

물속에 가는 관을 세우면 관속으로 물이 올라간다. 이것은 물과 관 사이의 부착력 및 물의 표면장력 때문에 생기는 현상으로 모관현상(capillarity)이라고 한다.

지반 내에서도 모관현상이 발생한다. 지하수위보다 위에 있는 흙의 간극 속에도 물이 존재하는 경우가 있는데, 이는 흙속의 간극이 가는 관 역할을 하여 모관현상에 의하여 지하수위 아래에 있는 물을 지하수 위로 끌어 올리는 것이다.

모관현상에 의하여 상승한 물을 모관수라고하며, 흙이 모관수를 보유하려는 힘을 모관포텐셜(capillary potential)이라고 한다.

모관현상에 의해 물이 지하수위보다 위로 올라간 영역을 모관상승영역이라고 한다. 간극의 크기가 다양하기 때문에 모관현상에 의하여 간극을 모두 채우는 것은 어려우므로 모관상승영역에서도 포화도는 차이가 있다.

5.4.2 모관상승높이

그림 5-9(a)에서처럼 모관상승의 수면은 평면이 아니고 곡면을 이룬다. 이 곡면을 메니스커스(meniscus)라고 하며, 이 면과 관의 접촉면이 이루는 각이 α이다.

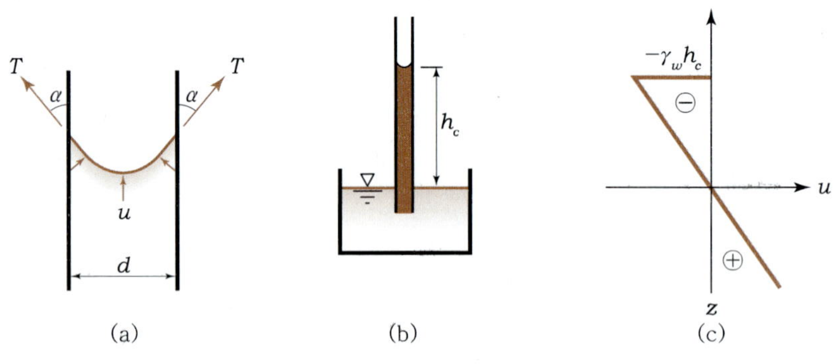

그림 5-9 모관현상

모관상승은 전수두의 차이에 의해 발생하는 것이 아니라, 물과 관 사이의 접촉면에서 발생하는 표면장력(surface tension) 때문에 발생한다. 그림 5-9(b)에서 관속으로 상승한 물의 무게는 메니스커스의 표면장력과 평형을 이루므로 다음 식과 같이 된다.

$$\gamma_w \frac{\pi d^2}{4} h_c = T \pi d \cos\alpha \tag{5.14}$$

여기서, d = 관의 직경

h_c = 모관상승높이

T = 표면장력

따라서, 모관상승높이 h_c는 다음 식과 같이 된다.

$$h_c = \frac{4T\cos\alpha}{\gamma_w d} \tag{5.15}$$

이 식에서 모관상승높이는 관의 직경에 반비례하는 것을 알 수 있다. 즉, 관이 가늘수록 모관상승높이가 증가한다.

모관상승영역 안에서의 물에서는 그림 5-9(c)와 같이 부압(negative pressure)이 작용한다. 지하수위보다 아래의 간극수압이 (+)이므로, 지하수위보다 위의 간극수압은 (–)이고, 그 크기는 모관상승높이에 비례한다. 모관상승높이에서의 간극수압은 다음 식과 같이 된다.

$$u = -\gamma_w h_c \tag{5.16}$$

$\alpha = 0$으로 가정하고, 물의 표면장력은 20℃에서 73dyne/cm이고, 단위중량은 980dyne/cm^3이므로 이 값을 식 (5.15)에 대입하면 모관상승높이는 다음 식과 같이 된다. 이 식에서 관의 직경 d의 단위는 cm이다.

$$h_c = \frac{4 \times 73}{980\, d} = \frac{0.3}{d}\ (\mathrm{cm}) \tag{5.17}$$

그러나 실제 지반의 간극은 불규칙한 형상이므로 지반에서의 모관상승높이는 모세관에서처럼 쉽게 계산되지 않는다. Hazen은 간극의 직경이 흙의 간극비와 유효경에 비례한다고 보고, 다음과 같은 식을 제안하였다.

$$h_c = \frac{C}{e\, D_{10}}\ (\mathrm{cm}) \tag{5.18}$$

여기서, C= 흙입자의 형상에 관련된 상수($0.1 \sim 0.5\text{cm}^2$)
e = 흙의 간극비
D_{10} = 유효경(cm)

또는 흙의 유효경의 1/5을 관의 직경 d로 간주하여 식 (5.17)에 대입하여 모관상승높이를 구하는 방법도 있다.

모관의 직경이 작을수록 모관상승높이가 증가하는 것처럼 흙입자가 작을수록 간극이 작아져서 모관상승높이가 증가한다. 따라서 모관상승높이는 점토에서 가장 크고, 실트, 모래, 자갈의 순으로 작아진다. 여러 가지 지반에서의 대략적인 모관상승높이는 표 5.2와 같다.

표 5.2 모관상승높이

흙의 종류	모관상승높이(cm)
굵은 모래	2~5
모래	12~35
가는 모래	35~70
실트	70~150
점토	200~400

예제 5.6

직경 d=1mm인 관과 유효경 D_{10} =1mm인 지반에서의 모관상승높이와 그 높이에서의 수압을 각각 구하라.

풀이

(1) 직경 1mm인 관

모관상승높이 $h_c = \dfrac{0.3}{d} = \dfrac{0.3}{0.1} = 3(\text{cm})$

수압 $u = -\gamma_w h_c = -1\text{g/cm}^3 \times 3\text{cm} = -3\text{g/cm}^2$

(2) 유효경 1mm인 지반

유효경의 1/5을 관의 직경으로 간주한다.

$d = \dfrac{D_{10}}{5} = \dfrac{0.1\text{cm}}{5} = 0.02\text{cm}$

모관상승높이 $h_c = \dfrac{0.3}{d} = \dfrac{0.3}{0.02} = 15(\text{cm})$

수압 $u = -\gamma_w h_c = -1\text{g/cm}^3 \times 15\text{cm} = -15\text{g/cm}^2$

5.4.3 모관현상의 영향

(1) 겉보기 점착력

모관현상 등에 의하여 흙속에 부(-)의 간극수압이 발생하면 유효응력이 증가하여 흙의 강도가 증가하게 되며, 이를 겉보기 점착력(apparent cohesion)이라고 한다.

겉보기 점착력 때문에 젖은 사질토에서는 일시적으로 연직면으로 굴착이 가능해진다. 이 힘은 모래가 적절한 함수비를 가지고 있을 때 발생하며, 모래가 건조되거나 물을 추가하면 모관현상이 사라져 겉보기 점착력이 없어져서 굴착면이 붕괴된다.

해변의 백사장에서 젖은 모래 위를 걸을 때는 발이 빠지지 않을 정도로 단단하나, 마른 모래나 포화된 모래 위를 걸을 때는 발이 빠질 정도로 지지력이 작아지는 것도 겉보기 점착력의 한 예이다.

(2) 팽창작용

건조한 사질토에 물을 약간 가하면 흙입자의 간극에 물이 들어가 표면장력이 발생해서 흙입자 사이가 벌어져서 일시적으로 부피가 늘어난다. 이렇게 흙의 부피가 팽창하는 현상을 팽창작용(bulking)이라고 한다. 그러나 팽창한 흙을 건조시키거나 물을 더 많이 가하면 표면장력이 없어져서 부피가 감소한다.

젖은 사질토를 잘 다지는 것은 매우 어려우며, 건조시키거나 물을 가하여 포화시킨 후 다짐을 하여야 효과적이다. 사질토에 물을 충분히 가한 후에 다짐을 하는 것을 물다짐이라고도 한다.

(3) 건조점토

수위상승으로 포화되었던 지반에서 수위가 다시 내려간 영역에서도 모관현상의 효과가 있다. 유수에 의하여 퇴적된 점토의 수위가 내려가면 표층은 모관현상에 의한 유효응력증가와 수분증발로 인한 강도증가 때문에 강도가 큰 토층이 되며, 이러한 점토를 건조점토(desiccated clay)라고 한다.

5.5 모관상승영역에서의 유효응력

그림 5-10에서 모관현상에 의해 지하수위보다 위쪽으로 h_c까지 포화되었다면, 그 위치에서의 간극수압은 다음 식과 같다.

$$u = -\gamma_w h_c \tag{5.19}$$

모관현상에 의하여 상승한 물이 간극을 모두 채우지 못하고 부분적으로 포화된 경우의 간극수압은 다음 식과 같다.

$$u = -\frac{S}{100}\gamma_w h_c \tag{5.20}$$

여기서, S = 포화도(%)

유효응력은 전응력에서 간극수압을 뺀 것이므로, 모관상승 영역에서는 간극수압이 (−)값이므로 유효응력은 그만큼 증가한다.

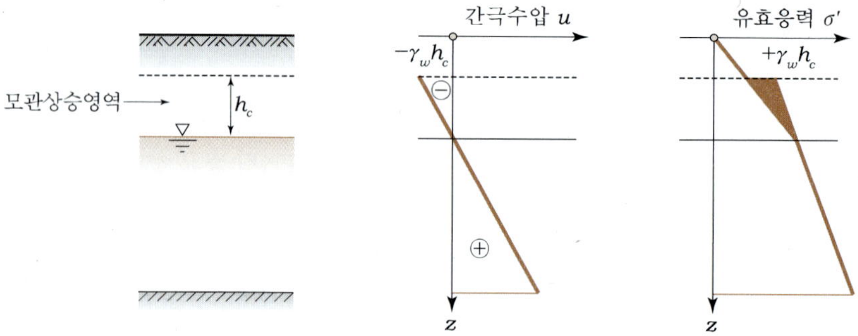

그림 5-10 모관상승영역에서의 간극수압과 유효응력

예제 5.7

그림 5-11과 같은 지층에서 모관현상에 의하여 지하수위보다 위쪽으로 1m까지 부분적으로 포화되었다(포화도 $S=60\%$). 점 A, B, C, D에서의 전응력, 간극수압, 유효응력을 구하라. 흙의 간극비 $e=0.5$, 흙입자의 비중 $G_s=2.65$이다.

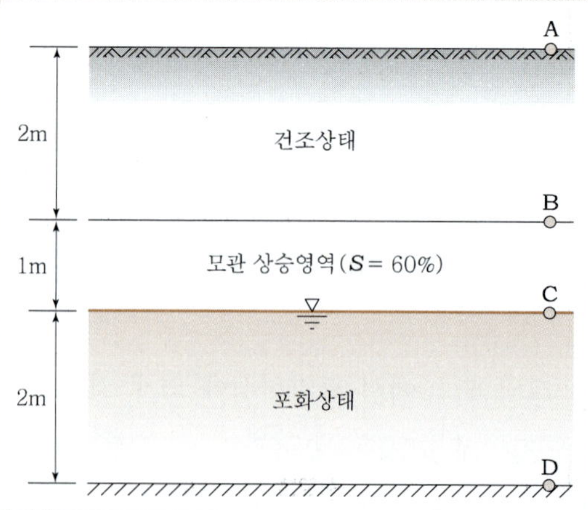

그림 5-11 예제 5.7

풀이

먼저 각 층 흙의 단위중량을 구한다.

A와 B 사이의 흙의 건조단위중량($S=0\%$)

$$\gamma_d=\frac{G_s}{1+e}\gamma_w=\frac{2.65}{1+0.5}\times 9.8\,\text{kN/m}^3=17.31\,\text{kN/m}^3$$

B와 C 사이의 흙의 전체단위중량($S=60\%$)

$$\gamma=\frac{G_s+Se}{1+e}\gamma_w=\frac{2.65+0.6\times 0.5}{1+0.5}\times 9.8\,\text{kN/m}^3=19.27\,\text{kN/m}^3$$

C와 D 사이의 흙의 포화단위중량($S=100\%$)

$$\gamma_{sat}=\frac{G_s+Se}{1+e}\gamma_w=\frac{2.65+1\times 0.5}{1+0.5}\times 9.8\,\text{kN/m}^3=20.58\,\text{kN/m}^3$$

점 A : 전응력: $\sigma=0$, 간극수압 $u=0$, 유효응력 $\sigma'=0$

점 B : 전응력 $\sigma=17.31\text{kN/m}^3\times 2\text{m}=34.62\,\text{kN/m}^2=34.62\,\text{kPa}$

B점 바로 위에는 간극수가 전혀 없고, 바로 아래에는 모관상승에 의하여 60% 포화되었으므로 간극수압은 바로 위와 바로 아래로 구분하여 구한다.

간극수압 : 바로 위 $u=0\,\text{kN/m}^2=0\,\text{kPa}$

바로 아래 $u=-\frac{S}{100}\gamma_w h_c=-\frac{60}{100}\times 9.8\,\text{kN/m}^3\times 1\text{m}=-5.88\,\text{kN/m}^2=-5.88\,\text{kPa}$

유효응력: 바로 위 $\sigma'=34.62-0=34.62\,\text{kN/m}^2=34.62\,\text{kPa}$

바로 아래 $\sigma'=34.62-(-5.88)=40.5\,\text{kN/m}^2=40.5\,\text{kPa}$

점 C : 전응력 $\sigma=17.31\text{kN/m}^3\times 2\text{m}+19.27\text{kN/m}^3\times 1\text{m}=53.89\,\text{kN/m}^2=53.89\text{kPa}$

간극수압 : $u=0\,\text{kN/m}^2=0\,\text{kPa}$

유효응력: $\sigma'=53.89-0=53.89\,\text{kN/m}^2=53.89\,\text{kPa}$

점 D : 전응력$\sigma=17.31\text{kN/m}^3\times 2\text{m}+19.27\text{kN/m}^3\times 1\text{m}+20.58\text{kN/m}^3\times 2\text{m}=95.05\text{kN/m}^2=95.05\text{kPa}$

간극수압 : $u=9.8\,\text{kN/m}^3\times 2\text{m}=19.6\,\text{kN/m}^2=19.6\,\text{kPa}$

유효응력 : $\sigma'=95.05-19.6=75.45\,\text{kN/m}^2=75.45\,\text{kPa}$

5.6 동상현상

5.6.1 동상과 융해

영하의 날씨가 오랫동안 지속되면 대기 온도의 영향을 받아 지표면 아래의 흙에서도 온도가 영하로 내려가고, 지층 속에는 흙의 온도가 0℃인 동결선이 존재하게 된다(그림 5-12). 동결선까지의 깊이를 동결깊이라고 한다.

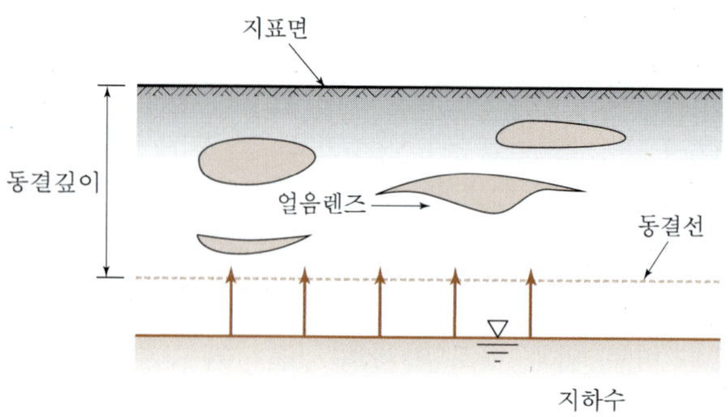

그림 5-12 동결선과 얼음렌즈

흙속의 물이 얼어서 부피가 팽창하여 지표면이 부풀어 오르는 것을 동상(frost heave)이라고 한다. 동상이 일어나는 과정은 다음과 같이 된다.

1. 동결선 위의 흙에서 큰 간극의 물이 먼저 얼어 얼음결정이 형성된다.
2. 이것이 인접한 간극의 물을 끌어들여 얼음결정이 더욱 커진다.
3. 인접한 간극이 비게 되면 지하수위 아래의 물이 모관현상에 의하여 위로 올라온다.
4. 위의 과정을 반복하여 형성된 큰 얼음결정을 얼음렌즈(ice lense)라고 하며, 수 cm의 두께로 형성될 수 있다(그림 5-12).
5. 이로 인해 지반이 부풀어 오른 것이 동상이며, 도로포장이나 구조물의 기초가 동상의 피해를 받기 쉽다.

봄이 되어 얼음렌즈가 녹은 물이 빨리 배수가 되지 않으면 흙의 함수비는 원래보다 훨씬 큰 값이 되어 지반의 강도가 감소하며, 이러한 현상을 융해(thaw) 또는 연화(softening)라고 한다.

얼음렌즈 속의 물은 당초 지반의 물뿐만 아니라 지하수위 아래에 있는 물이 모관현상으로 상승하여 크게 형성된다. 얼음렌즈는 모래나 자갈 지반에서는 잘 형성되지 않으며 실트질 지반에서 잘 형성된다.

점토지반에서는 모관상승높이가 크지만 투수계수가 매우 작아 물의 공급이 원활하지 않아서 얼음렌즈가 잘 형성되지 않는다.

5.6.2 동상조건

흙속의 간극수가 얼고 얼음렌즈가 형성되어 동상현상이 일어나기 위해서는 기본적으로 다음과 같은 세 가지 조건을 만족해야 한다.

1. 동상을 받기 쉬운 흙이 있을 것.
2. 온도가 오랫동안 빙점(일반적으로 0℃) 이하일 것.
3. 얼음렌즈를 형성할 모관수를 공급할 수 있을 정도로 동결선 가까이 지하수가 있을 것.

동상을 가장 받기 쉬운 흙은 실트이다. 자갈, 모래와 같은 조립토에서는 간극이 커서 모관상승높이가 작아서 얼음렌즈가 잘 형성되지 않아서 동상이 잘 일어나지 않는다. 점토는 모관상승높이는 크지만 불투수성이기 때문에 물의 공급이 잘 이루어지지 않아서 동상이 잘 일어나지 않는다.

그림 5-13은 Beskow가 제안한 동상이 일어나는 흙의 한계입도분포이다. 위에 있는 곡선의 상부에서는 동상이 일어날 수 있고, 아래에 있는 곡선의 하부에서는 동상이 일어나지 않는다.

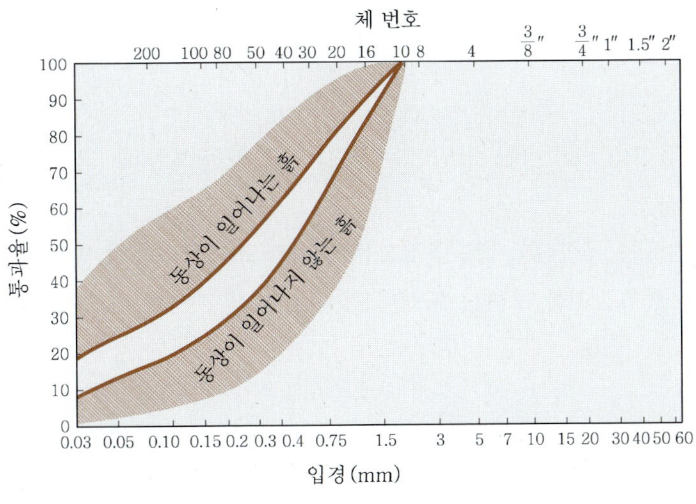

그림 5-13 동상과 관련된 입도분포

Sweden의 동상에 관한 기준은 표 5.3과 같다.

표 5.3 동상을 받기 쉬운 흙의 종류

집단	동상의 위험성	흙의 종류
1	없음	자갈, 모래, 실트층
2	중간	미세한 점토(점토비율 40% 이상)
3	높음	실트, 굵은 점토(점토비율 15~25%)

5.6.3 동상방지대책

동상은 토질, 온도 및 지하수의 3가지 조건이 동시에 만족될 때 일어난다. 따라서 이들 중 1가지 이상의 조건을 제거 또는 개선함으로써 동상을 방지 또는 억제할 수 있다. 동상방지대책공법에는 다음과 같은 것들이 있다.

1. 구조물의 기초를 동결깊이보다 깊은 곳에 설치한다.
2. 동결깊이까지 동상을 일으키지 않는 흙 즉 모래, 자갈, 부순 돌 등으로 치환한다.
3. 배수구를 설치하여 지하수위를 낮추어서 동상에 필요한 지하수공급을 억제한다.
4. 부순 돌이나 비닐 등을 중간에 깔아 모관수의 상승을 차단한다.
5. 포장 바로 밑에 석탄재 등으로 단열층을 만들어서 흙의 온도저하를 방지한다.
6. 지표부의 흙을 화학약제로 처리하여 동결온도를 낮춘다.

5.6.4 동결깊이

어느 지역의 동결깊이를 측정하는 방법에는 직접 측정하는 방법과 그 지방의 기온의 자료로부터 추정하는 방법이 있다.

직접 측정하는 방법에는 동결심도계로 측정하는 방법과 조사구멍에서 빙점을 관측하는 방법이 있다.

기온의 자료로부터 동결깊이를 구하는 도표나 공식은 여러 가지가 있으며, 그중 많이 사용되는 공식은 다음과 같다.

$$z = C\sqrt{F} \tag{5.21}$$

여기서, z = 동결깊이(cm)

C = 정수

F = 동결지수(℃ · 일)

정수 C는 노면의 일조조건, 토질, 배수조건 등을 고려하여, 3~5의 값을 사용한다. 북쪽으로 향한 산악도로에서 용수의 침투가 많고 실트질 흙이 많은 노상의 경우에는 5를 사용하고, 햇빛이 적당히 있고 토질 및 배수조건이 양호하면 3, 그 중간조건이면 4를 사용한다.

동결지수는 기온과 지속시간의 곱으로 표시하고, 일평균기온을 기본으로 하여 계산하는 것이 보통이며, 월평균기온을 이용하는 경우도 있다.

일평균기온을 기본으로 계산할 경우에는, 일평균기온이 영상(+)에서 영하(−)로 변하는 달부터 시작하여 일평균기온이 영하(−)에서 영상(+)으로 변하는 달까지의 일평균기온을 누계하여, 일평균기온 누계치의 ±최대값의 절대값을 더한 것이다(그림 5-14).

월평균기온을 기본으로 할 경우에는, 월평균기온이 영하(−)가 되는 달만을 대상으로 하여 월 평균기온에 그 달의 일수를 곱한 것의 합계가 동결지수가 된다.

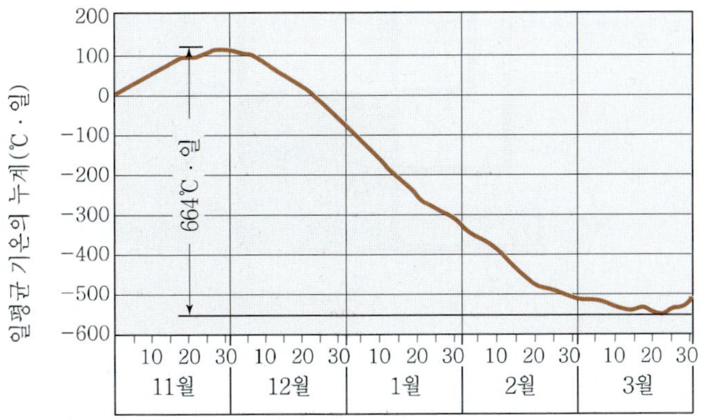

그림 5-14 일평균기온으로부터 구한 동결지수

연습문제

5.1 예제 5.1에서 흙의 깊이 z를 4m, 흙의 포화단위중량을 18kN/m^3으로 가정하고 답을 구하라.

5.2 그림 5-15와 같이 흙속으로 물이 연직방향으로 흐르는 경우 위치 A, B, C, D, E, F에서의 압력수두, 위치수두, 전수두를 구하라. 또 위치 C와 F 사이의 동수경사를 구하라.

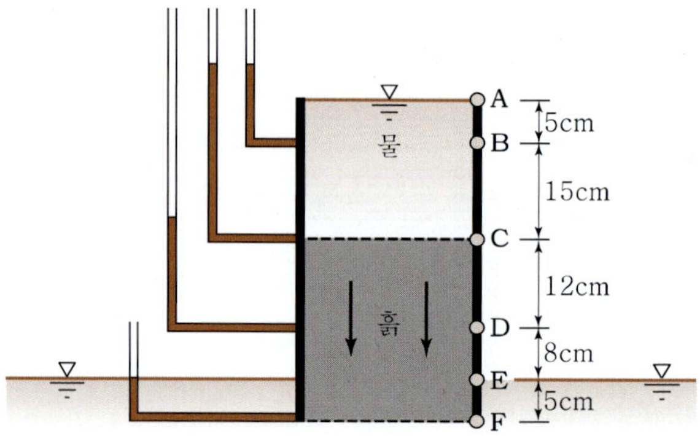

그림 5-15 연습문제 5.2

5.3 예제 5.4에서 흙의 포화단위중량을 21kN/m^3으로 가정하고 답을 구하라.

5.4 예제 5.5에서 점토층의 굴착깊이를 8m로 할 때 분사현상이 일어나지 않기 위한 수심 h를 구하라.

5.5 직경 $d=0.1\text{mm}$인 관과 유효경 $D_e=0.1\text{mm}$인 지반에서의 모관상승높이와 그 높이에서의 수압을 각각 구하라.

5.6 예제 5.7에서 $e = 0.4$, $G_s = 2.7$로 가정하고, 점 A, B, C, D에서의 전응력, 간극수압, 유효응력을 구하라.

5.7 그림 5-16의 각 경우에 대해 점 A, B, C에서의 압력수두, 위치수두, 전수두를 구하라.

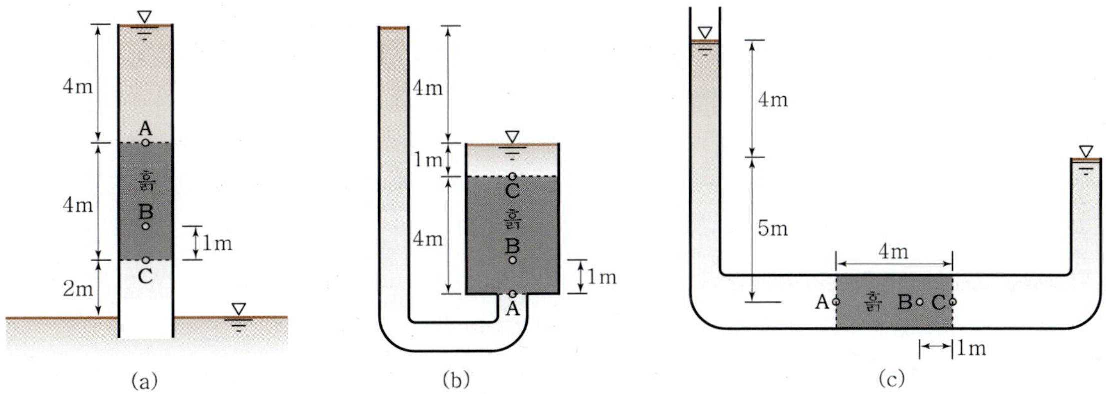

그림 5-16 연습문제 5.7

참고문헌

1. 김상규 외 2인 (2012). 토질역학, 청문각.
2. 백영식 (2007). 토질역학, 구미서관.
3. 이종규 (2007). 토질역학, 기문당.
4. 천병식 (1998). 지반공학, 구미서관,
5. Beskow, G. (1935). "Soil Freezing and Frost Heaving with Specials Application to Roads and Railroads", Swedish Geological Society Series C, No. 375, 26th Year Book No. 3 ; translated by Osterberg, Northwestern University, 1947, 145 pp.
6. Bishop, A. W., Alpan, I., Blight, G. E., Donald, I. B. (1960). "Factors Controlling the Strength of Partially Saturated Cohesive Soils", Proceedings, Research Conference on Shear Strength of Cohesive Soils, ASCE, pp. 503~532.
7. Das, B. M. (1998). Principles of Geotechnical Engineering, 4th editions, PWS, MA.
8. Hazen, A. (1930). American Civil Engineering Handbook, Wiley, New York.
9. Holz, R. D. and Kovac, W. D. (1981). An Introduction to Geotechnical Engineering, Prentice-Hall Inc., Engelwood Cliffs, New Jersey.

제6장

흙속의 물의 흐름

SOIL MECHANICS
SOIL MECHANICS

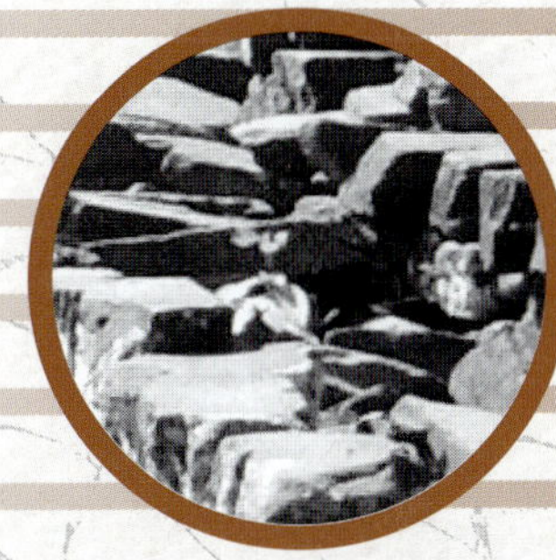

제 6 장 흙속의 물의 흐름

6.1 Darcy의 법칙

6.1.1 층류와 난류

수리학적으로 물의 흐름은 층류(laminar flow)와 난류(turbulent flow)로 구분할 수 있다. 층류는 규칙적으로 매끄럽게 천천히 흐르는 흐름을 말하며, 난류는 불규칙적으로 빠르게 흐르면서 서로 섞이는 흐름을 말한다.

흙속의 간극은 서로 연결되어 있으므로 흙속의 물은 간극을 따라 흐른다. 흙속을 흐르는 물은 속도가 매우 느리므로 대부분 층류로 간주할 수 있다.

흙속을 흐르는 물이 층류가 되기 위해서는 레이놀즈(Reynolds)수가 1 이하가 되어야 한다. 모래, 실트, 점토 등의 흙에서는 레이놀즈수가 대략 1 이하이므로 층류가 발생하며, 굵은 모래, 자갈 등에서는 난류가 될 가능성이 많다.

층류에서는 물의 속도가 동수경사에 비례하며, 이를 Darcy의 법칙이라고 한다.

6.1.2 Darcy의 법칙

그림 6-1(a)와 같이 흙속을 통과하는 물의 흐름이 층류인 경우에 물의 속도는 동수경사에 비례하며, 다음 식과 같이 나타낼 수 있다.

$$v \propto i \tag{6.1}$$

여기서, $v =$ 물의 속도
$i =$ 동수경사

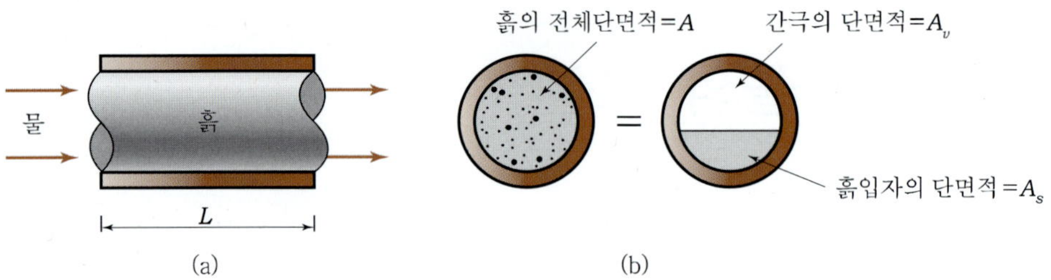

그림 6-1 흙속 물의 흐름

이 식은 비례상수 k를 사용하여 다음 식과 같이 나타낼 수 있으며, 이때 비례상수 k를 투수계수(coefficient of permeability, hydraulic conductivity)라고 한다. 투수계수의 단위는 속도의 단위와 같다.

$$v = k\,i = k\frac{\Delta h}{L} \tag{6.2}$$

여기서, k = 투수계수
Δh = 수두차 또는 수두손실
L = 흙속으로 물이 흐른 거리

단위시간에 흙속을 통과하는 물의 부피 즉 유량은 물의 속도에 흙의 단면적을 곱해서 구하며, 다음 식과 같이 된다.

$$q = v\,A = k\,i\,A = k\frac{\Delta h}{L}A \tag{6.3}$$

여기서, q = 단위시간당 유량
A = 흙의 전체단면적

흙속을 통과하는 물의 속도와 유량을 구하는 식 (6.2), 식 (6.3)을 Darcy의 법칙이라고 하며, 식 (6.2)로 구한 속도를 유출속도(discharge velocity)라고 한다.

식 (6.3)에서 유량 q는 유출속도 v에 흙의 전체단면적 A를 곱하여 구하였으나, 흙속에서 물이 실제로 흐르는 단면적은 전체단면적 A이 아니라 간극의 단면적 A_v이므로 유출속도 v는 실제속도가 아니다.

흙속의 간극을 통과하는 물의 실제속도를 침투속도(seepage velocity) v_s라고 하면, 흙속을 통과하는 유량 q는 다음 식과 같이 된다(그림 6-1(b)).

$$q = vA = v_s A_v \tag{6.4}$$

여기서, v =유출속도(discharge velocity)

v_s = 침투속도(seepage velocity)

A = 흙의 전체단면적

A_v = 간극의 단면적

식 (6.4)에서 다음 식과 같이 된다.

$$v_s = \frac{vA}{A_v} = \frac{vAL}{A_v L} = \frac{vV}{V_v} = \frac{v}{V_v/V} \tag{6.5}$$

여기서, V =흙의 전체부피

V_v =간극의 부피

식 (6.5)에서 실제속도인 침투속도 v_s는 다음 식과 같이 된다.

$$v_s = \frac{v}{n} \tag{6.6}$$

여기서, n = 간극률 $\left(= \frac{V_v}{V} = \frac{A_v}{A}\right)$

예제 6.1

그림 6-2에서 투수층을 흐르는 물의 동수경사, 유출속도, 침투속도, 단위폭당 유량을 구하라. 투수층의 간극률은 0.6이고, 투수계수는 0.08cm/sec이다.

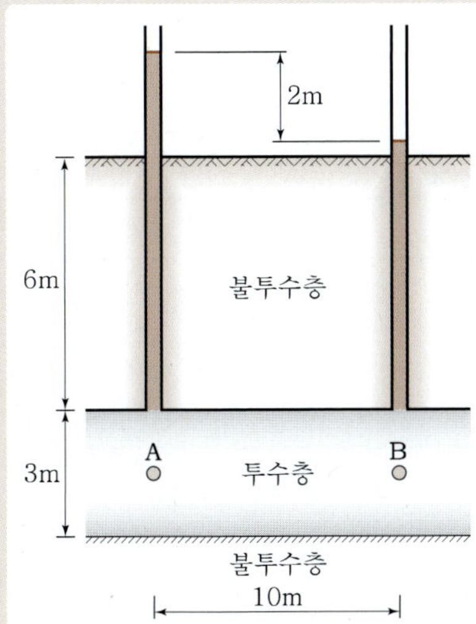

그림 6-2 예제 6.1

풀이

점 A의 전수두가 점 B의 전수두보다 2m 크므로 물은 A에서 B로 흐른다.

동수경사 $i = \frac{\Delta h}{L} = \frac{2\text{m}}{10\text{m}} = 0.2$

유출속도 $v = k\,i = k\frac{\Delta h}{L} = 0.08\text{cm/sec} \times 0.2 = 0.016\text{cm/sec}$

침투속도 $v_s = \frac{v}{n} = \frac{0.016\text{cm/sec}}{0.6} = 0.027\ \text{cm/sec}$

유량 $q = v\,A = 0.016\text{cm/sec} \times (300\text{cm} \times 1\text{cm}) = 4.8\,\text{cm}^3/\text{sec}$

또는 $q = v\,A = k\,i\,A = k\frac{\Delta h}{L}A = 0.08\text{cm/sec} \times \frac{2\text{m}}{10\text{m}} \times (300\text{cm} \times 1\text{cm}) = 4.8\,\text{cm}^3/\text{sec}$

6.2 투수계수

Darcy의 법칙을 나타내는 식 (6.2)와 식 (6.3)에 사용된 투수계수 k는 흙의 투수성을 나타내는 값으로서 속도와 같은 단위를 가지며, 흙의 투수계수가 클수록 물이 잘 흐른다.

간극이 클수록 투수계수가 커지므로, 흙입자의 크기가 클수록 투수계수가 커진다. 따라서 자갈의 투수계수가 가장 크고, 모래, 실트, 점토의 순으로 투수계수가 작아진다. 흙의 종류에 따른 투수계수의 대략적인 값은 표 6.1과 같다.

흙의 투수계수가 10^{-7}cm/sec(≒ 3cm/year)보다 작으면 불투수성 흙으로 볼 수 있으므로 점토는 불투수성인 경우가 많다.

표 6.1 투수계수의 대략적인 값

흙의 종류	k(cm/sec)
자갈	1.0 ~ 100
굵은 모래	0.01 ~ 1.0
가는 모래	0.001 ~ 0.01
실트	0.000001 ~ 0.001
점토	0.000001(= 10^{-6}) 이하

투수계수는 간극의 크기뿐만 아니라 간극비, 흙입자의 입도분포와 형상, 흙의 구조 등의 흙의 성질과 간극 속을 흐르는 물의 점성과 단위중량, 온도 등의 물의 성질의 영향을 받으며, 이를 식으로 나타내면 다음 식과 같이 된다.

$$k = C D_{10}^2 \frac{e^3}{(1+e)} \frac{\gamma_w}{\eta} \tag{6.7}$$

여기서, $C =$ 형상계수(shape factor)

$D_{10} =$ 유효경

$e =$ 간극비

$\gamma_w =$ 물의 단위중량

$\eta =$ 물의 점성계수

투수계수에 영향을 미치는 여러 요소에 대하여 간단히 설명하면 다음과 같다.

1. 흙입자의 크기 : 흙입자가 클수록 투수계수는 커진다.
2. 간극비 : 간극비 e가 커질수록 투수계수도 커진다. 투수계수는 대략 e^2에 비례한다.

$$k \propto \frac{e^3}{(1+e)} \approx e^2 \tag{6.8}$$

3. 포화도 : 흙의 포화도가 클수록 투수계수는 커진다. 공기가 있으면 물의 흐름을 방해하기 때문이다.
4. 흙의 구조 : 면모구조의 점토가 이산구조의 점토보다 투수계수가 크다.
5. 물의 단위중량 : 물의 단위중량이 클수록 투수계수는 커진다.
6. 물의 점성 : 물의 점성이 클수록 투수계수는 작아진다.
7. 물의 온도 : 물의 온도가 높을수록 점성이 작아지기 때문에 투수계수는 커진다.

Hazen은 유효경이 0.1~3mm이고, 균등계수가 5 이하인 균등한 모래의 투수계수를 구하는 다음과 같은 경험식을 제안하였다.

$$k = c D_{10}{}^2 \ \text{(cm/sec)} \tag{6.9}$$

여기서, $c =$100~150의 상수

$D_{10} =$ 유효경(cm)

예제 6.2

어떤 모래의 간극비가 0.8인 상태에서 투수계수가 0.045cm/sec이었다. 이 모래를 다져서 간극비가 0.5로 감소하였다. 이때 모래의 투수계수를 구하라.

풀이

식 (6.8)에서 $k \propto e^2$이므로

$0.045 : 0.8^2 = k : 0.5^2$

$0.8^2 k = 0.045 \times 0.5^2$

$k = 0.018\text{cm/sec}$

6.3 투수계수 측정 방법

6.3.1 측정 방법의 종류

흙의 투수계수를 구하는 방법에는 경험식, 실내투수시험, 현장투수시험 등이 있다.

경험식은 간단한 토질시험 결과를 이용하여 투수계수를 경험적으로 구하는 공식으로 식 (6.9)와 같은 공식 등이 있다.

실내투수시험은 지층에서 채취된 흙시료에 대해 실험실에서 실시하는 투수시험으로, 정수위 투수시험(constant head permeability test)과 변수위 투수시험(falling head permeability test) 및 압밀시험 등이 있다.

현장투수시험은 지층에 뚫은 우물이나 시추공 등 현장에서 직접 실시하는 투수시험으로, 원위치 투수시험이라고도 하며, 양수시험과 주수시험 등이 있다.

현장에서 비교란시료를 얻기 어려운 경우나 큰 공사에서는 현장에서 투수시험을 하고 실내시험 결과와 비교해 보는 것이 좋다. 실내투수시험은 지층을 대표할 흙시료의 사용이 어렵다는 단점이 있는 반면에, 현장투수시험은 현장 지층에 대해 직접 시험할 수 있다는 장점이 있으나 비용과 시간이 실내시험보다 많이 소요되는 단점이 있다.

6.3.2 정수위 투수시험

그림 6-3과 같은 시험장치에서 유입부의 수위가 내려가지도 않고 넘치지도 않을 정도로 물을 적절히

공급하고 흙을 통과한 물이 유출부에서 넘치도록 한다. 그러면 유입부와 유출부의 수위차가 항상 일정하게 유지된다. 이때 시간 t동안 흙속을 통과하여 넘쳐흐른 물을 모아서 부피 Q를 측정하면 다음 식과 같이 된다.

$$Q = qt = vAt = kiAt = k\frac{\Delta h}{L}At \tag{6.10}$$

여기서, Q = 시간 t동안 모은 물의 부피
q = 단위시간당 유량
t = 물을 모은 시간
Δh = 유입부와 유출부의 수위차
L = 흙시료의 길이

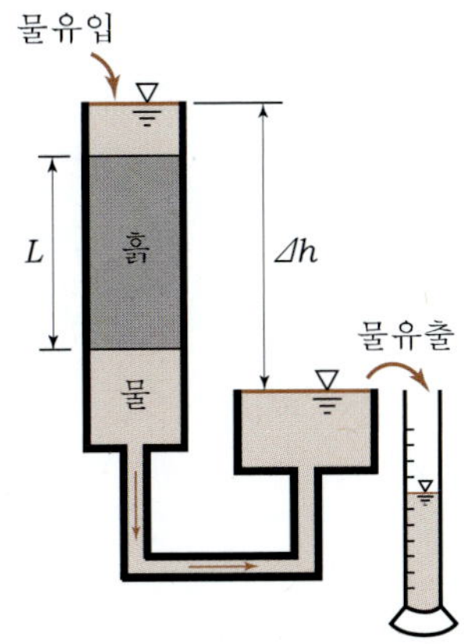

그림 6-3 정수위 투수시험

이 식에서 투수계수 k를 구하면 다음 식과 같이 된다.

$$k = \frac{QL}{A\,\Delta h\,t} \tag{6.11}$$

정수위 투수시험은 투수계수가 비교적 큰 조립토(자갈, 모래)에 적합한 시험으로, 투수계수가 작은 흙에서는 유량을 모으는 데 시간이 많이 걸리므로 부적당하다.

예제 6.3

직경 15cm, 길이 30cm인 모래시료에 대한 정수위 투수시험의 결과가 다음과 같을 때 이 흙의 투수계수를 구하라.

일정한 수위차 = 50cm
물을 모은 시간 = 2분
모은 물의 부피 = 1,500cm^3

풀이

식 (6.11)에서

$$k = \frac{QL}{A\,\Delta h\,t} = \frac{1500\,\text{cm}^3 \times 30\,\text{cm}}{(\frac{\pi}{4}\times 15^2)\,\text{cm}^2 \times 50\,\text{cm} \times (2\times 60\,\text{sec})} = 0.042\text{cm/sec}$$

6.3.3 변수위 투수시험

그림 6-4에서 스탠드 파이프를 통하여 물을 공급하면 물이 흙속으로 흘러 내려간다. 물의 공급을 중단하면 스탠드 파이프의 수위가 점차 내려간다. 시간 t_1일 때 스탠드 파이프와 유출부의 수위차가 h_1이고, 시간 t_2일 때 수위차가 h_2이다.

임의 시간 t일 때의 수위차를 h라고 하면, 동수경사는 다음 식과 같이 되며 시간에 따라 변한다.

$$i = \frac{h}{L} \tag{6.12}$$

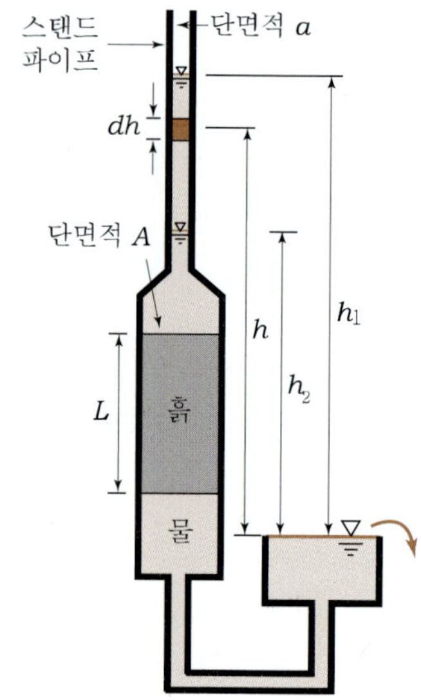

그림 6-4 변수위 투수시험

흙시료를 통해 유출되는 단위시간당 유량은 다음과 같이 된다.

$$q = k\frac{h}{L}A \tag{6.13}$$

여기서, $A =$ 흙시료의 단면적

스탠드 파이프를 통해 유입되는 단위시간당 유량은 다음 식과 같이 된다. 이 식에서 (−)는 수위가 내려가는 것을 의미한다.

$$q = -\frac{dh}{dt}a \tag{6.14}$$

여기서, $a =$ 스탠드 파이프의 단면적

식 (6.13)의 유출유량과 식 (6.14)의 유입유량은 같은 값이므로 다음과 같이 된다.

$$-\frac{dh}{h} = \frac{k}{L}\frac{A}{a}dt \tag{6.15}$$

시간이 t_1, t_2일 때 수위차가 각각 h_1, h_2이므로, 식 (6.15)를 적분하여 k를 구하면 다음과 같이 된다.

$$k = \frac{a}{A}\frac{L}{(t_2 - t_1)}\log_e\frac{h_1}{h_2} = 2.3\frac{a}{A}\frac{L}{(t_2 - t_1)}\log_{10}\frac{h_1}{h_2} \tag{6.16}$$

유량을 모으지 않고 스탠드 파이프의 예민한 수위강하를 측정하는 변수위 투수시험은 투수계수가 비교적 작은 세립토(실트, 점토)에 적합한 시험이다.

투수계수가 10^{-7}cm/sec보다 작은 불투수성 점토에서는 변수위 투수시험도 시간이 많이 걸리므로 압밀시험 결과를 이용하여 투수계수를 구하기도 한다.

예제 6.4

포화된 실트에 대해 변수위 투수시험을 하였다. 시료의 단면적은 10cm^2, 길이는 15cm이다. 단면적 1cm^{2}의 스탠드 파이프 안의 수위가 5분 후에 높이 40cm에서 20cm로 내려갔다.

(1) 실트의 투수계수를 구하라.
(2) 이 실트의 투수계수보다 100배 큰 모래의 투수계수를 결정하기 위하여 변수위 투수시험을 하는 것은 적절한가?

풀이

(1) 식 (6.16)에서

$$k = \frac{a}{A}\frac{L}{(t_2 - t_1)}\log_e\frac{h_1}{h_2} = \frac{1\text{cm}^2}{10\text{cm}^2}\frac{15\text{cm}}{(5\times 60)\text{sec}}\log_e\frac{40\text{cm}}{20\text{cm}} = 0.0034\text{cm/sec}$$

(2) 식 (6.16)에서 경과시간$(t_2 - t_1)$은 k에 반비례한다. 투수계수가 100배가 되면 경과시간은 1/100로 감소하여 3초가 되어 실험이 순식간에 끝나 수두차의 측정이 곤란해지므로, 투수계수가 매우 큰 모래에 대해서는 이 실험이 적합하지 않다.

6.3.4 양수시험

지층에 우물이나 구멍을 파고 물을 퍼내면서 수위변화를 관측하여 지층의 투수계수를 구하는 시험을 양수시험(pumping test)라고 한다.

(1) 중력식 우물 양수시험

구속되지 않은 지하수를 자유지하수 또는 중력지하수라고 하며, 이를 퍼내기 위하여 설치한 우물을 중력식 우물(gravity well)이라고 한다.

그림 6-5와 같이 불투수층 위에 있는 투수층의 투수계수를 측정하기 위하여, 한 개의 중력식 우물과 두 개의 관측우물을 판다. 우물에서 물을 퍼내면 우물 및 관측우물의 수위가 내려가지만, 시간이 지나면서 주위의 물이 침투하여 수위가 점차 올라간다.

우물과 관측우물에서의 수위가 일정하게 될 때까지 즉 정상상태(steady-state)가 될 때까지 물을 천천히 퍼낸다. 이 상태에서 우물로 들어오는 유량과 양수량은 같으며, 다음 식과 같이 된다.

$$q = k\,i\,A \tag{6.17}$$

여기서, i는 dh/dr과 대략 같고, $A = 2\pi rh$ 이므로 다음 식과 같이 된다.

$$q = k\frac{dh}{dr}2\pi r h \tag{6.18}$$

$$\int_{r_1}^{r_2}\frac{dr}{r} = \frac{2\pi k}{q}\int_{h_1}^{h_2} h\,dh \tag{6.19}$$

이 식을 풀어서 투수계수를 구하면 다음 식과 같이 된다.

$$k = \frac{q\log_e\dfrac{r_2}{r_1}}{\pi\left({h_2}^2 - {h_1}^2\right)} = \frac{2.3\,q\log_{10}\dfrac{r_2}{r_1}}{\pi\left({h_2}^2 - {h_1}^2\right)} \tag{6.20}$$

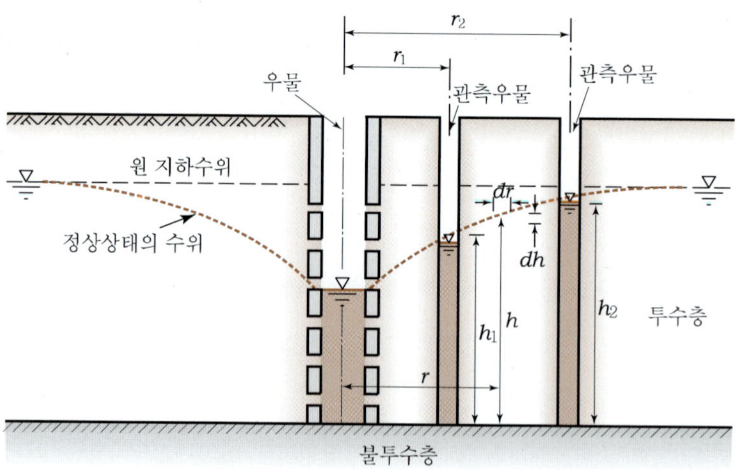

그림 6-5 중력식 우물 양수시험

예제 6.5

그림 6-5와 같은 불투수층 위에 있는 투수층에 설치한 중력식 우물에서 양수시험을 실시하였다. 정상상태에 도달하였을 때의 관측치가 다음과 같다. 투수층의 투수계수를 구하라.

$q = 10\text{m}^3/\text{min},\ r_1 = 1.5\text{m} : h_1 = 4\text{m},\ r_2 = 3\text{m} : h_2 = 6\text{m}$

풀이

$$k = \frac{q \log_e \dfrac{r_2}{r_1}}{\pi({h_2}^2 - {h_1}^2)} = \frac{10 \times \log_e \dfrac{3}{1.5}}{\pi(6^2 - 4^2)} = 0.11\,\text{m/min} = 0.18\text{cm/sec}$$

(2) 피압식 우물 양수시험

불투수층 사이에 끼어서 압력을 받고 있는 대수층(confined aquifer)의 지하수를 피압지하수라고 하며, 이를 퍼내기 위하여 설치한 우물을 피압식 우물(artesian well)이라고 한다.

그림 6-6과 같이 불투수층을 뚫고 한 개의 중력식 우물과 두 개의 관측우물을 파면 수위가 압력수두만큼 똑 같이 상승한다. 우물에서 물을 퍼내면 우물 및 관측우물의 수위가 내려가지만, 시간이 지나면서 주위의 물이 침투하여 수위가 점차 올라간다.

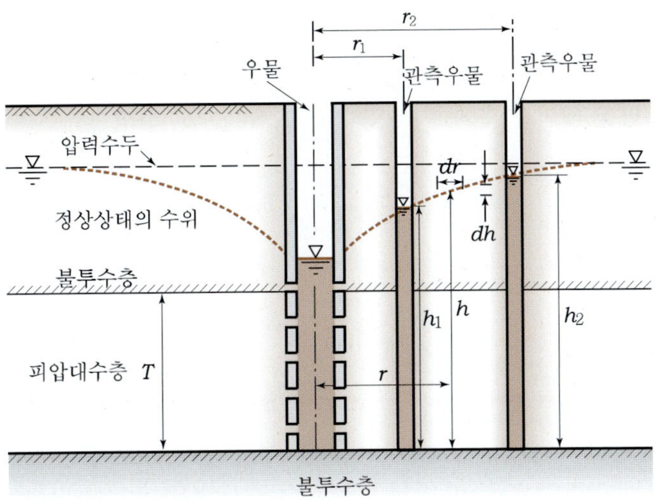

그림 6-6 피압식 우물 양수시험

우물과 관측우물에서의 수위가 일정하게 될 때까지 즉 정상상태(steady-state)가 될 때까지 물을 천천히 퍼낸다. 이 상태에서 우물로 들어오는 유량과 양수량은 같으며, 다음 식과 같이 된다.

$$q = k\,i\,A = k\frac{dh}{dr}2\pi r\,T \tag{6.21}$$

여기서, $T =$ 피압대수층의 두께

이 식을 적분하면 다음 식과 같이 된다.

$$\int_{r_1}^{r_2}\frac{dr}{r} = \int_{h_1}^{h_2}\frac{2\pi k T}{q}dh \tag{6.22}$$

이 식을 풀어 투수계수를 구하면 다음 식과 같이 된다.

$$k = \frac{q\log_e\dfrac{r_2}{r_1}}{2\pi\,T(h_2-h_1)} = \frac{2.3\,q\log_{10}\dfrac{r_2}{r_1}}{2\pi\,T(h_2-h_1)} \tag{6.23}$$

예제 6.6

그림 6-6과 같은 3m 두께의 피압대수층에 설치한 피압식 우물에서 양수시험을 실시하였다. 정상상태에 도달하였을 때의 관측치가 다음과 같다. 피압대수층의 투수계수를 구하라.

$q = 10\text{m}^3/\text{min},\ r_1 = 1.5\text{m} : h_1 = 4\text{m},\ r_2 = 3\text{m} : h_2 = 6\text{m}$

풀이

$$k = \frac{2.3\,q\log_{10}\dfrac{r_2}{r_1}}{2\pi\,T(h_2-h_1)} = \frac{2.3\times 10\times\log_{10}\dfrac{3}{1.5}}{2\pi\times 3\times(6-4)} = 0.42\,\text{m/min} = 0.70\text{cm/sec}$$

6.3.5 주수시험

지층에 우물이나 구멍을 파고 물을 주입하면서 수위변화를 관측하여 지층의 투수계수를 구하는 시험을 주수시험라고 하며 다양한 방법들이 있다.

우물 양수시험은 비용이 많이 들므로 경제적으로 투수계수를 구하기 위하여 시추공 주수시험(bore hole test)을 많이 이용한다.

(1) 개단시험(open-end test)

그림 6-7과 같이 시추공 안으로 케이싱을 삽입하고, 투수계수를 구하는 토층까지 밀어 넣는다. 케이싱의 상단에서 물을 공급하고, 시추공의 바닥으로 빠져 나가게 한다.

케이싱 안의 수위가 케이싱 상단과 일치하게 되도록 물을 공급해 주면 투수계수는 다음 식으로 구할 수 있다. 투수계수가 작은 흙에서는 압력을 가해주는 것이 효과적이다.

$$k = \frac{q}{5.5\,r\,h} \tag{6.24}$$

여기서, $q =$ 케이싱 안의 수위를 일정하게 유지하기 위해 공급한 유량

$r =$ 케이싱의 반경

$h =$ 수두차 = 중력수두차 h_g + 압력수두 h_p

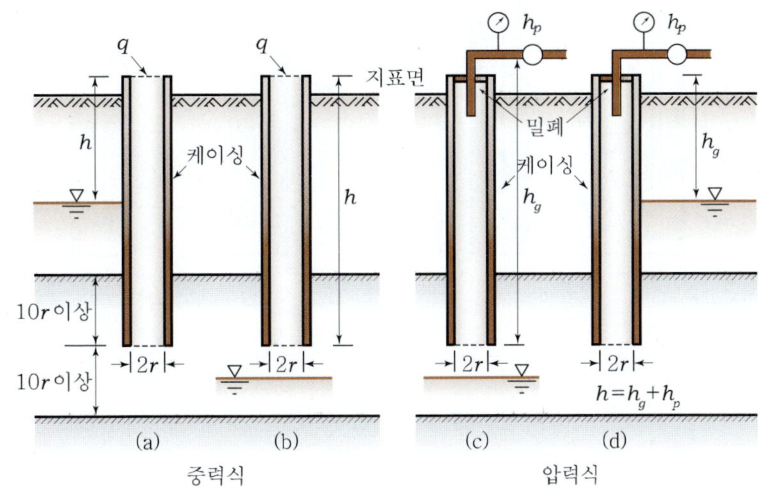

그림 6-7 개단시험

(2) 팩커시험(Packer test)

이 시험은 암반의 투수계수를 결정하기 위해 사용되는 시험이지만 흙에서도 사용할 수 있다. 이 시험은 굴착 도중이나 굴착 완료 후에 시추공에서 실시하며, 개단시험에서와 달리 케이싱을 전구간을

걸쳐 설치하지는 않는다.

그림 6-8과 같이 시추공 중간에 팩커를 설치하여 형성된 밀폐공간에 물을 주입하여 주변으로 빠져나가게 하는 시험으로서, 투수계수는 다음 식으로 구할 수 있다.

$$k = \frac{q}{2\pi L h}\log_e \frac{L}{r} : (L \geq 10r\text{인 경우}) \tag{6.25}$$

$$k = \frac{q}{2\pi L h}\sinh^{-1}\frac{L}{r} : (r \leq L < 10r\text{인 경우}) \tag{6.26}$$

여기서, q = 일정하게 시추공 안으로 유입되는 유량

L = 시추공의 길이

r = 시추공의 반경

h = 수두차 = 중력 수두차 h_g + 압력수두 h_p

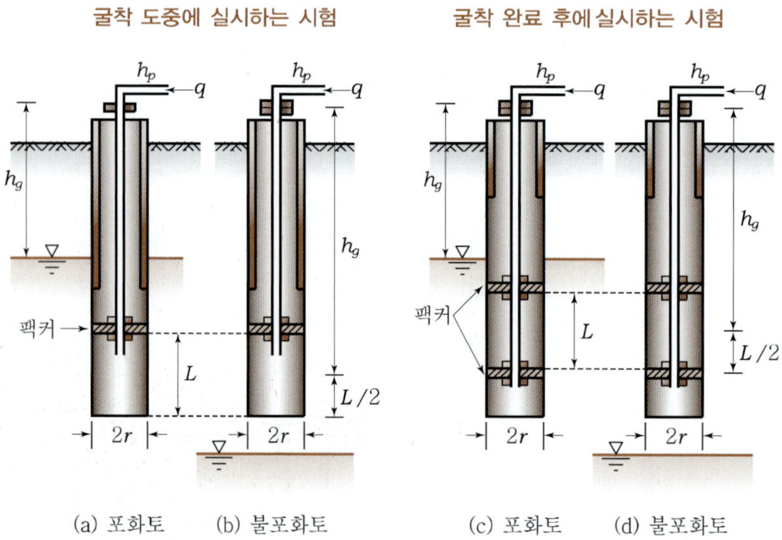

그림 6-8 팩커시험

6.4 다층지반의 등가투수계수

자연의 토층은 투수계수가 다른 여러 층으로 이루어진 경우가 많다. 투수계수가 다른 다층지반을 균질한 단일층으로 가정했을 때의 투수계수를 등가투수계수 또는 평균투수계수라고 한다.

6.4.1 토층에 평행한 흐름

그림 6-9와 같이 물이 토층에 평행한 방향으로 흐르는 경우에는 각 토층의 동수경사가 동일하고, 전체 유량은 각 층의 유량을 합한 것과 같으므로 다음 식과 같이 된다.

$$q = q_1 + q_2 + \dots + q_n \tag{6.27}$$

$$v(H \times 1) = v_1(h_1 \times 1) + v_2(h_2 \times 1) + \dots + v_n(h_n \times 1) \tag{6.28}$$

여기서, q = 전체 유량　　q_1, q_2, q_n = 각 층의 유량

v = 전체 속도　　v_1, v_2, v_n = 각 층의 속도

H = 전체 두께　　h_1, h_2, h_n = 각 층의 두께

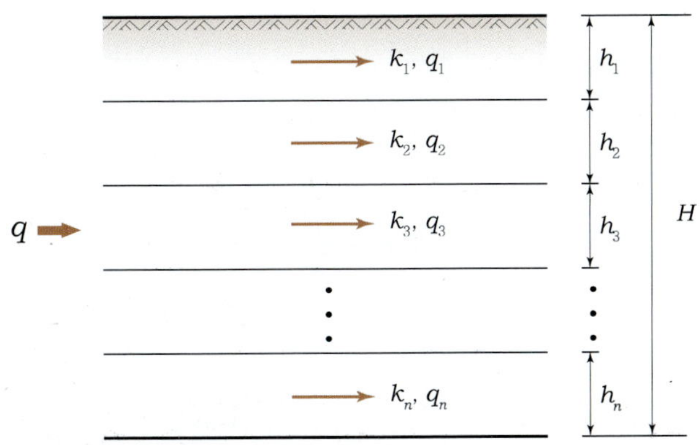

그림 6-9 토층에 평행한 흐름

이 식에 $v = k\,i$를 적용하면 다음 식과 같이 된다.

$$k_H\, i\, H = k_1\, i\, h_1 + k_2\, i\, h_2 + \dots + k_n\, i\, h_n \tag{6.29}$$

$$k_H\, H = k_1 h_1 + k_2 h_2 + \dots + k_n h_n \tag{6.30}$$

여기서, k_H = 등가투수계수

k_1, k_2, k_n = 각 토층에 평행한 방향의 투수계수

i = 동수경사

따라서, 토층에 평행한 흐름의 등가투수계수는 다음 식과 같이 된다.

$$k_H = \frac{1}{H}(k_1 H_1 + k_2 H_2 + ... + k_n H_n) \tag{6.31}$$

6.4.2 토층에 직각방향 흐름

그림 6-10과 같이 물이 토층에 직각방향으로 흐르는 경우에는 각 토층의 유량은 동일하고, 전체 수두손실은 각 층의 수두손실의 합과 같으므로 다음과 같이 된다.

$$\Delta h = \Delta h_1 + \Delta h_2 + ... + \Delta h_n \tag{6.32}$$

여기서, Δh = 전체 손실수두

$\Delta h_1, \Delta h_2, \Delta h_n$ = 각 층의 손실수두

각 층에서의 유량이 동일하면 각 층의 유속도 같으므로 다음 식과 같이 된다.

$$v = v_1 = v_2 = ... = v_n \tag{6.33}$$

이 식에 $v = ki$를 적용하면 다음 식과 같이 된다.

$$k_V\, i = k_1 i_1 = k_2 i_2 = \; ... = k_n i_n \tag{6.34}$$

$$k_V \frac{\Delta h}{H} = k_1 \frac{\Delta h_1}{h_1} = k_2 \frac{\Delta h_2}{h_2} = \; ... = k_n \frac{\Delta h_n}{h_n} \tag{6.35}$$

여기서, k_V = 등가투수계수

k_1, k_2, k_n = 각 토층에 직각방향 투수계수

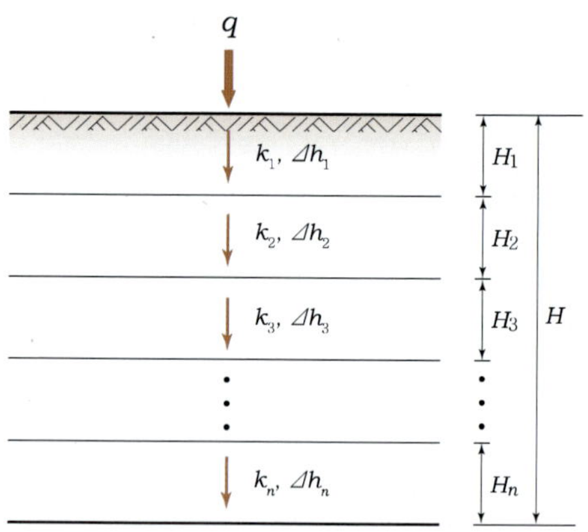

그림 6-10 토층에 직각 방향 흐름

식 (6.35)를 식 (6.32)에 대입하면 다음 식과 같이 된다.

$$\frac{H}{k_V} = \frac{h_1}{k_1} + \frac{h_2}{k_2} + \dots + \frac{h_n}{k_n} \tag{6.36}$$

따라서, 토층에 직각방향의 등가투수계수는 다음 식과 같이 된다.

$$k_V = \frac{H}{\frac{h_1}{k_1} + \frac{h_2}{k_2} + \dots + \frac{h_n}{k_n}} \tag{6.37}$$

일반적으로 다층지반에서 토층에 평행한 흐름에서는 투수계수가 큰 토층의 영향이 크고, 토층에 직각방향 흐름에서는 투수계수가 작은 토층의 영향이 크다.

예제 6.7

그림 6-11과 같은 등방성 토층에 평행한 방향 및 직각방향의 등가투수계수를 구하라.

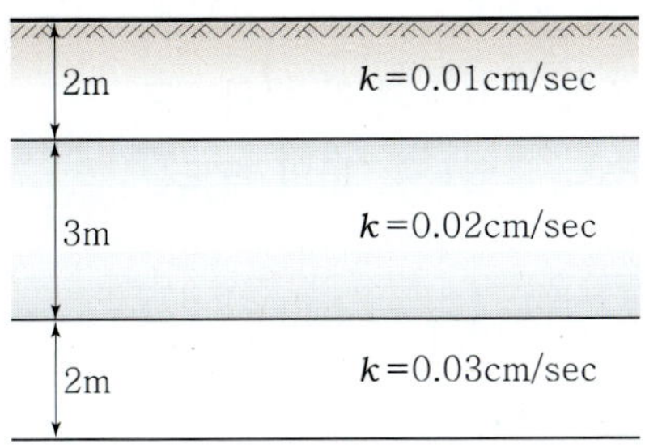

그림 6-11 예제 6.7

풀이

평행한 방향 : 식 (6.30)에서

$$k_H H = k_1 h_1 + k_2 h_2 + k_3 h_3$$

$$k_H \times 7 = 0.01 \times 2 + 0.02 \times 3 + 0.03 \times 2$$

$k_H = 0.02\text{cm/sec}$

직각방향 : 식 (6.36)에서

$$\frac{H}{k_V} = \frac{h_1}{k_1} + \frac{h_2}{k_2} + \frac{h_3}{k_3}$$

$$\frac{7}{k_V} = \frac{2}{0.01} + \frac{3}{0.02} + \frac{2}{0.03}$$

$k_v = 0.017\text{cm/sec}$

6.5 2차원 흐름의 기본이론

흙속의 물의 흐름은 실제로는 3차원적이지만 편의상 2차원적으로 생각할 수 있다. 2차원적인 물의 흐름을 방정식으로 나타내기 위하여 다음과 같은 가정을 한다.

1. 흙은 등방성이고 균질하다.
2. 흙은 포화되어 있다.
3. 흙입자와 물은 비압축성이다.
4. 흙속의 물의 흐름은 Darcy의 법칙에 따른다.

그림 6-12와 같은 2차원 요소에서 요소의 각 방향으로의 길이는 dx, dz이다. 이 요소를 출입하는 물의 속도는 v_x, v_z이다.

단위폭당 단위시간에 이 요소에 들어가는 유량 q_i과 나오는 유량 q_o은 다음 식과 같이 된다.

$$q_i = v_x\, dz + v_z\, dx \tag{6.38}$$

$$q_o = v_x\, dz + \frac{\partial v_x}{\partial x}\, dx\, dz + v_z\, dx + \frac{\partial v_z}{\partial z}\, dz\, dx \tag{6.39}$$

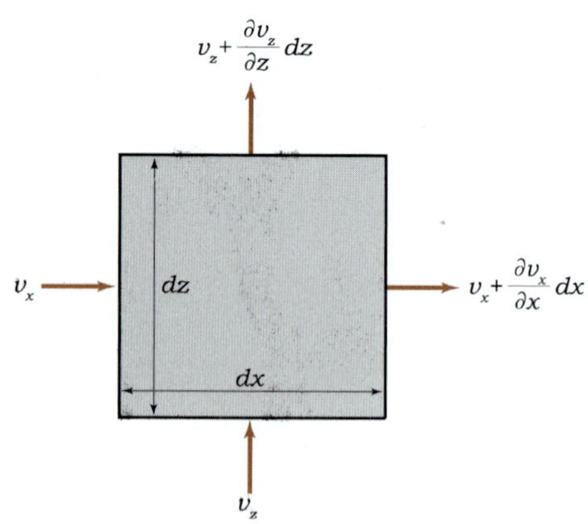

그림 6-12 2차원 요소내 물의 흐름

물이 흐르는 동안 흙은 압축되지 않아 흙의 부피변화가 없으므로 유입유량과 유출유량은 같아서 다음 식과 같이 된다.

$$v_x\,dz + v_z\,dx = v_x\,dz + \frac{\partial v_x}{\partial x}\,dx\,dz + v_z\,dx + \frac{\partial v_z}{\partial z}\,dz\,dx$$

$$\frac{\partial v_x}{\partial x} + \frac{\partial v_z}{\partial z} = 0 \tag{6.40}$$

이 흐름은 Darcy의 법칙에 따르므로

$$v_x = -k_x\frac{\partial h}{\partial x},\quad v_z = -k_z\frac{\partial h}{\partial z}$$

여기서, (−)는 물이 흘러가면서 전수두 h가 감소함을 의미하며, 이 식을 식 (6.40)에 대입하면 다음 식과 같이 된다.

$$k_x\frac{\partial^2 h}{\partial x^2} + k_z\frac{\partial^2 h}{\partial z^2} = 0 \tag{6.41}$$

$k_x = k_z$인 등방성인 경우에는 다음 식과 같은 Laplace 방정식이 성립된다.

$$\frac{\partial^2 h}{\partial x^2} + \frac{\partial^2 h}{\partial z^2} = 0 \tag{6.42}$$

이 식은 흙속 물의 2차원 흐름을 나타내는 미분방정식으로, x방향 동수경사의 변화와 z방향 동수경사의 변화의 합이 0이라는 것을 의미한다.

Laplace방정식을 만족시키는 함수는 두 개 즉 유선함수와 등수두선함수가 있으며, 이들은 서로 직각으로 교차한다.

6.6 유선망

6.6.1 유선망

흙속의 물은 전수두가 큰 곳에서 작은 곳으로 흐른다. 흙속에서 물입자가 움직이는 경로를 유선(flow line)이라고 하며, 유선을 따라 흐르는 물의 전수두는 물과 흙입자 사이에 생기는 점성저항 때문에 점차 감소한다.

여러 유선에서 전수두가 같은 점을 연결한 선을 등수두선(equipotential line)이라고 한다. 하나의 등수두선을 따라 가는 관(piezometer)을 세우면 모두 같은 높이까지 물이 올라간다.

유선과 등수두선의 조합을 유선망(floe net)이라고 한다. 유선망은 시행착오법으로 그리며, 유선은 실선으로 그리고 등수두선은 파선이나 점선으로 그린다. 또한 유선과 등수두선은 직각으로 교차해야 하며, 유선망의 한 요소가 대략 정사각형에 가깝도록 그린다.

유선망을 그리려면 먼저 경계조건을 생각해야 한다. 그림 6-13은 등방성 투수층에 널말뚝을 설치한 경우의 유선망의 예이고, 그림 6-14는 콘크리트댐 아래 투수층의 유선망의 예로서, 이 경우의 경계조건은 다음과 같다.

1. AB는 전수두가 동일하므로 등수두선이다.
2. EF는 전수두가 동일하므로 등수두선이다.
3. 널말뚝이나 콘크리트댐을 따라 흐르는 BCDE는 유선이다.
4. 불투수층을 따라 흐르는 GH는 유선이다.

그림 6-13과 그림 6-14에서 유선망을 그리는 방법은 다음과 같다.

1. 수리구조물(널말뚝, 콘크리트댐) 상류의 전수두가 하류보다 h만큼 크기 때문에 물은 상류측 투수층으로 들어와 수리구조물을 돌아서 하류측으로 흘러나오므로, 그에 따른 유선을 생각한다.
2. 수리구조물(BCDE)과 불투수층(GH)을 따라 유선을 실선으로 그린다.
3. 그 사이에 적절한 간격으로 여러 개의 유선을 그린다. 수리구조물에서 멀어질수록 유선의 간격은 커진다.
4. 상류측 등수두선(AB)과 하류측 등수두선(GH) 사이에 적절한 간격으로 여러 개의 등수두선을 파선이나 점선으로 그린다. 등수두선은 유선과 직각으로 교차하면서 정사각형에 가깝도록 그려야 한다.

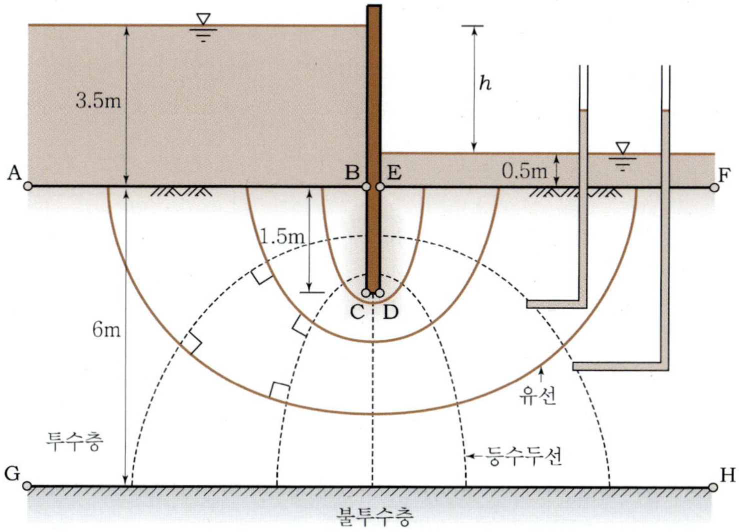

그림 6-13 널말뚝 주위의 유선망

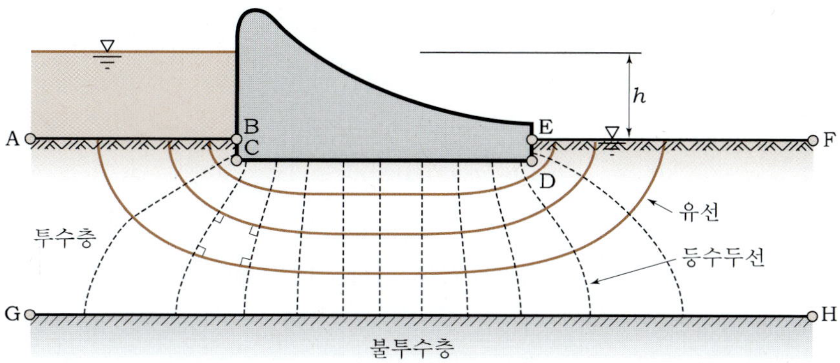

그림 6-14 콘크리트댐 주위의 유선망

5. 직각 교차나 정사각형이 안되면 유선과 등수두선을 다시 그리는 과정을 반복한다.
6. 유선의 간격을 좁게 그리면 등수두선의 간격도 좁게 그려야 정사각형 모양이 된다. 마찬가지로 유선의 간격을 넓게 하면 등수두선의 간격도 넓게 그려야 한다.
7. 물이 흐르는 방향이 급격히 바뀌는 부분에서는 유선망이 정사각형을 이루지 않고 삼각형이나 오각형 모양이 되기도 한다.

6.6.2 유선망을 이용한 침투수량의 계산

투수층의 유선망을 그리면 투수층을 흐르는 물의 유량 즉 침투수량을 구할 수 있으며, 투수층내의 간극수압, 동수경사, 침투압 등도 편리하게 구할 수 있다.

인접한 유선 사이의 띠모양의 부분을 유로(flow channel)라고 한다. 수리구조물 아래 투수층의 침투수량을 계산하기 위하여 그림 6-15와 같은 유로와 등수두선을 생각하자.

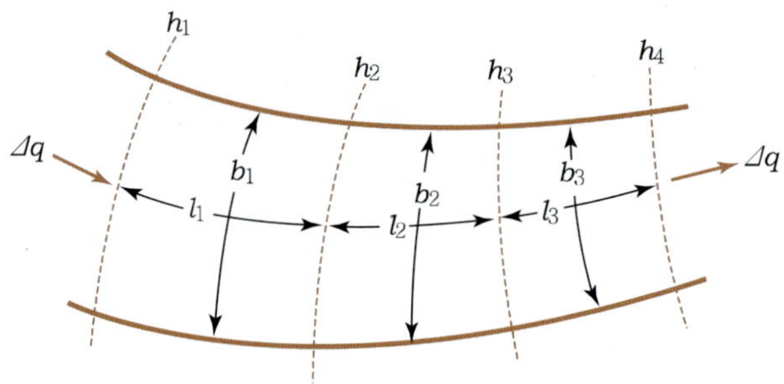

그림 6-15 유로와 등수두선

수리구조물의 단위폭당 유로를 통과하는 유량을 Δq라고 하면, Darcy의 법칙에 따라 다음 식과 같이 된다.

$$\Delta q = k\,i\,A = k\frac{h_1 - h_2}{l_1}(b_1 \times 1) = k\frac{h_2 - h_3}{l_2}(b_2 \times 1) \tag{6.43}$$

흐름의 요소가 정사각형이므로 $l_1 = b_1$, $l_2 = b_2$ 이다. 또 인접한 두 등수두선 사이의 수두손실은 같으므로 다음 식과 같이 된다.

$$h_1 - h_2 = h_2 - h_3 = h_3 - h_4 = \ldots = \Delta h = \frac{h}{N_d} \tag{6.44}$$

여기서, $\Delta h =$ 인접한 두 등수두선 사이의 수두손실
$h =$ 상류와 하류 사이의 전수두차
$N_d =$ 등수두선 간격의 개수

식 (6.43)과 식 (6.44)를 정리하면 다음 식과 같이 된다.

$$\Delta q = k\,\Delta h = k\frac{h}{N_d} \tag{6.45}$$

각 유로의 침투수량은 동일하므로, 유선망에 N_f개의 유로가 있다면 구조물의 단위폭당 전체 침투수량은 다음 식과 같이 된다.

$$q = N_f \, \Delta q = kh \frac{N_f}{N_d} \tag{6.46}$$

예제 6.8

그림 6-16과 같은 유선망을 보고 다음에 답하라. 투수층의 투수계수 $k = 0.05\text{cm/sec}$.

(1) 점 A, B, C, D에 꽂은 피에조미터의 수위를 구하라.
(2) 유로Ⅱ를 흐르는 단위폭당 침투수량을 구하라.
(3) 투수층을 흐르는 단위폭당 전체 침투수량을 구하라.

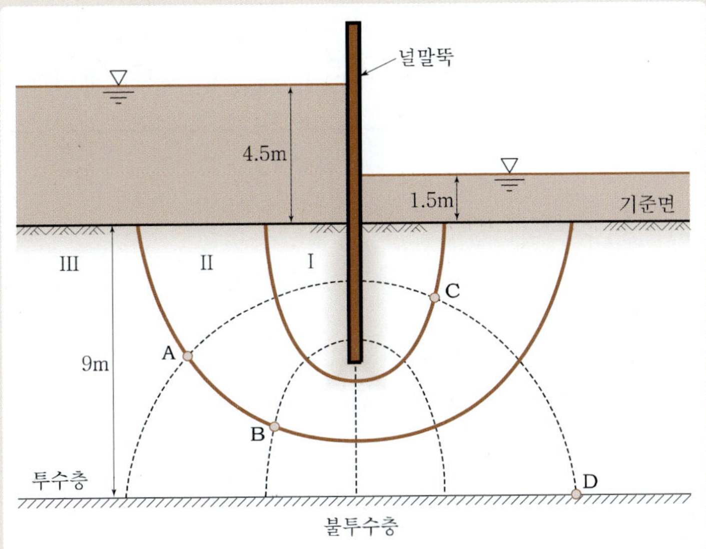

그림 6-16 예제 6.8

풀이

(1) 상하류면의 전수두차 $h = 3\text{m}$, 등수두선 간격의 개수 $N_d = 6$

등수두선 1구간당 수두손실 $\Delta h = h/N_d = 3/6 = 0.5\text{m}$

A점 : $4.5 - 0.5 \times 1 = 4\text{m}$　　B점 : $4.5 - 0.5 \times 2 = 3.5\text{m}$

C점 : $4.5 - 0.5 \times 5 = 2\text{m}$　　D점 : $4.5 - 0.5 \times 5 = 2\text{m}$

(2) $\Delta q = k\dfrac{h}{N_d} = 0.05\,\text{cm/sec} \times \dfrac{300\,\text{cm}}{6} = 2.5\ \text{cm}^2/\text{sec} = 2.5\ \text{cm}^3/\text{sec/cm}$

(3) $q = kh\dfrac{N_f}{N_d} = 0.05\,\text{cm/sec} \times 300\,\text{cm} \times \dfrac{3}{6} = 7.5\ \text{cm}^2/\text{sec} = 7.5\ \text{cm}^3/\text{sec/cm}$

예제 6.9

그림 6-17과 같은 유선망을 보고 다음에 답하라. 투수층의 투수계수 $k =$ 0.01mm/sec.

(1) 점 A, B, C에서의 피에조미터 수위를 각각 구하라.
(2) 댐의 단위폭당 1일 동안의 침투수량을 구하라.

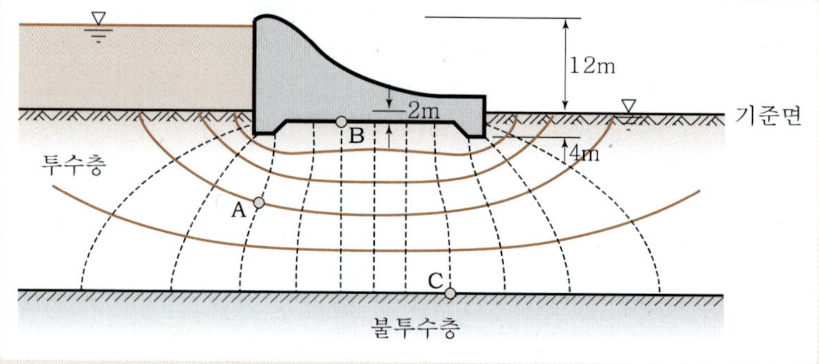

그림 6-17 예제 6.9

풀이

(1) 상하류면의 전수두차 $h = 12\text{m}$, 등수두선 간격의 개수 $N_d = 12$

등수두선 1구간당 수두손실 $\Delta h = h/N_d = 12/12 = 1\,\text{m}$

A점 : $12 - 1 \times 3 = 9\,\text{m}$　　　B점 : $12 - 1 \times 5 = 7\,\text{m}$

C점 : $12 - 1 \times 8 = 4\,\text{m}$

(2) 유로의 개수 $N_f = 5$, 등수두선 간격의 개수 $N_d = 12$이므로

$$q = kh\frac{N_f}{N_d} = \frac{0.01}{10}\,\text{cm/sec} \times 1200\,\text{cm} \times \frac{5}{12} = 0.5\text{cm}^3/\text{sec/cm} = 4.32\text{m}^3/\text{day/m}$$

6.6.3 유선망을 이용한 간극수압 및 동수경사의 계산

유선망을 이용하여 수리구조물 아래에서의 간극수압(양압력), 동수경사 및 침투압을 계산할 수도 있다.

예를 들어 그림 6-17과 같은 댐의 B점에서 전수두는 7m이고, 위치수두는 -2m이므로, 압력수두는 전수두에서 위치수두를 뺀 값이므로 7-(-2) = 9m가 된다. 따라서 간극수압은 $u = 9.8\text{kN/m}^3 \times 9\text{m} = 88.2\text{kN/m}^2$가 되며, 이것이 댐을 위로 밀어 올리는 양압력이 된다.

등수두선 1구간마다 손실수두는 같은 값이며, 이를 등수두선의 간격의 길이로 나눈 값이 동수경사이다. 따라서, 등수두선의 간격이 좁을수록 또는 유선망이 촘촘할수록 동수경사가 커진다.

침투압은 동수경사에 물의 단위중량을 곱하여 구할 수 있다.

예제 6.10

그림 6-17의 댐을 확대한 그림 6-18에서 점 D, E, F, G, H, I에서의 간극수압(양압력)을 구하라. 또 DE구간과 GH구간에서의 동수경사를 구하라.

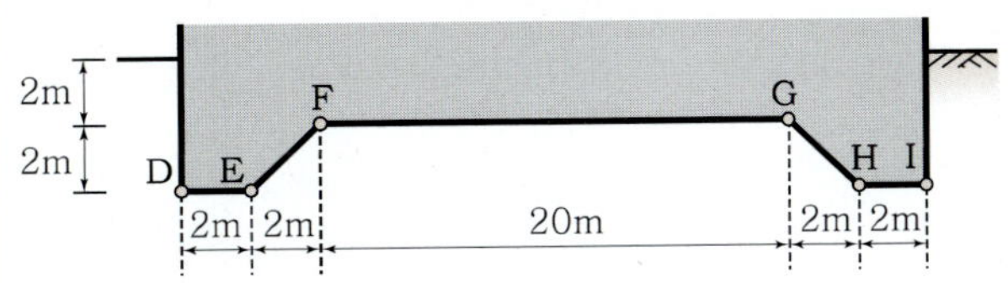

그림 6-18 예제 6.10의 풀이

풀이

(1) 압력수두 = 전수두 − 위치수두, 간극수압 = 물의 단위중량 × 압력수두 = 9.8kN/m^3 × 압력수두

점	전수두(m)	위치수두(m)	압력수두(m)	간극수압 ($\text{kN/m}^2 = \text{kPa}$)
D	12−2 = 10	−4	10−(−4) = 14	137.2
E	12−3 = 9	−4	9−(−4) = 13	127.4
F	12−3.5 = 8.5	−2	8.5−(−2) = 10.5	102.9
G	12−8.5 = 3.5	−2	3.5−(−2) = 5.5	53.9
H	12−9 = 3	−4	3−(−4) = 7	68.6
I	12−10 = 2	−4	2−(−4) = 6	58.8

(2) DE구간의 동수경사 $i = \dfrac{\Delta h}{L} = \dfrac{1\text{m}}{2\text{m}} = 0.5$

GH구간의 동수경사 $i = \dfrac{\Delta h}{L} = \dfrac{0.5\text{m}}{2\sqrt{2}\,\text{m}} = \dfrac{0.5\text{m}}{2.83\text{m}} = 0.18$

6.7 비등방성 및 비균질 지반의 유선망

자연적으로 퇴적된 지층에서는 수평방향의 투수계수가 연직방향의 투수계수보다 큰 경우가 많이 있다. 이와 같이 한 위치에서 방향에 따라 흙의 특성이 다른 것을 비등방성(anisotropy) 또는 이방성이라 한다. 또 서로 다른 두 위치에서의 흙의 특성이 다른 것을 비균질(nonhomogeneous)이라고 한다.

6.7.1 비등방성 지반에서의 유선망

앞 절에서 유선망을 그릴 때 지반을 투수계수에 관한 등방성으로 가정하였으나, 비등방성인 지반에 대해서도 유선망을 그릴 수 있다. 비등방성인 지반에 대한 2차원 흐름을 생각할 때, 6.5절에서 다음과 같은 식이 성립한다.

$$k_x \frac{\partial^2 h}{\partial x^2} + k_z \frac{\partial^2 h}{\partial z^2} = 0 \tag{6.47}$$

이 식의 양변을 k_z로 나누면 다음 식과 같이 된다.

$$\frac{\partial^2 h}{(k_z/k_x)\partial x^2} + \frac{\partial^2 h}{\partial z^2} = 0$$

$x_t = \sqrt{\dfrac{k_z}{k_x}}\, x$로 놓으면 다음 식과 같이 된다.

$$\frac{\partial^2 h}{\partial x_t^2} + \frac{\partial^2 h}{\partial z^2} = 0 \tag{6.48}$$

식 (6.48)은 식 (6.42)와 같은 Laplace 방정식 형태이다.
비등방성 지반에서 유선망을 그리는 순서는 다음과 같다(그림 6-19).

1. x방향의 크기를 $\sqrt{\dfrac{k_z}{k_x}}$로 축소시켜 구조물 및 지반의 단면을 그린다.

2. 축소시킨 단면에 대한 유선망을 등방성 지반에서와 같은 방법으로 그린다(그림 6-19(b)). 이때 유선과 등수두선은 직교하며 정사각형을 이룬다.

3. 2단계에서 그린 유선망의 x방향 크기에 $\sqrt{\dfrac{k_x}{k_z}}$를 곱하여 원래대로 확대한다(그림 6-19(c)). 이때 유선과 등수두선은 직교하지 않으며, 직사각형 모양을 나타낸다.

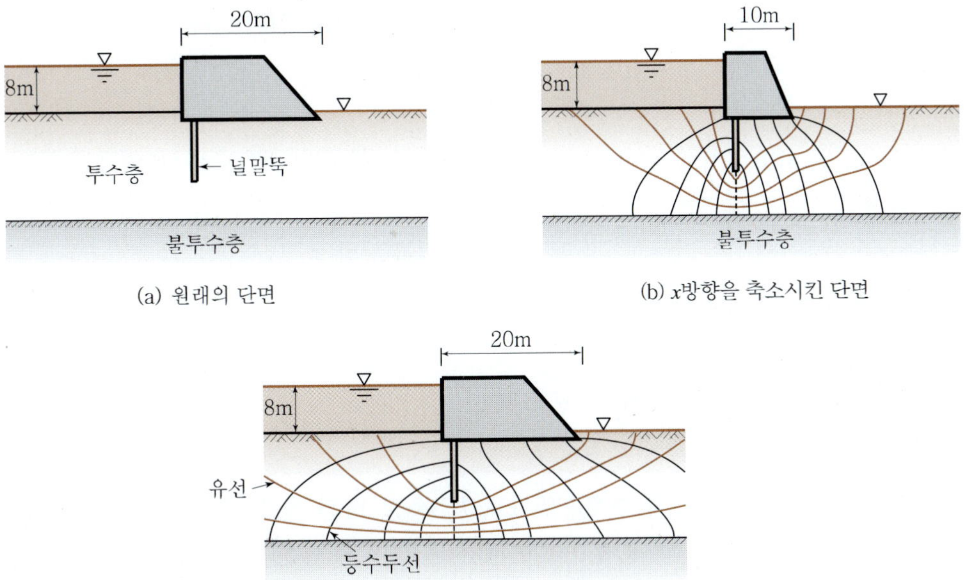

(a) 원래의 단면

(b) x방향을 축소시킨 단면

(c) 원래대로 확대한 단면

그림 6-19 비등방성 지반의 유선망

축소단면에서의 등가투수계수를 k'라고 하면, 그림 6-20의 축소단면과 원단면에서 x방향의 유량은 같은 값이므로 다음 식과 같이 된다.

$$q = k'\frac{\Delta h}{l}l = k_x \frac{\Delta h}{l\sqrt{\dfrac{k_x}{k_z}}} \cdot l$$

$$k' = k_x \frac{1}{\sqrt{\dfrac{k_x}{k_z}}} = \sqrt{k_x\, k_z} \tag{6.49}$$

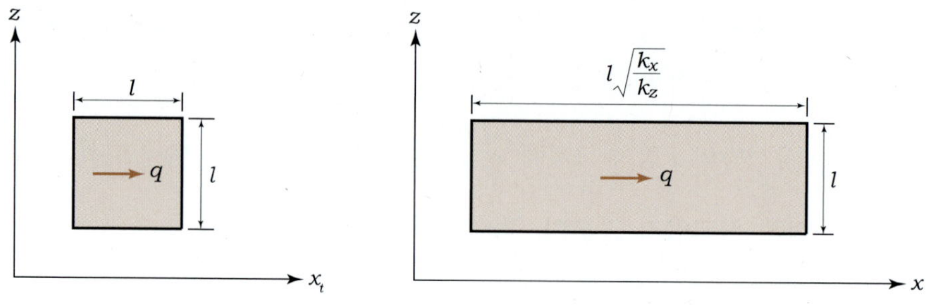

그림 6-20 축소단면과 원단면

따라서, 비등방성 지반에서의 침투수량을 구하는 공식은 다음 식과 같이 된다.

$$q = k' h \frac{N_f}{N_d} = \sqrt{k_x k_z}\, h \frac{N_f}{N_d} \tag{6.50}$$

여기서, $k' =$ 등가투수계수 $= \sqrt{k_x k_z}$

이 식을 식 (6.46)과 비교하면, 투수계수 k가 $\sqrt{k_x k_z}$로 바뀐 것을 제외하면 두 식은 같은 꼴이다.

예제 6.11

그림 6-19와 같은 댐 아래 투수층의 연직 및 수평방향의 투수계수는 각각 0.01cm/sec, 0.04ccm/sec이다. 유선망을 그리고 댐의 침투수량을 구하라. 상하류면의 수위차는 8m이다.

풀이

축소비율 $= \sqrt{\dfrac{k_z}{k_x}} = \sqrt{\dfrac{0.01}{0.04}} = \dfrac{1}{2}$

수평방향을 1/2로 축소시킨 댐의 단면을 그리고, 등방성 지반에서의 방법으로 유선망을 그리면 그림 6-19(b)와 같이 된다. 그림에서 $N_f = 5$, $N_d = 12$이므로

$$q = \sqrt{k_x k_z}\, h \frac{N_f}{N_d} = \sqrt{0.04\text{cm/sec} \times 0.01\text{cm/sec}} \times 800\text{cm} \times \frac{5}{12}$$

$$= 6.67\,\text{cm}^3/\text{sec/cm} = 57.6\,\text{m}^3/\text{day/m}$$

6.7.2 비균질 지반에서의 유선망

6.6.1에서 설명한 유선망의 작도법은 균질한 지반에 대한 것이다. 자연지반이 균질한 경우는 그리 흔하지 않으며 다층지반인 경우가 많다.

그림 6-21은 유로가 두 지반의 경계면과 직각으로 만나는 경우이다. 흙 1과 흙 2의 투수계수는 각각 k_1과 k_2이다. 파선은 유선에 직교하는 등수두선이다. Δh는 인접한 두 등수두선 사이의 수두차이다.

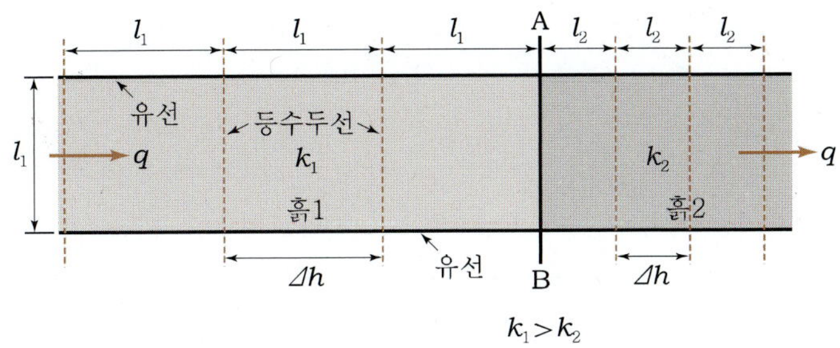

그림 6-21 지반의 경계면과 직각으로 만나는 흐름의 유선망

두 유선사이의 침투수량은 항상 같으므로 다음과 같이 된다.

$$q = k_1 \frac{\Delta h}{l_1} l_1 = k_2 \frac{\Delta h}{l_2} l_1$$

$$\frac{k_1}{k_2} = \frac{l_1}{l_2} \tag{6.51}$$

여기서, l_1, l_2는 각각 흙 1, 2에서 흐름 요소의 길이이다.

식 (6.51)에서, 투수계수가 다른 지층을 물이 통과하면 처음에는 정사각형이던 유선망이 직사각형으로 변하며, 직사각형의 양변의 비는 투수계수의 비와 같다는 것을 알 수 있다.

6.8 흙댐의 침투

6.8.1 흙댐의 유선망

그림 6-22와 같이 불투수층 위에 있는 흙댐에서 침투가 일어나는 경우의 경계조건은 다음과 같다.

1. 상류측 경계면 AB는 등수두선이다.
2. CD는 등수두선이다.
3. BD는 유선이다.
4. AC는 최상단의 유선으로 침윤선(phreatic line)이라고도 한다.

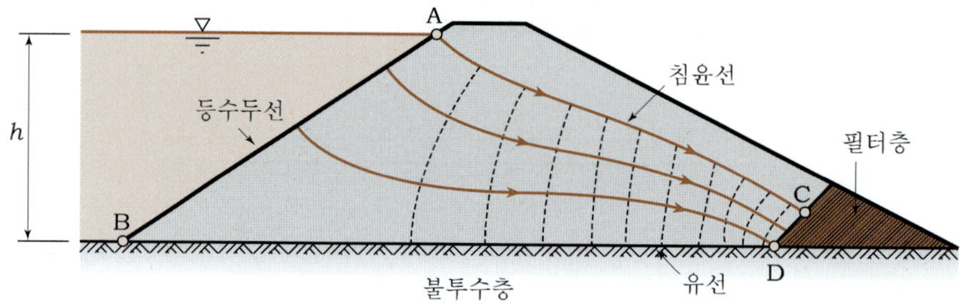

그림 6-22 흙댐의 유선망

전수두는 위치수두와 압력수두의 합이나, 침윤선 위에는 물이 없으므로 간극수압 또는 압력수두가 0이어서 침윤선에서의 전수두는 위치수두와 같다. 따라서 침윤선과 교차하는 인접한 등수두선 사이의 수두차는 그들 사이의 연직거리와 같다

유선과 등수두선의 성질을 이용하여 유선망을 적절하게 그릴 수 있다. 유선망을 그리기 위해서는 먼저 최상단의 침투유선인 침윤선을 먼저 구해야 한다. 그림 6-23은 흙댐에서의 침윤선의 예를 나타낸 것이다.

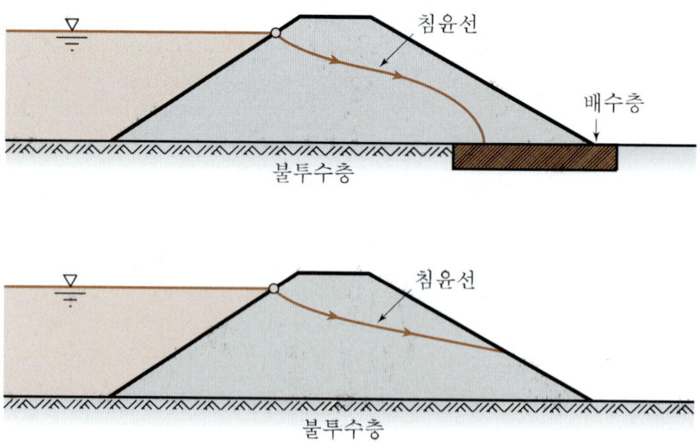

그림 6-23 흙댐의 침윤선

6.8.2 침윤선의 결정

(1) 수평배수층이 있는 경우

그림 6-24와 같이 수평배수층이 있는 흙댐의 침윤선을 결정하는 방법은 다음과 같다.

1. SG = 0.3SH가 되도록 포물선의 시작점 G점을 정한다.
2. 수평배수층의 끝점인 F점을 초점으로 하고 O점과 G점을 지나가는 포물선을 그린다.
3. 침윤선은 최상단의 유선이므로 S점에서 시작하며, 등수두선 SA와 직각으로 교차하여 포물선과 만나도록 SL과 같이 매끄럽게 선을 그으면 침윤선이 된다.

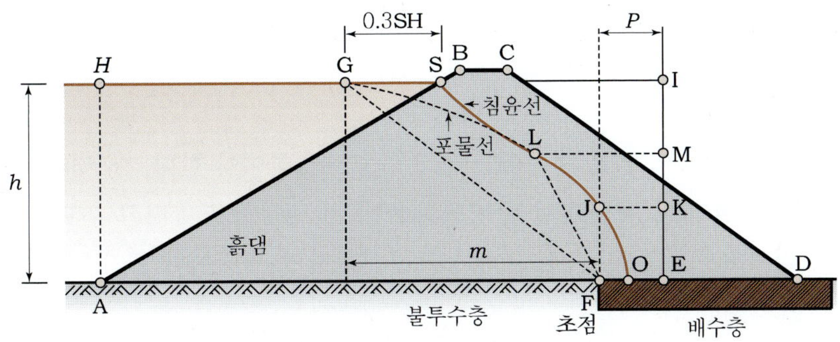

그림 6-24 침윤선 결정법

O점과 G점을 지나가는 포물선을 그리려면 포물선의 성질을 이해하여야 한다. 그림 6-25에서 초점 F에서 기준선까지의 거리를 P라고 하면, 포물선의 정의에서 FD = DC이므로 다음과 같이 된다.

$$\sqrt{x^2 + z^2} = x + P \tag{6.52}$$

$$x = \frac{z^2 - P^2}{2P} \tag{6.53}$$

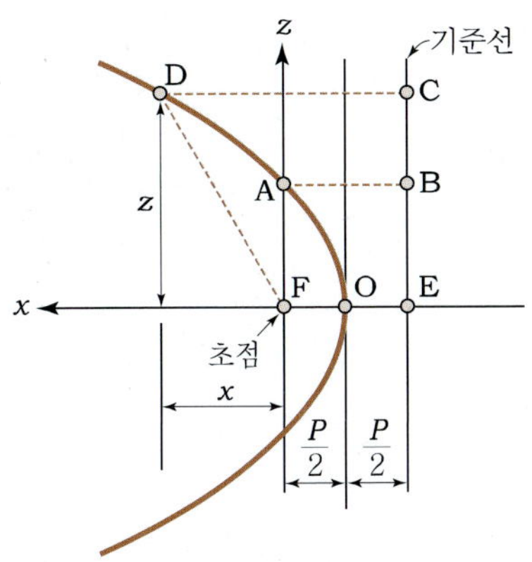

그림 6-25 포물선의 성질

그림 6-24에서 초점 F를 기준으로 한 G점의 수평거리를 m, 연직거리를 h라고 하고 식 (6.52)에 대입하면 초점거리 P는 다음과 같이 된다.

$$P = \sqrt{m^2 + h^2} - m \tag{6.54}$$

또 포물선의 성질로부터 다음과 같이 된다.

$$\mathrm{FO} = \frac{1}{2}P \tag{6.55}$$

이와 같이 하여 기준선이 정해지면 포물선 즉 침윤선을 쉽게 그릴 수 있다.
다른 경계조건을 이용하여 유선망을 그리면 침투수량은 다음 식으로 구할 수 있다.

$$q = k\,h\frac{N_f}{N_d} \tag{6.56}$$

(2) 수평배수층이 없는 경우

그림 6-26과 같이 배수층이 없는 경우에는 침윤선을 수정하여야 한다. 이 경우의 초점 F는 최하단 유선과 유출면의 교차점이며, 유출면이 수평면과 이루는 경사각을 α라고 한다. a는 유출점 R에서 초점 F까지의 거리이고, Δa는 유출점 R에서 포물선까지의 거리이다.

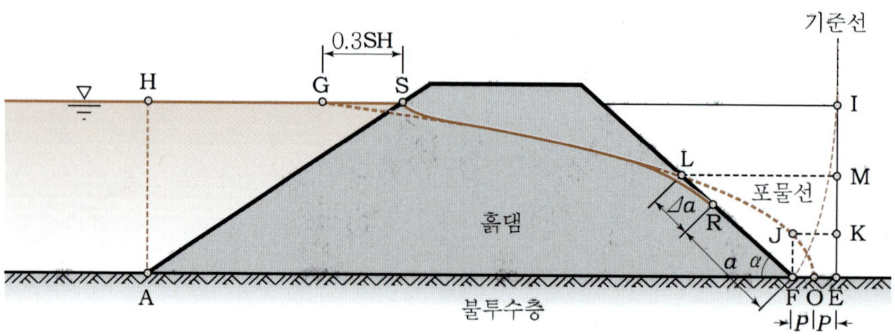

(a) 단면도

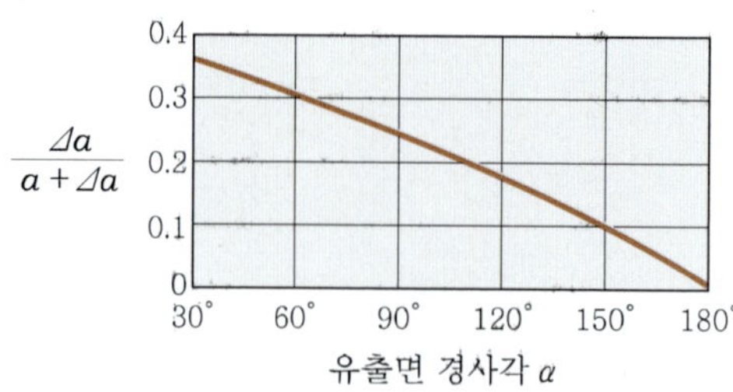

(b) 경사각 α와 $\Delta a/(a+\Delta a)$의 관계

그림 6-26 수평배수층이 없는 경우의 침윤선

경사각 α와 $\Delta a/(a+\Delta a)$ 의 관계를 그림 6-26(b)에서 구하면, 유출점 R의 위치를 구할 수 있다. 유출점과 포물선 사이를 매끄럽게 연결하면 침윤선이 된다. 다른 경계조건을 이용하여 유선망을 완성하고 식 (6.56)으로 침투수량을 구한다.

6.8.3 침투수량의 산정

흙댐의 침투수량은 유선망을 이용하여 구할 수 있지만, 경사각 α가 30°보다 큰 경우에는 다음과 같은 방법으로 침투수량을 구할 수도 있다.

그림 6-24와 같은 포물선 모양의 흙댐에서 Darcy의 법칙을 적용하면 다음과 같이 된다.

$$q = k\,i\,A = k\frac{dz}{dx}A = k\frac{dz}{dx}z \tag{6.57}$$

식 (6.52)에서 다음 식과 같이 된다.

$$z = \sqrt{2Px + P^2} \tag{6.58}$$

$$\frac{dz}{dx} = \frac{P}{\sqrt{2Px + P^2}} \tag{6.59}$$

식 (6.57)에 식(6.58), 식 (6.59)를 대입하면 다음 식과 같이 된다.

$$q = k\frac{P}{\sqrt{2Px + P^2}}\sqrt{2Px + P^2} = k\,P \tag{6.60}$$

식 (6.54)를 식 (6.60)에 대입하면 다음 식과 같이 된다.

$$q = k\,(\sqrt{m^2 + h^2} - m) \tag{6.61}$$

예제 6.12

그림 6-27과 같은 흙댐의 유선망을 그려라. 또 침투수량을 유선망 방법, 식 (6.60), 식 (6.61)을 이용하여 구하라.

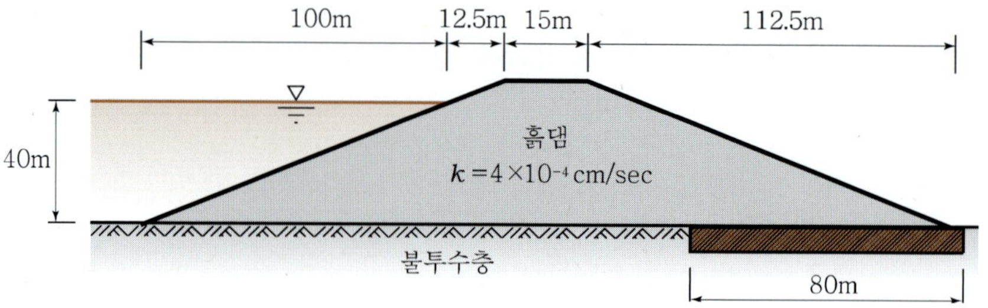

그림 6-27 예제 6.12

풀이

(1) 다음과 같은 순서로 유선망을 그린다(그림 6-28(a)).

① 유선망을 그리기 위하여 GS = 0.3HS = 30m가 되는 G점을 찾는다.

② GF = GI가 되는 I점을 찾아서 기준선을 정한다.

③ 임의의 점 A, B, C, D, F에서 수직선을 그린다.

④ F를 중심으로 하고 거리 EF, EA, EB, EC, ED를 반경으로 하는 원을 그려 ③의 수직선과의 교점 1, 2, 3, 4, 5를 정한다.

⑤ 이들 교점을 연결하여 포물선을 그린다.

⑥ 다른 경계조건을 이용하여 유선망을 그림 6-28(b)와 같이 그린다.

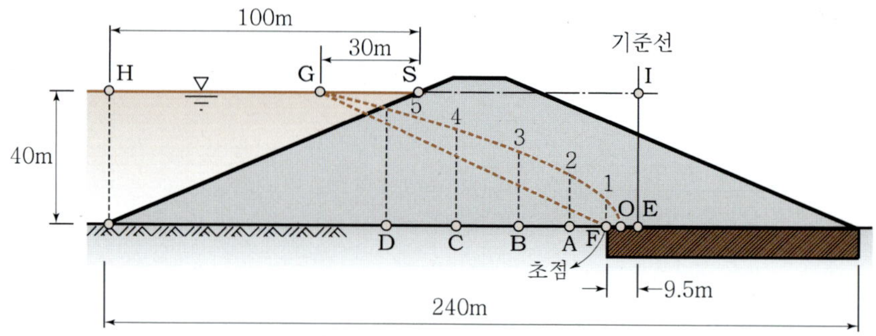

(a)

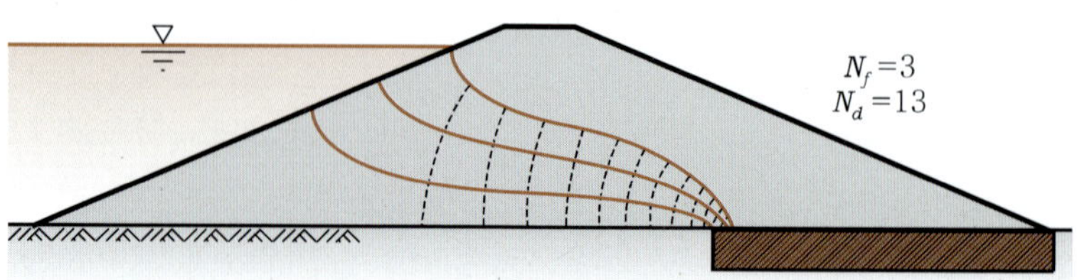

(b)

그림 6-28 예제 6.12 풀이

(2) 침투수량 산정

1. 유선망 이용

그림 6-28(b)의 유선망에서 $N_f = 3, N_d = 13$이므로

$$q = k\,h\,\frac{N_f}{N_d} = 4\times 10^{-4}\text{cm/sec}\times 4000\text{cm}\times\frac{3}{13}$$

$$= 0.369\ \text{cm}^3/\text{sec/cm} = 36.9\ \text{cm}^3/\text{sec/m}$$

2. 식 (6.60) 이용

그림 6-28(a)에서 FE의 거리를 측정하면 초점거리 $P = 9.5\text{m}$

$$q = k\,P = 4\times 10^{-4}\text{cm/sec}\times 950\text{cm} = 0.380\text{cm}^3/\text{sec/cm} = 38\text{cm}^3/\text{sec/m}$$

3. 식 (6.61) 이용

그림 6-28(a)에서 $m = 90\text{m}$, $h = 40\text{m}$

$$q = k(\sqrt{m^2+h^2} - m) = 4\times 10^{-4}\text{cm/s}\times(\sqrt{90^2+40^2} - 90)\times 100\text{cm}$$

$$= 0.339\ \text{cm}^3/\text{sec/cm} = 33.9\ \text{cm}^3/\text{sec/m}$$

6.9 침투와 융기

널말뚝벽 하류에 상향의 침투가 발생할 경우에 분사현상으로 인한 융기(heaving)가 발생할 우려가 있다.

Terzaghi는 널말뚝에 대한 모형시험 결과 융기는 보통 널말뚝으로부터 $\dfrac{D}{2}$ 안에 있는 영역에서 발생한다고 하였다. 여기서, D는 널말뚝이 투수층에 박힌 깊이이다.

그림 6-29와 같은 널말뚝의 하류측에서 융기에 대한 안전율은 다음 식과 같이 나타낼 수 있다.

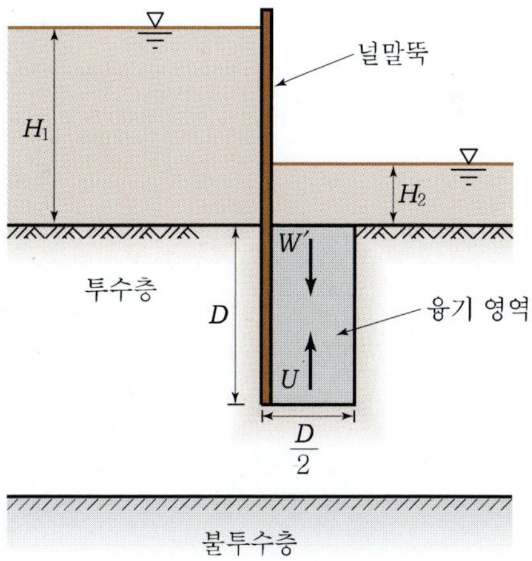

그림 6-29 널말뚝 하류측의 융기 검토

$$FS = \frac{W'}{U} \tag{6.62}$$

여기서, FS = 안전율

W' = 융기 영역내에 있는 흙의 단위폭당 수중중량 $= \gamma' D\,\dfrac{D}{2}$

U = 융기 영역내에 있는 흙에 대한 상향침투력

상향침투력은 단위체적당 침투압에 흙의 체적을 곱하여 구할 수 있다.

$$U = (i_{av}\,\gamma_w) \times (D\,\frac{D}{2}) = \frac{1}{2} i_{av}\,\gamma_w\,D^2 \tag{6.63}$$

여기서, i_{av} = 융기 영역내의 평균동수경사

W'와 U의 값을 식 (6.62)에 대입하면 융기에 대한 안전율은 다음 식과 같이 된다.

$$FS = \frac{\gamma'}{i_{av}\,\gamma_w} = \frac{i_c}{i_{av}} \tag{6.64}$$

여기서, i_c = 한계동수경사

융기에 대한 안전율을 증가시키려면 널말뚝을 깊게 박아서 유선의 길이를 크게 하여 평균동수경사를 감소시켜야 한다.

예제 6.13

그림 6-30과 같은 널말뚝 하류에서의 융기에 대한 안전율을 구하라.

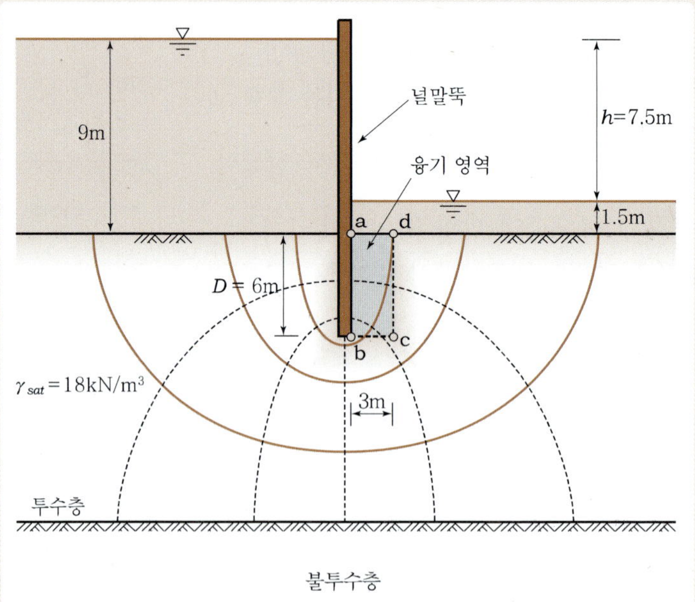

그림 6-30 예제 6.13

풀이

융기 가능 영역의 흙덩어리 abcd의 단면적은 6m×3m이다. 이 영역 내에서의 수두손실은 유선망을 이용하여 다음과 같이 계산한다.

b점에서 a점까지의 수두손실 $=\frac{h}{6}\times 3=\frac{7.5\text{m}}{6}\times 3=3.75\,\text{m}$

c점에서 d점까지의 수두손실 $=\frac{h}{6}\times 1.8=\frac{7.5\text{m}}{6}\times 1.8=2.25\text{m}$

대략적인 평균 수두손실 $\Delta h=\frac{3.75+2.25}{2}=3\text{m}$

평균동수경사 $i_{av}=\frac{\Delta h}{D}=\frac{3\text{m}}{6\text{m}}=0.5$

한계동수경사 $i_c=\frac{\gamma'}{\gamma_w}=\frac{(18-9.8)\text{kN/m}^3}{9.8\text{kN/m}^3}=0.84$

따라서, 융기에 대한 안전율은 다음과 같다.

$FS=\frac{i_c}{i_{av}}=\frac{0.84}{0.5}=1.68$

융기에 대하여 가장 위험한 곳은 동수경사가 가장 큰 곳인 널말뚝에 접한 면 ba이며, 안전율은 다음과 같다.

동수경사 $i=\frac{3.75\text{m}}{6\text{m}}=0.625$

안전율 $FS=\frac{i_c}{i}=\frac{0.84}{0.625}=1.34$

6.10 필터

흙댐과 같이 흙으로 만든 구조물에 물이 흐르면, 침식이 발생하여 구조물에 해로운 영향을 줄 수 있다. 그렇다고 침식을 방지하기 위해 배수를 허용하지 않으면, 흙구조물 안에 간극수압이 발생하여 구조물의 불안정을 초래한다.

흙의 유실을 방지하면서 배수를 촉진하기 위해 설치하는 배수층을 필터(filter)라고 한다. 필터는 흙댐의 심벽(core)의 양쪽, 하류측 경사면 또는 옹벽의 배수구멍 주위에 많이 설치한다.

필터재료의 입도분포는 다음과 같은 여러 조건을 만족시켜야 한다.

1. 간극의 크기(또는 필터재료의 입경)가 충분히 작아서 인접해 있는 흙이 필터를 통해 유실되지

않도록 다음 세 조건을 만족시켜야 한다.

$$\frac{D_{15(f)}}{D_{85(s)}} < 5 \qquad \frac{D_{15(f)}}{D_{15(s)}} < 20 \qquad \frac{D_{50(f)}}{D_{50(s)}} < 25 \tag{6.65}$$

2. 간극의 크기가 충분히 커서 필터로 들어온 물이 빨리 빠져나가 간극수압이 발생하지 않도록 다음 조건을 만족시켜야 한다.

$$\frac{15(f)}{D_{15(s)}} > 4 \tag{6.66}$$

3. 필터재료의 분리가 일어나지 않도록 75mm보다 큰 입자를 포함하지 않아야 하고, 0.075mm보다 작은 입자가 5% 미만이어야 한다.
4. 주변 흙으로부터 몸통에 뚫린 구멍으로 들어온 물을 배수시키는 유공배수관 주변에 사용하는 필터의 경우, 필터재료의 입경이 충분히 커서 배수관의 구멍 안으로 들어가지 않도록 다음 조건을 만족하여야 한다.

$$\text{구멍이 길쭉한 경우 : } \frac{D_{85(f)}}{\text{구멍의 폭}} > 1.2 \sim 1.4 \tag{6.67}$$

$$\text{구멍이 원형인 경우 : } \frac{D_{85(f)}}{\text{구멍의 직경}} > 1.0 \sim 1.2 \tag{6.68}$$

여기서, D_{15}, $D_{50,}$ D_{85}는 통과율 15%, 50%, 85%에 해당하는 입경이고, f 와 s는 각각 필터와 인접한 흙의 재료를 말한다.

연습문제

6.1 예제 6.1에서 수두차가 3m일 때 투수층을 흐르는 물의 동수경사, 유출속도, 침투속도, 단위폭당 유량을 구하라. 투수층의 간극률은 0.4로 가정하라.

6.2 어떤 모래의 간극비가 0.7인 상태에서 투수계수가 0.03cm/sec이었다. 이 모래를 다져서 간극비가 0.4로 감소하였다. 이때 모래의 투수계수를 구하라.

6.3 직경 10cm, 길이 30cm인 모래시료에 대한 정수위 투수시험의 결과가 다음과 같을 때 이 흙의 투수계수를 구하라.

일정한 수두차 = 80cm
물을 받는 시간 = 10분
모은 물의 부피 = 2,500cm^3

6.4 포화된 실트에 대해 변수위 투수시험을 하였다. 시료의 단면적은 15cm^2, 길이는 30cm이다. 단면적 0.5cm^{2}의 스탠드 파이프 안의 수위가 2분 후에 50cm 높이에서 30cm로 내려갔다. 실트의 투수계수를 구하라

6.5 그림 6-5와 같은 불투수층 위에 있는 투수층에 설치한 중력식 우물에서 양수시험을 실시하였다. 정상상태에 도달하였을 때의 관측치가 다음과 같다. 투수층의 투수계수를 구하라.

$$q = 20\text{m}^3/\text{min},\ r_1 = 2\text{m} : h_1 = 4\text{m},\ r_2 = 5\text{m} : h_2 = 8\text{m}$$

6.6 그림 6-6과 같은 4m 두께의 피압대수층에 설치한 피압식 우물에서 양수시험을 실시하였다. 정상상태에 도달하였을 때의 관측치가 다음과 같다. 피압대수층의 투수계수를 구하라.

$$q = 10\text{m}^3/\text{min},\ r_1 = 2\text{m} : h_1 = 3\text{m},\ r_2 = 4\text{m} : h_2 = 5\text{m}$$

6.7 다음과 같은 3층으로 이루어진 등방성 토층에 평행한 방향 및 직각방향의 등가투수계수를 구하라.

층번호	두께(m)	투수계수(cm/sec)
1	3	0.05
2	2	0.10
3	4	0.02

6.8 그림 6-16에서 전수두차가 6m이고, 투수층의 투수계수 $k = 0.15\text{cm/sec}$이다.

(1) 점 A, B, C, D에 꽂은 피에조미터의 수위를 구하라.
(2) 유로Ⅱ를 흐르는 단위폭당 침투수량을 구하라.
(3) 투수층을 흐르는 단위폭당 침투수량을 구하라.

6.9 그림 6-17과 같은 유선망에서 전수두차가 18m일 때 다음에 답하라. 투수층의 투수계수 $k = 0.02\text{mm/sec}$.

(1) 점 A, B, C에서의 피에조미터 수위를 각각 구하라.
(2) 댐의 단위폭당 1일 동안의 침투수량을 구하라.

6.10 문제 6.9의 조건과 같은 경우 그림 6-18에서 점 D, E, F, G, H, I에서의 간극수압을 구하라. 또 DE구간과 GH구간에서의 동수경사를 구하라.

6.11 그림 6-19와 같은 댐 아래 투수층의 연직 및 수평방향의 투수계수는 각각 0.02cm/sec, 0.08cm/sec이다. 유선망을 그리고 댐의 침투수량을 구하라. 상하류면의 수위차는 4m이다.

6.12 그림 6-27과 같은 흙댐의 유선망을 그려라. 또 침투수량을 유선망 방법, 식 (6.60), 식 (6.61)을 이용하여 구하라. 단, 상류측 수위를 50m로 가정하라.

6.13 그림 6-30과 같은 널말뚝 하류에서의 융기에 대한 안전율을 구하라. 단, 상류측 수위 = 10m, 하류측 수위 = 1m, $\gamma_{sat} = 19\text{kN/m}^3$으로 가정하라.

참고문헌

1. 김상규 외 2인 (2012). 토질역학, 청문각.
2. 백영식 (2007). 토질역학, 구미서관.
3. Casagrande, A., (1937). "Seepage through Dams", Contributions to Soil Mechanics, ASCE.
4. Cernica, John N. (1995). Soil Mechanics, John Wiley & Sons, Inc., New York.
5. Das, B M. (1998). Principles of Geotechnical Engineering, PWS, MA..
6. Das, B. M. (1990). Principles of Foundational Engineering, PWS, MA.
7. Hazen, A. (1930). American Engineering Handbook, Wiley, New York.
8. Terzaghi, K., & Peck, R. B. (1967). Soil Mechanics in Engineering Practice, 2nd Ed., John and Wiley & Sons, Inc., New York.
9. U. S. Navy (1971). "Soil Mechanics, Foundation, and Earth Structure", NAVFAC Design Manual DM-7, Washington, D. C.

제7장

흙의 압밀

SOIL MECHANICS
SOIL MECHANICS

제7장 흙의 압밀

7.1 개 설

흙이 하중을 받으면 부피가 감소하며 이를 압축(compression)이라고 하고, 그 결과 지표면에 발생하는 연직변형을 침하(settlement)라고 한다. 흙의 구성 성분인 흙입자와 물은 비압축성이므로, 흙의 압축은 간극속의 물이나 공기가 빠져나가서 부피가 감소하는 것이다.

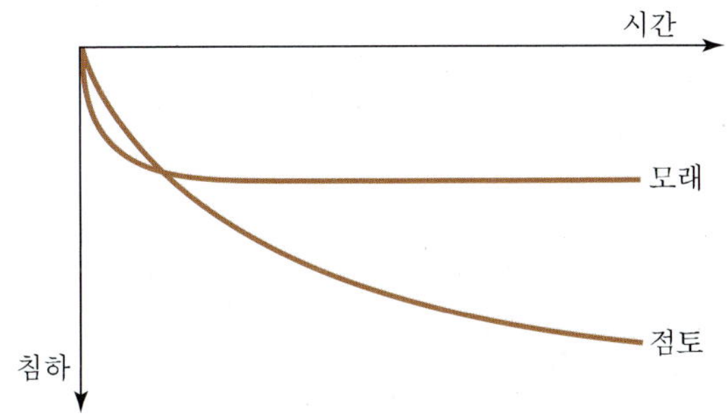

그림 7-1 모래와 점토의 침하

모래에 하중을 가하면, 모래의 간극비가 비교적 작으므로 최종침하량이 작고, 투수계수가 크므로 물이 빨리 빠져나가 침하가 빨리 종료된다. 점토에 하중을 가하면, 점토의 간극비가 비교적 크므로 최종침하량이 크고, 투수계수가 작아서 물이 천천히 빠져나가 침하가 장기간에 걸쳐 발생한다(그림 7-1).

포화점토와 같은 흙에 하중을 가하면 흙속의 간극수압이 증가하며, 이때 증가한 만큼의 간극수압을 과잉간극수압이라고 한다. 과잉간극수압이 소산되면서 물이 서서히 빠져나가 흙이 천천히 압축되는 것을 압밀(consolidation)이라고 한다.

침하는 즉시침하와 압밀침하로 구분할 수 있으며, 압밀침하는 1차 압밀침하와 2차 압밀침하로 구분한다.

즉시침하(immediate settlement)는 탄성침하(elastic settlement)라고도 하며, 지반에 하중을 가한 후 단기간에 발생하는 침하로서 흙입자의 탄성변형이 주원인이다. 흙입자가 크고 투수계수가 큰 조립토(자갈, 모래)에서 발생하는 침하는 주로 탄성침하이며, 탄성론으로 구할 수 있다.

포화된 점토에 하중을 가하면 흙속의 간극수압이 증가하여 과잉간극수압이 발생하고, 이 때문에 수두차가 발생하여 간극수가 서서히 흘러나가 생기는 침하가 1차 압밀침하(primary consolidation settlement)이며, 압밀침하는 주로 이것을 말한다. 1차 압밀침하는 포화된 세립토(실트, 점토)에서 크게 일어나며, 투수계수가 작은 점토에서는 압밀침하가 일어나는 데 상당한 시간이 소요된다.

2차 압밀침하는 간극수가 더 이상 빠져나가지 않게 된 이후에도 하중이 지속적으로 작용할 때 장기간에 걸쳐 발생하는 침하이다. 이것은 흙구조의 소성적 재배열이 주원인이며, 주로 유기질토에서 크게 발생한다.

투수계수가 큰 조립토에서는 재하 직후에 간극수가 빠져나가 압밀침하가 빠르게 진행되므로 즉시침하와 압밀침하가 동시에 일어난다. 조립토의 침하는 점토에 비해 매우 작고 순간적으로 발생하기 때문에 일반적인 구조물에서는 크게 문제가 되지 않는다.

포화된 점토에 하중이 작용하면 약간의 탄성침하는 즉시 일어나지만, 투수계수가 작기 때문에 간극수가 빠져나가는 데 오랜 시간이 소요된다. 따라서 압밀침하는 즉시침하가 발생한 후 오랫동안 계속된다. 점토의 침하는 크고 장기간에 걸쳐 발생하기 때문에 문제가 되는 경우가 많다.

7.2 압밀의 원리

7.2.1 Terzaghi 모델

포화된 점토의 압밀과정은 그림 7-2(a)와 같은 Terzaghi모델로 설명할 수 있다. 이 모델에서 용기의 부피는 흙전체의 부피를 의미하며, 스프링은 흙입자를 의미하고, 물은 간극수를 의미한다.

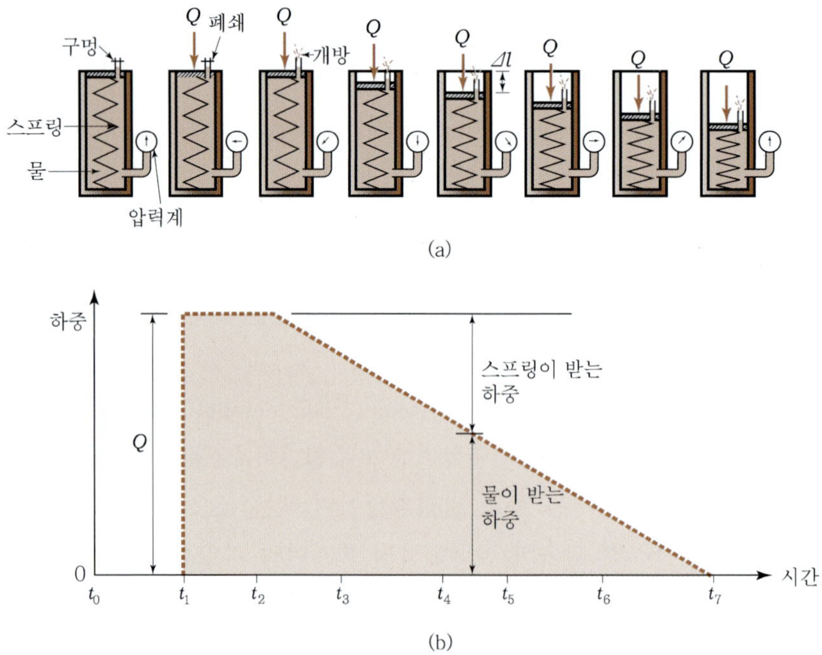

그림 7-2 Terzaghi 모델

용기 상단에 하중 Q를 가하면 모든 하중을 물이 받아서 과잉간극수압이 발생하며, 구멍을 열면 점차로 물이 빠져 나가면서 스프링이 압축된다. 더 많은 물이 빠져 나가고 스프링이 더욱 압축되면서, 물이 받는 하중은 감소하고 스프링이 받는 하중이 증가한다. 최종적으로는 물이 받는 하중 즉 과잉간극수압은 0이 되고, 하중 Q를 모두 스프링이 받게 된다(그림 7-2(b)).

점토지반에 하중을 가하면 처음에는 간극수가 모든 하중을 부담하여 과잉간극수압이 발생한다. 시간이 지나면서 물이 간극으로부터 점차로 빠져 나가면서 간극수가 받는 하중은 감소하고, 그만큼 흙입자가 하중을 부담하게 되어 압축이 일어나기 시작한다. 이러한 압축은 과잉간극수압이 모두 소산될 때까지 즉 물이 부담하는 하중이 0이 될 때까지 지속된다.

7.2.2 Kelvin 모델

포화된 점토의 시간의존적인 변형은 탄성 스프링과 완충기(dashpot)를 병렬로 연결한 Kelvin모형으로도 설명할 수 있다. 여기서 완충기는 포화된 흙속의 물을, 스프링은 흙입자를 나타낸다(그림 7-3).

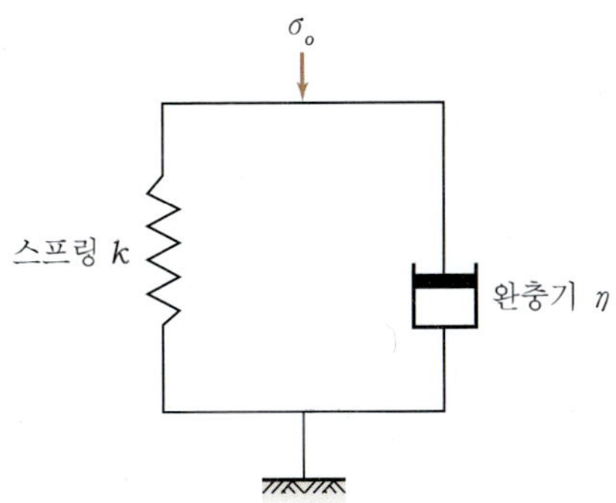

그림 7-3 Kelvin 모델

스프링과 완충기의 응력-변형률 관계는 다음 식으로 나타낼 수 있다.

$$\text{스프링}: \sigma = k\varepsilon \tag{7.1}$$

$$\text{완충기}: \sigma = \eta \frac{d\varepsilon}{dt} \tag{7.2}$$

여기서, $\sigma =$ 응력
$\varepsilon =$ 변형률
$k =$ 스프링 상수
$\eta =$ 완충기 상수
$t =$ 시간

그림 7-3에서 이 모델에 가해진 응력 σ_o에 대한 점탄성 거동은 다음 식과 같이 된다.

$$\sigma_o = k\varepsilon + \eta \frac{d\varepsilon}{dt} \tag{7.3}$$

$t=0$일 때 σ_o가 작용하고 그 후 일정한 값을 유지한다면 임의의 시간 t에서 위 미분방정식을 풀면 다음과 같이 된다.

$$\varepsilon = \frac{\sigma_o}{k}\left(1-e^{-(k/\eta)t}\right)+\varepsilon_o\, e^{-(k/\eta)t} \tag{7.4}$$

여기서, ε_o는 $t=0$일 때의 변형률

$\varepsilon_o = 0$으로 하면 다음과 같이 된다.

$$\varepsilon = \frac{\sigma_o}{k}\left(1-e^{-(k/\eta)t}\right) \tag{7.5}$$

임의 시간 t에서 스프링과 완충기가 분담하는 응력은 다음과 같이 된다.

$$\text{스프링 : } \sigma_s = k\varepsilon = \sigma_o\left(1-e^{-(k/\eta)t}\right) \tag{7.6}$$

$$\text{완충기 : } \sigma_d = \eta\frac{d\varepsilon}{dt} = \sigma_o e^{-(k/\eta)t} \tag{7.7}$$

그림 7-4는 응력 σ_o를 시간에 따라 스프링과 완충기가 분담하는 변화를 보여준다. $t=0$에서 전응력은 완충기가 모두 부담하지만, 시간이 지나면서 완충기가 부담하는 하중은 감소하고 스프링이 부담하는 하중이 증가하여, 궁극적으로는 모든 하중을 스프링이 부담하게 된다.

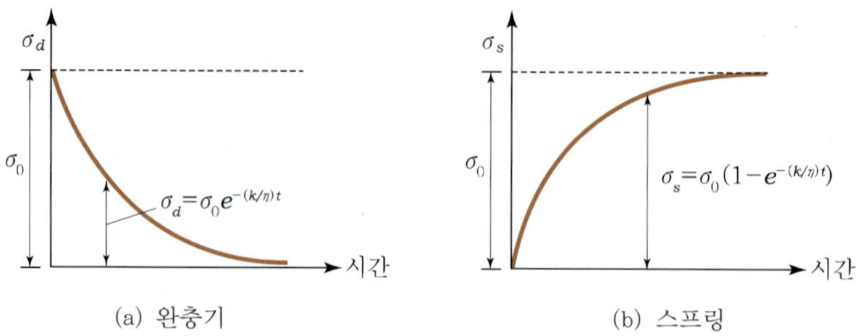

그림 7-4 Keivin 모델의 응력-시간 관계

7.3 압밀시험

7.3.1 압밀시험

점토의 압밀특성을 알기 위한 압밀시험은 그림 7-5와 같은 압밀시험기(oedometer, consolidometer)) 를 사용한다. 직경 6cm, 높이 2cm의 놋쇠로 된 링(ring) 속에 포화된 점토시료를 넣고 상하면에 다공석판(porous stone)을 넣는다. 다공석판은 흙시료에서 흘러나온 물을 연직방향으로 배수시켜 준다.

압축하중은 뚜껑을 통하여 등분포로 작용하며, 압축량은 다이알 게이지(dial gage)를 사용하여 측정한다. 점토시료는 수평방향으로는 변위를 일으키지 못하고 연직방향으로만 변위를 일으킬 수 있는 1차원 압밀상태이다.

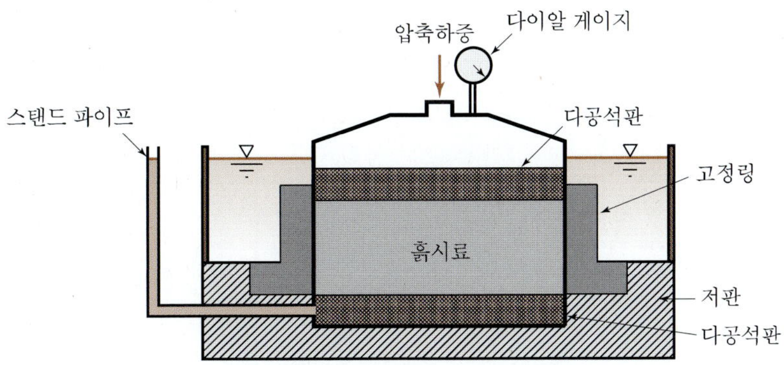

그림 7-5 압밀시험기

압밀시험 방법은 다음과 같다.

1. 흙시료에 압축하중 5kPa(= $5kN/m^2 \fallingdotseq 0.5t/m^2 = 0.05kg/cm^2$)을 24시간 동안 가하고 다이알 게이지로 흙시료의 압축량을 측정한다. 흙시료는 시험기간 동안 계속 물속에 잠기게 해야 한다.
2. 적절한 시간 간격(8, 15, 30초, 1, 2, 4, 8, 15, 30분, 1, 2, 4, 8, 24 시간)으로 압축량을 기록한다.
3. 압밀이 완료되면 이 하중을 2배로 증가시켜 같은 방법으로 시험한다(10, 20, 40, 80, 160, 320, 640kPa).
4. 하중을 제거하면서 흙시료의 팽창량을 측정한다.
5. 시험이 끝나면 흙시료의 건조중량을 측정한다.

7.3.2 간극비-압력 곡선

각 하중 단계에서 시간에 따른 흙시료의 압축량을 반대수용지(semi-log graph)에 그리면, 그림 7-6과 같은 시간-압축량 곡선이 된다. 압축량을 나타내는 세로축은 위쪽이 작은 값이고, 아래쪽이 큰 값이다. 이 곡선은 다음과 같이 세 부분으로 구분할 수 있다.

단계 1 : 상부의 곡선부분. 초기압축으로, 흙시료의 간극에 있던 공기가 빠져나가 발생한다.

단계 2 : 직선부분. 1차압밀에 해당하는 부분으로, 간극수가 빠져나가 과잉간극수압이 소산되면서 발생한다.

단계 3 : 하부의 직선부분. 2차압밀에 해당하는 부분으로, 과잉간극수압이 소산된 후에 흙구조의 소성적 재배열로 인하여 생긴다.

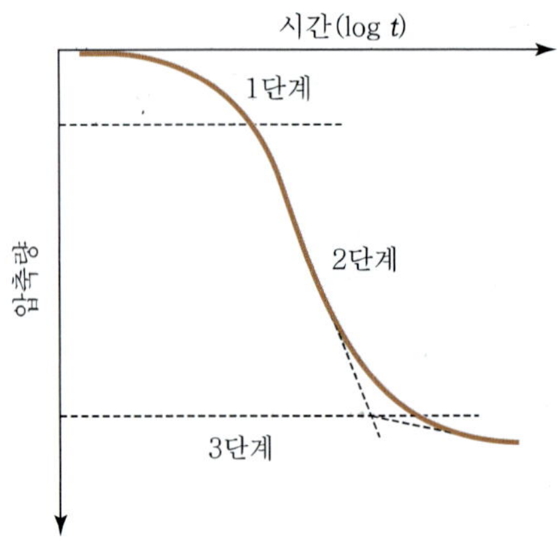

그림 7-6 시간-압축량 곡선

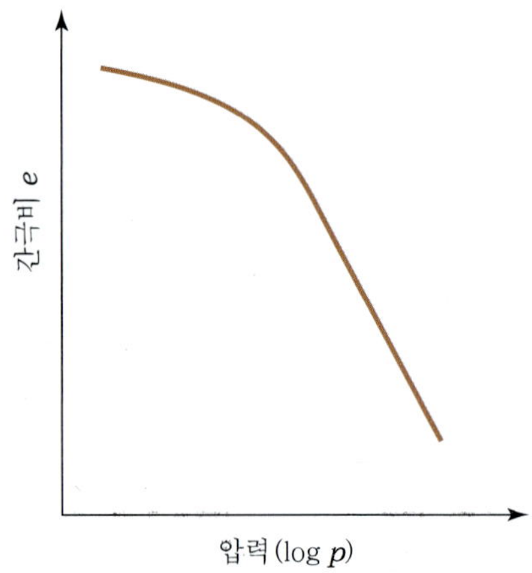

그림 7-7 $e-\log p$ 곡선

각 하중 단계에서 흙시료의 압축량을 알면, 그 하중 단계에서의 간극비를 구할 수 있고, 그 결과를 이용하여 간극비 e와 압력($\log p$) 사이의 관계를 그림으로 나타내면 그림 7-7과 같이 되며, 이 곡선을 압밀곡선이라고 한다.

예제 7.1

다음은 점토시료에 대한 압밀시험 결과이다. 간극비-압력($e-\log p$)곡선을 그려라. 시료의 건조중량 = 128g, 시료의 초기 높이 = 2.54cm, 흙입자의 비중 $G_s = 2.75$, 시료의 단면적 = 30.68cm^2.

압력 p(kPa=kN/m^2)	압밀완료 후 시료의 높이(cm)
0	2.540
5	2.488
10	2.465
20	2.431
40	2.389
80	2.324
160	2.225
320	2.115

풀이

흙입자의 높이 $H_s = \dfrac{V_s}{A} = \dfrac{W_s/\gamma_s}{A} = \dfrac{W_s/(\gamma_w G_s)}{A}$

$$= \frac{128\,\mathrm{g}}{1\,\mathrm{g/cm^3} \times 2.75} \times \frac{1}{30.68\,\mathrm{cm^2}} = 1.52\ \mathrm{cm}$$

압력 p (kPa)	압밀완료 후 시료의 높이 H (cm)	압밀완료 후 간극의 높이 $H_v = H - H_s$ (cm)	간극비 $e = \dfrac{H_v}{H_s}$
0	2.540	1.02	0.671
5	2.488	0.968	0.637
10	2.465	0.945	0.622
20	2.431	0.911	0.599
40	2.389	0.869	0.572
80	2.324	0.804	0.529
160	2.225	0.705	0.464
320	2.115	0.595	0.390

간극비-압력($e - \log p$)의 관계를 반대수용지 위에 표시하면 그림 7-8과 같이 된다.

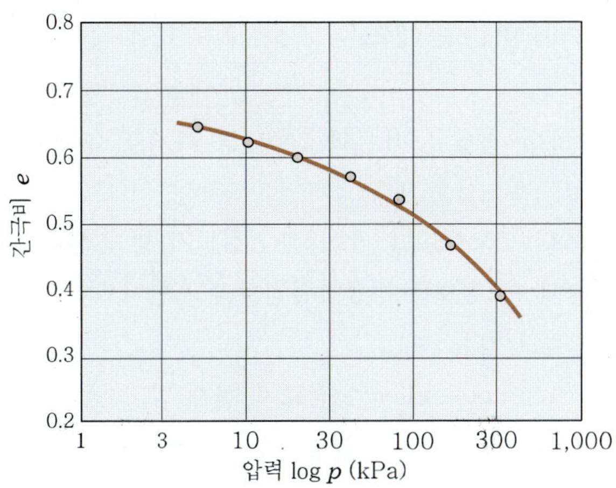

그림 7-8 예제 7.1

7.4 선행압밀압력

7.4.1 선행압밀압력

현장에서 채취한 점토시료는 지층 속에서 압력을 받고 있다가 시료채취 과정에서 압력이 감소한다. 어떤 흙이 과거에 지층 속에서 받았던 최대압력을 선행압밀압력(preconsolidation pressure)이라고 한다.

실험실에서 시료에 압력을 가하면 선행압밀압력(preconsolidation pressure)까지는 간극비의 변화가 작다. 그림 7-7과 같은 전형적인 $e-\log p$ 곡선에서 곡선 윗부분의 완만한 기울기는 이러한 현상을 반영하는 것이다.

시료에 가해지는 압력의 크기가 선행압밀압력 이상으로 커지게 되면 간극비의 변화는 더욱 커지게 된다. $e-\log p$ 곡선의 후반 직선부가 이것을 나타내고 있다.

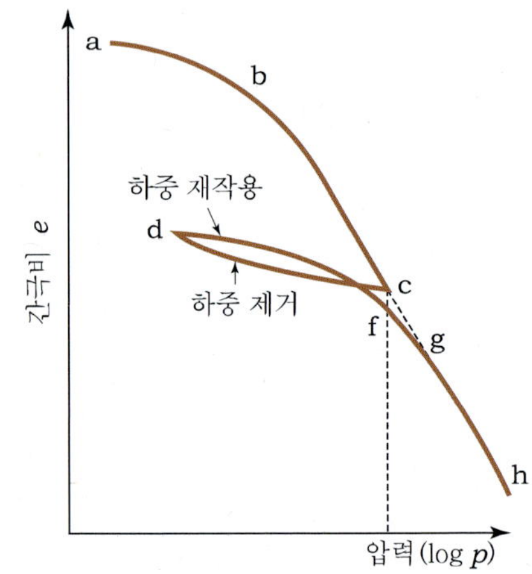

그림 7-9 하중작용-하중제거-하중재작용 시험의 압력-간극비 곡선

압밀실험에서 실시한 하중작용-하중제거-하중재작용 시험 결과인 그림 7-9에서도 이러한 현상을 관찰할 수 있다. 이 그림에서 cd는 하중제거의 과정을, dfgh는 하중재작용의 과정을 보여준다. df는 전에 받은 하중보다 작은 하중에서의 압축이므로 완만한 곡선을 보이고 있다. f점을 넘어서면 간극비의 감소율이 커져 gh의 기울기는 bc와 같게 된다.

7.4.2 정규압밀점토와 과압밀점토

앞 절의 설명에 근거하여 점토를 다음과 같이 두 가지로 구분할 수 있다.

1. 정규압밀점토(normally consolidated clay) : 점토가 현재 받고 있는 유효연직압력이 선행압밀압력보다 크거나 같을 때 이 점토를 정규압밀점토라고 한다. 즉, 현재의 유효연직압력보다 큰 압력을 받아본 적이 없는 점토이다.
2. 과압밀점토(overconsolidated clay) : 점토가 현재 받고 있는 유효연직압력이 선행압밀압력보다 작을 때 이 점토를 과압밀점토라고 한다. 즉, 현재의 유효연직압력보다 큰 압력을 받아본 적이 있는 점토이다.

흙이 현재 받고 있는 유효연직압력 p에 대한 선행압밀압력 p_c의 비를 과압밀비(overconsolidation ratio : OCR)라고 한다.

$$OCR = \frac{\text{선행압밀압력 } p_c}{\text{현재의 유효연직압력 } p} \tag{7.8}$$

$OCR \leq 1$이면 정규압밀상태이고, $OCR > 1$이면 과압밀상태이다. 그림 7-9에서 ab, cd, df 는 과압밀상태의 흙을, bc, fh는 정규압밀상태의 흙을 표시한다. $OCR < 1$인 상태를 과소압밀상태(underconsolidated) 또는 압밀진행상태라고도 하며, 이런 예로, 지질학적으로 또는 인력에 의해 최근에 형성되어 평형상태에 아직 도달하지 못한 지층을 들 수 있다.

자연상태의 흙은 정규압밀 혹은 과압밀되어 있다. 지반이 과압밀되는 원인은 표 7.1과 같다.

표 7.1 과압밀의 원인

전응력의 변화	상재압력의 제거, 빙하작용, 과거의 구조물
간극수압의 변화 (지하수위의 변화에 따른)	피압수압, 우물의 양수, 건조작용, 식생에 의한 건조화
흙의 구조변화	2차압밀
환경의 변화	pH, 온도, 소금농도
풍화작용으로 인한 화학변화	
하중작용 속도의 변화	

7.4.3 선행압밀압력의 결정

Casagrande는 $e - \log p$ 곡선으로부터 선행압밀압력을 구하는 다음과 같은 작도법을 제안하였다(그림 7-10).

1. 육안으로 곡률이 가장 큰 점 P를 찾는다.
2. 수평선 PQ를 그린다.
3. P점에서 접선 PR을 그린다.
4. ∠QPR을 이등분하는 선 PS를 그린다.
5. $e - \log p$ 곡선의 직선부를 연장하여 PS선과 만나는 점 T를 그린다.
6. 점 T에 해당하는 유효압력이 선행압밀압력 p_c이다.

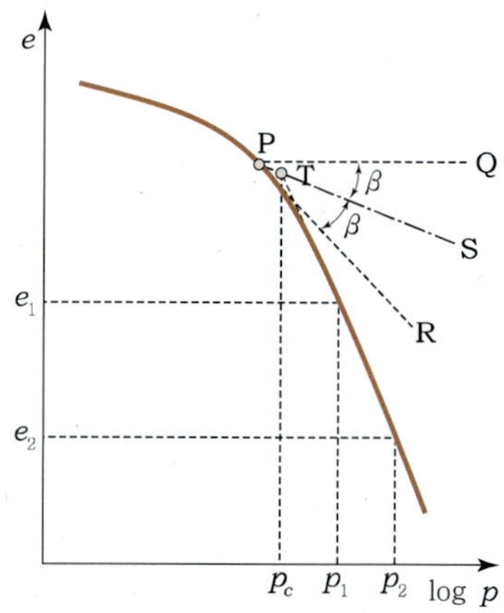

그림 7-10 선행압밀압력 작도법

7.5 압축지수

7.5.1 압축지수

그림 7-10과 같은 $e-\log p$ 곡선에서 후반 직선부의 기울기를 압축지수(compression index) C_c라고 한다.

$$C_c = \frac{e_1 - e_2}{\log p_2 - \log p_1} = \frac{\Delta e}{\Delta \log p} \tag{7.9}$$

압축지수는 압밀시험 결과에서 구하는 것이 원칙이지만, 비교란시료의 채취도 어렵고 압밀시험 시간도 많이 걸리기 때문에, 다음과 같은 간단한 경험식을 이용하여 구하기도 한다.

$$\text{비교란 점토: } C_c = 0.009(LL - 10) \tag{7.10}$$

$$\text{재성형 점토: } C_c = 0.007(LL - 10) \tag{7.11}$$

이 식 이외에도 압축지수를 구하는 다른 여러 가지 경험식도 있다(표 7.2).

표 7.2 압축지수를 구하는 여러 가지 경험식

공 식	적용 범위
$C_c = 0.007(LL-7)$	재성형 점토
$C_c = 0.0046(LL-9)$	브라질 점토
$C_c = 0.01w_N$(w_N = 현장 함수비)	시카고 점토
$C_c = 0.0115w_N$	유기질 흙, 이탄, 유기질 점토
$C_c = 1.15(e_o - 0.35)$	모든 점토
$C_c = 0.156\,e_o + 0.0107$	모든 점토

그림 7-9와 같은 $e-\log p$ 곡선에서 하중 제거시의 반등곡선 cd의 기울기를 팽창지수 C_s라고 하며, 하중 재작용시의 압축곡선 dc의 기울기를 재압축지수 C_r이라고 한다. 팽창지수 C_s는 재압축지수 C_r와 대략 같은 값이며, 압축지수 C_c의 1/5~1/10 정도이다.

예제 7.2

점토시료에 대한 압밀시험 결과가 다음과 같을 때, 이 점토의 압축지수를 구하라.

$p_1 = 40\ \mathrm{kN/m^2}$ $\qquad e_1 = 0.7$

$p_2 = 80\ \mathrm{kN/m^2}$ $\qquad e_2 = 0.6$

풀이

$$C_c = \frac{e_1 - e_2}{\log p_2 - \log p_1} = \frac{0.7 - 0.6}{\log 80 - \log 40} = 0.33$$

7.5.2 시료교란의 영향

현장에서 채취한 시료는 다소 교란되어 있다. 이러한 시료에 대해 압밀시험을 하면 현장의 비교란시료에 대해 구한 결과와 약간 다른 결과를 얻는다. 일반적으로 교란된 시료에 대한 $e-\log p$ 곡선은 비교란시료에 대한 곡선보다 경사가 완만하므로 압축지수도 작은 값을 나타낸다.

정규압밀점토에 대하여 현장상태에서 압밀시험을 하면 그림 7-11의 곡선 1과 같이 된다. 이것을 원시압축곡선 또는 처녀압축곡선(virgin compression curve)이라고 한다. 실험실에서 정규압밀점토의 교란시료에 대하여 압밀시험을 하면 곡선 2와 같이 된다. 시료를 재성형하여 압밀시험을 하면 곡선 3과 같은 형태를 보인다.

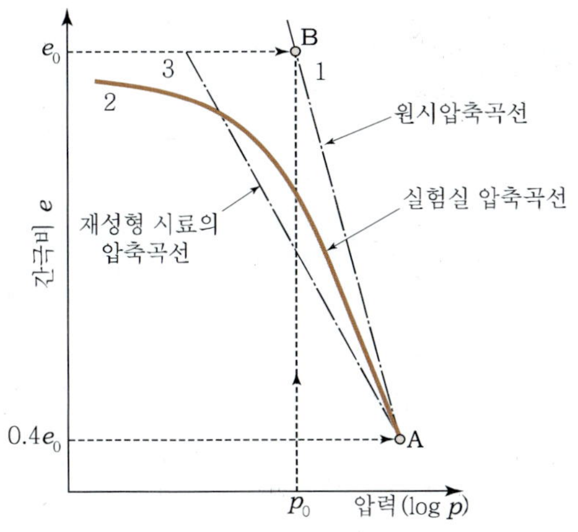

그림 7-11 정규압밀점토의 압밀특성

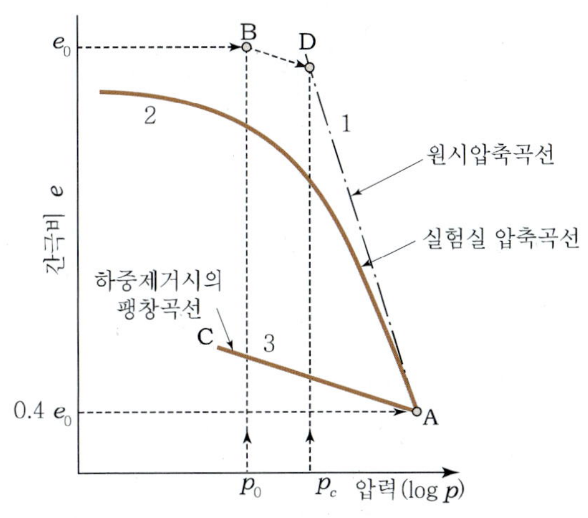

그림 7-12 과압밀점토의 압밀특성

Terzaghi와 Peck에 의하면 원시압축곡선과 실험실 압축곡선은 $0.4e_o$(e_o = 시료의 현장 간극비)에서 만나며 그 점을 점 A라고 한다. 현재의 유효연직압력 p_o와 e_o를 나타내는 점을 B라고 하면, 점 A와 점 B를 연결한 선이 원시압축곡선이 된다.

과압밀점토에 대하여 현장상태에서 압밀시험을 하면 그림 7-12의 곡선 1과 같이 되고, 실험실에서 과압밀점토의 교란시료에 대하여 압밀시험을 하면 곡선 2와 같이 된다. 이 경우에는 점 B에서 팽창곡선 AC와 평행하게 직선을 그어 선행압밀압력 p_c선과 만나는 점 D점과 A점을 연결한 선이 원시압축곡선이 된다.

7.6 압밀침하량의 산정

일반적으로 압밀침하량은 1차 압밀침하량을 의미하며, 이것의 산정 원리는 그림 7-13에서 설명할 수 있다. 전체 두께 H인 점토층의 유효연직압력이 p_o에서 p_1까지 Δp만큼 증가할 때 발생하는 압밀침하량을 ΔH라고 하면 변형률 ε은 다음과 같이 된다.

$$\varepsilon = \frac{\Delta H}{H} \tag{7.12}$$

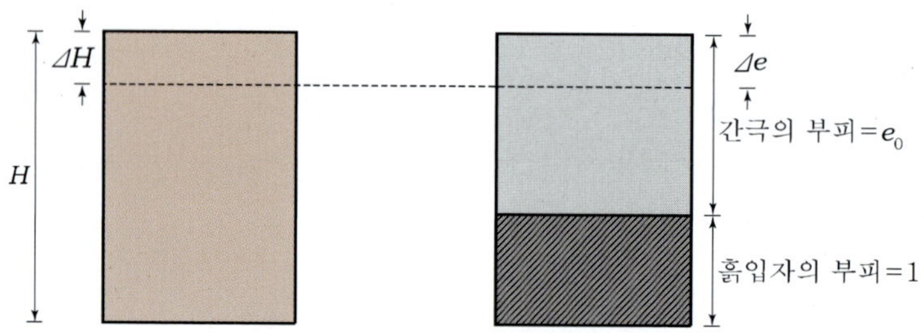

그림 7-13 압밀침하량의 계산

비교란시료가 같은 크기만큼 유효응력이 증가하면 간극비는 Δe만큼 감소하고 변형률은 다음과 같다.

$$\varepsilon = \frac{\Delta e}{1+e_0} \tag{7.13}$$

여기서, e_o는 유효연직압력 p_o에서의 초기 간극비이다. 이 두 식으로부터 압밀침하량 S_c는 다음식과 같이 된다.

$$S_c = \Delta H = \varepsilon H = \frac{\Delta e}{1+e_0} H \tag{7.14}$$

간극비 감소량 Δe는 식 (7.9)를 이용하여 정리하면 다음 식과 같이 된다.

$$\Delta e = C_c \log \frac{p_o + \Delta p}{p_o} \tag{7.15}$$

정규압밀점토의 압밀침하량 S_c는 식 (7.14)에 식 (7.15)를 대입하여 다음 식과 같이 구할 수 있다.

$$S_c = \frac{C_c}{1+e_0} H \log \frac{p_0 + \Delta p}{p_0} \tag{7.16}$$

여기서, C_c = 압축지수

H = 점토층 두께

e_0 = 점토층의 초기 간극비

p_0 = 점토층 중앙의 초기 유효연직압력

Δp = 유효연직압력의 증가량

$p_o + \Delta p$가 선행압밀압력 p_c보다 작은 과압밀점토의 압밀침하량 S_c는, 식 (7.16)의 압축지수 C_c 대신에 팽창지수 C_s를 사용하여, 다음 식과 같이 구한다.

$$S_c = \frac{C_s}{1+e_0} H \log \frac{p_0 + \Delta p}{p_0} \tag{7.17}$$

$p_0 < p_c < p_0 + \Delta p$인 과압밀점토의 압밀침하량 S_c는 유효연직압력 p_o가 선행압밀압력 p_c보다 작은 범위에서는 팽창지수 C_s를 사용하고, 유효연직압력 p_o가 선행압밀압력 p_c보다 큰 범위에서는 압축지수 C_c를 사용하여 다음 식과 같이 구한다.

$$S_c = \frac{C_s}{1+e_0} H \log \frac{p_c}{p_0} + \frac{C_c}{1+e_0} H \log \frac{p_0 + \Delta p}{p_c} \tag{7.18}$$

연직압력의 증가량 Δp의 계산방법은 점토층의 상부, 중앙, 하부에서의 응력증가를 공식이나 도표를 이용하여 계산한 다음에 평균값을 구하여 사용하는 방법과, 압밀층을 몇 개의 층으로 나누어 계산하는 방법 등이 있다.

예제 7.3

그림 7-14와 같은 지층의 지표면에 가해진 $50\mathrm{kN/m^2}$의 압력으로 인한 점토층의 압밀침하량을 구하라. 점토층은 정규압밀점토이다.

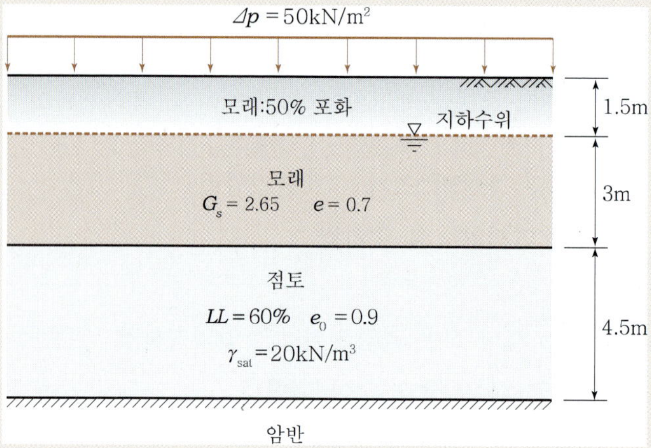

그림 7-14 예제 7.3

풀이

지하수위 위쪽 모래의 전체단위중량

$$\gamma = \frac{G_s + Se}{1+e}\gamma_w = \frac{2.65 + 0.5 \times 0.7}{1+0.7} \times 9.8\,\mathrm{kN/m^3} = 17.29\,\mathrm{kN/m^3}$$

지하수위 아래쪽 모래의 포화단위중량

$$\gamma_{sat} = \frac{G_s + Se}{1+e}\gamma_w = \frac{2.65 + 1.0 \times 0.7}{1+0.7} \times 9.8\,\mathrm{kN/m^3} = 19.31\,\mathrm{kN/m^3}$$

지하수위 아래의 점토의 포화단위중량 $\gamma_{sat} = 20\,\mathrm{kN/m^3}$

점토층 중앙의 초기 유효연직압력

$$p_0 = 17.29 \times 1.5 + (19.31 - 9.8) \times 3 + (20 - 9.8) \times 2.25 = 77.42\,\text{kN/m}^2 = 77.42\,\text{kPa}$$

무한히 넓은 등분포하중은 지층의 전깊이에 걸쳐 100% 작용하므로

연직압력 증가량 $\Delta p = 50\text{kN/m}^2 = 50\text{kPa}$

압축지수

$$C_c = 0.009(LL - 10) = 0.009(60 - 10) = 0.45$$

압밀침하량

$$S_c = \frac{C_c}{1+e_0} H \log \frac{p_0 + \Delta p}{p_0} = \frac{0.45}{1+0.9} \times 4.5 \times \log \frac{77.42 + 50}{77.42} = 0.231\text{m} = 23.1\,\text{cm}$$

예제 7.4

예제 7.3에서 점토층이 선행압밀압력 $p_c = 200\,\text{kN/m}^2$, $100\,\text{kN/m}^2$인 과압밀점토일 때 압밀침하량을 각각 구하라. 점토의 팽창지수 $C_s = 0.1$이다.

풀이

(1) 선행압밀압력 $p_c = 200\,\text{kN/m}^2$인 과압밀점토일 때

$$S_c = \frac{C_s}{1+e_0} H \log \frac{p_0 + \Delta p}{p_0} = \frac{0.1}{1+0.9} \times 4.5 \times \log \frac{77.42 + 50}{77.42} = 0.051\,\text{m} = 5.1\,\text{cm}$$

(2) 선행압밀압력 $p_c = 100\,\text{kN/m}^2$인 과압밀점토일 때

$$S_c = \frac{C_s}{1+e_0} H \log \frac{p_c}{p_0} + \frac{C_c}{1+e_0} H \log \frac{p_0 + \Delta p}{p_c}$$

$$= \frac{0.1}{1+0.9} \times 4.5 \times \log \frac{100}{77.42} + \frac{0.45}{1+0.9} \times 4.5 \times \log \frac{77.42 + 50}{100} = 0.138\text{m} = 13.8\text{cm}$$

예제 7.5

그림 7-15에서 (1) 지표면에 $400\,\text{kN/m}^2$의 무한히 넓은 등분포하중이 작용하는 경우 (2) 지표면에 설치한 1.5m×1.5m의 정사각형 기초에 900 kN의 하중이 작용하는 경우에 정규압밀점토층의 압밀침하량을 구하라.

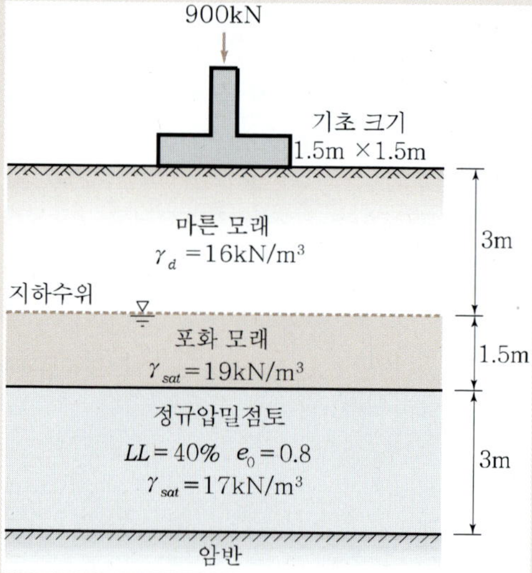

그림 7-15 예제 7.5

풀이

압축지수 $C_c = 0.009(LL-10) = 0.009(40-10) = 0.27$

점토층 중앙의 초기 유효연직압력

$$p_o = 16 \times 3 + (19-9.8) \times 1.5 + (17-9.8) \times 1.5 = 72.6\,\text{kN/m}^2 = 72.6\text{kPa}$$

(1) 무한히 넓은 등분포하중은 지층의 전깊이에 걸쳐 100% 작용하므로

연직압력 증가량 $\Delta p = 400\text{kN/m}^2$

$$S_c = \frac{C_c}{1+e_0} H \log \frac{p_0 + \Delta p}{p_0}$$

$$= \frac{0.27}{1+0.8} \times 3 \times \log \frac{72.6+400}{72.6} = 0.366\text{m} = 36.6\text{cm}$$

(2) 기초하중으로 인한 연직압력증가는 깊이에 따라 일부만 작용하므로, 점토층을 몇 개의 층으로 세분하고, 정사각형 기초 아래의 연직응력을 계산하는 방법을 사용하여 각 층에서의 압력증가량을 구한 후 점토층 전체의 평균값을 취한다. 여기서는 2:1 방법을 사용한다.

점토층 상부($z = 4.5\text{m}$) :

$$\Delta p_t = \frac{Q}{(B+z)(L+z)} = \frac{900}{(1.5+4.5)(1.5+4.5)} = 25\,\text{kN/m}^2 = 25\text{kPa}$$

점토층 중앙($z = 6\text{m}$) :

$$\Delta p_m = \frac{Q}{(B+z)(L+z)} = \frac{900}{(1.5+6)(1.5+6)} = 16\,\text{kN/m}^2 = 16\text{kPa}$$

점토층 하부($z = 7.5$m) :

$$\Delta p_b = \frac{Q}{(B+z)(L+z)} = \frac{900}{(1.5+7.5)(1.5+7.5)} = 11.1\,\mathrm{kN/m^2} = 11.11\mathrm{kPa}$$

평균 연직압력증가량은 Simpson공식을 사용하여 구한다.

$$\Delta p = \frac{1}{6}(\Delta p_t + 4\times\Delta p_m + \Delta p_b) = \frac{1}{6}(25+4\times16+11.11) = 16.69\,\mathrm{kN/m^2} = 16.69\mathrm{kPa}$$

압밀침하량

$$S_c = \frac{C_c}{1+e_0} H \log\frac{p_0+\Delta p}{p_0}$$

$$= \frac{0.27}{1+0.8}\times 3\times\log\frac{72.6+16.69}{72.6} = 0.040\mathrm{m} = 4.0\mathrm{cm}$$

7.7 압밀이론

7.7.1 1차원 압밀의 미분방정식

Terzaghi는 점토의 1차원 압밀이론을 미분방정식으로 정리하였으며, 이 식을 유도하는 과정에서 설정한 가정은 다음과 같다.

1. 흙은 균질하다.
2. 흙은 포화되어 있다.
3. 흙입자와 물은 비압축성이다.
4. 흙속의 물의 흐름은 Darcy의 법칙에 따른다.
5. 물의 흐름과 흙의 압축은 1차원 연직방향으로만 발생한다.
6. 흙의 투수계수는 일정하다.
7. 흙의 간극비는 유효응력에 반비례한다.

그림 7-16과 같은 지층의 지표면에 등분포하중 σ가 작용하면, 점토층에는 연직압력 σ가 작용하여 간극수압이 증가해서 과잉간극수압 u가 발생하는데, 이 과잉간극수압이 시간에 따라 깊이에 따라 어떻게 변하는가를 알아보자.

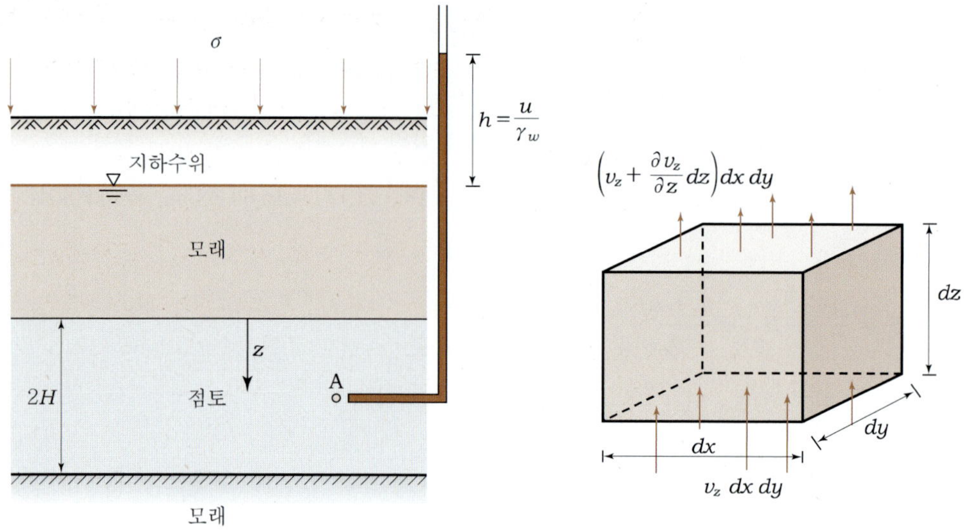

(a) 점토층 (b) 간극수의 흐름

그림 7-16 1차원 압밀

A점에서 지반의 미소 부피 $dx \cdot dy \cdot dz$ 내에서는 오직 z방향으로만 물의 유입과 유출이 이루어진다. z방향으로 유입하는 유량에서 유출하는 유량을 뺀 것이 부피변화이므로 다음 식이 성립한다.

$$(v_z + \frac{\partial v_z}{\partial z} dz)dx\, dy - v_z\, dx\, dy = \frac{\partial V}{\partial t} \tag{7.19}$$

여기서, V = 흙요소의 부피 $= dx\, dy\, dz$

v_z = 물의 z방향으로의 속도

$$\frac{\partial v_z}{\partial z} dx\, dy\, dz = \frac{\partial V}{\partial t} \tag{7.20}$$

Darcy법칙에서

$$v_z = k\, i = k\frac{\partial h}{\partial z} = \frac{k}{\gamma_w}\frac{\partial u}{\partial z} \tag{7.21}$$

여기서, u = 점토층에 작용한 연직응력으로 인하여 발생한 과잉간극수압

γ_w = 물의 단위중량

식 (7.21)을 식 (7.20)에 대입하면 다음 식과 같이 된다.

$$\frac{k}{\gamma_w}\frac{\partial^2 u}{\partial z^2}=\frac{1}{dx\,dy\,dz}\frac{\partial V}{\partial t} \tag{7.22}$$

흙의 부피변화는 간극의 부피변화와 같으므로 다음 식과 같이 된다.

$$\frac{\partial V}{\partial t}=\frac{\partial V_v}{\partial t} \tag{7.23}$$

여기서, V_v =간극의 부피= $e\,V_s$

V_s =흙입자의 부피

e =간극비

$$\frac{\partial V}{\partial t}=V_s\frac{\partial e}{\partial t}=\frac{V}{1+e}\frac{\partial e}{\partial t}=\frac{dx\,dy\,dz}{1+e}\frac{\partial e}{\partial t} \tag{7.24}$$

이 식을 식 (7.22)에 대입하면 다음 식과 같이 된다.

$$\frac{k}{\gamma_w}\frac{\partial^2 u}{\partial z^2}=\frac{1}{1+e}\frac{\partial e}{\partial t} \tag{7.25}$$

간극비는 유효응력에 반비례하므로 다음 식과 같이 된다.

$$\partial e=-a_v\,\partial\sigma' \tag{7.26}$$

여기서, a_v =압축계수(coefficient of compressibility)= $-\dfrac{\partial e}{\partial \sigma'}$ (7.27)

σ' =유효응력 $=\sigma-u$ (7.28)

식 (7.28)을 식 (7.26)에 대입하면 다음 식과 같이 된다.

$$\partial e=-a_v\,\partial(\sigma-u)=a_v\,\partial u \tag{7.29}$$

식 (7.29)를 식 (7.25)에 대입하면 다음 식과 같이 된다.

$$\frac{k}{\gamma_w}\frac{\partial^2 u}{\partial z^2}=\frac{a_v}{1+e}\frac{\partial u}{\partial t}=m_v\frac{\partial u}{\partial t} \tag{7.30}$$

여기서, m_v = 체적변화계수(coefficient of volume change) $=\dfrac{a_v}{1+e}$ (7.31)

$$\frac{\partial u}{\partial t}=\frac{k}{\gamma_w\, m_v}\frac{\partial^2 u}{\partial z^2}=c_v\frac{\partial^2 u}{\partial z^2} \tag{7.32}$$

여기서, c_v = 압밀계수(coefficient of consolidation) $=\dfrac{k}{\gamma_w\, m_v}$ (7.33)

식 (7.32)가 Terzaghi가 제안한 압밀방정식으로, 점토층에 작용한 연직응력으로 인하여 발생한 과잉간극수압이 시간과 깊이에 따라 어떻게 변하는가를 나타내는 공식이다.

식 (7.27)의 압축계수는 연직응력증가에 따른 간극비의 감소 $\dfrac{\Delta e}{\Delta p}$를 의미하고, 식 (7.31)의 체적변화계수는 연직응력증가에 따른 부피의 감소비율 $\dfrac{\Delta V/V}{\Delta p}$를 의미한다. 이 계수가 클수록 압밀침하가 커지며, 단위는 압력단위의 역으로 $\mathrm{cm^2/kg}$, $\mathrm{m^2/t}$ 등을 사용한다.

식 (7.33)의 압밀계수는 압밀침하속도를 나타내는 계수로서, 압밀계수가 크면 압밀침하가 빨리 일어난다. 단위는 $\mathrm{cm^2/sec}$, $\mathrm{m^2/year}$ 등을 사용한다.

압밀계수 공식 (7.33)을 투수계수 k에 대하여 정리하면 다음 식과 같이 된다. 불투수성 점토의 투수계수는 압밀시험을 하여 이 공식으로 구할 수 있다.

$$k=c_v\,\gamma_w\, m_v \tag{7.34}$$

예제 7.6

예제 7.2에서 주어진 하중단계에서의 점토의 압축계수, 체적변화계수, 투수계수를 구하라. 점토의 압밀계수는 $0.01\mathrm{cm^2/sec}$이다.

풀이

압축계수 $a_v=\dfrac{\Delta e}{\Delta p}=\dfrac{0.7-0.6}{(80-40)\mathrm{kN/m^2}}=0.0025\,\mathrm{m^2/kN}$

체적변화계수 $m_v = \dfrac{a_v}{1+e} = \dfrac{0.0025\mathrm{m^2/kN}}{1+0.7} = 0.0015\,\mathrm{m^2/kN}$

투수계수 $k = c_v\,\gamma_w\,m_v = \dfrac{0.01}{100^2}\mathrm{m^2/sec} \times 9.8\,\mathrm{kN/m^3} \times 0.0015\mathrm{m^2/kN}$

$= 1.47 \times 10^{-8}\mathrm{m/sec} = 1.47 \times 10^{-6}\mathrm{cm/sec}$

7.7.2 압밀방정식의 해

압밀방정식 (7.32)는 과잉간극수압 u를 깊이 z와 시간 t의 함수로 가정하고, 적절한 초기조건 및 경계조건을 적용하여 풀 수 있다.

그림 7-16과 같이 지표면의 넓은 면적에 등분포하중이 작용하고, 두께가 $2H$인 점토층의 상하 양면에 모래층이 있어서 간극수가 상하로 배수되는 양면배수의 경우에는 식 (7.32)의 해를 다음과 같이 구할 수 있다.

지표면의 넓은 면적에 등분포하중이 작용하면 초기에는 점토층에는 깊이에 관계없이 같은 크기의 과잉간극수압이 발생한다. 이런 경우의 초기조건은 다음과 같이 된다.

$t = 0$일 때 $u = u_i$

여기서, u_i =초기 과잉간극수압

점토층과 모래층의 경계면에서는 간극수가 빨리 빠져나가서 과잉간극수압이 항상 0이므로, 양면배수인 경우 경계조건은 다음과 같이 된다.

$z = 0$일 때 $u = 0$

$z = 2H$일 때 $u = 0$

위의 초기조건과 경계조건을 적용하여 식 (7.32)를 풀면 다음 식과 같은 해를 얻을 수 있다.

$$u = \sum_{m=0}^{m=\infty} \frac{2u_i}{M} \sin\frac{Mz}{H} e^{-M^2T} \tag{7.35}$$

여기서, $M = \dfrac{(2m+1)\pi}{2}$

m = 정수

$$T = \frac{c_v\, t}{H^2} = \text{시간계수(단위 : 무차원)} \tag{7.36}$$

H = 배수거리

z = 점토층 상부로부터의 거리

식 (7.36)을 압밀시간 t에 관하여 정리하면 다음 식과 같이 된다.

$$t = \frac{T H^2}{c_v} \tag{7.37}$$

위에서 가정한 초기조건(초기의 과잉간극수압이 깊이에 관계없이 일정)과 경계조건(양면배수)이 다른 경우에는 압밀방정식 (7.32)의 해가 식 (7.35)와는 다른 값이 된다.

식 (7.36), 식 (7.37)에서 H는 점토층의 두께가 아닌 배수거리를 말한다. 점토층 상하 양면에 모래층이 있어서 물이 양쪽으로 배수되는 양면배수의 경우(그림 7-17(a))에는 점토층 두께 H_o의 1/2이 배수거리이고(즉 $H = \frac{H_o}{2}$), 점토층 한쪽에만 모래층이 있어서 물이 한쪽으로만 배수되는 일면배수의 경우(그림 7-17(b))에는 점토층 두께가 배수거리가 된다(즉 $H = H_o$).

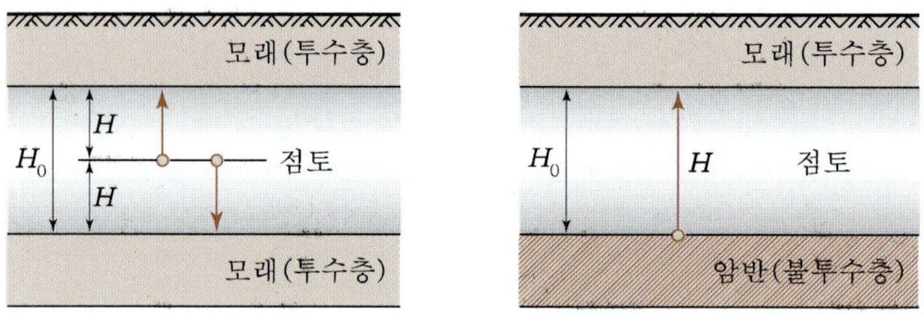

(a) 양면배수 (b) 일면배수

그림 7-17 배수거리

7.8 압밀도

7.8.1 압밀도

양면배수 조건의 점토층에서 초기 과잉간극수압이 깊이에 관계없이 일정하더라도 시간이 지나면 양면으로 간극수가 빠져나가서 과잉간극수압이 감소하며, 식 (7.35)는 임의 시간에 임의 깊이에서 남아있는 과잉간극수압의 크기를 나타낸다.

과잉간극수압이 감소한 비율 또는 그 결과 압밀침하가 일어난 비율을 압밀도(degree of consolidation)라고 하며, 임의 시간에 임의 깊이에서의 압밀도 U_z는 다음 식과 같이 된다.

$$U_z = \frac{\text{소실된 과잉간극수압}}{\text{초기 과잉간극수압}} = \frac{u_i - u}{u_i} = 1 - \frac{u}{u_i} \tag{7.38}$$

여기서, $u_i =$ 초기 과잉간극수압

$u =$ 남아 있는 과잉간극수압

식 (7.35)를 식 (7.38)에 대입하면 압밀도 U_z는 다음 식과 같이 된다.

$$U_z = 1 - \sum_{m=0}^{m=\infty} \frac{2}{M} \sin\frac{Mz}{H} e^{-M^2 T} \tag{7.39}$$

양면배수 조건의 점토층에서의 압밀도 U_z를 구하기 위하여 식 (7.39)를 직접 사용하는 것은 매우 복잡하므로, 이 식을 도표화한 그림 7-18을 사용하는 것이 편리하다. 이 그림에서 z는 점토층 상부로부터의 거리를 말한다.

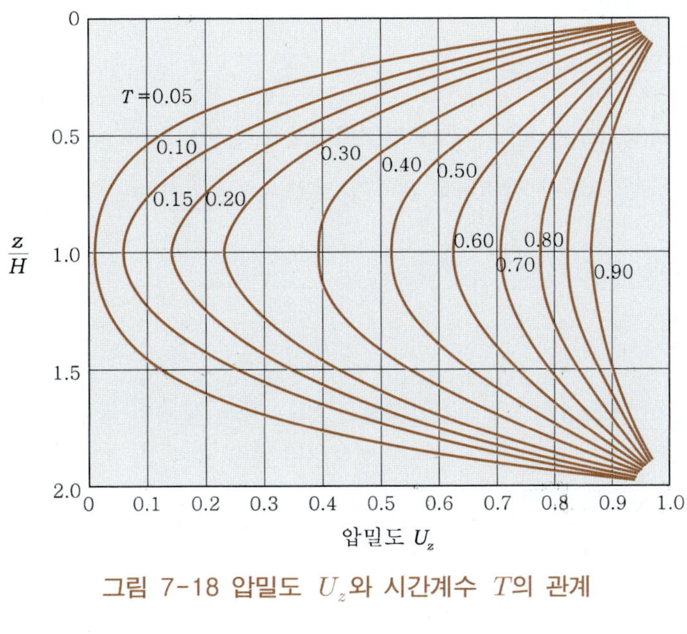

그림 7-18 압밀도 U_z와 시간계수 T의 관계

점토층 상부에만 모래층이 있는 일면배수의 경우에는 그림 7-18의 상반부를 사용하고, 점토층 하부에만 모래층이 있는 일면배수의 경우에는 그림 7-18의 하반부를 사용한다.

예제 7.7

그림 7-19와 같은 지층의 지표면에 98kN/m^2의 압력이 작용하였다.

(1) 하중을 가한 직후 피에조미터의 물이 지하수위보다 위로 올라가는 높이를 구하라.
(2) $h=6\text{m}$일 때 A점에서의 압밀도를 구하라.
(3) A점에서의 압밀도가 70%일 때 h를 구하라.

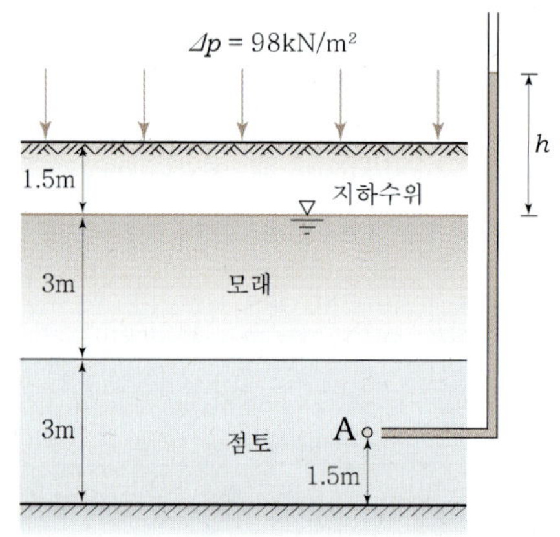

그림 7-19 예제 7.6

풀이

(1) 3m 깊이의 점토층에 걸쳐 초기과잉간극수압이 균등하게 증가하므로

$$u_i = \Delta p = 98\text{kN/m}^2$$

$$h = \frac{u_i}{\gamma_w} = \frac{98\text{kN/m}^2}{9.8\text{kN/m}^3} = 10\text{ m}$$

(2) 압력수두 10m중 6m가 남고 4m가 감소하였으므로 압밀도 $U_A = 40\%$

(3) 압력수두 10m중 70%가 감소하고 30%가 남았으므로 $h=3\text{m}$

예제 7.8

그림 7-20과 같이 100kN/m^2의 등분포하중을 받는 12m 두께의 점토층이 양면배수 상태에 있다. 압밀계수 c_v는 $7.0\times10^{-8}\text{m}^2/\text{sec}$이다. 재하 5년 후에 깊이 3, 6, 9, 12m에서의 압밀도와 과잉간극수압 및 간극수압을 구하라. 단, 물의 단위중량 $\gamma_w = 10\text{kN/m}^3$.

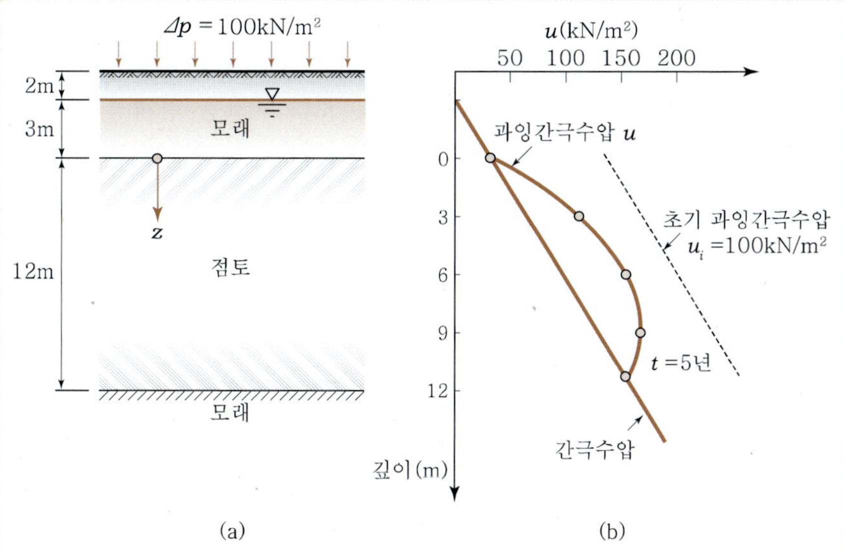

그림 7-20 예제 7.8

풀이

① 양면배수인 경우 배수거리 $H=\frac{12}{2}=6\text{m}$

② 시간계수 $T=\frac{c_v t}{H^2}=\frac{7.0\times10^{-8}\text{m}^2/\text{sec}\times(5\times365\times24\times60\times60)\text{sec}}{(6\text{m})^2}\fallingdotseq 0.31 \fallingdotseq 0.30$

③ 그림 7-18로부터 $T=0.30$에 대한 압밀도 U_z를 구하면 아래 표와 같이 된다.

④ 압밀도 U_z는 과잉간극수압이 감소한 비율이므로 남아있는 과잉간극수압은 $u=u_i(1-U_z)$로 구하면 아래 표와 같이 된다. 초기 과잉간극수압 $u_i=100\text{kN/m}^2$이다

⑤ 지하수위로 인하여 받고 있던 원래의 간극수압과 과잉간극수압을 도시하면 그림 7-21(b)와 같이 된다.

깊이 z	$\frac{z}{H}$	압밀도 U_z	과잉간극수압 $u=u_i(1-U_z)$ ($\text{kN/m}^2=\text{kPa}$)	원래의 간극수압 ($\text{kN/m}^2=\text{kPa}$)	간극수압+과잉간극수압 ($\text{kN/m}^2=\text{kPa}$)
0	0	1.0 (100%)	0	30	30
3	0.5	0.55 (55%)	45	60	105
6	1.0	0.39 (39%)	61	90	151
9	1.5	0.55 (55%)	45	120	165
12	2.0	1.0 (100%)	0	150	150

7.8.2 평균압밀도

공학적으로는 점토층 어느 한 점에서의 압밀도 U_z보다 점토층 전체의 평균압밀도 U_{av}(average degree of consolidation)를 구하는 것이 더욱 중요하다.

임의 시간에서의 평균압밀도 U_{av}는 다음 식과 같이 된다.

$$U_{av} = \frac{\text{점토층 전체의 소실된 과잉간극수압의 합}}{\text{점토층 전체의 초기 과잉간극수압의 합}} = \frac{\int_0^{2H} u_i\, dz - \int_0^{2H} u\, dz}{\int_0^{2H} u_i\, dz} \tag{7.40}$$

식 (7.40)에 식 (7.35)를 대입하면 평균압밀도U_{av}는 다음 식과 같이 된다.

$$U_{av} = 1 - \sum_{m=0}^{m=\infty} \frac{2}{M} e^{-M^2 T} \tag{7.41}$$

초기 과잉간극수압이 깊이에 관계없이 일정한 경우에 점토층 전체의 평균압밀도 U_{av}와 시간계수 T의 관계를 구하는 식 (7.41)은 매우 복잡하기 때문에, 실제로는 이 식을 도표화한 그림 7-21이나 표 7.3을 많이 사용한다.

표 7.3에서 평균압밀도 $U_{av} = 50\%$일 때의 시간계수 $T = 0.197$과 평균압밀도 $U_{av} = 90\%$일 때의 시간계수 $T = 0.848$은 많이 사용하는 값이므로 기억하는 것이 좋다.

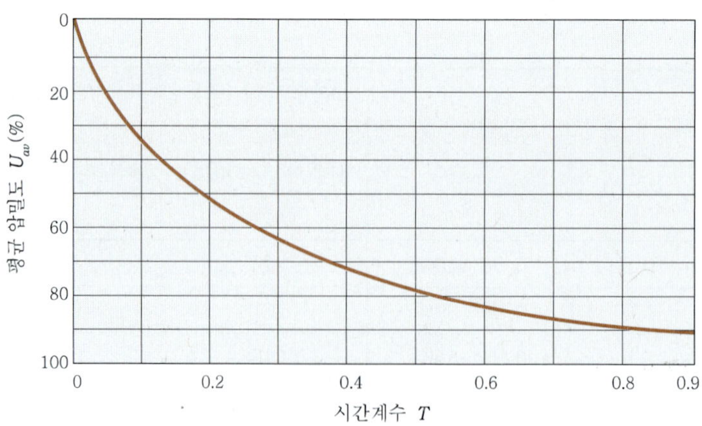

그림 7-21 평균압밀도 U_{av}와 시간계수 T의 관계

표 7.3 평균압밀도 U_{av}와 시간계수 T

U_{av}(%)	T	U_{av}(%)	T
0	0	55	0.238
5	0.002	60	0.287
10	0.008	65	0.342
15	0.018	70	0.403
20	0.031	75	0.478
25	0.049	80	0.567
30	0.071	85	0.684
35	0.096	90	0.848
40	0.126	95	1.127
45	0.159	100	∞
50	0.197		

식 (7.41)의 평균압밀도 U_{av}(%)와 시간계수 T의 관계는 다음과 같이 근사적인 식으로도 나타낼 수 있다.

$$0 < U_{av} < 60\,\% : T = \frac{\pi}{4}\left(\frac{U_{av}}{100}\right)^2 \tag{7.42}$$

$$60\% < U_{av} < 100\,\% \;: T = 1.781 - 0.933\log(100 - U_{av}) \tag{7.43}$$

평균압밀도를 구하면 임의 시간까지 발생한 점토층의 압밀침하량은 다음 식과 같이 된다.

$$S_t = U_{av}\,S_c \tag{7.44}$$

여기서, S_t = 임의의 시간 t까지 발생한 점토층의 압밀침하량

S_c = 최종 압밀침하량(식 (7.16)으로 계산)

점토층 전체의 평균압밀도가 어떤 값에 도달하는 데 걸리는 시간 즉 압밀시간은 다음 식으로 구할 수 있으며, 이는 식 (7.37)과 같은 것이다.

$$t = \frac{T H^2}{c_v} \tag{7.45}$$

여기서, T = 시간계수
H = 배수거리
c_v = 압밀계수

식 (7.45)에서 압밀시간 t는 압밀계수 c_v에 반비례하고, 배수거리 H의 제곱에 비례하는 것을 알 수 있다. 따라서 배수거리를 작게 하는 것이 압밀시간을 단축하여 압밀침하를 촉진시키는 아주 좋은 방법이다.

동일한 점토층에서 일면배수의 경우에는 양면배수보다 배수거리 H가 2배가 되므로 압밀시간 t가 4배가 된다. 그러나 식 (7.16)으로 구하는 최종 압밀침하량은 배수조건에 관계없이 같은 값이다.

예제 7.9

예제 7.8에서 재하 후 5년과 10년이 경과하였을 때의 점토층 전체의 평균압밀도 U_{av}를 구하라.

풀이

(1) 5년 후

시간계수 $T=\dfrac{c_v t}{H^2}=\dfrac{7.0\times10^{-8}\text{m}^2/\text{sec}\times(5\times365\times24\times60\times60)\text{sec}}{(6\text{m})^2}\fallingdotseq 0.31$

그림 7-21에서 $T=0.31$일 때 $U_{av}=62\%$

(2) 10년 후

시간계수 $T=\dfrac{c_v t}{H^2}=\dfrac{7.0\times10^{-8}\text{m}^2/\text{sec}\times(10\times365\times24\times60\times60)\text{sec}}{(6\text{m})^2}\fallingdotseq 0.61$

그림 7-21에서 $T=0.61$일 때 $U_{av}=82\%$

예제 7.10

시간계수 $T=0.4$일 때 (1) 양면배수 상태인 점토층의 중앙부와 $\dfrac{z}{H}=0.3$에서의 압밀도 (2) 점토층 전체의 평균압밀도를 구하라.

풀이

(1) 점토층 내의 한 점에서의 압밀도 U_z는 그림 7-18에서 구한다.

점토층 중앙($\frac{z}{H}=1$) : $T=0.4$일 때 $U_z = 0.52 = 52\%$

$\frac{z}{H}=0.3$: $T=0.4$일 때 $U_z = 0.79 = 79\%$

(2) 점토층 전체의 평균압밀도 U_{av}는 그림 7-21에서 구한다.

$T=0.4$ 일 때 $U_{av} = 72\%$

예제 7.11

예제 7.10에서 시간계수 $T=0.4$일 때의 점토층의 압밀침하량을 구하라. 점토층의 최종 압밀침하량을 40cm로 가정하라.

풀이

식 (7.44)에서

$S_t = U_{av}\,S_c = 0.72\times 40\text{ cm} = 28.8\text{cm}$

예제 7.12

두께 6m인 점토층이 양면배수되는 경우에 평균압밀도가 50% 및 90%로 되는 데 소요되는 시간을 구하라. 압밀계수 $c_v = 0.005\,\text{cm}^2/\text{sec}$이다.

풀이

압밀시간 t를 구하는 식 (7.45)를 사용한다. 양면배수이므로 배수거리 $H=3\text{ m}$이다.

(1) 50% 압밀시간 : 그림 7-21이나 표 7.3에서 평균압밀도 U_{av} =50%일 때 $T=0.197$

$$t=\frac{T H^2}{c_v}=\frac{0.197\times(300\text{cm})^2}{0.005\text{cm}^2/\text{sec}}=3{,}546{,}000\text{sec}=41.0\text{일}$$

(2) 90% 압밀시간 : 그림 7-21이나 표 7.3에서 평균압밀도 U_{av} =90%일 때 $T=0.848$

$$t=\frac{T H^2}{c_v}=\frac{0.848\times(300\text{cm})^2}{0.005\text{cm}^2/\text{sec}}=15{,}264{,}000\text{sec}=176.7\text{일}$$

예제 7.13

예제 7.12에서 일면배수인 경우의 압밀시간을 구하라.

풀이

일면배수이므로 배수거리 $H=6\,\mathrm{m}$이다.

(1) 50% 압밀시간

$$t=\frac{TH^2}{c_v}=\frac{0.197\times(600\mathrm{cm})^2}{0.005\mathrm{cm}^2/\mathrm{sec}}=14{,}184{,}000\mathrm{sec}=164.2\text{일}$$

(2) 90% 압밀시간

$$t=\frac{TH^2}{c_v}=\frac{0.848\times(600\mathrm{cm})^2}{0.005\mathrm{cm}^2/\mathrm{sec}}=61{,}056{,}000\mathrm{sec}=706.7\text{일}$$

압밀시간 t는 배수거리 H의 제곱에 비례한다. 즉 배수거리 H가 2배가 되면 압밀시간 t는 4배가 된다.

예제 7.14

임의의 하중이 가해진 6m 두께의 점토층이 75일 지나서 90% 압밀되었다면, 그 하중단계에 대한 점토의 압밀계수를 구하라. 양면배수로 가정하라.

풀이

양면배수이므로 배수거리 $H=3\,\mathrm{m}$이다.

$$t=\frac{TH^2}{c_v}$$

$$75\times24\times3600\mathrm{sec}=\frac{0.848\times(300\ \mathrm{cm})^2}{c_v}$$

$$c_v=0.012\mathrm{cm}^2/\mathrm{sec}$$

예제 7.15

일면배수인 10m 두께의 점토층이 4년 동안 12cm 침하하였다. 이 점토층의 최종 압밀침하량을 구하고, 이 최종 압밀침하량의 90%가 발생하는 데 소요되는 시간을 구하라. 점토의 압밀계수 $C_v=0.006\mathrm{cm}^2/\mathrm{sec}$이다.

풀이

시간 4년을 시간계수로 환산하면

$$T = \frac{c_v t}{H^2} = \frac{0.006\text{cm}^2/\text{sec} \times (4 \times 365 \times 24 \times 3600)\text{sec}}{(10 \times 100)^2 \text{cm}^2} = 0.76$$

시간계수 0.76에 대한 평균압밀도는 표 7.3으로부터 85~90%임을 알 수 있다. 정확한 압밀도를 구하기 위하여 식 (7.43)을 사용한다.

$$0.76 = 1.781 - 0.933 \log(100 - U_{av})$$

따라서, 이 식을 풀면 평균압밀도 $U_{av} = 87.6\% = 0.876$

최종침하량은 식 (7.44)로부터

$$S_c = \frac{S_t}{U_{av}} = \frac{12\text{cm}}{0.876} = 13.7\text{cm}$$

90% 압밀시간 : $T = 0.848$ 이므로

$$t = \frac{T H^2}{c_v} = \frac{0.848 \times (10 \times 100)^2 \text{cm}^2}{0.006\text{cm}^2/\text{sec}} = 141{,}333{,}333\text{sec} = 1{,}635\text{일} = 4.48\text{년}$$

7.8.3 초기 과잉간극수압 분포가 다른 경우

과잉간극수압 u를 구하는 식 (7.35), 압밀도 U_z를 구하는 식 (7.39), 평균압밀도 U_{av}를 구하는 식 (7.41)은 초기 과잉간극수압의 분포가 깊이에 관계없이 같은 경우에 대한 것이다. 실제로는 초기 과잉간극수압의 분포가 깊이에 따라 다른 형태인 경우도 많이 있다.

그림 7-22는 초기 과잉간극수압이 깊이에 따라 직선적으로 변하고 일면배수인 경우이다. 이 경우에는 초기조건과 경계조건이 달라지므로 Terzaghi의 압밀방정식인 식 (7.32)의 해는 지금까지 살펴본 식과 다른 형태가 되고, 평균압밀도 U_{av}와 시간계수 T의 관계도 다른 값이 된다(표 7.4).

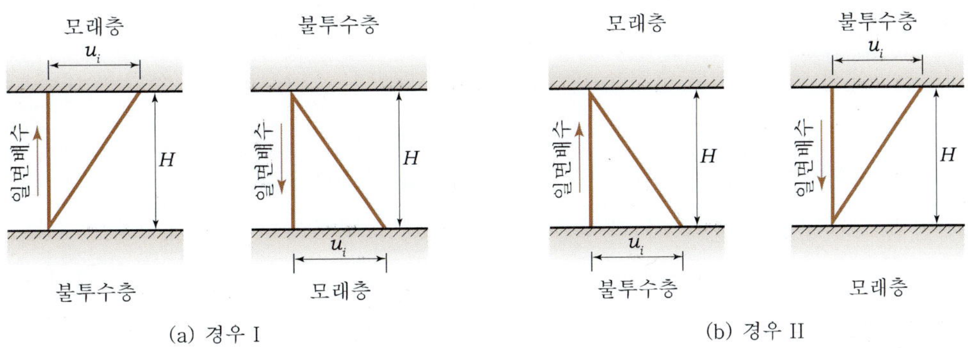

그림 7-22 초기 과잉간극수압이 깊이에 따라 직선적으로 변하는 경우

표 7.4 평균압밀도 U_{av}와 시간계수 T

평균압밀도 U_{av}(%)	시간계수 U_{av}(%)	
	경우 Ⅰ	경우 Ⅱ
0	0	0
10	0.003	0.047
20	0.009	0.100
30	0.024	0.158
40	0.048	0.221
50	0.092	0.294
60	0.160	0.383
70	0.271	0.500
80	0.440	0.665
90	0.720	0.940
100	∞	∞

7.9 압밀계수

7.9.1 압밀계수

점토층의 압밀도나 압밀소요시간을 구하기 위하여 필요한 압밀계수 C_v는 압밀시험결과인 시간-압축량 곡선으로부터 구할 수 있다.

점토층의 압밀계수가 클수록 압밀침하가 빨리 일어난다. 실제 점토층의 압밀침하 속도는 작은 흙시료에 대한 압밀시험에서 구한 압밀계수를 사용하여 예측한 속도보다 빠른 경향이 있다. 이는 실제 점토지반에 층상구조, 실트나 모래층, 균열, 유기질의 함유, 나무뿌리 구멍 등 투수성을 크게 하는 요인이 있기 때문이다.

압밀시험결과에서 압밀계수를 구하는 방법으로 $\log t$방법과 $\sqrt{t}$ 방법의 두 가지 도해법을 많이 사용한다.

같은 흙시료에 대하여 두 방법으로 구한 압밀계수가 일치하지는 않으며, $\log t$방법으로 구한 압밀계수가 $\sqrt{t}$ 방법으로 구한 값보다 더 작지만 실제와는 더 부합한다.

압밀계수는 압밀시험의 하중단계마다 1개씩 측정되며, 그 값들은 각각 다르다. 선행압밀하중보다 작은 하중단계에서의 압밀계수가 비교적 큰 값이고, 선행압밀하중보다 큰 하중단계에서의 압밀계수는 비슷한 값을 나타낸다.

7.9.2 $\log t$ 방법

평균압밀도와 시간계수의 이론 곡선인 $U_{av} - \log T$ 곡선(그림 7-23(a))의 직선 부분과 그 곡선의 점근선의 교점은 압밀도가 100%인 점이다. 따라서 실측곡선에서 중간 부분과 마지막 부분의 직선의 연장선의 교점이 압밀도 100%인 점이다.

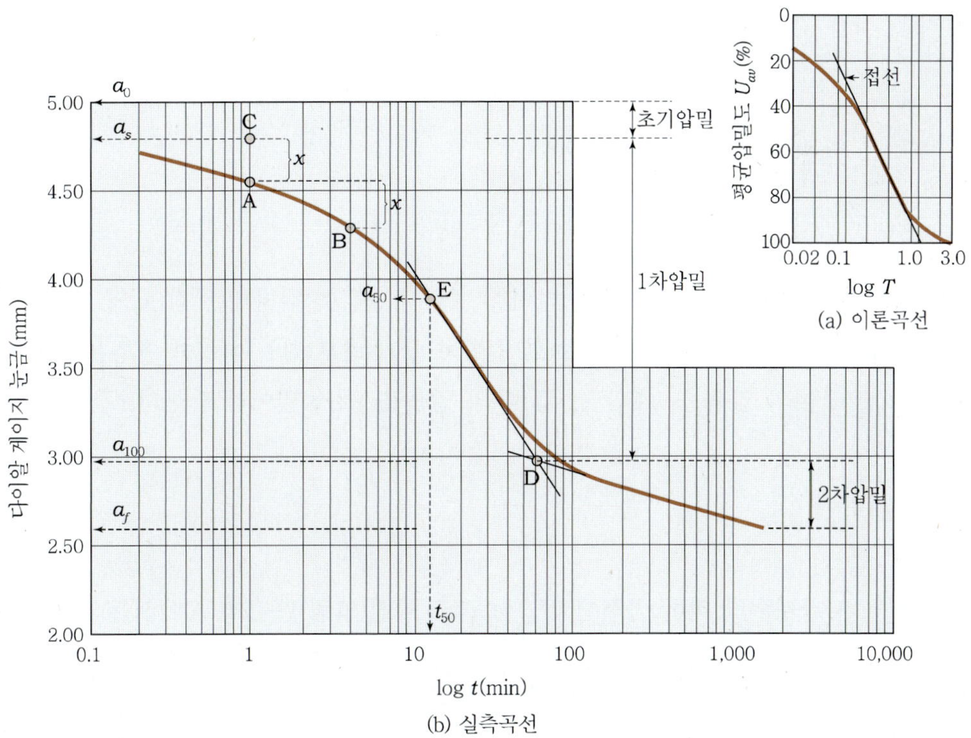

그림 7-23 $\log t$ 방법

이 방법은 Casagrande와 Fadum이 제안한 방법으로, 다음 순서에 의해 압밀계수를 구한다.

1. 주어진 압력에 대한 시간의 경과에 따른 시료의 압축량을 나타내는 다이얼 게이지의 변형량을 그림 7-23(b)와 같이 반대수용지에 그린다.
2. $t_2 = 4t_1$이 되도록 곡선의 상부에서 이에 해당하는 두 점 A, B를 각각 잡는다.
3. 두 점 A, B에서의 변형량의 차이를 x라고 할 때, A점보다 연직방향으로 x만큼 위에 있는 C점을 구한다.
4. C점에서 수평선을 그어 연직축과 만나는 점 a_s가 압축량이 0인 지점이다.

5. 변형량-$\log t$ 곡선에서 두 직선부의 연장선이 만난 점을 D라고 할 때, 이 점에서의 변형량이 1차압밀이 100% 완료되었을 때의 압축량 a_{100}이다.
6. 변형량 $(a_s + a_{100}) / 2 = a_{50}$에 해당하는 압밀곡선 상의 점 E를 결정하면, 이 점에 해당하는 시간이 압밀이 50% 완료되는 시간 t_{50}이다.
7. 평균압밀도 U_{av} = 50%에 대한 시간계수는 0.197이므로 $t = \frac{TH^2}{c_v}$ 식으로부터 압밀계수를 구하면 다음 식과 같이 된다.

$$c_v = \frac{0.197\,H^2}{t_{50}} \tag{7.46}$$

일반적으로 압밀도가 0인 점 a_s는 초기 다이알 게이지 눈금을 나타내는 점 a_0와 일치하지 않으며, 이와 같은 차이는 흙속의 간극이 100% 포화되어 있지 않기 때문이다. 이러한 압축을 초기압축이라고 하며, a_s와 a_{100} 사이의 압축을 1차압밀, 그 후의 압축을 2차압밀이라고 한다.

7.9.3 $\sqrt{t}$ 방법

평균압밀도와 시간계수의 이론 곡선인 $U_{av} - \sqrt{T}$ 곡선(그림 7- 24(a))에서는 압밀도가 약 60% 될 때까지 거의 직선이며, 이 직선의 기울기의 $\frac{1}{1.15}$배 되는 기울기로 그은 직선과 이론곡선이 만나는 점의 압밀도를 90%로 볼 수 있다.

이 방법은 Taylor가 제안한 방법으로, 다음 순서에 의해 압밀계수를 구한다.

1. 다이알 게이지의 변형량과 대응하는 시간을 그림 7-24(b)와 같이 그린다.
2. 그림에서 초기의 직선부 AB를 그린다.
3. OC = 1.15OB 가 되도록 직선 AC를 그린다.
4. 압밀곡선과 직선 AC의 교점 D의 가로좌표의 값이 1차압밀이 90% 완료된 시간의 제곱근값 $\sqrt{t_{90}}$이다.
5. 평균압밀도 U_{av} =90%에 대한 시간계수는 0848이므로 $t = \frac{TH^2}{c_v}$ 식으로부터 압밀계수를 구하면 다음 식과 같이 된다.

$$c_v = \frac{0.848\,H^2}{t_{90}} \tag{7.47}$$

6. 필요한 경우, 압밀도 100%에 해당하는 점 a_{100}은 비례관계에 의해 구한다.

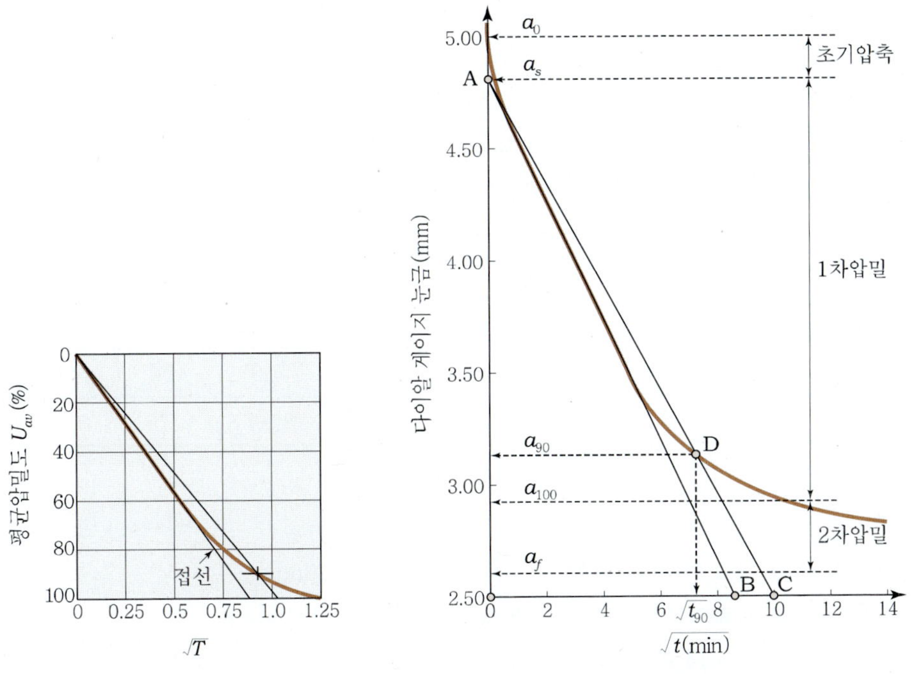

(a) 이론곡선　　(b) 실측곡선

그림 7-24 $\sqrt{t}$ 방법

7.9.4 압밀비

그림 7-23과 그림 7-24에서 전체침하량은 초기압축량, 1차 압밀침하량, 2차 압밀침하량을 합한 값이다. 전체침하량에 대한 초기압축량, 1차 압밀침하량, 2차 압밀침하량의 비를 각각 초기압축비, 1차압밀비, 2차압밀비라고 하며, 다음 식과 같이 된다.

$$\text{초기압축비}\ \ r_0 = \frac{\mathrm{a}_0 - \mathrm{a}_\mathrm{s}}{\mathrm{a}_0 - \mathrm{a}_\mathrm{f}} \tag{7.48}$$

$$\text{1차압밀비}(\log t\,\text{방법})\ \ r_p = \frac{\mathrm{a}_\mathrm{s} - \mathrm{a}_{100}}{\mathrm{a}_0 - \mathrm{a}_\mathrm{f}} \tag{7.49}$$

$$1차압밀비(\sqrt{t}\ 방법)\ r_p = \frac{10}{9}\frac{a_s - a_{90}}{a_0 - a_f} \tag{7.50}$$

$$2차압밀비\ r_s = 1 - (r_0 + r_p) \tag{7.51}$$

예제 7.16

점토시료에 대한 압밀시험에서 압력을 $2kg/cm^2$에서 $4kg/cm^2$으로 증가시켰을 때의 압밀시험 결과가 다음과 같다. 1440분 후의 시료의 최종 두께는 13.60mm이며, 초기간극비는 1.33, 최종 간극비는 0.98이었다. 이 하중단계에서의 점토의 압밀계수, 압밀비, 압축계수, 체적변화계수, 압축지수를 구하라. 또 점토의 투수계수도 구하라.

시간 (분)	0	0.25	0.5	1	2.25	4	9	16	25
눈금(mm)	5.00	4.67	4.62	4.53	4.41	4.28	4.01	3.75	3.49
시간 (분)	36	49	64	81	100	200	400	1440	
눈금(mm)	3.28	3.15	3.06	3.00	2.96	2.84	2.76	2.61	

풀이

압력증가 동안의 시료 두께의 변화 = 5.00 − 2.61 = 2.39mm

압력증가 동안의 시료의 평균 두께 = 13.60 + 2.39/2 = 14.80mm

배수거리(양면배수) = 14.80/2 = 7.40mm = 0.74cm

(1) $\log t$ 방법으로 시간-압축량 곡선을 그리면 그림 7-23과 같이 된다.

그림에서 $t_{50} = 12.5$분을 구한다.

$$압밀계수\ c_v = \frac{0.197\,H^2}{t_{50}} = \frac{0.197 \times 0.74^2}{12.5 \times 60} = 0.00014\,\mathrm{cm^2/sec}$$

$$초기압축비\ r_0 = \frac{a_0 - a_s}{a_0 - a_f} = \frac{5.00 - 4.79}{5.00 - 2.61} = 0.09$$

$$1차압밀비\ r_p = \frac{a_s - a_{100}}{a_0 - a_f} = \frac{4.79 - 2.98}{5.00 - 2.61} = 0.76$$

$$2차압밀비\ r_s = 1 - (r_0 + r_p) = 1 - (0.09 + 0.76) = 0.16$$

(2) $\sqrt{t}$ 방법으로 시간-압축량 곡선을 그리면 그림 7-24와 같이 된다.

그림에서 $t_{90} = 53.3$분을 구한다.

$$압밀계수\ c_v = \frac{0.848\,H^2}{t_{50}} = \frac{0.848 \times 0.74^2}{53.3 \times 60} = 0.00015\,\mathrm{cm^2/sec}$$

초기압축비 $r_0 = \dfrac{a_0 - a_s}{a_0 - a_f} = \dfrac{5.00-4.81}{5.00-2.61} = 0.08$

1차압밀비 $r_p = \dfrac{10}{9}\dfrac{a_s - a_{90}}{a_0 - a_f} = \dfrac{10}{9} \times \dfrac{4.81-3.12}{5.00-2.61} = 0.78$

2차압밀비 $r_s = 1-(r_0 + r_p) = 1-(0.08+0.78) = 0.14$

(3) 압축계수, 체적변화계수, 압축지수, 투수계수

압축계수(식 7.27) $a_v = -\dfrac{\partial e}{\partial \sigma'} = \dfrac{\Delta e}{\Delta p} = \dfrac{1.33-0.98}{40-20} = 0.0175\text{m}^2/\text{kN}$

체적변화계수(식 7.31) $m_v = \dfrac{a_v}{1+e} = \dfrac{0.0175}{1+1.33} = 0.0075\,\text{m}^2/\text{kN}$

압축지수(식 7.9) $C_c = \dfrac{e_1 - e_2}{\log p_2 - \log p_1} = \dfrac{1.33-0.98}{\log 40 - \log 20} = 1.16$

투수계수(식 7.34) $k = c_v\,\gamma_w\,m_v$

$= \dfrac{0.00014}{100^2}\,\text{m}^2/\text{sec} \times 9.8\text{kN/m}^2 \times 0.0075\text{m}^2/\text{kN}$

$= 1.03\times 10^{-9}\text{m/sec} = 1.03 \times 10^{-7}\text{cm/sec}$

7.10 2차 압밀침하

과잉간극수압이 모두 소산되어 1차 압밀침하가 끝난 뒤에도 하중이 지속적으로 작용하면 장기간에 걸쳐 침하가 추가로 발생하며, 이를 2차 압밀침하라고 한다. 이것은 흙입자의 소성적 재배열이 주원인이다.

압밀시험의 각 하중단계에서 그림 7-25와 같이 간극비-시간 곡선($e-\log t$ 곡선)을 그리면 1차압밀이 완료된 후의 직선부의 기울기를 2차 압축지수 C_α라고 하며, 다음 식과 같이 된다.

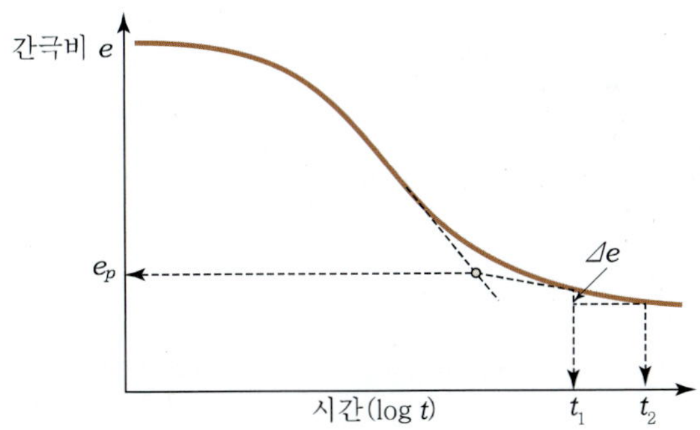

그림 7-25 2차 압축지수의 정의

$$C_\alpha = \frac{\Delta e}{\Delta \log t} = \frac{\Delta e}{\log t_2 - \log t_1} = \frac{\Delta e}{\log \dfrac{t_2}{t_1}} \tag{7.52}$$

여기서, Δe = 시간 t_1과 t_2 사이의 간극비의 차

2차 압밀침하량 S_s을 구하는 공식은 다음 식과 같이 된다.

$$S_s = \frac{\Delta e}{1+e_p} H = \frac{C_\alpha}{1+e_p} H \log \frac{t_2}{t_1} = C_\alpha' H \log \frac{t_2}{t_1} \tag{7.53}$$

여기서, $e_p =$ 1차압밀 완료시의 간극비

$C_\alpha =$ 2차압축지수

$$C_\alpha' = \text{수정 2차압축지수} = \frac{C_\alpha}{1+e_p} \tag{7.54}$$

$H =$ 점토층의 두께

유기질 흙이나 압축성이 큰 무기질 흙에서는 2차 압밀침하가 중요하다. 여러 자연 퇴적토의 수정 2차압축지수 C_α'는 0.005~0.05의 값을 나타내는 경우가 많다.

예제 7.17

두께 10m인 점토층의 1차 압밀침하가 2년만에 종료되고, 종료시 간극비가 0.8이었다. 1차 압밀 종료 50년 후에 발생할 2차 압밀침하량을 구하라. 점토의 2차압축지수는 0.01이다.

풀이

$$S_s = \frac{C_\alpha}{1+e_p} H \log \frac{t_2}{t_1} = \frac{0.01}{1+0.8} \times 10\,\text{m} \times \log \frac{50}{2} = 0.078\text{m} = 7.8\text{cm}$$

7.11 점증하중으로 인한 압밀침하

구조물 축조로 인한 하중은 지반에 순간적으로 작용하는 것이 아니고 점차적으로 증가한다. 초기에는 굴착으로 인한 순하중의 감소가 발생하기도 하며, 구조물의 하중이 굴착된 흙의 무게를 초과할 때 비로소 침하가 시작된다.

Terzaghi는 점증하중이 작용할 때의 침하량을 순간하중으로 인한 침하량으로부터 구하는 방법을 제안하였다.

그림 7-26에서 순하중 P'는 구조물 하중에서 굴착토의 하중을 뺀 값이고, 시공완료시간 t_c는 순하중 P'가 0이 될 때부터 측정한다. 점증하중이 시간 t_c동안 증가한 후의 침하량은 순간하중이 $t_c/2$ 동안

작용할 때의 침하량 AB와 같다.

시공 도중의 임의 시간 t_1 에서의 침하량은 순간하중이 $t_1/2$ 동안 작용할 때의 침하량 AC에다 t_1/t_c를 곱한 값 D점이 된다. 이러한 방법으로 점증하중에 의한 침하량 곡선을 그리면 ODB가 된다.

시공이 완료된 후의 침하량은 순간하중으로 인한 침하량 곡선을 $t_c/2$ 만큼 오른쪽으로 옮겨서 그린다.

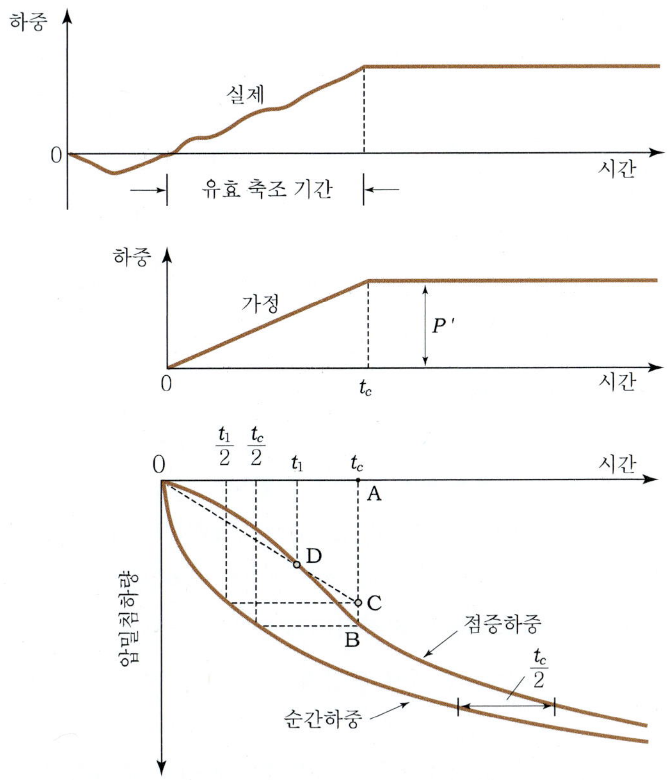

그림 7-26 점증하중으로 인한 압밀침하량

예제 7.18

성토기간 6개월에 걸쳐 제방을 완공하였다. 착공 후 10개월 후의 침하량은 순간하중을 가한 후 몇 개월의 침하량과 같은가?

풀이

시공이 완료된 후의 침하량은 순간하중으로 인한 침하량 곡선을 성토기간/2 만큼 오른쪽으로 옮겨서 그리므로

$10-\frac{6}{2}=7$개월

7.12 압밀침하의 촉진

7.12.1 연직드레인공법

연직드레인공법(vertical drain method)이란 배수거리가 긴 점토지반에 투수성이 좋은 재료를 연직방향으로 설치하여 수평방향으로의 배수거리를 단축시켜 압밀을 촉진시키는 공법이다(그림 7-27). 이때 점토층 위에 수평모래층을 깔고 그 위에 성토를 하면 간극수가 더욱 신속하게 빠져나간다.

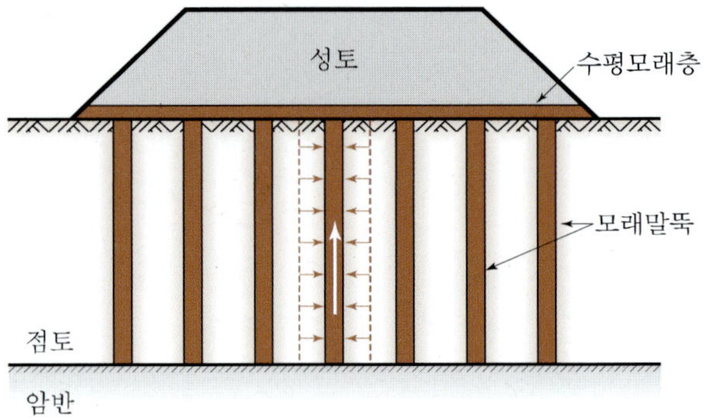

그림 7-27 연직드레인공법

투수성이 좋은 배수재로 모래를 사용하는 경우를 샌드드레인공법(sand drain method)라고 하며, 종이와 같은 인공재료를 사용하는 경우를 페이퍼드레인공법(paper drain method)라고 한다.

샌드드레인공법은 가장 대표적인 드레인공법으로서, 점토지반에 직경 20~50cm의 모래말뚝을 1.5~6.0m의 간격으로 설치하는 방법이다. 모래는 투수성이 좋아서 배수가 잘 되게 하면서 흙입자가 물과 함께 빠져 나가지 않도록 입도분포가 적절하여야 한다. 이 방법은 경제적이며 공기도 빨라 널리 쓰이지만, 드레인 주변의 흙을 크게 교란시켜 전단강도와 투수성이 저하되므로 배수효과가 감소하는 경향이 있다.

모래말뚝 대신에 투수성이 큰 종이를 배수재로 사용하여 압밀을 촉진시키는 것을 페이퍼드레인공법이라고 하며, 사용재료에 따라 카드보드 드레인(card board drain), 심지 드레인(wick drain), 플라스틱 보드 드레인(plastic board drain : PBD) 등으로 구분하기도 한다.

페이퍼드레인공법은 페이퍼나 플라스틱띠가 들어있는 멘드렐(mandrel)을 점토층에 삽입하여 설치하므로 지반에 구멍을 뚫을 필요가 없기 때문에 타설속도가 빠르고 주변지반을 교란시키지 않는다.

7.12.2 샌드드레인공법의 특성

연직드레인의 목적은 배수거리를 줄이는 것이므로, 설계에서 모래말뚝의 간격이 가장 중요한 요소이다. 모래말뚝은 그림 7-28과 같이 정사각형이나 정삼각형으로 배치하며, 수평방향으로 영향을 미치는 범위를 원으로 간주하면, 영향원의 유효직경 d_e는 다음 식과 같이 된다.

정사각형 : $d_e = 1.13\,S$ (7.55)

정삼각형 : $d_e = 1.05\,S$ (7.56)

여기서, S = 모래말뚝의 간격

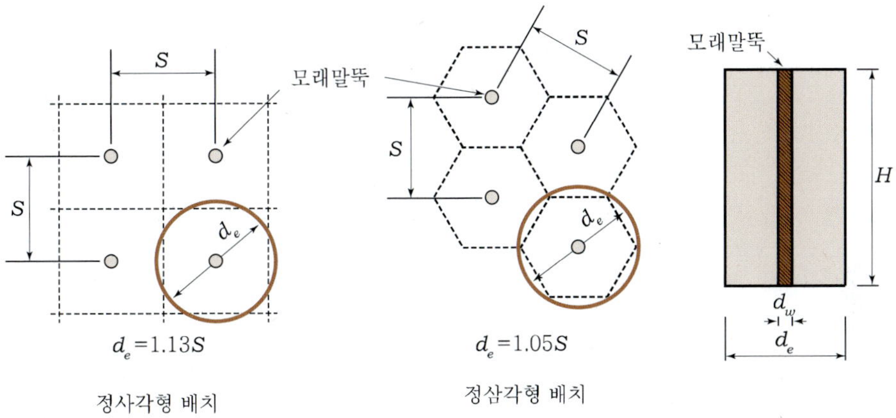

그림 7-28 모래말뚝의 배치 및 단면도

모래말뚝의 간격은 점토층의 두께보다 작아야 하며, 간격을 합리적으로 정하기 위해서는 연직방향 압밀계수 c_v와 수평방향 압밀계수 c_h를 정확히 알아야 한다. 일반적으로 c_h/c_v비가 클수록 모래말뚝의 설치효과가 크며, 대부분의 충적점토는 수평방향의 투수성이 연직방향의 투수성보다 크다.

모래말뚝 설치중 점토지반의 교란에 의해 모래말뚝에 인접한 점토의 투수계수와 압밀속도가 작아질 수가 있으며, 이 효과를 스미어 현상(smear effect)이라고 한다. 또 모래말뚝의 길이가 커지면 연직방향으로의 물의 흐름에 대한 저항이 증가하며, 이것을 웰저항(well resistance)이라고 한다.

7.12.3 샌드드레인공법의 원리

수평과 연직 방향의 흙의 성질이 다른 상태의 3차원 압밀방정식을 극좌표로 나타내면 다음과 같다.

$$\frac{\partial u}{\partial t} = c_h\left(\frac{\partial^2 u}{\partial r^2} + \frac{1}{r}\frac{\partial u}{\partial r}\right) + c_v\frac{\partial^2 u}{\partial z^2} \tag{7.57}$$

식 (7.57)의 해는 다음과 같이 두 부분으로 나타낼 수 있다.

$$U_v = f(T_v)$$

$$U_r = f(T_r)$$

여기서, U_v = 연직배수에 의한 평균압밀도

U_r = 방사상방향(수평방향) 배수에 의한 평균압밀도

T_v = 연직배수에 의한 압밀의 시간계수 $= \dfrac{c_v t}{H^2}$ (7.58)

T_r = 방사상방향 배수에 의한 압밀의 시간계수$= \dfrac{c_h t}{d_e^2}$ (7.59)

Baron에 의한 방사상방향 배수의 해를 도시하면 그림 7-29와 같으며, 방사상방향의 평균압밀도 U_r와 시간계수 T_r의 관계는 $n = \dfrac{d_e}{d_w}$ (d_e = 등가직경, d_w = 모래말뚝의 직경)에 따라 달라진다.

그림 7-29에서 U_r이 결정되고, 그림 7-21에서 U_v가 결정되면, 연직방향과 방사상방향을 조합한 평균압밀도 U는 다음과 같은 식으로 구한다.

$$U = 1-(1-U_v)(1-U_r) = U_v + U_r - U_v U_r \tag{7.60}$$

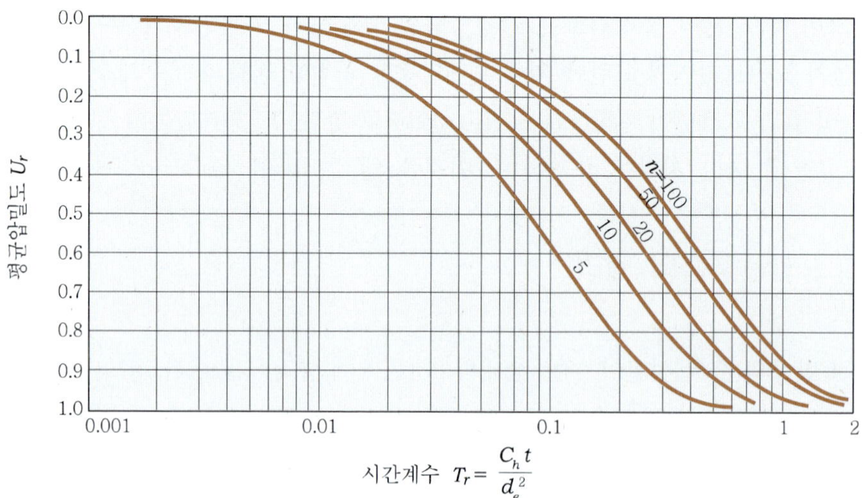

그림 7-29 방사상방향의 평균압밀도 U_r와 시간계수 T_h의 관계

예제 7.19

불투수층 위에 놓여 있는 두께 10m의 점토층 위에 제방을 축조한다. 제방축조로 인하여 점토층 내의 수직응력 증가량은 65kN/m^2이다. 점토층의 압밀특성은 $c_v = 4.7\text{m}^2/\text{year}$, $c_h = 7.9\text{m}^2/\text{year}$, $m_v = 0.00025\,\text{m}^2/\text{kN}$이다. 제방 축조 6개월 후 점토층의 압밀침하량이 최종침하량의 95%가 되도록 모래말뚝의 간격을 구하라. 단, 모래말뚝의 직경은 40cm이고 정사각형 배치이다.

풀이

연직방향으로의 배수거리는 일면배수이므로 $H = 10\text{m}$이며, 시간계수는 다음과 같다.

$$T_v = \frac{c_v\,t}{H^2} = \frac{4.7\text{m}^2/\text{year} \times 0.5\text{year}}{(10\text{m})^2} = 0.0235 \fallingdotseq 0.02$$

그림 7-21에서 $T_v = 0.02$일 때 연직방향으로의 평균압밀도 $U_v = 0.17$이다.

모래말뚝의 간격을 $S = 2.5\text{m}$로 가정한다.

$$d_e = 1.13\,S = 1.13 \times 2.5\text{m} = 2.825\text{m}$$

$$n = \frac{d_e}{d_w} = \frac{2.825}{0.4} = 7.06 \fallingdotseq 7.1$$

$$T_r = \frac{c_h\,t}{d_e^2} = \frac{7.9 \times 0.5}{2.825^2} = 0.49$$

그림 7-29에서 $T_r = 0.49$, $n = 7.1$일 때 방사상방향으로의 평균압밀도 $U_r = 0.97$이다.

연직방향과 방사상방향을 조합한 평균압밀도

$$U = U_v + U_r - U_v \cdot U_r = 0.17 + 0.97 - 0.17 \times 0.97 = 0.975 = 97.5\%$$

따라서, 모래말뚝의 간격을 $S = 2.5\text{m}$로 설치하면 6개월 후의 평균압밀도가 95% 이상이 된다.

연습문제

7.1 예제 7.1에서 시료의 건조중량 = 150g, 시료의 초기 높이 = 2.54cm, 흙입자의 비중 = 2.60, 시료의 단면적 = 30.68cm^{2}으로 가정하고, 하중단계별 간극비를 구하고, 간극비-압력 곡선을 그려라.

7.2 비교란 점토시료에 대한 압밀시험결과가 다음과 같다.

(1) 간극비-압력 곡선을 반대수용지에 그려라.

(2) 해당하는 압축지수와 팽창지수를 구하라.

(3) 점토의 선행압밀압력을 구하라.

압력(t/m^2)	간극비
2	0.953
4	0.948
8	0.938
16	0.920
32	0.878
64	0.789
128	0.691
32	0.719
8	0.754
2	0.791
0	0.890

7.3 점토시료에 대한 압밀시험 결과가 다음과 같을 때, 이 점토의 압축지수를 구하라.

$p_1 = 30\,\text{kN/m}^2$ $\quad\quad e_1 = 0.75$

$p_2 = 70\,\text{kN/m}^2$ $\quad\quad e_2 = 0.50$

7.4 그림 7-14와 같은 지층의 지표면에 가해진 100kN/m^{2}의 압력으로 인한 점토층의 압밀침하량을 구하라. 점토층은 정규압밀점토이다. 단, 모래의 비중을 2.75로 가정하라.

7.5 연습문제 7.4에서 점토층이 선행압밀압력 $p_c = 300\mathrm{kN/m^2}$, $150\mathrm{kN/m^2}$인 과압밀점토일 때 압밀 침하량을 각각 구하라. 점토의 팽창지수 $C_s = 0.2$이다.

7.6 그림 7-15에서 (1) 지표면에 $250\mathrm{kN/m^2}$의 무한히 넓은 등분포하중이 작용하는 경우 (2) 지표면에 설치한 $2\mathrm{m} \times 2\mathrm{m}$의 정사각형 기초에 1,000kN의 하중이 작용하는 경우에 정규압밀점토층의 압밀 침하량을 구하라.

7.7 연습문제 7.3에서 주어진 하중단계에서의 점토의 압축계수, 체적변화계수, 투수계수를 구하라. 점토의 압밀계수는 $0.02\mathrm{cm^2/sec}$이다.

7.8 그림 7-19와 같은 지층의 지표면에 $196\mathrm{kN/m^2}$의 압력이 작용하였다.

(1) 하중을 가한 직후 피에조미터의 물이 지하수위보다 위로 올라가는 높이를 구하라.
(2) $h = 8\mathrm{m}$일 때 A점에서의 압밀도를 구하라.
(3) A점에서의 압밀도가 60%일 때 h를 구하라.

7.9 예제 7.8에서 12m 두께의 점토층이 양면배수이고, 압밀계수 c_v를 $5.0 \times 10^{-8}\mathrm{m^2/sec}$로 가정하고, 재하 10년 후에 깊이 3, 6, 9, 12m에서의 압밀도와 과잉간극수압을 구하라. 단, $\gamma_w = 10\mathrm{kN/m^3}$.

7.10 연습문제 7.9에서 재하 후 5년과 10년이 경과하였을 때의 점토층 전체의 평균압밀도 U_{av}를 구하라.

7.11 시간계수 $T = 0.1$일 때 (1) 양면배수 상태인 점토층의 중앙부와 $\dfrac{z}{H} = 0.3$ 에서의 압밀도 (2) 점토층 전체의 평균압밀도를 구하라.

7.12 연습문제 7.11에서 시간계수 $T = 0.1$일 때의 점토층의 압밀침하량을 구하라. 점토층의 최종 압밀 침하량을 75cm로 가정하라.

7.13 두께 10m 점토층이 양면배수되는 경우에 평균압밀도가 50% 및 90%로 되는 데 소요되는 시간을 구하라. 압밀계수 $c_v = 0.0012\,\mathrm{cm/sec^2}$이다.

7.14 연습문제 7.13에서 일면배수인 경우의 압밀시간을 구하라.

7.15 임의의 하중이 가해진 10m 두께의 점토층이 50일 지나서 90% 압밀되었다면, 그 하중단계에 대한 점토의 압밀계수를 구하라. 일면배수로 가정하라.

7.16 양면배수인 10m 두께의 점토층이 5년 동안 12cm 침하하였다. 이 점토층의 최종 압밀침하량을 구하고, 이 최종 압밀침하량의 50%가 발생하는 데 소요되는 시간을 구하라. 점토의 압밀계수 $C_v = 0.008\mathrm{cm^2/sec}$이다.

7.17 다음과 같은 압밀시험 결과를 가지고 $\sqrt{t}$ 방법과 $\log t$ 방법으로 압밀계수를 각각 구하라. 시료의 최초 높이는 2.54cm이다. 다이알 게이지 눈금의 단위는 10^{-2}mm이다.

시간	다이알 게이지 눈금	시간	다이알 게이지 눈금
0 초	1570	15 분	1916
15 초	1598	30 분	1977
30 초	1618	60 분	2000
1 분	1650	120 분	2010
2 분	1693	240 분	2017
4 분	1752	480 분	2023
8 분	1837	960 분	2026
		1440 분	2030

7.18 점토시료에 대한 압밀시험에서 압력을 $40\mathrm{kN/m^2}$에서 $80\mathrm{kN/m^2}$으로 증가시켰을 때의 압밀시험 결과가 다음과 같다. 1440분 후의 시료의 최종 두께는 12.80mm이며, 초기간극비는 1.20, 최종간극비는 0.85이었다. 이 하중단계에서의 점토의 압밀계수, 압밀비, 압축계수, 체적변화계수, 압축지수를 구하라. 또 점토의 투수계수도 구하라.

시간(분)	다이얼 게이지 눈금(mm)
0	4.041
0.1	3.927
0.25	3.879
0.5	3.830
1	3.757
2	3.650
4	3.495
8	3.282
15	3.035
30	2.766
60	2.550
120	2.423
240	2.276
480	2.184
1440	2.040

7.19 두께 15m인 점토층의 1차 압밀침하가 1년만에 종료되고, 종료시 간극비가 1.2이었다. 1차 압밀종료 30년 후에 발생할 2차 압밀침하량을 구하라. 점토의 2차압축지수는 0.02이다.

7.20 성토기간 10개월에 걸쳐 제방을 완공하였다. 착공후 20개월 후의 침하량은 순간하중을 가한 후 몇 개월의 침하량과 같은가?

7.21 불투수층 위에 놓여 있는 두께 8m의 점토층 위에 제방을 축조한다. 제방축조로 인하여 점토층 내의 수직응력 증가량은 $50\mathrm{kN/m^2}$이다. 점토층의 압밀특성은 $c_v = 4.0\mathrm{m^2/year}$, $c_h = 7.0\mathrm{m^2/year}$, $m_v = 0.00025\,\mathrm{m^2/kN}$이다. 제방 축조 8개월 후 점토층의 압밀침하량이 최종침하량의 90%가 되도록 모래말뚝의 간격을 구하라. 단, 모래말뚝의 직경은 30cm이고 정삼각형 배치이다.

참고문헌

1. 김상규 외 2인 (2012). 토질역학, 청문각.
2. 백영식 (2007). 토질역학, 구미서관.
3. 이종규 (2007). 토질역학, 기문당.
4. 천병식 (1998). 지반공학, 구미서관.
5. Casagrande, A. (1936). "Determination of the Preconsolidation Load and It's Practical Significance", Proceedings, 1st International Conference on Soil Mechanics and Foundation Engineering, Cambridge, Mass., Vol. 3, pp. 60~64.
6. Casagrande, A. & Fadum, R. E. (1940). "Notes on Soil Testing for Engineering Purposes", Harvard University Graduate School Engineering Publication No. 8.
7. Cernica, John N. (1995). Soil Mechanics, John Wiley & Sons, Inc., New York.
8. Craig, R. F. (1983). Soil Mechanics. 3rd. ed., Van Nostrand Reinhold Co. Ltd.
9. Das, B. M. (1998). Principles of Geotechnical Engineering, PWS, MA.
10. Das, B. M. (1985). Advanced Soil Mechanics, PWS Engineering, Boston.
11. Rendon-Herrero, O. (1980). "Universal Compression Index Equation", Journal of the Geotechnical Engineering Division, ASCE, Vol. 106, No. GT11, pp. 1179~1200.
12. Terzaghi, K. (1943). Theoretical Soil Mechanics, Wiley, New York.
13. Terzaghi, K. & Peck, R. B. (1967). Soil Mechanics in Engineering Practice, 2nd ed., Wiley, New York.

제8장

흙의 전단강도

SOIL MECHANICS
SOIL MECHANICS

제 8 장 흙의 전단강도

8.1 수직응력과 전단응력

8.1.1 수직응력과 전단응력

어느 평면에 직각방향으로 작용하는 응력을 수직응력(normal sress ; σ)이라고 하며, 평행한 방향으로 작용하는 응력을 전단응력(shear stress ; τ)이라고 한다.

그림 8-1에서처럼 전단응력은 작용하지 않고 수직응력만 작용하는 두 개의 직교하는 평면을 주응력면이라고 하며, 주응력면에 작용하는 수직응력을 주응력이라고 한다. 두 개의 주응력 중 최대인 것을 최대주응력 σ_1, 최소인 것을 최소주응력 σ_3이라고 하며, 최대주응력이 작용하는 면을 최대주응력면, 최소주응력이 작용하는 면을 최소주응력면이라고 한다.

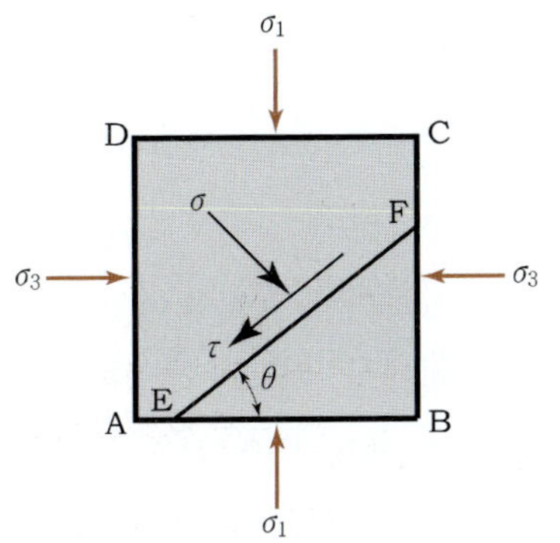

그림 8-1 주응력

그림 8-1과 같은 물체에 외부에서 수직응력 σ_1, σ_3를 가하면 물체 내부의 임의의 면에는 수직응력과 전단응력이 작용한다. 최대주응력면 AB와 θ만큼 경사진 면 EF에 작용하는 수직응력 σ와 전단응력 τ는 다음 식으로 구할 수 있다.

$$\sigma = \frac{\sigma_1 + \sigma_3}{2} + \frac{\sigma_1 - \sigma_3}{2}\cos 2\theta \qquad (8.1)$$

$$\tau = \frac{\sigma_1 - \sigma_3}{2}\sin 2\theta \qquad (8.2)$$

수직응력은 압축응력을 양(+)으로, 인장응력을 음(−)으로 간주하고, 전단응력은 물체를 반시계 방향으로 회전시키려는 것을 양(+)으로 간주한다. 각도는 기준면으로부터 반시계 방향으로 잰 각을 양(+)으로 간주한다.

예제 8.1

그림 8-1에서 $\sigma_1 = 300\,\text{kN/m}^2$, $\sigma_3 = 100\,\text{kN/m}^2$, $\theta = 30°$일 때 면 EF에 작용하는 수직응력 σ와 전단응력 τ를 구하라.

풀이

수직응력 $\sigma = \dfrac{\sigma_1 + \sigma_3}{2} + \dfrac{\sigma_1 - \sigma_3}{2}\cos 2\theta = \dfrac{300+100}{2} + \dfrac{300-100}{2}\cos(2\times 30°) = 250\,\text{kN/m}^2 = 250\text{kPa}$

전단응력 $\tau = \dfrac{\sigma_1 - \sigma_3}{2}\sin 2\theta = \dfrac{300-100}{2}\sin(2\times 30°) = 86.5\,\text{kN/m}^2 = 86.5\text{kPa}$

8.1.2 Mohr원 방법

가로축에 수직응력 σ, 세로축에 전단응력 τ을 나타내는 좌표에서, 가로축에 최대주응력 σ_1과 최소주응력 σ_3를 표시한 점을 각각 N, S라고 하자. 선분 SN을 지름으로 하는 원을 그리면 이 원을 Mohr원이라고 한다.

점 N의 좌표는 $(\sigma_1,\ 0)$, 점 S의 좌표는 $(\sigma_3,\ 0)$이고, 원의 중심 O의 좌표는 $(\dfrac{\sigma_1 + \sigma_3}{2},\ 0)$가 된다. 원의 지름 SN의 길이는 $\sigma_1 - \sigma_3$이고, 반지름의 길이는 $\dfrac{\sigma_1 - \sigma_3}{2}$가 된다.

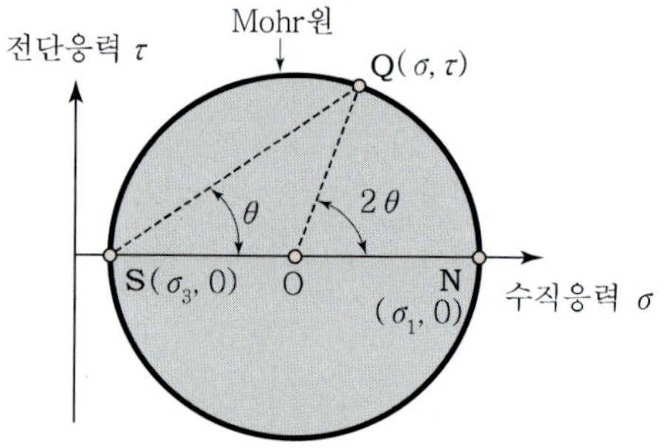

그림 8-2 Mohr원

그림 8-1에서 최대주응력면 AB와 θ만큼 경사진 면 EF에 작용하는 수직응력 σ와 전단응력 τ는 그림 8-2의 Mohr원에서 최대주응력을 나타내는 점 N으로부터 Mohr원의 원주를 따라 반시계방향으로 2θ만큼 회전하여 얻은 점 Q를 취하면 구할 수 있다. 점 Q의 횡좌표가 면 EF상의 수직응력 σ이고, 종좌표는 면 EF상의 전단응력 τ이다.

예제 8.2

Mohr원을 이용하여 예제 8.1의 답을 구하라.

풀이

① 점 N(300, 0)과 점 S(100, 0)을 표시한다(그림 8-3).

② 중심 O를 (200, 0)으로 하고 반지름을 100으로 하는 Mohr원을 그린다.

③ N으로부터 Mohr원의 원주를 따라 반시계방향으로 $2\theta = 60^\circ$ 만큼 회전하여 점 Q를 취한다.

④ 점 Q의 횡좌표 250kPa가 수직응력 σ이고 종좌표 86.5kPa가 전단응력 τ이다.

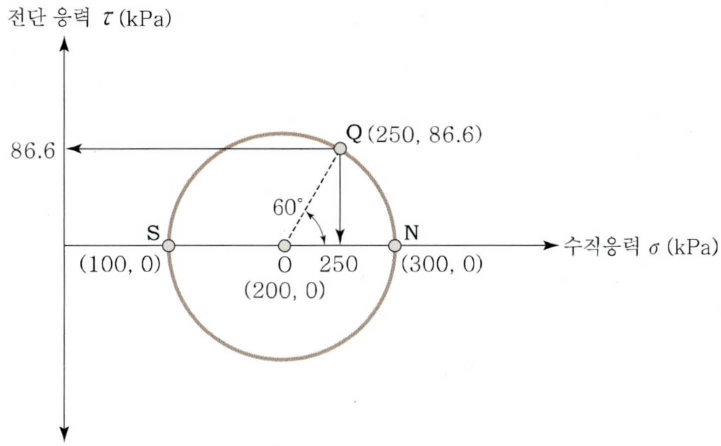

그림 8-3 예제 8.2

8.1.3 극점 방법

Mohr원에서 극점(pole) 또는 평면기점(origin of plane)을 이용하면 임의의 평면에 작용하는 응력을 쉽게 구할 수 있다.

그림 8-1과 같은 응력상태를 Mohr원으로 나타낸 것이 그림 8-2이다. Mohr원 상의 응력을 나타내는 한 점에서 그 응력이 작용하는 평면에 평행하게 직선을 그어서 Mohr원과 만나는 점을 극점 또는 평면기점 O_p라고 한다.

그림 8-2의 Mohr원에서 점 N은 최대주응력면 AB의 응력을 나타내는 점이다. 이 점에서 최대주응력면 AB에 평행한 선을 그어서 Mohr원과 만나는 점 S가 극점이 된다. 이 극점에서 면 EF에 평행하게 직선을 그어 Mohr원과 만나는 점 Q의 횡좌표가 면 EF상의 수직응력 σ이고, 종좌표는 면 EF상의 전단응력 τ이다

8.2 흙의 전단강도

8.2.1 전단강도

흙에서는 외부에서 큰 하중을 가하더라도 압축파괴나 인장파괴가 일어나지 않고 경사면을 따라 단면이 미끄러져 파괴되는 전단파괴(shear failure)가 일어난다(그림 8-4).

외부에서 흙에 하중을 가하면 흙내부의 경사면에는 수직응력 σ와 전단응력 τ가 작용하게 된다. 경사면을 따라 전단응력(shear stress)이 작용하면 흙입자가 미끄러져 흙의 변형이 생기려 하고, 반면에 변형에 저항하는 힘도 생기게 되며, 이것을 전단저항(shear resistance)이라고 한다.

흙내부의 어느 면의 전단응력이 매우 커져서 활동(sliding)이 일어나 흙이 전단파괴될 때의 저항력을 흙의 전단강도(shear strength)라고 한다. 흙의 전단강도는 흙입자 사이의 마찰력과 점착력에 의하여 발생한다.

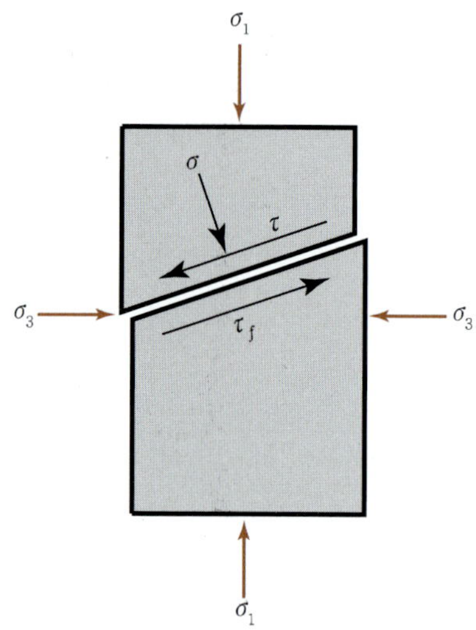

그림 8-4 흙의 전단파괴

8.2.2 Mohr-Coulomb의 파괴이론

흙의 전단강도는 흙내부의 경사면이 활동파괴될 때의 최대전단응력 τ_f와 같은 값으로, 전단강도의 기호로 τ_f 또는 s를 사용한다. 흙의 전단강도는 특정한 값이 아니라 파괴면에 작용하는 수직응력 σ에 따라 달라지며, 다음 식과 같이 나타낼 수 있다.

$$\tau_f = f(\sigma) \tag{8.3}$$

식 (8.3)이 의미하는 관계는 그림 8-5(a)와 같이 곡선 형태로 나타낼 수 있으며, 이 곡선을 Mohr의 파괴포락선(failure envelope)이라고 한다. 곡선인 파괴포락선을 그림 8-5(b)와 같이 직선으로 근사화한 것을 Mohr-Coulomb의 파괴포락선이라 하며, 이 관계를 다음 식과 같이 나타낼 수 있다. 이 식을 Mohr-Coulomb의 파괴기준(failure criteria)이라고 한다.

$$\tau_f = c + \sigma \tan\phi \tag{8.4}$$

여기서, τ_f = 흙의 전단강도

c = 점착력(cohesion) = 점착절편(cohesion intercept)

σ = 수직응력

$\tan\phi$ = 마찰계수

ϕ = 내부마찰각(angle of internal friction)

= 전단저항각(angle of shearing resistance)

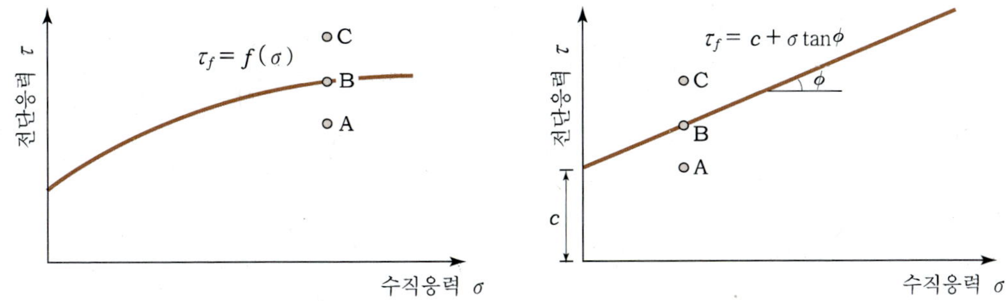

(a) Mohr의 파괴포락선 (b) Mohr-Coulomb의 파괴포락선

그림 8-5 파괴포락선

포화토에서는 간극수압 u가 작용하므로 식 (8.4)의 수직응력 σ 대신에 유효수직응력 σ'를 사용하면 전단강도는 다음 식과 같이 된다.

$$\tau_f = c + \sigma' \tan\phi = c + (\sigma - u)\tan\phi \tag{8.5}$$

점착력 c와 내부마찰각 ϕ를 전단강도정수 또는 간단히 강도정수(strength parameter)라고 하며, 이들은 흙의 종류와 상태에 따라 달라지는 값이다. 또 이들은 같은 흙에서도 재하방법이나 배수조건 등에 따라 달라지기도 한다.

모래, 자갈 등의 조립토의 점착력은 0이며, 대략적인 내부마찰각은 표 8.1과 같다. 정규압밀점토의 점착력은 0에 가깝고 과압밀점토의 점착력은 0보다 큰 값이며, 점토의 내부마찰각은 배수조건에 따라 달라진다.

표 8.1 조립토의 내부마찰각 ϕ

흙의 종류	내부마찰각 ϕ(°)	
	느슨한 상태	조밀한 상태
실트	27~30	30~34
실트질 모래	27~33	30~35
입도불량한 모래	28	34
입도양호한 모래	33	45
모래질 자갈	35	50

예제 8.3

흙속의 전단파괴면에 작용하는 수직응력이 100kPa/m², 간극수압이 30kPa/m²이고, 이 흙의 점착력이 50kPa/m², 내부마찰각이 30°일 때, 이 면에서의 전단강도를 구하라.

풀이

$$\tau_f = c + \sigma' \tan\phi = c + (\sigma - u)\tan\phi$$

$$= 50 + (100 - 30)\tan 30° = 50 + 40.41 = 90.41\text{kPa}$$

8.2.3 파괴포락선의 의미

흙내부의 어느 경사면에 작용하는 수직응력과 전단응력이 그림 8-5(b)에서 파괴포락선 아래쪽(A점)에 놓인다면 그 경사면에서는 전단파괴가 일어나지 않는다. 그것은 전단응력이 그 면에서의 수직응력에 대한 흙의 전단강도보다 작기 때문이다. 만약 응력상태가 파괴포락선 상(B점)에 놓인다면 전단응력이 전단강도와 같기 때문에 그 경사면을 따라 전단파괴가 일어난다. 응력상태는 파괴포락선 위쪽(C점)에는 존재할 수 없으며, 그 이유는 전단응력은 전단강도보다 클 수 없기 때문이다.

앞의 설명은 Mohr원으로 설명할 수도 있다. 흙에 가해진 최대주응력과 최소주응력에 따라 그린 Mohr원이 파괴포락선 아래쪽에 놓이면 전단파괴가 일어나지 않으며, Mohr원이 파괴포락선에 접하면 전단파괴가 일어난다. Mohr원이 파괴포락선보다 위쪽으로 올라가는 것은 불가능한 일이다.

8.2.4 전단파괴면의 경사

그림 8-6에서 X점은 파괴포락선 상에 있으므로 전단파괴 때의 응력상태를 나타내고 있다. 파괴포락선은 X점에서 Mohr원과 접하고 있으며, 이 Mohr원에서 극점 O_p를 찾으면 A점이 된다. A점과 X점을 연결하면 이 선은 전단파괴면과 평행하게 된다.

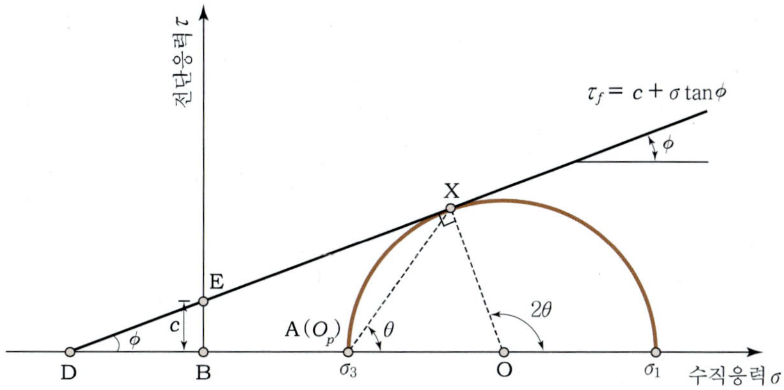

그림 8-6 Mohr원과 파괴포락선

기하학적 조건에서 파괴면이 최대주응력면과 이루는 각 θ를 구하면 다음 식과 같이 된다.

$$2\theta = 90^\circ + \phi$$

$$\theta = 45^\circ + \frac{\phi}{2} \tag{8.6}$$

전단파괴를 일으키는 최대주응력 σ_1과 최소주응력 σ_3의 관계는 다음과 같이 구할 수 있다. 삼각형 OXD에서 다음 식이 성립한다.

$$\sin\phi = \frac{\mathrm{OX}}{\mathrm{DO}} = \frac{\mathrm{OX}}{\mathrm{DB}+\mathrm{BO}} = \frac{\dfrac{\sigma_1-\sigma_3}{2}}{c\cot\phi + \dfrac{\sigma_1+\sigma_3}{2}} \tag{8.7}$$

식 (8.7)을 σ_1에 대하여 정리하면 다음 식과 같이 된다.

$$\sigma_1 = \sigma_3\frac{1+\sin\phi}{1-\sin\phi} + 2c\frac{\cos\phi}{1-\sin\phi}$$

$$\sigma_1 = \sigma_3\tan^2(45+\frac{\phi}{2}) + 2c\tan(45+\frac{\phi}{2}) \tag{8.8}$$

8.2.5 전단강도 측정 방법

흙의 전단강도정수 즉 점착력과 내부마찰각은 실험실에서 시험을 통하여 구하거나 현장시험을 통하여 측정할 수 있다.

실험실에서 흙의 전단강도를 측정하는 시험에는 직접전단시험, 삼축압축시험, 일축압축시험 등이 있으며, 현장시험에는 표준관입시험, 콘관입시험, 베인시험, 공내재하시험 등이 있다.

이 장에서는 실내시험에 의한 전단강도 측정에 대해서만 취급하고, 현장시험에 의한 전단강도 측정 방법에 대해서는 13장 지반조사에서 설명한다.

8.3 직접전단시험(direct shear test)

8.3.1 시험방법과 원리

직접전단시험의 방법과 순서는 다음과 같다(그림 8-7).

1. 아래, 위 두 부분으로 분리되는 크기 6cm×6cm, 높이 2cm의 철제 전단상자(shear box) 안에 흙시료를 넣는다. 흙시료의 아래 위에는 다공석판(porous stone)을 놓는다.
2. 전단상자 위쪽에 수직력을 가한 상태로 상부 전단상자에 수평력을 가하여 전단상자의 갈라진 면을 따라 흙시료를 전단파괴시킨다. 파괴될 때 가한 수평력이 전단력이다.

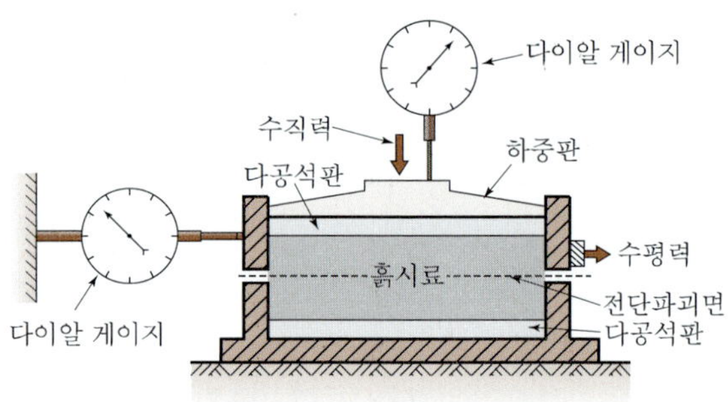

그림 8-7 직접전단시험 장치

3. 전단과정 중에 발생하는 흙시료의 수평변위와 연직변위를 다이알 게이지로 측정한다.
4. 유사한 흙시료에 대하여 수직력을 바꿔 가면서 동일한 방법으로 시험을 3~4회 반복한다. 수직력이 커지면 전단파괴에 필요한 수평력도 커진다.
5. 각 실험에 대하여 다음 식으로 전단파괴시의 수직응력 σ와 전단응력 τ를 구한 다음, 그림 8-8과 같이 $\sigma-\tau$ 평면상에 점으로 표시한다.

$$\text{수직응력 } \sigma = \frac{\text{전단파괴시의 수직력}}{\text{흙시료의 단면적}} \tag{8.9}$$

$$\text{전단응력 } \tau = \frac{\text{전단력(전단파괴시의 수평력)}}{\text{흙시료의 단면적}} \tag{8.10}$$

6. 전단파괴를 나타내는 여러 점들을 지나는 직선을 그리면, 이 직선이 파괴포락선이다.
7. 파괴포락선의 경사각이 내부마찰각 ϕ이고, 세로축과 만나는 점이 점착력 c를 나타낸다.

예제 8.4

건조한 사질토에 대해서 실시한 직접전단시험 결과가 다음과 같다. 이 흙의 전단강도정수를 구하라. 흙시료의 크기는 6 cm × 6 cm × 2 cm 이다.

수직력(kN)	파괴시 수평력(kN)
90	54
135	83
315	191
600	462

풀이

수직력(kN)	수직응력 σ (kN/cm^2)	전단력(kN)	전단응력 τ (kN/cm^2)
90	2.5	54	1.50
135	3.75	83	2.31
315	8.75	191	5.31
600	16.67	462	12.83

가로축에 수직응력 σ, 세로축에 전단응력 τ를 나타내는 $\sigma-\tau$ 평면상에 위의 결과를 표시하면 그림 8-8과 같이 여러 점들이 된다. 이 점들을 지나는 직선을 그리면, 이 직선이 파괴포락선이다.

이 직선의 경사각이 내부마찰각 ϕ이고, 세로축과 만나는 점이 점착력 c를 나타내므로, 그림 8-8에서 $\phi=32°$, $c=0\text{kN/cm}^2$을 구할 수 있다.

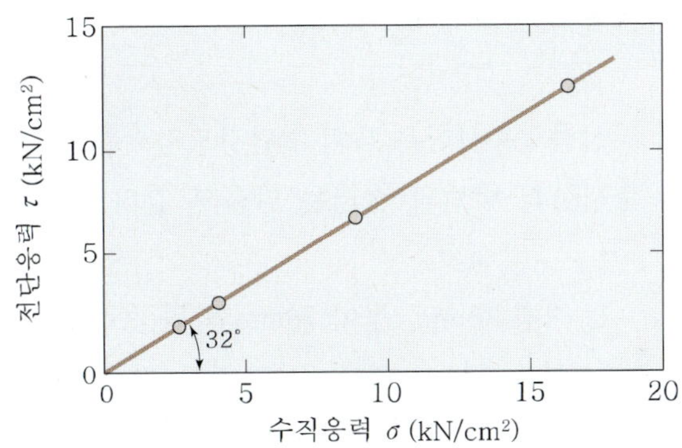

그림 8-8 예제 8.4

8.3.2 직접전단시험의 특징

흙시료의 간극수가 상하의 다공석판을 통하여 빠져 나갈 수 있도록 하는 전단시험을 배수 전단시험이라고 하며, 다공석판 대신에 불투수성 판을 사용하여 배수가 허용되지 않는 전단시험을 비배수 전단시험이라고 한다.

직접전단시험은 간편하고 시간이 많이 걸리지 않는 장점이 있어서 모래의 배수 전단시험으로 많이 사용되고 있지만, 다음과 같은 몇 가지 단점이 있다.

1. 철저한 배수조건의 조절이 어려워서 점토의 전단강도 측정에는 부적당하다.
2. 시험 중 흙시료의 함수비가 변화하고 간극수압의 측정이 어렵다.
3. 흙의 가장 약한 면을 따라서 전단이 일어나는 것이 아니고, 전단상자의 분리면을 따라서 수평으로 전단이 일어난다.
4. 전단응력이 전단면에 고루 분포되지 않아 단부에서의 응력이 중심부의 응력보다 커서 단부가 중심부보다 먼저 파괴되는 진행성 파괴(progressive failure)가 일어난다.
5. 시험 초기에는 수평면과 연직면이 주응력면이지만, 전단이 진행되면서 전단응력이 발생하여 수평면이 주응력면이 되지 못하므로 주응력면이 바뀌게 된다.

8.4 삼축압축시험(triaxial shear test)

8.4.1 시험방법과 원리

삼축압축시험은 흙의 전단강도정수를 구하는 데 있어서 가장 신뢰할 만한 방법으로서, 표준 삼축압축시험의 방법과 순서는 다음과 같다.

1. 직경 38mm, 높이 76mm의 원통모양의 흙시료를 얇은 고무막으로 싸서 압축실 안에 설치한다(그림 8-9).
2. 가압장치를 이용하여 압축실에 수압을 가하여 사방에서 같은 크기의 압력을 흙시료에 가한다(그림 8-10(a)). 이때 가한 등방압력을 구속압력(confining pressure) σ_c라고 하며, 이 과정을 등방압축이라 한다.

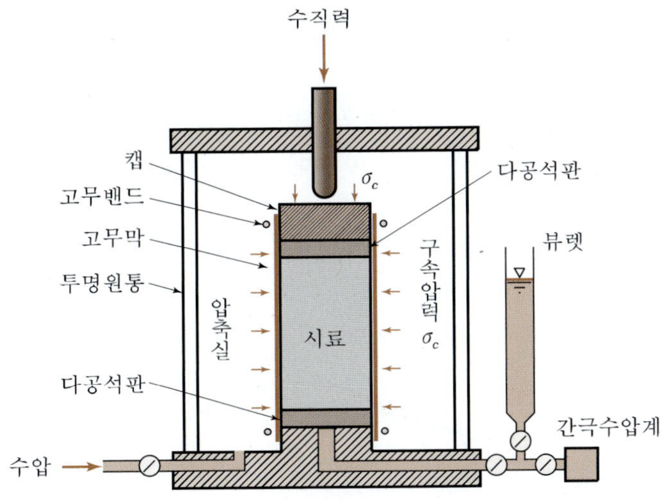

그림 8-9 삼축압축시험 장치

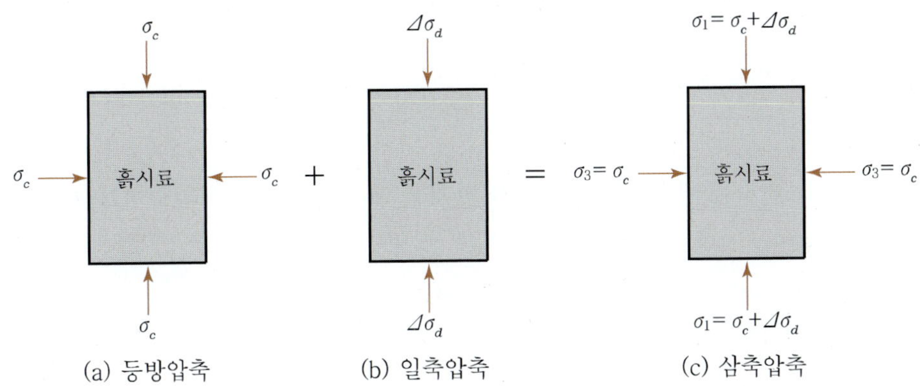

그림 8-10 표준 삼축압축시험

3. 피스톤을 통하여 흙시료에 수직력을 가하여 흙시료를 전단파괴시킨다(그림 8-10(b)). 이때 가한 수직력을 축차응력(deviator stress) $\Delta\sigma_d$이라고 하며, 이 과정을 일축압축이라 한다.
4. 전단파괴시의 최소주응력 σ_3와 최대주응력 σ_1을 다음 식과 같이 구하여(그림 8-10(c)), Mohr원을 그린다.

최소주응력 $\sigma_3 = \sigma_c$ (8.11)

최대주응력 $\sigma_1 = \sigma_c + \Delta\sigma_d$ (8.12)

5. 유사한 흙시료에 대하여 구속압력을 바꿔가면서 동일한 방법으로 시험을 3~4회 반복하여 여러 개의 Mohr원을 그린다.
6. 여러 Mohr원에 공통접선을 그려서 파괴포락선을 구한다(그림 8-11).
7. 파괴포락선의 경사각이 내부마찰각 ϕ이고, 세로축과 만나는 점이 점착력 c를 나타낸다.

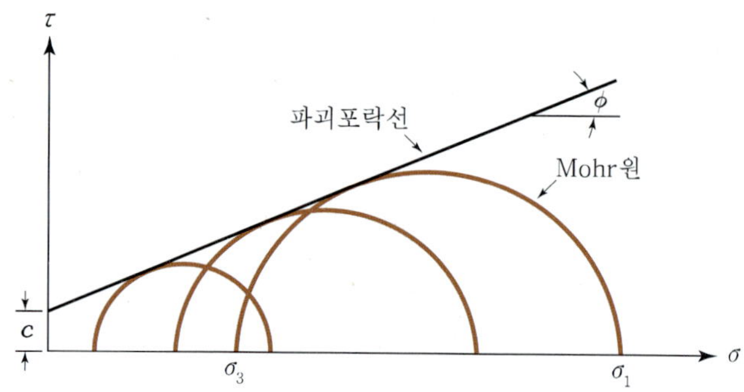

그림 8-11 Mohr원과 파괴포락선

삼축압축시험은 흙시료에 구속압력을 가하여 압밀시키는 등방압축과 수직력(축차응력)을 가하여 전단시키는 일축압축으로 이루어진다.

흙시료에 수직력을 가하는 방법에는 흙시료가 파괴될 때까지 축하중을 일정하게 증가시키는 응력제어방법(stress-controlled test)과 흙시료의 축방향 변형이 일정한 속도로 발생하도록 축하중을 가하는 변형률제어방법(strain-controlled test)이 있다.

흙시료에 수직력을 가하면 흙시료가 압축되면서 단면적이 증가하므로, 축차응력은 수직력을 증가된 단면적으로 나누어서 구해야 한다.

수직력을 가하는 동안 흙시료의 간극수압을 측정하려면 상하단에 있는 다공석판에 꽂힌 튜브와 연결된 간극수압 측정장치를 이용하며, 흙시료의 체적변화를 측정하려면 체적변화 측정장치를 이용한다.

삼축압축시험은 직접전단시험에 비하여 시험장치와 시험방법이 매우 복잡하지만, 실제 현장 지반의 응력상태나 배수조건에 맞추어서 시험을 할 수 있는 장점이 있다.

삼축압축시험은 흙시료의 배수조건에 따라 압밀배수시험, 압밀비배수시험, 비압밀비배수시험 등으로 구분할 수 있다.

8.4.2 압밀배수시험(consolidated-drained test, CD test)

흙시료에 구속압력을 가할 때 배수장치를 열어 간극수가 빠져 나가 압밀이 일어나게 하고, 축차응력을 가할 때도 배수장치를 열어서 배수를 허용하면서 전단파괴시키는 시험을 압밀배수시험(CD test)이라고 한다. 압밀 및 배수에 시간이 많이 소요되므로 S-test(slow test)라고도 한다.

등방압축시의 구속압력이 클수록 흙시료의 부피가 많이 감소하고 밀도가 증가하여 전단파괴시 축차응력이 크게 된다.

전단과정 동안 간극수압이 0이어서 유효응력과 전응력이 같으므로, 유효응력으로 그린 Mohr원과 전응력으로 그린 Mohr원이 일치한다.

따라서, 전응력으로 구한 강도정수나 유효응력으로 구한 강도정수는 같은 값이며, 압밀배수시험에서 구한 점착력과 내부마찰각을 c_d, ϕ_d로 표기하기도 한다.

모래와 정규압밀점토의 점착력은 0이며, 과압밀점토의 점착력은 0보다 큰 값이다.

모래는 투수계수가 커서 하중을 가한 즉시 배수가 되므로, 모래지반의 전단강도는 압밀배수시험으로 구하는 것이 좋다.

점토는 투수계수가 작아서 배수시간이 매우 오래 걸리므로 압밀배수시험을 잘 사용하지 않는다. 그러나 점토도 장기적으로는 배수가 되므로 점토지반의 장기적 안정 검토에 필요한 전단강도는 압밀배수시험으로 구한다.

예제 8.5

흙시료에 대하여 압밀배수 삼축압축시험을 실시하였다. 시험결과 흙시료의 전단파괴시 다음과 같은 값을 얻었다. 이 점토의 강도정수를 구하라.

흙시료 1 : 구속압력 $\sigma_c = 50\,\text{kPa}$, 축차응력 $\Delta\sigma_d = 390\,\text{kPa}$

흙시료 2 : 구속압력 $\sigma_c = 100\,\text{kPa}$, 축차응력 $\Delta\sigma_d = 420\,\text{kPa}$

풀이

각 흙시료의 전단파괴시 주응력은 다음과 같이 된다.

흙시료 1 : $\sigma_3 = \sigma_c = 50\,\text{kPa}$

$$\sigma_1 = \sigma_c + \Delta\sigma_d = 50 + 390 = 440\,\text{kPa}$$

흙시료 2 : $\sigma_3 = \sigma_c = 100\,\text{kPa}$

$$\sigma_1 = \sigma_c + \Delta\sigma_d = 100 + 420 = 520\,\text{kPa}$$

흙시료 1과 흙시료 2의 주응력을 이용하여 그림 8-12와 같이 두 개의 Mohr원을 그리고 파괴포락선을 그리면, 내부마찰각 $\phi = 13.3°$, 점착력 $c = 143\,\text{kPa}$을 구할 수 있다.

또는 식 (8.8)을 이용하여 구할 수도 있다. 식 (8.8)에 흙시료의 σ_1과 σ_3를 대입하면 다음 식과 같이 된다.

$$440 = 50\tan^2(45+\frac{\phi}{2}) + 2c\tan(45+\frac{\phi}{2})$$

$$520 = 100\tan^2(45+\frac{\phi}{2}) + 2c\tan(45+\frac{\phi}{2})$$

이 2개의 방정식에서 2개의 미지수 값을 구하면 $\phi = 13.3°$, $c = 143$ tkPa이 된다.

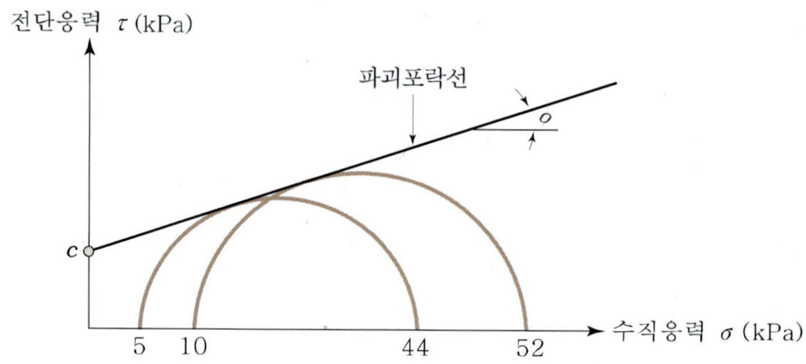

그림 8-12 예제 8.5

예제 8.6

정규압밀점토에 대하여 압밀배수 삼축압축시험을 실시하였다. 시험결과 흙시료의 전단파괴시 $\sigma_c = 280$ kPa, $\Delta\sigma_d = 280$ kPa이었다. 다음을 구하라.

(1) 내부마찰각 ϕ_d

(2) 파괴면이 최대주응력면과 이루는 각 θ

(3) 파괴면에서의 수직응력 σ와 전단응력 τ

풀이

파괴시 최소주응력

$$\sigma_3 = \sigma_c = 280 \text{ kPa}$$

파괴시 최대주응력

$$\sigma_1 = \sigma_c + \Delta\sigma_d = 280 + 280 = 560 \text{ kPa}$$

(1) 삼축압축시험을 1번만 실시하여 그림 8-13과 같이 Mohr원을 1개만 그릴 수 있다. 정규압밀점토는 점착력이 0이므로 파괴포락선은 원점을 지나간다.

그림 8-13에서

$$\sin\phi_d = \frac{\text{AB}}{\text{OA}} = \frac{\frac{\sigma_1 - \sigma_3}{2}}{\frac{\sigma_1 + \sigma_3}{2}} = \frac{\sigma_1 - \sigma_3}{\sigma_1 + \sigma_3} = \frac{560 - 280}{560 + 280} = 0.33$$

$\phi_d = 19.3°$

(2) 그림 8-13에서 Mohr원과 접하는 점 B가 파괴점이므로

$2\theta = 90 + \phi_d$

$\theta = 45 + \dfrac{\phi_d}{2} = 45 + \dfrac{19.3}{2} = 54.7°$

(3) 그림 8-13에서 B점의 횡좌표가 수직응력 σ이고, 종좌표가 전단응력 τ이므로 그림에서

$\mathrm{OB} = \mathrm{OA}\cos\phi_d = \dfrac{280+560}{2} \times \cos 19.3° = 396\,\mathrm{kPa}$

$\sigma = \mathrm{OE} = \mathrm{OB}\cos\phi_d = 396 \times \cos 19.3° = 374\,\mathrm{kPa}$

$\tau = \mathrm{BE} = \mathrm{OB}\sin\phi_d = 396 \times \sin 19.3° = 131\,\mathrm{kPa}$

또는 식 (8.1)과 식 (8.2)에서

$\sigma = \dfrac{\sigma_1 + \sigma_3}{2} + \dfrac{\sigma_1 - \sigma_3}{2}\cos 2\theta = \dfrac{560+280}{2} + \dfrac{560-280}{2} \times \cos(2 \times 54.7°) = 373\,\mathrm{kPa}$

$\tau = \dfrac{\sigma_1 - \sigma_3}{2}\sin 2\theta = \dfrac{560-280}{2} \times \sin(2 \times 54.7°) = 132\,\mathrm{kPa}$

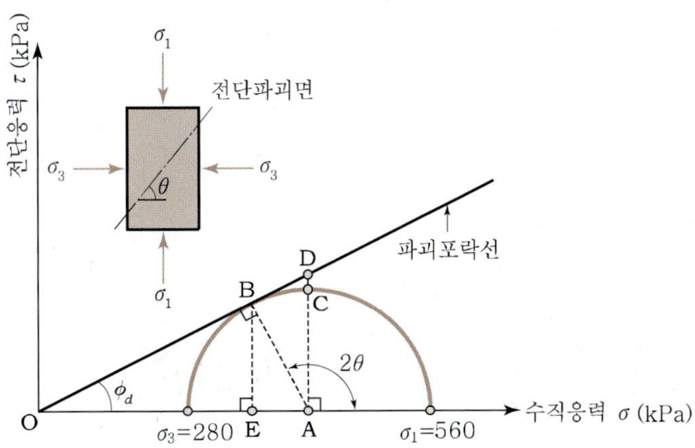

그림 8-13 예제 8.6

예제 8.7

예제 8.6에서 다음에 답하라.

(1) 최대전단응력면에 작용하는 수직응력을 구하라.

(2) 전단파괴가 최대전단응력면이 아닌 $\theta = 54.7°$인 면에서 발생하는 이유를 설명하라.

풀이

(1) 최대전단응력을 나타내는 점은 C점이고, $2\theta = 90°$이므로 $\theta = 45°$이다.

C점의 횡좌표(A점)가 그때의 수직응력이다.

$$\sigma = \frac{\sigma_1 + \sigma_3}{2} = \frac{560 + 280}{2} = 420\,\text{kPa}$$

(2) $\theta = 45^\circ$ 인 면에서의 전단응력은 다음과 같다(C점의 종좌표).

$$\tau = \frac{\sigma_1 - \sigma_3}{2} = \frac{560 - 280}{2} = 140\,\text{kPa}$$

$\theta = 45^\circ$ 인 면에서의 전단강도는 다음과 같다(D점의 종좌표).

$$\tau_f = \text{OA}\tan\phi = 420 \times \tan 19.3^\circ = 147\,\text{kPa}$$

전단응력이 전단강도보다 작기 때문에 이 면에서는 파괴가 발생하지 않고, Mohr원이 파괴포락선과 접하는 B점($\theta = 54.7^\circ$)에서 파괴가 발생한다.

8.4.3 압밀비배수시험(consolidated-undrained test, CU test)

흙시료에 구속압력을 가할 때 배수장치를 열어 간극수가 빠져 나가 압밀이 일어나지만, 축차응력을 가할 때는 배수장치를 막아 배수를 허용하지 않으면서 전단파괴시키는 시험을 압밀비배수시험(CU test)이라고 한다. 삼축압축시험의 가장 일반적인 방법으로, 압밀배수시험보다 시간이 적게 소요되며, R-test라고도 한다.

압밀배수시험과 마찬가지로 등방압축시 압밀이 일어나므로 구속압력이 클수록 전단파괴시 축차응력이 크게 된다.

전단파괴시 간극수압 u가 발생하므로 유효응력과 전응력은 같지 않으며, 다음 식과 같이 된다.

최소주응력 : $\sigma_3 = \sigma_c$ (8.13)

유효 최소주응력 : $\sigma_3{}' = \sigma_3 - u$ (8.14)

최대주응력 : $\sigma_1 = \sigma_c + \Delta\sigma_d$ (8.15)

유효 최대주응력 : $\sigma_1{}' = \sigma_1 - u$ (8.16)

전응력으로 그린 Mohr원과 유효응력으로 그린 Mohr원이 같지 않으므로 파괴포락선과 강도정수도 다르다(그림 8-14). 전응력원에서 구한 강도정수를 c_{cu}, ϕ_{cu}로 표기하고, 유효응력원에서 구한 강도정수를 c', ϕ'로 표기하며, 각각의 경우를 CU test, $\overline{\text{CU}}$ test라고 구분하기도 한다.

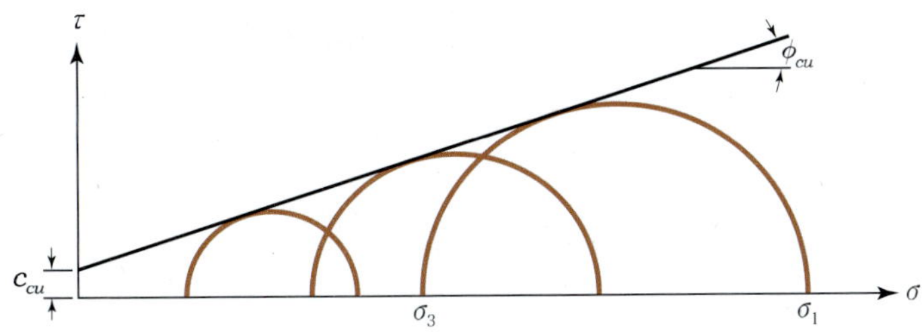

(a) 전응력원

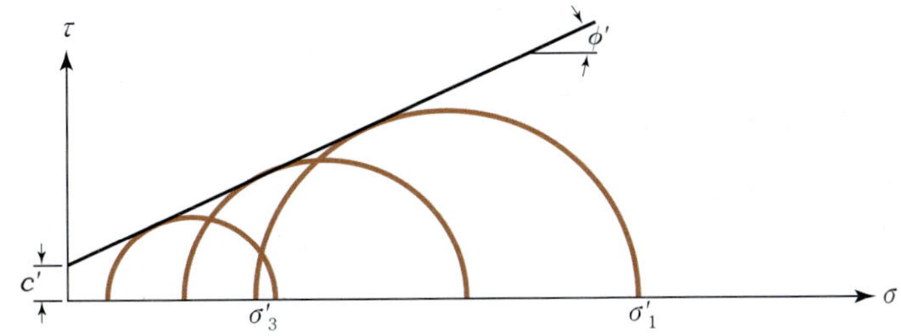

(b) 유효응력원

그림 8-14 점토의 파괴포락선(압밀비배수시험)

정규압밀점토에 대한 전응력 및 유효응력 파괴포락선은 원점을 지나며, 따라서 점착력 c_{cu}, c'값은 0이다. 과압밀점토는 c_{cu}, c'값이 5~30 kPa의 범위에 있다. 내부마찰각 ϕ_{cu}, ϕ'값은 20° ~30° 범위에 있다.

유효응력으로 구한 전단강도정수는 압밀배수시험으로 구한 값과 거의 같으므로, 점토에서는 시간이 많이 걸리는 압밀배수시험 대신에 압밀비배수시험을 많이 이용한다.

점토층 위에 있는 기존 제방에 새로운 하중이 급격히 가해질 경우에 점토의 전단강도는 압밀비배수시험으로 구한다.

예제 8.8

포화된 모래시료를 구속압력 0.42MPa(=420kPa)으로 압밀하였다. 그 후 배수를 허용하지 않으면서 축차응력을 증가시켜 축차응력이 0.35MPa(=350kPa)에 도달하였을 때 시료가 전단파괴되었다. 이때의 간극수압은 0.29MPa(=290kPa)이다. 이 모래의 내부마찰각 ϕ_{cu}, ϕ'을 구하라.

풀이

(1) 파괴시 주응력을 전응력으로 구한다.

$$\sigma_3 = \sigma_c = 0.42\,\text{MPa}$$

$\sigma_1 = \sigma_c + \Delta\sigma_d = 0.42 + 0.35 = 0.77\,\text{MPa}$

전응력으로 Mohr원과 파괴포락선을 그리면 그림 8-15와 같이 된다.

$$\sin\phi_{cu} = \frac{\text{AB}}{\text{OA}} = \frac{\frac{\sigma_1 - \sigma_3}{2}}{\frac{\sigma_1 + \sigma_3}{2}} = \frac{\sigma_1 - \sigma_3}{\sigma_1 + \sigma_3} = \frac{0.77 - 0.42}{0.77 + 0.42} = 0.29$$

$\phi_{cu} = 16.9^\circ$

(2) 파괴시 주응력을 유효응력으로 구한다.

$\sigma_3' = \sigma_3 - u = 0.42 - 0.29 = 0.13\,\text{MPa}$

$\sigma_1' = \sigma_1 - u = 0.77 - 0.29 = 0.48\,\text{MPa}$

유효응력으로 Mohr원과 파괴포락선을 그리면 그림 8-15와 같이 된다.

$$\sin\phi' = \frac{\text{A}'\text{B}'}{\text{OA}'} = \frac{\frac{\sigma_1' - \sigma_3'}{2}}{\frac{\sigma_1' + \sigma_3'}{2}} = \frac{\sigma_1' - \sigma_3'}{\sigma_1' + \sigma_3'} = \frac{0.48 - 0.13}{0.48 + 0.13} = 0.57$$

$\phi' = 34.8^\circ$

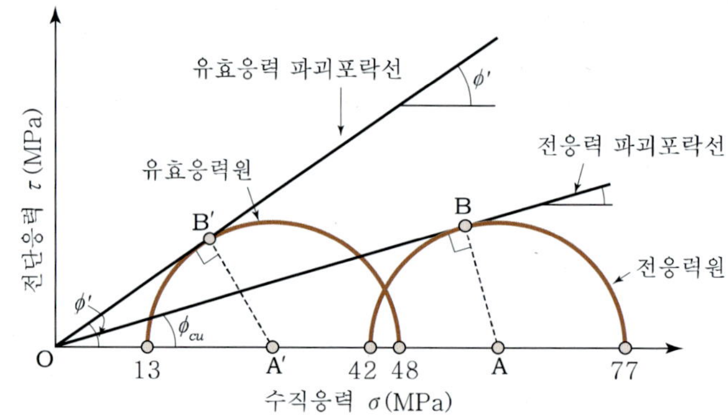

그림 8-15 예제 8.9

8.4.4 비압밀비배수시험(unconsolidated-undrained test, UU test)

흙시료에 구속압력을 가할 때 배수장치를 막아 압밀이 일어나지 않게 하고, 축차응력을 가할 때도 배수장치를 막아 배수를 허용하지 않으면서 전단파괴시키는 시험을 비압밀비배수시험(UU test)이라고 한다. 배수시간이 불필요하여 시험시간이 가장 적게 소요되므로 Q-test라고도 한다.

포화 점토시료에 구속압력을 증가시키면 그만큼 간극수압이 유발되어 시료의 유효응력은 변하지 않아 전단강도도 변하지 않는다. 그러므로 시료를 파괴시키는 데 필요한 축차응력 $\Delta\sigma_d$는 구속압력 σ_c의 크기에 관계없이 항상 같은 값이 된다(그림 8-16).

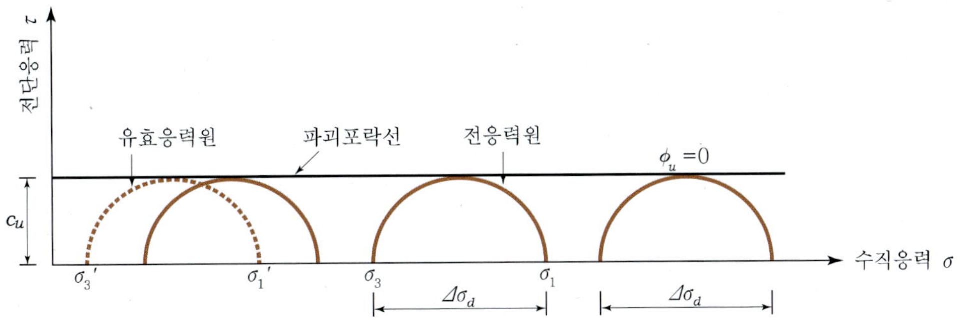

그림 8-16 포화 점토의 파괴포락선(비압밀비배수시험)

따라서 Mohr원의 크기는 항상 같으며, 이 Mohr원에 접하는 파괴포락선은 수평하게 되어 강도정수는 다음 식과 같이 된다. 비압밀비배수시험에서 구한 강도정수는 c_u, ϕ_u로 표기한다.

$$\text{비배수 내부마찰각 : } \phi_u = 0 \tag{8.17}$$

$$\text{비배수 점착력 : } c_u = \frac{\Delta\sigma_d}{2} = \frac{\sigma_1 - \sigma_3}{2} \tag{8.18}$$

구속압력의 크기에 관계없이 유효응력은 같은 값이므로 유효응력원은 한 개밖에 그릴 수 없어서 파괴포락선을 그릴 수 없다. 따라서 유효응력 강도정수 c', ϕ'은 구할 수 없다.

포화점토의 비배수 점착력 c_u를 비배수전단강도 또는 간단히 비배수강도(undrained strength) τ_f 또는 s_u라고 하며, 다음 식과 같이 된다.

$$\tau_f = c_u = \frac{1}{2}(\sigma_1 - \sigma_3) \tag{8.19}$$

흙의 전단강도를 전응력으로 구하여 지반의 안정 해석을 하는 방법을 전응력해석이라고 하며, 유효응력으로 구하여 지반의 안정 해석을 하는 방법을 유효응력해석이라고 한다. 전응력해석 중 $\phi_u = 0$인 경우의 안정 해석을 $\phi_u = 0$ 해석이라고 한다.

불포화된 흙시료를 완전히 포화시키거나 현장의 간극수압 조건을 맞추어 주기 위해서 흙시료 속으로 가해주는 수압을 배압(back pressure)이라고 한다.

배압은 흙시료 한쪽의 다공석판을 통해 간극수압을 인위적으로 증가시켜서 가해준다. 배압을 가하면 간극 속의 공기가 용해되어 시료를 완전히 포화시킬 수 있다. 배압을 가해준 만큼 구속압력을 동시에 가해야 하며, 배압이 구속압력보다 커지면 시료가 교란된다.

점토지반에 성토, 절토, 옹벽, 건물기초 등의 공사를 하는 경우에는 시공완료 때까지 과잉간극수압이 소산되는 시간이 충분하지 못하여 비배수상태인 경우가 많으므로, 이러한 점토지반의 단기적 안정 검토에 필요한 전단강도는 비압밀비배수 압축시험으로 구한다.

예제 8.9

포화 점토시료(길이 7.6cm, 직경 3.8cm)에 대한 삼축압축시험을 실시하여, 전단파괴시 다음과 같은 결과를 얻었다. 이 점토의 강도정수를 구하라.

시험 방법	구속압력 (kg/cm^2)	수직력 (kg)	축방향 변형 Δl (mm)	부피변화 ΔV (cm^3)
(1) 비압밀비배수	2.0	22.2	9.83	0
	4.0	21.5	10.06	0
	6.0	22.6	10.28	0
(2) 압밀배수	2.0	46.7	10.81	6.6
	4.0	84.8	12.26	8.2
	6.0	126.5	14.17	9.5

풀이

시험 전의 점토시료의 길이 l_0, 단면적 A_0, 부피 V_0의 크기는 다음과 같다.

$l_0 = 76\text{mm}$, $A_0 = 11.34\text{cm}^2$, $V_0 = 86\text{cm}^3$

각 시험에서의 축차응력은 수직력을 시료의 수정단면적으로 나누어서 구한다. 수정단면적은 다음 식으로 구한다.

$$A = A_0 \frac{1-\epsilon_v}{1-\epsilon_a} \quad (\epsilon_v = \text{부피변화율} = \Delta V / V_0,\ \epsilon_a = \text{길이변화율} = \Delta l / l_0)$$

축차응력 $\Delta\sigma_d (= \sigma_1 - \sigma_3)$과 주응력 σ_1을 계산하면 다음 표와 같다.

시험방법	구속압력 $\sigma_c(=\sigma_3)$ (kg/cm^2)	길이변화율 ϵ_a $(=\Delta l/l_0)$	부피변화율 ϵ_v $(=\Delta V/V_0)$	수정단면적 A (cm^2)	축차응력 $\sigma_1-\sigma_3$ (kg/cm^2)	주응력 σ_1 (kg/cm^2)
(1) 비압밀 비배수	2.0	0.129	0	13.04	1.70	3.70
	4.0	0.132	0	13.09	1.64	5.64
	6.0	0.135	0	13.12	1.72	7.72
(2) 압밀배수	2.0	0.142	0.077	12.12	3.82	5.82
	4.0	0.161	0.095	12.25	6.91	10.91
	6.0	0.186	0.110	12.40	10.20	16.20

위의 계산 결과를 이용하여 전단파괴시의 Mohr원과 파괴포락선을 그리면 그림 8-17과 같이 된다.

(1) 비배수 강도정수 $c_u=0.85\,\text{kg/cm}^2$, $\phi_u=0$

(2) 배수 강도정수 $c_d=0.2\,\text{kg/cm}^2$, $\phi_d=26^\circ$

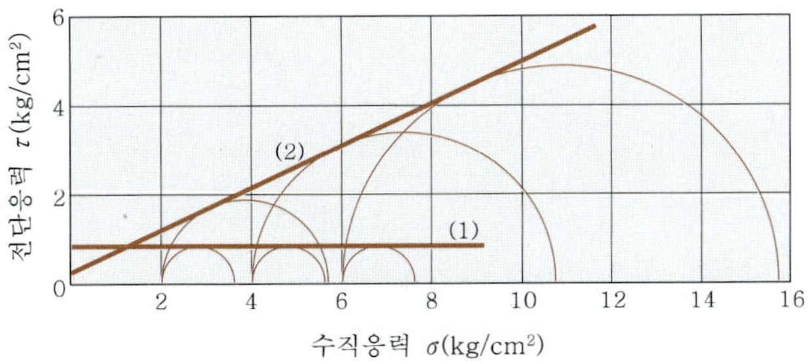

그림 8-17 예제 8.10

8.4.5 삼축압축시험의 특징

삼축압축시험은 직접전단시험과 비교하여 다음과 같은 특징이 있다.

1. 삼축압축시험은 직접전단시험에 비해서 어렵고 비용이 많이 든다.
2. 직접전단시험과는 달리 삼축압축시험에서는 시료의 전단파괴면이 미리 정해지지 않는다.
3. 삼축압축시험에서는 시료의 응력조건을 조절하는 것이 가능하다.
4. 삼축압축시험에서는 시험중에 발생한 간극수압에 따라 흙의 전단강도가 다르다. 간극수압은 배수와 함께 소산되므로, 흙의 전단강도는 재하속도와 배수조건에 따라 달라진다.

모래에서는 배수가 잘 되므로 압밀배수시험에서 구한 배수 전단강도정수를 사용하여야 한다. 그러나 점토에서는 과잉간극수압이 소산되는 시간이 매우 길고 시공 중이나 직후에 비배수상태인 경우가 많이 있으므로, 비압밀비배수시험에서 구한 비배수 전단강도정수를 사용하는 것이 좋다.

8.5 일축압축시험(unconfined compression test)

8.5.1 시험방법과 원리

구속압력을 가하지 않고(즉, $\sigma_c = 0$), 수직력을 급속하게 가하여 흙시료를 전단파괴시키는 시험을 일축압축시험이라고 한다. 일축압축시험은 주로 점토시료에 대하여 실시하는 시험으로서 비압밀비배수시험의 특별한 경우이다.

일축압축시험시험에서 파괴시 가한 수직응력을 일축압축강도 q_u라고 한다.

파괴시 최대주응력은 $\sigma_1 = q_u$이고, 최소주응력은 $\sigma_3 = 0$이므로, 식 (8.8)은 다음 식과 같이 된다.

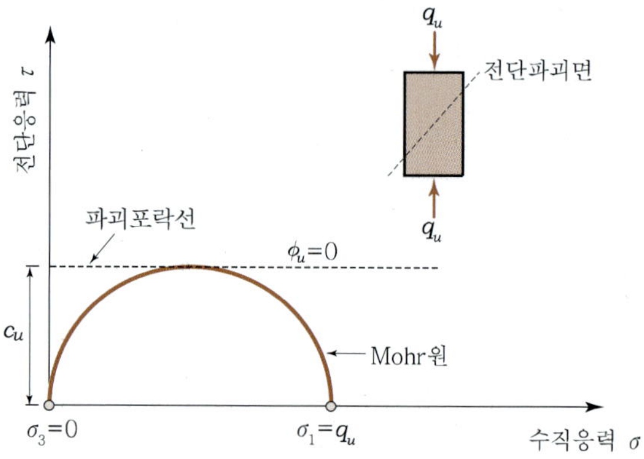

그림 8-18 일축압축시험에 대한 Mohr원과 파괴포락선

$$q_u = 2c\tan(45 + \frac{\phi}{2}) \tag{8.20}$$

Mohr원은 그림 8-18과 같이 되며, 일종의 비압밀비배수시험이므로 $\phi_u = 0$이어서 파괴포락선은 수평하게 되고, 점착력 $c_u = \frac{q_u}{2}$가 된다.

점토의 비배수강도 τ_f는 다음 식과 같이 된다.

$$\tau_f = c_u = \frac{q_u}{2} \tag{8.21}$$

여기서, q_u는 점토의 일축압축강도이며, 점토의 연경도에 따른 일축압축강도의 대략적인 값은 표 8.2와 같다.

표 8.2 점토의 일축압축강도 q_u

연경도	q_u(kPa)
매우 연약함	0~25
연약함	25~50
중간	50~100
굳음	100~200
매우 굳음	200~400
단단함	400 이상

예제 8.10

포화점토의 일축압축강도 q_u가 $1kg/cm^2(=0.1MPa)$이다. 전단파괴시의 최대주응력과 최소주응력, 점토의 점착력 및 비배수강도를 구하라.

풀이

최대주응력 $\sigma_1 = q_u = 1\,kg/cm^2 = 0.1\,MPa$

최소주응력 $\sigma_3 = \sigma_c = 0\,kg/cm^2 = 0\,MPa$

점착력 $c_u = \dfrac{q_u}{2} = \dfrac{10}{2} = 0.5\,kg/cm^2 = 0.05MPa$

비배수강도 $\tau_f = c_u = 0.5\,kg/cm^2 = 0.05\,MPa$

8.5.2 예민성

자연적으로 퇴적된 점토를 함수비의 변화 없이 재성형하면 일축압축강도가 상당히 감소하는 경향이 있다(그림 8-19). 이러한 점토의 강도 손실은 주로 퇴적과정 동안 형성된 점토입자의 구조가 바뀌어 입자의 접촉점에서의 부착력이 손상을 입기 때문이다.

이러한 특성을 점토의 예민성(sensitivity)이라고 하며, 그 정도는 다음 식과 같은 예민비로 나타낼 수 있다.

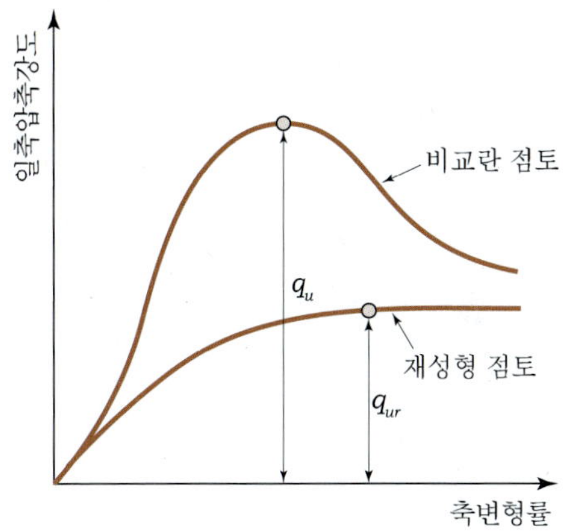

그림 8-19 비교란 점토 및 재성형 점토에 대한 일축압축강도

$$S_t = \frac{q_u}{q_{ur}} \tag{8.22}$$

여기서, S_t = 예민비

q_u = 비교란 점토의 일축압축강도

q_{ur} = 재성형한 점토의 일축압축강도

예민비가 큰 흙은 교란되면 강도가 크게 감소한다. 대부분의 점토의 예민비는 1~4 정도이다. 예민비가 4~8인 점토를 예민한 점토 (sensitive clay), 8~16인 점토를 아주 예민한 점토(extra-sensitive clay)라고 한다.

면모성이 큰 해성 점토는 16 이상의 예민비를 가질 수도 있으며, 이런 흙에 충격을 가하면 점성 액체처럼 변하게 된다. 이러한 흙을 quick clay라고 한다.

점토를 재성형한 후 함수비의 변화 없이 오랜 시간을 그대로 방치해 두면 시간이 지남에 따라 강도의 일부를 회복하게 되며, 이러한 현상을 틱소트로피(thixotropy)라고 한다.

8.6 비점성토의 전단특성

8.6.1 비점성토의 전단강도 성분

일반적인 흙의 전단강도는 흙입자 사이의 마찰력과 점착력의 합이다. 점착력이 없는 모래의 전단강도는 주로 흙입자 사이의 마찰저항이 주성분으로, 이에는 미끄럼마찰(sliding friction), 회전마찰(rolling friction) 및 맞물림저항(interlocking) 등이 있다.

모래의 내부마찰각은 조밀한 모래에서는 크고, 느슨한 모래에서는 작으며, 이는 흙입자 사이의 맞물림저항의 차이가 주원인이다.

8.6.2 모래의 전단 특성

그림 8-20은 느슨한 모래와 조밀한 모래에 대한 직접전단시험에서 얻은 수평변위와 전단응력 및 부피변화의 관계를 나타낸 것이다. 이 그림에서 다음과 같은 특징을 알 수 있다.

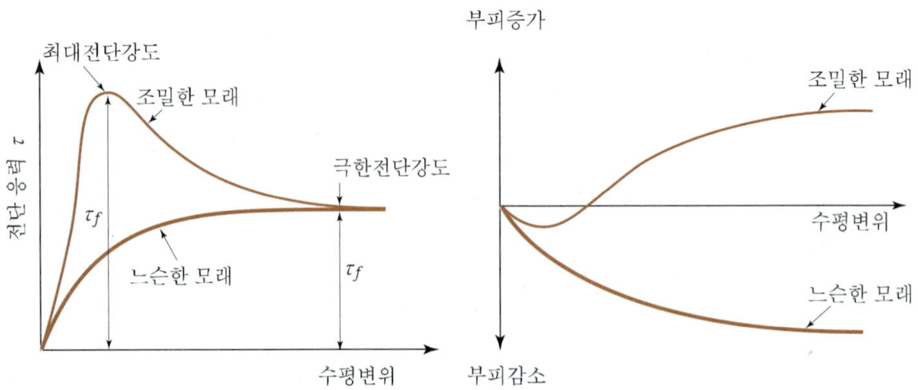

(a) 수평변위와 전단응력의 관계 (b) 수평변위와 부피변화의 관계

그림 8-20 모래의 직접전단시험 특성

1. 느슨한 모래에서는 전단응력은 수평변위의 증가에 따라 증가하여 최대전단응력 τ_f에 도달한다. 그 후에는 수평변위가 증가하여도 전단응력은 일정한 값을 유지하며, 이러한 상태를 한계상태라고 한다. 느슨한 모래의 높이(또는 부피)는 수평변위의 증가에 따라 계속 감소하다가 한계상태에 도달하면 일정하게 된다.
2. 조밀한 모래에서는 전단응력은 수평변위의 증가에 따라 최대전단응력 τ_f에 도달하며, 이 응력 τ_f를 최대전단강도(peak shear strength)라고 한다. 그 이후에는 전단변위의 증가에 따라 전단응력은 점점 감소하여 일정한 값에 수렴하게 되며, 이것을 극한전단강도(ultimate shear strength) 또는 잔류전단강도(residual shear strength)라고 말한다. 조밀한 모래의 높이(또는 부피)는 초기에는 약간 감소하다가 그 이후에는 계속해서 증가하게 된다.

느슨한 모래는 전단파괴될 때까지 부피가 감소하고 조밀한 모래는 부피가 증가하는 경향이 있다(그림 8-20(b)). 전단파괴시 부피가 감소하지도 증가하지도 않는 상태의 모래의 간극비를 한계간극비(critical void ratio)라고 한다.

8.6.3 모래의 전단강도에 영향을 미치는 요인

모래의 전단강도는 주로 내부마찰각이 클수록 커지며, 모래의 내부마찰각에 영향을 미치는 요인에는 다음과 같은 것들이 있다.

1. 상대밀도 및 간극비 : 가장 중요한 요인으로서, 모래가 조밀할수록 상대밀도가 크고 간극비가 작으며 내부마찰각은 커진다.
2. 흙입자의 형상과 거칠기 : 흙입자가 모가 날수록 또 거칠수록 내부마찰각은 커진다.
3. 흙입자의 크기 : 굵은 모래와 가는 모래의 간극비가 같은 경우에는 내부마찰각의 차이가 거의 없다.
4. 입도분포 : 입도가 양호할수록 간극이 감소하므로 내부마찰각이 커진다.
5. 함수비의 영향 : 모래는 투수계수가 커서 배수가 잘 되므로, 포화 모래나 건조 모래나 전단시험을 하면 내부마찰각에 큰 차이가 없다.
6. 구속압력의 영향 : 모래에 대한 삼축압축시험에서 구속압력이 클수록 내부마찰각은 다소 작아진다.
7. 중간주응력의 영향 : 한쪽 방향으로 긴 토질구조물(제방, 옹벽의 뒤채움흙)과 같은 평면변형상태에서는 중간주응력 σ_2를 고려하여야 하며, 이런 경우 내부마찰각이 커진다.

8.6.4 액화현상

포화된 느슨한 모래에 갑자기 충격을 가하면 모래의 전단강도가 크게 감소하여 액체처럼 유동하게 되는 현상을 액화현상(liquefaction)이라고 한다.

포화된 느슨한 모래가 발파, 항타, 지진 등에 의하여 순간적인 하중을 받으면 조밀한 상태로 변하면서 간극수가 빠져 나가려 한다. 그러나 매우 짧은 하중작용 시간 동안 물이 빠져 나가지 못하므로 간극수압이 증가하게 되고, 전응력은 변하지 않았으므로 유효응력이 감소하여 그 결과 모래의 전단강도가 0에 가깝게 작아지면서 액체처럼 유동하게 되는 것이다.

모래의 액화현상을 방지하려면 모래의 간극비가 한계간극비보다 작은 조밀한 상태이어야 한다.

액화현상이 일어나는 조건은 모래입자가 둥글고, 실트를 약간 포함하며, 유효경이 0.1mm보다 작고, 균등계수가 5보다 작으며, 간극률이 44%(간극비 0.8) 이상 등이다.

8.7 점성토의 전단특성

8.7.1 직접전단시험 특성

점토의 투수계수는 매우 작기 때문에 시료에 수직력을 가한 후 간극수가 빠져 나가려면 상당한 시간이 걸리므로 수평력을 매우 느린 속도로 가하여야 한다.

그림 8-21은 정규압밀점토와 과압밀점토에 대한 배수 전단시험의 결과이다. 그림 8-21(a)에서 정규압밀점토에서는 점착력 c가 0이지만, 과압밀점토에서는 0보다 큰 값이라는 것을 알 수 있다.

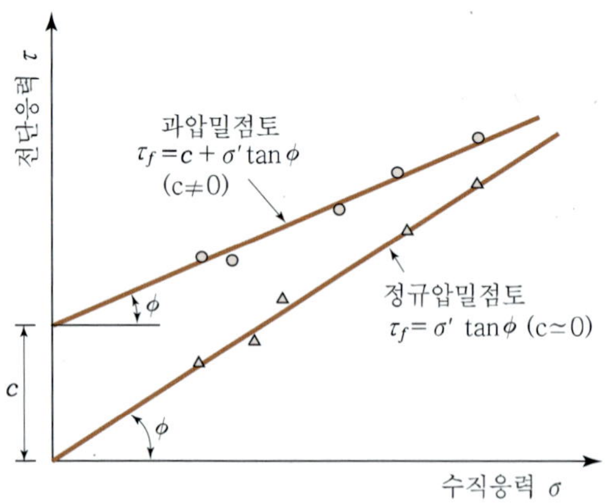

(a) 파괴포락선

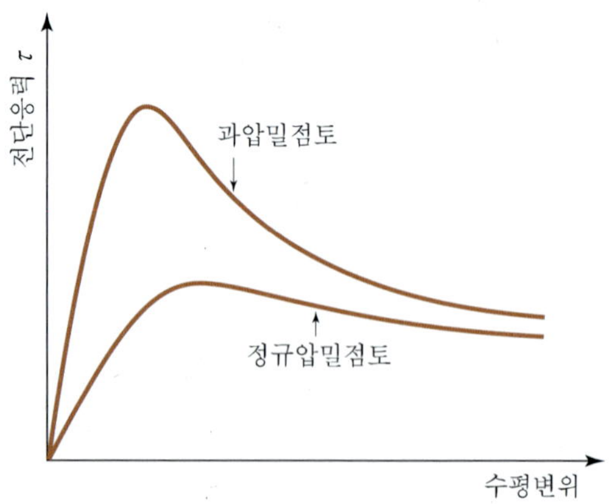

(b) 수평변위와 전단응력

그림 8-21 점토의 직접전단시험 특성

그림 8-21(b)에서 다음과 같은 특징을 알 수 있다.

1. 정규압밀점토에서는 전단응력이 최대응력에 도달한 후에 서서히 감소하며, 느슨한 모래의 거동과 유사한 경향이 있다.
2. 과압밀점토에서는 전단응력이 최대응력에 도달한 후에 급격히 감소하며, 조밀한 모래의 거동과 유사한 경향이 있다.

8.7.2 삼축압축시험 특성

(1) 압밀배수시험 특성

점토에 대한 압밀배수시험에서 전단응력-변형률-체적변화의 관계는 모래 및 점토에 대한 직접전단시험의 경우와 유사하다.

점토시료를 처음에 등방 구속압력 σ_c로 압밀시킨 다음 구속압력을 σ_3로 감소시켜 시료를 팽창시킨다면 과압밀이 유발된다. 이러한 과압밀점토에 대한 삼축시험으로부터 얻어진 파괴포락선은 두 개의 직선으로 이루어진다(그림 8-22의 ab와 bc).

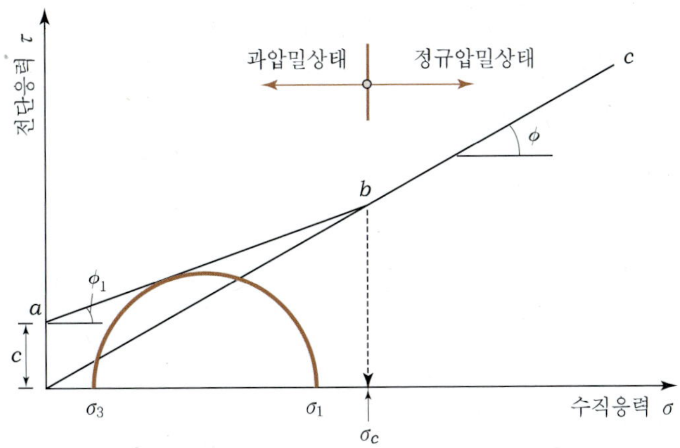

그림 8-22 과압밀점토의 파괴포락선(압밀배수시험)

파괴포락선의 ab부분은 점착력 절편을 가지면서 기울기가 더 완만하며, 이 직선에 해당하는 전단강도식은 다음 식과 같다.

$$\tau_f = c + \sigma \tan\phi_1 \tag{8.23}$$

파괴포락선의 bc부분은 흙의 정규압밀 단계를 나타내며 전단강도식은 $\tau_f = \sigma \tan\phi$와 같이 된다.

(2) 압밀비배수시험 특성

정규압밀점토와 과압밀점토에 대한 전형적인 축차응력-축변형률, 간극수압-축변형률 관계는 그림 8-23과 같이 나타낼 수 있다.

정규압밀점토에서는 축변형률에 따라 간극수압이 계속 증가한다. 과압밀점토에서는 간극수압이 어느 값까지 증가하다가 그 이후에는 감소하여 음(-)의 값이 되며, 이는 흙이 팽창하려는 경향 때문이다.

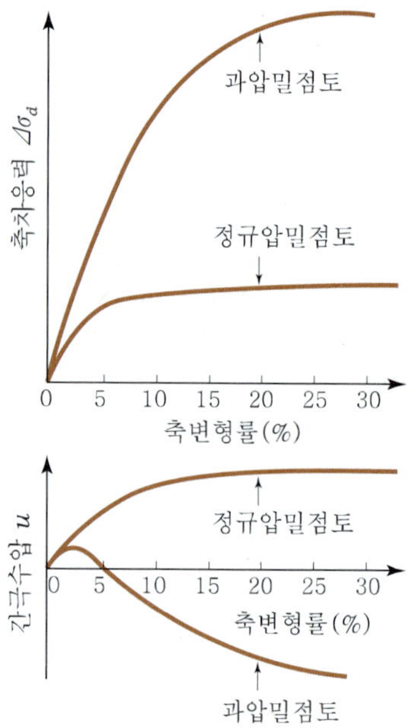

그림 8-23 점토의 압밀비배수시험 특성

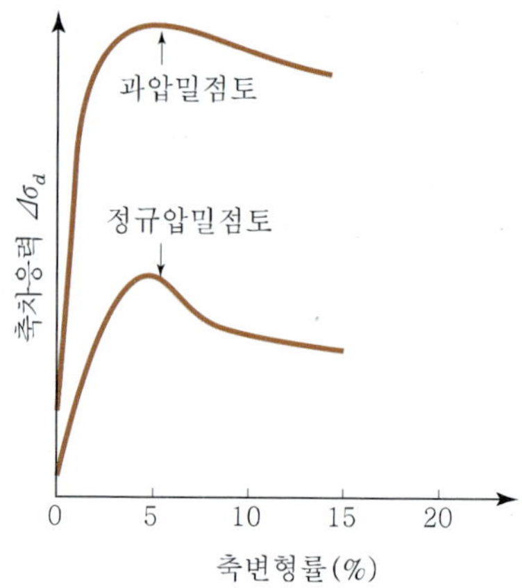

그림 8-24 점토의 비압밀비배수시험 특성

(3) 비압밀비배수시험 특성

정규압밀점토와 과압밀점토의 비교란시료에 대한 전형적인 축차응력-축변형률 관계는 그림 8-24와 같이 나타낼 수 있다. 전단파괴시 축변형률은 보통 2~5% 정도이며, 교란시료의 경우에는 30% 정도까지 클 수도 있다.

포화점토에서 전단파괴시 축차응력의 크기는 구속압력의 크기에 무관하며, 또한 응력경로에도 무관하다. 따라서 비배수 전단강도정수는 이를 측정하는 실험과정과는 무관하게 동일한 값을 나타낸다.

롤러로 다진 점토질 성토나 실험실에서 다진 시료와 같이 포화도가 100%보다 작은 비포화된 점토에 대한 비압밀비배수시험에서는 전단파괴시의 축차응력이 구속압력이 증가함에 따라 커지므로, 파괴포락선이 포화점토에서처럼 수평선으로 되지 않는다(그림 8-25).

그 이유는 간극속의 공기 때문에 증가된 구속압력을 간극수가 모두 부담하지는 않고 일부를 흙골격이 부담하여 흙이 압축되기 때문이다. 그러나 구속압력이 매우 커지면 간극속의 공기가 모두 용해되어 포화점토와 동일해지므로, 파괴포락선은 수평선이 된다. 비포화점토는 낮은 구속압력에서는 파괴포락선이 곡선이므로 내부마찰각이 일정하지 않다.

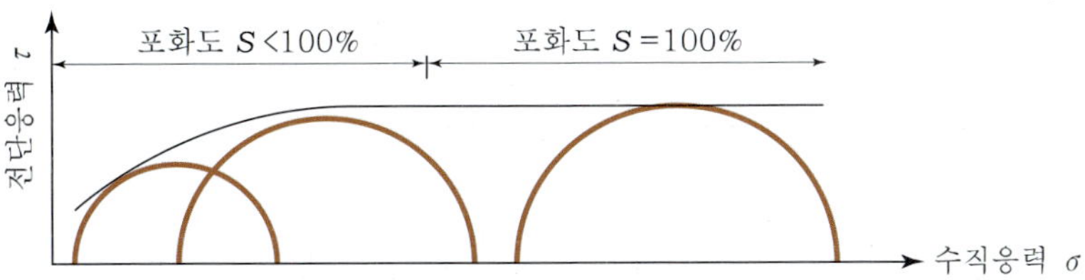

그림 8-25 비포화점토의 파괴포락선(비압밀비배수시험)

8.7.3 퇴적점토의 비배수 점착력

정규압밀된 퇴적점토에서 비배수 점착력은 깊이에 따라 증가한다. 즉 비배수 점착력 c_u는 유효상재압력 p에 따라서 증가한다. Skempton은 c_u/p와 소성지수 PI(%)의 관계를 다음과 같이 제시하였다.

$$c_u = (0.11 + 0.0037PI)\,p \tag{8.24}$$

Ladd는 과압밀점토의 비배수 점착력을 구하는 다음과 같은 식을 제시하였다.

$$c_u = (0.11 + 0.0037PI)\,p\,(OCR)^{0.8} \tag{8.25}$$

여기서, OCR = 과압밀비

과압밀점토는 깊이에 따른 비배수 점착력의 증가가 크지 않다. 이러한 경우의 비배수 점착력은 점토의 균열 유무와 같은 거시적 구조에 의하여 더 크게 영향을 받는다.

예제 8.11

그림 8-26과 같이 정규압밀점토층의 두께가 15m이고 소성지수는 40%이다. 점토층 상부, 중앙, 하부에서의 비배수 점착력을 구하라.

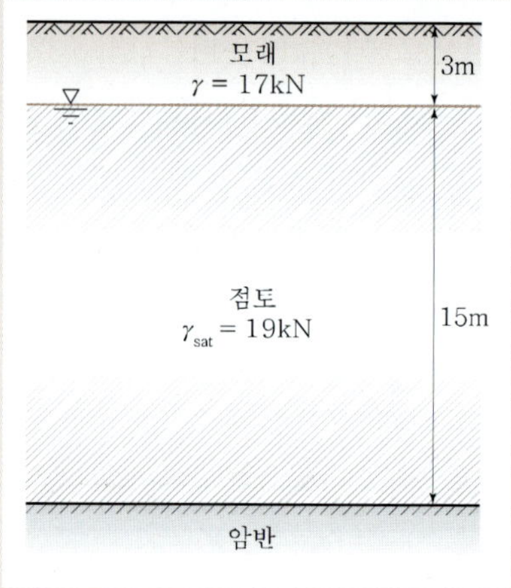

그림 8-26 예제 8.11

풀이

점토층 상부의 유효상재압력과 점착력

$$p = 17\,\text{kN/m}^3 \times 3\,\text{m} = 51\,\text{kN/m}^2 = 51\text{kPa} = 0.051\,\text{MPa}$$

$$c_u = (0.11 + 0.0037PI)\,p$$

$$= (0.11 + 0.0037 \times 40) \times 51\,\text{kN/m}^2 = 13.16\,\text{kN/m}^2 = 13.16\text{kPa} = 0.013\,\text{MPa}$$

점토층 중앙의 유효상재압력과 점착력

$$p = 17\,\text{kN/m}^3 \times 3\,\text{m} + (19 - 9.8)\,\text{kN/m}^3 \times 7.5\,\text{m} = 120\,\text{kN/m}^2 = 120\text{kPa} = 0.12\,\text{MPa}$$

$$c_u = (0.11 + 0.0037 \times 40) \times 120\,\text{kN/m}^2 = 30.96\,\text{kN/m}^2 = 30.96\,\text{kPa} = 0.031\,\text{MPa}$$

점토층 하부의 유효상재압력과 점착력

$$p = 17\,\text{kN/m}^3 \times 3\,\text{m} + (19 - 9.8)\,\text{kN/m}^3 \times 15\,\text{m} = 189\,\text{kN/m}^2 = 189\text{kPa} = 0.189\,\text{MPa}$$

$$c_u = (0.11 + 0.0037 \times 40) \times 189\,\text{kN/m}^2 = 48.76\,\text{kN/m}^2 = 48.76\,\text{kPa} = 0.049\,\text{MPa}$$

예제 8.12

예제 8.11에서 점토가 과압밀비 3인 과압밀점토일 때, 비배수 점착력을 구하라.

풀이

점토층 상부의 점착력

$$c_u = (0.11 + 0.0037\,PI)\,p\,(OCR)^{0.8}$$

$$= (0.11 + 0.0037 \times 40) \times 51\,\text{kN/m}^2 \times 3^{0.8} = 31.68\,\text{kN/m}^2 = 31.68\text{kPa}$$

점토층 중앙의 점착력

$c_u = (0.11 + 0.0037 \times 40) \times 120\,\mathrm{kN/m^2} \times 3^{0.8} = 74.52\,\mathrm{kN/m^2} = 74.52\,\mathrm{kPa}$

점토층 하부의 점착력

$c_u = (0.11 + 0.0037 \times 40) \times 189\,\mathrm{kN/m^2} \times 3^{0.8} = 117.37\,\mathrm{kN/m^2} = 117.37\,\mathrm{kPa}$

8.8 간극수압계수

점토시료에 압력을 가하면 간극수압이 증가하며, 증가한 만큼의 간극수압을 과잉간극수압이라고 한다. 이때 가해진 압력에 대한 과잉간극수압의 비 $\frac{\Delta u}{\Delta \sigma}$를 간극수압계수(pore pressure parameter)라고 한다.

등방압력이 작용할 때의 간극수압계수로 B를 사용하며, 일축압력이 작용할 때의 간극수압계수로 D를 사용하고, 삼축압력이 작용할 때의 간극수압계수로 A를 사용한다.

8.8.1 등방압력이 작용할 때의 간극수압

흙시료에 사방에서 같은 크기의 구속압력 즉 등방압력 $\Delta\sigma$이 작용할 때의 응력상태는 다음 그림 8-27과 같다.

흙시료 내부에 발생하는 간극수압 Δu 때문에 생기는 간극수의 체적변화 ΔV_p는 다음 식과 같다.

$$\Delta V_p = n\, V_0\, C_p\, \Delta u \tag{8.26}$$

여기서, n = 간극률

V_o = 흙시료의 초기 체적

C_p = 간극수의 압축성

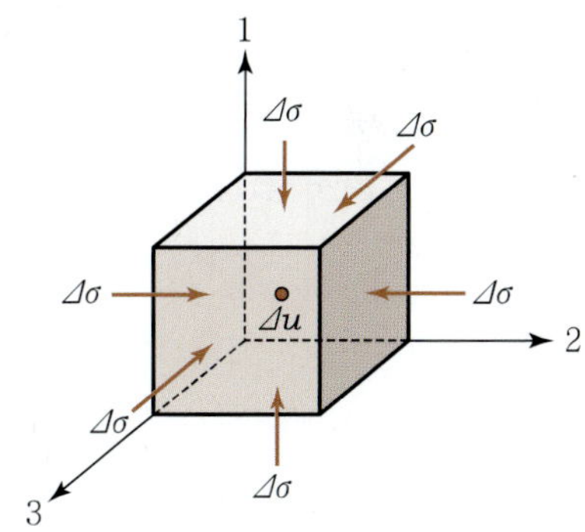

그림 8-27 등방압력 작용시의 응력상태

이때 유효응력의 증가로 인한 흙시료의 체적변화는 다음 식과 같이 된다.

$$\Delta V = 3\, C_c\, V_o\, \Delta\sigma' = 3\, C_c V_o (\Delta\sigma - \Delta u) \tag{8.27}$$

여기서, C_c는 간극수압이 발생하지 않게 일축하중이 작용할 때의 흙시료의 압축성이다.

흙입자를 비압축성이라 가정하고 배수가 전혀 일어나지 않는다면, 흙시료의 체적변화는 간극수의 체적변화와 같다고 볼 수 있다. 따라서

$$n V_0 C_p \Delta u = 3C_c V_o (\Delta\sigma - \Delta u) \tag{8.28}$$

$$B = \frac{\Delta u}{\Delta\sigma} = \frac{1}{1+n(C_p/3C_c)} \tag{8.29}$$

여기서, B를 등방압축시의 간극수압계수라고 한다.

포화토에서는 $C_p \ll C_c$이므로 $B=1$이 되어서 $\Delta u = \Delta\sigma$ 이다. 또 건조토에서는 $B=0$이 되며, 부분포화토에서는 $0 < B < 1$이 된다.

8.8.2 일축압력이 작용할 때의 간극수압

흙시료에 일축압력 $\Delta\sigma$가 작용할 때의 응력상태는 그림 8-28과 같다. 흙시료 내부에 발생하는 간극수압 Δu때문에 생기는 간극수의 체적변화 ΔV_p는 다음 식과 같이 된다.

$$\Delta V_p = n V_0 C_p \Delta u \tag{8.30}$$

여기서, n = 간극률

V_o = : 흙시료의 초기 체적

C_p = : 간극수의 압축성

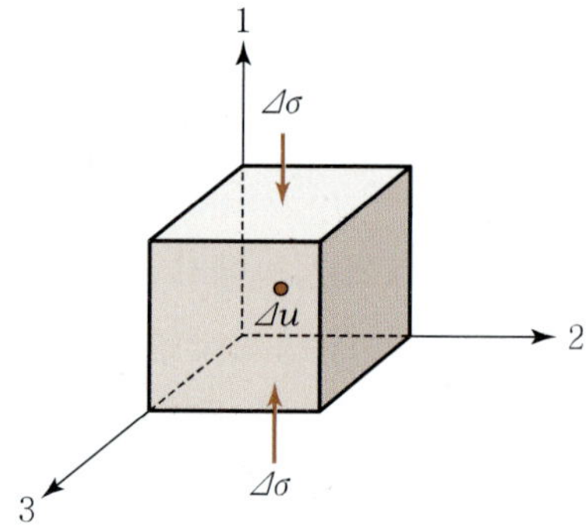

그림 8-28 일축압력 작용시의 응력상태

이때 유효응력의 크기는 축방향에 따라 다음과 같이 된다. 흙시료가 횡방향으로는 팽창하기 때문에 음(−)의 간극수압이 발생한다.

$$\text{1축 방향 : } \Delta\sigma' = \Delta\sigma - \Delta u \tag{8.31a}$$

$$\text{2축 방향 : } \Delta\sigma' = 0 - \Delta u = -\Delta u \tag{8.31b}$$

$$\text{3축 방향 : } \Delta\sigma' = 0 - \Delta u = -\Delta u \tag{8.31c}$$

유효응력의 증가로 인한 흙시료의 체적변화는 다음 식과 같이 된다.

$$\Delta V = C_c V_o(\Delta\sigma - \Delta u) + C_e V_o(-\Delta u) + C_e V_o(-\Delta u) \tag{8.32}$$

여기서, C_e는 간극수압이 발생하지 않게 일축하중이 작용할 때의 흙시료의 팽창성이다.

흙시료의 체적변화는 간극수의 체적변화와 같으므로 다음 식과 같이 된다.

$$n V_0 C_p \Delta u = C_c V_o(\Delta\sigma - \Delta u) - 2 C_e V_o \Delta u \tag{8.33}$$

$$D = \frac{\Delta u}{\Delta\sigma} = \frac{C_c}{nC_p + C_c + 2C_e} \tag{8.34}$$

여기서, D를 일축압축시의 간극수압계수라고 한다. 흙요소를 탄성체라고 가정한다면 $C_c = C_e$이다. 따라서

$$D = \frac{1}{n(C_p/C_c) + 3} \tag{8.35}$$

포화토에서는 $C_p \ll C_c$ 이므로 $D = \frac{1}{3}$이다. 실제 흙은 탄성적이지 않으므로 D의 값은 여러 가지로 변한다.

8.8.3 삼축압력이 작용할 때의 간극수압

흙시료에 삼축압력이 작용할 때의 응력상태는 그림 8-29와 같다($\Delta\sigma_1 > \Delta\sigma_3$). 삼축압력을 등방압축과 일축압축의 합으로 생각하면, 흙시료 내부에 발생하는 간극수압 Δu은 등방압축시의 간극수압 u_b와 일축압축시의 간극수압 u_a의 합이며, 다음 식과 같이 된다.

$$\Delta u_b = B\,\Delta\sigma_3 \tag{8.36}$$

$$\Delta u_a = D\,(\Delta\sigma_1 - \Delta\sigma_3) \tag{8.37}$$

$$\Delta u = \Delta u_b + \Delta u_a = B\,\Delta\sigma_3 + D(\Delta\sigma_1 - \Delta\sigma_3) = B[\Delta\sigma_3 + A(\Delta\sigma_1 - \Delta\sigma_3)] \tag{8.38}$$

여기서, $A = \frac{D}{B}$이고, A를 삼축압축시의 간극수압계수라고 한다.

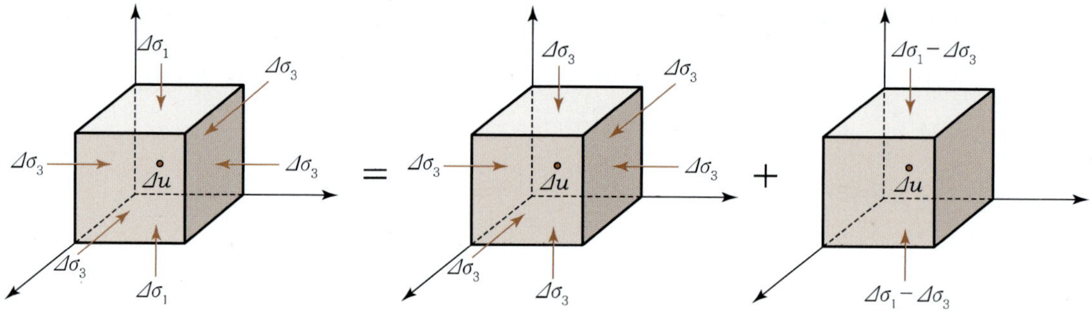

그림 8-29 삼축압력 작용시의 응력상태

포화토의 경우 $B=1$이므로 다음 식과 같이 된다.

$$\Delta u = \Delta\sigma_3 + A(\Delta\sigma_1 - \Delta\sigma_3) \tag{8.39}$$

간극수압계수A는 다음과 같이 쓸 수 있다.

$$A = \frac{\Delta u - \Delta\sigma_3}{\Delta\sigma_1 - \Delta\sigma_3} \tag{8.40}$$

포화된 흙에서의 A의 일반적인 범위는 표 8.3과 같다.

표 8.3 간극수압계수 A의 값

흙의 종류	A 값
매우 과압밀된 점토	−0.5~0
약간 과압밀된 점토	0~0.5
정규압밀 점토	0.5~1.0
예민한 점토	1.5~2.5
매우 느슨한 모래	2~3

8.9 응력경로

8.9.1 응력경로

그림 8-30(a)와 같이 삼축압축시험에서 흙시료의 응력상태를 나타내는 Mohr원에서 Mohr원의 정점

들을 연결하는 선을 응력경로(stress path)라고 한다. 정점의 좌표인 p와 q는 다음 식과 같이 정의한다.

$$p = \frac{\sigma_1 + \sigma_3}{2} \qquad q = \frac{\sigma_1 - \sigma_3}{2} \tag{8.41}$$

$$p' = \frac{\sigma_1' + \sigma_3'}{2} \qquad q' = \frac{\sigma_1' - \sigma_3'}{2} \tag{8.42}$$

식 (8.41)과 같이 전응력으로 나타내었을 때 전응력경로(total stress path, TSP)라고 하며, 식 (8.42)와 같이 유효응력으로 나타내었을 때 유효응력경로(effective stress path, ESP)라고 한다.

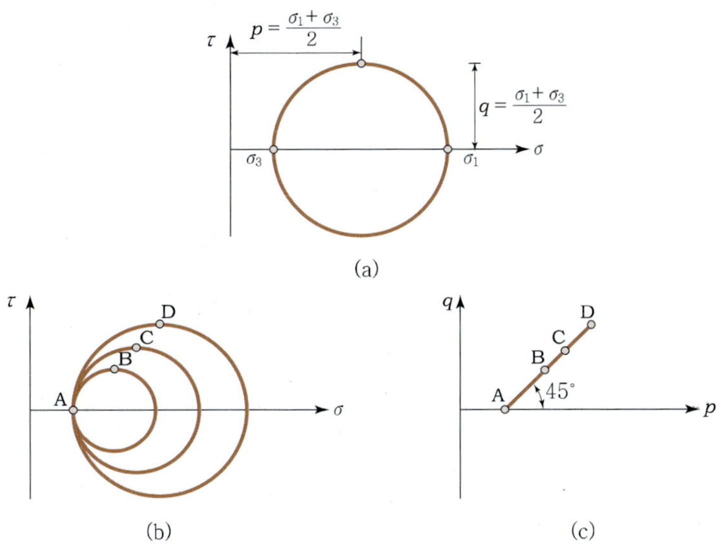

그림 8-30 응력경로

그림 8-30(b)에서 A점은 $\sigma_1 = \sigma_3$인 상태를 나타내며, σ_3를 일정하게 두고 σ_1만 증가시키면 Mohr원은 점점 커지고 Mohr원의 정점은 B, C, D로 이동하게 되며, 이 점들을 연결하면 그림 8-30(c)와 같은 응력경로가 된다.

8.9.2 ϕ선과 K_f선

정규압밀 점토에 대한 압밀배수 삼축시험의 응력경로는 그림 8-31과 같다. 이 그림에서 AD가 응력경로이며, 수평면에 대해 45°의 경사각을 이룬다.

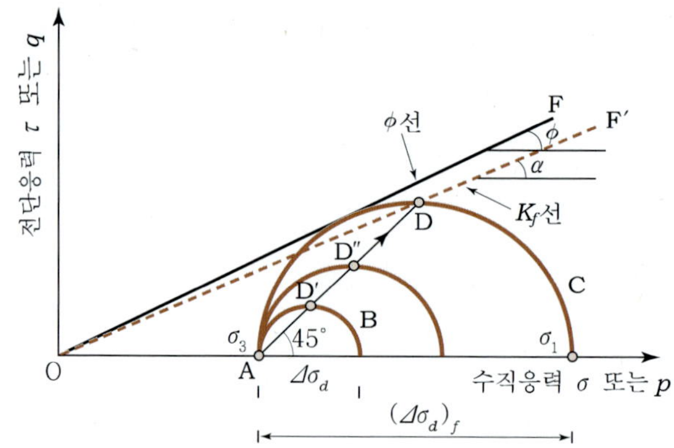

그림 8-31 압밀배수 삼축압축시험의 응력경로

Mohr원 C는 파괴시의 응력조건을 나타내며, 점 D는 파괴원의 $(p,\ q)$점이다. Mohr원의 접선을 나타내는 파괴포락선 OF를 ϕ선이라고 하며, 전단응력이 최대인 점을 연결한 OF'를 수정 파괴포락선 K_f선이라고 한다. K_f선을 식으로 나타내면 다음 식과 같이 된다.

$$q = a + p\tan\alpha \tag{8.43}$$

여기서, a = 수정 파괴포락선의 절편

α = 수정 파괴포락선의 경사각

파괴포락선 ϕ선과 수정 파괴포락선 K_f선의 관계는 그림 8-32에서 설명할 수 있다.

$$\sin\phi = \tan\alpha \tag{8.44}$$

$$c\cot\phi = a\cot\alpha \tag{8.45}$$

식 (8.45)에 식 (8.44)를 대입하면 다음 식과 같이 된다.

$$c = \frac{a}{\cos\phi} \tag{8.46}$$

수정파괴포락선의 기울기 α와 a를 구하면 식 (8.46)과 식 (8.44)에서 c와 ϕ를 구할 수 있다.

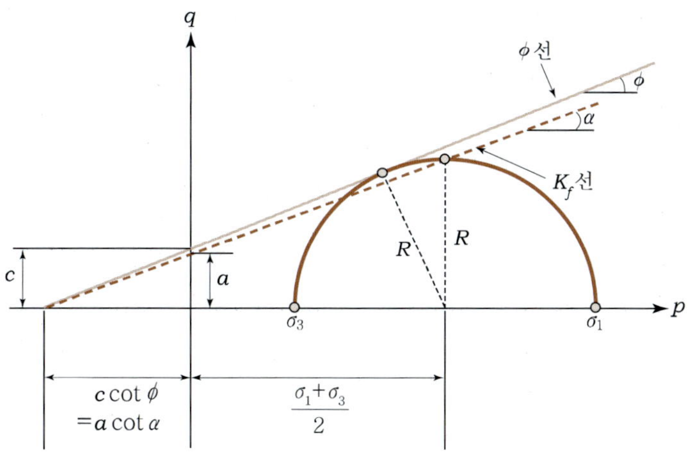

그림 8-32 파괴포락선 ϕ선과 수정 파괴포락선 K_f선의 관계

예제 8.13

포화 점토시료에 대한 압밀비배수시험의 파괴시에 얻은 응력이 다음 표와 같다. 파괴포락선 ϕ 선과 수정 파괴포락선 K_f선을 이용하여 유효응력 강도정수를 구하라.

구속압력 σ_c (MPa)	축차응력 $\Delta\sigma_d$ (MPa)	간극수압 u (MPa)
0.15	0.192	0.08
0.3	0.341	0.154
0.45	0.504	0.222

풀이

최소주응력 σ_3는 구속압력 σ_3와 같고, 최대주응력 σ_1은 구속압력 σ_3에 축차응력 $\Delta\sigma_d$를 더하여 구하고, 유효응력은 전응력에서 간극수압 u를 빼서 구하면 다음 표와 같이 된다.

σ_3	σ_1	σ_3'	σ_1'	$p' = \frac{\sigma_1' + \sigma_3'}{2}$	$q' = \frac{\sigma_1' - \sigma_3'}{2}$
0.15	0.342	0.070	0.262	0.166	0.096
0.3	0.641	0.146	0.487	0.317	0.617
0.45	0.954	0.228	0.732	0.480	0.252

유효응력으로 Mohr원을 그려서 파괴포락선을 구하면 그림 8-33(a)와 같으며, 강도정수는 다음과 같이 된다.

$c' = 0.016\ \text{MPa}, \quad \phi' = 29^\circ$

유효응력으로 응력경로를 나타내서 수정 파괴포락선을 구하면 그림 8-33(b)와 같으며, 다음과 같은 값을 구할 수 있다.

$a' = 0.014\ \text{MPa}, \quad \alpha' = 26^\circ$

식 (8.44)와 식 (8.46)을 이용하면 강도정수는 다음과 같이 된다.

$$\sin\phi' = \tan 26°$$

$$\phi' = 29°$$

$$c' = \frac{a}{\cos\phi} = \frac{0.014}{\cos 29°} = 0.016\,\text{MPa}$$

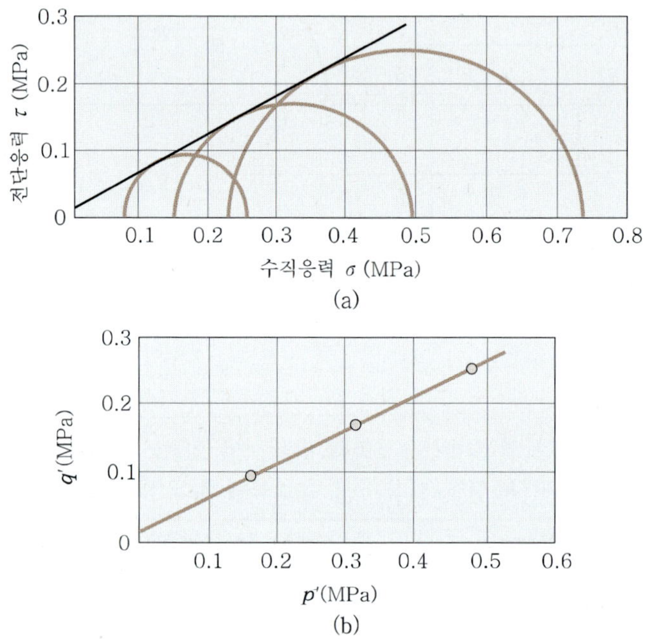

그림 8-33 예제 8.13

8.9.3 삼축압축시험에 대한 응력경로

그림 8-34는 삼축압축시험에서 점토시료에 구속압력을 가하여 등방압축한 후 수직력을 증가시켜 파괴시킬 때의 여러 응력경로를 나타낸 것이다. A점은 $\sigma_1 = \sigma_3$인 상태를 나타내는 점이며, 직선 AC는 σ_3는 일정하고 σ_1만 증가하는 경우의 응력경로를 말한다. 각 직선은 다음과 같은 경우의 응력경로를 나타낸다.

AB : σ_3 증가, σ_1 증가

AC : σ_3 일정, σ_1 증가

AD : σ_3 감소, σ_1 증가

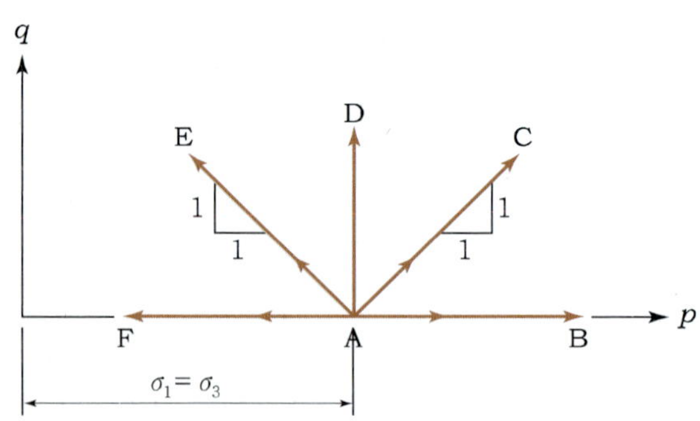

그림 8-34 $\sigma_1 = \sigma_3$인 점에서 시작하는 여러 응력경로

AE : σ_3 감소, σ_1 일정

AF : σ_3 감소, σ_1 감소

전응력경로(TSP)와 유효응력경로(ESP)의 차이는 간극수압 u의 크기이다. 간극수압이 양(+)이면 유효응력경로가 전응력경로보다 왼쪽에 표시되며, 간극수압이 음(−)이면 유효응력경로가 전응력경로보다 오른쪽에 표시된다. 양의 간극수압은 정규압밀점토에서 발생하며, 음의 간극수압은 매우 과압밀된 점토에서 나타난다.

점토시료에 대한 삼축압축시험의 전응력경로와 유효응력경로는 그림 8-35와 같다. 배수시험에 대한 전응력경로와 유효응력경로는 모두 45° 경사의 직선이다(그림 8-35(a)). 비배수시험에 대한 응력경로는 점토의 압밀정도에 따라 다르며, 정규압밀점토는 그림 8-35(b)와 같고 과압밀점토는 그림 8-35(c)와 같다. 그림 8-35(c)의 점선은 파괴시의 간극수압이 음(−)인 매우 과압밀된 점토에 대한 유효응력경로이다.

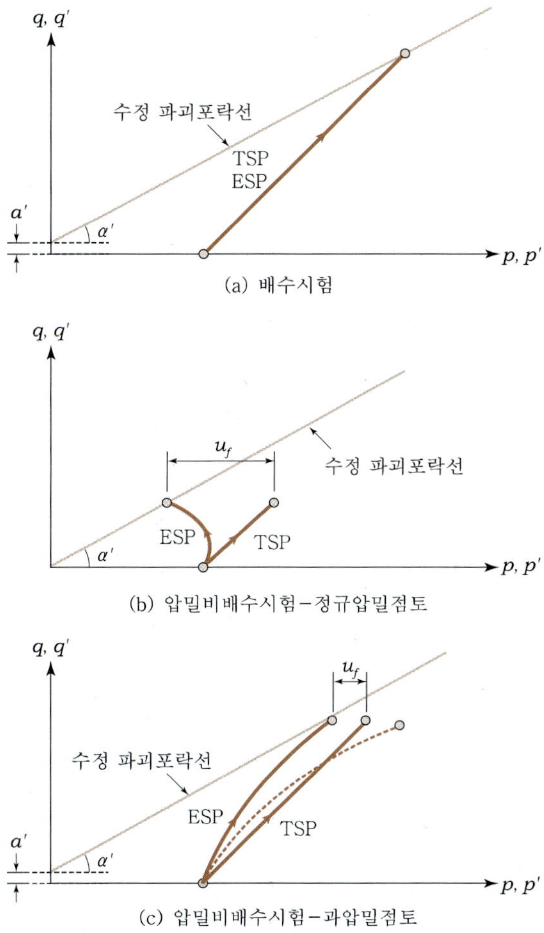

그림 8-35 삼축압축시험에 대한 전응력경로와 유효응력경로

8.9.4 압밀시험에 대한 응력경로

1차원 압밀시험기 안에 흙시료를 넣고 수직력을 가하여 압밀을 시킬 때 횡방향으로는 변위가 일어날 수 없으므로 정지토압상태에 해당된다. 따라서 다음과 같은 식이 성립한다.

$$\sigma_3{}' = K_0\,\sigma_1{}' \tag{8.47}$$

$$p' = \frac{\sigma_1{}' + \sigma_3{}'}{2} = \frac{\sigma_1{}'}{2}(1 + K_0) \tag{8.48}$$

$$q' = q = \frac{\sigma_1{}' - \sigma_3{}'}{2} = \frac{\sigma_1{}'}{2}(1 - K_0) \tag{8.49}$$

여기서, K_0를 정지토압계수라고 하며, 이에 대해서는 9장에서 다룬다.

식 (8.49)를 식 (8.48)로 나누면 다음 식과 같이 된다.

$$\frac{q}{p'} = \frac{1-K_0}{1+K_0} = \tan\beta \tag{8.50}$$

$$K_0 = \frac{1-\tan\beta}{1+\tan\beta} \tag{8.51}$$

$$q = p'\tan\beta \tag{8.52}$$

식 (8.52)를 K_0선의 방정식이라고 하며, $p'-q$ 평면상에 나타내면 그림 8-36과 같이 기울기가 $\tan\beta$이고 원점을 지나는 직선이 되고, 이 직선을 K_0선이라고 한다. 압밀시험과정을 유효응력경로로 나타내면 K_0선을 따라 움직인다.

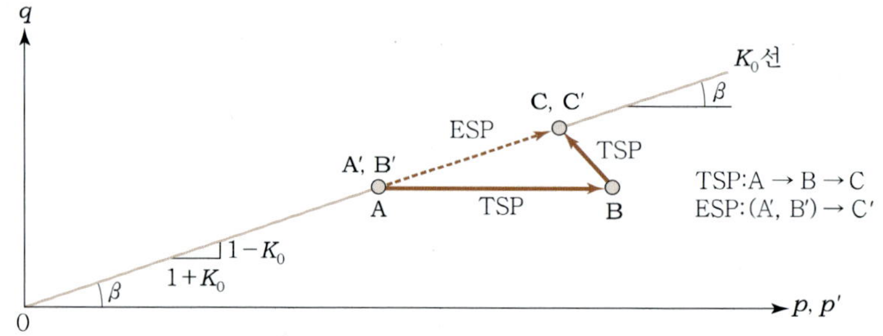

그림 8-36 압밀시험에 대한 전응력경로와 유효응력경로

압밀시험과정을 3단계로 나누어 생각하면 다음과 같이 된다.

1단계 : 압밀하중을 가하기 전 상태로서 간극수압이 0이므로 전응력원과 유효응력은 동일하다(A점, A'점).

2단계 : 압밀하중을 가한 직후의 비배수상태로 간극수압이 증가하여 전응력은 증가하지만 유효응력은 증가하지 않는다(B점, B'점).

3단계 : 압밀이 완료된 상태로 간극수압이 감소하지만 전응력은 일정하므로 유효응력은 증가한다(C점, C'점).

따라서, 유효응력경로는 K_0선을 따라 A'(B')에서 C'로 직접 이동하지만, 전응력경로는 K_0선을 따르지 않고 A → B → C로 이동하게 된다.

연습문제

8.1 그림 8-1에서 $\sigma_1 = 200\ \mathrm{kN/m^2}$, $\sigma_3 = 100\ \mathrm{kN/m^2}$, $\theta = 25°$ 일 때 EF에 작용하는 수직응력과 전단응력을 구하라.

8.2 Mohr원을 이용하여 문제 8.1의 답을 구하라.

8.3 흙속의 전단파괴면에 작용하는 수직응력이 200kPa, 간극수압이 50kPa이고, 이 흙의 점착력이 80kPa, 내부마찰각이 35°일 때, 이 면에서의 전단강도를 구하라.

8.4 정규압밀점토에 대해서 실시한 직접전단시험 결과가 다음과 같다. 이 흙의 강도정수를 구하라. 흙시료의 직경은 6cm, 높이는 2cm이다.

시험번호	수직력(kN)	파괴시 수평력(kN)
1	270	120
2	400	170
3	470	200
4	540	240

8.5 다져진 건조한 모래의 내부마찰각이 38° 이다. 이 시료에 80kPa의 수직응력으로 직접전단시험을 실시하였다. 시료의 크기는 6cm×6cm×2cm이다. 파괴시 전단력을 구하라.

8.6 건조한 모래시료에 대해 140kPa의 수직응력으로 직접전단시험을 실시하였다. 시료의 크기는 6cm×6cm×2cm이고, 전단응력이 90kPa일 때 파괴되었다. 이때 내부마찰각 ϕ를 구하라. 또한 수직응력이 80kPa일 때 시료가 파괴시키는 데 필요한 전단력을 구하라.

8.7 흙시료에 대하여 압밀배수 삼축압축시험을 실시하였다. 시험결과 흙시료의 전단파괴시 다음과 같은 값을 얻었다. 이 점토의 강도정수를 구하라.

흙시료 1 : 구속압력 $\sigma_c = 70\,\mathrm{kPa}$, 축차응력 $\Delta\sigma_\mathrm{d} = 210\,\mathrm{kPa}$

흙시료 2 : 구속압력 $\sigma_c = 120\,\mathrm{kPa}$, 축차응력 $\Delta\sigma_\mathrm{d} = 250\,\mathrm{kPa}$

8.8 정규압밀점토에 대하여 압밀배수 삼축압축시험을 수행하여 다음과 같은 결과를 얻었다. 이 흙의 내부마찰각을 구하라.

구속압력 $= 140\,\mathrm{kPa}$

파괴시 축차응력 $= 270\,\mathrm{kPa}$

8.9 정규압밀점토에 대하여 압밀배수 삼축압축시험을 수행하였다. 그 결과는 다음과 같다. 다음을 구하라.

$\sigma_c = 100\,\mathrm{kPa}$

$\Delta\sigma_d = 200\,\mathrm{kPa}$

(1) 내부마찰각 ϕ_d

(2) 전단파괴면과 최대주응력면이 이루는 각 θ

(3) 전단파괴면에서의 수직응력 σ와 전단응력 τ

8.10 문제 8.9에서 다음에 답하라.

(1) 최대전단응력면에 작용하는 수직응력을 구하라.

(2) 전단파괴가 최대전단응력면이 아닌 $\theta = 60°$인 면에서 발생하는 이유를 설명하라.

8.11 어떤 모래의 배수마찰각이 36°이다. 이 흙에 대한 압밀배수 삼축압축시험을 수행한 결과 전단파괴 시 축차응력이 $260\,\mathrm{kPa}$이었다. 이때의 구속압력을 구하라.

8.12 포화된 모래시료를 구속압력 $0.8\,\mathrm{MPa}$으로 압밀하였다. 그후 배수를 허용하지 않으면서 축차응력을 증가시켜 축차응력이 $0.6\,\mathrm{MPa}$에 도달하였을 때 시료가 전단파괴되었다. 이때의 간극수압은 $0.4\,\mathrm{MPa}$이다. 이 모래의 내부마찰각 ϕ_{cu}, ϕ'을 구하라.

8.13 정규압밀점토의 전단강도가 식 $\tau_f = \sigma' \tan 28°$로 나타났다. 이 점토에 대해 압밀-비배수 삼축시험을 수행하여 전단파괴시 구속압력 120kPa, 축차응력 100kPa이었다. 다음을 구하라.

(1) 내부마찰각 ϕ_{cu}

(2) 파괴시 간극수압

8.14 $\phi' = 28°$와 $\phi_{cu} = 19°$인 점토에 대하여 구속압력 120kPa으로 압밀비배수 삼축압축시험을 실시하였다. 파괴시 축차응력과 간극수압을 구하라.

8.15 예제 8.9에서 포화 점토시료의 길이를 5cm, 직경을 2.5cm로 가정하고 강도정수를 구하라.

8.16 포화점토의 일축압축강도 q_u가 $2\,\mathrm{kg/cm^2}(=0.2\mathrm{MPa})$이다. 전단파괴시의 최대주응력과 최소주응력, 점토의 점착력 및 비배수강도를 구하라.

8.17 그림 8-26에서 정규압밀점토층의 두께를 20m, 소성지수를 50%로 가정하고, 점토층 상부, 중앙, 하부에서의 비배수 점착력을 구하라.

8.18 문제 8.17에서 점토가 과압밀비 2인 과압밀점토일 때, 비배수 점착력을 구하라.

8.19 포화 점토시료에 대한 압밀비배수시험의 파괴시에 얻은 응력이 다음 표와 같다. 파괴포락선 ϕ선과 수정 파괴포락선 K_f선을 이용하여 유효응력 강도정수를 구하라.

구속압력 σ_c(MPa)	축차응력 $\Delta\sigma_d$(MPa)	간극수압 u(MPa)
0.2	0.3	0.1
0.3	0.4	0.15
0.4	0.5	0.2

8.20 점토에 대한 두 개의 압밀배수 삼축압축시험 결과가 다음과 같다. 수정 파괴포락선의 식 $q = a + p\tan\alpha$를 사용하여 (1) a, α (2) c, ϕ를 구하라.

시험번호	$\sigma_3{}'$(kPa)	$\sigma_1{}'$(kPa)
1	180	500
2	80	330

참고문헌

1. 김상규 외 (2012). 토질역학, 청문각.
2. 백영식 (2007). 토질역학, 구미서관.
3. 이종규 (2007). 기문당, 구미서관.
4. Berry, P. L. and Reid, D. (1987). An Introduction to Soil Mechanics, McGraw-Hill Book Co., London.
5. Cernica, John N. (1995). Soil Mechanics, John Wiley & Sons, Inc., New York.
6. Craig, R. F. (1983). Soil Mechanics, 3rd. ed., Van Nostrand Reinhold Co. Ltd.
7. Das, B. M. (1998). Principles of Geotechnical Engineering, PWS, MA.
8. Ladd, C. C. et al. (1977). "Stress Deformation and Strength Characteristics", Proceedings, 9th International Conference on Soil Mechanics and Foundation Engineering, Tokyo, Vol. 2, pp. 421~494.
9. Lambe, T. W. (1964). "Methods of Estimating Settlement", Journal of the Soil Mechanics and Foundation Division, ASCE, Vol. 90, No. SM5, pp. 47~74.
10. Skempton, A. W. (1954). "The Pore Water Coefficients A and B", Geotechnique, Vol. 4, 143~147.
11. Skempton, A. W. (1957). "Discussion: The Planning and Design of New Hong kong Airport", Proceedings, Institute of Civil Engineers, London, Vol. 7, pp. 305~307.

제9장

수평토압

SOIL MECHANICS
SOIL MECHANICS

제9장 수평토압

9.1 개 설

옹벽, 지하실 벽체, 널말뚝 등과 같이 흙이 횡방향으로 무너지지 않도록 지지해 주는 구조물을 흙막이 구조물 또는 토류구조물(earth retaining structure)이라고 하며, 흙막이구조물에 횡방향으로 작용하는 흙의 압력을 횡방향 토압(lateral earth pressure) 또는 수평토압이라고 한다.

정지해 있는 물속에서 수평수압은 연직수압과 크기가 같지만, 흙속에서의 수평토압 σ_h는 연직토압 σ_v와 같지 않으며 다음 식과 같이 나타낼 수 있다.

$$\sigma_h = K\sigma_v = K\gamma z \tag{9.1}$$

여기서, K = 수평토압계수
γ = 흙의 단위중량
z = 지표면으로부터의 깊이

수평토압계수 K는 연직토압에 대한 수평토압의 비를 의미하며, 수평토압의 종류에 따라 기호와 크기가 다른 값이 된다.

흙막이구조물에 작용하는 수평토압은 구조물과 흙의 상대적 변위에 따라 정지토압, 주동토압, 수동토압으로 구분할 수 있다.

그림 9-1(a)에서 구조물이 뒤채움흙에 대하여 완전히 정지되어 있을 때 구조물에 작용하는 수평토압을 정지토압(earth pressure at rest)이라고 한다. 그림 9-1(b)에서 구조물이 뒤채움흙의 바깥쪽으로 변위를 일으키면 뒤채움흙은 수평방향으로 서서히 팽창하면서 활동파괴가 발생한다. 이때 구조물에 작용하는 수평토압을 주동토압(active earth pressure)이라고 한다. 반대로 그림 9-1(c)에서 구조물이 뒤채움흙의 안쪽으로 변위를 일으키면 흙이 수평방향으로 서서히 압축되면서 활동파괴가 발생한다. 이때 구조물에 작용하는 수평토압을 수동토압(passive earth pressure)이라고 한다.

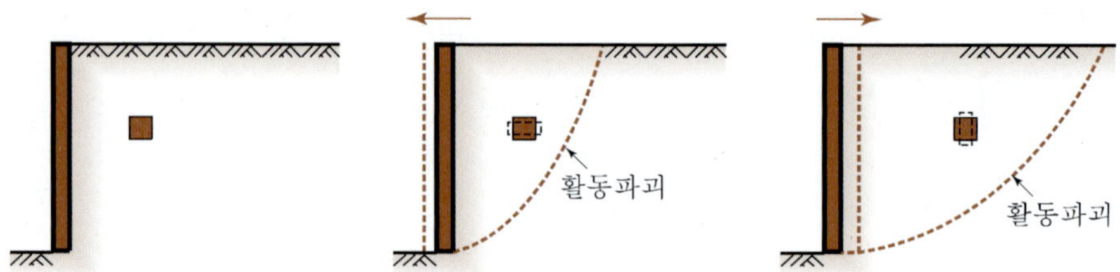

(a) 정지상태 (b) 주동상태 (c) 수동상태

그림 9-1 흙막이 구조물의 변위상태

수평토압의 크기는 흙막이구조물이 지지하고 있는 흙의 강도정수(점착력, 내부마찰각)와 관련이 있으며, 이 값을 실험실에서 구할 때는 현장의 배수조건을 고려하여 구하여야 한다.

흙속에 지하수가 있는 경우에는 유효응력으로 수평토압을 구하고, 수압을 별도로 고려하여야 한다.

수평토압의 분포는 흙막이구조물의 변위형태에 따라 다르며, 여기서는 비교적 단순한 삼각형 분포를 나타내는 옹벽의 경우에 대하여 주로 다루고, 다소 복잡한 곡선분포를 나타내는 버팀대나 앵커를 사용하는 흙막이벽의 경우에 대하여는 이 장의 후반부에서 간단히 설명한다.

9.2 정지토압

그림 9-2와 같이 벽마찰이 없는 매끄러운 벽체로 지지되는 흙에서 깊이 z에 위치한 흙요소에는 연직응력(연직토압) σ_v, 수평응력(수평토압) σ_h가 작용한다. 지표면이 수평이라면 수평방향으로 힘의 전달이 없으므로 수평면과 수직면에는 전단응력이 존재하지 않는다. 따라서, 연직응력과 수평응력은 주응력이다.

벽체 AB가 처음 위치에서 오른쪽이나 왼쪽으로 움직이지 않는다면 이 흙은 탄성평형 상태에 있게 된다. 이와 같이 수평방향으로의 변형이 없을 때의 수평토압을 정지토압이라고 하며, 다음 식과 같이 나타낼 수 있다.

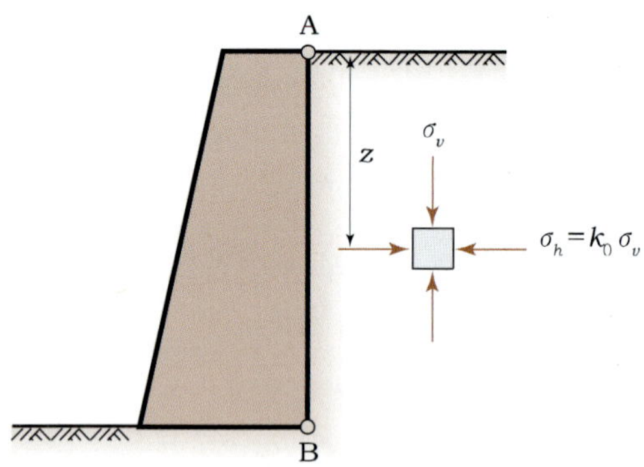

그림 9-2 정지토압

$$\sigma_h = K_o\,\sigma_v = K_o\,\gamma\,z \qquad (9.2)$$

여기서, K_0 = 정지토압계수

정지토압계수는 삼축압축시험에서 흙시료에 수직력을 가한 다음 수평방향 변위가 일어나지 않도록 구속압력을 조절하여 측정할 수 있다.

경험적으로 사질토 및 정규압밀점토의 정지토압계수를 구하는 공식은 다음 식과 같다.

$$K_0 = 1 - \sin\phi \tag{9.3}$$

여기서, ϕ = 흙의 내부마찰각

과압밀점토의 정지토압계수는 과압밀비가 클수록 증가하며, 식 (9.4)로 구할 수 있다.

$$K_0 = (1 - \sin\phi)\sqrt{OCR} \tag{9.4}$$

여기서, OCR = 과압밀비

대부분의 모래나 정규압밀점토의 정지토압계수는 0.4~0.6 정도이며, 잘 다져진 모래나 점토의 경우 1보다 큰 값을 나타내기도 한다.

그림 9-3과 높이 H의 벽체에 작용하는 정지토압을 식 (9.2)로 구하면, 벽체 상단에서의 정지토압은 0이고, 하단에서는 $K_0 \gamma H$로서 다음 식과 같이 되며, 직선적으로 증가하는 삼각형 분포가 된다.

$$z = 0 \ : \ \sigma_h = 0 \tag{9.5}$$

$$z = H \ : \ \sigma_h = K_0 \gamma H \tag{9.6}$$

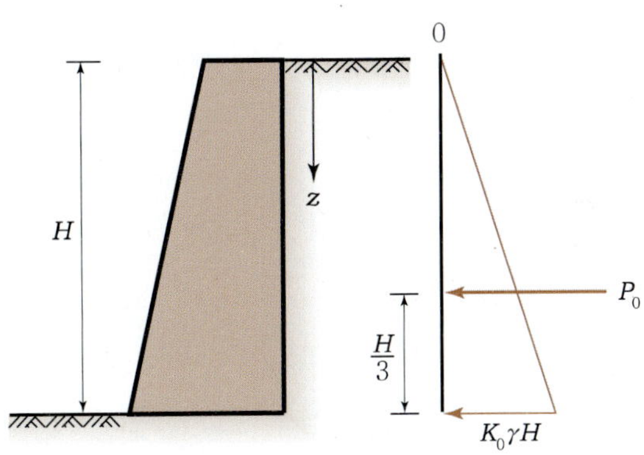

그림 9-3 벽체에 작용하는 정지토압

따라서, 단위길이당의 벽체에 작용하는 전체 정지토압 P_0는 삼각형의 면적과 같으며, 다음 식과 같이 된다.

$$P_0 = \frac{1}{2}(K_0 \gamma H) \times H = \frac{1}{2} K_0 \gamma H^2 \tag{9.7}$$

전체 정지토압은 삼각형의 도심에 작용하므로 벽체 하단부터 $\dfrac{H}{3}$의 높이에 작용하며, 작용방향은 수평한 방향이다.

정지토압은 지표면이 수평인 자연지반의 수평토압을 계산하는 데 사용한다. 지하실, 지하배수시설, 암거(box culvert)와 같이 벽체의 변위가 거의 발생하지 않는 구조물에 작용하는 수평토압은 정지토압으로 계산한다.

예제 9.1

그림 9-4(a)와 같은 높이 6m의 옹벽이 단위중량 $\gamma=18\text{kN/m}^3$, 내부마찰각 $\phi=30°$인 사질토를 지지할 때, 옹벽에 작용하는 전체 정지토압과 작용점의 위치를 구하라.

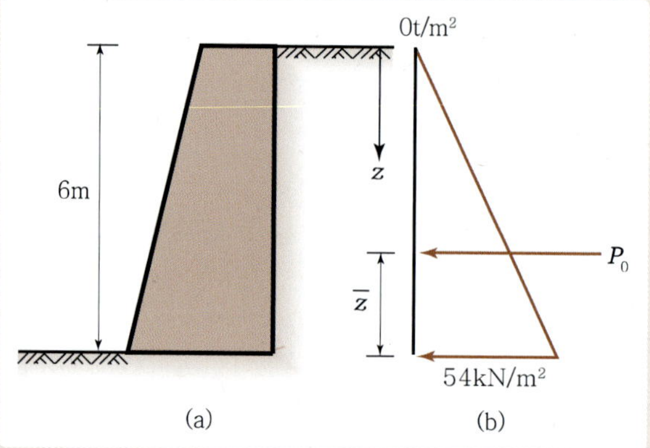

그림 9-4 예제 9.1

풀이

임의 깊이 z에서의 정지토압 $\sigma_h=K_0\gamma z$

정지토압계수 $K_0=1-\sin\phi=1-\sin30°=0.5$

그림 9-4(b)와 식 (9.2)에서

$$z=0\text{m} \ : \ \sigma_h=0.5\times18\text{kN/m}^3\times0\text{m}=0\text{kN/m}^2=0\text{kPa}$$

$$z=6\text{m} \ : \ \sigma_h=0.5\times18\text{kN/m}^3\times6\text{m}=54\text{kN/m}^2=54\text{kPa}$$

전체 정지토압 $P_o=\frac{1}{2}\times54\text{kN/m}^2\times6\text{m}=162\text{kN/m}$

또는 식 (9.6)에서

$$P_o=\frac{1}{2}K_o\gamma H^2=\frac{1}{2}\times0.5\times18\text{kN/m}^3\times(6\text{m})^2=162\text{kN/m}$$

전체 정지토압의 작용점 위치

$$\bar{z}=\frac{H}{3}=\frac{6}{3}=2\text{m}$$

9.3 Rankine의 토압이론

주동토압과 수동토압을 구하기 위한 이론에는 Rankine의 토압이론과 Coulomb의 토압이론이 있다.

Rankine의 토압이론은 흙과 벽체 사이의 벽마찰각을 0으로 가정하며, 흙속의 모든 점이 소성평형상태에 도달할 때 즉 흙전체에서 전단파괴가 일어나려고 할 때의 응력상태를 고려한다.

Coulomb의 토압이론은 흙과 벽체 사이의 벽마찰각을 고려하며, 벽체와 가상 파괴면 사이의 흙쐐기가 파괴면을 따라 활동하는 순간 즉 극한평형상태일 때 흙쐐기에 작용하는 힘의 평형을 고려한다.

9.3.1 Rankine의 주동상태

그림 9-5(a)에서 벽마찰이 없는 매끄러운 벽체 AB의 변위가 전혀 없다면 $\sigma_h = K_0 \sigma_v$이다. 이때의 응력조건은 그림 9-5(b)의 Mohr원 a로 나타낼 수 있다. 그러나 벽체 AB가 뒤채움흙의 바깥쪽으로 점점 변위를 일으키면 연직응력 σ_v는 일정하나 수평응력 σ_h는 점차 감소하여 마침내 파괴포락선에 접하게 되는 소성평형상태(Mohr원 b)에 도달하게 되어 전단파괴가 일어난다.

이때를 Rankine의 주동상태(active state)라고 말하며, 이때 연직면에 작용하는 수평응력을 Rankine의 주동토압(active earth pressure) σ_a이라고 한다.

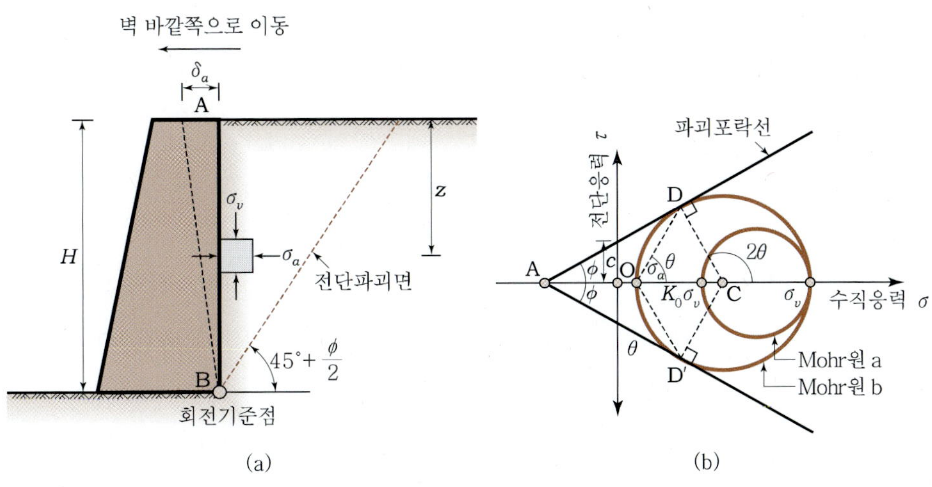

그림 9-5 Rankine의 주동상태

그림 9-5(b)의 삼각형 ACD에서 다음 식이 성립한다.

$$\sin\phi = \frac{CD}{AC} = \frac{CD}{AO+OC} = \frac{\dfrac{\sigma_v - \sigma_a}{2}}{c\cot\phi + \dfrac{\sigma_v + \sigma_a}{2}}$$

이 식을 주동토압 σ_a에 대하여 정리하면 다음 식과 같이 된다.

$$\sigma_a = \sigma_v \frac{1-\sin\phi}{1+\sin\phi} - 2c\sqrt{\frac{1-\sin\phi}{1+\sin\phi}}$$

$$= \sigma_v \tan^2(45 - \frac{\phi}{2}) - 2c\tan(45 - \frac{\phi}{2}) \quad (9.8)$$

$$\sigma_a = K_a \sigma_v - 2c\sqrt{K_a} \quad (9.9)$$

여기서, $K_a = \dfrac{1-\sin\phi}{1+\sin\phi} = \tan^2(45° - \dfrac{\phi}{2})$ = 주동토압계수 (9.10)

그림 9-5(b)에서 주동상태에서의 전단파괴면이 최대주응력면과 이루는 경사각은 $\theta = 45° + \dfrac{\phi}{2}$가 되며, 연직토압 σ_v가 주동토압 σ_a보다 커서 수평면이 최대주응력면이므로, 수평면과 이루는 경사각이 $(45° + \dfrac{\phi}{2})$가 된다.

9.3.2 Rankine의 수동상태

그림 9-6(a)에서 마찰이 없는 매끄러운 벽체 AB의 변형이 전혀 없는 정지상태이면 $\sigma_h = K_o \sigma_v$이다. 정지상태의 응력조건은 그림 9-6(b)의 Mohr원 a로 나타낼 수 있다. 이 원은 파괴포락선과 접하지 않고 아래에 있으므로, 정지상태는 안정한 상태를 의미한다.

그러나 벽체 AB가 뒤채움흙의 안쪽으로 점점 변위를 일으키면 연직응력 σ_v는 일정하나 수평응력 σ_h는 점차 증가하여 마침내 파괴포락선에 접하게 되는 소성평형 상태(Mohr원 b)에 도달하게 되어 파괴가 일어난다.

이때를 Rankine의 수동상태(passive state)라고 말하며, 이때 연직면에 작용하는 수평응력을 Rankine의 수동토압(passive earth pressure) σ_p라고 한다.

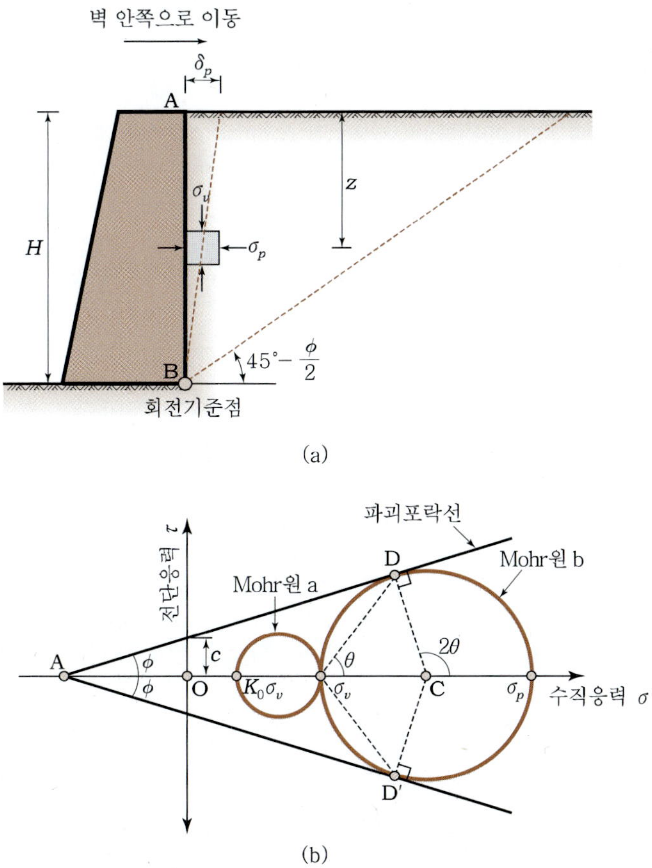

그림 9-6 Rankine의 수동상태

그림 9-6(b)의 삼각형 ACD에서 다음 식이 성립한다.

$$\sin\phi = \frac{\text{CD}}{\text{AC}} = \frac{\text{CD}}{\text{AO}+\text{OC}} = \frac{\dfrac{\sigma_p - \sigma_v}{2}}{c\cot\phi + \dfrac{\sigma_p + \sigma_v}{2}}$$

이 식을 수동토압 σ_p에 대하여 정리하면 다음 식과 같이 된다.

$$\sigma_p = \sigma_v \frac{1+\sin\phi}{1-\sin\phi} + 2c\sqrt{\frac{1+\sin\phi}{1-\sin\phi}}$$

$$= \sigma_v \tan^2\left(45+\frac{\phi}{2}\right) + 2c\tan\left(45+\frac{\phi}{2}\right) \tag{9.11}$$

$$\sigma_p = K_p\ \sigma_v + 2\ c\ \sqrt{K_p} \tag{9.12}$$

여기서,

$$K_p = \frac{1+\sin\phi}{1-\sin\phi} = \tan^2(45^\circ + \frac{\phi}{2}) = \text{수동토압계수} \tag{9.13}$$

식 (9.10)과 식 (9.13)에서 주동토압계수 K_a와 수동토압계수 K_p는 서로 역수의 관계인 것을 알 수 있다. 즉 다음 식과 같은 관계가 성립한다.

$$K_p = \frac{1}{K_a} \tag{9.14}$$

그림 9-6(b)에서 수동상태에서의 전단파괴면이 최대주응력면과 이루는 경사각은 $\theta = 45^\circ + \frac{\phi}{2}$가 되며, 연직토압 σ_v보다 수동토압 σ_p가 커서 수직면이 최대주응력면이므로, 수평면과 이루는 경사각은 $(45^\circ - \frac{\phi}{2})$가 된다.

9.3.3 Rankine의 토압과 변위

Rankine의 주동상태에 도달하기 위해서는 벽체가 바깥쪽으로 δ_a만큼 변위를 일으켜야 하며, 수동상태에 도달하기 위해서는 안쪽으로 δ_p만큼 변위를 일으켜야 한다. 변위가 없는 경우 즉 정지상태인 경우에는 정지토압이 작용한다.

표 9.1은 Rankine상태에 도달하기 위하여 필요한 벽의 변위의 크기를 나타낸 것이며, 점토에서의 변위가 모래에서의 변위보다 큰 값이 필요하고, 느슨하거나 연약할수록 더 큰 변위가 필요하다는 것을 알 수 있다.

표 9.1 벽체의 높이 H에 대한 δ_a와 δ_p의 비율

흙의 종류	δ_a/H	δ_p/H
느슨한 모래	0.001~0.002	0.01
조밀한 모래	0.0005~0.001	0.005
연약한 점토	0.02	0.04
굳은 점토	0.01	0.02

그림 9-7은 벽의 변위에 따른 수평토압의 변화를 나타낸 것이다. 여기서, 수동상태에 도달하기 위한 변위가 주동상태에 비하여 훨씬 크며, 수동토압 > 정지토압 > 주동토압 인 것을 알 수 있다.

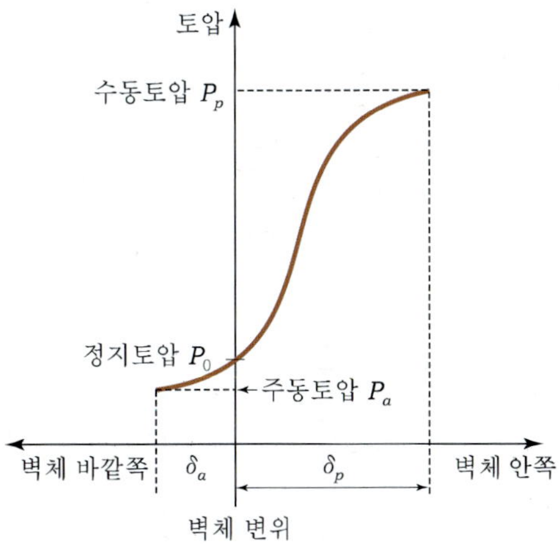

그림 9-7 벽의 변위와 토압의 변화

9.4 비점성토에서의 Rankine 토압

9.4.1 주동토압

그림 9-8은 옹벽의 뒤채움흙이 비점성토($c=0$)이고 지표면이 수평한 경우이다. Rankine의 주동상태에서 임의 깊이 z에서의 옹벽에 대한 주동토압은 식 (9.9)에 의하면 다음 식과 같이 된다.

$$\sigma_a = K_a \sigma_v = K_a \gamma z \tag{9.15}$$

벽체 상단과 하단에서의 주동토압을 구하면 다음 식과 같이 되며, 직선적으로 증가하는 삼각형 분포가 된다.

$$z = 0 \ : \ \sigma_a = 0 \tag{9.16}$$

$$z = H \ : \ \sigma_a = K_a \gamma H \tag{9.17}$$

따라서, 단위길이당의 벽체에 작용하는 전체 주동토압 P_a는 삼각형의 면적과 같으며, 다음 식과 같이 된다.

$$P_a = \frac{1}{2}(K_a \gamma H) \times H = \frac{1}{2}K_a \gamma H^2 \quad (9.18)$$

전체 주동토압은 삼각형의 도심에 작용하므로 벽체 하단부터 $\frac{H}{3}$의 높이에 작용하며, 작용방향은 수평한 방향이다.

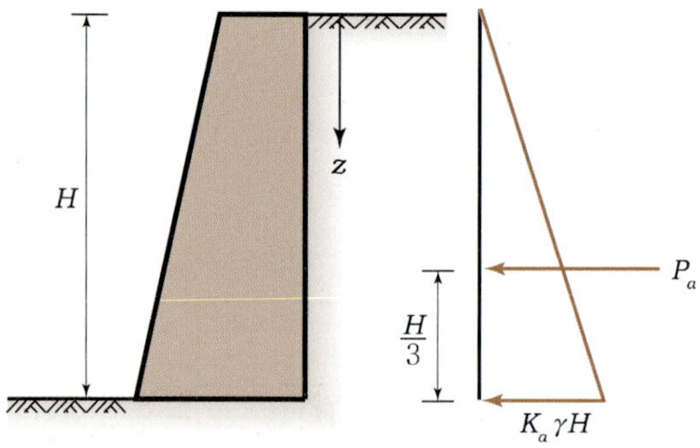

그림 9-8 비점성토에서의 Rankine의 주동토압

예제 9.2

예제 9.1과 같은 옹벽에 작용하는 전체 주동토압과 작용점의 위치를 구하라.

풀이

임의 깊이 z에서의 주동토압 $\sigma_a = K_a \gamma z$

주동토압계수 $K_a = \tan^2(45 - \frac{\phi}{2}) = \tan^2(45 - \frac{30}{2}) = \frac{1}{3}$

$z = 0\,\text{m}$: $\sigma_a = \frac{1}{3} \times 18\,\text{kN/m}^3 \times 0\text{m} = 0\,\text{kN/m}^2 = 0\,\text{kPa}$

$z = 6\,\text{m}$: $\sigma_a = \frac{1}{3} \times 18\,\text{kN/m}^3 \times 6\text{m} = 36\,\text{kN/m}^2 = 36\text{kPa}$

전체 주동토압 $P_a = \frac{1}{2} \times 36\,\text{kN/m}^2 \times 6\,\text{m} = 108\,\text{kN/m}$

또는 식 (9.18)에서

$P_a = \frac{1}{2}K_a \gamma H^2 = \frac{1}{2} \times \frac{1}{3} \times 18\,\text{kN/m}^3 \times (6\,\text{m})^2 = 108\,\text{kN/m}$

전체 주동토압의 작용점 위치

$\bar{z} = \frac{H}{3} = \frac{6}{3} = 2\text{m}$

9.4.2 수동토압

그림 9-9는 옹벽의 뒤채움흙이 비점성토($c=0$)이고 지표면이 수평한 경우이다. Rankine의 수동상태에서 임의 깊이 z에서의 옹벽에 대한 수동토압은 식 (9.12)에 의하면 다음 식과 같이 된다.

$$\sigma_p = K_p\,\sigma_v = K_p \gamma\, z \tag{9.19}$$

벽체 상단과 하단에서의 수동토압을 구하면 다음 식과 같이 되며, 직선적으로 증가하는 삼각형 분포가 된다.

$$z=0\ :\ \sigma_p = 0 \tag{9.20}$$

$$z=H\ :\ \sigma_p = K_p \gamma H \tag{9.21}$$

따라서, 단위길이당의 벽체에 작용하는 전체 수동토압 P_p는 삼각형의 면적과 같으며, 다음 식과 같이 된다.

$$P_p = \frac{1}{2}(K_p \gamma H) \times H = \frac{1}{2} K_p \gamma H^2 \tag{9.22}$$

전체 수동토압은 삼각형의 도심에 작용하므로 벽체 하단부터 $\frac{H}{3}$의 높이에 작용하며, 작용방향은 수평한 방향이다.

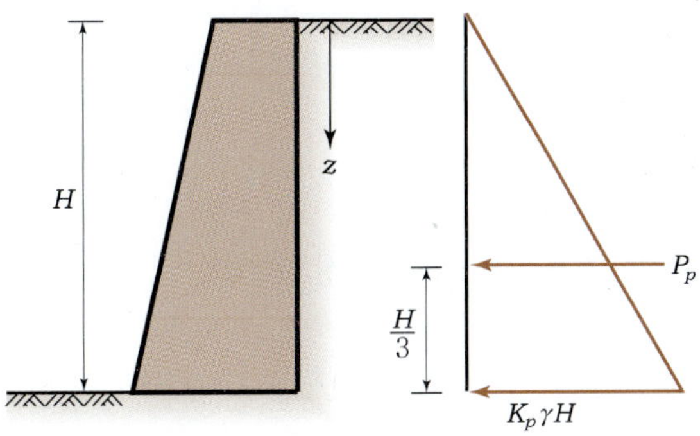

그림 9-9 비점성토에서의 Rankine의 수동토압

예제 9.3

예제 9.1과 같은 옹벽에 작용하는 전체 수동토압과 작용점의 위치를 구하라.

풀이

임의 깊이 z에서의 수동토압 $\sigma_p = K_p \gamma z$

수동토압계수 $K_p = \tan^2(45 + \frac{\phi}{2}) = \tan^2(45 + \frac{30}{2}) = 3$

$z = 0\,\text{m}$: $\sigma_p = 3 \times 18\text{kN/m}^3 \times 0\text{m} = 0\,\text{kN/m}^2 = 0\text{kPa}$

$z = 6\,\text{m}$: $\sigma_p = 3 \times 18\text{kN/m}^3 \times 6\text{m} = 324\,\text{kN/m}^2$

전체 수동토압 $P_p = \frac{1}{2} \times 324\,\text{kN/m}^2 \times 6\,\text{m} = 972\,\text{kN/m}$

또는 식 (9.22)에서

$$P_p = \frac{1}{2} K_p \gamma H^2 = \frac{1}{2} \times 3 \times 18\,\text{kN/m}^3 \times (6\,\text{m})^2 = 972\,\text{kN/m}$$

전체 수동토압의 작용점 위치

$$\bar{z} = \frac{H}{3} = \frac{6}{3} = 2\text{m}$$

9.4.3 상재하중과 지하수위가 있는 경우의 주동토압

그림 9-10(a)는 옹벽의 뒤채움흙이 비점성토($c = 0$)이고 지표면이 수평한 경우이다. 지표면에 등분포 상재하중 q가 작용하고 있으며, 지표면 아래 깊이 H_1에 지하수면이 있다.

지하수위 아래쪽에서의 연직토압과 주동토압은 유효응력으로 계산하고, 간극수압은 별도로 계산한 후 합산하여 전체 주동토압을 구한다.

Rankine의 주동상태에서 임의 깊이 z에서의 옹벽에 대한 주동토압은 다음 식과 같이 된다.

$$\sigma_a = K_a \sigma_v = K_a (q + \gamma z) \tag{9.23}$$

여기서, q = 지표면에 작용하는 등분포 상재하중

벽체 상단과 하단 및 지하수위에서의 주동토압을 구하면 다음 식과 같이 되며, 그림 9-10(b)와 같은 사다리꼴 분포가 된다.

$$z=0 \;:\; \sigma_a = K_a\, q \tag{9.24}$$

$$z=H_1 \;:\; \sigma_a = K_a(q+\gamma H_1) \tag{9.25}$$

$$z=H_2 \;:\; \sigma_a = K_a(q+\gamma H_1+\gamma' H_2) \tag{9.26}$$

여기서, $\gamma' =$ 수중단위중량 $= \gamma_{sat} - \gamma_w$

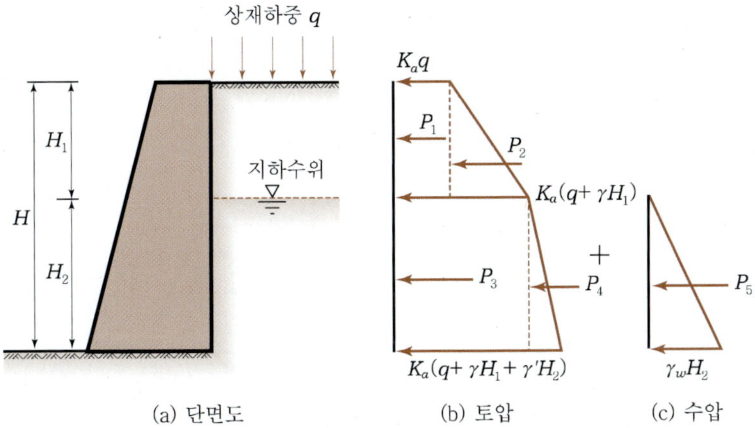

그림 9-10 상재하중과 지하수위가 있는 경우의 주동토압

지하수위 위쪽에서는 간극수압 u가 0이고, 지하수위 아래쪽에서의 간극수압 u는 다음 식과 같이 되며, 그림 9-10(c)와 같은 삼각형 분포가 된다.

$$z=0 \;:\; u=0$$

$$z=H_1 \;:\; u=0 \tag{9.27}$$

$$z=H_2 \;:\; u=\gamma_w\, H_2 \tag{9.28}$$

따라서, 단위길이당의 벽체에 작용하는 전체 주동토압 P_a는 사다리꼴을 분해한 여러 사각형 및 삼각형의 면적을 합한 값이며, 다음 식과 같이 된다.

$$\begin{aligned} P_a &= P_1+P_2+P_3+P_4+P_5 \\ &= K_a q H_1 + \frac{1}{2}K_a\gamma {H_1}^2 + K_a(q+\gamma H_1)H_2 + \frac{1}{2}K_a\gamma' {H_2}^2 + \frac{1}{2}\gamma_w H_2^2 \end{aligned} \tag{9.29}$$

전체 주동토압의 작용점은 합력의 모멘트는 분력의 모멘트의 합과 같다는 원리를 이용하여 구할 수 있으며, 작용방향은 수평한 방향이다.

예제 9.4

예제 9.1과 같은 옹벽에서 지표면에 등분포 상재하중 $q=30\text{kN/m}^2$이 작용할 때(그림 9-11(a)), 옹벽에 작용하는 전체 주동토압과 작용점의 위치를 구하라.

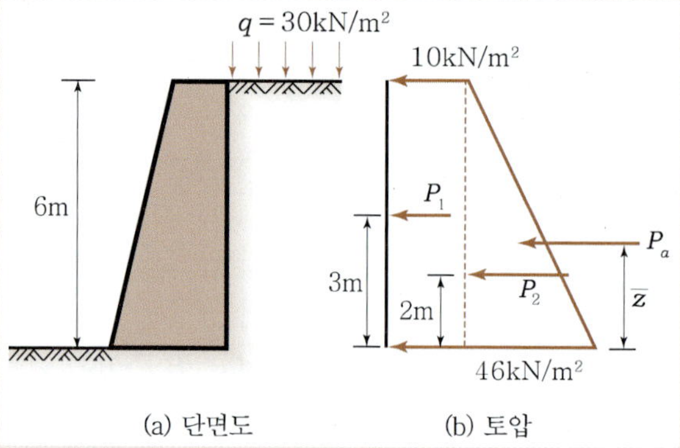

그림 9-11 예제 9.4

풀이

임의 깊이 z에서의 주동토압 $\sigma_a = K_a\sigma_v = K_a(q+\gamma z)$

주동토압계수 $K_a = \tan^2(45-\frac{\phi}{2}) = \tan^2(45-\frac{30}{2}) = \frac{1}{3}$

그림 9-11(b)에서

$$z=0\text{m} \;:\; \sigma_a = K_a(q+\gamma z) = \frac{1}{3}\times(30+18\times 0) = 10\text{kN/m}^2 = 10\text{kPa}$$

$$z=6\text{m} \;:\; \sigma_a = K_a(q+\gamma z) = \frac{1}{3}\times(30+18\times 6) = 46\text{kN/m}^2 = 46\text{kPa}$$

전체 주동토압 $P_a = P_1 + P_2$

$$= 10\text{kN/m}^2\times 6\text{m} + \frac{1}{2}\times 36\text{kN/m}^2\times 6\text{m} = 60\text{kN/m} + 108\text{kN/m} = 168\text{kN/m}$$

또는 식 (9.29)에서

$$P_a = K_a qH + \frac{1}{2}K_a\gamma H^2$$

$$= \frac{1}{3}\times 30\text{kN/m}^2\times 6\text{m} + \frac{1}{2}\times\frac{1}{3}\times 18\text{kN/m}^3\times(6\text{m})^2 = 60\text{kN/m} + 108\text{kN/m} = 168\text{kN/m}$$

전체 주동토압의 작용점 위치는 옹벽 하단을 기준으로 한 합력의 모멘트는 분력의 모멘트의 합과 같다는 원리를 이용하여 구한다.

$$168 \times \bar{z} = 60 \times 3 + 108 \times 2$$

$$\bar{z} = 2.36\,\mathrm{m}$$

예제 9.5

그림 9-12(a)와 같은 옹벽에 작용하는 Rankine의 전체 주동토압과 작용점의 위치를 구하라.

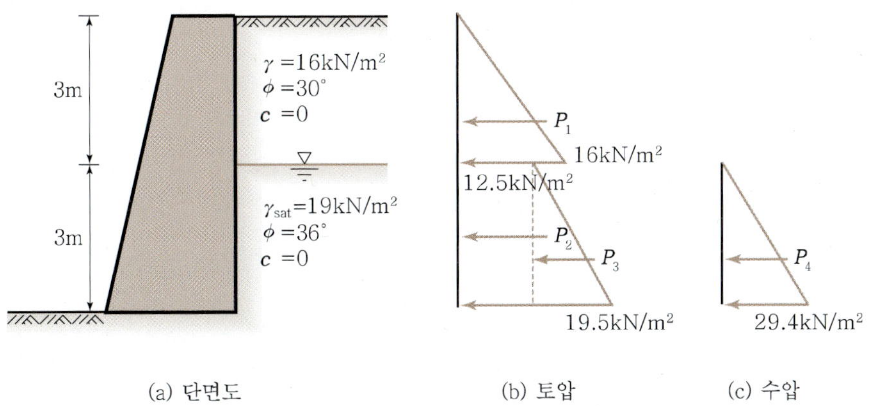

그림 9-12 예제 9.5

풀이

상부토층 주동토압계수 $K_a = \tan^2(45 - \frac{\phi}{2}) = \tan^2(45 - \frac{30}{2}) = \frac{1}{3}$

하부토층 주동토압계수 $K_a = \tan^2(45 - \frac{\phi}{2}) = \tan^2(45 - \frac{36}{2}) = 0.26$

지하수위가 있으므로 주동토압과 간극수압을 별도로 계산한다.

임의 깊이 z에서의 주동토압 $\sigma_a = K_a \sigma_v = K_a \gamma z$

$z = 0\mathrm{m}$: $\sigma_a = 0$

$z = 3\mathrm{m}$: 깊이 3m 바로 위는 상부토층에 속하고, 바로 아래는 하부토층에 속하여 주동토압계수가 다르다.

바로 위 : $\sigma_a = \frac{1}{3} \times 16 \times 3 = 16\,\mathrm{kN/m^2} = 16\mathrm{kPa}$

바로 아래 : $\sigma_a = 0.26 \times 16 \times 3 = 12.5\,\mathrm{kN/m^2} = 12.5\mathrm{kPa}$

$z = 6\mathrm{m}$: $\sigma_a = 0.26[16 \times 3 + (19 - 9.8) \times 3] = 19.7\,\mathrm{kN/m^2} = 19.7\mathrm{kPa}$

간극수압

$z = 3\text{m}$: $u = 0$

$z = 6\text{m}$: $u = \gamma_w z_w = 9.8\text{kN/m}^3 \times 3\text{m} = 29.4\text{kN/m}^2 = 29.4\text{kPa}$

주동토압과 간극수압의 분포도는 그림 9-12의 (b), (c)와 같으며, 전체 주동토압은 다음과 같이 된다.

$$P_a = P_1 + P_2 + P_3 + P_4$$

$$= \frac{1}{2} \times 16 \times 3 + 12.5 \times 3 + \frac{1}{2} \times 7 \times 3 + \frac{1}{2} \times 29.4 \times 3$$

$$= 24 + 37.5 + 10.5 + 44.1 = 116.1\text{kN/m} = 116.1\text{kPa}$$

전체 주동토압의 작용점 위치는 옹벽 하단을 기준으로 한 합력의 모멘트는 분력의 모멘트의 합과 같다는 원리를 이용하여 구한다.

$$116.1 \times \bar{z} = 24 \times 4 + 37.5 \times 1.5 + 10.5 \times 1 + 44.1 \times 1$$

$$\bar{z} = 1.78\text{m}$$

9.4.4 상재하중과 지하수위가 있는 경우의 수동토압

그림 9-13(a)는 그림 9-11(a)에서의 옹벽과 같은 것으로 수동토압을 구하는 방법은 주동토압의 경우와 거의 동일하다.

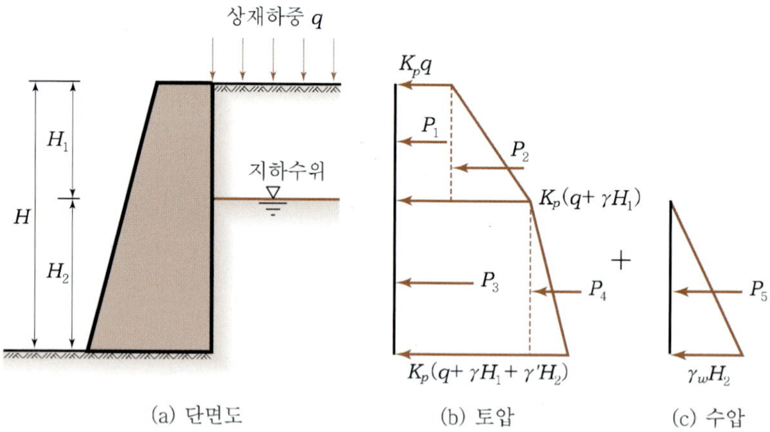

그림 9-13 상재하중과 지하수위가 있는 경우의 수동토압

지하수위 아래쪽에서의 연직토압과 수동토압은 유효응력으로 계산하고, 간극수압은 별도로 계산한 후 합산하여 전체 수동토압을 구한다.

Rankine의 수동상태에서 임의 깊이 z에서의 옹벽에 대한 수동토압은 다음 식과 같이 된다.

$$\sigma_p = K_p\,\sigma_v = K_p(q + \gamma\, z) \tag{9.30}$$

여기서, q = 지표면에 작용하는 등분포 상재하중

벽체 상단과 하단 및 지하수위에서의 수동토압을 구하면 다음 식과 같이 되며, 그림 9-14(b)와 같은 사다리꼴 분포가 된다.

$$z = 0 \ :\ \sigma_p = q \tag{9.31}$$

$$z = H_1 \ :\ \sigma_p = K_p(q + \gamma H_1) \tag{9.32}$$

$$z = H_2 \ :\ \sigma_p = K_p(q + \gamma H_1 + \gamma' H_2) \tag{9.33}$$

여기서, γ' = 수중단위중량 $= \gamma_{sat} - \gamma_w$

수압에는 주동상태나 수동상태의 구분이 없으므로, 간극수압은 주동토압의 경우나 수동토압의 경우나 동일한 값이다.

$$z = 0 \ :\ u = 0$$

$$z = H_1 \ :\ u = 0$$

$$z = H_2 \ :\ u = \gamma_w\, H_2$$

단위길이당의 벽체에 작용하는 전체 수동토압 P_p는 사다리꼴을 분해한 여러 사각형 및 삼각형의 면적을 합한 값이며, 다음 식과 같이 된다.

$$\begin{aligned} P_p &= P_1 + P_2 + P_3 + P_4 + P_5 \\ &= K_p q H_1 + \frac{1}{2} K_p \gamma {H_1}^2 + K_p(q + \gamma\, H_1) H_2 + \frac{1}{2} K_p \gamma' {H_2}^2 + \frac{1}{2}\gamma_w H_2^2 \end{aligned} \tag{9.34}$$

전체 수동토압의 작용점은 합력의 모멘트는 분력의 모멘트의 합과 같다는 원리를 이용하여 구할 수 있으며, 작용방향은 수평한 방향이다.

예제 9.6

그림 9-14(a)와 같은 옹벽에 작용하는 Rankine의 전체 수동토압을 구하라. 단, $\gamma_w = 10\text{kN/m}^3$

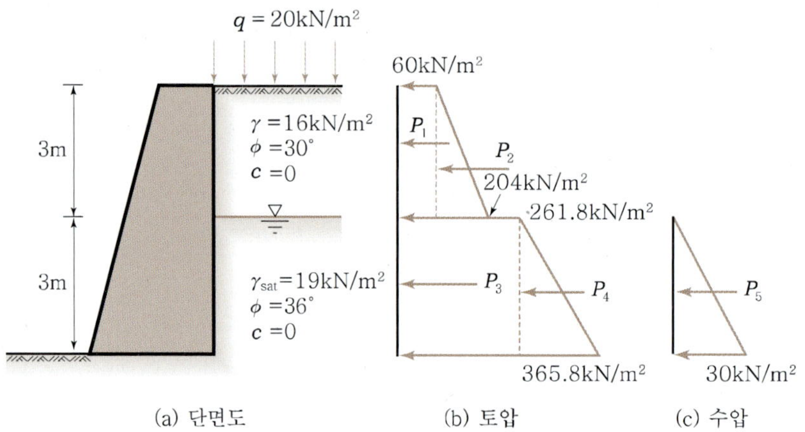

그림 9-14 : 예제 9.6

풀이

상부토층 수동토압계수 $K_p = \tan^2(45 + \frac{\phi}{2}) = \tan^2(45 + \frac{30}{2}) = 3$

하부토층 수동토압계수 $K_p = \tan^2(45 + \frac{\phi}{2}) = \tan^2(45 + \frac{36}{2}) = 3.85$

지하수위가 있으므로 수동토압과 간극수압을 별도로 계산한다.

임의 깊이 z에서의 수동토압 $\sigma_p = K_p \sigma_v = K_p(q + \gamma z)$

$z = 0\text{m}$: $\sigma_p = 3 \times 20 = 60\text{kN/m}^2$

$z = 3\text{m}$: 깊이 3m 바로 위는 상부토층에 속하고, 바로 아래는 하부토층에 속하여 수동토압계수가 다르다.

바로 위 : $\sigma_p = 3 \times (20 + 16 \times 3) = 204\text{kN/m}^2 = 204\text{kPa}$

바로 아래 : $\sigma_p = 3.85 \times (20 + 16 \times 3) = 261.8\text{t/m}^2 = 261.8\text{kPa}$

$z = 6\text{m}$: $\sigma_p = 3.85[20 + 16 \times 3 + (19 - 10) \times 3] = 365.8\text{kN/m}^2$

간극수압

$z = 3\text{m}$: $u = 0$

$z = 6\text{m}$: $u = \gamma_w z_w = 10\text{kN/m}^3 \times 3\text{m} = 30\text{kN/m}^2 = 30\text{kPa}$

수동토압과 간극수압의 분포도는 그림 9-14의 (b), (c)와 같으며, 전체 수동토압은 다음과 같이 된다.

$$
\begin{aligned}
P_p &= P_1 + P_2 + P_3 + P_4 + P_5 \\
&= 60 \times 3 + \frac{1}{2} \times 144 \times 3 + 261.8 \times 3 + \frac{1}{2} \times 104 \times 3 + \frac{1}{2} \times 30 \times 3 \\
&= 184 + 216 + 785.4 + 156 + 45 = 1{,}382.4\,\text{kN/m}
\end{aligned}
$$

9.5 점성토에서의 Rankine 토압

9.5.1 주동토압

그림 9-15(a)는 옹벽의 뒤채움흙이 점성토$(c > 0)$이고 지표면이 수평한 경우이다. Rankine의 주동상태에서 임의 깊이 z에서의 옹벽에 대한 주동토압은 식 (9.9)에 의하면 다음 식과 같이 된다.

$$\sigma_a = K_a \sigma_v - 2c\sqrt{K_a} = K_a \gamma z - 2c\sqrt{K_a} \tag{9.35}$$

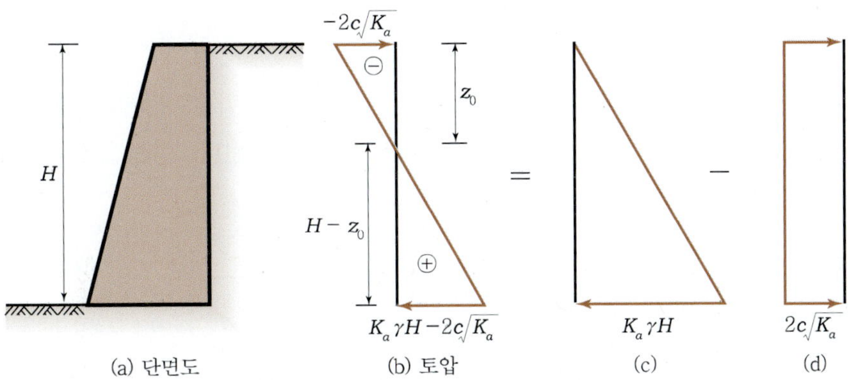

그림 9-15 점성토에서의 주동토압

벽체 상단과 하단에서의 주동토압을 구하면 다음 식과 같이 되며, 깊이에 따른 주동토압의 변화는 그림 9-15의 (b)와 같이 된다.

$$z = 0 \ : \ \sigma_a = -2c\sqrt{K_a} \tag{9.36}$$

$$z = H \ : \ \sigma_a = K_a \gamma H - 2c\sqrt{K_a} \tag{9.37}$$

식 (9.35)에서 깊이에 따른 $K_a \gamma z$의 변화는 그림 9-15의 (c)와 같은 삼각형 분포이고, $2c\sqrt{K_a}$의

변화는 (d)와 같은 직사각형 분포이다. 그림 9-15의 (b)는 (c)에서 (d)를 뺀 것과 같은 결과이다.

점성토에서의 주동토압은 점착력의 영향으로 인해 옹벽 윗부분에서 음(-)의 값이 된다. 주동토압이 0이 되는 깊이 z_0까지 균열이 생기며, 이 깊이를 인장균열깊이 또는 한계깊이라고 한다. 인장균열깊이 z_0는 식 (9.35)로부터 다음 식과 같이 구할 수 있다.

$$\sigma_a = K_a \gamma z_0 - 2c\sqrt{K_a} = 0$$

$$z_0 = \frac{2c}{\gamma\sqrt{K_a}} = \frac{2c}{\gamma}\sqrt{K_p} \tag{9.38}$$

비배수상태(즉 $\phi_u = 0$)에서는 $K_a = 1$, $c = c_u$이므로 다음 식과 같이 된다.

$$z_0 = \frac{2c_u}{\gamma} \tag{9.39}$$

옹벽의 뒤채움을 점성토로 하면 시간이 지남에 따라 뒤채움흙과 벽체 사이의 인장균열이 깊이 z_0까지 확대된다.

옹벽에 뒤채움을 한 직후 인장균열이 발생하기 전의 옹벽의 단위길이당 작용하는 전체 주동토압은 그림 9-15(b)에서 (+)면적에서 (-)면적을 빼면 다음 식과 같이 된다. 이것은 (c)의 삼각형 면적에서 (d)의 사각형 면적을 뺀 값과 같은 결과이다.

$$P_a = \frac{1}{2}K_a \gamma H^2 - 2c\sqrt{K_a}H \tag{9.40}$$

옹벽에 뒤채움을 하고 시간이 지나 인장균열이 발생한 후에는 지표면에서 깊이 z_0까지 균열이 발생하여 흙과 벽 사이가 벌어져 그림 9-15(b)에서 (-)부분의 토압은 옹벽에 영향을 미치지 않으므로 (+)부분의 토압만 고려하여야 한다. 따라서 주동토압은 다음 식과 같이 된다.

$$\begin{aligned} P_a &= \frac{1}{2}(K_a \gamma H - 2c\sqrt{K_a})(H - z_0) \\ &= \frac{1}{2}(K_a \gamma H - 2c\sqrt{K_a})\left(H - \frac{2c}{\gamma\sqrt{K_a}}\right) \end{aligned} \tag{9.41}$$

$$= \frac{1}{2}K_a\gamma H^2 - 2c\sqrt{K_a}H + \frac{2c^2}{\gamma} \tag{9.41}$$

예제 9.7

높이 6m의 옹벽이 단위중량 $\gamma = 18\text{kN/m}^3$, 내부마찰각 $\phi = 30°$, 점착력 $c = 10\text{kN/m}^2$인 점성토를 지지할 때, 인장균열이 발생하기 전과 발생한 후의 옹벽에 작용하는 전체 주동토압을 구하라.

풀이

임의 깊이 z에서의 주동토압 $\sigma_a = K_a\gamma z - 2c\sqrt{K_a}$

주동토압계수 $K_a = \tan^2(45 - \frac{\phi}{2}) = \tan^2(45 - \frac{30}{2}) = \frac{1}{3}$

그림 9-16에서

$z = 0\text{m}$: $\sigma_a = \frac{1}{3} \times 18\text{kN/m}^3 \times 0\text{m} - 2 \times 10\text{kN/m}^2 \times \sqrt{\frac{1}{3}} = -11.5\text{kN/m}^2 = 11.5\text{kPa}$

$z = 6\text{m}$: $\sigma_a = \frac{1}{3} \times 18\text{kN/m}^3 \times 6\text{m} - 2 \times 10\text{kN/m}^2 \times \sqrt{\frac{1}{3}} = 36\text{kN/m}^2 - 11.5\text{kN/m}^2$

$= 24.5\text{kN/m}^2 = 24.5\text{kPa}$

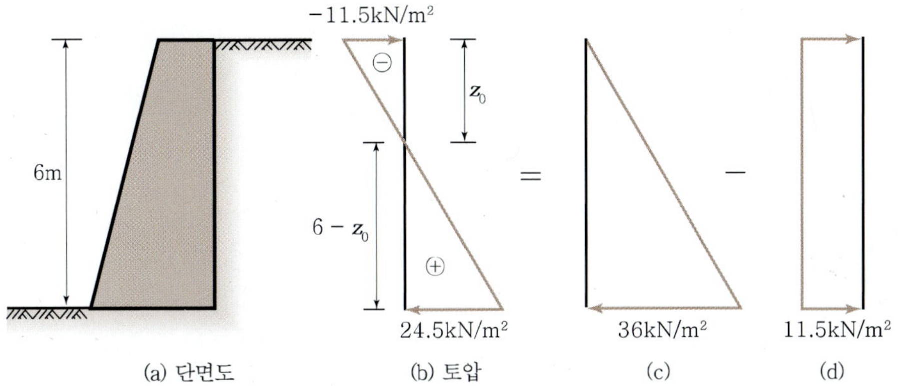

그림 9-16 예제 9.7

(1) 인장균열이 발생하기 전

전체 주동토압은 그림 9-16의 (c)의 삼각형 면적에서 (d)의 사각형 면적을 뺀 값이다.

$$P_a = \frac{1}{2} \times 36 \times 6 - 11.5 \times 6 = 108 - 69 = 39\,\text{kN/m}$$

또는 식 (9.40)에서

$$P_a = \frac{1}{2} K_a \gamma H^2 - 2c\sqrt{K_a}\,H$$

$$= \frac{1}{2} \times \frac{1}{3} \times 18 \times 6^2 - 2 \times 10 \times \sqrt{\frac{1}{3}} \times 6$$

$$= 108 - 69.3 = 38.7\,\text{kN/m}$$

(2) 인장균열이 발생한 후

인장균열의 깊이

$$z_0 = \frac{2c}{\gamma}\sqrt{K_p} = \frac{2 \times 10}{18} \times \sqrt{3} = 1.92\text{m}$$

여기서, 수동토압계수 K_p는 주동토압계수 K_a의 역수인 3을 사용하였다.

전체 주동토압은 그림 9-16의 (b)에서 (+)부분의 삼각형 면적과 같은 값이다.

$$P_a = \frac{1}{2} \times 24.5 \times (6 - 1.92) = 50\,\text{kN/m}$$

또는 식 (9.41)에서

$$P_a = \frac{1}{2} K_a \gamma H^2 - 2c\sqrt{K_a}\,H + \frac{2c^2}{\gamma}$$

$$= \frac{1}{2} \times \frac{1}{3} \times 18 \times 6^2 - 2 \times 10 \times \sqrt{\frac{1}{3}} \times 6 + \frac{2 \times 10^2}{18}$$

$$= 108 - 69.3 + 11.1 = 49.8\,\text{kN/m}$$

예제 9.8

그림 9-17(a)와 같은 높이 5m의 옹벽에 인장균열이 발생한 후에 작용하는 전체 주동토압을 구하라.

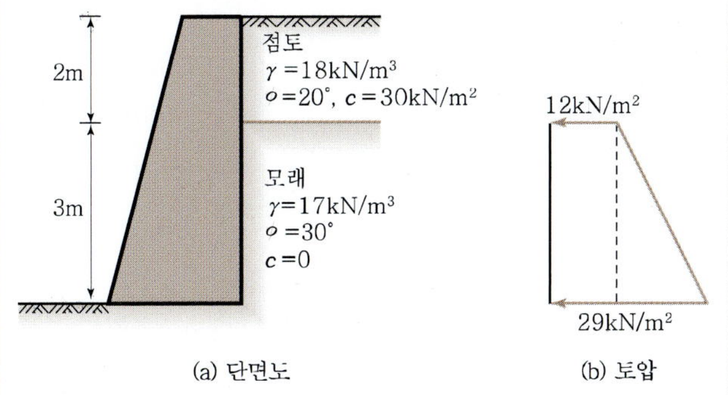

그림 9-17 예제 9.8

풀이

점토층의 주동토압계수 $K_a = \tan^2(45 - \frac{\phi}{2}) = \tan^2(45 - \frac{20}{2}) = 0.49$

인장균열의 깊이

$$z_0 = \frac{2c}{\gamma}\sqrt{K_p} = \frac{2 \times 30}{18} \times \sqrt{\frac{1}{0.49}} = 4.76\text{m}$$

점토층의 깊이(2m)가 인장균열의 깊이(4.76m)보다 작으므로, 인장균열은 2m 깊이까지만 발생하며, 전체 주동토압은 모래층에서만 고려한다.

모래층에서의 주동토압 $\sigma_a = K_a \sigma_v = K_a \gamma z$

모래층의 주동토압계수 $K_a = \tan^2(45 - \frac{\phi}{2}) = \tan^2(45 - \frac{30}{2}) = \frac{1}{3}$

$$z = 2\,\text{m} \;:\; \sigma_a = \frac{1}{3} \times 18\,\text{kN/m}^3 \times 2\text{m} = 12\,\text{kN/m}^2 = 12\,\text{kPa}$$

$$z = 6\,\text{m} \;:\; \sigma_a = \frac{1}{3} \times (18\,\text{kN/m}^3 \times 2\text{m} + 17\,\text{kN/m}^3 \times 3\text{m}) = 29\,\text{kN/m}^2$$

인장균열이 발생한 후의 주동토압의 분포는 그림 9-17(b)와 같다.

전체 주동토압 $P_a = 12 \times 3 + \frac{1}{2} \times 17 \times 3 = 36 + 25.5 = 61.5\,\text{kN/m}$

9.5.2 수동토압

그림 9-18(a)는 옹벽의 뒤채움흙이 점성토$(c > 0)$이고 지표면이 수평한 경우이다. Rankine의 수동상태에서 임의 깊이 z에서의 옹벽에 대한 수동토압은 식 (9.12)에 의하면 다음 식과 같이 된다.

$$\sigma_p = K_p \sigma_v + 2c\sqrt{K_p} = K_p \gamma z + 2c\sqrt{K_p} \qquad (9.42)$$

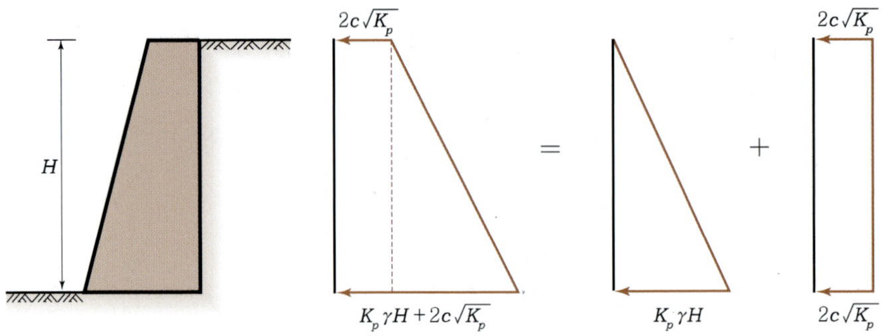

그림 9-18 점성토에서의 수동토압

벽체 상단과 하단에서의 수동토압을 구하면 다음 식과 같이 되며, 깊이에 따른 수동토압의 변화는 그림 9-18의 (b)와 같이 된다.

$$z=0\ :\ \sigma_p = 2c\sqrt{K_p} \tag{9.43}$$

$$z=H\ :\ \sigma_p = K_p\gamma H + 2c\sqrt{K_p} \tag{9.44}$$

식 (9.44)에서 깊이에 따른 $K_p\gamma z$의 변화는 그림 9-18의 (c)와 같은 삼각형 분포이고, $2c\sqrt{K_p}$의 변화는 (d)와 같은 직사각형 분포이다. 그림 9-18의 (b)는 (c)와 (d)를 합한 것과 같은 결과이다.

수동상태에서는 수동토압이 (-)값이 되지 않으므로 인장균열이 생기지 않으며, 전체 수동토압은 그림 9-18에서 (c)의 삼각형 면적과 (d)의 사각형 면적을 합한 값과 같으므로 다음 식과 같이 된다.

$$P_p = \frac{1}{2}K_p\gamma H^2 + 2c\sqrt{K_p}\,H \tag{9.45}$$

예제 9.9

높이 6m의 옹벽이 단위중량 $\gamma = 18\text{kN/m}^3$, 내부마찰각 $\phi = 30^\circ$, 점착력 $c = 10\text{kN/m}^2$인 점성토를 지지할 때, 옹벽에 작용하는 전체 수동토압을 구하라.

풀이

임의 깊이 z에서의 수동토압 $\sigma_p = K_p\gamma z + 2c\sqrt{K_p}$

수동토압계수 $K_p = \tan^2(45 + \frac{\phi}{2}) = \tan^2(45 + \frac{30}{2}) = 3$

그림 9-19(b)에서

$$z=0\,\text{m} \;:\; \sigma_p = 3\times 18\,\text{kN/m}^3\times 0\,\text{m} + 2\times 10\,\text{kN/m}^2\times\sqrt{3} = 34.6\,\text{kN/m}^2 = 34.6\,\text{kPa}$$

$$z=6\,\text{m} \;:\; \sigma_p = 3\times 18\,\text{kN/m}^3\times 6\,\text{m} + 2\times 10\,\text{kN/m}^2\times\sqrt{3} = 324\,\text{kN/m}^2 + 34.6\,\text{kN/m}^2 = 358.6\,\text{kN/m}^2 = 358.6\,\text{kPa}$$

전체 수동토압은 그림 9-19(b)에서 사다리꼴 면적과 같은 값이다.

$$P_p = 34.6\times 6 + \frac{1}{2}\times 32.4\times 6 = 207.6 + 97.2$$

$$= 1{,}179.6\,\text{kN/m}$$

또는 식 (9.45)에서

$$P_p = \frac{1}{2}K_p\gamma H^2 + 2c\sqrt{K_p}\,H$$

$$= \frac{1}{2}\times 3\times 18\times 6^2 + 2\times 10\times\sqrt{3}\times 6$$

$$= 972 + 207.8 = 1{,}179.8\,\text{kN/m}$$

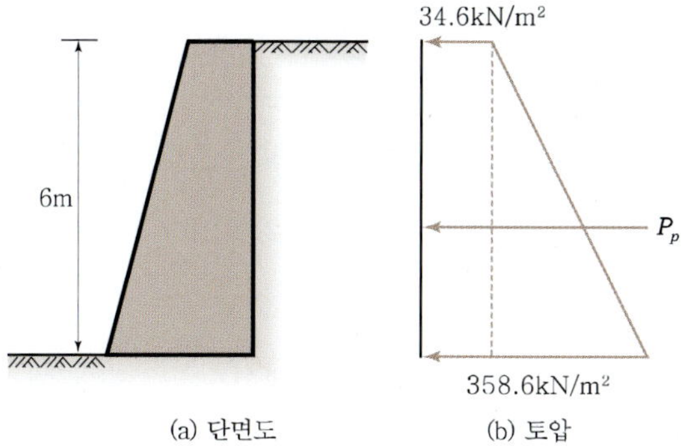

그림 9-19 예제 9.9

예제 9.10

그림 9-20과 같은 옹벽에 작용하는 Rankine의 전체 수동토압을 구하라. 단, $\gamma_w = 10\,\text{kN/m}^3$

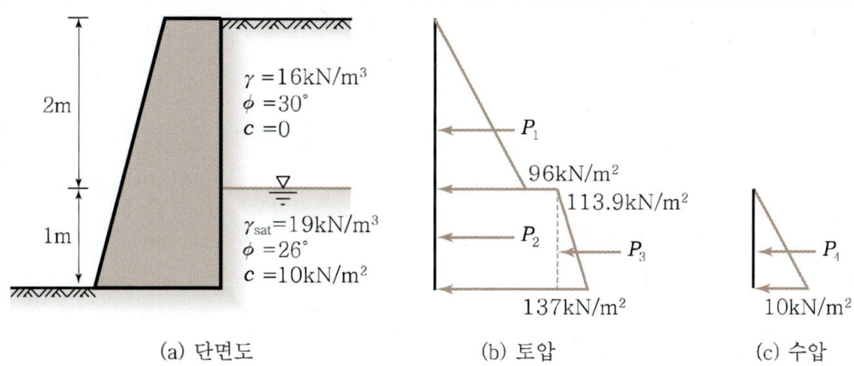

그림 9-20 예제 9.10

풀이

상부토층 수동토압계수 $K_p = \tan^2(45+\frac{\phi}{2}) = \tan^2(45+\frac{30}{2}) = 3$

하부토층 수동토압계수 $K_p = \tan^2(45+\frac{\phi}{2}) = \tan^2(45+\frac{26}{2}) = 2.56$

지하수위가 있으므로 수동토압과 간극수압을 별도로 계산한다.

임의 깊이 z에서의 수동토압 $\sigma_p = K_p \sigma_v + 2c\sqrt{K_p} = K_p \gamma z + 2c\sqrt{K_p}$

$z = 0\text{m}$: $\sigma_p = 0 + 0 = 0\text{kN/m}^2 = 0\text{kPa}$

$z = 2\text{m}$: 깊이 2m 바로 위는 상부토층에 속하고, 바로 아래는 하부토층에 속하여 수동토압계수와 점착력이 다르다.

바로 위 : $\sigma_p = 3 \times 16 \times 2 + 0 = 96\text{kN/m}^2 = 96\text{kPa}$

바로 아래 : $\sigma_p = 2.56 \times 16 \times 2 + 2 \times 10 \times \sqrt{2.56} = 113.9\text{kN/m}^2 = 113.9\text{kPa}$

$z = 3\text{m}$: $\sigma_p = 2.56[16 \times 2 + (19 - 10) \times 1] + 2 \times 10 \times \sqrt{2.56} = 137\text{kN/m}^2 = 137\text{kPa}$

간극수압

$z = 2\text{m}$: $u = 0$

$z = 3\text{m}$: $u = \gamma_w z_w = 10\text{kN/m}^3 \times 1\text{m} = 10\text{kN/m}^2$

수동토압과 간극수압의 분포도는 그림 9-20의 (b), (c)와 같으며, 전체 수동토압은 다음과 같이 된다.

$$P_p = P_1 + P_2 + P_3 + P_4$$
$$= \frac{1}{2} \times 96 \times 2 + 113.9 \times 1 + \frac{1}{2} \times (137 - 113.9) \times 3 + \frac{1}{2} \times 10 \times 1$$
$$= 96 + 113.9 + 11.6 + 5 = 226.5\text{kN/m}$$

9.6 지표면이 경사진 경우의 Rankine 토압

옹벽의 뒤채움흙이 비점성토($c = 0$)이고 지표면이 수평면에 대하여 α만큼 기울어진 경우에도 Rankine이론을 적용할 수 있다. 주동토압과 수동토압은 지표면과 평행한 방향으로 작용한다고 가정한다.

그림 9-21(a)와 같이 지표면에서 깊이 z에 있는 평행사변형 요소를 생각해 보자. 연직토압과 주동토압 및 수동토압은 각각 작용면에 대하여 α만큼 기울어져 작용한다. 이러한 응력은 면에 수직방향이 아니므로 주응력이 아니다.

9.6.1 주동토압

그림 9-21(a)에서 깊이 z에서 수평면에 대해 α만큼 기울어진 경사면에 작용하는 연직토압은 다음과 같다.

$$\sigma_v = \frac{\gamma z b \cos\alpha}{b} = \gamma z \cos\alpha \tag{9.46}$$

주동상태인 경우에 그림 9-21(b)에서 연직토압 σ_v =OA 되게 수평면과 α의 기울기로 A점을 정하면, 이 점의 좌표가 경사면의 응력을 나타낸다. 소성평형상태에 도달할 만큼 충분한 횡변형이 흙에서 일어난다면, 이 응력상태에 대한 Mohr원은 점 A를 지나면서 파괴포락선에 접하게 된다.

선분 OA가 Mohr원과 만나는 점 B'가 극점 O_p가 되고, 이 극점에서 연직선을 그려 Mohr원과 만나는 점 B의 좌표가 연직면에 작용하는 응력을 나타내며, 주동토압 σ_a =OB가 된다.

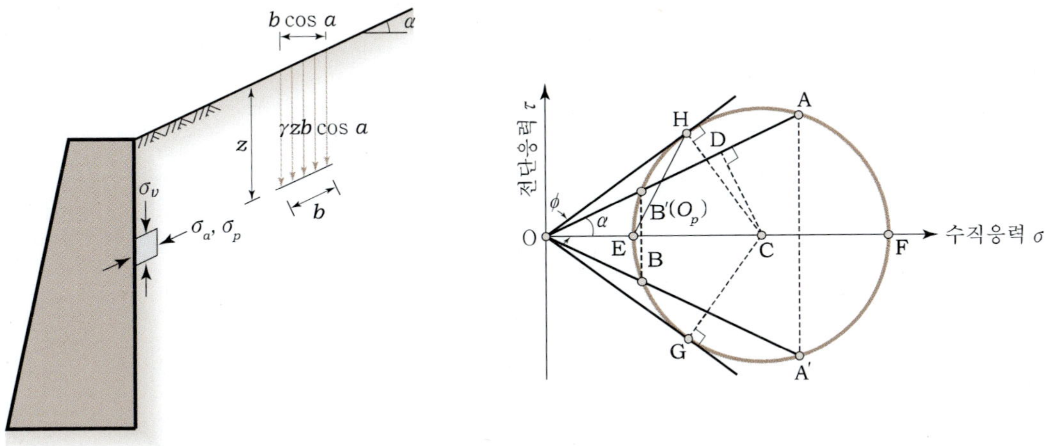

그림 9-21 지표면이 경사진 경우의 주동상태와 수동상태

주동토압과 연직토압의 비는 그림 9-21(b)로부터 다음 식과 같이 나타낼 수 있다.

$$\frac{\sigma_a}{\sigma_v} = \frac{\mathrm{OB}}{\mathrm{OA}} = \frac{\mathrm{OB}'}{\mathrm{OA}} = \frac{\mathrm{OD}-\mathrm{AD}}{\mathrm{OD}+\mathrm{AD}}$$

$$\mathrm{OD} = \mathrm{OC}\cos\alpha$$

$$\mathrm{AD} = \sqrt{\mathrm{OC}^2\sin^2\phi - \mathrm{OC}^2\sin^2\alpha} = \mathrm{OC}\sqrt{\cos^2\alpha - \cos^2\phi}$$

$$\frac{\sigma_a}{\sigma_v} = \frac{\cos\alpha - \sqrt{\cos^2\alpha - \cos^2\phi}}{\cos\alpha + \sqrt{\cos^2\alpha - \cos^2\phi}} \tag{9.47}$$

따라서, 깊이 z에서 경사면에 평행하게 작용하는 주동토압은 다음 식과 같이 된다.

$$\sigma_a = \sigma_v \frac{\cos\alpha - \sqrt{\cos^2\alpha - \cos^2\phi}}{\cos\alpha + \sqrt{\cos^2\alpha - \cos^2\phi}}$$

$$= \gamma\, z \cos\alpha \frac{\cos\alpha - \sqrt{\cos^2\alpha - \cos^2\phi}}{\cos\alpha + \sqrt{\cos^2\alpha - \cos^2\phi}}$$

$$= K_a \gamma\, z \tag{9.48}$$

여기서, 주동토압계수 K_a는 다음 식과 같이 된다.

$$K_a = \cos\alpha \frac{\cos\alpha - \sqrt{\cos^2\alpha - \cos^2\phi}}{\cos\alpha + \sqrt{\cos^2\alpha - \cos^2\phi}} \tag{9.49}$$

높이 H인 옹벽에 작용하는 전체 주동토압은 다음 식과 같이 된다. 전체 주동토압은 옹벽 하단부터 $\frac{H}{3}$ 높이에, 지표면에 평행하게 작용한다.

$$P_a = \frac{1}{2} K_a \gamma H^2 \tag{9.50}$$

파괴면의 방향은 최대주응력면의 방향과 $(45 + \frac{\phi}{2})$의 각도를 이룬다. 즉 그림 9-21(b)의 Mohr원에서 점 B'가 극점(O_p)이므로 최대주응력면의 방향은 B'F이다.

한편, 식 (9.48)에서 주동토압계수 K_a를 식 (9.51)과 같은 값으로 보고, σ_a와 P_a를 식 (9.52), 식 (9.53)과 같이 구하는 방법도 있다.

$$K_a = \frac{\cos\alpha - \sqrt{\cos^2\alpha - \cos^2\phi}}{\cos\alpha + \sqrt{\cos^2\alpha - \cos^2\phi}} \tag{9.51}$$

$$\sigma_a = K_a \gamma z \cos\alpha \tag{9.52}$$

$$P_a = \frac{1}{2} K_a \gamma H^2 \cos\alpha \tag{9.53}$$

예제 9.11

그림 9-22와 같은 높이 6m인 옹벽의 뒤채움을 단위중량 $\gamma = 18\,\mathrm{kN/m^3}$, 내부마찰각 $\phi = 30^\circ$ 인 사질토로 하고, 지표면 경사 $\alpha = 10^\circ$ 일 때, 옹벽에 작용하는 전체 주동토압과 작용점의 위치를 구하라.

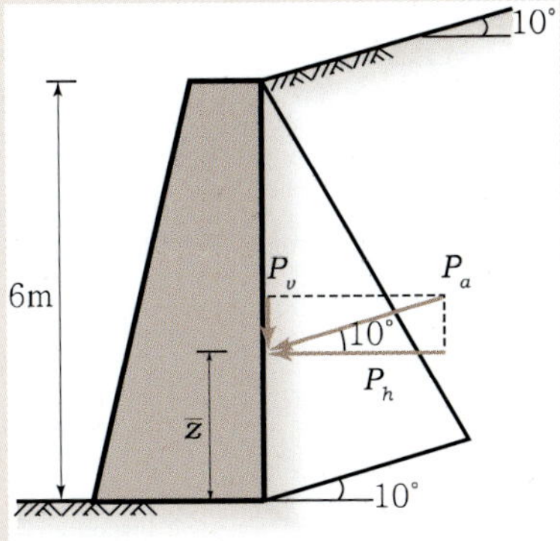

그림 9-22 예제 9.11

풀이

지표면이 경사진 경우의 주동토압계수는 식 (9.49)에서

$$K_a = \cos\alpha \frac{\cos\alpha - \sqrt{\cos^2\alpha - \cos^2\phi}}{\cos\alpha + \sqrt{\cos^2\alpha - \cos^2\phi}} = \cos 10 \times \frac{\cos 10 - \sqrt{\cos^2 10 - \cos^2 30}}{\cos 10 + \sqrt{\cos^2 10 - \cos^2 30}} = 0.35$$

전체 주동토압은 식 (9.50)에서

$$P_a = \frac{1}{2}K_a \gamma H^2 = \frac{1}{2} \times 0.35 \times 18 \times 6^2 = 113.4\,\text{kN/m}$$

전체 주동토압의 작용점 위치

$$\bar{z} = \frac{H}{3} = \frac{6}{3} = 2\text{m}$$

전체 주동토압은 지표면에 평행하게 작용하므로, 수평분력과 수직분력으로 분해한다.

수평분력 $P_h = P_a \cos\alpha = 113.4 \times \cos 10^\circ = 111.7\,\text{kN/m}$

수직분력 $P_v = P_a \sin\alpha = 113.4 \times \sin 10^\circ = 19.7\,\text{kN/m}$

9.6.2 수동토압

수동상태인 경우에는 연직토압 σ_v는 그림 9-21(b)에서 OB'로 표시한다. 소성평형상태에 도달할 만큼 충분한 횡변형이 흙에서 일어난다면, 이 응력상태에 대한 Mohr원은 점 B'를 지나면서 파괴포락선에 접하게 된다.

선분 OB'가 Mohr원과 만나는 점 A가 극점 O_p가 되고, 이 극점에서 연직선을 그려 Mohr원과 만나는 점 A'의 좌표가 연직면에 작용하는 응력을 나타내며, 수동토압 σ_p =OA'가 된다.

수동토압과 연직토압의 비는 그림 9-21(b)로부터 다음과 같이 나타낼 수 있다.

$$\frac{\sigma_p}{\sigma_v} = \frac{\mathrm{OA}}{\mathrm{OB}} = \frac{\mathrm{OA}}{\mathrm{OB}'} = \frac{\mathrm{OD}+\mathrm{AD}}{\mathrm{OD}-\mathrm{AD}} \tag{9.54}$$

$$\mathrm{OD} = \mathrm{OC}\cos\alpha$$

$$\mathrm{AD} = \sqrt{\mathrm{OC}^2\sin^2\phi - \mathrm{OC}^2\sin^2\alpha} = \mathrm{OC}\sqrt{\cos^2\alpha - \cos^2\phi}$$

$$\frac{\sigma_p}{\sigma_v} = \frac{\cos\alpha + \sqrt{\cos^2\alpha - \cos^2\phi}}{\cos\alpha - \sqrt{\cos^2\alpha - \cos^2\phi}} \tag{9.55}$$

따라서, 깊이 z에서 경사면에 평행하게 작용하는 수동토압은 다음 식과 같이 된다.

$$\begin{aligned}\sigma_p &= \sigma_v \frac{\cos\alpha + \sqrt{\cos^2\alpha - \cos^2\phi}}{\cos\alpha - \sqrt{\cos^2\alpha - \cos^2\phi}} \\ &= \gamma z \cos\alpha \frac{\cos\alpha + \sqrt{\cos^2\alpha - \cos^2\phi}}{\cos\alpha - \sqrt{\cos^2\alpha - \cos^2\phi}} \\ &= K_p \gamma z \end{aligned} \tag{9.56}$$

여기서, 수동토압계수 K_p는 다음 식과 같이 된다.

$$K_p = \cos\alpha \frac{\cos\alpha + \sqrt{\cos^2\alpha - \cos^2\phi}}{\cos\alpha - \sqrt{\cos^2\alpha - \cos^2\phi}} \tag{9.57}$$

높이 H인 옹벽에 작용하는 전체 수동토압은 다음 식과 같이 된다. 전체 수동토압은 옹벽 하단부터 $\frac{H}{3}$ 높이에, 지표면에 평행하게 작용한다.

$$P_p = \frac{1}{2} K_p \gamma H^2 \tag{9.58}$$

파괴면의 방향은 최대주응력면의 방향과 $(45 + \frac{\phi}{2})$의 각도를 이룬다. 즉 그림 9-21(b)의 Mohr원에서 점 A가 극점(O_p)이므로 최대주응력면의 방향은 AF이다.

한편, 식 (9.56)에서 수동토압계수 K_p를 식 (9.59)와 같은 값으로 보고, σ_p와 P_p를 식 (9.60), 식 (9.61)과 같이 구하는 방법도 있다.

$$K_p = \frac{\cos\alpha + \sqrt{\cos^2\alpha - \cos^2\phi}}{\cos\alpha - \sqrt{\cos^2\alpha - \cos^2\phi}} \tag{9.59}$$

$$\sigma_p = K_p \gamma z \cos\alpha \tag{9.60}$$

$$P_p = \frac{1}{2} K_p \gamma H^2 \cos\alpha \tag{9.61}$$

예제 9.12

예제 9.11에서 옹벽에 작용하는 전체 수동토압과 작용점의 위치를 구하라.

풀이

지표면이 경사진 경우의 수동토압계수는 식 (9.57)에서

$$K_p = \cos\alpha \frac{\cos\alpha + \sqrt{\cos^2\alpha - \cos^2\phi}}{\cos\alpha - \sqrt{\cos^2\alpha - \cos^2\phi}} = \cos 10 \times \frac{\cos 10 + \sqrt{\cos^2 10 - \cos^2 30}}{\cos 10 - \sqrt{\cos^2 10 - \cos^2 30}} = 2.77$$

전체 수동토압은 식 (9.58)에서

$$P_p = \frac{1}{2} K_p \gamma H^2 = \frac{1}{2} \times 2.77 \times 18 \times 6^2 = 897.5\,\text{kN/m}$$

전체 수동토압의 작용점 위치

$$\bar{z} = \frac{H}{3} = \frac{6}{3} = 2\text{m}$$

전체 수동토압은 지표면에 평행하게 작용하므로, 수평분력과 수직분력으로 분해한다.

수평분력 $P_h = P_p \cos\alpha = 897.5 \times \cos 10^\circ = 883.9\,\text{kN/m}$

수직분력 $P_v = P_p \sin\alpha = 897.5 \times \sin 10^\circ = 155.8\,\text{kN/m}$

9.7 벽면이 경사진 경우의 Rankine 토압

그림 9-23(a)와 같이 옹벽의 뒤채움흙이 비점성토($c=0$)이고 지표면이 수평면에 대하여 α만큼

기울어지고 벽면이 연직방향에 대하여 θ만큼 경사진 경우에 벽면에 작용하는 전체 주동토압도 Rankine이론으로 구할 수 있다.

먼저 B점에서 세운 연직면 BC(높이 H')에 작용하는 토압 P_a'를 식 (9.50)으로 구하고 흙쐐기 ABC의 무게 W와의 합력을 구하면 이것이 전체 주동토압 P_a가 된다(그림 9-23(b)). P_a', W, P_a는 각각 식 (9.62), 식 (9.63), 식 (9.64)로 구한다.

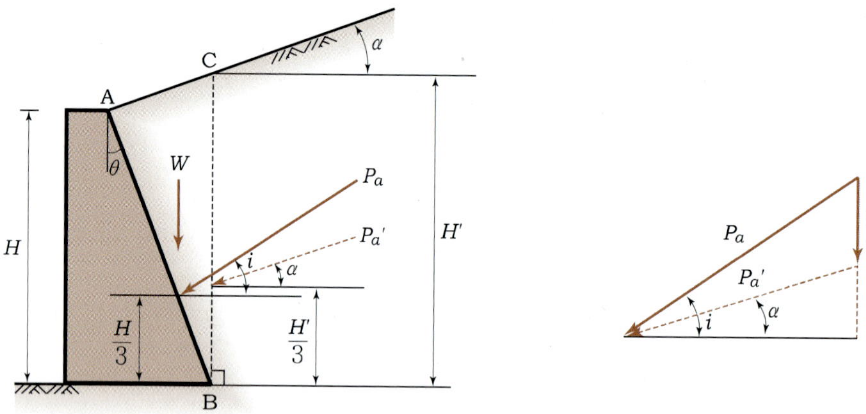

(a) 단면도　　(b) 힘의 다각형

그림 9-23 벽면이 경사진 경우의 Rankine 토압

$$P_a' = \frac{1}{2} K_a \gamma H'^2 \tag{9.62}$$

$$W = \frac{1}{2} \gamma H' H \tan\theta \tag{9.63}$$

$$P_a = \sqrt{(P_a' \cos\alpha)^2 + (P_a' \sin\alpha + W)^2} \tag{9.64}$$

전체 주동토압의 작용높이는 식 (9.65)로 구하며, 작용방향은 식 (9.66)으로 구한다.

$$z = \frac{H}{3} \tag{9.65}$$

$$\tan i = \frac{P_a' \sin\alpha + W}{P_a' \cos\alpha} \tag{9.66}$$

9.8 Coulomb의 토압이론

Coulomb의 토압이론은 흙과 벽체 사이의 벽마찰각을 고려하고, 벽체와 가상 파괴면 사이의 흙쐐기의 안정을 고려한다.

흙쐐기와 벽면 사이에 작용하는 힘은, 흙쐐기가 파괴면을 따라 활동하는 순간 즉 극한평형(limiting equilibrium) 조건일 때, 흙쐐기에 작용하는 힘의 평형을 고려함으로써 결정할 수 있다.

벽마찰각 δ를 고려하면 파괴면이 곡면이 되지만 Coulomb의 토압이론에서는 평면으로 가정한다. 곡면인 파괴면을 평면으로 가정하면 주동토압의 경우에는 큰 차이가 없으나, 수동토압의 경우에는 큰 차이가 난다. 특히 $\delta > \phi/2$일 때 수동토압이 과대평가되며, 이것은 설계시 불안전측이 된다.

9.8.1 주동토압

그림 9-24(a)에서 AB는 뒤채움흙을 지지하는 벽체의 뒷면이고, 뒤채움흙의 지표면이 수평면에 대해서 α만큼 기울어져 있으며, BC는 가상파괴면이다.

흙쐐기가 파괴면을 따라 아래로 활동하는 극한평형상태일 때 흙쐐기 ABC에 작용하는 힘에는 흙쐐기의 무게 W, 파괴면 BC에 작용하는 전단력과 수직력의 합력 F, 벽체 뒷면의 직각방향에 대하여 벽마찰각 δ만큼 기울어져 작용하는 주동토압 P_a 등이 있다.

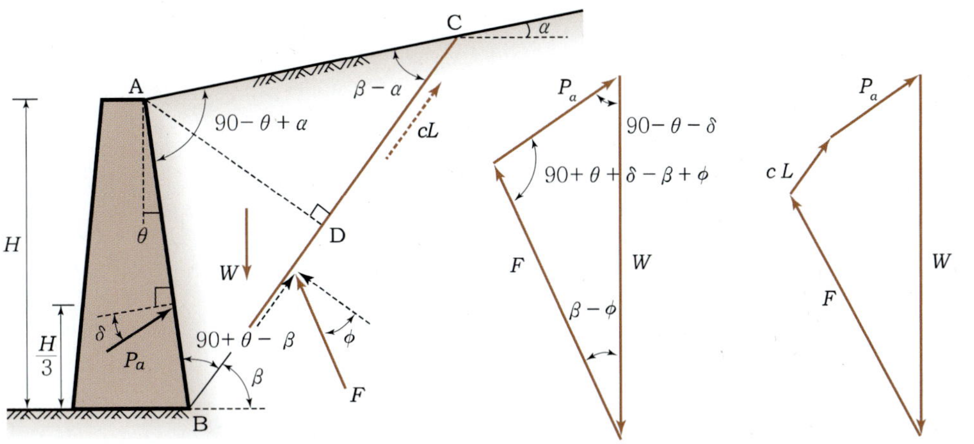

(a) 단면도 (b) 힘의 삼각형 (c) 힘의 다각형

그림 9-24 Coulomb의 주동토압

뒤채움흙이 비점성토$(c=0)$인 경우 흙쐐기에 대한 힘의 삼각형은 그림 9-24(b)와 같이 되며, 삼각함수에 관한 sine법칙을 적용하면 다음과 같이 된다.

$$\frac{W}{\sin(90+\theta+\delta-\beta+\phi)}=\frac{P_a}{\sin(\beta-\phi)}$$

$$P_a=\frac{\sin(\beta-\phi)}{\sin(90+\theta+\delta-\beta+\phi)}W \tag{9.67}$$

흙쐐기의 무게 W를 계산하여 이 식에 적용하면 다음과 같이 된다.

$$P_a=\frac{1}{2}\gamma H^2\ \frac{\cos(\theta-\beta)\cos(\theta-\alpha)\sin(\beta-\phi)}{\cos^2\theta\sin(\beta-\alpha)\sin(90+\theta+\delta-\beta+\phi)} \tag{9.68}$$

여기서, γ는 뒤채움흙의 단위중량이고, γ, H, θ, α, ϕ, δ 는 상수이고, β만 변수이다. 따라서 파괴면의 경사각 β를 바꿔가면서 P_a를 구하여 최대가 되는 값이 주동토압이 된다.

또는 P_a를 β에 대하여 미분하여 0이 될 때의 β값을 이 식에 대입하여 P_a의 최대값을 구할 수도 있다.

$$\frac{dP_a}{d\beta}=0$$

이 식에서 β를 구한 후 식 (9.62)에 대입하면 다음과 같은 형태로 정리할 수 있다.

$$P_a=\frac{1}{2}K_a\gamma H^2 \tag{9.69}$$

이것이 Coulomb의 주동토압 공식이며, 주동토압계수 K_a는 다음 식과 같이 된다.

$$K_a=\frac{\cos^2(\phi-\theta)}{\cos^2\theta\ \cos(\delta+\theta)\ [1+\sqrt{\dfrac{\sin(\delta+\phi)\ \sin(\phi-\alpha)}{\cos(\delta+\theta)\ \cos(\theta-\alpha)}}\ ]^2} \tag{9.70}$$

Coulomb의 주동토압 P_a는 옹벽 하단부터 $\frac{H}{3}$ 높이에 작용하며, 벽체 뒷면의 법선(어느 면에 직각인 선)에 벽마찰각 δ만큼 상향으로 작용한다.

주동토압계수를 구하는 식 (9.70)은 매우 복잡하여 표로 정리하여도 양이 매우 방대하게 된다. 표 9.2는 $\theta = 0$일 때의 주동토압계수 값의 일부만 수록한 것이다. 이 표에서 벽마찰이 클수록 주동토압계수가 다소 작아진다는 것을 알 수 있다.

지표면의 경사각 α가 흙의 내부마찰각 ϕ보다 크면 식 (9.70)에서 K_a값을 구할 수 없으므로 Coulomb의 주동토압을 산정할 수 없다.

식 (9.70)에서 $\alpha = 0$, $\theta = 0$, $\delta = 0$이면 $K_a = \dfrac{1-\sin\phi}{1+\sin\phi} = \tan^2(45^\circ - \dfrac{\phi}{2})$가 되며, 이는 Rankine의 주동토압계수와 같은 값이다.

표 9.2 Coulomb의 주동토압계수 K_a ($\theta = 0$인 경우)

	$\alpha = 0^\circ$							
$\delta(^\circ)$	$\phi = 26^\circ$	28°	30°	32°	34°	36°	38°	40°
0	0.390	0.361	0.333	0.307	0.283	0.260	0.238	0.217
16	0.349	0.324	0.300	0.278	0.283	0.260	0.238	0.217
17	0.348	0.323	0.299	0.277	0.256	0.237	0.218	0.200
20	0.345	0.320	0.297	0.276	0.255	0.235	0.217	0.199
22	0.343	0.319	0.296	0.275	0.254	0.235	0.217	0.187
	$\alpha = 5^\circ$							
$\delta(^\circ)$	$\phi = 26^\circ$	28°	30°	32°	34°	36°	38°	40°
0	0.414	0.382	0.352	0.323	0.272	0.272	0.249	0.227
16	0.373	0.345	0.319	0.295	0.250	0.250	0.229	0.210
17	0.372	0.344	0.318	0.294	0.249	0.249	0.229	0.210
20	0.370	0.342	0.316	0.292	0.248	0.248	0.228	0.209
22	0.369	0.341	0.316	0.292	0.248	0.248	0.228	0.209
	$\alpha = 10^\circ$							
$\delta(^\circ)$	$\phi = 26^\circ$	28°	30°	32°	34°	36°	38°	40°
0	0.443	0.407	0.374	0.343	0.314	0.286	0.261	0.238
16	0.404	0.372	0.342	0.315	0.289	0.265	0.242	0.221
17	0.404	0.371	0.342	0.314	0.288	0.264	0.242	0.220
20	0.402	0.370	0.340	0.313	0.287	0.263	0.241	0.220
22	0.401	0.369	0.340	0.312	0.287	0.263	0.241	0.220

뒤채움흙이 점성토($c > 0$)인 경우에는 그림 9-24(b)의 힘의 삼각형에 파괴면과 같은 방향으로 점착력 cL(L=파괴면의 길이)을 포함시킨 그림 9-24(c)와 같은 힘의 다각형에서 P_a를 구하며, 파괴면의 경사각 β를 바꿔가면서 최대가 되는 P_a가 주동토압이 된다. 비점성토인 경우보다 주동토압의 크기가

작아지고 작용방향도 달라진다.

뒤채움흙이 점성토($c > 0$)인 경우에는 식 (9.68)과 같은 수식의 미분을 통해서는 주동토압을 구할 수 없다.

예제 9.13

그림 9-25와 같은 옹벽에서, 다음과 같은 조건일 때 Coulomb의 주동토압 및 작용방향을 구하라. H=6m, 흙의 단위중량 $\gamma = 18\,\mathrm{kN/m^3}$, 흙의 내부마찰각 $\phi = 30°$, 점착력 $c = 0$, 벽마찰각 $\delta = \frac{2}{3}\phi$.

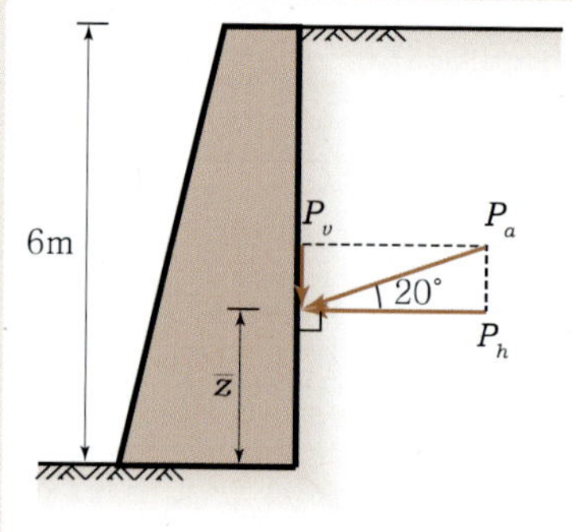

그림 9-25 예제 9.13

풀이

전체 주동토압 $P_a = \frac{1}{2}K_a\gamma H^2$

표 9.2에서 $\alpha = 0°$, $\theta = 0°$, $\phi = 30°$, $\delta = \frac{2}{3}\phi = 20°$ 일 때

$K_a = 0.297$

$P_a = \frac{1}{2} \times 0.297 \times 18 \times 6^2 = 96.2\,\mathrm{kN/m}$

주동토압의 작용점 위치

$\bar{z} = \frac{H}{3} = \frac{6}{3} = 2\mathrm{m}$

작용방향은 옹벽 뒷면에 직각방향보다 상향으로 벽마찰각 20° 만큼 경사진 방향에서 작용한다.

수평분력 $P_h = P_a \cos\delta = 96.2 \times \cos 20° = 90.4\,\mathrm{kN/m}$

수직분력 $P_v = P_a \sin\delta = 96.2 \times \sin 20° = 32.9\,\mathrm{kN/m}$

9.8.2 수동토압

그림 9-26(a)는 가상파괴면 BC를 따라 흙쐐기가 위로 활동하는 극한평형상태일 때 이 흙쐐기에 작용하는 힘들을 나타내고 있고, 흙쐐기 ABC에 대한 힘의 다각형은 그림 9-25(b)와 같이 된다.

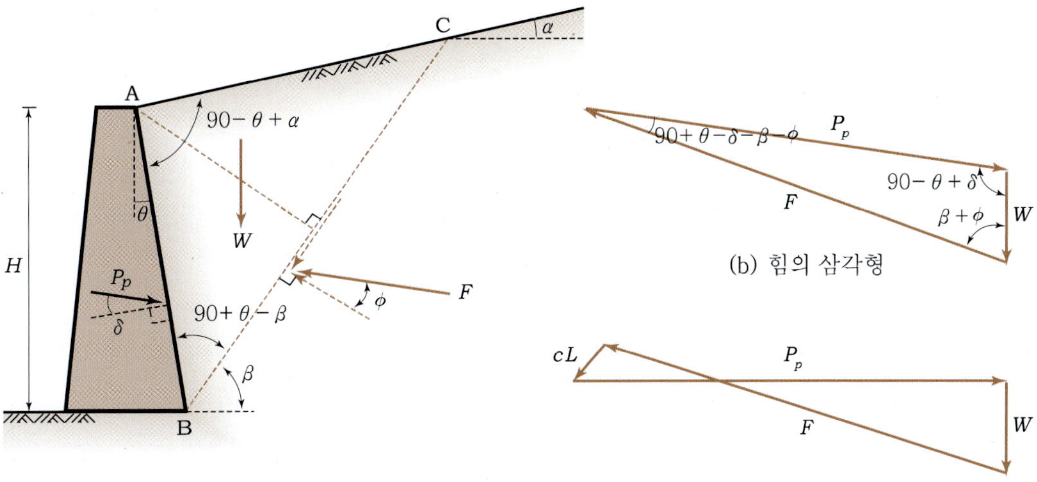

그림 9-26 Coulomb의 수동토압

주동토압의 경우와 같은 방법으로 힘의 삼각형이나 미분을 통하여 최소가 되는 P_p를 구하면 이것이 Coulomb의 수동토압이 되며, 다음 식과 같이 나타낼 수 있다.

$$P_p = \frac{1}{2} K_p \gamma H^2 \tag{9.71}$$

여기서, 수동토압계수 K_p는 다음 식과 같이 된다.

$$K_p = \frac{\cos^2(\phi + \theta)}{\cos^2\theta \, \cos(\delta - \theta)\left[1 - \sqrt{\dfrac{\sin(\phi + \delta)\, \sin(\phi + \alpha)}{\cos(\delta - \theta)\, \cos(\alpha - \theta)}}\,\right]^2} \tag{9.72}$$

수동토압 P_p는 옹벽 하단부터 $\frac{H}{3}$ 높이에 작용하며, 벽체 뒷면의 법선에 벽마찰각 δ만큼 하향으로 작용한다.

수동토압계수를 구하는 식 (9.72)는 매우 복잡하여 표로 정리하여도 양이 매우 방대하게 된다. 표 9.3은 $\theta = 0$일 때의 수동토압계수 값의 일부만 수록한 것이다. 이 표에서 벽마찰이 클수록 수동토압계수가 다소 커진다는 것을 알 수 있다.

식 (9.72)에서 $\alpha = 0$, $\theta = 0$, $\delta = 0$이면 $K_p = \frac{1+\sin\phi}{1-\sin\phi} = \tan^2(45° + \frac{\phi}{2})$가 되며, 이는 Rankine의 수동토압계수와 같은 값이다.

뒤채움흙이 점성토$(c > 0)$인 경우에도 주동토압의 경우와 마찬가지로 그림 9-26(c)와 같은 힘의 다각형에서 수동토압 P_p를 구할 수 있다. 비점성토인 경우보다 수동토압의 크기가 커지고 작용방향도 달라진다.

표 9.3 Coulomb의 수동토압계수 K_p ($\theta = 0$인 경우)

	$\alpha = 0°$							
$\delta(°)$	$\phi = 26°$	28°	30°	32°	34°	36°	38°	40°
0	2.561	2.770	3.000	3.255	3.537	3.852	4.204	4.599
16	4.195	4.652	5.174	5.775	6.469	7.279	8.230	9.356
17	4.346	4.830	5.385	6.025	6.767	7.636	8.662	9.882
20	4.857	5.436	6.105	6.885	7.804	8.892	10.494	11.771
22	5.253	5.910	6.675	7.574	8.641	9.919	11.466	13.364
	$\alpha = 5°$							
$\delta(°)$	$\phi = 26°$	28°	30°	32°	34°	36°	38°	40°
0	2.943	3.203	3.492	3.815	4.177	4.585	5.046	5.472
16	5.250	5.878	6.609	7.464	8.474	9.678	11.128	12.894
17	5.475	6.146	6.929	7.850	8.942	10.251	11.836	13.781
20	6.249	7.074	8.049	9.212	10.613	12.321	14.433	17.083
22	6.864	7.820	8.960	10.334	12.001	14.083	16.685	20.011
	$\alpha = 10°$							
$\delta(°)$	$\phi = 26°$	28°	30°	32°	34°	36°	38°	40°
0	3.385	3.713	4.080	4.496	4.968	5.507	6.125	6.841
16	6.652	7.545	8.605	9.876	11.417	13.309	15.665	18.647
17	6.992	7.956	9.105	10.492	12.183	14.274	16.889	20.254
20	8.186	9.414	10.903	12.773	15.014	17.903	21.636	26.569
22	9.164	10.625	12.421	14.659	17.497	21.164	26.013	32.602

예제 9.14

그림 9-27과 같은 옹벽에서, 다음과 같은 조건일 때 Coulomb의 수동토압과 작용방향을 구하라. H=6m, 흙의 단위중량 γ=18kN/m^3, 흙의 내부마찰각 ϕ=30°, 점착력 c=0, 벽마찰각 $\delta=\frac{2}{3}\phi$.

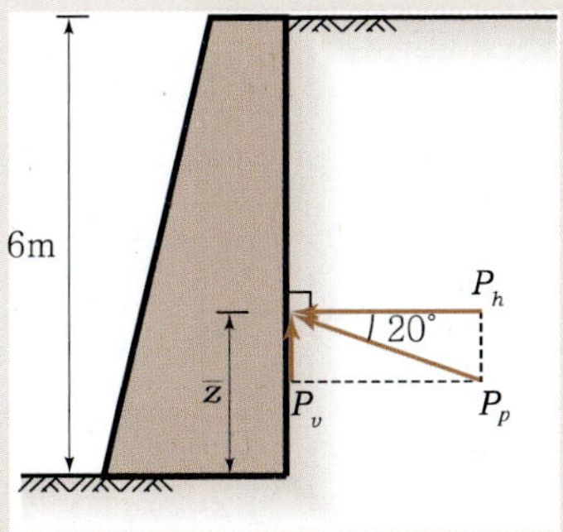

그림 9-27 예제 9.14

풀이

전체 수동토압 $P_p=\frac{1}{2}K_p\gamma H^2$

표 9.3에서 $\alpha=0°$, $\theta=0°$, $\phi=30°$, $\delta=\frac{2}{3}\phi=20°$ 일 때

$$K_p = 6.105$$

$$P_p=\frac{1}{2}\times 6.105\times 18\times 6^2=1{,}978\,\text{kN/m}$$

수동토압의 작용점 위치

$$\bar{z}=\frac{H}{3}=\frac{6}{3}=2\text{m}$$

작용방향은 옹벽 뒷면에 직각방향보다 하향으로 벽마찰각 20° 만큼 경사진 방향에서 작용한다.

수평분력 $P_h=P_p\cos\delta=1{,}978\times\cos 20°=1{,}858.7\,\text{kN/m}$

수직분력 $P_v=P_p\sin\delta=1{,}978\times\sin 20°=676.5\,\text{kN/m}$

9.9 Culmann의 도해법에 의한 토압 산정

Coulomb의 토압을 도해적으로 구할 수 있는 편리한 방법을 Culmann이 제안하였다. 이 방법은 벽체의 마찰, 뒤채움흙의 지표면이 불규칙할 때, 상재하중의 여러 형태 등을 고려할 수 있다. 이 방법은 약간의 보정을 통하여 점성토에도 적용할 수 있지만 주로 점성이 없는 흙에 적용된다.

9.9.1 주동토압

Culmann의 도해법으로 주동토압을 구하는 과정은 다음과 같다(그림 9-28).

1. 옹벽과 뒤채움흙을 적당한 축척으로 그린다.
2. 수평면과 반시계방향으로 ϕ의 각을 이루는 선 BD를 긋는다(ϕ는 흙의 내부마찰각).
3. 선 BD와 ψ의 각을 이루는 기준선 BE를 긋는다. $\psi = 90 - \theta - \delta$이며, θ는 옹벽 뒷면의 수직선에 대한 경사각이고, δ는 벽마찰각이다.
4. 가상파괴 흙쐐기를 구성하는 선 BC_1, BC_2, BC_3, …, BC_n을 긋는다.
5. 면적 ABC_1, ABC_2, ABC_3, …, ABC_n을 구하여 옹벽 단위길이당의 각 흙쐐기의 무게 W_1, W_2, W_3, …, W_n을 구한다.
6. 선 BD를 따라 적당한 축척으로 5단계에서 구한 무게 W_1, W_2, W_3, …, W_n을 표시한다. ($Bd_1 = W_1$, $Bd_2 = W_2$,┈┈, $Bd_n = W_n$)
7. d_1, d_2, d_3, …, d_n에서 선 BE에 평행한 선을 그어 각 흙쐐기와의 교점 e_1, e_2, … , e_n을 찾는다.
8. e_1, e_2, …, e_n을 연결하는 곡선을 그리며, 이것이 Culmann선이다.
9. 선 BD에 평행하고 Culmann선에 접하는 선 B'D'를 그려 접점 e를 구한다. 이때 점 B와 점 e를 연결하는 선이 파괴면이 된다.
10. 선 BE에 평행한 선 de를 그려 주동토압 P_a를 구한다.

$$P_a = (de\text{의 길이}) \times (\text{6단계에서 사용한 축척})$$

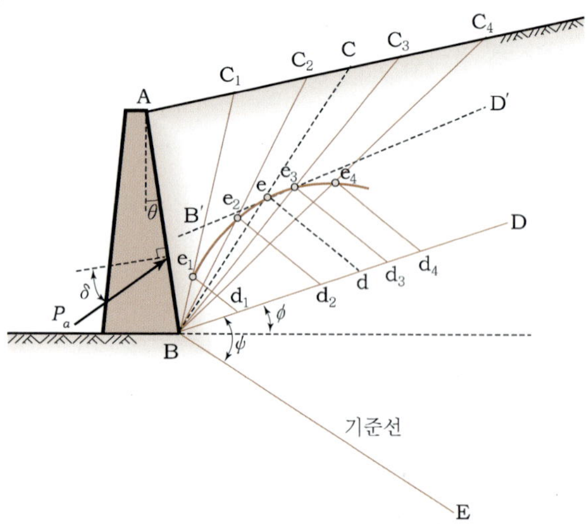

그림 9-28 주동토압에 대한 Culmann의 해법

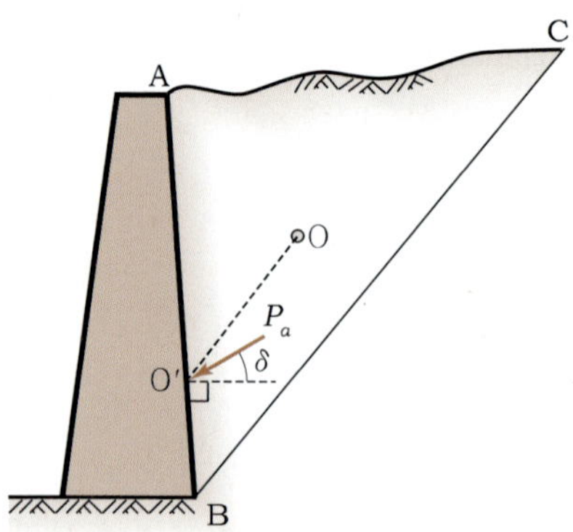

그림 9-29 주동토압의 작용점

Culmann의 도해법으로 구한 주동토압의 작용점은 그림 9-29에서 구할 수 있다. 위의 방법으로 구한 파괴쐐기 ABC의 무게중심을 O라고 하고, 점 O에서 파괴면 BC에 평행선을 그어 벽과 만나는 점 O'가 주동토압 P_a의 작용점이다. 점 O'에 작용하는 주동토압은 벽면의 법선에 대해 벽마찰각 δ만큼 상향으로 작용한다.

불규칙한 지표면의 형상이나, 지표면에 작용하는 등분포하중, 선하중, 집중하중 등과 같은 상재하중 등은 흙쐐기의 무게에 포함시켜 앞에서와 같은 방법으로 주동토압을 구할 수 있다.

9.9.2 수동토압

Culmann의 도해법으로 전체 수동토압을 구하는 방법은 그림 9-28의 주동토압을 구하는 과정에서 선 BD를 반대방향으로 그리고, $\psi = 90 - \theta + \delta$ 의 각도로 기준선을 잡고, 나머지는 주동토압의 경우와 동일한 방법으로 하면 된다(그림 9-30).

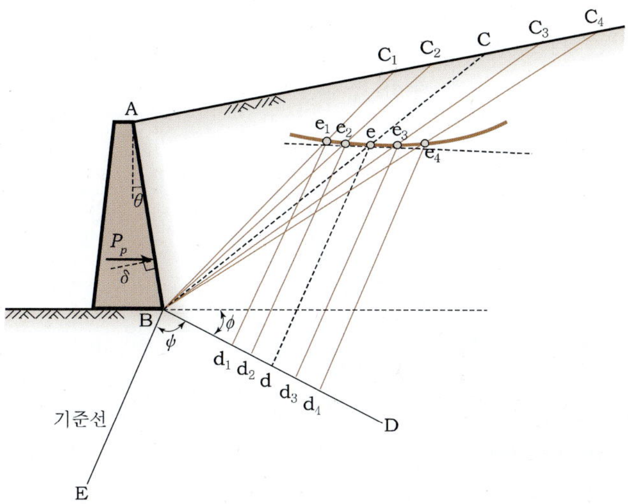

그림 9-30 수동토압에 대한 Culmann의 해법

9.10 흙쐐기법에 의한 토압 산정

Culmann의 도해법은 비점성토로 뒤채움한 옹벽에 작용하는 토압을 구할 때 사용하며, 점성토로 뒤채움한 경우나 지층이 불규칙한 경우의 토압은 흙쐐기법(trial wedge solution)을 사용하여 구할 수 있다.

그림 9-31에서 옹벽의 주동토압을 구하는 방법은 다음과 같다.

1. 인장균열의 깊이 $z_0 = \dfrac{2c}{\gamma}\sqrt{K_p}$를 구한다.
2. 파괴를 일으키는 가상의 흙쐐기 ABDE를 그린다.
3. 흙쐐기 ABDE의 무게 W를 구한다.
4. 파괴면을 따라 발생하는 점착력 $C(=c\,\overline{\mathrm{BD}})$를 구한다($c$=단위면적당 점착력).
5. AB면의 옹벽과 흙 사이의 부착력 $C_a(=c_a\,\overline{\mathrm{Ba}})$를 구한다($c_a$=단위면적당 부착력).
6. 파괴면에 작용하는 반력(전단력과 수직력의 합력) F의 방향(= 파괴면의 법선과 ϕ만큼 하향)을 정한다.
7. 크기와 방향을 알고 있는 W, C_a, C과 방향만 알고 있는 F, P_a를 이용하여 힘의 다각형을 그린다(P_a의 방향은 옹벽 뒷면의 법선과 δ만큼 하향).
8. 힘의 다각형에서 주동토압 P_a를 구한다.
9. 여러 개의 흙쐐기를 가정하여 같은 방법으로 각각의 주동토압을 구한다.
10. 그 중 가장 큰 값이 이 옹벽에 대한 주동토압이다.

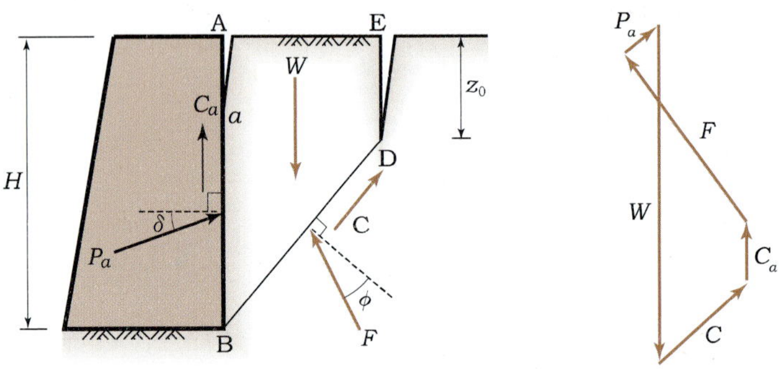

그림 9-31 흙쐐기법에 의한 주동토압

그림 9-31에서 옹벽의 수동토압은 주동토압과 동일한 방법으로 구하되, 반력 F의 방향을 파괴면의 법선과 ϕ만큼 상향으로 수정하고, P_p의 방향은 옹벽 뒷면의 법선과 δ만큼 상향으로 수정하여야 한다.

9.11 지진으로 인한 수평토압

9.11.1 주동토압

지진에 의하여 옹벽에 작용하는 주동토압을 구하는 데는 Coulomb의 토압이론을 적용한다. 그림 9-32와 같이 사질토로 뒤채움한 옹벽에서 흙쐐기 ABC에 작용하는 힘들은 다음과 같다.

1. 흙쐐기의 무게 W
2. 파괴면 BC에 작용하는 반력 F(전단력과 수직력의 합력)
3. 옹벽의 단위길이당 주동토압 P_{ae}
4. 수평관성력 $k_h W$
5. 연직관성력 $k_v W$

$$\text{여기서, } k_h = \frac{\text{지진가속도의 수평성분}}{\text{중력가속도 } g}$$

$$k_v = \frac{\text{지진가속도의 연직성분}}{\text{중력가속도 } g}$$

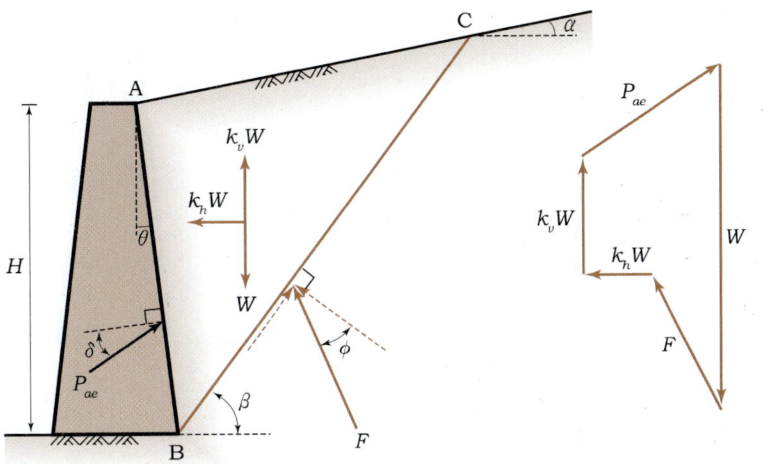

(a) 단면도　　　　(b) 힘의 다각형

그림 9-32 지진으로 인한 주동토압

흙쐐기 ABC에 작용하는 힘들로 이루어진 그림 9-32(b)와 같은 힘의 다각형에서 주동토압 P_{ae}를 구할 수 있다.

$$P_{ae} = \frac{1}{2} K_a{}' \gamma H^2 (1 - k_v) \tag{9.73}$$

여기서, $K_a{}' = \dfrac{\cos^2(\phi - \theta - \overline{\beta})}{\cos^2\theta \cos\overline{\beta} \cos(\delta + \theta + \overline{\beta})\left[1 + \sqrt{\dfrac{\sin(\delta+\phi)\sin(\phi - \alpha - \overline{\beta})}{\cos(\delta+\theta+\overline{\beta})\cos(\theta-\alpha)}}\right]^2}$ (9.74)

$$\overline{\beta} = \tan^{-1}\left(\frac{k_h}{1 - k_v}\right) \tag{9.75}$$

지진으로 인한 관성력이 없으면 $\overline{\beta} = 0$이 되고, $K_a{}'$는 식 (9.70)의 K_a와 같은 값이 된다. $\theta = 0$, $k_v = 0$ 인 경우의 $K_a{}'$는 표 9.4와 같다.

주동토압 P_{ae}의 작용점을 구하는 방법은 다음과 같다.

1. 식 (9.69)로 주동토압 P_a를 구한다.
2. 식 (9.73)으로 주동토압 P_{ae}를 구한다.
3. $\Delta P_{ae} = P_{ae} - P_a$를 계산한다.
4. 그림 9-33처럼 P_a는 옹벽의 밑에서 $\dfrac{H}{3}$의 높이에 작용하고, ΔP_{ae}는 $0.6H$의 높이에 작용하는 것으로 본다.
5. 옹벽의 밑에서 P_{ae}의 작용선까지의 높이 $\overline{z}$는 다음 식과 같이 되고, 방향은 옹벽 뒷면의 법선에 벽마찰각 δ만큼 상향으로 작용하는 것으로 본다.

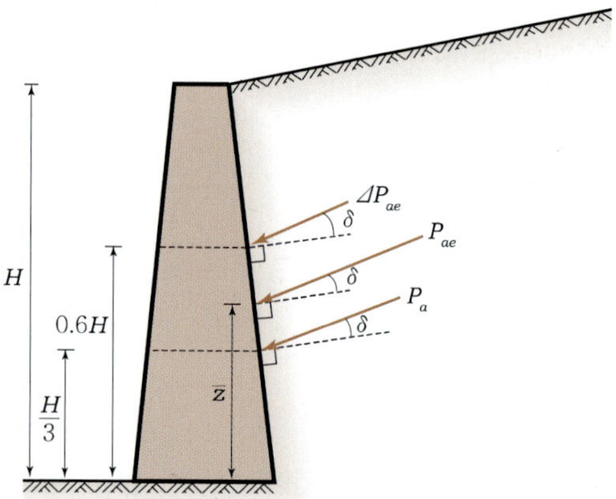

그림 9-33 주동토압 P_{ae}의 작용점

$$\overline{z} = \frac{P_a \dfrac{H}{3} + \Delta P_{ae}\, 0.6H}{P_{ae}} \tag{9.76}$$

표 9.4 $\theta = 0$, $k_v = 0$인 경우의 $K_a{}'$

k_h	$\delta(^\circ)$	$\alpha(^\circ)$	$\phi(^\circ)$				
			28	30	35	40	45
0.1	0	0	0.427	0.397	0.328	0.268	0.217
0.2			0.508	0.473	0.396	0.382	0.270
0.3			0.611	0.569	0.478	0.400	0.334
0.4			0.753	0.697	0.581	0.488	0.409
0.5			1.005	0.890	0.716	0.596	0.500
0.1	0	5	0.457	0.423	0.347	0.282	0.227
0.2			0.554	0.514	0.424	0.349	0.285
0.3			0.690	0.635	0.522	0.431	0.356
0.4			0.942	0.825	0.653	0.535	0.442
0.5			–	–	0.855	0.673	0.551
0.1	0	10	0.497	0.457	0.371	0.299	0.238
0.2			0.623	0.570	0.461	0.375	0.303
0.3			0.856	0.748	0.585	0.472	0.383
0.4			–	–	0.780	0.604	0.486
0.5			–	–	–	0.809	0.624
0.1	$\phi/2$	0	0.396	0.368	0.306	0.253	0.207
0.2			0.485	0.452	0.380	0.319	0.267
0.3			0.604	0.563	0.474	0.402	0.340
0.4			0.778	0.718	0.599	0.508	0.433
0.5			0.115	0.972	0.774	0.648	0.552
0.1	$\phi/2$	5	0.428	0.396	0.326	0.268	0.218
0.2			0.537	0.497	0.412	0.342	0.283
0.3			0.699	0.640	0.526	0.438	0.367
0.4			1.025	0.881	0.690	0.568	0.475
0.5			–	–	0.962	0.752	0.620
0.1	$\phi/2$	10	0.472	0.433	0.352	0.285	0.230
0.2			0.616	0.562	0.454	0.371	0.303
0.3			0.908	0.780	0.602	0.484	0.400
0.4			–	–	0.857	0.656	0.531
0.5			–	–	–	0.944	0.722
0.1	$\frac{2}{3}\phi$	0	0.393	0.366	0.306	0.256	0.212
0.2			0.486	0.454	0.384	0.326	0.276
0.3			0.612	0.572	0.486	0.416	0.357
0.4			0.801	0.740	0.622	0.533	0.462
0.5			0.177	1.023	0.819	0.693	0.600
0.1	$\frac{2}{3}\phi$	5	0.427	0.395	0.327	0.271	0.224
0.2			0.541	0.501	0.418	0.350	0.294
0.3			0.714	0.655	0.541	0.455	0.386
0.4			1.073	0.921	0.722	0.600	0.509
0.5			–	–	1.034	0.812	0.679
0.1	$\frac{2}{3}\phi$	10	0.472	0.434	0.354	0.290	0.237
0.2			0.625	0.570	0.463	0.381	0.317
0.3			0.942	0.807	0.624	0.509	0.423
0.4			–	–	0.909	0.699	0.573
0.5			–	–	–	1.037	0.800

예제 9.15

그림 9-32와 같은 옹벽에 작용하는 주동토압 P_{ae}의 크기와 작용점의 위치를 구하라. $\gamma=16\text{kN/m}^3$, $\phi=30°$, $c=0$, $\delta=15°$, $\theta=0°$, $\alpha=0°$, $H=4\text{m}$, $k_v=0$, $k_h=0.2$이다.

풀이

(1) 주동토압 P_a의 위치

식 (9.70)에서 $\theta=0°$, $\alpha=0°$, $\phi=30°$, $\delta=15°$일 때 $K_a=0.301$이다.

$$P_a=\frac{1}{2}K_a\gamma H^2=\frac{1}{2}\times 0.301\times 16\text{kN}\times 4^2=38.5\text{kN/m}$$

(2) 주동토압 P_{ae}의 크기

$\phi=30°$, $\delta=15°$ 이므로 $\delta=\phi/2$

표 9.4에서 $\theta=0°$, $\alpha=0°$, $k_h=0.2$일 때 $K_a'=0.452$이다.

$$P_{ae}=\frac{1}{2}K_a'\gamma H^2(1-k_v)=\frac{1}{2}\times 0.452\times 16\times 4^2\times(1-0)=57.9\text{kN/m}$$

따라서, $\Delta P_{ae}=P_{ae}-P_a=57.9-38.5=19.4\text{kN/m}$

$$\bar{z}=\frac{P_a\dfrac{H}{3}+\Delta P_{ae}\,0.6H}{P_{ae}}=\frac{38.5\times\dfrac{4}{3}+19.4\times(0.6\times 4)}{57.9}=1.69\text{m}$$

9.11.2 수동토압

지진에 의하여 옹벽에 작용하는 수동토압 P_{pe}는 주동토압을 구하는 방법과 동일한 방법을 사용하면 다음 식과 같이 된다(그림 9-34).

$$P_{pe}=\frac{1}{2}K_p'\gamma H^2(1-k_v) \tag{9.77}$$

여기서, $$K_p'=\frac{\cos^2(\phi+\theta-\bar{\beta})}{\cos^2\theta\cos\bar{\beta}\cos(\delta-\theta+\bar{\beta})[1-\sqrt{\dfrac{\sin(\delta+\phi)\sin(\phi+\alpha-\bar{\beta})}{\cos(\delta-\theta+\bar{\beta})\cos(\alpha-\theta)}}\,]^2} \tag{9.78}$$

$k_v=\alpha=\theta=\delta=0$인 경우의 K_p'는 그림 9-35와 같다.

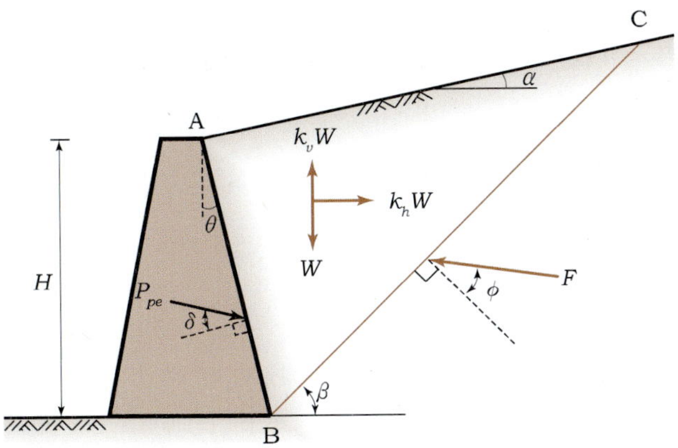

그림 9-34 지진으로 인한 수동토압

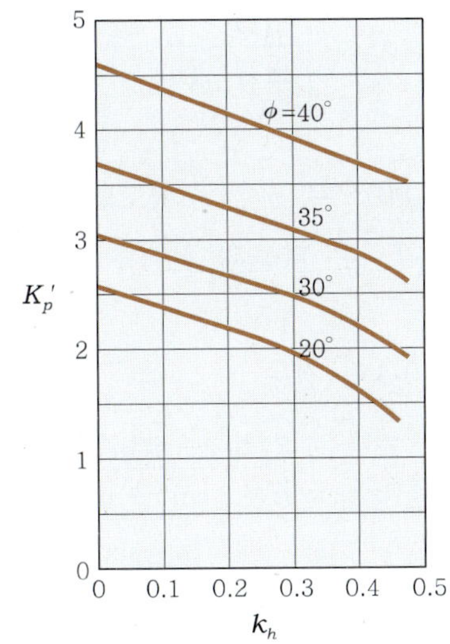

그림 9-35 $k_v = \alpha = \theta = \delta = 0$인 경우의 $K_p{}'$

9.12 상재하중으로 인한 수평토압

9.12.1 집중하중으로 인한 수평토압

그림 9-36과 같은 지표면의 집중하중 Q로 인하여 옹벽에 작용하는 수평토압은 탄성론에 근거한 식 (4.14)를 이용하여 구한다. 식 (4.14)는 $y = 0$, $\mu = 0.5$로 가정하면 다음 식과 같이 된다.

$$\sigma_x = \frac{Q}{2\pi}\frac{3x^2 z}{L^5} \tag{9.79}$$

여기서, $L = \sqrt{x^2 + z^2}$

$x = mH$, $z = nH$를 식 (9.79)에 대입하면 다음 식과 같이 된다.

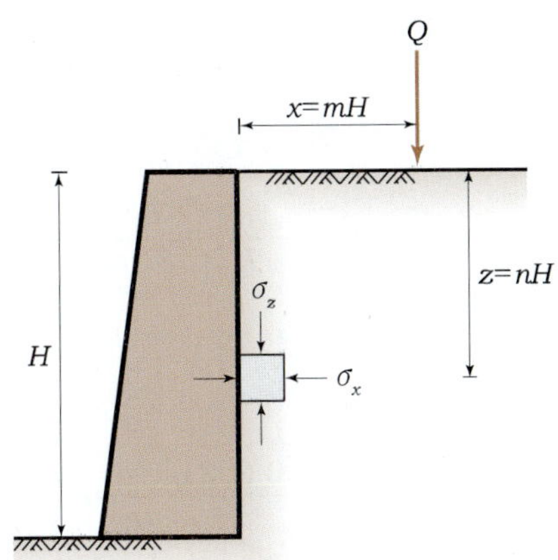

그림 9-36 집중하중으로 인한 수평토압

$$\sigma_x = \frac{3Q}{2\pi H^2}\frac{m^2 n}{(m^2+n^2)^{5/2}} \tag{9.80}$$

식 (9.80)으로 구한 수평토압은 옹벽의 구속효과를 고려하지 않은 것이다. 이를 고려하기 위하여 수정한 공식은 다음과 같다.

$m > 0.4$인 경우

$$\sigma_x = \frac{1.77Q}{H^2}\frac{m^2 n^z}{(m^2+n^2)^3} \tag{9.81}$$

$m \le 0.4$인 경우

$$\sigma_x = \frac{0.28Q}{H^2}\frac{n^2}{(0.16+n^2)^3} \tag{9.82}$$

9.12.2 선하중으로 인한 수평토압

그림 9-37과 같은 지표면의 선하중 q로 인하여 옹벽에 작용하는 수평토압은 구속효과를 고려한 다음 식을 이용하여 구한다.

$m > 0.4$인 경우

$$\sigma_x = \frac{4q}{\pi H}\frac{m^2 n}{(m^2+n^2)^2} \tag{9.83}$$

$m \le 0.4$인 경우

$$\sigma_x = \frac{0.203\,q}{H}\frac{n}{(0.16+n^2)^2} \tag{9.84}$$

여기서, $q =$ 단위길이당 선하중

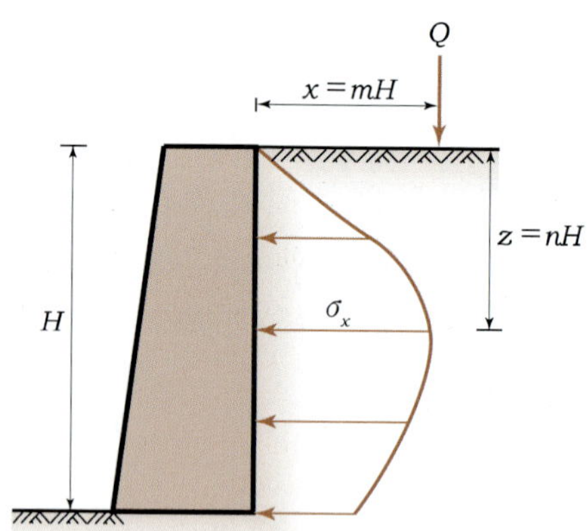

그림 9-37 선하중으로 인한 수평토압

예제 9.16

그림 9-38(a)와 같이 $q=500\,\text{kN/m}$의 선하중이 작용할 때 옹벽에 작용하는 수평토압을 구하라.

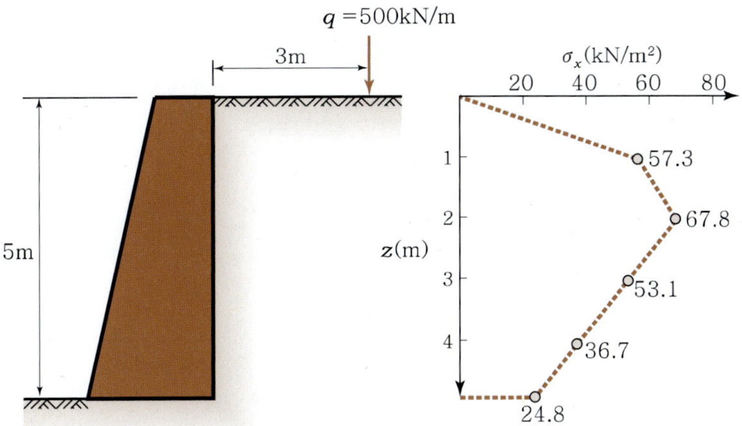

그림 9-38 예제 9.16

풀이

깊이 1m 간격으로 수평토압을 구한다.

$$m=\frac{x}{H}=\frac{3}{5}=0.6$$

$$n=\frac{z}{H}$$

$m>0.4$이므로 식 (9.83)을 사용한다.

$$z=0,\ n=0\ :\ \sigma_x=\frac{4q}{\pi H}\frac{m^2n}{(m^2+n^2)^2}=0\,\text{kN/m}^2=0\,\text{kPa}$$

$$z=1\text{m},\ n=0.2\ :\ \sigma_x=\frac{4\times 500}{\pi\times 5}\times\frac{0.6^2\times 0.2}{(0.6^2+0.2^2)^2}=57.3\,\text{kN/m}^2=57.3\,\text{kPa}$$

$$z=2\text{m},\ n=0.4\ :\ \sigma_x=\frac{4\times 500}{\pi\times 5}\times\frac{0.6^2\times 0.4}{(0.6^2+0.4^2)^2}=67.8\,\text{kN/m}^2=67.8\,\text{kPa}$$

$$z=3\text{m},\ n=0.6\ :\ \sigma_x=\frac{4\times 500}{\pi\times 5}\times\frac{0.6^2\times 0.6}{(0.6^2+0.6^2)^2}=53.1\,\text{kN/m}^2=53.1\,\text{kPa}$$

$$z=4\text{m},\ n=0.8\ :\ \sigma_x=\frac{4\times 500}{\pi\times 5}\times\frac{0.6^2\times 0.8}{(0.6^2+0.8^2)^2}=36.7\,\text{kN/m}^2=36.7\,\text{kPa}$$

$$z=5\text{m},\ n=1.0\ :\ \sigma_x=\frac{4\times 500}{\pi\times 5}\times\frac{0.6^2\times 1.0}{(0.8^2+1.0^2)^2}=24.8\,\text{kN/m}^2=24.8\,\text{kPa}$$

수평토압을 그림 9-38(b)와 같이 단순화하고 이의 합력을 구하면 다음과 같다.

$$P=\frac{0+57.3}{2}\times 1+\frac{57.3+67.8}{2}\times 1+\frac{67.8+53.1}{2}\times 1+\frac{53.1+36.7}{2}\times 1+\frac{36.7+24.8}{2}\times 1$$

$$=227.3\,\mathrm{kN/m}$$

9.12.3 띠하중으로 인한 수평토압

그림 9-39와 같은 지표면의 띠하중으로 인하여 옹벽에 작용하는 수평토압은 구속효과를 고려한 다음 식을 이용하여 구한다.

$$\sigma_x = \frac{2q}{H}(\beta - \sin\beta\cos 2\alpha) \tag{9.85}$$

선하중으로 인해 옹벽에 작용하는 수평토압의 합력 P는 식 (9.85)로 구한 σ_x를 깊이 0에서 H까지 적분하여 구할 수 있으며, 다음 식과 같이 된다.

$$P = \frac{q}{90}[H(\theta_2 - \theta_1)] \tag{9.86}$$

여기서, $\theta_1{}^\circ = \tan^{-1}(\frac{m_1}{H})$ (9.87)

$\theta_2{}^\circ = \tan^{-1}(\frac{m_1+m_2}{H})$ (9.88)

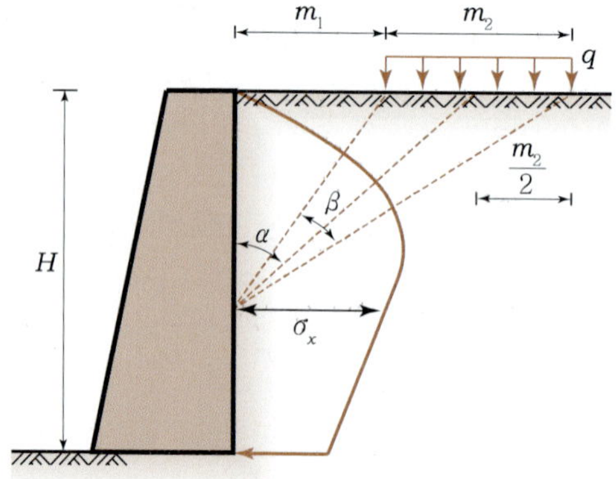

그림 9-39 띠하중으로 인한 수평토압

예제 9.17

그림 9-39에서 $q=50\,\text{kN/m}^2$, $m_1=3\,\text{m}$, $m_2=1.5\,\text{m}$, $H=3\,\text{m}$ 일 때 옹벽에 작용하는 수평토압의 합력을 구하라.

풀이

$$\theta_1=\tan^{-1}\left(\frac{m_1}{H}\right)=\tan^{-1}\left(\frac{3}{3}\right)=45^\circ$$

$$\theta_2=\tan^{-1}\left(\frac{m_1+m_2}{H}\right)=\tan^{-1}\left(\frac{4.5}{3}\right)=56.31^\circ$$

$$P=\frac{q}{90}[H(\theta_2-\theta_1)]=\frac{50}{90}[3\times(56.31-45)]=18.9\,\text{kN/m}$$

9.13 옹벽의 수평토압

9.13.1 켄틸레버식 옹벽

켄틸레버식 옹벽의 안정 검토에 Rankine의 토압 이론을 적용하는 경우에는 그림 9-40과 같이 뒷굽판의 점 A를 지나는 연직선 AB를 그리고, Rankine의 주동상태가 연직면 AB를 따라 발생한다고 가정한다. 연직면 AB에 대하여 구한 Rankine의 주동토압 P_a와 뒷굽판 위에 있는 흙의 무게 W_s 및 옹벽의 자중 W_c에 대하여 옹벽의 안정을 검토한다.

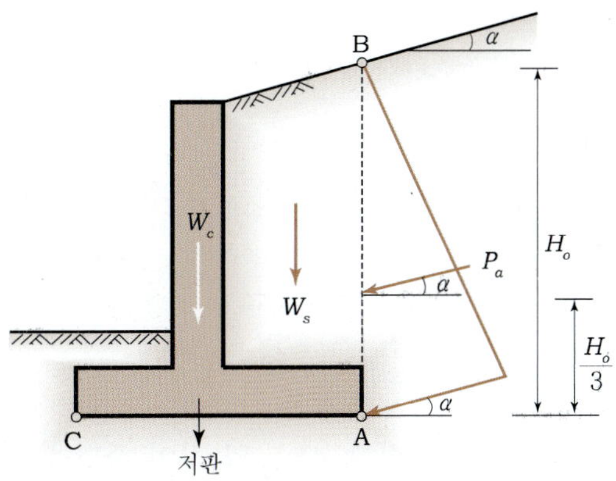

그림 9-40 켄틸레버식 옹벽의 Rankine토압

옹벽의 안정은 앞굽판(toe)의 점 C에 대한 전도(overturning), 저판(base slab)에 대한 활동(sliding), 저판의 지지력(bearing capacity) 등에 대하여 검토하여야 한다. 이에 대해서는 기초공학에서 자세히 다룬다.

일반적인 옹벽에서 뒤채움흙의 배수를 위한 시설이 충분한 경우에는 지하수위와 그에 따른 수압을 고려하지 않아도 좋다.

9.13.2 중력식 옹벽

중력식 옹벽의 경우에는 그림 9-41(a)와 같이 Rankine토압을 적용하거나, 그림 9-41(b)와 같이 Coulomb토압을 적용하여 안정을 검토한다. Coulomb토압을 적용하는 경우에는 주동토압 P_a와 옹벽의 자중 W_c만을 고려하고 뒷굽판 위의 흙의 무게는 고려하지 않는다.

Rankine의 주동토압의 작용점은 옹벽 하단에서 $\frac{H_o}{3}$ (H_o = 연직면 AB의 높이)이고, 작용방향은 지표면과 평행한 방향이다. Coulomb의 주동토압의 작용점은 옹벽 하단에서 $\frac{H}{3}$ (H = 옹벽의 높이)이고, 작용방향은 옹벽 뒷면의 법선에 벽마찰각 δ만큼 상향이다.

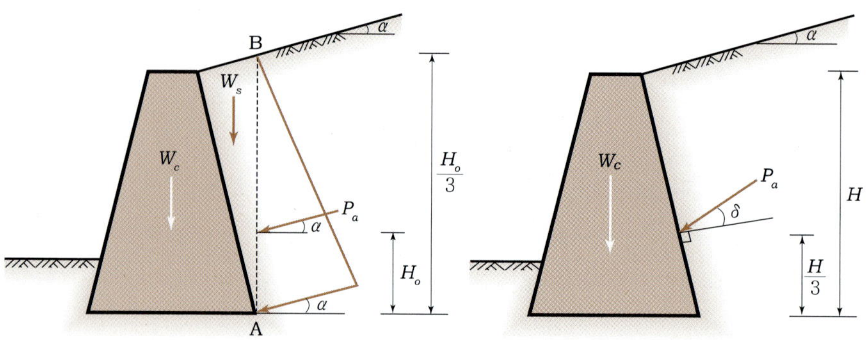

그림 9-41 중력식 옹벽

9.14 흙막이벽의 수평토압

9.14.1 개요

옹벽은 그림 9-42(a)와 같이 하단을 중심으로 회전하여, 상단의 변형은 크고 하단의 변형은 매우 작은 값이 된다. 옹벽에 작용하는 수평토압은 대체로 삼각형 분포로서 Rankine이론이나 Coulomb이론에 의하여 구할 수 있다.

흙막이벽의 변형은 옹벽과는 반대로 그림 9-42(b)와 같이 굴착 깊이에 따라 증가한다. 흙막이벽 상단에서의 변형은 매우 작아서 이때의 수평토압은 정지토압에 가까우며, 하단에서의 변형은 훨씬 커서 수평토압은 Rankine의 주동토압보다 작게 된다. 즉 흙막이벽에 작용하는 수평토압의 분포는 옹벽에서의 직선분포와는 큰 차이가 있다.

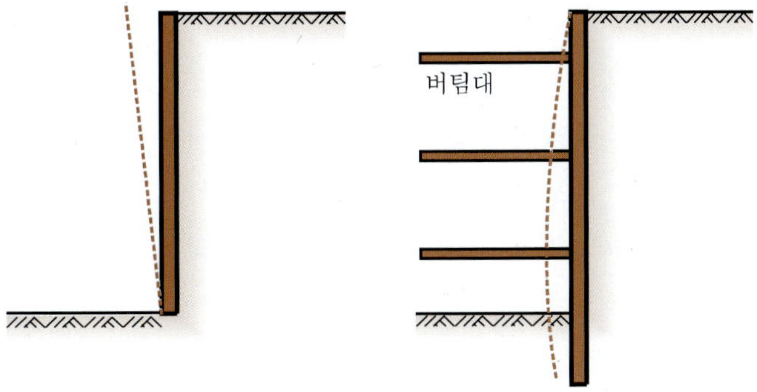

(a) 옹벽의 변형 (b) 흙막이벽의 변형

그림 9-42 옹벽과 흙막이벽의 변형

흙막이벽의 설계에 사용하는 수평토압의 분포형태는, 근입부분의 토압분포를 합리적으로 파악하는 방법이 확립되어 있지 않기 때문에, 흙막이벽의 근입깊이를 구하는 경우와 단면을 결정하는 경우에 각각 다르게 가정한다.

흙막이벽의 근입깊이를 결정하는 경우와 켄틸레버식 널말뚝 또는 1단으로 지지된 흙막이벽의 단면을 결정하는 경우에는 삼각형 토압분포를 사용한다. 2단 이상으로 지지된 흙막이벽의 단면을 결정하는 경우에는 사각형분포를 사용한다.

9.14.2 근입깊이 결정에 사용하는 수평토압

흙막이벽의 근입깊이를 결정하는 경우와 켄틸레버식 널말뚝 또는 1단으로 지지된 흙막이벽의 단면을 결정하는 경우에는 일반적으로 Rankine토압을 사용한다. 즉 그림 9-43에서와 같이 흙막이벽의 뒤쪽에서는 주동토압이 작용하고, 앞쪽에서는 수동토압이 작용한다.

버팀대로 지지한 흙막이벽의 근입깊이는, 최하단 버팀대를 기준으로 그 아래에 작용하는 주동토압에 의한 모멘트 M_a와 수동토압에 의한 모멘트 M_p가 같게끔 결정해야 한다. 실제 근입깊이는 안전을 위하여 1.2배 큰 값을 사용하며, 최소 근입깊이를 1.5m로 하기도 한다.

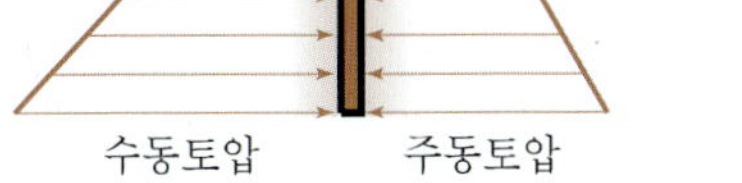

그림 9-43 근입깊이 결정에 사용하는 토압

9.14.3 단면 결정에 사용하는 수평토압

2단 이상의 버팀대로 지지된 흙막이벽 등의 단면 계산에 사용하는 수평토압의 분포는 실제로는 곡선분포이나 편의상 직사각형 분포 등의 직선분포로 가정한다.

토압분포의 형상과 크기는 뒤채움흙의 종류, 지하수의 유무 및 상재하중의 크기 등에 따라서 달라지며, 이를 구하기 위한 여러 방법들이 제안되었으며, 그 중 많이 사용되는 방법에는 Peck의 방법과 Tschebotarioff의 방법 등이 있다.

(1) Peck의 방법

모래에서의 흙막이벽에 작용하는 수평토압은 그림 9-44(a)와 같이 직사각형 분포이며, 여기서 K_a는 Rankine의 주동토압계수이다.

연약한 점토($c < \frac{\gamma H}{4}$)에서의 토압은 그림 9-44(b)와같이 사다리꼴 분포이며, p_a는 $\gamma H - 4c$와 $0.3\gamma H$ 중 큰 값을 사용한다. 굳은 점토($c > \frac{\gamma H}{4}$)에서의 토압분포는 그림 9-44(c)와 같이 이등변사다리꼴 분포이며, p_a는 $0.2\gamma H$~$0.4\gamma H$의 값을 사용하며 평균 $0.3\gamma H$를 많이 사용한다.

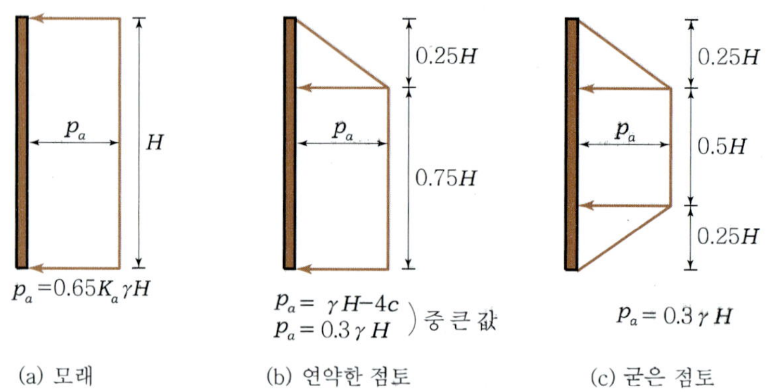

그림 9-44 Peck의 토압분포

(2) Tschebotarioff의 방법

모래에서의 흙막이벽에 작용하는 수평토압은 그림 9-45(a)와 같이 사다리꼴 분포이고, 연약한 점토에서는 그림 9-45(b), 굳은 점토에서는 그림 9-45(c)와 같은 삼각형 분포이다. 이 방법은 16m 이상의 깊은 굴착의 경우에 비교적 정확한 것으로 알려져 있다.

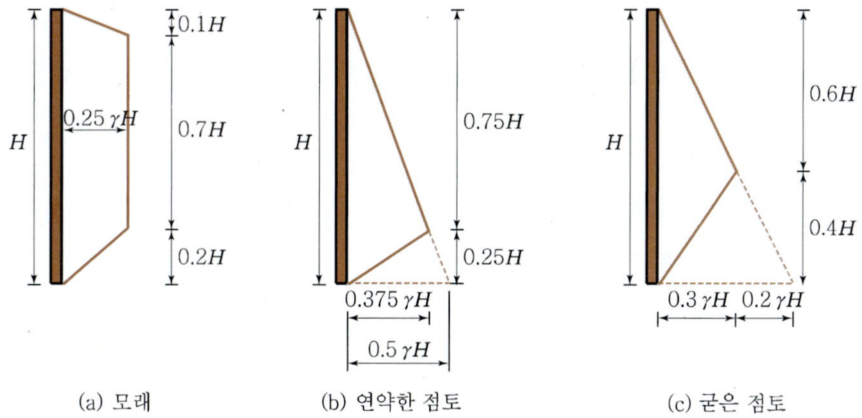

그림 9-45 Tschebotarioff의 토압분포

9.15 널말뚝벽의 수평토압

9.15.1 켄틸레버식 널말뚝

널말뚝을 지반속에 박아서 지반의 수동토압으로 안정을 유지하는 것을 켄틸레버식 널말뚝(cantilever sheet pile)이라고 하며, 굴착면 또는 준설면 위로 약 10m 정도 높이의 널말뚝에 사용한다.

켄틸레버식 널말뚝에 작용하는 수평토압의 분포는 널말뚝의 변위 때문에 매우 복잡하므로 이를 단순화하여, 근입깊이를 구할 때는 9.14.2와 같은 방법을 사용하기도 한다.

그림 9-43과 같이 널말뚝을 설계할 경우에는 수동토압은 2보다 큰 안전율로 나눈 값을 사용하며, 널말뚝 최하단에 대한 주동토압과 수동토압에 의한 모멘트의 합이 0이 되는 조건에서 근입깊이를 결정한다.

9.15.2 앵커식 널말뚝

널말뚝 상단 부근을 앵커판(anchor plate), 앵커벽(anchor wall) 또는 앵커말뚝(anchor pile) 등과 같은 앵커(anchor)로 정착시킨 것을 앵커식 널말뚝(anchored sheet pile, anchored bulkhead)이라고 한다.

앵커를 사용하면 널말뚝의 근입깊이를 작게 할 수 있고, 널말뚝의 단면적과 중량을 감소시킬 수 있다. 뒤채움흙의 높이가 10m 이상인 경우에는 앵커식 널말뚝이 켄틸레버식 널말뚝보다 경제적이다.

앵커식 널말뚝의 설계방법은 근입깊이에 따라 자유단지지법(free earth support method)과 고정단지지법(fixed earth support method)으로 구분한다. 자유단지지법은 그림 9-46(a)와 같이 널말뚝의 근입깊이가 비교적 작은 경우로서, 널말뚝의 최하단과 앵커지점에서 힌지와 롤러로 지지되었다고 가정하는 방법이다. 고정단지지법은 그림 9-46(b)와 같이 근입깊이가 비교적 큰 경우로서, 널말뚝의 최하단이 완전히 고정되어 이 지점에서는 회전이 없는 것으로 가정하는 방법이다.

일반적으로 사질토지반에 설치한 널말뚝의 경우에는 자유단지지법과 고정단지지법을 모두 사용할 수 있으나, 준설면 아래가 점토지반이거나 얕은 깊이에 암반층이 존재하여, 널말뚝의 최하단이 고정단으로서의 역할을 하지 못하는 경우에는 자유단지지법을 사용하고 고정단지지법을 사용하지 않는다.

앵커식 널말뚝의 수평토압과 그 분포는 매우 복잡하므로, 이를 단순화하여 다음과 같은 간편한 방법을 사용하기도 한다.

자유단지지법에서는 널말뚝에 작용하는 수평토압을 Rankine의 토압이론으로 구하며(그림 9-47), 전체 수동토압은 2보다 큰 안전율로 나눈 값을 사용한다.

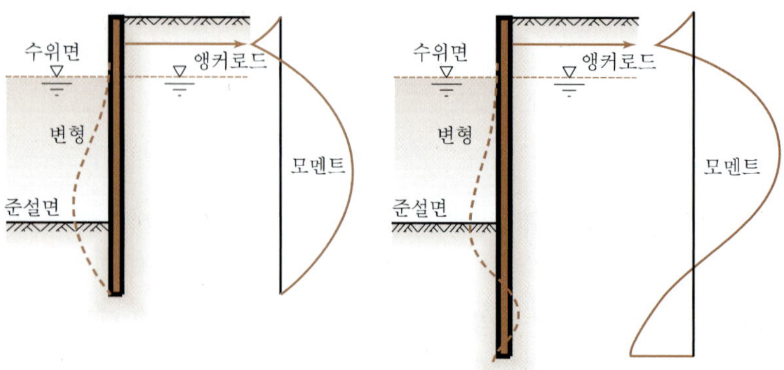

(a) 자유단지지법 (b) 고정단지지법

그림 9-46 앵커식 널말뚝

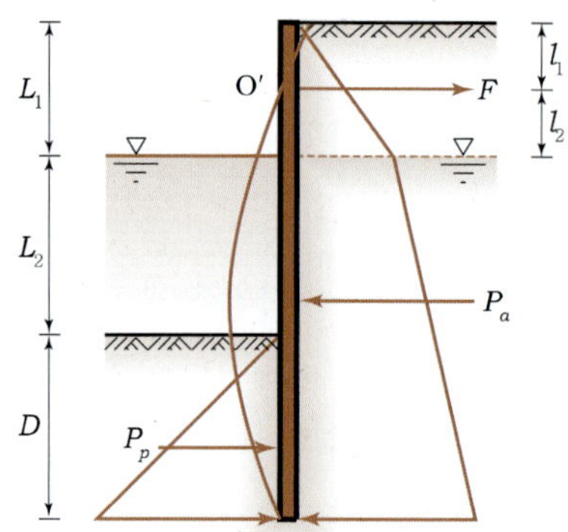

그림 9-47 널말뚝의 토압분포

근입깊이 D는 앵커지지점 O'에 대한 모멘트의 합이 0이라는 평형방정식에서 계산하고, 앵커인장력 F는 수평력의 합이 0이라는 평형방정식으로부터 구한다. 따라서 모멘트 분포도를 구할 수 있고, 최대 휨모멘트로부터 단면을 결정한다. 실제 근입깊이는 이론상 근입깊이보다 20% 정도 증가시킨다.

연습문제

9.1 다음과 같은 조건의 옹벽에 작용하는 전체 정지토압과 작용점을 구하라.

(1) 옹벽의 높이 $H=3\text{m}$, 흙의 단위중량 $\gamma=17.5\text{kN/m}^3$, 흙의 내부마찰각 $\phi=34°$

(2) 옹벽의 높이 $H=4\text{m}$, 흙의 단위중량 $\gamma=17\text{kN/m}^3$, 흙의 내부마찰각 $\phi=36°$

(3) 옹벽의 높이 $H=5\text{m}$, 흙의 단위중량 $\gamma=14\text{kN/m}^3$, 흙의 내부마찰각 $\phi=31°$

9.2 문제 9.1에서 옹벽에 작용하는 전체 주동토압과 작용점을 구하라.

9.3 문제 9.1에서 옹벽에 작용하는 전체 수동토압과 작용점을 구하라.

9.4 문제 9.1에서 지표면에 등분포상재하중 $q=20\text{kN/m}^2$이 작용할 때 옹벽에 작용하는 전체 주동토압과 작용점을 구하라.

9.5 그림 9-48에서 다음 각 조건에 대해 옹벽의 전체 주동토압과 수동토압 및 작용점을 구하라. 단, $\gamma_w = 10\text{kN/m}^3$.

(1) $H=5\text{m}$, $H_1=2\text{m}$, $\gamma_1=16\text{kN/m}^3$, $\gamma_{2(sat)}=18\text{kN/m}^3$, $\phi_1=30°$, $\phi_2=36°$, $q=0$.

(2) $H=6\text{m}$, $H_1=3\text{m}$, $\gamma_1=17\text{kN/m}^3$, $\gamma_{2(sat)}=19\text{kN/m}^3$, $\phi_1=34°$, $\phi_2=30°$, $q=4\text{kN/m}^2$.

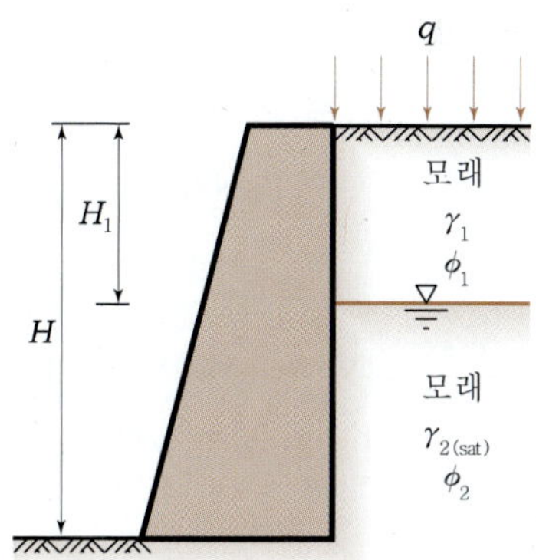

그림 9-48 연습문제 9.5

9.6 높이 10m의 옹벽이 단위중량 $\gamma=18\text{kN/m}^3$, 내부마찰각 $\phi=18°$, 점착력 $c=20\text{kN/m}^2$인 점토를 지지할 때, 인장균열이 발생하기 전과 발생한 후의 옹벽에 작용하는 전체 주동토압을 구하라.

9.7 다음과 같은 조건의 옹벽에 작용하는 전체 수동토압과 작용점을 구하라.

(1) $H=6\text{m}$, $\gamma=17\text{kN/m}^3$, $\phi=0°$, $c=30\text{kN/m}^2$.

(2) $H=6\text{m}$, $\gamma=18.5\text{kN/m}^3$, $\phi=16°$, $c=15\text{kN/m}^2$.

9.8 높이 5m인 옹벽의 뒤채움을 단위중량 $\gamma=17\text{kN/m}^3$, 내부마찰각 $\phi=35°$인 사질토로 하고, 지표면 경사 $\alpha=20°$ 일 때, 옹벽에 작용하는 전체 주동토압과 전체 수동토압을 구하라.

9.9 높이가 6m이고, 옹벽 뒷면의 경사각 $\theta=5°$인 옹벽이 있다. 지표면은 수평하고, 뒤채움흙은 $\gamma=18\text{kN/m}^3$, $\phi=35°$, $c=0\text{t/m}^2$이다. 벽마찰각 δ가 다음과 같은 값일 때 옹벽에 작용하는 Coulomb의 주동토압과 수동토압을 구하라.

(1) $\delta=0°$

(2) $\delta=10°$

(3) $\delta=20°$

9.10 문제 9.9에서 Coulomb의 주동토압과 수동토압을 Culmann의 도해법으로 구하라.

9.11 그림 9-32와 같은 옹벽에 작용하는 주동토압 P_{ae}의 크기와 작용점의 위치를 구하라. $\gamma=17\text{kN/m}^3$, $\phi=30°$, $c=0$, $\delta=20°$, $\theta=0°$, $\alpha=0°$, $H=5\text{m}$, $k_v=0$, $k_h=0.3$이다.

9.12 그림 9-38(a)와 같이 $q=500\text{kN/m}$의 선하중이 작용할 때 옹벽에 작용하는 수평토압을 구하라. $H=10\text{m}$로 가정하라.

9.13 그림 9-39에서 $q=100\text{kN/m}^2$, $m_1=4\text{m}$, $m_2=2\text{m}$, $H=5\text{m}$일 때 옹벽에 작용하는 수평토압의 합력을 구하라.

참고문헌

1. 김상규 외 2인 (2012). 토질역학, 청문각.
2. 백영식 (2007). 토질역학, 구미서관.
3. Brooker, E. W., & Ireland, H. O. (1965). "Earth Pressure at Rest Related to Stress History", Canadian Geotechnical Journal, Vol. 2, No. 1, pp. 1~15.
4. Coulomb, C. A. (1776). "Essai sur une Application des Regles de Maximis et Minimis a quelques Problems de Statique, relatifs a l'Architecture", Mem. Roy. des Sciences, Paris, Vol. 3, pp. 38.
5. Craig, R. F. (1983). Soil Mechanics, 3rd ed., Van Nostard Reinhold Co. Ltd.
6. Culmann, C. (1875). Die graghische Statik, Meyer and Zeller, Zurich.
7. Das, B. M. (1998). Principles of Foundational Engineering, PWS, MA.
8. Das, B. M. (1998). Principles of Geotechnical Engineering, PWS, MA.
9. Jagurio, R. (1981). "Total Lateral Surcharge Pressure Due to a Strip Load", Journal of the Geotechnical Engineering Division, ASCE, Vol. 107, No. GT10, pp. 1424~1428.
10. Jaky, J. (1944). "The Coefficient of Earth Pressure at Rest", Journal of the Society of Hungarian Architects anf Engineers, Vol. 7, pp. 335~358.
11. Mononobe, N. (1929). "On the Determination of Earth Pressures During Earthquakes", Proceedings, World Engineering Conference, Vol. 9, pp. 274~280.
12. Okabe, S. (1926). "General Theory of Earth Pressure", Journal of the Japanese Society of Civil Engineers, Tokyo, Vol. 12, No. 1.
13. Peck, R. B. (1943). "Earth Pressure Measurements in Open Cuts, Chicago Subway", Transactions, ASCE, Vol. 108, pp. 1008~1058.
14. Rankine, W. M. J. (1857). "On Stability on Loose Earth", Philosophic Transactions of Royal Society, London, Part 1, pp. 9~27.
15. Seed, H. B. & Whitman, R. V. (1970). "Design of Earth Retaining Structures for Dynamic Loads", Proceedings, Specialty Conference on Lateral Stresses in the Ground and Design of Earth Retaining Structures, ASCE, pp. 103~147.
16. Terzaghi K., & Peck, R. B. (1967). Soil Mechanics in Engineering Practice, Wiley, New York.
17. Tschebotarioff, G. P. (1973). Foundations, Retaining and Earth Structures, 2nd edition, McGraw-hill Book Company, New York.

제 10 장

사면의 안정

SOIL MECHANICS
SOIL MECHANICS

제 10 장 사면의 안정

10.1 개 설

수평면과 90° 이내의 경사각을 이루고 있는 지표면을 사면(slope)이라고 한다. 사면에는 산기슭과 같은 자연적인 사면과 성토나 절토와 같은 토공사에 의해 이루어진 인공적인 사면이 있으며, 인공적으로 이루어진 사면을 법면(法面)이라고 하기도 한다. 사면의 경사는 경사각이나 연직높이 대 수평거리의 비로 나타낸다.

사면에서는 중력으로 인하여 흙이 아래 방향으로 미끄러져 움직이려고 한다. 이 힘이 매우 커서 흙의 전단강도에 의한 저항력을 초과하면 사면파괴가 일어난다. 사면의 파괴가 발생하는 면을 활동면(sliding plane) 또는 파괴면이라고 한다.

사면은 무한사면(infinite slope)과 유한사면(finite slope)으로 나눌 수 있다. 사면의 길이가 활동의 깊이에 비해 매우 긴 사면을 무한사면이라고 하며, 활동면이 사면의 표면과 대략적으로 평행한 직선을 이룬다. 사면의 길이가 활동의 깊이에 비해 비교적 짧은 사면을 유한사면이라고 한다.

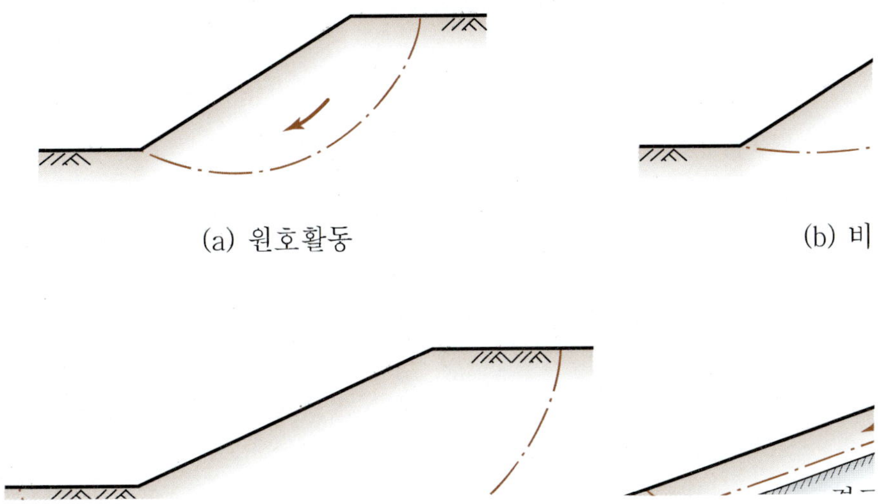

그림 10-1 사면활동의 형태

유한사면의 활동면의 형상은 원호, 비원호(대수나선 : log spiral) 또는 복합적인 곡선의 모양이며, 무한사면은 평면활동을 일으킨다(그림 10-1). 일반적으로 원호활동은 균질한 흙에서, 비원호활동은 비균질한 흙에서 발생한다. 복합활동은 깊은 곳에 있는 연약한 지층을 따라 활동이 발생하는 것이며, 활동면은 곡면과 평면으로 구성된다. 평면활동은 비교적 얕은 곳에 있는 견고한 지층을 따라 활동이 발생하는 것으로 병진활동이라고도 하며, 활동면은 사면에 대략 평행하다.

10.2 안전율

어떤 사면의 안정성을 알기 위해서는 파괴면을 여러 가지로 가정하여 안전율을 구하고 그 중 최소인 것을 그 사면의 안전율로 한다.

사면의 파괴면이 평면일 때 안정을 검토하려면 가상의 파괴면을 따라서 발생하는 전단응력을 구하여 그 면에서의 흙의 전단강도와 비교해야 한다. 사면의 안전율은 다음 식과 같이 나타낼 수 있다.

$$F_s = \frac{\tau_f}{\tau} \tag{10.1}$$

여기서, F_s = 안전율

τ_f = 흙의 전단강도

τ = 가상파괴면을 따라 발생하는 전단응력

흙의 전단강도는 점착력과 마찰력으로 이루어지며, 다음 식과 같이 나타낼 수 있다.

$$\tau_f = c + \sigma \tan\phi \tag{10.2}$$

여기서, c = 점착력

ϕ = 내부마찰각

σ = 가상파괴면에 작용하는 수직응력

식 (10.2)를 식 (10.1)에 대입하면 안전율 F_s는 다음 식과 같이 된다.

$$F_s = \frac{c + \sigma \tan\phi}{\tau} \tag{10.3}$$

사면의 파괴면이 원호일 때 안정을 검토하려면 가상의 파괴면의 전단응력에 의한 활동모멘트 M_d와 파괴면의 전단강도에 의한 저항모멘트 M_r 을 비교해야 하며, 사면의 안전율은 다음 식과 같이 나타낼 수 있다.

$$F_s = \frac{M_r}{M_d} \tag{10.4}$$

안전율 F_s 가 1.0보다 크면 사면은 안전하지만, 전단응력 및 전단강도 산정의 불확실성 등을 고려하여 사면의 안전율을 대략 다음과 같이 구분하기도 한다.

$F_s < 1$: 불안정

$1 < F_s < 1.3$: 안정하지만 다소 불안

$F_s > 1.3$: 절토사면 안정, 성토사면 안정, 흙댐사면 불안정

$F_s > 1.5$: 흙댐사면 안정

10.3 침투가 없는 무한사면의 안정해석

그림 10-2와 같은 침투가 없는 무한사면에서 지표면 아래 깊이 H 에 위치한 AB면(흙과 암반의 경계면)에서의 사면의 파괴에 대한 안전율은 다음과 같이 구할 수 있다. 사면의 파괴는 평면 AB 위의 흙이 오른쪽에서 왼쪽으로 이동하면서 발생한다.

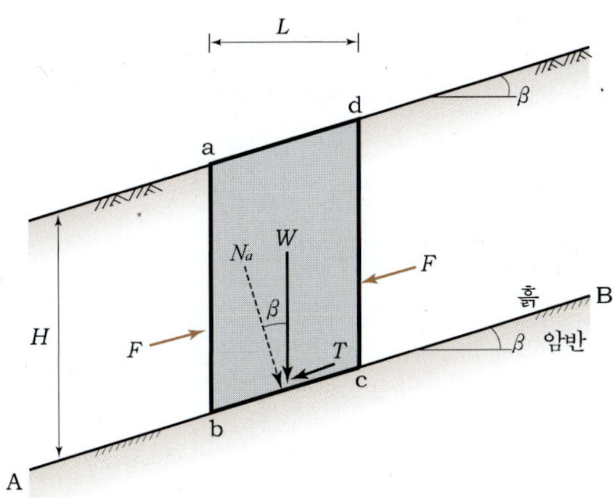

그림 10-2 침투가 없는 무한사면의 해석

그림 10-2의 단면에 직각방향으로 단위두께를 가지는 절편 abcd를 생각하자. ab면과 cd면에 작용하는 힘 F는 크기가 같고 방향이 반대이므로 서로 상쇄된다. 이 절편의 중량은 다음 식과 같이 된다.

$$W = (\text{절편의 부피}) \times (\text{흙의 단위중량}) = (LH \cdot 1) \times \gamma = \gamma LH \tag{10.5}$$

중량 W는 다음과 같이 두 성분으로 나눌 수 있다.

1. 평면 AB에 직각인 힘 $N = W\cos\beta = \gamma LH\cos\beta$
2. 평면 AB에 평행한 힘 $T = W\sin\beta = \gamma LH\sin\beta$

T는 면 AB를 따라 활동을 일으키려는 힘이다. 따라서 절편의 저면에 작용하는 수직응력 σ와 전단응력 τ는 다음 식과 같이 된다.

$$\sigma = \frac{N}{\text{저면의 면적}} = \frac{\gamma LH\cos\beta}{\dfrac{L}{\cos\beta}} = \gamma H\cos^2\beta \tag{10.6}$$

$$\tau = \frac{T}{\text{저면의 면적}} = \frac{\gamma LH\sin\beta}{\dfrac{L}{\cos\beta}} = \gamma H\cos\beta\sin\beta \tag{10.7}$$

면 AB에 작용하는 전단강도는 식 (10.6)을 식 (10.2)에 대입하면 다음 식과 같이 된다.

$$\tau_f = c + \sigma\tan\phi = c + \gamma H\cos^2\beta\tan\phi \tag{10.8}$$

따라서, 안전율은 식 (10.1)에 식 (10.7)과 식 (10.8)을 대입하면 다음 식과 같이 된다.

$$F_s = \frac{\tau_f}{\tau} = \frac{c + \gamma H\cos^2\beta\tan\phi}{\gamma H\cos\beta\sin\beta} \tag{10.9}$$

사질토에서는 $c = 0$이므로 안전율은 다음 식과 같이 된다.

$$F_s = \frac{\tan\phi}{\tan\beta} \tag{10.10}$$

이것은 사질토의 무한사면에서의 안전율 F_s 는 사면의 높이 H 와는 무관하며, 사면의 경사각 β 가 사질토의 내부마찰각 ϕ 보다 작으면 안전하다는 것을 의미한다.

점착력과 내부마찰각을 갖는 지반에서의 활동파괴가 일어나는 사면의 임계높이 H_{cr} 는 $F_s = 1$ 과 $H = H_{cr}$ 을 식 (10.9)에 대입하여 다음 식과 같이 구할 수 있다.

$$H_{cr} = \frac{c}{\gamma}\frac{1}{\cos^2\beta(\tan\beta - \tan\phi)} \tag{10.11}$$

예제 10.1

그림 10-3과 같은 무한사면이 있다. 흙과 암반의 경계면에서 흙의 강도정수 $c = 15\text{kN/m}^2$, $\phi = 25°$ 이며, 흙의 단위중량 $\gamma = 17\text{kN/m}^3$ 이다.

(1) $H = 8\text{m}$, $\beta = 20°$ 일 때, 경계면에서 활동에 대한 안전율을 구하라.

(2) $\beta = 30°$ 일 때, 안전율이 1이 되는 높이 H_{cr} 를 구하라.

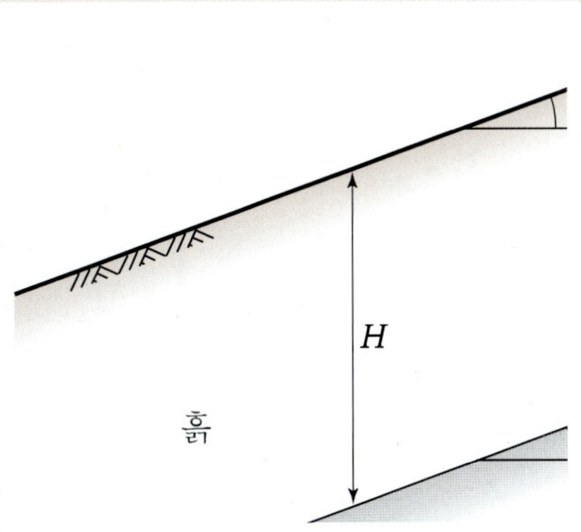

그림 10-3 예제 10.1

풀이

(1) 식 (10.9)로부터

$$F_s = \frac{\tau_f}{\tau} = \frac{c + \gamma H \cos^2\beta \tan\phi}{\gamma H \cos\beta \sin\beta}$$

$$= \frac{15 + 17 \times 8 \times \cos^2 20 \times \tan 25}{17 \times 8 \times \cos 20 \times \sin 20} = 1.62$$

(2) 식 (10.11)로부터

$$H_{cr} = \frac{c}{\gamma}\frac{1}{\cos^2\beta(\tan\beta - \tan\phi)}$$

$$= \frac{15}{17} \times \frac{1}{\cos^2 30\,(\tan 30 - \tan 25)} = 10.63\text{m}$$

10.4 침투가 있는 무한사면의 안정해석

그림 10-4와 같은 무한사면에 있어서 지하수위가 경계면에서 mH 되는 곳에 있으며 사면과 평행한 방향으로 침투가 일어난다고 할 때, 흙의 전단강도는 다음과 같다.

$$\tau_f = c + \sigma' \tan\phi \tag{10.12}$$

여기서, 식 (10.2)와는 달리 σ'는 유효응력이다.

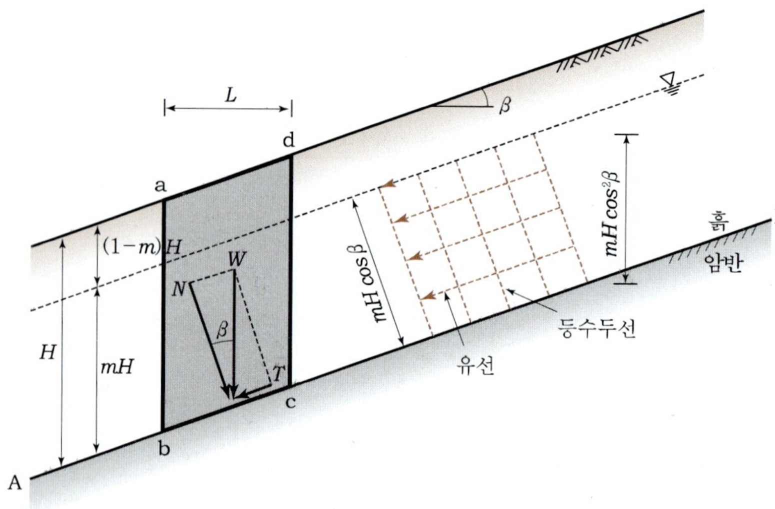

그림 10-4 침투가 있는 무한사면의 해석

평면 AB를 따라 발생하는 파괴에 대한 안전율을 결정하기 위하여 절편 abcd를 생각하자. 연직면 ab와 cd에 작용하는 힘은 크기가 같고 방향이 반대이므로 상쇄된다. 단위길이의 두께를 가지는 절편의 전 중량은 다음과 같다.

$$W = \gamma(1-m)HL + \gamma_{sat}\, mHL = [\gamma(1-m) + \gamma_{sat}\, m]HL \tag{10.13}$$

중량 W는 다음과 같이 두 성분으로 나눌 수 있다.

1. 평면 AB에 직각인 힘 $= N = W\cos\beta = [\gamma(1-m) + \gamma_{sat}\, m]HL\cos\beta$
2. 평면 AB에 평행한 힘 $= T = W\sin\beta = [\gamma(1-m) + \gamma_{sat}\, m]HL\sin\beta$

T는 면 AB를 따라 활동을 일으키려는 힘이다. 따라서 절편의 저면에 작용하는 수직응력 σ와 전단응력 τ는 다음 식과 같이 된다.

$$\sigma = \frac{N}{\text{저면의 면적}} = \frac{[\gamma(1-m)+\gamma_{sat}\, m]HL\cos\beta}{\dfrac{L}{\cos\beta}} = [\gamma(1-m)+\gamma_{sat}\, m]H\cos^2\beta \tag{10.14}$$

$$\tau = \frac{T}{\text{저면의 면적}} = \frac{[\gamma(1-m)+\gamma_{sat}\, m]HL\sin\beta}{\dfrac{L}{\cos\beta}} = [\gamma(1-m)+\gamma_{sat}\, m]H\cos\beta\sin\beta \tag{10.15}$$

면 AB에 작용하는 간극수압 u는 다음 식과 같이 된다.

$$u = \gamma_w\, mH\cos^2\beta \tag{10.16}$$

면 AB에서의 전단강도는 식 (10.12)에 식 (10.14)와 식 (10.16)을 대입하면 다음 식과 같이 된다.

$$\begin{aligned}\tau_f &= c+\sigma'\tan\phi = c+(\sigma-u)\tan\phi \\ &= c+[[\gamma(1-m)+\gamma_{sat}\, m]H\cos^2\beta-\gamma_w mH\cos^2\beta]\tan\phi\end{aligned} \tag{10.17}$$

따라서, 안전율은 식 (10.1)에 식 (10.15)와 식 (10.17)을 대입하면 다음 식과 같이 된다.

$$F_s = \frac{\tau_f}{\tau} = \frac{c+\{[\gamma(1-m)+\gamma_{sat}\, m]H\cos^2\beta-\gamma_w mH\cos^2\beta\}\tan\phi}{[\gamma(1-m)+\gamma_{sat}\, m]H\cos\beta\cdot\sin\beta} \tag{10.18}$$

지하수위가 지표면과 일치하는 경우 즉 $m=1$인 경우에는 다음 식과 같이 된다.

$$F_s = \frac{\tau_f}{\tau} = \frac{c+(\gamma_{sat}\, H\cos^2\beta-\gamma_w H\cos^2\beta)\tan\phi}{\gamma_{sat}\, H\cos\beta\sin\beta} = \frac{c+\gamma' H\cos^2\beta\tan\phi}{\gamma_{sat}\, H\cos\beta\sin\beta} \tag{10.19}$$

조립토에서는 $c=0$이므로 안전율은 다음 식과 같이 된다.

$$F_s = \frac{\gamma'}{\gamma_{sat}} \frac{\tan\phi}{\tan\beta} \tag{10.20}$$

예제 10.2

예제 10.1에서 흙속으로 침투가 일어나고 지하수위가 지표면과 일치한다고 할 때 안전율 F_s를 구하라. 여기서 $H = 8\text{m}$, $\beta = 20°$, $\gamma_{sat} = 19\,\text{kN/m}^3$이다.

풀이

$$\gamma' = \gamma_{sat} - \gamma_w = 19 - 9.8 = 9.2\text{kN/m}^3$$

식 (10.19)에서

$$F_s = \frac{\tau_f}{\tau} = \frac{c + \gamma' H \cos^2\beta \tan\phi}{\gamma_{sat} H \cos\beta \sin\beta} = \frac{15 + 9.2 \times 8 \times \cos^2 20 \times \tan 25}{19 \times 8 \times \cos 20 \times \sin 20} = 0.93$$

안전율 F_s가 1보다 작기 때문에 이 사면은 불안정하다.

10.5 수중에 잠긴 무한사면의 안정해석

무한사면이 그림 10-5와 같이 정지해 있는 물속에 잠긴 경우에는 침투가 없는 무한사면의 경우에서 흙의 단위중량 γ 대신에 수중단위중량 γ'를 사용하여 다음과 같이 구할 수 있다.

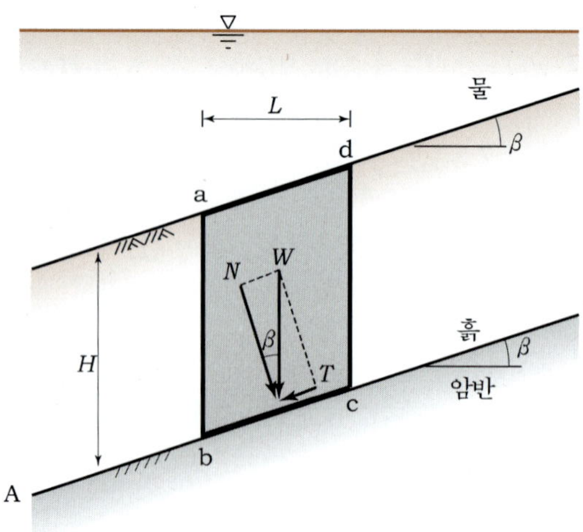

그림 10-5 수중에 잠긴 무한사면의 해석

$$W = (\text{절편의 부피}) \times (\text{흙의 단위중량}) = \gamma' LH \tag{10.21}$$

$$N = W\cos\beta = \gamma' LH\cos\beta \tag{10.22}$$

$$T = W\sin\beta = \gamma' LH\sin\beta \tag{10.23}$$

$$\sigma = \gamma' H\cos^2\beta \tag{10.24}$$

$$\tau = \gamma' H\cos\beta\sin\beta \tag{10.25}$$

$$\tau_f = c + \sigma\tan\phi = c + \gamma' H\cos^2\beta\tan\phi \tag{10.26}$$

따라서, 안전율은 다음 식과 같이 된다.

$$F_s = \frac{\tau_f}{\tau} = \frac{c + \gamma' H\cos^2\beta\tan\phi}{\gamma' H\cos\beta\sin\beta} \tag{10.27}$$

조립토에서는 $c = 0$ 이므로 안전율은 다음과 같이 되어 침투가 없는 건조상태의 안전율과 같게 된다. 즉 점착력이 없는 사질토에서 내부마찰각의 변화가 없다면 건조상태와 수중상태의 안전율은 변하지 않는다.

$$F_s = \frac{\tan\phi}{\tan\beta} \tag{10.28}$$

예제 10.3

예제 10.2의 무한사면이 정지해 있는 물속에 잠겨 포화되어 있는 경우의 안전율 F_s를 구하라.

풀이

식 (10.27)에서

$$F_s = \frac{\tau_f}{\tau} = \frac{c + \gamma' H\cos^2\beta\tan\phi}{\gamma' H\cos\beta\sin\beta} = \frac{15 + 9.2 \times 8 \times \cos^2 20 \times \tan 25}{9.2 \times 8 \times \cos 20 \times \sin 20} = 1.92$$

앞의 여러 예제에서 침투가 있는 무한사면의 안전율이 가장 작고, 수중에 잠긴 무한사면의 안전율이 가장 크다는 것을 알 수 있다.

10.6 평면활동을 일으키는 유한사면의 안정해석

여러 유한사면의 파괴를 조사한 결과 대부분의 활동면은 원호에 가까운 것으로 알려졌다. 따라서 대부분 유한사면의 안정해석은 가상활동면을 원호로 보고 해석하고 있다. 그러나 흙댐이나 연약층 위의 기초와 같은 경우에는 활동면을 평면으로 가정하는 안정해석이 더 정확한 결과를 주기도 한다.

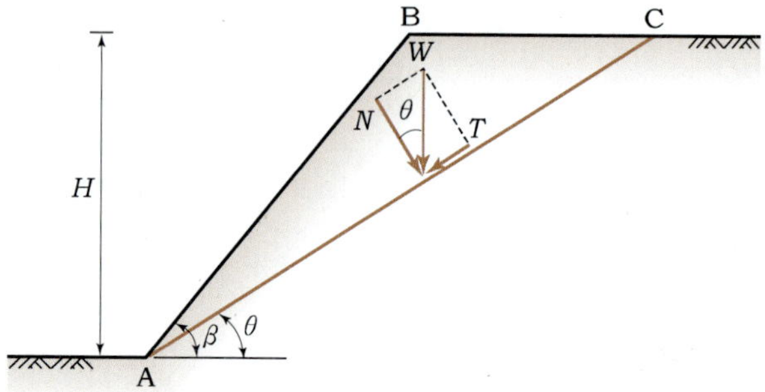

그림 10-6 평면활동을 일으키는 유한사면의 해석

Culmann은 균질한 흙으로 된 유한사면의 안정해석을 간단히 하기 위하여 가상파괴면을 평면으로 가정하였다. 사면파괴는 활동을 일으키려는 전단응력이 흙의 전단강도보다 더 큰 평면을 따라 발생한다.

그림 10-6에서 높이 H의 사면이 수평면과 경사각 β를 이루고 있으며 AC는 가상파괴면이다. 사면의 단면에 직각인 단위두께를 고려하면 쐐기 ABC의 중량 W는 다음 식과 같이 된다.

$$W = \frac{1}{2}H \times \mathrm{BC} \times \gamma = \frac{1}{2}H(H\cot\theta - H\cot\beta)\gamma$$

$$= \frac{1}{2}\gamma H^2(\cot\theta - \cot\beta) = \frac{1}{2}\gamma H^2\frac{\sin(\beta-\theta)}{\sin\beta\sin\theta} \tag{10.29}$$

면 AC에 대한 W의 수직성분과 접선성분은 다음 식과 같이 된다.

$$\text{수직성분} = N = W\cos\theta = \frac{1}{2}\gamma H^2\frac{\sin(\beta-\theta)}{\sin\beta\sin\theta}\cos\theta \tag{10.30}$$

$$\text{접선성분} = T = W\sin\theta = \frac{1}{2}\gamma H^2\frac{\sin(\beta-\theta)}{\sin\beta\sin\theta}\sin\theta \tag{10.31}$$

면 AC에 작용하는 수직응력과 전단응력은 다음 식과 같이 된다.

$$\text{수직응력}\,\sigma = \frac{N}{\mathrm{AC}\times 1} = \frac{N}{\dfrac{H}{\sin\theta}} = \frac{1}{2}\gamma H\frac{\sin(\beta-\theta)}{\sin\beta\sin\theta}\cos\theta\sin\theta \tag{10.32}$$

$$전단응력\tau = \frac{T}{AC \times 1} = \frac{T}{\frac{H}{\sin\theta}} = \frac{1}{2}\gamma H \frac{\sin(\beta-\theta)}{\sin\beta \sin\theta}\sin^2\theta \tag{10.33}$$

면 AC에 작용하는 전단강도는 다음과 같이 된다.

$$\tau_f = c + \sigma\tan\phi = c + \frac{1}{2}\gamma H \frac{\sin(\beta-\theta)}{\sin\beta \sin\theta}\cos\theta \sin\theta \tan\phi \tag{10.34}$$

식 (10.33)의 전단응력과 식 (10.34)의 전단강도가 같다고 가정하면 다음 식과 같이 된다.

$$\frac{1}{2}\gamma H \frac{\sin(\beta-\theta)}{\sin\beta \sin\theta}\sin^2\theta = \mathrm{c} + \frac{1}{2}\gamma H \frac{\sin(\beta-\theta)}{\sin\beta \sin\theta}\cos\theta \sin\theta \tan\phi \tag{10.35}$$

$$c = \frac{1}{2}\gamma H \frac{\sin(\beta-\theta)(\sin\theta - \cos\theta \tan\phi)}{\sin\beta} \tag{10.36}$$

임계파괴면을 찾기 위해서는 ϕ 가 일정할 때 점착력 c가 최대가 되는 θ를 알아야 되고 이를 위해서 최대와 최소의 원리를 이용한다. θ에 대한 c 의 일차도함수는 0이다.

$$\frac{\partial c}{\partial \theta} = 0 \tag{10.37}$$

식 (10.36)에서 γ, H, β는 상수이기 때문에 다음 식과 같이 된다.

$$\frac{\partial}{\partial \theta}[\sin(\beta-\theta)(\sin\theta - \cos\theta \tan\phi)] = 0 \tag{10.38}$$

그러므로 θ의 임계값은 다음 식과 같이 된다.

$$\theta_{cr} = \frac{\beta + \phi}{2} \tag{10.39}$$

$\theta = \theta_{cr}$를 식 (10.36)에 대입하면 c 는 다음 식과 같이 된다.

$$c = \frac{\gamma H}{4}\frac{1-\cos(\beta-\phi)}{\sin\beta \cos\phi} \tag{10.40}$$

식 (10.40)에서 임계평형상태를 이룰 수 있는 사면의 임계높이(= 최대높이)는 다음 식과 같이 된다.

$$H_{cr} = \frac{4c}{\gamma}\frac{\sin\beta\cos\phi}{1-\cos(\beta-\phi)} \tag{10.41}$$

$\beta = 90°$인 직립 절토면의 임계높이를 식 (10.41)에서 구하면 다음 식과 같이 된다.

$$H_{cr} = \frac{4c}{\gamma}\tan(45+\frac{\phi}{2}) = \frac{4c}{\gamma}\sqrt{K_p} \tag{10.42}$$

$\beta = 90°$인 점토($\phi = 0°$)의 직립 절토면의 임계높이는 다음 식과 같이 된다.

$$H_{cr} = \frac{4c}{\gamma} \tag{10.43}$$

예제 10.4

그림 10-6과 같은 사면에서 AC는 가상파괴면을 나타낸다. 쐐기 ABC에 대하여 활동에 대한 안전율 F_s 를 구하라. $\theta = 30°$, $\beta = 50°$, $\gamma = 16\,\text{kN/m}^3$, $\phi = 10°$, $c = 3\,\text{kN/m}^2$.

풀이

단면에 직각방향으로 단위두께의 쐐기 ABC를 생각한다.

쐐기의 중량 $W = \frac{1}{2} \times 16 \times 3^2 \times (\cot 30° - \cot 50°) = 64.3\,\text{kN}$

면 AC에 작용하는 W의 수직성분 $N = W\cos\theta = 64.3 \times \cos 30° = 55.7\,\text{kN}$

면 AC에 작용하는 W의 접선성분 $T = W\sin\theta = 64.3 \times \sin 30° = 32.2\,\text{kN}$

수직응력 $\sigma = \frac{N}{\text{AC} \times 1} = \frac{55.7\,\text{kN}}{6\,\text{m} \times 1\,\text{m}} = 9.3\,\text{kN/m}^2$

전단응력 $\tau = \frac{T}{\text{AC} \times 1} = \frac{32.2\,\text{kN}}{6\,\text{m} \times 1\,\text{m}} = 5.5\,\text{kN/m}^2$

전단강도 $\tau_f = c + \sigma\tan\phi = 30 + 9.3 \times \tan 10° = 31.6\,\text{kN/m}^2$

안전율 $F_s = \frac{\tau_f}{\tau} = \frac{31.6}{5.5} = 5.75$

10.7 원호활동을 일으키는 유한사면의 안정해석

활동면이 원호 형태를 이루는 유한사면의 파괴에는 다음과 같은 형상이 있다(그림 10-7).

1. 활동면이 사면의 선단 위를 통과하는 사면파괴를 사면내파괴라고 하며, 이때의 활동원을 사면원(slope circle)이라고 한다.
2. 활동면이 사면의 선단을 통과하는 사면파괴를 사면선단파괴(toe failure)라고도 하며, 이때의 활동원을 선단원(toe circle)이라고 한다.
3. 활동면이 사면 아래의 견고한 지층에 접하면서 파괴가 일어나면 이것을 저부파괴(base failure)라고 한다. 이때의 활동원은 활동원의 중심이 사면의 중앙점을 통과하는 연직선상에 놓이기 때문에 중앙점원(midpoint circle)이라고 한다.

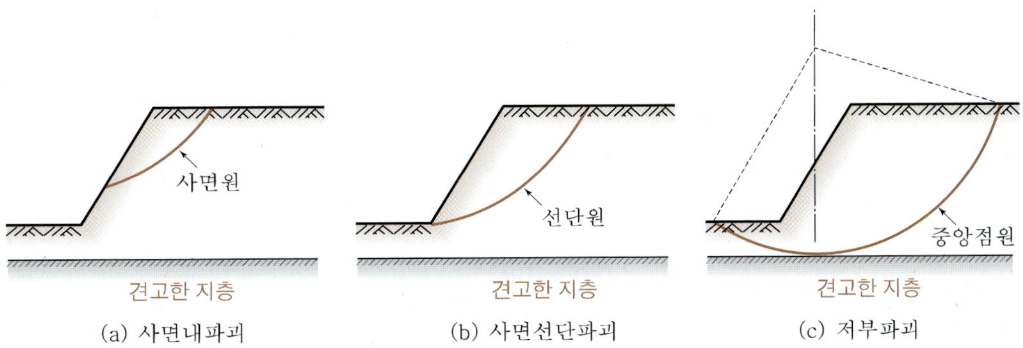

그림 10-7 유한사면의 원호파괴 형태

원호파괴면을 갖는 유한사면의 안정해석 방법은 크게 다음과 같이 두 가지로 나눌 수 있다.

1. 일체법(mass procedure) : 이 방법은 활동면 위의 흙을 한덩어리로 취급하는 방법으로, 사면을 형성하는 흙이 균질한 경우에 적합하다.
2. 절편법(slice method) : 이 방법은 활동면 위의 흙을 여러 개의 연직절편으로 나누어 취급하는 방법으로, 흙이 균질하지 않고 간극수압을 고려할 경우에 적합하다.

절편법은 각각의 절편에 대하여 안정해석을 한 결과를 모든 절편에 걸쳐 합하여 안전율을 구하는 방법으로, 해석시 적용한 가정에 따라 제안된 방법이 많이 있다.

절편법은 계산이 매우 복잡하지만 절편법의 각종 방법들에 대하여 개발된 컴퓨터 프로그램을 이용하면 간편하게 안전율을 구할 수 있으므로 현재 가장 많이 사용되고 있다.

10.8 일체법에 의한 유한사면의 안정해석

10.8.1 점토사면의 안정 해석

(1) 최소안전율 계산

그림 10-8(a)는 균질한 점토로 이루어진 사면으로, 완전히 포화된 점토($\phi_u = 0$)가 비배수상태인 경우이다.

사면의 안정해석을 위하여 O점을 중심으로 하고 반경이 r인 원호를 활동면으로 가정한다. 활동면 위에 있는 흙의 중량은 W이다.

사면을 파괴시키려는 활동모멘트 M_d는 원의 중심 O점에 대한 흙의 중량 W에 의한 모멘트로서 다음 식과 같이 된다.

$$M_d = W l \tag{10.44}$$

여기서, l = 원의 중심 O점에서 W의 작용선까지의 거리

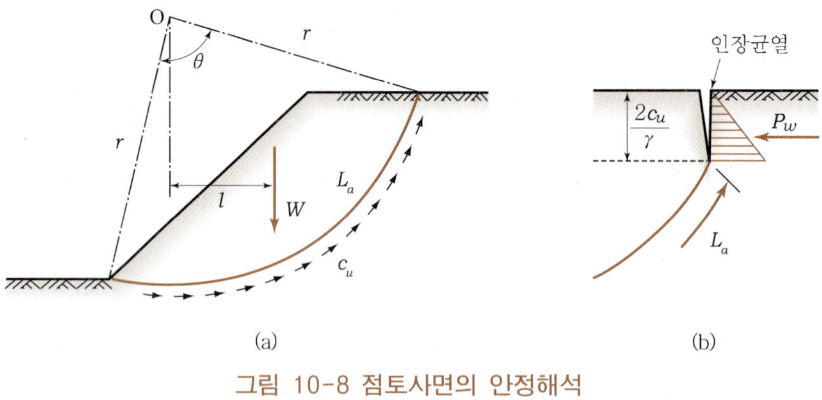

(a) (b)

그림 10-8 점토사면의 안정해석

사면파괴에 저항하는 모멘트 M_r은 원의 중심 O점에 대한 활동면에서의 점착력에 의한 모멘트로서 다음 식과 같이 된다.

$$M_r = (c_u \times L_a) \times r = c_u \, r^2 \theta \qquad (10.45)$$

여기서, c_u = 점착력

L_a = 활동면의 길이

r = 원의 반경

θ = 원호의 중심각(radian 단위)

사면의 안전율은 다음 식과 같이 된다.

$$F_s = \frac{M_r}{M_d} = \frac{c_u L_a r}{W l} = \frac{c_u \, r^2 \theta}{W l} \qquad (10.46)$$

그림 10-8(b)와 같이 인장균열이 발생하는 경우에는 균열내의 정수압에 의한 모멘트와 원호의 길이가 짧아지는 영향을 고려하여야 한다.

여러 다른 가상의 활동면에 대하여 위와 같은 방법으로 안전율을 구하고, 그 중 최소안전율이 이 사면의 안전율이 되며 이때의 활동면을 임계원이라고 한다.

예제 10.5

포화단위중량 γ_{sat} =18kN/m^{3}인 포화 점토 지반을 그림 10-9와 같이 45° 경사로 깊이 8m까지 굴착하였다. 주어진 활동면에 대한 안전율을 구하라. 점토의 점착력 c_u = 50kN/m^2, 내부마찰각 ϕ_u = 0이다.

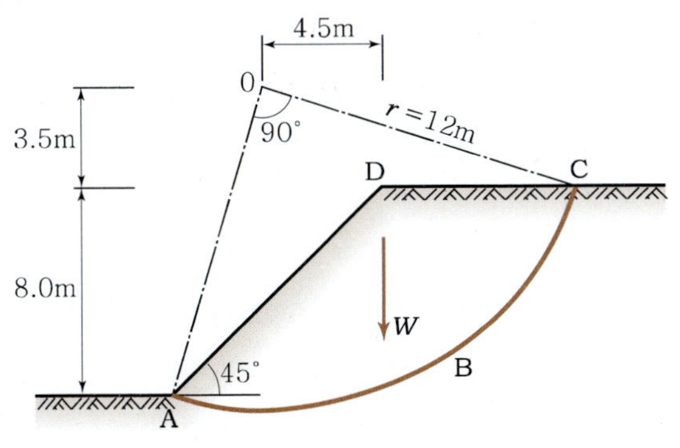

그림 10-9 예제 10.5

풀이

흙 ABCD의 단면적 = 70m^2

흙 ABCD의 무게 $W = 70\text{m}^2 \times 18\text{kN/m}^3 = 1{,}260\text{kN/m}$

호 ABC의 길이 $L_a = r\theta = 12\text{m} \times \frac{\pi}{2} = 18.8\text{m}$

활동모멘트 $M_d = Wl = 1{,}260 \times 4.5 = 5{,}670\text{t} \cdot \text{m}$

저항모멘트 $M_r = (c_u \times L_a) \times r = (50 \times 18.8) \times 12 = 11{,}280\text{t} \cdot \text{m}$

안전율 $F_s = \frac{M_r}{M_d} = \frac{11{,}280}{5{,}670} = 1.99$

(2) Taylor의 안정도표

앞의 방법으로 사면의 안전율을 구하려면 많은 반복계산을 하여야 하며, 이런 번거로움을 피하기 위하여 Taylor는 안전율 F_s가 1이 되는 점토사면의 임계높이 H_{cr}을 구하는 간단한 공식을 다음과 같이 제안하였다.

$$H_{cr} = \frac{c_u}{\gamma m} \tag{10.47}$$

여기서, c_u = 점토의 비배수 점착력

γ = 점토의 단위중량

m = 안정수(stability number)

안정수 m은 무차원 값이며, 사면의 경사각 β에 따른 m값은 그림 10-10의 Taylor의 안정도표에서 구할 수 있다. Terzaghi는 m의 역수인 안정계수(stablity factor)를 사용하여 안정도표를 구하기도 하였다.

그림 10-10은 비배수상태의 포화점토($\phi_u = 0$) 사면에만 적용할 수 있으며, 이 그림에서 다음과 같은 것을 알 수 있다.

1. 사면의 경사각 $\beta > 53°$이면 임계원은 항상 선단원이다. 즉 사면선단파괴가 발생한다.
2. $\beta < 53°$이면 깊이계수 D에 따라서 사면내파괴, 사면선단파괴, 저부파괴가 일어난다. 깊이계수 D는 다음과 같은 식으로 구한다.

$$D = \frac{\text{사면의 상부에서 견고한 지층까지의 깊이}}{\text{사면의 높이 } H} \tag{10.48}$$

깊이계수 $D \geq 4$이면 저부파괴, $D < 1$이면 사면내파괴가 발생한다.

3. $\beta < 53°$일 때 안정수의 최대값은 0.181이다.

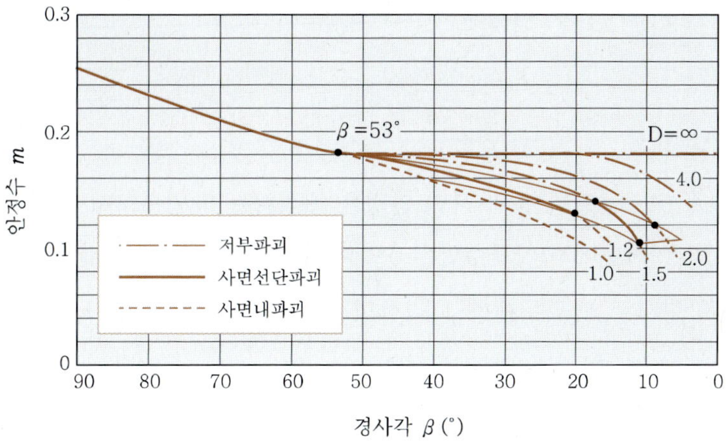

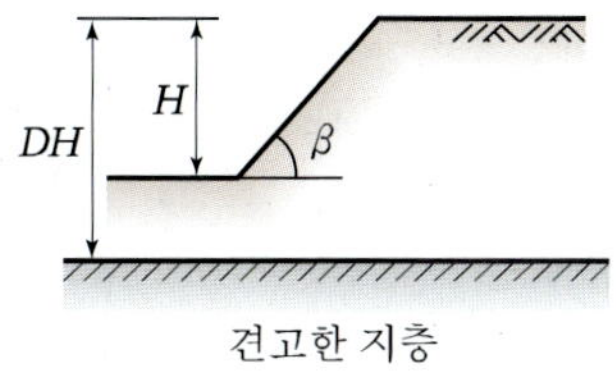

그림 10-10 Taylor의 안정도표 : $\phi_u = 0$ 인 경우

예제 10.6

연약한 점토층을 75° 경사로 굴착하려 한다. 점토의 단위중량 $\gamma = 18\text{kN/m}^3$, 점착력 $c_u = 30\text{kN/m}^2$, 내부마찰각 $\phi_u = 0$이다.

(1) 굴착할 수 있는 임계깊이를 구하라.
(2) 굴착깊이를 3m로 할 때 사면의 안전율을 구하라.

풀이

(1) 경사각 $\beta = 75° > 53°$ 이므로 임계원은 선단원이다. 그림 10-10에서 $\beta = 75°$ 일 때, 안정수 m = 0.22이다.

$$H_{cr} = \frac{c_u}{\gamma m} = \frac{30}{18 \times 0.22} = 7.58\text{m}$$

(2) 안전율 $F_s = \dfrac{\text{최대굴착깊이 } H_{cr}}{\text{굴착깊이}} = \dfrac{7.58}{3} = 2.53$

10.8.2 $\phi > 0$인 흙사면의 안정해석

(1) 마찰원 방법

마찰원 방법은 $\phi > 0$인 균질한 흙의 사면 안정을 해석하는 방법으로서 Taylor가 개발한 방법이다.

그림 10-11(a)와 같은 사면에서 간극수압은 0으로 가정하며, $\widehat{AC}$는 선단을 통과하는 가상의 활동면이다. 단면에 직각방향으로 단위두께를 고려하면, 다음 식과 같이 된다.

$$\text{흙쐐기 ABC의 중량 } W = (\text{ABC의 면적}) \times \gamma \tag{10.49}$$

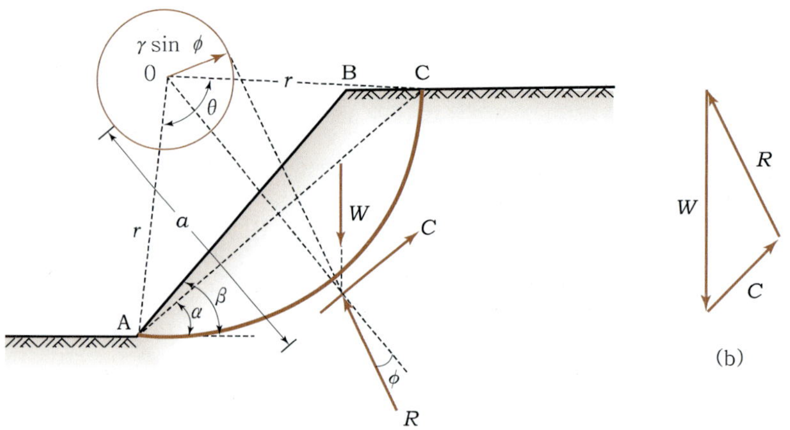

그림 10-11 $\phi > 0$인 흙사면의 안정해석(마찰원 방법)

평형상태에서 흙쐐기 ABC에 작용하는 다른 힘들은 다음과 같다.

1. C=점착력의 합력(단위길이당 점착력 c에 현의 길이 $\overline{AC}$를 곱한 값)$= c\,\overline{AC}$

   C는 원의 중심 O에서 a 만큼 떨어진 거리에서 현$\overline{AC}$에 평행한 방향으로 작용한다. 따라서

   $$C \times a = c\,\widehat{AC}\,r$$

   $$a = \frac{c\,\widehat{AC}\,r}{C} = \frac{\widehat{AC}}{\overline{AC}}r \tag{10.50}$$

   여기서, $\widehat{AC}$는 호 AC의 길이이다.

2. R=활동면에서의 반력 = 수직력과 마찰력의 합력.

   평형상태에서는 R의 작용선이 W와 C의 작용선의 교점을 통과한다.

$\phi_u = 0$인 점토의 활동면에서는 마찰력이 없어서 수직력만 남기 때문에 R의 작용선이 원의 중심을 지나가지만, $\phi > 0$인 흙의 활동면에서는 마찰력이 있기 때문에 R의 작용선은 원의 중심방향과 ϕ만큼 경사를 이루게 된다.

즉, R의 작용선은 중심이 점 O이고 반경이 $r\sin\phi$인 원에 접하게 된다. 이 원을 마찰원(friction circle)이라고 한다.

W, C, R 의 방향을 알고 W의 크기를 알고 있기 때문에 그림 10-11(b)와 같은 힘의 다각형을 그릴 수 있다. C의 크기는 힘의 다각형에서 구할 수 있고, 단위길이당 점착력 c는 다음 식과 같이 된다.

$$c = \frac{C}{\overline{\mathrm{AC}}} \tag{10.51}$$

이렇게 해서 구한 점착력이 실제 지반의 점착력과 같아질 때까지 여러 개의 가상활동면에 대하여 반복계산을 하여야 한다.

위와 같은 마찰원의 원리를 이용하여 사면의 안정해석을 하는 방법을 마찰원 방법이라고 하며, 마찰원 방법의 구체적인 이용에 대해서는 예제 10.8에서 설명한다.

(2) Taylor의 안정도표

마찰원 방법으로 사면의 안전율을 구하려면 많은 반복계산을 하여야 하며, 이런 번거로움을 피하기 위하여 Taylor는 안전율 F_s가 1이 되는 사면의 임계높이 H_{cr}을 구하는 간단한 공식을 다음 식과 같이 제안하였다.

$$H_{cr} = \frac{c}{\gamma\, m} \tag{10.52}$$

여기서, c = 흙의 점착력

γ = 흙의 단위중량

m = 안정수(stability number)

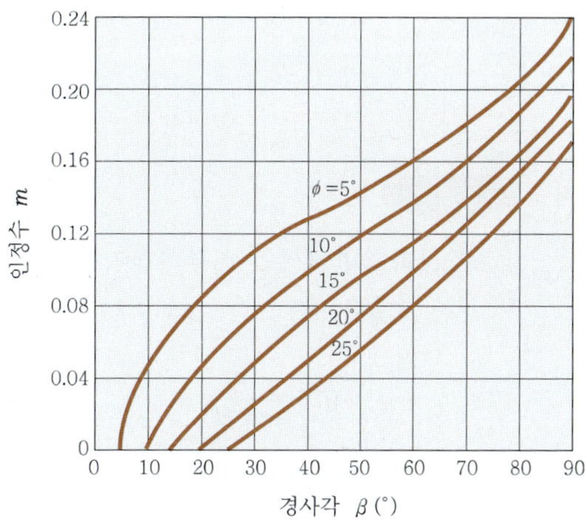

그림 10-12 Taylor의 안정도표 : $\phi > 0$인 경우

안정수 m은 무차원 값이며, 사면의 경사각 β와 내부마찰각 ϕ에 따른 m값은 그림 10-12의 Taylor의 안정도표에서 구할 수 있다.

예제 10.7

경사각 $\beta=45°$인 사면의 임계높이를 구하라. 흙의 강도정수는 $\phi=20°$, $c=25\text{kN/m}^2$이며, 흙의 단위중량은 19kN/m^3이다.

풀이

그림 10-12에서 $\beta=45°$와 $\phi=20°$일 때 $m=0.06$이다.

$$H_{cr}=\frac{c}{\gamma m}=\frac{25}{19\times 0.06}=21.9\,\text{m}$$

예제 10.8

그림 10-13과 같은 $H=12\text{m}$, $\beta=30°$인 사면의 강도에 대한 안전율을 구하라. 흙의 강도정수는 $\phi=20°$, $c=20\text{kN/m}^2$이며, 흙의 단위중량은 16kN/m^3이다.

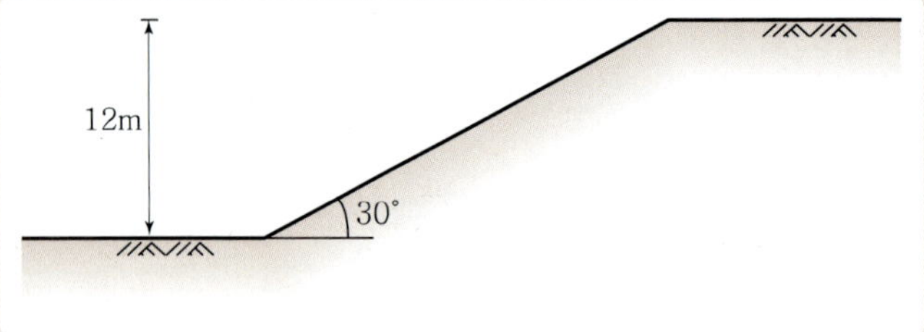

그림 10-13 예제 10.8

풀이

가상파괴면에서의 내부마찰각을 ϕ_d, 점착력을 c_d라 하고, $\phi_d=20°$로 가정하면, $\beta=30°$일 때 그림 10-12에서

$$m=0.025=\frac{c_d}{\gamma H}$$

$$c_d=m\gamma H=0.025\times 16\,\text{kN/m}^3\times 12\,\text{m}=4.8\,\text{kN/m}^2$$

마찰력에 대한 안전율 $F_\phi=\dfrac{\tan\phi}{\tan\phi_d}=\dfrac{\tan 20}{\tan 20}=1$

점착력에 대한 안전율 $F_c=\dfrac{c}{c_d}=\dfrac{20}{4.8}=4.17$

$F_\phi\neq F_c$이므로 $\phi_d=20°$의 가정은 옳지 않다.

내부마찰각 $\phi_d=15°$로 가정하면, $\beta=30°$일 때 그림 10-12에서

$$m = 0.046 = \frac{c_d}{\gamma H}$$

$$c_d = m\gamma H = 0.046 \times 16\,\text{kN/m}^3 \times 12\,\text{m} = 8.8\,\text{kN/m}^2$$

마찰력에 대한 안전율 $F_\phi = \dfrac{\tan\phi}{\tan\phi_d} = \dfrac{\tan 20}{\tan 15} = 1.36$

점착력에 대한 안전율 $F_c = \dfrac{c}{c_d} = \dfrac{20}{8.8} = 2.27$

내부마찰각 ϕ_d를 여러 값으로 가정하고 위와 같은 방법으로 F_ϕ와 F_c를 계산하면 다음 표와 같이 된다.

ϕ_d	$\tan\phi_d$	F_ϕ	m	$c_d\,(\text{kN/m}^2)$	F_c
20	0.364	1	0.025	4.8	4.17
15	0.268	1.36	0.046	8.8	2.27
10	0.176	2.07	0.075	14.4	1.39
5	0.088	4.16	0.11	21.1	0.95

F_ϕ와 F_c의 관계를 그림 10-14와 같이 그리고, $F_\phi = F_c$ 인 점을 찾으면 $F_\phi = F_c = 1.73$이 되며, 이것이 사면의 안전율 $F_s = 1.73$이다.

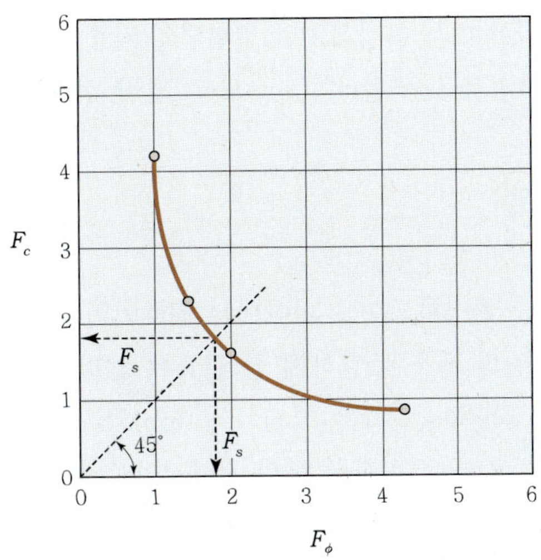

그림 10-14 예제 10.8

10.9 절편법에 의한 유한사면의 안정해석

10.9.1 개요

절편법(slice method)은 활동면 위의 흙을 여러 개의 연직절편으로 나누어 각각의 절편에 대하여 안정해석을 한 결과를 모든 절편에 걸쳐 합하여 안전율을 구하는 방법이다.

절편법은 안정해석시 절편의 측면에 작용하는 힘에 대하여 적용한 가정에 따라 여러 가지 방법들이 있다. 절편에 작용하는 힘의 평형 및 모멘트의 평형을 모두 만족시키는 방법을 정밀해법(rigorous method)이라고 하며, Janbu방법, Spencer방법, Morgenstern-Price방법 등이 있다. 힘의 평형이나 모멘트의 평형 중 하나만 만족시키는 방법을 간편법(simplified method)이라고 하며, Fellenius방법, Bishop의 간편법, Janbu의 간편법 등이 있다.

위와 같은 여러 절편법을 종합하여 일반한계평형법(general limit equilibrium, GLE)이라고도 하며, 그 중 가장 기본적인 Fellenius방법, Bishop의 간편법은 원호활동면에만 적용할 수 있고, 나머지 방법들은 원호활동면을 포함한 일반적 활동면에 적용할 수 있다.

간편법 중 Fellenius방법은 안전율이 너무 작게 나오기 때문에 거의 사용하지 않으며, Bishop의 간편법이 많이 사용되고 있다.

대부분의 절편법은 계산이 매우 복잡하지만 절편법의 각종 방법들에 대하여 개발된 컴퓨터 프로그램을 이용하면 간편하게 안전율을 구할 수 있으므로 널리 사용되고 있다.

10.9.2 Fellenius 방법

그림 10-15(a)에서 AC는 가상파괴면을 나타내는 원호이며, 가상파괴면 위의 흙을 몇 개의 연직절편으로 나눈다. 이때 각 절편의 폭을 동일하게 할 필요는 없다. 사면 단면에 직각방향으로 단위두께를 생각하면 임의의 절편에 작용하는 힘은 그림 10-15(b)와 같다.

W는 절편의 중량이며, N과 T는 반력 R의 절편저면의 직각방향과 접선방향의 성분이다. 간극수압은 0이라고 가정한다. E_1과 E_2는 절편의 측면에 작용하는 수직력이고, 절편의 측면에 작용하는 전단력은 X_1과 X_2이다. 힘 E_1, E_2, X_1, X_2를 각각 결정하기는 어렵지만, E_1과 X_1의 합력이 E_2와 X_2의 합력과 크기가 같고 그 작용선이 일치한다고 가정하면 절편의 양쪽에 작용하는 힘들을 무시할 수 있다.

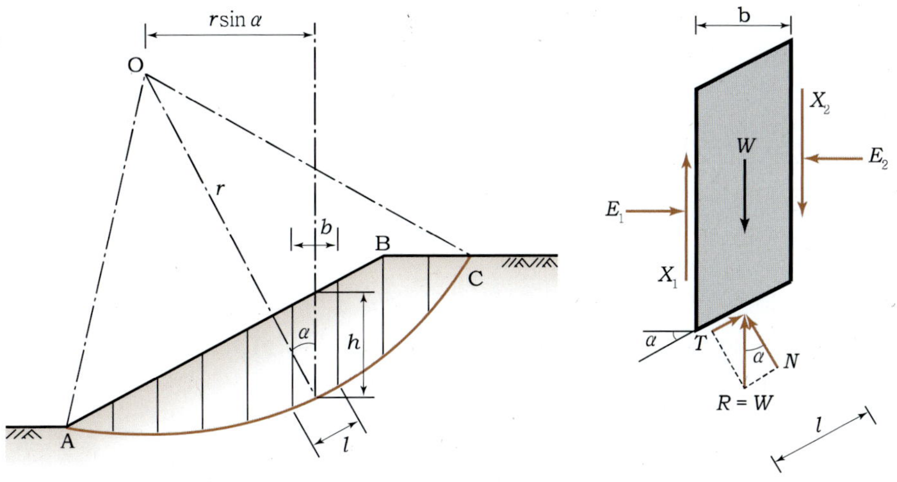

그림 10-15 절편법에 의한 유한사면의 안정해석

평형상태를 고려하면 다음과 같이 된다.

$$N = W\cos\alpha \tag{10.53}$$

$$T = (c + \sigma\tan\phi)l = c\,l + N\tan\phi \tag{10.54}$$

여기서, l은 근사적으로 $b/\cos\alpha$과 같으며, b는 절편의 폭이다.

활동원의 중심 O에 대한 활동모멘트 M_d와 저항모멘트 M_r을 구하면 다음 식과 같이 된다.

$$M_d = \sum W\,r\sin\alpha \tag{10.55}$$

$$M_r = \sum T\,r = r\sum(c\,l + N\tan\phi) \tag{10.56}$$

여기서, r = 원의 반경

따라서, 사면의 안전율은 다음 식과 같이 된다.

$$F_s = \frac{M_r}{M_d} = \frac{r\sum(c\,l + N\tan\phi)}{\sum W\,r\sin\alpha} \tag{10.57}$$

식 (10.53)을 식 (10.57)에 대입하면 다음 식과 같이 된다.

$$F_s = \frac{\sum (c\,l + W\cos\alpha\,\tan\phi)}{\sum W\sin\alpha} \tag{10.58}$$

위위 식에서 α의 값은 양(+)일 수도 있고 음(−)일 수도 있다. 최소안전율을 찾기 위해서는 가상원의 중심과 반경을 바꾸어가면서 반복하여 계산해야 한다. 이상과 같은 방법을 Fellenius방법(Swedish method, ordinary method)이라고 한다.

이 방법은 그림 10-15와 같은 균질한 사면뿐만 아니라 비균질 사면에도 적용할 수 있다. 비균질 사면의 안전율을 식 (10.58)로 계산할 때 c와 ϕ가 모든 절편에서 같은 값은 아니며 각각의 절편에 해당하는 점착력과 내부마찰각을 사용해야 한다.

예제 10.9

그림 10-16과 같은 균질한 유한사면에서 가상활동면 AC의 활동에 대한 안전율을 Fellenius방법을 사용하여 구하라. 흙의 강도정수는 $\phi=20°$, $c=20\text{kN/m}^2$이며, 흙의 단위중량은 16kN/m^3이다.

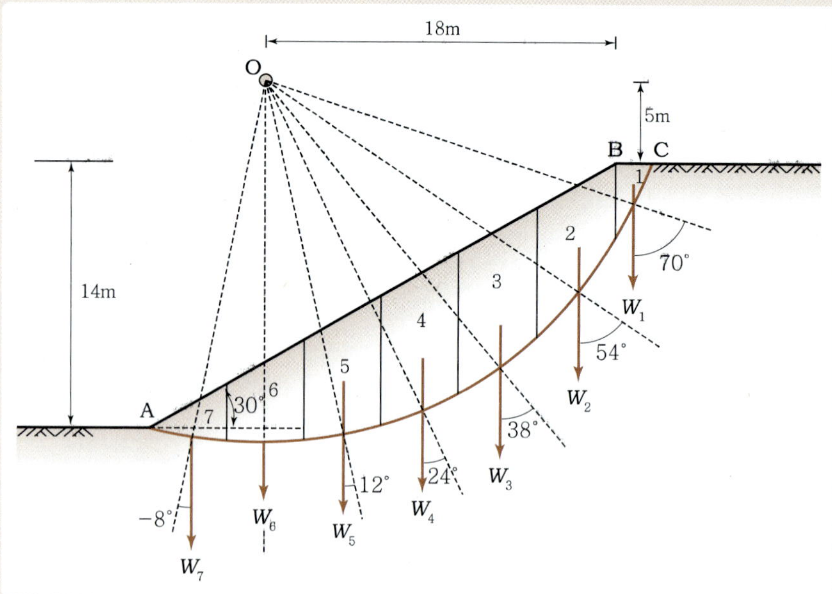

그림 10-16 예제 10.9

풀이

활동면 위의 흙을 7개의 절편으로 나눈다. 계산과정은 다음의 표에서 알 수 있으며, 그 결과는 다음과 같다.

$$F_s = \frac{\sum(c\,l + W\cos\alpha\,\tan\phi)}{\sum W\sin\alpha} = \frac{c\sum l + \sum(W\cos\alpha)\times\tan\phi}{\sum W\sin\alpha}$$

$$= \frac{20\times 30.501 + 1{,}637\times\tan 20}{776.7} = 1.55$$

절편 번호	W (kN)	α (°)	$\sin\alpha$	$\cos\alpha$	l (m)	$W\sin\alpha$ (kN)	$W\cos\alpha$ (kN)
1	22.4	70	0.940	0.342	2.924	21.1	6.7
2	294.4	54	0.810	0.588	6.803	238.5	173.1
3	435.2	38	0.616	0.788	5.076	268.1	342.9
4	435.2	24	0.407	0.914	4.376	177.1	397.8
5	390.4	12	0.208	0.978	4.090	81.2	381.8
6	268.8	0	0	1	4	0	268.8
7	66.6	-8	-0.139	0.990	3.232	-9.3	65.9
	합 계				30.501m	776.7kN/m	1,637kN/m

10.9.3 Bishop의 간편법

Bishop은 Fellenius방법보다 더 정밀한 해석방법을 제안하였다. 이 방법에서는 각 절편의 양측에 작용하는 힘들의 영향을 고려하며, 그림 10-15(b)에서 절편에 작용하는 힘 $E_1 - E_2 = \Delta E$, $X_1 - X_2 = \Delta X$ 라고 한다.

전단응력은 전단강도를 안전율로 나눈 값이므로 전단력 T는 다음 식과 같이 된다.

$$T = \frac{c\,l + N\tan\phi}{F_s} = \frac{cl}{F_s} + \frac{N\tan\phi}{F_s} \tag{10.59}$$

연직방향의 힘은 다음 식과 같이 된다.

$$W + \Delta X = N\cos\alpha + T\sin\alpha = N\cos\alpha + \left[\frac{c\,l}{F_s} + \frac{N\tan\phi}{F_s}\right]\sin\alpha \tag{10.60}$$

$$N = \frac{W + \Delta X - \dfrac{c\,l}{F_s}\sin\alpha}{\cos\alpha + \dfrac{\tan\phi\,\sin\alpha}{F_s}} \tag{10.61}$$

식 (10.61)을 식 (10.57)에 대입하면 안전율 F_s 는 다음 식과 같이 된다.

$$F_s = \frac{\sum(cb + W\tan\phi + \Delta X\tan\phi)\dfrac{1}{m_\alpha}}{\sum W\sin\alpha} \tag{10.62}$$

여기서, $m_\alpha = \cos\alpha + \dfrac{\tan\phi\sin\alpha}{F_s}$ (10.63)

식 (10.62)를 간단히 하기 위하여 $\Delta X = 0$이라고 놓으면 다음 식과 같이 된다.

$$F_s = \frac{\sum(cb + W\tan\phi)\dfrac{1}{m_\alpha}}{\sum W\sin\alpha} \tag{10.64}$$

식 (10.64)에서 F_s 가 양변에 있기 때문에 이 F_s 를 결정하기 위해서는 반복법을 써야 한다. 그림 10-17은 여러 가지 α 에 대하여 m_α과 $\tan\phi / F_s$ 의 관계를 나타내고 있다. 최소안전율을 나타내는 임계활동원을 결정하기 위해서는 여러 개의 파괴면에 대해서 검토해야 한다.

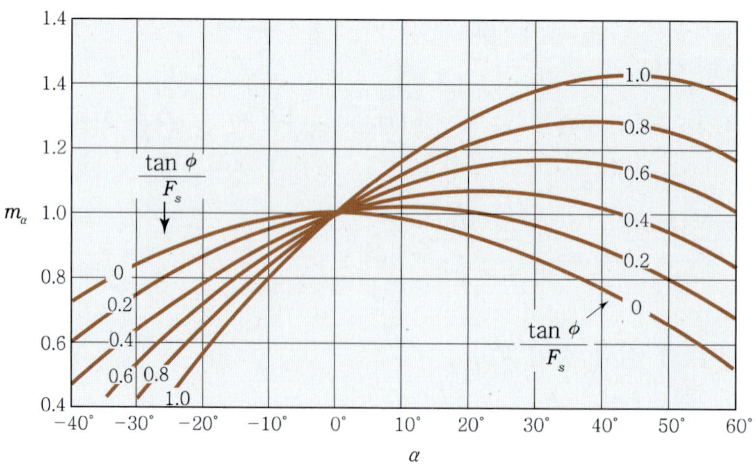

그림 10-17 여러 가지 α에 대한 m_α와 $\tan\phi / F_s$의 관계곡선

예제 10.10

그림 10-16과 같은 유한사면에서 가상파괴면 AC의 활동에 대한 안전율을 Bishop의 간편법을 사용하여 구하라.

풀이

안전율 $F_s = 1.8$로 가정하고 식 (10.64)의 분자값을 다음 표와 같이 계산한다.

(1) 절편 번호	(2) b (m)	(3) cb (kN)	(4) W (kN)	(5) $W\tan\phi$ (kN)	(6) (3)+(5) (kN)	(7) α (°)	(8) m_α	(9) (6)/(8)
1	1	20	22.4	8.15	28.15	70	0.53	53.1
2	4	80	294.4	107.15	187.15	54	0.75	249.5
3	4	80	435.2	158.40	238.40	38	0.91	262.0
4	4	80	435.2	158.40	238.40	24	1.00	238.4
5	4	80	390.4	142.09	222.09	12	1.02	217.7
6	4	80	268.8	97.84	177.84	0	1.00	177.8
7	3.2	64	66.6	24.24	88.24	−8	0.96	91.9
합계								1,290.4

식 (10.64)의 분모값은 예제 10.9에서 구한 값을 사용한다.

$$\text{안전율 } F_s = \frac{\sum (cb + W\tan\phi)\dfrac{1}{m_\alpha}}{\sum W\sin\alpha} = \frac{1{,}290.4}{776.7} = 1.66$$

처음에 가정한 안전율 1.8과 계산에서 구한 안전율 1.66이 같지 않으므로 가정이 옳지 못하다. 가정한 안전율과 계산에서 구한 안전율이 일치할 때까지 안전율을 다시 가정하여 같은 방법으로 반복 계산한다.

10.9.4 정상침투가 있는 유한사면의 안정해석

앞에서 설명한 Fellenius방법과 Bishop의 간편법에서는 침투가 없는 경우에 대해서 설명하였다. 그러나 실제의 많은 경우에는 사면에 정상침투(steady state seepage)가 발생하며, 이때 간극수압을 고려한 유효 전단강도정수들을 사용하여야 한다. 따라서 이 경우에는 식 (10.58)과 (10.64)를 약간 수정할 필요가 있다.

정상침투가 있는 사면의 절편에서 절편 저면에 작용하는 간극수압을 u라고 하면 절편 저면에 작용하는 간극수압의 합은 ul이다. 따라서 Fellenius방법에서의 식 (10.58)은 다음 식과 같이 된다.

$$F_s = \frac{\sum[c\,l + (W\cos\alpha - u\,l)]\tan\phi}{\sum W\sin\alpha} \tag{10.65}$$

같은 방법으로 Bishop의 간편법에서의 식 (10.64)도 다음 식과 같이 된다.

$$F_s = \frac{\sum[c\,b + (W - u\,b)\tan\phi]\dfrac{1}{m_\alpha}}{\sum W\sin\alpha} \tag{10.66}$$

여기서, 식 (10.65)와 (10.66)에 있는 W는 절편의 전체중량이다.

Bishop과 Morgenstern, Spencer는 절편법에 여러 가정을 적용하고 간극수압의 영향을 고려해서 사면의 안전율을 구하는 도표를 제안하였다.

10.10 수중에 잠긴 유한사면의 안정해석

10.10.1 일체법

그림 10-18과 같이 사면의 일부가 물에 잠긴 경우의 안정해석은 활동면상의 간극수압뿐만 아니라 경사면 위에 작용하는 정수압을 고려하여야 한다.

일체법으로 물에 잠긴 사면을 해석하는 방법에는 두 가지가 있다. 하나는 흙의 중량을 유효중량으로 계산하는 방법이다. 그림 10-18(a)에서 수면 위의 흙 BCDEB의 중량은 전체중량 W, 수면 아래의 흙 ABEA의 중량은 수중중량 W'로 계산하여 간극수압은 무시하고 O점에 대한 모멘트 평형으로부터 안전율을 구한다.

또 다른 방법은 그림 10-18(b)에서 경사면 위에 작용하는 수압을 U_1, 활동면에 작용하는 수압을 U_2라 하고, 흙 ABCDEA에 작용하는 힘인 전체중량 W 및 수압 U_1, U_2에 대하여 안정계산을 한다. U_1, U_2의 합력은 수면 아래의 흙 ABEA에 작용하는 부력 U가 된다.

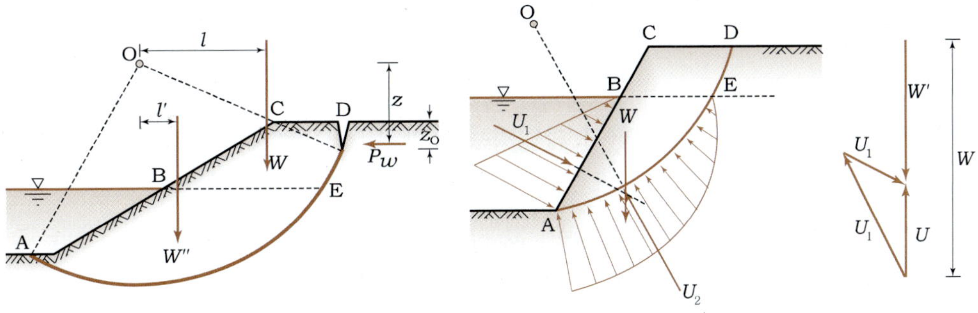

그림 10-18 일체법에 의한 수중 유한사면의 안정해석

10.10.2 절편법

절편법에 의한 안정계산에서는 그림 10-19와 같이 흙뿐만 아니라 물의 일부까지 포함하여 분할하든가 일부를 정수압으로 치환하는 방법이 있다. 즉 중량 W는 흙뿐만 아니라 물의 일부까지 포함한 전체중량으로 계산하며, 저면에서는 간극수압 U를 사용한다. 이때 간극수압 U는 중심방향으로 작용하기 때문에 활동모멘트에는 관계가 없다.

그림 10-19(a)에서 활동모멘트는 원호 ABF 위의 흙과 물의 중량에 의하여 발생하며, 그림 10-19(b)에서는 원호 AB 위의 흙과 물의 중량 및 GB면에 작용하는 정수압에 의하여 발생한다. 그림 10-19(c)에서는 원호 AB 위의 흙의 중량과 BCD면에 작용하는 정수압에 의하여 발생한다.

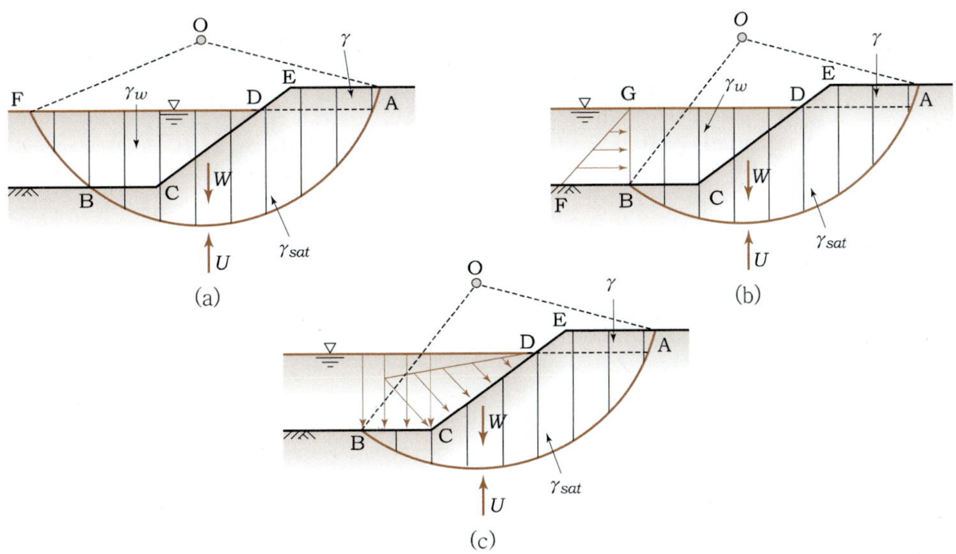

그림 10-19 절편법에 의한 수중 유한사면의 안정해석

10.11 복합활동을 일으키는 유한사면의 안정해석

지반조건이나 하중조건 등에 의하여 사면의 활동파괴면이 한 개의 원호가 아니고, 두 개 이상의 원호 또는 원호와 직선의 복합활동면으로 이루어지는 경우가 있다.

매우 연약하거나 느슨한 지층 위에 놓여 있는 사면에서는 활동파괴면이 이 지층을 따라 발생하여 활동면의 모양이 곡선과 직선의 복합형태가 된다(그림 10-20).

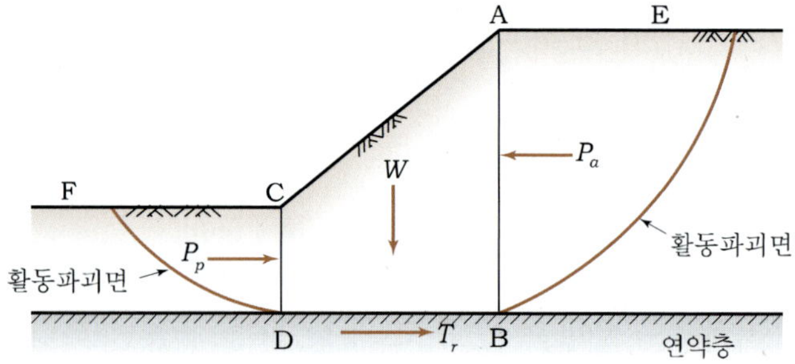

그림 10-20 복합활동을 일으키는 유한사면의 안정해석

여기서는 편의상 지표면이 수평하고, 연약층도 수평한 경우를 예로 들지만, 지표면이나 연약층이 경사진 경우에도 같은 방법으로 안정해석을 할 수 있다.

그림 10-20과 같은 복합활동을 일으키는 유한사면의 안정은 연약층과의 경계면 BD에서의 전단응력과 전단강도를 비교하여 해석한다. 수직면 AB에는 주동토압 P_a가 작용하고, 수직면 CD에는 수동토압 P_p가 작용하며, 지표면이 수평하므로 Rankine의 토압이론으로 구한 토압의 방향도 수평하다.

주동토압과 수동토압의 차이가 전단력이 되고, 경계면 BD에서의 점착력과 마찰력의 합이 전단강도가 된다. 경계면 BD를 따라 작용하는 전단력 T_a와 전단강도 T_r은 다음 식과 같이 된다.

$$T_a = P_a - P_p \tag{10.67}$$

$$T_r = c\,L + (W - U)\tan\phi \tag{10.68}$$

여기서, W = 흙 ABCD의 중량

c = 점착력

ϕ = 내부마찰각

L = BD의 길이

U = BD에 작용하는 간극수압

식 (10.68)에서 비배수조건인 경우에는 $\phi = 0$이므로 $T_r = cL$이다.

안전율은 다음 식과 같이 된다.

$$F_s = \frac{T_r}{T_a} \tag{10.69}$$

위와 같은 방법으로 주동토압 및 수동토압이 작용하는 면을 여러 가지로 가정하여 안정해석을 하고 그 중 안전율이 가장 작은 활동파괴면을 구한다.

예제 10.11

그림 10-21과 같이 연약한 점토층 위에 사면이 있을 때 점선으로 표시된 면에 작용하는 토압에 대한 사면의 안전율을 구하라. 단, 사면을 구성하는 흙은 $\gamma = 19\,\text{kN/m}^3$, $c = 0\,\text{kN/m}^2$, $\phi = 30°$이며, 점토층은 $\gamma = 16\,\text{kN/m}^3$, $c = 15\,\text{kN/m}^2$, $\phi = 0°$이다.

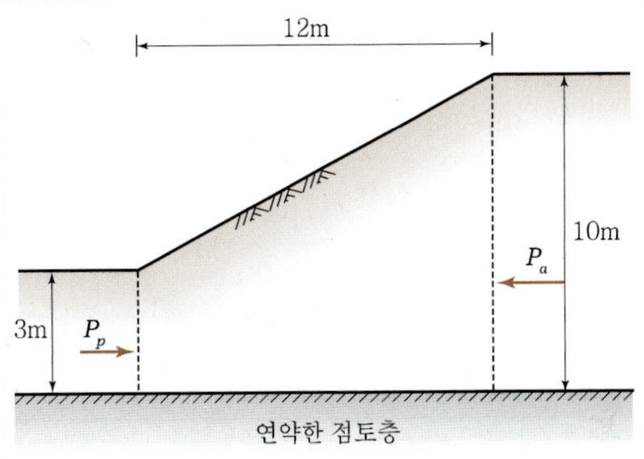

그림 10-21 예제 10.11

풀이

주동토압계수 $K_a = \tan^2(45 - \frac{\phi}{2}) = \tan^2(45 - \frac{30}{2}) = \frac{1}{3}$

수동토압계수 $K_p = \tan^2(45 + \frac{\phi}{2}) = \tan^2(45 + \frac{30}{2}) = 3$

주동토압 $P_a = \frac{1}{2} K_a \gamma H^2 = \frac{1}{2} \times \frac{1}{3} \times 19 \times 10^2 = 316.7\,\text{kN/m}$

수동토압 $P_p = \frac{1}{2} K_p \gamma H^2 = \frac{1}{2} \times 3 \times 1.9 \times 3^2 = 256.5\,\text{kN/m}$

전단력 $T_a = P_a - P_p = 316.7 - 256.5 = 60.2\,\text{kN/m}$

전단강도 $T_r = cL = 15 \times 12 = 180\,\text{kN/m}$

안전율 $F_s = \frac{T_r}{T_a} = \frac{180}{60.2} = 2.99$

10.12 시간에 따른 사면안전율의 변화

10.12.1 포화 점토지반에서의 성토사면

그림 10-22(a)는 연약한 포화 점토지반 위에 성토를 하는 경우를 나타내고 있다. P점을 가상의 활동면 APB에서의 한 점이라고 하면, 성토를 하기 전의 P점에서의 간극수압은 다음 식과 같이 된다.

$$u = \gamma_w h \tag{10.70}$$

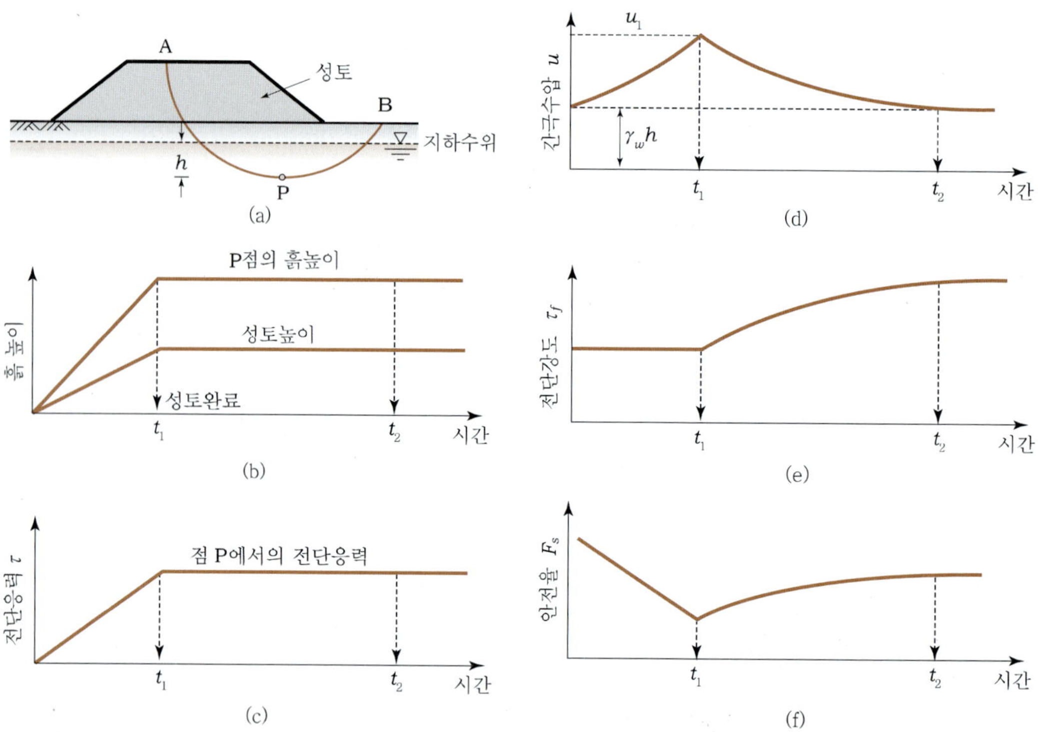

그림 10-22 점토지반의 성토사면에서의 시간에 따른 안전율의 변화

성토를 시작하여 시간 t_1이 되었을 때 성토가 완료되었고 그 후에는 같은 높이를 유지한다. 따라서 P점 위의 흙의 두께도 시간 t_1까지 점차 증가하고 그 이후에는 일정해진다(그림 10-22(b)).

성토로 인한 P점에서의 전단응력 τ는 시간 t_1까지 시간에 따라 직선적으로 증가하며, 그 후에는 일정한 값이 된다(10-22(c)).

성토가 빠르게 진행되고 성토공사 동안에는 배수가 일어나지 않는다고 가정하면, 성토 도중에는

P점에 작용하는 압력이 증가하고 따라서 간극수압도 증가하게 되어, $t = t_1$일 때 즉 성토 완료 직후에 간극수압이 최대로 된다. 그 후에는 배수 즉 압밀이 진행되기 때문에 간극수압은 시간이 지남에 따라 감소하여 $t = t_2$일 때는 원래의 간극수압 $u = \gamma_w h$으로 회복된다(그림 10-22(d)).

성토 도중에는 비배수상태로 볼 수 있으므로 $t = 0$부터 $t = t_1$까지 점토의 비배수 전단강도는 $\tau_f = c_u$의 일정한 값이다(그림 10-22(e)). 성토 완료 후에 압밀이 진행되면 전응력은 일정한데 간극수압이 감소하여 유효응력이 증가하기 때문에 점토의 배수 전단강도 $\tau_f \ (= c + \sigma' \tan\phi = c + (\sigma - u)\tan\phi)$는 점차로 증가하게 된다.

가상활동면에서의 안전율은 다음 식과 같이 된다.

$$F_s = \frac{\text{점토의 전단강도 } \tau_f \text{ (그림 } 10-22(e))}{\text{전단응력 } \tau \text{ (그림 } 10-22(c))} \tag{10.71}$$

시간의 경과에 따른 안전율 F_s의 변화는 그림 10-22(f)와 같다. 안전율 F_s는 성토공사 중에는 시간에 따라 감소하여 성토가 완료되었을 때($t = t_1$) 최소가 된다. 그 후에는 점토층의 배수와 더불어 $t = t_2$까지 안전율은 점차로 증가한다.

요약해서 말하면 포화 점토지반에서 성토를 할 경우 성토사면의 안전율은 성토완료 직후가 가장 작다. 즉, 성토완료 직후가 가장 위험하며, 그 이후에는 안전율이 증가한다.

10.12.2 포화 점토지반에서의 굴착사면

그림 10-23(a)는 연약한 포화 점토지반을 굴착하여 사면이 형성된 경우이다. P점을 가상의 활동면 APB에서의 한 점이라고 하면, 굴착이 진행되면 P점 위의 흙의 두께는 시간 t_1까지 점차 감소하고 그 이후에는 일정해진다(그림 10-23(b)).

굴착이 진행되어 사면이 커지면 P점에서의 전단응력은 증가하며, 전단응력은 굴착이 완료된 직후 즉 $t = t_1$일 때 최대가 된다(그림 10-23(c)).

굴착으로 인해서 P점에 작용하는 압력이 감소하고 따라서 간극수압도 감소한다. 굴착완료 직후에 간극수압이 최소가 되며, 그 후에 시간이 지나면서 지하수위가 회복되면서 간극수압이 다시 증가한다(그림 10-23(d).

굴착이 빠르게 진행되고 굴착공사 동안에는 배수가 일어나지 않는다고 가정하면 $t = 0$부터 $t = t_1$까지 점토의 비배수 전단강도는 $\tau_f = c_u$의 일정한 값이다(그림 10-23(e)). 굴착완료 후에 압밀이 진행되면 전응력은 일정한데 간극수압이 증가하여 유효응력이 감소하기 때문에 점토의 배수 전단강도 τ_f $(=c+\sigma'\tan\phi=c+(\sigma-u)\tan\phi)$는 점차로 감소하게 된다.

굴착사면의 가상활동면에서의 안전율 F_s는 식 (10.71)로 구할 수 있으며, 시간에 따른 안전율 F_s의 변화는 그림 10-23(f)와 같다. 안전율은 굴착 도중에 시간이 경과함에 따라 감소하며, 굴착 완료 이후에도 계속 감소하여 정상침투상태 또는 정수압상태가 될 때에 최소가 된다.

요약해서 말하면 포화 점토지반에서 굴착을 할 경우 굴착완료 직후가 가장 위험한 것이 아니고, 그 이후의 정상침투상태 또는 정수압상태가 될 때가 가장 위험하다.

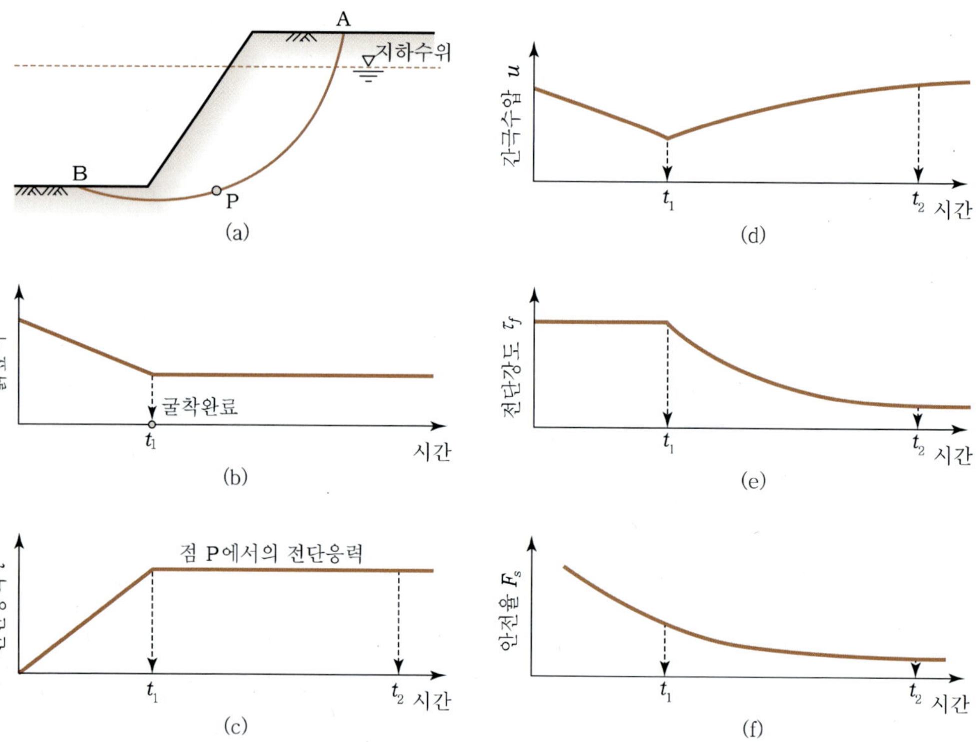

그림 10-23 점토지반의 굴착사면에서의 시간에 따른 안전율의 변화

10.12.3 흙댐의 사면

그림 10-24와 같은 흙댐의 상하류측 사면에서 가상활동면의 P점과 P'점에서는 댐 공사기간 동안 성토하중이 증가하기 때문에 전단응력과 간극수압이 증가하여 안전율은 감소한다.

완공 후에는 전단응력은 일정하고 간극수압은 감소하여 안전율이 증가한다.

댐에 물을 채우기 시작하면 다시 간극수압이 증가한다. 담수를 하면 상류측 사면은 부력에 의하여 전단응력이 감소하여 안전율이 증가한다. 하류측 사면은 부력을 받지 않으므로 전단응력이 크게 변하지 않으므로 안전율이 감소한다.

댐에 물이 충분히 차면 정상침투상태가 되어 간극수압이 증가하여 상하류측 모두 안전율이 감소한다.

댐의 물을 갑자기 방류하여 수위가 급강하하면 상류측 사면은 부력이 감소하여 전단응력이 증가하고 안전율이 감소한다. 하류측 사면은 전단응력이 크게 변하지 않으므로 안전율이 변하지 않는다.

요약해서 말하면 흙댐의 상류측 사면은 댐공사 완료 직후 및 수위급강하 직후가 가장 위험하며, 하류측 사면은 댐공사 완료 직후 및 만수시 정상침투상태일 때가 가장 위험하다.

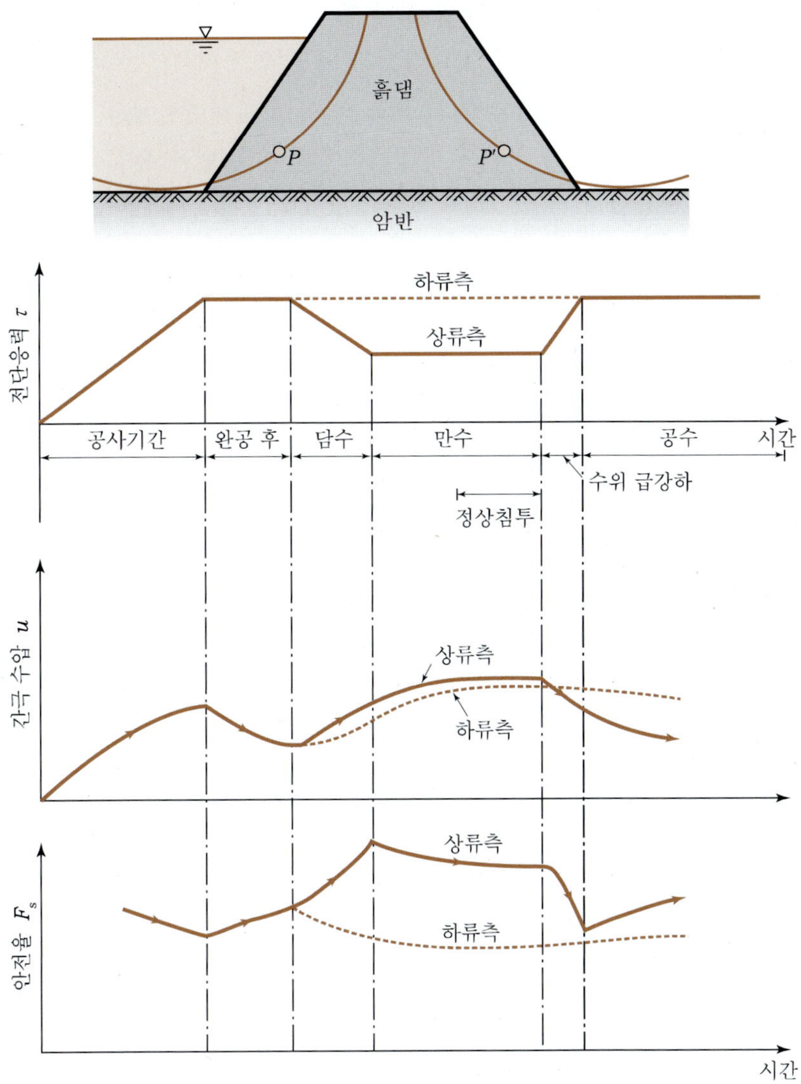

그림 10-24 흙댐 사면에서의 시간에 따른 안전율의 변화

10.13 전응력해석과 유효응력해석

사면 및 지반의 안정 해석방법은 전응력해석과 유효응력해석으로 구분할 수 있다.

지반이 비배수상태인 경우, 전응력으로 그린 Mohr원의 파괴포락선에서 구한 흙의 강도정수 c_u와 ϕ_u를 사용하고, 간극수압은 고려하지 않으며, 흙의 전체단위중량을 사용하여 지반의 안정해석을 하는 방법을 전응력해석(total stress analysis)이라고 한다. 특히 지반이 비압밀비배수상태이어서 $\phi_u = 0$일 때의 전응력해석을 $\phi_u = 0$ 해석이라고도 한다.

성토나 굴착 공사에서는 시공속도가 압밀속도보다 빠르면 시공중에는 배수가 거의 일어나지 않으므로 전응력법으로 안정해석을 한다. 포화 점토지반의 단기 안정해석에는 $\phi_u = 0$ 해석이 적합하다.

지반이 배수상태인 경우, 유효응력으로 그린 Mohr원의 파괴포락선에서 구한 흙의 강도정수 c'와 ϕ'를 사용하고, 간극수압을 고려하여 지반의 안정해석을 하는 방법을 유효응력해석(effective stress analysis)이라고 한다. 간극수압의 측정이 매우 어려우므로 유효응력해석은 전응력해석보다 훨씬 복잡하다.

시공중에 압밀이 빠르게 진행되어 배수가 이루어지는 공사나 포화점토의 장기적 안정성 검토에는 유효응력법을 적용하는 것이 좋다.

연습문제

10.1 그림 10-3과 같은 무한사면이 있다. 흙과 암반의 경계면에서 흙의 강도정수 $c=20\text{kN/m}^2$, $\phi=30°$이며, 흙의 단위중량 $\gamma=16\,\text{kN/m}^3$이다.

(1) $H=6\text{m}$, $\beta=20°$일 때, 경계면에서 활동에 대한 안전율을 구하라.

(2) $\beta=35°$일 때, 안전율이 1이 되는 높이 H_{cr}를 구하라.

10.2 문제 10.1 (1)에서 흙속으로 침투가 일어나고 지하수위가 지표면과 일치한다고 할 때 안전율 F_s를 구하라. $\gamma_{sat}=18\,\text{kN/m}^3$.

10.3 문제 10.2에서 지하수위가 지표면 아래 2m에 있으면서 침투가 일어날 때 안전율 F_s를 구하라. $\gamma_{sat}=18\,\text{kN/m}^3$.

10.4 문제 10.2의 무한사면이 정지해 있는 물속에 잠겨 포화되어 있는 경우의 안전율 F_s를 구하라.

10.5 경사각 60°인 유한사면에서 사면파괴가 평면을 따라 발생한다고 가정할 때, 사면의 임계높이를 구하라. 흙은 $\gamma=18\,\text{kN/m}^3$, $c=20\text{kN/m}^2$, $\phi=10°$이다.

10.6 그림 10-10을 이용하여 비배수 점착력 $c_u=35\text{kN/m}^2$인 포화 점토사면의 임계높이를 구하라. 사면의 경사는 2:1이고, 활동에 대한 안전율은 2이며, $\gamma=19\text{kN/m}^3$이다.

10.7 포화 점토를 굴착하여 사면을 만들었다. 사면은 수평면과 40°를 이룬다. 굴착이 6m 깊이에 도달했을 때 사면파괴가 발생했다. 점토의 비배수 점착력을 구하라(그림 10-10 이용). 암반층은 지표면 아래 9.5m 깊이에 위치하며, 점토는 $\gamma_{sat}=17.5\text{kN/m}^3$이다.

10.8 경사각 45°인 사면의 임계높이를 구하라(그림 10-12 이용). $\phi=10°$, $c=35\text{kN/m}^2$, $\gamma=17.5\text{kN/m}^3$.

10.9 높이 $H=15\text{m}$, 경사각 $\beta=40°$인 사면의 안전율을 마찰원 방법으로 구하라. 흙의 강도정수는 $\phi=25°$, $c=30\text{kN/m}^2$이며, 흙의 단위중량은 17kN/m^3이다.

10.10 그림 10-25와 같은 사면에서 Fellenius 방법을 이용하여 활동에 대한 안전율을 구하라. 흙의 강도정수는 $\phi=20°$, $c=20\text{kN/m}^2$이며, 흙의 단위중량은 18.5kN/m^3이다.

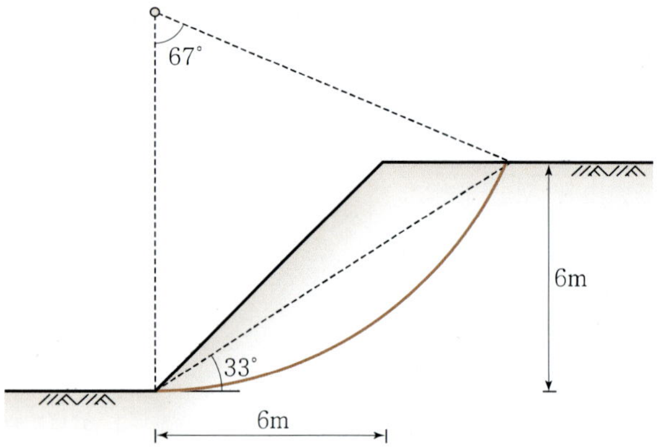

그림 10-25 연습문제 10.10

10.11 연습문제 10.10을 Bishop의 간편법으로 풀어라.

참고문헌

1. 김상규 외 2인 (2012). 토질역학, 청문각.
2. 백영식 (2007). 토질역학, 구미서관.
3. 정인준, 김명모 (1990). 알기쉬운 토질역학, 문운당.
4. 土質工學會 (1985). 土質工學用語辭典, 東京.
5. Bishop, A. W. (1955). "The Use of Slip Circle in the Stability Analysis of Earth Slopes", Geotechnique, Vol.5, No.1, pp.7~17.
6. Bishop, A. W. & Bjerrum, L. (1960). "The Relevance of the Triaxial Test to the Solution of Stability Problems", Proceedings, Research Conference on Shear Strength of Cohesive Soils, ASCE, pp.437~501.
7. Bishop, A. W. & Morgenstern, N. R. (1960). "Stability Coefficients for Earth Slopes", Geotechnique, Vol.10, No.4, pp.129~147.
8. Culmann, C. (1875). Die Graphische Statik, Meyer and Zeller, Zurich.
9. Das, B. M. (1998). Principles of Geotechnical Engineering, PWS, MA.
10. Fellenius, W. (1927). Erdstatische Berechnungen, Revised Edition, W. Ernst u. Sons, Berlin.
11. Spencer, E. (1967). "A Method of Analysis of the Stability of Embankments Assuming Parallel Inter-Slice Forces", Geotechnique, Vol.17, No.1, pp.11~26.
12. Taylor, D. W. (1937). "Stability of Earth Slopes", Journal of the Boston Society of Civil Engineers, Vol.24, pp.197~246.
13. Terzaghi, K. & Peck, R. B. (1967). Soil Mechanics in Engineering Practice, 2nd ed., Wiley, New York.

제 11 장

얕은 기초

SOIL MECHANICS
SOIL MECHANICS

제 11 장 얕은 기초

11.1 개설

기초(foundation)는 기둥이나 벽을 통하여 전달되는 상부구조물의 하중을 지지하는 하부구조물을 말하며, 얕은 기초(shallow foundation)와 깊은 기초(deep foundation)로 분류한다.

얕은 기초는 구조물의 하중을 지지할 수 있는 견고한 지반이 지표면 가까이에 있을 때 사용하는 기초이고, 깊은 기초는 견고한 지반이 비교적 깊은 곳에 있을 때 사용하는 기초이다.

얕은 기초는 직접기초(direct foundation)라고도 하며 기초의 깊이와 폭의 비 D_f/B가 대체로 1보다 작은 경우를 말한다. 얕은 기초는 하중을 지지지반에 전달하는 기초슬래브(slab)의 형상과 기능에 따라서 그림 11-1과 같이 분류한다.

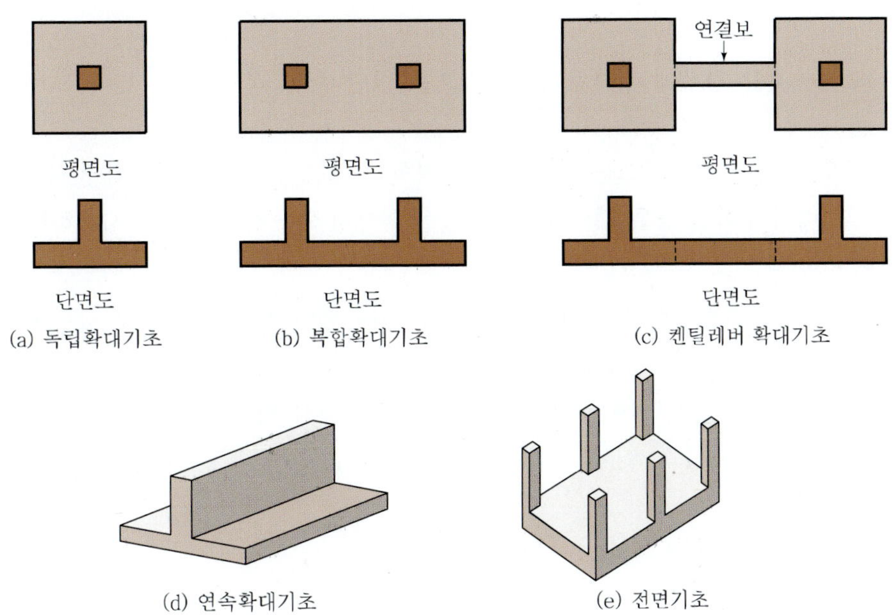

그림 11-1 얕은 기초의 종류

확대기초(footing)는 기둥이나 벽의 하단을 확대한 것이고, 전면기초(mat foundation, raft foundation)는 여러 개의 기둥을 하나의 슬래브로 지지하는 것이다.

한 개의 기둥을 지지하는 확대기초를 독립확대기초(individual footing), 두 개 이상의 기둥을 지지하는 것을 복합확대기초(combined footing) 또는 연결확대기초라고 하며, 두 개의 독립확대기초를 보(beam)로 연결한 것을 켄틸레버 확대기초(cantilever footing)라고 한다. 또 벽과 같이 긴 구조물을 지지하는 확대기초를 연속확대기초(continuous footing) 또는 벽확대기초(wall footing)라고 한다.

얕은 기초 아래의 접지압력 또는 지반반력의 분포는 기초의 강성, 형태, 깊이 및 흙의 특성에 따라 다르다. 사질토지반에 설치한 강성기초 아래의 압력분포는 그림 11-2(a)와 같이 중앙부분이 모서리 부분보다 크며, 점토지반에서는 그림 11-2(b)와 같이 중앙부분이 모서리 부분보다 작은 압력을 나타낸다.

그러나 실제의 지반은 사질토와 점토가 혼합된 경우가 많으므로 그림 11-2(c)와 같이 등분포로 가정하는 것이 일반적이다.

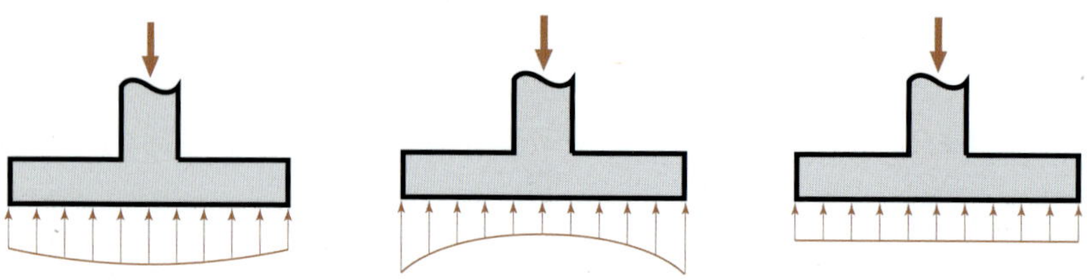

(a) 사질토 (b) 점토 (c) 가정

그림 11-2 강성기초 아래의 압력분포

기초구조물을 설계할 경우에는 다음과 같은 조건을 만족하도록 하여야 한다.

1. 기초 아래의 지반이 상부구조물의 하중을 지지할 수 있는 능력 즉 지지력이 충분히 커야 한다. 지반의 지지력이 부족할 경우에는 기초의 면적을 확대하거나 깊은 기초를 사용하든지 또는 지반을 개량하여야 한다.
2. 기초의 침하량이 허용침하량보다 작아야 한다. 침하량이 지나치게 크면 상부구조물에 균열이 생기거나 기울어질 위험이 있다.
3. 기초는 전도, 회전, 활동(滑動), 부상(浮上) 등에 대해서 안전하여야 한다.

11.2 얕은 기초의 전단파괴와 극한지지력

지반에 구조물을 설치하여 하중이 작용할 때 지반은 이 하중에 의해서 생기는 전단파괴나 과도한 침하에 저항할 수 있어야 한다. 기초를 지지하고 있는 지반이 전단파괴가 일어날 때까지 받을 수 있는 최대압력을 극한지지력(ultimate bearing capacity) q_u라고 하며, 극한지지력을 적절한 안전율로 나눈 것을 허용지지력 q_a라고 한다. 허용하중 Q_a는 허용지지력을 기초의 바닥면적으로 곱한 값이다.

기초지반의 전단파괴(shear failure)는 그림 11-3과 같이 전반전단파괴(general shear failure), 국부전단파괴(local shear failure) 및 관입전단파괴(punching shear failure) 등으로 나눌 수 있다.

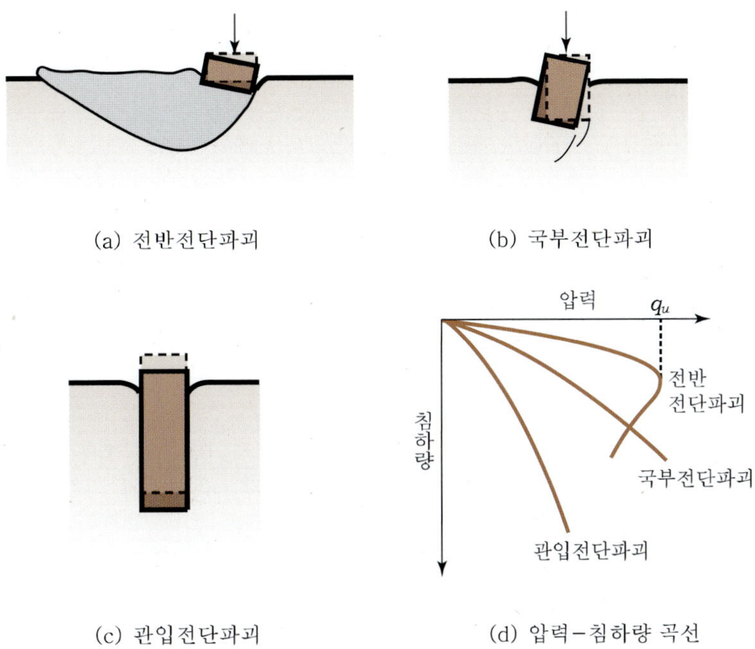

그림 11-3 기초지반의 전단파괴

전반전단파괴는 조밀한 모래나 단단한 점성토와 같이 압축성이 작은 흙에서 발생한다(그림 11-3(a)). 이러한 흙에 설치한 연속기초에 작용하는 압력과 침하의 관계를 살펴보면 그림 11-3(d)와 같이 된다. 작용하중이 점차 커지면 기초의 침하도 증가하고, 하중이 어느 단계에 도달하면 기초를 지지하는 흙에서 갑작스러운 파괴가 일어나게 되고, 흙의 파괴면은 지표면에까지 확장되며 기초 양쪽의 지반에 융기가 일어난다. 이때의 압력을 기초의 극한지지력 q_u라고 한다.

국부전단파괴는 중간정도 다짐상태의 모래나 점성토에서 발생한다(그림 3-1(b)). 이러한 흙 위에 설치한 기초에 작용하는 하중이 어느 정도 커지면 침하가 크게 증가하지만 뚜렷한 정점은 나타나지 않는다(그림 11-3(d)). 이 경우에는 기초의 침하량이 상당히 크게 일어나야 흙의 파괴면이 지표면까지 확장된다.

관입전단파괴는 매우 느슨한 흙에서 발생한다(그림 11-3(c)). 이러한 흙 위에 놓인 기초의 압력-침하량 곡선은 경사가 급하게 되어 직선에 가깝게 된다(그림 11-3(d)). 이 경우 흙의 파괴면은 지표면까지 확산되지는 않는다.

모래지반에 설치한 기초의 깊이와 전단파괴 형태에 대한 관계는 그림 11-4와 같으며, 그림 11-4에서 사용한 기호는 다음과 같다.

D_r = 모래의 상대밀도

D_f = 기초의 깊이

$$B^* = \frac{2BL}{B+L} \tag{11.1}$$

여기서, B = 기초의 폭

L = 기초의 길이($L > B$)

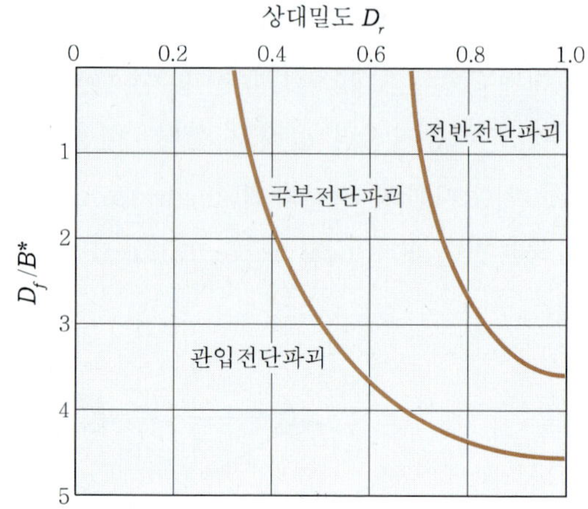

그림 11-4 모래지반 기초의 전단파괴

11.3 Terzaghi의 지지력 공식

전반전단파괴가 일어날 때의 지반의 파괴면은 그림 11-5와 같이 된다. 기초 아래의 파괴 영역은 주동상태인 기초 바로 아래의 흙쐐기 abe와 횡방향 소성상태인 대수나선형 경계의 abc, ebf 및 수동상태의 acd와 efg로 나누어진다. 기초의 바닥이 거칠 경우 흙쐐기 abe가 기초의 일부분처럼 작용하며, 이 흙쐐기가 아래로 내려가면서 움직일 때 ab면과 eb면을 따라 생기는 수동토압과 점착력이 기초에 작용하는 하중에 저항하게 된다.

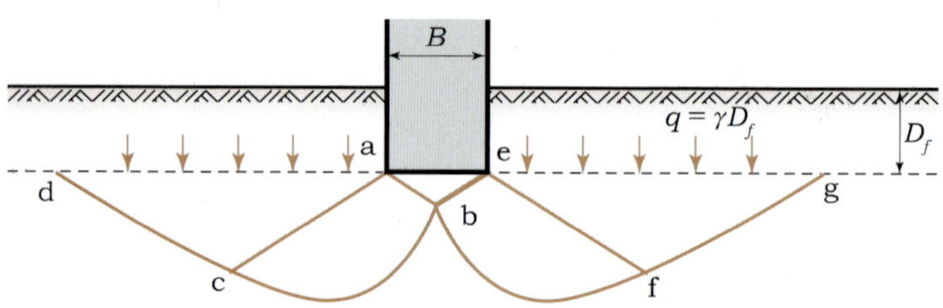

그림 11-5 Terzaghi의 극한지지력 상태

기초 바닥 위쪽의 흙을 $q=\gamma D_f$(여기서, $\gamma=$ 흙의 단위중량)인 등가의 상재하중으로 대치하고, 각 eab와 각 aeb가 흙의 내부마찰각 ϕ와 같다고 가정하여, 흙쐐기 abe의 평형을 고려하면 다음과 같은 극한지지력 공식을 구할 수 있다.

연속기초 : $$q_u = c\,N_c + \frac{1}{2}\gamma B N_\gamma + q N_q \qquad (11.2)$$

직사각형 기초 : $$q_u = \left(1+0.3\frac{B}{L}\right)c\,N_c + \left(0.5-0.1\frac{B}{L}\right)\gamma B N_\gamma + q N_q \qquad (11.3)$$

정사각형 기초 : $$q_u = 1.3\,c\,N_c + 0.4\,\gamma B N_\gamma + q N_q \qquad (11.4)$$

원형 기초 : $$q_u = 1.3\,c\,N_c + 0.3\,\gamma B N_\gamma + q N_q \qquad (11.5)$$

여기서, $c=$ 흙의 점착력
$\gamma=$ 흙의 단위중량
$q=\gamma D_f$
$D_f=$ 기초의 깊이
$B=$ 기초의 폭 또는 직경
N_c, N_γ, $N_q=$ 흙의 내부마찰각 ϕ의 함수인 지지력계수

지지력계수 N_c, N_γ, N_q는 다음 식으로 구할 수 있고, 이를 그림과 표로 나타내면 그림 11-6 및 표 11.1과 같이 된다.

$$N_q = \frac{e^{2(3\pi/4-\phi/2)\tan\phi}}{2\cos^2\left(45+\frac{\phi}{2}\right)} \qquad (11.6)$$

$$N_c = (N_q-1)\cot\phi \qquad (11.7)$$

$$N_\gamma = \frac{1}{2}\left(\frac{K_{p\gamma}}{\cos^2\phi}-1\right)\tan\phi \qquad (11.8)$$

여기서, $K_{p\gamma} = 3\tan^2\left(45+\frac{\phi+33}{2}\right)$

$K_{p\gamma}$값은 확정되지 않은 값으로서 학자마다 다른 값을 제안하였으며, 이에 따라 지지력계수 N_γ 값에 차이가 생기지만 극한지지력 q_u값에 미치는 영향은 크지 않다.

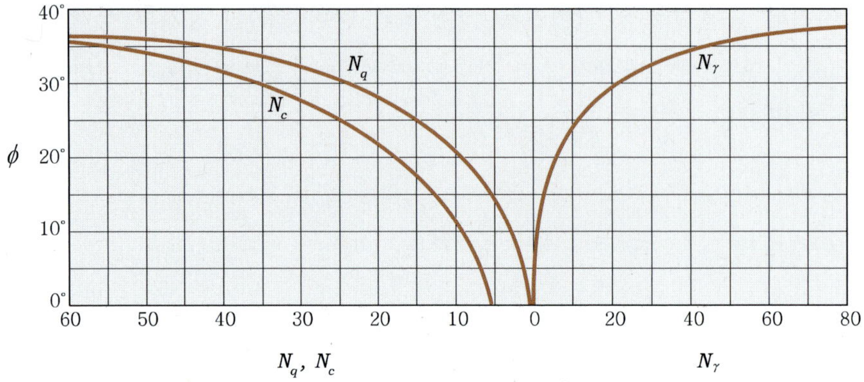

그림 11-6 Terzaghi의 지지력계수

표 11.1 Terzaghi의 지지력계수

$\phi°$	N_c	N_r	N_q	$\phi°$	N_c	N_r	N_q
0	5.70	0.00	1.00	26	27.09	11.35	14.21
2	6.30	0.18	1.20	28	31.61	15.15	17.81
4	6.97	0.38	1.49	30	37.16	19.73	22.46
6	7.73	0.62	1.81	32	44.04	27.49	28.52
8	8.60	0.91	2.21	34	52.64	36.96	36.51
10	9.61	1.25	2.69	36	63.53	51.70	47.16
12	10.76	1.70	3.29	38	77.50	73.47	61.55
14	12.11	2.23	4.02	40	95.67	100.39	81.27
16	13.68	2.94	4.92	42	119.67	165.69	108.75
18	15.52	3.87	6.04	44	151.95	248.29	147.74
20	17.69	4.97	7.44	46	196.22	426.96	204.20
22	20.27	6.61	9.19	48	258.29	742.61	287.86
24	23.36	8.53	11.40	50	347.52	1153.15	415.16

국부전단파괴가 일어나는 지반에서의 극한지지력은 식 (11.6)~식 (11.8)에서 점착력 c와 $\tan\phi$를 2/3만 취하여 구한다. 즉, 다음 식에서 구한 점착력 c'와 내부마찰각 ϕ'를 사용하여 지지력을 구한다.

$$c' = \frac{2}{3}c \tag{11.9}$$

$$\tan\phi' = \frac{2}{3}\tan\phi \tag{11.10}$$

사질토지반의 지지력은 흙의 내부마찰각 ϕ와 기초의 폭 B(지지력공식의 두 번째 항)의 영향을 많이 받으며, 점성토지반의 지지력은 흙의 점착력 c(지지력공식의 첫 번째 항)의 영향을 많이 받는다.

사질토지반의 지지력계수를 구하는 데 필요한 내부마찰각은 그림 11-7에서 표준관입시험치 N을 이용하여 구할 수도 있으며, 또는 그림 11-7에서 지지력계수를 직접 구할 수도 있다.

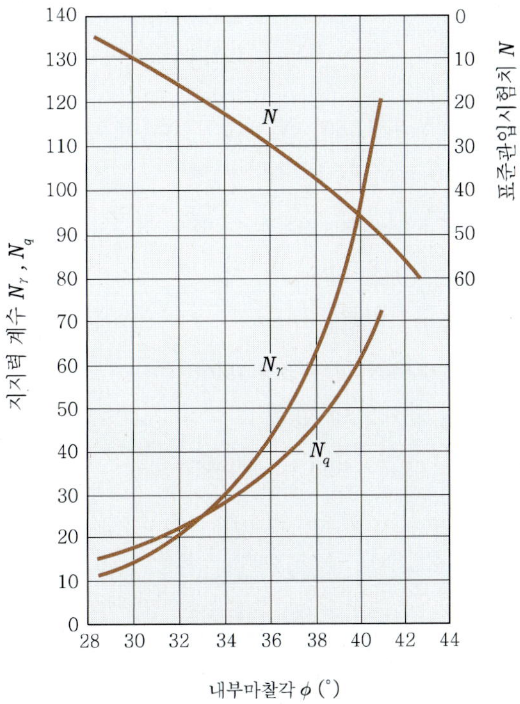

그림 11-7 표준관입시험치 N과 내부마찰각 ϕ 및 지지력계수의 관계

예제 11.1

점착력 $c = 20\text{kN/m}^2$, 내부마찰각 $\phi = 24°$, 단위중량 $\gamma = 18\text{kN/m}^3$인 지반에 설치한 연속기초의 극한지지력을 구하라. 단, 기초의 폭은 1m, 길이는 20m, 기초의 깊이는 1.5m이다.

풀이

$\phi = 24°$에 대하여, 표 11.1에서 $N_c = 23.36$, $N_\gamma = 8.58$, $N_q = 11.40$

극한지지력 $q_u = c\,N_c + \frac{1}{2}\gamma B N_\gamma + q\,N_q$

$$= 20 \times 23.36 + 0.5 \times 18 \times 1 \times 8.58 + (18 \times 1.5) \times 11.40 = 852.2\,\text{kN/m}^2 = 852.2\text{kPa}$$

예제 11.2

4m×4m 크기인 정사각형 기초를 내부마찰각 $\phi = 20^\circ$, 점착력 $c = 30\,\text{kN/m}^2$인 지반에 설치하였다. 흙의 단위중량 $\gamma = 19\,\text{kN/m}^3$이고 안전율($FS$)이 3일 때 기초의 허용하중을 구하라. 기초의 깊이는 1m이고, 전반전단파괴가 일어난다고 가정한다.

풀이

표 11.1에서 $\phi = 20^\circ$ 일 때, $N_c = 17.69$, $N_\gamma = 4.97$, $N_q = 7.44$

극한지지력 $q_u = 1.3\,c\,N_c + 0.4\gamma B N_\gamma + q\,N_q$

$= 1.3 \times 30 \times 17.69 + 0.4 \times 19 \times 4 \times 4.97 + (19 \times 1) \times 7.4$

$= 982.4\,\text{kN/m}^2 = 982.4\,\text{kPa}$

허용지지력 q_a = 극한지지력 q_u/ 안전율 FS

$= 982.4/3 = 327.5\,\text{kN/m}^2 = 327.5\,\text{kPa}$

허용하중 Q_a = 허용지지력 $q_a \times$ 기초의 면적 A

$= 327.5\,\text{kN/m}^2 \times (4\text{m} \times 4\text{m}) = 5{,}240\,\text{kN}$

예제 11.3

국부전단파괴가 발생하는 것으로 가정하고, 예제 11.2의 답을 구하라.

풀이

$$c' = \frac{2}{3}c = \frac{2}{3} \times 30\,\text{kN/m}^2 = 20\,\text{kN/m}^2$$

$$\tan\phi' = \frac{2}{3}\tan\phi = \frac{2}{3}\tan 20^\circ = 0.243$$

$\phi' = 13.6^\circ \fallingdotseq 14^\circ$

표 11.1에서 $\phi = 14^\circ$ 일 때, $N_c = 12.11$, $N_\gamma = 2.23$, $N_q = 4.02$

극한지지력 $q_u = 1.3\,c\,N_c + 0.4\gamma B N_\gamma + q\,N_q$

$= 1.3 \times 20 \times 12.11 + 0.4 \times 19 \times 4 \times 2.23 + (19 \times 1) \times 4.02$

$= 459.0\,\text{kN/m}^2 = 459\text{kPa}$

허용지지력 q_a = 극한지지력 q_u/ 안전율 FS

$= 459.0/3 = 153.0\,\text{kN/m}^2 = 153\,\text{kPa}$

허용하중 Q_a = 허용지지력 $q_a \times$ 기초의 면적 A

$= 153.0\,\text{kN/m}^2 \times (4\text{m} \times 4\text{m}) = 2{,}448\,\text{kN}$

11.4 Meyerhof의 지지력 공식

Meyerhof는 Terzaghi의 극한지지력 공식과 유사하면서 형상계수, 깊이계수, 경사계수를 추가한 다음과 같은 극한지지력 공식을 제안하였다(그림 11-8).

$$q_u = c N_c F_{cs} F_{cd} F_{ci} + \frac{1}{2}\gamma B N_\gamma F_{\gamma s} F_{\gamma d} F_{\gamma i} + q N_q F_{qs} F_{qd} F_{qi} \tag{11.11}$$

여기서, N_c, N_γ, N_q = 지지력계수(bearing capacity factor)

F_{cs}, $F_{\gamma s}$, F_{qs} = 형상계수(shape factor)

F_{cd}, $F_{\gamma d}$, F_{qd} = 깊이계수(depth factor)

F_{ci}, $F_{\gamma i}$, F_{qi} = 하중경사계수(load inclination factor)

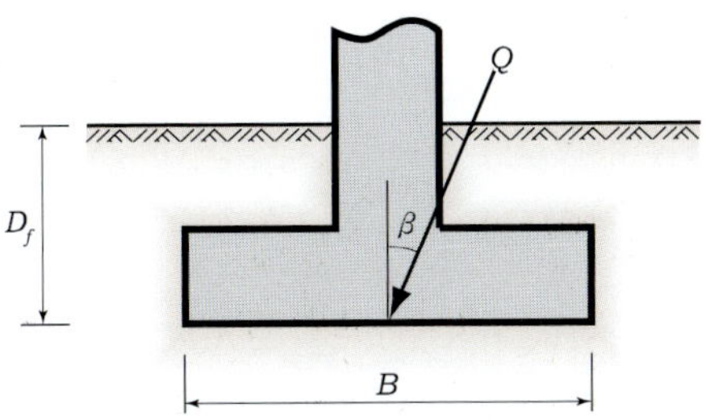

그림 11-8 Meyerhof의 지지력 공식

식 (11.11)에서 사용한 지지력계수는 Terzaghi 공식에서 사용한 지지력계수와는 다른 값으로, 식 (11.12), 식 (11.13), 식 (11.14)에 의하여 구할 수 있으며, 내부마찰각 ϕ에 따른 지지력계수의 값은 표 11.2와 같이 된다. N_γ값을 구하는 식은 학자에 따라 다소 차이가 있다.

$$N_q = \tan^2\left(45 + \frac{\phi}{2}\right) e^{\pi \tan\phi} \tag{11.12}$$

$$N_c = (N_q - 1)\cot\phi \tag{11.13}$$

$$N_\gamma = (N_q - 1)\tan(1.4\phi) \tag{11.14}$$

형상계수, 깊이계수, 하중경사계수를 구하는 식은 학자에 따라 다르지만, 여기서는 다음 식으로 구한다.

표 11.2 Meyerhof의 지지력계수

$\phi°$	N_c	N_r	N_q	$\phi°$	N_c	N_r	N_q
0	5.14	0.00	1.00	26	22.25	8.00	11.85
2	5.63	0.01	1.20	28	25.80	11.19	14.72
4	6.19	0.04	1.43	30	30.14	15.67	18.40
6	6.81	0.11	1.72	32	35.49	22.02	23.18
8	7.53	0.22	2.06	34	42.16	31.15	29.44
10	8.34	0.37	2.47	36	50.59	44.43	37.75
12	9.28	0.60	2.97	38	61.35	64.08	48.93
14	10.37	0.92	3.59	40	75.32	93.69	64.20
16	11.63	1.37	4.34	42	93.71	139.32	85.38
18	13.10	2.00	5.26	44	118.37	211.41	115.31
20	14.83	2.87	6.40	46	152.10	329.74	158.51
22	16.88	4.07	7.82	48	199.27	526.47	222.31
24	19.32	5.72	9.60	50	266.89	873.89	319.07

(1) 형상계수(shape factor)

$$F_{cs} = 1 + 0.2K_p \frac{B}{L} \tag{11.15}$$

$\phi \geq 10°$인 경우

$$F_{\gamma s} = F_{qs} = 1 + 0.1K_p \frac{B}{L} \tag{11.16}$$

$\phi = 0°$인 경우

$$F_{\gamma s} = F_{qs} = 1$$

여기서, $L =$ 기초의 길이$(L > B)$

$$K_p = \tan^2\left(45 + \frac{\phi}{2}\right)$$

(2) 깊이계수(depth factor)

지지력은 기초의 깊이에 따라 달라지며, 이를 고려하기 위하여 다음과 같은 깊이계수를 사용한다.

$$F_{cd} = 1 + 0.2\sqrt{K_p}\frac{D_f}{B} \tag{11.17}$$

$\phi \geq 10°$인 경우

$$F_{\gamma d} = F_{qd} = 1 + 0.1\sqrt{K_p}\frac{D_f}{B} \tag{11.18}$$

$\phi = 0°$인 경우

$$F_{\gamma d} = F_{qd} = 1$$

(3) 경사계수(inclination factor)

기초에 작용하는 하중이 수직이 아닐 경우, 수직하중일 때에 비하여 기초의 지지력이 감소하며, 이를 고려하기 위하여 다음과 같은 경사계수를 사용한다.

$$F_{ci} = F_{qi} = \left(1 - \frac{\beta°}{90°}\right)^2 \tag{11.19}$$

$\phi \geq 10°$인 경우

$$F_{\gamma i} = \left(1 - \frac{\beta}{\phi}\right)^2 \tag{11.20}$$

$\phi = 0°$인 경우

$$F_{\gamma i} = 1$$

여기서, β는 기초에 작용한 하중의 연직방향에 대한 경사이다.

예제 11.4

그림 11-9와 같이 크기가 2m×2m인 정사각형 기초의 깊이 D_f가 1m이다. 하중이 연직에 대해 25°의 각도로 기울어져 작용할 때, Meyerhof 공식을 사용하여 기초의 허용하중 Q_a를 구하라. 흙의 단위중량은 17kN/m^3, 점착력은 0, 내부마찰각은 30°, 안전율은 3이다.

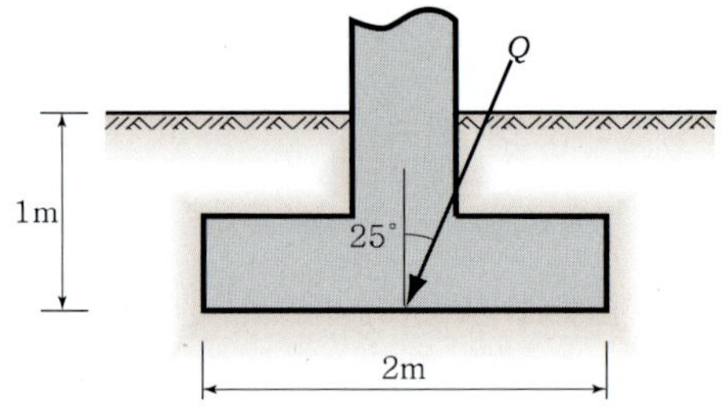

그림 11-9 예제 11.4

풀이

$c = 0$이면, 극한지지력은 다음 식과 같이 된다.

$$q_u = \frac{1}{2}\gamma B N_\gamma F_{\gamma s} F_{\gamma d} F_{\gamma i} + q N_q F_{qs} F_{qd} F_{qi}$$

$$q = 17 \times 1 = 17\,\text{kN/m}^2$$

$\phi = 30^\circ$ 이면 표 11.2에서 $N_\gamma = 15.67$, $N_q = 18.4$

$$K_p = \tan^2\left(45 + \frac{\phi}{2}\right) = \tan^2\left(45 + \frac{30}{2}\right) = 3$$

형상계수 $F_{\gamma s} = F_{qs} = 1 + 0.1 K_p \dfrac{B}{L} = 1 + 0.1 \times 3 \times \dfrac{2}{2} = 1.3$

깊이계수 $F_{\gamma d} = F_{qd} = 1 + 0.1\sqrt{K_p}\dfrac{D_f}{B} = 1 + 0.1 \times \sqrt{3} \times \dfrac{1}{2} = 1.09$

경사계수 $F_{\gamma i} = \left(1 - \dfrac{\beta}{\phi}\right)^2 = \left(1 - \dfrac{25}{30}\right)^2 = 0.03$

$$F_{qi} = \left(1 - \frac{\beta^\circ}{90^\circ}\right)^2 = \left(1 - \frac{25}{90}\right)^2 = 0.52$$

극한지지력

$$q_u = 0.5 \times 17 \times 2 \times 15.67 \times 1.3 \times 1.09 \times 0.03 + 17 \times 18.4 \times 1.3 \times 1.09 \times 0.52$$

$$= 241.8\,\text{kN/m}^2 = 248.8\,\text{kPa}$$

허용지지력 $q_a = 241.8/3 = 80.6\,\text{kN/m}^2 = 80.6\,\text{kPa}$

허용하중 $Q_a = 80.6\,\text{kN/m}^2 \times (2\text{m} \times 2\text{m}) = 322.4\,\text{kN}$

11.5 순극한지지력

순극한지지력(net ultimate bearing capacity) $q_{u(net)}$은 극한지지력에서 흙의 무게에 의한 압력을 뺀 값으로서, 기초에 사용된 콘크리트의 단위중량과 흙의 단위중량이 같다고 가정하면 다음 식과 같이 된다.

$$q_{u(net)} = q_u - q = q_u - \gamma D_f \tag{11.21}$$

순극한지지력을 안전율로 나눈 값을 순허용지지력이라고 하며, 다음 식과 같이 된다.

$$q_{a(net)} = \frac{q_{u(net)}}{FS} = \frac{q_u - q}{FS} \tag{11.22}$$

예제 11.5

예제 11.2에서, 기초의 순허용하중을 구하라($FS = 3$).

풀이

예제 11.2로부터

극한지지력 $q_u = 982.4\,\text{kN/m}^2$

$q = 19 \times 1 = 19\,\text{kN/m}^2$

순극한지지력 $q_{u(net)} = q_u - q = 982.4 - 19 = 963.4\,\text{kN/m}^2 = 963.4\,\text{kPa}$

순허용지지력 $q_{u(net)} = \dfrac{q_{u(net)}}{FS} = \dfrac{963.4}{3} = 321.1\text{kN/m}^2 = 321.1\text{kPa}$

순허용하중 $Q_{a(net)} = q_{a(net)} \times A = 321.1\text{kN/m}^2 \times (4\text{m} \times 4\text{m}) = 5{,}137.6\,\text{kN}$

11.6 지하수위를 고려한 지지력

앞에 나온 지지력 공식에 사용하는 흙의 단위중량은 유효단위중량이므로 기초 부근에 지하수가 존재하면 지지력은 감소하게 된다. 지하수위가 기초에 근접해 있다면, 지하수위의 위치에 따라 다음과 같이 지지력 공식을 수정해야 한다(그림 11-10).

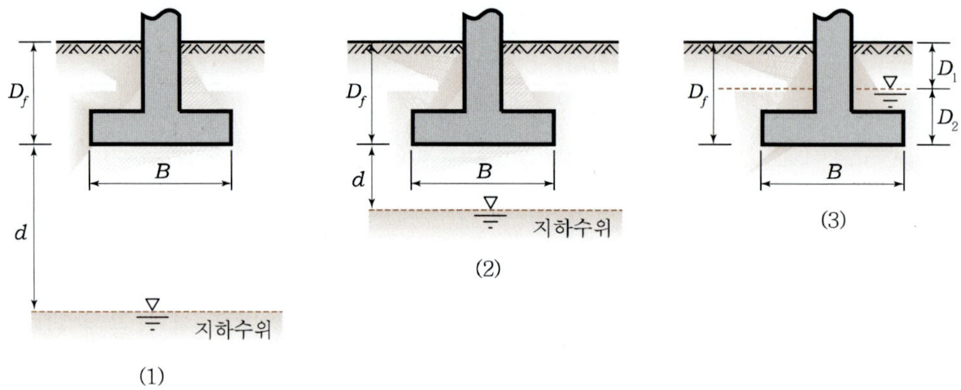

그림 11-10 지하수위를 고려한 지지력

1. 지하수위가 기초바닥 아래에서 기초폭 B보다 더 아래에 있는 경우($d > B$)에는 지하수위가 지지력에 영향을 미치지 않는다.
2. 지하수위가 기초바닥 아래에 가까이 있는 경우($0 \le d \le B$)에는 지지력 공식의 두 번째 항의 γ만 다음과 같이 수정하여 사용한다.

$$\bar{\gamma} = \gamma' + \frac{d}{B}(\gamma - \gamma') \tag{11.23}$$

여기서, γ' = 흙의 수중단위중량 $= \gamma_{sat} - \gamma_w$
γ_{sat} = 흙의 포화단위중량
γ_w = 물의 단위중량

3. 지하수위가 기초바닥 위에 있는 경우($0 \le D_1 \le D_f$)에는 지지력 공식에서 두 번째 항의 γ는 수중단위중량 γ'를 사용하고, 세 번째 항의 $q = \gamma D_f$는 다음 식과 같이 수정하여 사용한다.

$$q = \text{유효상재압력} = \gamma D_1 + \gamma' D_2 \tag{11.24}$$

예제 11.6

3m×3m 크기의 정사각형 기초를 내부마찰각 $\phi = 20°$, 점착력 $c = 50\text{kN/m}^2$인 지반에 설치하였다. 흙의 단위중량 $\gamma = 17\text{kN/m}^3$이며, 기초의 깊이 $D_f = 2\text{m}$이다. 지하수위가 지표면에서 1m, 3m, 5m 깊이에 있을 때의 극한지지력을 각각 구하라. 흙의 포화단위중량은 19kN/m^3이다. Terzaghi 공식을 사용하라.

풀이

표 11.1에서 $\phi = 20°$일 때, $N_c = 17.69$, $N_r = 4.97$, $N_q = 7.44$

정사각형 기초의 극한지지력 $q_u = 1.3\,c\,N_c + 0.4\,\gamma\,B\,N_\gamma + q\,N_q$

(1) 지하수위가 지표면에서 5m 깊이에 있는 경우에는 지하수의 영향을 무시한다.

극한지지력 $q_u = 1.3\,c\,N_c + 0.4\gamma\,B\,N_\gamma + q\,N_q$

$$= 1.3 \times 50 \times 17.69 + 0.4 \times 17 \times 3 \times 4.97 + (17 \times 2) \times 7.44$$

$$= 1{,}504\,\text{kN/m}^2 = 1{,}504\,\text{kPa}$$

(2) 지하수위가 지표면에서 3m 깊이에 있는 경우

$$\bar{\gamma} = \gamma' + \frac{d}{B}(\gamma - \gamma') = (19 - 9.8) + \frac{1}{3}(17 - 9.2) = 118\,\text{kN/m}^3$$

극한지지력 $q_u = 1.3\,c\,N_c + 0.4\,\bar{\gamma}\,B\,N_\gamma + q\,N_q$

$$= 1.3 \times 50 \times 17.69 + 0.4 \times 11.8 \times 3 \times 4.97 + (17 \times 2) \times 7.44$$

$$= 1{,}473.2\,\text{kN/m}^2 = 1{,}473.2\,\text{kPa}$$

(3) 지하수위가 지표면에서 1m 깊이에 있는 경우

$$q = \gamma\,D_1 + \gamma'\,D_2 = 17 \times 1.0 + (19 - 9.8) \times 1.0 = 26.2\,\text{kN/m}^2$$

극한지지력 $q_u = 1.3\,c\,N_c + 0.4\,\gamma'\,B\,N_\gamma + q\,N_q$

$$= 13 \times 50 \times 17.69 + 0.4 \times (19 - 9.8) \times 3 \times 4.97 + 26.2 \times 7.44$$

$$= 1{,}399.6\,\text{kN/m}^2 = 1{,}399.6\,\text{kPa}$$

11.7 표준관입시험에 의한 지지력 산정

현장에서 원위치시험을 실시하여 얻은 결과를 이용하여 지반의 지지력을 구할 수 있으며, 지지력을 구하는 원위치시험에는 표준관입시험(SPT), 콘관입시험(CPT), 현장베인시험(FVT), 평판재하시험(PBT), 프레셔미터시험(PMT) 등이 있다.

흙의 지지력을 추정하기 위한 현장시험 중 표준관입시험이 가장 많이 이용되고 있으며, Meyerhof는 표준관입시험치 N을 이용하여 허용침하량이 25mm(= 1inch)인 기초의 허용지지력을 계산하는 다음과 같은 식을 제안하였다.

$$B \leq 1.2\text{m}(=4\text{ft})\text{일 때 : } q_a = 12N\,(\text{kN/m}^2) \tag{11.25}$$

$$B > 1.2\text{m}(=4\text{ft})\text{일 때 : } q_a = 8N\left(\frac{B+0.3}{B}\right)^2(\text{kN/m}^2) \tag{11.26}$$

여기서, $N=$ 표준관입시험치

$B=$ 기초의 폭(m)

위의 공식은 실제보다 매우 작은 값을 나타내는 경향이 있으므로, Bowles는 허용지지력을 50% 정도 증가시킨 다음과 같은 공식을 제안하였다.

$$B \leq 1.2\text{m}(=4\text{ft})\text{일 때 : } q_a = 20NF_d\frac{S}{25}(\text{kN/m}^2) \tag{11.27}$$

$$B > 1.2\text{m}(=4\text{ft})\text{일 때 : } q_a = 12N\left(\frac{B+0.3}{B}\right)^2F_d\frac{S}{25}(\text{kN/m}^2) \tag{11.28}$$

여기서, $F_d=$ 깊이계수 $= 1+0.33\dfrac{D_f}{B} \leq 1.33$

$S=$ 허용침하량(mm)

식 (11.25)~식 (11.28)에 사용하는 N값은 기초바닥 위로 $0.5B$와 아래로 $2B \sim 3B$까지의 평균값을 사용하며, 이러한 식으로 구한 허용지지력은 모래지반이나 실트질 모래지반에서는 신뢰할 만하지만 실트지반이나 점토지반에서는 함수비에 따라 N값이 변하여 신뢰도가 떨어지므로 세심한 주의가 필요하다.

지표면에 설치한 얕은 기초의 허용침하량 S가 25mm일 때 식 (11.25)와 식 (11.26)으로 구한 지지력을 도표로 나타내면 그림 11-11과 같이 되고, 식 (11.27)과 식 (11.28)로 구한 지지력은 그림 11-12와 같이 된다.

구조물기초 설계기준에서는 얕은 기초의 극한지지력을 구하는 간단한 공식을 다음과 같이 제안하였다.

$$q_u = 30N(B+D_f)\,(\text{kN/m}^2) \tag{11.29}$$

여기서, $N=$기초 아래 약 $0.75B$ 깊이까지의 평균 표준관입시험치

$B=$기초의 폭(m)

$D_f=$기초의 깊이(m)

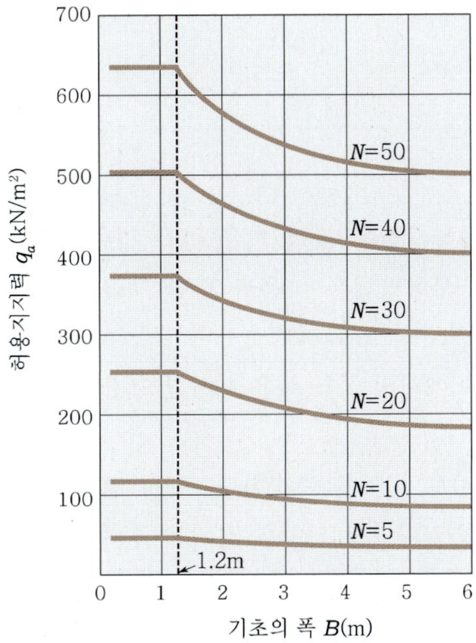

그림 11-11 표준관입시험에 의한 지지력 산정(Meyerhof, 허용침하량 25mm)

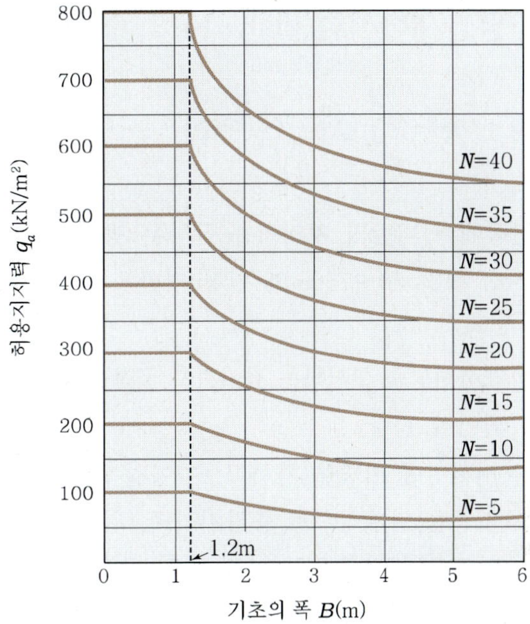

그림 11-12 표준관입시험에 의한 지지력 산정(Bowles, 허용침하량 25mm)

예제 11.8

표준관입시험치 N이 8인 지반에서 허용침하량이 30mm인 기초의 허용지지력을 구하라. 단, 기초의 깊이 D_f는 0.5m, 폭 B는 1m, 2m, 3m로 가정하라.

풀이

$B = 1\text{m}$:

$$q_a = 20NF_d\frac{S}{25} = 20\times 8\times\left(1+0.33\times\frac{0.5}{1}\right)\times\frac{30}{25} = 223.7\,\text{kN/m}^2$$

$B = 2\text{m}$:

$$q_a = 12N\left(\frac{B+0.3}{B}\right)^2 F_d\frac{S}{25}$$

$$= 12\times 8\times\left(\frac{2+0.3}{2}\right)^2\times\left(1+0.33\times\frac{0.5}{2}\right)\times\frac{30}{25} = 164.9\,\text{kN/m}^2 = 164.9\,\text{kPa}$$

$B = 3\text{m}$:

$$q_a = 12N\left(\frac{B+0.3}{B}\right)^2 F_d\frac{S}{25}$$

$$= 12\times 8\times\left(\frac{3+0.3}{3}\right)^2\times\left(1+0.33\times\frac{0.5}{3}\right)\times\frac{30}{25} = 147.1\,\text{kN/m}^2 = 147.1\,\text{kPa}$$

11.8 평판재하시험(plate load test)

11.8.1 평판재하시험의 원리

현장에서 지반의 지지력을 구하는 방법으로는 평판재하시험을 많이 이용한다. 평판으로는 두께 25mm, 직경 30~75cm의 원형 평판을 많이 사용하며, 시험방법은 다음과 같다(그림 11-13).

1. 재하시험을 실시하는 깊이까지 굴착을 한다. 기초 깊이에서의 굴착 폭은 재하판 크기의 4배 이상이 되어야 한다.
2. 재하판에 하중을 가하고, 다이얼 게이지(dial gage)로 침하를 측정한다. 예상 지지력의 1/5씩 하중을 단계적으로 증가시키며, 침하가 거의 정지하거나 1시간 이상 경과된 후에 다음 단계의 하중을 가한다.
3. 파괴가 발생하거나 침하량이 25mm가 될 때까지 시험을 계속하고, 하중을 제거한 후 1시간 이상 탄성회복량(rebound)을 측정한다.

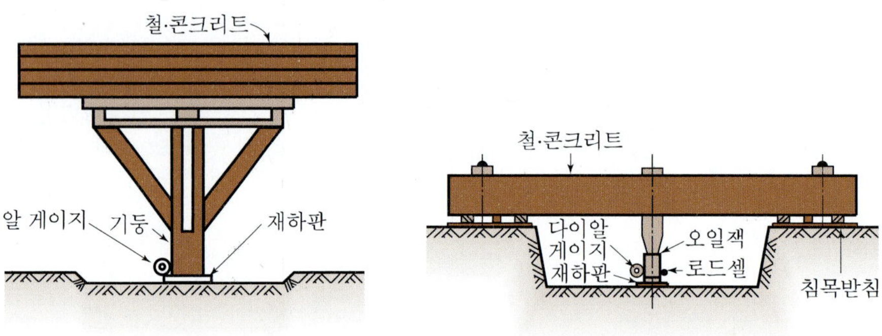

(a) 중량물재하의 방법　　(b) 잭을 사용하는 방법

그림 11-13 평판재하시험

그림 11-14는 평판재하시험에서의 전형적인 압력-침하량 곡선을 그린 것이며, 이 침하곡선의 기울기가 급격히 커질 때의 압력을 항복하중이라고 하며, 압력이 증가하지 않아도 침하가 계속 증가할 때의 압력이 극한지지력이다.

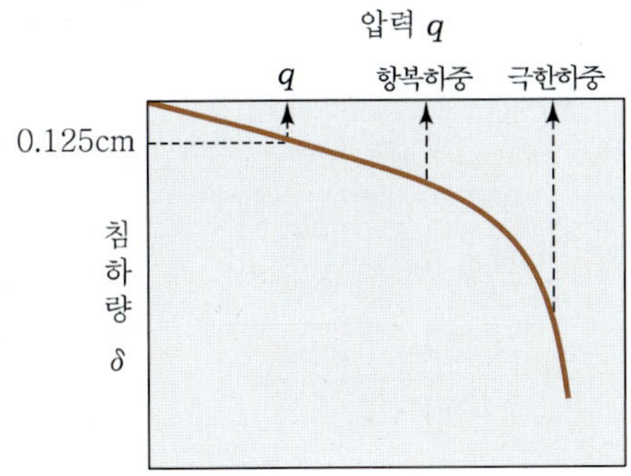

그림 11-14 압력-침하량 곡선

11.8.2 크기 효과

지반의 지지력은 지반의 성질 이외에도 기초의 크기, 근입깊이 및 지하수위 등에 의해 영향을 받으므로 실제 기초보다 크기가 작은 재하판으로 행한 평판재하시험의 결과를 실제 기초에 그대로 적용하기는 어렵다.

기초의 크기에 따라 단위면적당의 지지력이나 침하량의 크기가 달라지는 것을 크기 효과(scale effect)라고 하며, 이는 지반의 종류에 따라 차이가 있다.

점토지반에서의 지지력은 기초의 크기와 관계없이 평판재하시험에서 얻은 지지력과 같은 값이 된다.

$$q_f = q_p \tag{11.30}$$

여기서, q_f = 실제 기초의 지지력

q_p = 평판재하시험에서 구한 지지력

점착력이 없는 사질토지반에서의 기초의 지지력은 기초의 크기에 따라 증가하며, 다음과 같은 식으로 구할 수 있다.

$$q_f = q_p \frac{B_f}{B_p} \tag{11.31}$$

여기서, B_f = 실제 기초의 폭(직경)

B_p = 평판의 폭(직경)

같은 크기의 압력에 대한 평판의 침하량과 실제 기초의 침하량에는 다음과 같은 관계가 있다.

점토지반 : $$S_f = S_p \frac{B_f}{B_p} \quad (11.32)$$

사질토지반 : $$S_f = S_p \left(\frac{2B_f}{B_f + B_p} \right)^2 \quad (11.33)$$

평판재하시험으로 구한 시험 결과는 재하판 폭의 2배 정도 깊이까지의 토질특성을 반영한다. 균질한 지반에서는 문제가 없지만 그림 11-15와 같이 재하판의 영향이 미치지 않는 깊이에 연약한 지층이 있으면 평판재하시험에서는 그 영향이 나타나지 않으나 실제 기초에서는 연약한 지층의 영향을 받아 지지력과 침하량의 차이가 생긴다.

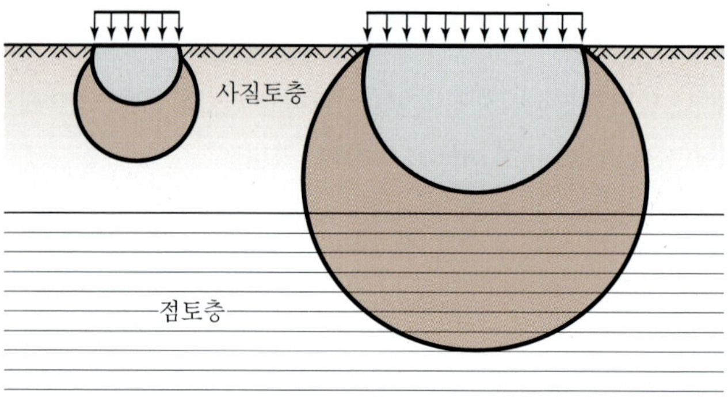

(a) 재하판의 경우 (b) 실제 기초의 경우

그림 11-15 지반이 균질하지 않은 경우의 지지력 영향의 범위

따라서, 평판재하시험 결과를 이용하는 경우에는 깊이방향으로 연약한 지층의 유무에 대해서 오거굴착, 시추 등을 통하여 충분히 검토하여 적용에 착오가 없도록 하여야 한다.

지하수위가 지표면에 가까운 지반에서는 지하수위가 상승하면 지반의 지지력이 감소하므로 이를 고려하여 실제 기초의 지지력을 판정하여야 한다.

예제 11.8

직경 30cm의 평판재하시험을 한 결과, 침하량 25mm일 때 극한지지력이 400kN/m^{2}이었다면, 허용침하량이 25mm인 직경 1.5m의 실제 기초의 극한지지력을 구하라.

풀이

점토지반인 경우 :

$$q_f = q_p = 400\,\text{kN/m}^2 = 400\,\text{kPa} = 0.4\text{MPa}$$

사질토지반인 경우 :

$$q_f = q_p \frac{B_f}{B_p} = 400 \times \frac{1.5}{0.3} = 2{,}000\,\text{kN/m}^2 = 2{,}000\,\text{kPa} = 2\,\text{MPa}$$

예제 11.9

직경 30cm의 평판재하시험에서 작용압력이 0.3MPa일 때 평판의 침하량이 20mm이었다면, 직경 1.5m의 실제 기초에 0.3MPa의 압력이 작용할 때의 침하량을 구하라.

풀이

점토지반 :

$$S_f = S_p \frac{B_f}{B_p} = 20 \times \frac{1.5}{0.3} = 100\text{mm}$$

사질토지반 :

$$S_f = S_p \left(\frac{2B_f}{B_f + B_p}\right)^2 = 20 \times \left(\frac{2 \times 1.5}{1.5 + 0.3}\right)^2 = 55.6\text{mm}$$

11.9 기초의 침하

지반에 기초를 설치하면 기초에 작용하는 하중으로 인해 지반침하가 발생하며, 침하량의 크기는 하중강도와 지반의 성질에 따라 달라진다. 침하는 탄성침하와 압밀침하로 나눌 수 있다.

탄성침하(elastic settlement) S_e는 즉시침하(immediate settlement) S_i라고도 하며, 이는 흙입자의 탄성변형 및 재배치에 의한 것으로 지반에 하중을 가한 즉시 일어나는 침하로서 구조물 시공 중이나 시공 직후에 발생한다. 탄성침하는 조립토(자갈, 모래)나 투수계수가 큰 흙 및 포화도가 90% 이하인 세립토(실트, 점토)에서 크게 일어나며, 편의상 탄성론에 의하여 산정한다.

압밀침하(consolidation settlement)에는 1차 압밀침하 S_c와 2차 압밀침하 S_s가 있다. 포화된 흙에 하중을 가하면 흙속의 간극수압이 증가하여 과잉간극수압이 발생하며, 과잉간극수압이 소산되면서 물이 서서히 빠져나가 생기는 침하가 1차 압밀침하이다. 1차 압밀침하는 포화된 세립토에서 크게 일어나며, 투수계수가 작은 점토에서는 압밀침하가 일어나는 데 상당한 시간이 소요된다. 투수계수가 큰 조립토에서는 재하 직후에 간극수가 빠져나가 압밀침하가 빠르게 진행되므로 탄성변형과 크게 구별되지 않는다.

2차 압밀침하는 과잉간극수압이 소산된 후에도 하중이 지속적으로 작용할 때 장기간에 걸쳐 발생하는 침하이다. 이것은 흙구조의 소성적 재배열이 주원인이며, 유기질토에서 주로 발생한다.

11.10 기초의 탄성침하량

균질한 지반의 지표면에 설치하여 단위면적당 하중 q_o를 받고 있는 얕은 기초에서 발생하는 탄성침하량은 다음 식으로 구할 수 있다.

연성기초의 평균 탄성침하량 : $S_e = \dfrac{q_o B}{E_s}(1-\mu_s^2)\alpha_{av}$ (11.34)

강성기초의 탄성침하량 : $S_e = \dfrac{q_o B}{E_s}(1-\mu_s^2)\alpha_r$ (11.35)

여기서, $B =$ 기초의 폭

$L =$ 기초의 길이

$E_s =$ 지반의 탄성계수

$\mu_s =$ 지반의 포아송비

α_{av}, $\alpha_r =$ L/B의 함수로 그림 11-16에 주어진 값이다.

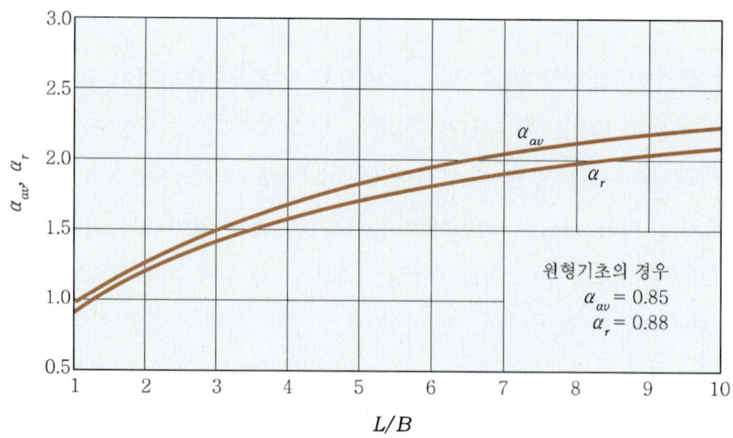

그림 11-16 계수 α_{av}, α_r

위의 식은 모래, 실트질 흙 및 배수가 잘 되는 흙의 탄성침하량을 구하는 데 적합하며, 균질한 흙이 기초 아래 무한한 깊이까지 있다고 가정하고 임의 점의 변형을 $z = 0$에서부터 $z = \infty$까지 적분하여 구할 수 있다. 암석과 같은 단단한 층이 기초 아래 어느 깊이에 있는 경우의 실제 침하량은 위의 공식으로 구한 값보다 작아지지만, 암석층까지의 깊이가 대략 $2B \sim 3B$보다 크다면 실제 침하량은 크게 차이가 나지 않는다.

기초를 지표면 위에 설치하는 경우는 드물며, 기초의 깊이 D_f가 커질수록 탄성침하량은 작아진다. 식 (11.34)~식 (11.35)로 구한 탄성침하량 S_e는 기초가 지표면에 놓인 경우의 값으로서 기초깊이에 대하여 다음과 같이 수정하여야 한다. 수정계수 F는 그림 11-17에서 구한다.

$$S_f = S_e \times F \tag{11.36}$$

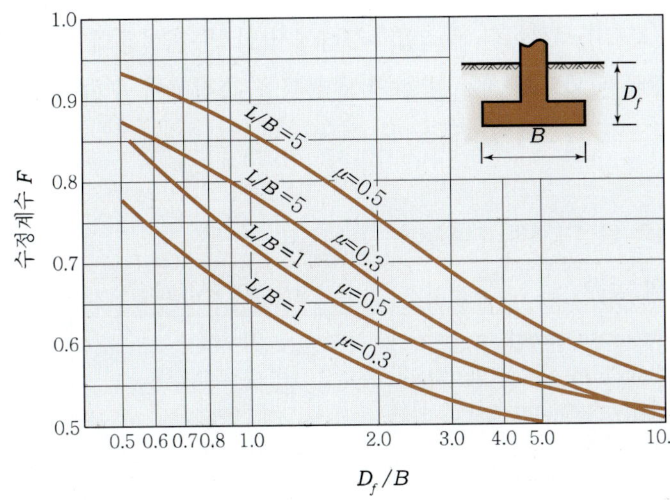

그림 11-17 기초깊이에 따른 수정계수

예제 11.10

균질한 모래층 위에 설치한 1m×2m 크기의 직사각형 기초에 0.1MPa(=100kPa=100kN/m^2)의 등분포하중이 작용할 경우 기초의 탄성침하량을 구하라. 흙의 포아송비 $\mu_s = 0.4$, 탄성계수 $E_s = 15\text{MPa}(= 15{,}000\text{kPa} = 15{,}000\,\text{kN/m}^2)$이다.

풀이

그림 11-16에서 $L/B = 2/1 = 2$일 때, $\alpha_{av} = 1.3$, $\alpha_r = 1.2$

연성기초의 평균 탄성침하 $S_e = \frac{q_o B}{E_s}(1-\mu_s^2)\alpha_{av}$

$$= \frac{0.1 \times 1}{15}(1-0.4^2) \times 1.3 = 0.0073\text{m} = 0.73\text{cm}$$

강성기초의 탄성침하 $S_e = \frac{q_o B}{E_s}(1-\mu_s^2)\alpha_r$

$$= \frac{0.1 \times 1}{15}(1-0.4^2) \times 1.2 = 0.0067\text{m} = 0.67\text{cm}$$

11.11 흙의 탄성계수

기초의 탄성침하량을 계산하기 위해서는 지반의 탄성계수 E_s와 포아송비 μ_s를 알아야 한다. 탄성계수는 흙시료에 대한 일축압축시험이나 삼축압축시험에서 압력–변형률의 관계를 나타내는 직선의 경사로부터 구하고, 포아송비는 세로와 가로 방향의 변형률을 측정하여 구한다. 여러 흙에 대한 대략적인 탄성계수와 포아송비는 표 11.3의 값과 같다.

표 11.3 여러 가지 흙의 탄성계수와 포아송비

흙의 종류	탄성계수(MPa)	포아송비
느슨한 모래(loose sand)	10~24	0.20~0.40
약간 조밀한 모래(medium dense sand)	17~28	0.25~0.40
조밀한 모래(dense sand)	35~55	0.30~0.45
실트질 모래(silty sand)	10~17	0.20~0.40
모래, 자갈(sand, gravel)	69~172	0.15~0.35
연약한 점토(soft clay)	2~5	
약간 굳은 점토(medium clay)	5~10	0.20~0.50
굳은 점토(stiff clay)	10~24	

실내시험에서 구한 탄성계수의 값이 부정확하고 비경제적이므로 흙의 탄성계수를 구하기 위하여 표준관입시험이나 콘관입시험 결과를 많이 이용한다. 모래의 탄성계수는 다음 식으로 구할 수 있다.

$$E_s = 780N(\text{kN/m}^2) = 780\text{N}(\text{kPa}) \tag{11.37}$$

$$E_s = 2q_c \tag{11.38}$$

여기서, N = 표준관입시험치

q_c = 콘관입저항력

정규압밀점토와 과압밀점토의 탄성계수는 각각 식 (11.39), 식 (11.40)으로 구할 수 있다.

$$E_s = 250c \sim 500c \tag{11.39}$$

$$E_s = 750c \sim 1000c \tag{11.40}$$

여기서, c = 점토의 비배수 점착력

11.12 허용침하량과 허용지지력

기초에 침하가 발생하면, 상부구조물이 파괴되거나 균열이 생기고 기능상 또는 미관상 좋지 않은 영향을 미치게 된다. 기초하중에 의한 침하는 그림 11-18과 같이 균등침하(uniform settlement)와 전도(기울어짐 : tilt) 및 불균등침하(nonuniform settlement)로 나눌 수 있으며, 전도와 불균등침하를 부등침하(differential settlement)라고 한다. 구조물에 뒤틀림(distortion)을 일으키는 부등침하가 균등침하보다 문제가 되며, 과도한 침하는 전단파괴를 일으킨다.

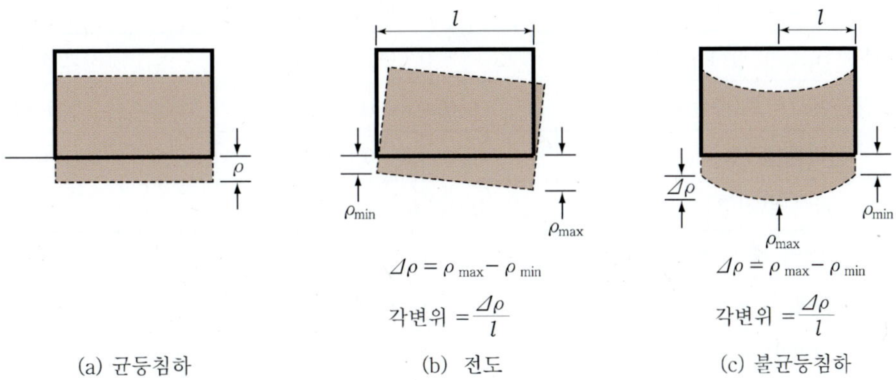

그림 11-18 침하의 형태

균등침하는 강성이 매우 큰 구조물이 연약한 지반에 놓인 경우에 발생하기 쉬우며, 부등침하는 상부구조물이 벽돌구조와 같이 연성인 경우에 발생한다.

부등침하는 인접한 두 점 사이의 침하량의 차이로 산정하며, 최대 전체침하량의 3/4 정도로 추정할 수 있다. 부등침하의 원인은 기초하중에 의한 지중응력의 변화, 지층의 불규칙성, 기초지반이 연약 점토층이나 유기질 흙인 경우, 모래지반에서 누수나 하수관에서의 유출수의 영향 등을 들 수 있다.

기초에 균등침하가 발생하는 경우에는 구조물이 손상되기보다는 구조물의 기능에 문제가 생기며, 부등침하가 발생하는 경우에는 상부구조물이 손상될 우려가 있다. 구조물의 허용침하량은 구조물의 기능, 안정성 및 미관 등을 해치지 않는 범위 내에서 발생하는 침하량을 말한다. 허용침하량은 주로 상부구조물의 형태나 기능에 따라 다르며, 구조물에 따른 최대 허용침하량은 표 11.4와 같다.

구조물의 두 점 사이의 부등침하량($\Delta\rho$)을 두 점 사이의 거리(l)로 나눈 값을 각변위 또는 처짐각이라고 한다. 각변위가 1/500보다 커지면 균열이 발생하고, 1/300보다 커지면 구조물의 기능과 외형상 문제가 발생하며, 1/150보다 커지면 구조적인 손상이 발생할 수 있다. 여러 구조물에 대한 허용 각변위는 표 11.5와 같다.

표 11.4 최대 허용침하량

구조물의 종류	최대 허용침하량	
	부등침하량	전체침하량(cm)
실내 배수시설	$0.01L \sim 0.02L$	15~30
창고	$0.01L$	15
굴뚝, 사이로	$0.004B$	7.5~15
뼈대 구조물(단순구조)	$0.0005L$	5~10
뼈대 구조물(연속구조)	$0.002L$	2.5~5
뼈대 구조물(경사부재)	$0.0015L$	2.5~5
철근콘크리트 구조물	$0.002L \sim 0.004L$	2.5~7.5
벽돌벽(1층)	$0.001L \sim 0.002L$	2.5~5
벽돌벽(고층)	$0.005L \sim 0.0001L$	2.5
판넬벽의 균열 한계	$0.003L$	2.5~5
회반죽벽의 균열 한계	$0.001L$	2.5
크레인 레일	$0.003L$	
기계 작동	$0.003L$	2.5~5
정밀한 기계	$0.0002L$	

* L = 인접한 두 기둥 사이의 거리, B = 구조물의 폭

표 11.5 허용 각변위

허용 각변위	구 분
1/750	침하에 예민한 기계류의 작동 한계, 조적벽체의 안정 한계
1/600	라멘구조물의 손상 한계
1/500	균열이 허용되지 않는 건물의 안정 한계
1/300	내하벽의 균열 발생 한계, 고가 크레인의 작업 한계
1/250	강성 고층 건물의 기울어짐 한계
1/150	일반 건물의 구조적 손상 한계,

기초의 침하량을 고려하지 않고 예비설계에서 사용할 수 있는 대략적인 지반의 허용지지력은 표 11.6과 같다.

이러한 허용지지력은 지표면 부근의 흙을 육안으로 관찰 분류한 것을 기준으로 하고 지반의 응력이력, 지하수위, 기초의 깊이, 허용침하량 등을 고려하지 않은 값이므로, 소규모 건설공사에서만 이용하고 대형 건설공사에서는 단지 참고용 지침으로 사용하여야 한다.

표 11.6 지반의 허용지지력

흙의 종류	허용지지력(t/m^2)
경암(현무암, 화강암, 섬록암)	600~1,000
중간암(편암, 점판암)	300~500
중간암(석회암, 사암)	150~250
연암(이판암, 풍화암)	75~125
조밀한 자갈, 조밀한 모래질 자갈	60 이상
약간 조밀한 자갈, 약간 조밀한 모래질 자갈	20~60
느슨한 자갈, 느슨한 모래질 자갈	20 이하
조밀한 모래	30 이상
약간 조밀한 모래	10~30
느슨한 모래	10 이하
매우 굳은 점토	30~60
굳은 점토	15~30
약간 굳은 점토	7.5~15
연약한 점토와 실트	7.5 이하
매우 연약한 점토와 실트	0

* 자갈, 모래의 지지력은 기초의 폭이 1m 이하인 경우에 적용

연습문제

11.1 폭 1.5m인 연속기초의 깊이가 1.0m일 때, Terzaghi 공식을 이용하여 허용지지력을 구하라. 흙의 단위중량은 18kN/m^3, 내부마찰각 30°, 점착력 40kN/m^{2}이다. 전반전단파괴가 일어나는 것으로 가정하고, 안전율은 3이다.

11.2 3m×3m 크기의 정사각형 기초의 깊이가 1.5m일 때, Terzaghi 공식을 이용하여 허용하중을 구하라. 흙의 단위중량은 18kN/m^3, 내부마찰각 20°, 점착력 100kN/m^{2}이다. 전반전단파괴가 일어나는 것으로 가정하고, 안전율은 3이다.

11.3 문제 11.1을 국부전단파괴가 일어나는 것으로 가정하고 풀이하라.

11.4 문제 11.2를 Meyerhof 공식을 이용하여 풀이하라.

11.5 문제 11.2에서, 하중이 연직방향에 대하여 10° 만큼 경사방향으로 작용할 때 허용지지력을 구하라. Meyerhof 공식을 사용하라.

11.6 점성토지반에 설치한 5m×10m 크기의 전면기초의 순극한지지력을 구하라. $c_u = 5\text{t/m}^2$, $\gamma = 17\text{kN/m}^3$, $\phi = 0°$, $D_f = 2\text{m}$

11.7 문제 11.2에서 지하수위의 위치가 지표면 아래 1m, 3m, 5m인 3가지 경우의 허용하중을 각각 구하라. 흙의 포화단위중량 $\gamma_{sat} = 20\text{kN/m}^3$이다.

11.8 사질토지반에 설치한 15m×20m 크기의 전면기초의 허용지지력을 구하라. $D_f = 1\text{m}$, 허용침하량 = 40mm, 표준관입시험치 $N = 15$.

11.9 문제 11.8에서 허용침하량이 60mm인 경우의 허용지지력을 구하라.

11.10 직경 40cm의 평판재하시험을 한 결과, 침하량 25mm일 때 극한지지력이 0.25MPa이었다면, 허용침하량이 25mm이고 직경 3m인 실제 기초의 극한지지력을 구하라.

11.11 직경 30cm의 평판재하시험에서 작용압력이 0.1MPa일 때 평판의 침하량이 15mm이었다면, 직경 2m의 실제기초에 0.1MPa의 압력이 작용할 때의 침하량을 구하라.

11.12 균질한 모래층 위에 설치한 2m×3m 크기의 직사각형 기초에 0.25MPa의 등분포하중이 작용할 경우 기초의 탄성침하량을 구하라. 흙의 포아송비 $\mu_s = 0.3$, 탄성계수 $E_s = 20\text{MPa}$이다.

참고문헌

1. 한국지반공학회 (2014). 구조물 기초 설계기준, 구미서관.
2. 한국지반공학회 (2018). 구조물 기초 설계기준 해설, 구미서관.
3. 한국지반공학회 (2018). 얕은 기초, 지반공학 시리즈2, 구미서관.
4. 한국지반공학회 (1997). 얕은 기초(개정판), 지반공학 시리즈2, 구미서관.
5. Bjerrum, L. (1963). Discussion, Proceedings European Conference SMFE, Wiesbaden, Vol. 3.
6. Bowles, J. E. (1982). Foundation Analysis and Design, 3rd ed., McGraw-Hill, New York.
7. British Standard Code of Practice, CP 2004 (1972). Foundations, British Standards Institution, London.
8. Cernica, J. N. (1995). Foundation Design, John Wiley & Sons, Inc., New York.
9. Das, B. M. (1999). Principles of Foundation Engineering, PWS, MA.
10. Harr, M. E. (1966). Fundamentals of Theoretical Soil Mechanics, McGraw-Hill, New York.
11. Housel, W. S. (1929). "A Practical Method for the Selection of Foundations Based on Fundamental Research in Soil Mechanics", Research Bulletin No. 13, University of Michigan, Ann Arbor.
12. Liu, C. & Evett, J. B. (1981). Soils and Foundations, Prentice-Hall, Inc., New Jersey.
13. Meyerhof, G. G. (1953). "The Bearing Capacity of Foundations under Eccentric and Inclined Loads", Third International Conference on Soil Mechanics and Foundation Engineering, Zurich, Vol.1, pp.440~445.
14. Meyerhof, G. G. (1956). "Penetration Tests and Bearing Capacity of Cohesionless Soils", Journal of the Soil Mechanics and Foundation Division, ASCE, Vol. 82, No. SM1, pp. 1~19.
15. Meyerhof, G.b G. (1963). "Some Recent Research on the Bearing Capacity of Foundations", Canadian Geotechnical Journal, Vol.1, No.1, pp.16~26.
16. Parry, R. H. G. (1977). "Estimating Bearing Capacity of Sand from SPT Values", Journal of Geotechnical Engineering, ASCE, Vol.103, GT9, pp. 1014~1019.
17. Schmertmann, J. H. (1975). "The Measurement of In-Situ Shearing Strength", 7th Proc. of the Specialty Conference, ASCE, Vol. 2, pp. 57~138.
18. Spangler, M. G. & Handy, R. L.(1973). Soil Engineering, 3rd ed., Intext Educational Publishers, New York.
19. Terzaghi, K. (1943). Theoretical Soil Mechanics, Wiley, New York.

제12장

깊은 기초

SOIL MECHANICS
SOIL MECHANICS

제12장 깊은 기초

12.1 개설

깊은 기초는 구조물 바로 아래에 있는 흙이 연약하여 상부구조물에서 오는 하중을 지지할 수 없는 경우에 깊은 곳에 있는 견고한 지층에 하중을 전달시키기 위한 기초이며, 기초의 깊이가 폭의 약 4배보다 큰 경우($D_f/B \geq 4$)를 말한다. 깊은 기초에는 말뚝(pile)기초, 피어(pier)기초, 케이슨(caisson)기초 등이 있다.

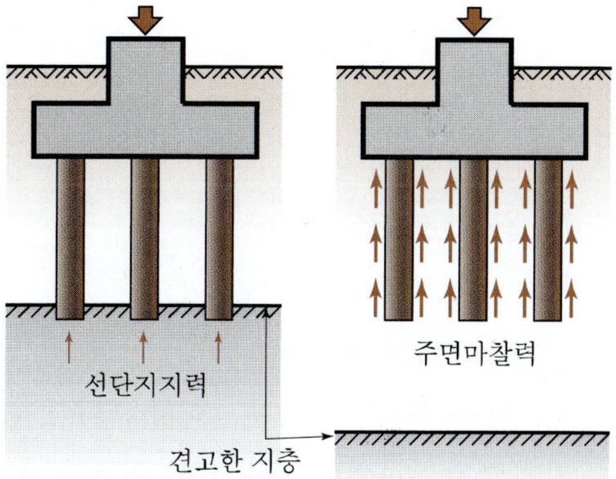

(a) 선단지지말뚝 (b) 마찰말뚝

그림 12-1 말뚝의 분류

말뚝기초는 비교적 가늘고 길며, 흙속에 관입시키거나 구멍을 뚫어 설치한다. 말뚝을 매우 견고한 흙이나 암반에 도달할 때까지 관입하면, 상부구조물의 하중은 대부분 말뚝의 축방향을 통하여 견고한 지층에 전달되며, 이러한 말뚝을 선단지지말뚝(point bearing pile, end bearing pile)이라고 한다(그림 12-1(a)). 견고한 지층이 지표면에서 너무 깊이 있어 말뚝을 견고한 지층까지 관입시키지 못한 경우에는 상부구조물의 하중은 주로 말뚝과 주변 흙의 마찰력 또는 부착력에 의하여 지지되며, 이러한 말뚝을 마찰말뚝(friction pile)이라고 한다(그림 12-1(b)).

12.2 말뚝의 종류

말뚝은 재질에 따라 나무말뚝(timber pile), 콘크리트말뚝(concrete pile), 강말뚝(steel pile) 및 합성말뚝(composite pile) 등이 있다.

콘크리트말뚝에는 기성 콘크리트말뚝(precast concrete pile)과 현장타설 콘크리트말뚝(cast-in-place concrete pile)이 있으며, 강말뚝에는 강관말뚝(pipe pile)과 H형 강말뚝(H shape pile)이 있다. 합성말뚝은 강관내에 콘크리트를 채운 강관콘크리트 합성말뚝(steel pipe & concrete pile, SC말뚝) 및 나무말뚝과 콘크리트말뚝을 이어서 사용하는 말뚝 등이 있다.

말뚝의 종류에 따른 대략적인 허용하중은 표 12.1과 같다.

표 12.1 말뚝의 대략적인 허용하중

말뚝의 종류	허용하중(ton)
나무말뚝	15~30
기성 콘크리트말뚝	30~50
현장타설 콘크리트말뚝	30~50
강관말뚝	40~60
H형 강말뚝	30~60
합성말뚝	20~30

12.2.1 나무말뚝

말뚝으로 사용하는 나무는 곧고 견고하며 결함이 없어야 한다. 나무말뚝의 길이는 10~15m 정도이며, 말뚝선단의 직경은 150mm 이상이고 말뚝머리의 직경은 300mm 이상이어야 한다. 나무말뚝의 지지력은 10~20t 정도이다.

나무말뚝은 가격이 싸고 취급하기 간편하며, 수중에 설치하면 잘 부식되지 않는 장점이 있다. 반면에 수면 위에서는 부식이 잘 되고, 타입시 손상되기 쉬우며, 지지력이 작고, 이음이 어려우며, 이음부분이 있을 경우 인장력에 대한 저항이 작다.

나무말뚝을 포화토에 설치하면 오랫동안 부식을 입지 않지만, 해양지역의 나무말뚝은 유기물질의 영향으로 인해 몇 달 만에 상당히 손상될 우려가 있다. 나무말뚝을 지하수위보다 위쪽에 설치할 경우에는 벌레의 침해를 받기도 한다. 나무말뚝의 수명은 크레오소트(creosote)오일과 같은 방부제를 사용하여 연장할 수 있다.

12.2.2 기성 콘크리트말뚝

기성 콘크리트말뚝은 말뚝공장에서 적절한 길이로 만들어서 건설 현장으로 운반하는 말뚝이다. 기성말뚝에는 철근을 사용한 철근 콘크리트말뚝(reinforced concrete pile, RC말뚝)과 프리스트레스트 강재를 사용한 프리스트레스트 콘크리트말뚝(prestressed concrete pile, PC말뚝) 및 콘크리트의 압축강도가 800kg/cm^{2}인 고강도 프리스트레스트 콘크리트말뚝(PHC말뚝) 등이 있다.

철근을 사용하는 철근 콘크리트말뚝(그림 12-2)은 제작 도중이나 운반 도중에 작용하는 휨응력과 수평하중에 의한 휨모멘트에 저항하고, 항타할 때 작용하는 압축응력과 인장응력에 견딜 수 있도록 설계한다. 철근 콘크리트말뚝의 최소철근비는 1% 이상이어야 하며, 콘크리트의 강도는 400kg/cm^2 정도이다.

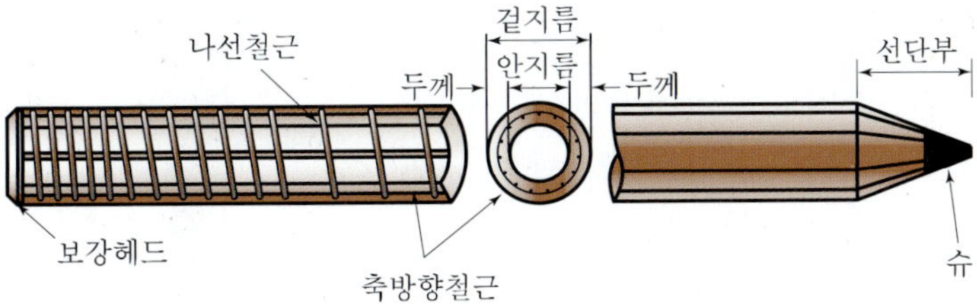

그림 12-2 철근 콘크리트말뚝

프리스트레스트 콘크리트말뚝(그림 12-3)은 항복강도 18,000kg/cm^{2}의 고강도강재를 9,000~13,000kg/cm^2 정도로 긴장(pretension)하고 그 주위에 콘크리트를 타설하여 만든다. 콘크리트가 굳은 후 강재를 절단하면, 강재가 원래 길이로 회복하려고 함으로써 콘크리트 말뚝에 40~60kg/cm^2 정도의 압축력이 작용하게 된다.

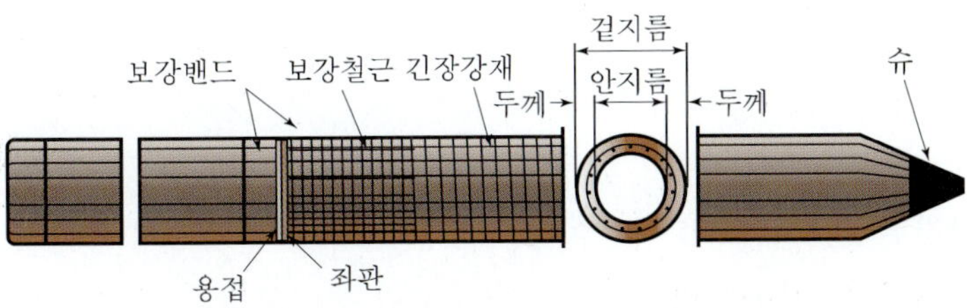

그림 12-3 프리스트레스트 콘크리트말뚝

프리스트레스트 콘크리트말뚝은 취급이나 항타시 생기는 인장응력을 감소시켜 준다. 항타하는 동안에 인장응력이 크게 발생하면 균열이 생기고 강재의 강도가 저하된다.

고강도 프리스트레스트 콘크리트말뚝은 더 큰 규모의 구조물하중을 지지하고 PSC말뚝보다 더 깊고 단단한 지층에 관입할 수 있도록, 콘크리트를 단기간에 고압양생하여 압축강도를 800kg/cm^2 이상으로 크게 한 것이다.

기성 콘크리트말뚝은 강한 타격에 견디고 부식에 강하며 콘크리트 상부구조물과의 결합이 용이하지만, 초기 비용이 많이 들고 절단과 이음이 어렵고 운반이 불편하다.

콘크리트 말뚝은 영구적이지만, 유기질 흙의 산이나 해수는 콘크리트에 손상을 유발시킨다. 해양구조물에 사용하는 콘크리트 말뚝은 바다의 부유물이나 파도의 작용에 의하여 마모되며, 동결과 해빙의 반복도 콘크리트에 손상을 가져온다.

12.2.3 현장타설 콘크리트말뚝

현장타설 콘크리트말뚝은 지반에 구멍을 뚫고 구멍 속에 콘크리트를 채워서 만들며, 유각말뚝(cased pile)과 무각말뚝(uncased pile)으로 구분되고, 바닥에 확대선단부(pedestal)를 만들기도 한다.

(a) 유각말뚝 (b) 무각말뚝

그림 12-4 현장타설 콘크리트말뚝

유각말뚝(cased pile)은 흙속에 강제 케이싱(steel casing)을 타입한 후 콘크리트를 채워서 만든다(그림 12-4(a)). 유각말뚝의 장점은 비용이 적게 들고 콘크리트 타설 전에 검사가 가능하며 길이 연장이 용이하다는 것이다. 반면에 콘크리트를 타설한 후에는 이음이 곤란하며, 얇은 케이싱은 타입 중에 손상을 입을 우려가 있다.

무각말뚝(uncased pile)은 일반적으로 케이싱을 원하는 깊이까지 타입하고 굳지 않은 콘크리트를 채우며 케이싱을 단계적으로 제거하여 만든다(그림 12-4(b)). 무각말뚝의 장점은 초기 비용이 적게 들고 어느 깊이에서나 설치를 끝낼 수 있다는 것이다. 반면에 콘크리트를 급히 타설하면 간극이 생기고 연약지반에서는 구멍이 무너질 우려가 있다.

그림 12-4(b)는 바닥에 확대선단부가 있는 경우이다. 확대선단부는 굳지 않은 콘크리트에 해머를 낙하시켜 만드는 확장된 콘크리트 덩어리이다.

현장타설 콘크리트말뚝의 시공방법에는 인력굴착공법(심초공법), 어스드릴공법, 베노토공법(올케이싱공법), RCD공법(리버스공법) 등이 있으며, 이에 대해서는 기초공학에서 다룬다.

12.2.4 강말뚝

강말뚝으로는 H형 강말뚝이나 강관말뚝을 많이 사용하며, 넓은 플랜지 보(wide flange beam)나 I형보(I shape beam)를 사용하기도 한다. 강관말뚝은 선단이 열린 것과 막힌 것이 있으며, 지반에 설치한 후에 콘크리트로 채우는 경우가 많다.

강말뚝의 장점은 말뚝의 절단과 이음이 용이하며, 큰 항타응력에 견딜 수 있고, 자갈층이나 약한 암반층을 관통할 수 있으며, 지지력이 크다는 점이다. 강말뚝의 단점은 가격이 비싸고, 항타시 소음이 크며, 부식되기 쉽다는 점이다.

강말뚝의 이음은 주로 용접이음을 많이 사용하며 볼트이음이나 리벳이음을 사용하기도 한다. 지반 위에서의 이음은 강말뚝 본체만큼 강하지만, 지표면 아래에서의 이음은 말뚝본체 강도의 1/3~1/2 밖에 기대할 수가 없다.

강말뚝을 단단한 지반이나 자갈이 많은 지반에 타입할 경우에는 말뚝선단의 손상을 막기 위하여 강재로 만든 선단슈(shoe, driving point)를 부착하는 것이 좋다.

강말뚝을 교란되지 않은 지반에 설치하는 경우에는 말뚝의 부식이 말뚝강도에 영향을 줄 정도로 심각하지는 않다. 그러나 교란되거나 성토한 지반에 설치한 강말뚝은 교란된 흙속에 산소가 많이 있기 때문에 부식되기 쉬우며, pH 4 이하이거나 pH 9.5 이상인 해수나 유수에 노출된 강말뚝도 부식되기 쉽다.

강말뚝의 부식은 일반적인 지반조건에서는 부식률 0.02mm/year, 사용년수 100년으로 보아서 2mm 만큼 일어나는 것으로 보며, 해수나 강재 부식이 심한 지하수조건일 경우에는 부식방지대책을 적용하여야 한다.

부식에 대한 대책으로는 설계단면보다 강재의 두께를 크게 하는 것이 좋으며, 전기방식처리를 하거나 말뚝표면에 에폭시코팅(epoxy coating)을 하는 것도 좋은 방법이다. 부식이 심한 곳에서는 강말뚝을 콘크리트로 피복하는 방법도 사용하고 있다.

12.3 말뚝의 시공방법

말뚝은 대부분 해머(hammer)에 의하여 흙속에 타입되며, 천공(drilling)이나 사수(jetting) 및 압입에 의해 관입되기도 한다.

12.3.1 타입공법

말뚝 타입에 사용하는 해머에는 드롭해머(drop hammer), 단동증기해머(single acting steam hammer), 복동증기해머(double acting steam hammer), 디젤해머(diesel hammer), 유압해머(hydraulic hammer), 진동해머(vibro hammer) 등이 있다.

항타장비로는 무한궤도식 크레인을 사용하며, 크레인의 부움(boom)에 부착된 유도로(lead)를 따라서 해머가 낙하하게 되고, 지주(stay)를 조정하여 낙하경사를 조절할 수 있다(그림 12-5).

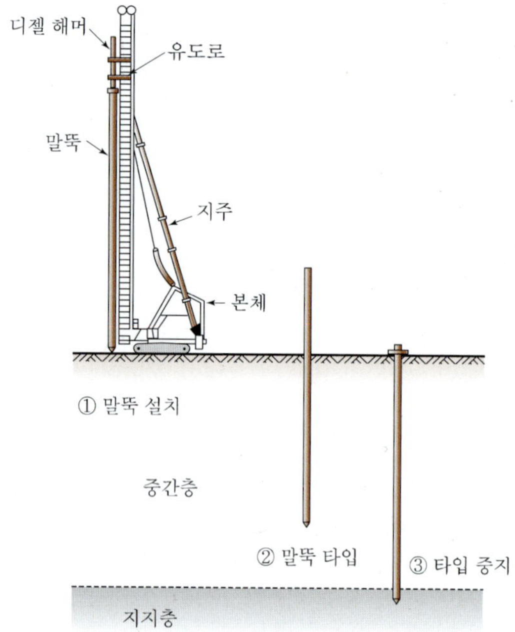

그림 12-5 타입공법

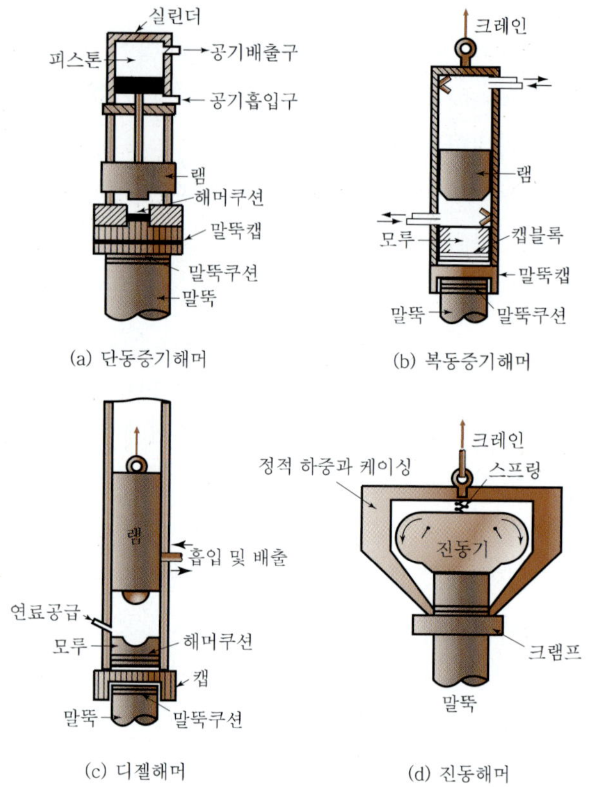

그림 12-6 해머의 종류

타입시에 말뚝 상단에 캡(cap)을 부착하며, 말뚝과 캡 사이에 두께 50mm 이상의 합판으로 쿠션(cushion)을 설치하여 해머의 충격력을 감소시키기도 한다. 또 말뚝캡 위에 해머쿠션(hammmer cushion, cap block)을 설치하기도 한다.

드롭해머는 말뚝박기에 사용되는 해머 중 가장 오래된 것으로서, 0.25~1t 정도의 해머를 윈치(winch)로 1.5~3m 끌어올려서 자유낙하시키는 것이다. 드롭해머는 해머의 작업속도가 느리기 때문에 소규모 공사 및 선굴착공법 말뚝의 최종 타입에 사용한다.

단동증기해머(그림 12-6(a))는 램(ram), 피스톤, 실린더로 구성되며, 증기나 압축공기의 압력에 의하여 램을 올린 후 자유낙하시키는 것이다. 타격속도가 분당 35~60회로 낮은 편이므로 단단한 점토지반에 적합하다.

복동증기해머(그림 12-6(b))는 램을 올릴 때뿐만 아니라 낙하시킬 때에도 증기나 압축공기를 가해서 램의 타격속도를 증가시켜 주는 것이다. 타격속도가 단동증기해머보다 두 배 정도 빠르므로 연약한 점토지반 및 사질토지반과 경사말뚝 타입에 적합하다.

디젤해머(그림 12-6(c))는 램, 실린더, 모루(anvil) 및 연료주입장치로 구성되며, 램을 먼저 올리고 실린더 안에 연료를 주입한 후 램을 낙하시켜 공기연료혼합물을 압축하여 점화시킨다. 연료가 폭발하면서 말뚝은 아래로 박히고 램은 위로 올라간다. 디젤해머는 경사말뚝 타입 및 단단한 지반에서 효과적이며, 연약지반에서는 말뚝의 아래방향 이동이 크고 램의 상향 이동은 작아서 공기연료혼합물을 점화시키는 데 낙하충격이 부족하게 되는 경우가 있다. 디젤해머는 시공속도가 빠르고 경제적이어서 가장 많이 사용되어 왔으나, 소음, 진동, 매연 등의 건설공해가 발생하기 때문에 사용에 제한을 받고 있다.

유압해머는 유압으로 램을 위로 올려서 자유낙하시키는 것으로서, 방음덮개를 장착해서 소음이 적고 연기가 발생하지 않는다.

진동해머(그림 12-6(d))는 말뚝머리에 무거운 진동기를 얹고 진동을 발생시켜 말뚝을 관입시키는 것으로서, 소음, 진동 및 말뚝손상이 작고 타입속도가 빠르지만, 장애물이 있을 때 말뚝 관입이 잘 안 되는 단점이 있다.

사수(jetting)공법은 단단한 모래나 자갈지반에 말뚝을 관입시킬 때 사용하는 공법으로, 기성말뚝의 내부 또는 외측에 설치한 직경 50~75mm의 관을 통하여 말뚝선단에서 고압 고속으로 물을 분출시켜 지반을 느슨하게 한 후 말뚝을 타입하는 것이다.

압입공법은 유압잭을 사용하여 말뚝주변이나 선단부를 교란시키지 않고 말뚝을 지반에 눌러 박는 공법이다. 시공 중 진동이나 소음은 없지만, 압입능력에 한계가 있어서 $N=30$ 정도가 관입한도이며, 관입이 어려운 지반에서는 천공공법이나 사수공법을 병용하여 사용한다.

12.3.2 매입공법

천공공법에는 선굴착공법(preboring)과 속파기공법(내부굴착공법, 중굴공법)이 있으며, 선굴착공법은 파워오거(power auger)로 미리 구멍을 뚫은 후 말뚝을 구멍 속으로 삽입하고, 드롭해머나 유압해머로 최종 깊이까지 타격하는 공법이다. 공벽 붕괴를 방지하기 위하여 케이싱을 먼저 박고 구멍을 뚫거나, 시멘트풀(시멘트 + 물)을 주입하면서 구멍을 뚫기도 한다.

속파기공법은 말뚝의 속빈 부분에 오거나 굴착장치를 삽입하여 말뚝선단의 흙을 굴착하고 배토하면서 말뚝을 설치하는 공법이다. 속파기공법에서는 선단개방말뚝을 사용하므로 말뚝선단부의 지반에 특별한 처리를 하여야 선단지지력을 발휘할 수 있다. 선단처리방법에는 최종 경타(輕打), 시멘트풀 분출혼합, 콘크리트 타설 등의 방법이 있다.

12.4 말뚝 시공시 말뚝과 흙의 거동

말뚝을 박을 때의 말뚝의 거동은 매우 복잡하다. 충격순간에 말뚝상부는 하향으로 움직이고, 말뚝머리 바로 아래에서는 탄성압축이 일어나지만 그 순간에 말뚝선단은 고정되어 있다. 말뚝머리의 충격이 있은 후 몇 분의 1초가 지난 다음에야 압축응력이 말뚝선단에 도달한다. 이와 같은 압축파의 전달 결과로, 말뚝전체가 한꺼번에 아래로 움직이는 것이 아니고 조금씩 연쇄적으로 내려가게 된다.

지반에 구멍을 뚫고 말뚝을 설치하는 천공말뚝의 경우, 천공을 하면 지반은 응력상태가 바뀌고 교란된다. 즉, 그림 12-7(a)와 같이 흙은 구멍 쪽으로 팽창하므로 흙의 단위중량이 감소하며, 점토의 경우에는 그 구조가 파괴된다. 구멍 속으로 말뚝을 박거나 콘크리트를 채우면 흙은 부분적으로 원상태로 복귀하지만 교란은 피할 수 없다.

해머를 낙하하여 말뚝을 박는 타입말뚝의 경우에는 더 큰 교란이 생긴다(그림 12-7(b)). 말뚝선단은 계속적으로 전단파괴를 일으키면서 내려가 박히며, 말뚝둘레에는 $D \sim 2D$의 폭을 가진 교란된 흙의 영역이 생긴다.

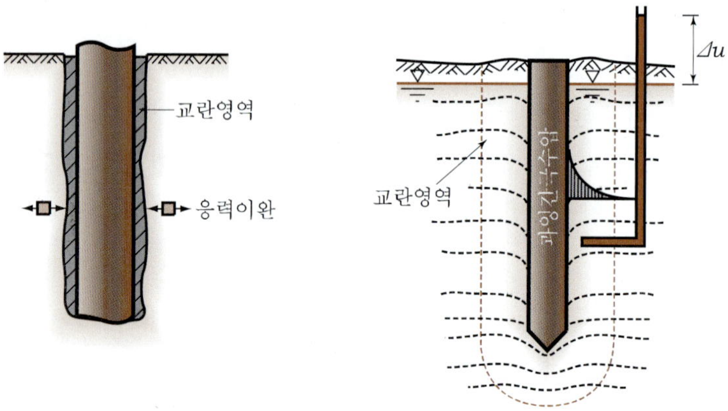

(a) 천공말뚝 (b) 타입말뚝

그림 12-7 말뚝설치시 흙의 거동

말뚝을 사질토지반에 타입하면 말뚝 부피만큼의 흙의 부피변화와 타입진동으로 인하여 사질토의 단위중량과 내부마찰각이 증가하여 전단강도가 증가한다. 하지만, 매우 조밀한 흙은 말뚝의 바로 옆에서는 전단 때문에 단위중량이 감소하며 내부마찰각이 국부적으로 감소한다.

말뚝을 포화된 점토지반에 타입하면 말뚝 주위의 점토가 교란되고, 간극수압이 증가하여 전단강도가 감소한다. 증가된 과잉간극수압은 시간이 가면서 간극수가 주위에 있는 흙속으로 빠져나가면서 소실되므로, 30일 정도 시간이 경과하면 점토의 전단강도는 대부분 원래대로 회복된다.

해머로 말뚝을 박으면 인접구조물에 진동과 충격을 주며, 대단히 느슨하고 포화된 모래지반에서는 액화현상이 일어나서 지지력이 감소하여 피해가 커질 수 있다. 또 느슨한 모래지반에서의 말뚝의 진동은 지반의 함몰을 가져오기도 한다.

말뚝은 시공시 발생하는 횡변위량의 크기에 따라 배토말뚝(displacement pile)과 비배토말뚝(nondisplacement pile)으로 구분할 수 있다.

콘크리트말뚝이나 선단폐쇄 강관말뚝과 같은 타입말뚝(driven pile)은 흙을 횡방향으로 이동시켜서 주위의 흙을 다져주는 효과가 있으며, 이러한 말뚝을 배토말뚝이라고 한다. H형 강말뚝이나 선단개방 강관말뚝은 타입시 흙을 수평방향으로 약간만 이동시키므로 소배토말뚝(low displacement pile)이라고 하며, 천공말뚝(bored pile)은 말뚝을 설치하더라도 흙의 응력상태에 변화가 거의 일어나지 않으므로 비배토말뚝이라고 한다.

12.5 말뚝의 축방향 지지력

12.5.1 허용지지력

말뚝의 축방향 허용지지력은 지반의 허용지지력과 말뚝재료의 허용하중을 비교하여 작은 값으로 결정한다. 일반적으로 지반의 허용지지력이 말뚝재료의 허용하중보다 작으므로, 말뚝의 허용지지력은 지반의 허용지지력에 의하여 결정되는 경우가 대부분이다.

말뚝기초 지반의 허용지지력은 식 (12.1)과 같이 외말뚝(single pile, 단항)으로서의 극한지지력을 안전율(3 이상)로 나누어 구한다.

$$Q_a = \frac{Q_u}{FS} \tag{12.1}$$

여기서, Q_a = 외말뚝의 허용지지력

FS = 안전율

12.5.2 극한지지력

외말뚝(single pile)의 극한지지력 Q_u는 식 (12.2)와 같이 선단지지력 Q_p와 마찰지지력 Q_s로 나타낼 수 있다(그림 12-8(a)).

$$Q_u = Q_p + Q_s \tag{12.2}$$

여기서, Q_p = 선단지지력 = 말뚝선단에서 지지하는 하중
Q_s = 마찰지지력 = 말뚝과 흙 사이의 주면마찰력에 의해 지지되는 하중

외말뚝의 극한지지력을 구하는 방법에는 정역학적 지지력공식에 의한 방법, 표준관입시험결과를 이용하는 방법, 항타공식(동역학적 지지력공식)에 의한 방법, 말뚝재하시험에 의한 방법 등이 있다.

위의 방법 중 말뚝재하시험방법이 가장 신뢰도가 높은 방법이며, 일정 규모 이상의 공사에서는 시험말뚝을 설치하고 압축재하시험을 실시하여 극한지지력을 확인하여야 한다.

말뚝에 작용한 하중은 말뚝주면의 마찰력과 말뚝선단의 지지력에 의하여 주변 지반에 전달되며, 이를 하중전이(load transfer)라고 한다.

말뚝에 작용하는 하중 Q가 점차 증가하면, 말뚝주면의 최대마찰저항 Q_s는 말뚝의 크기나 길이에 관계없이 흙과 말뚝 사이의 상대변위가 5~10mm 정도일 때 완전히 발휘된다. 그러나 최대선단저항 Q_p가 발휘되기 위해서는 말뚝선단의 변위가 타입말뚝에서는 말뚝직경의 10%, 천공말뚝에서는 25%가 필요하다. 이것은 마찰지지력 Q_s가 선단지지력 Q_p에 비해 훨씬 작은 말뚝변위에서 유발된다는 것을 의미한다.

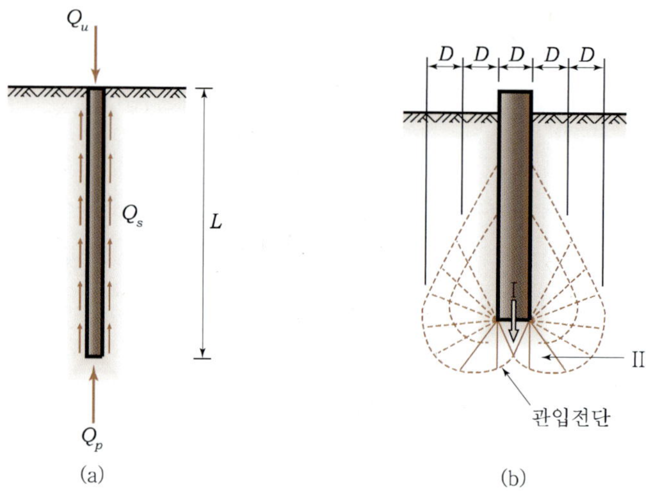

그림 12-8 외말뚝의 극한지지력

극한하중상태에서 말뚝선단 주위 흙의 파괴면은 그림 12-8(b)와 같이 관입(punching)파괴의 모양이 된다. 말뚝선단에 삼각형영역이 발생하여 뚜렷한 활동파괴면이 없이 아래방향으로 밀려 내려가며, 조밀한 사질토나 단단한 점성토에서는 전단영역 II가 부분적으로 발생한다.

12.5.3 지지력의 감소요인

말뚝의 축방향 허용지지력은 지반의 허용지지력과 말뚝재료의 허용하중 이외에도 다음 값을 고려하여 결정하여야 한다.

1. 말뚝이음에 의한 지지력의 감소

2. 장경비(長徑比, 세장비)에 따른 지지력의 감소
3. 무리말뚝(group pile, 군항) 효과
4. 말뚝의 침하량
5. 부마찰력

말뚝을 이음 시공하면 이음면의 불균일, 재료 변화에 의한 응력집중, 휨강성의 감소, 항타시 이음부의 피로 등에 의하여 말뚝재료의 허용하중이 감소할 가능성이 있다.

긴 말뚝은 휨이 일어날 가능성이 많고, 항타시 타격에너지가 크게 되어 말뚝에 손상을 입히기 쉬우며, 현장타설 콘크리트말뚝이 길면 단면 및 품질의 균질성을 유지하기 어려우므로, 말뚝의 허용하중이 감소한다.

12.6 정역학적 지지력공식에 의한 선단지지력의 산정

12.6.1 선단지지력

말뚝기초의 선단에서의 단위면적당 극한지지력 q_p는 얕은 기초의 극한지지력 공식과 유사하게 다음 식과 같이 나타낼 수 있다.

$$q_p = cN_c^* + \gamma DN_\gamma^* + q'N_q^* \tag{12.3}$$

여기서, D는 말뚝선단의 폭 또는 직경이고, N_c^*, N_γ^*, N_q^*는 형상계수와 깊이계수를 고려한 지지력계수이다.

말뚝의 폭 D는 상대적으로 매우 작기 때문에 두 번째 γDN_γ^*항을 생략하여도 큰 차이가 생기지 않으며, 식 (12.3)은 다음 식과 같이 된다.

$$q_p = cN_c^* + q'N_q^* \tag{12.4}$$

따라서, 말뚝의 선단지지력 Q_p는 다음과 같이 된다.

$$Q_p = q_p A_p = (cN_c{}^* + q' N_q{}^*)A_p \tag{12.5}$$

여기서, q_p = 단위면적당 선단지지력
A_p = 말뚝선단의 면적
c = 말뚝선단 주위 흙의 점착력
q' = 말뚝선단 깊이에서의 유효연직응력
$N_c{}^*$, $N_q{}^*$ = 지지력계수

지지력계수 $N_c{}^*$, $N_q{}^*$를 구하는 방법에는 여러 가지가 있으며, 다음 절에서 Meyerhof방법에 대해 설명한다.

개단강관말뚝을 관입하는 동안에 흙과 강관벽 사이의 마찰로 인하여 강관 내부에 흙마개(soil plug)가 형성되며, H형 강말뚝에서도 관입하는 동안에 플랜지 사이에 흙마개가 형성된다.

개단강관말뚝이나 H형 강말뚝이 지지층 속으로 직경의 5배 이상 관입된 경우에는 말뚝의 단면적 A_p나 둘레길이(윤변) p를 계산할 때 폐쇄면적을 고려하여야 한다(그림 12-9). 강관말뚝에서는 다음과 같이 된다.

$$A_p = \frac{\pi D^2}{4} \tag{12.6}$$

$$p = \pi D \tag{12.7}$$

마찬가지로 H형 강말뚝에서는 다음 식과 같이 된다.

$$A_p = d_1 \cdot d_2 \tag{12.8}$$

$$p = 2(d_1 + d_2) \tag{12.9}$$

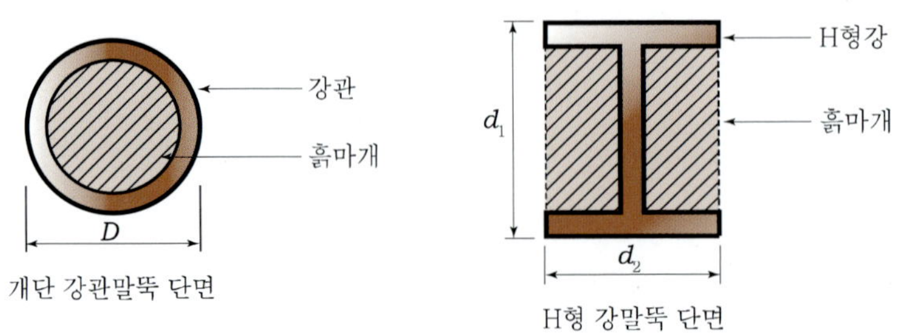

그림 12-9 강말뚝의 흙마개

12.6.2 Meyerhof 방법

사질토에서 말뚝의 단위면적당 선단지지력 q_p는 관입비 L_b/D(말뚝직경 D에 대한 지지층 속으로의 관입깊이 L_b의 비)가 클수록 증가하고, $L_b/D = (L_b/D)_{cr}$ 일 때 최대값이 된다. 균질한 흙에서 L_b는 실제 말뚝의 관입깊이 L과 같다(그림 12-10(a)). 그러나 그림 12-10(b)처럼 말뚝이 연약층을 통해서 지지층에 관입되어 있는 경우에는 $L_b < L$이다.

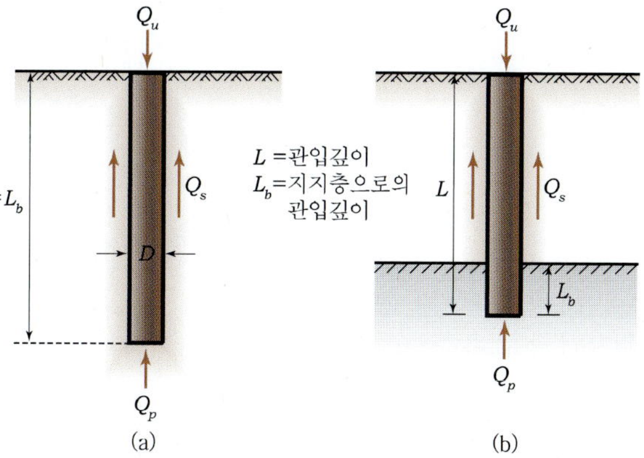

그림 12-10 말뚝의 관입깊이

한계관입비$(L_b/D)_{cr}$보다 큰 깊이에서는 선단지지력 q_p값이 일정하게 되며(즉 $q_p = q_l$), 이것은 균질한 흙의 경우 그림 12-11과 같이 나타낼 수 있다. 흙의 내부마찰각에 따른 한계관입비 $(L_b/D)_{cr}$의 값은 그림 12-12에서 구할 수 있으며, 점선은 N_c*를 구할 때 사용하고, 실선은 N_q*를 구할 때 사용한다.

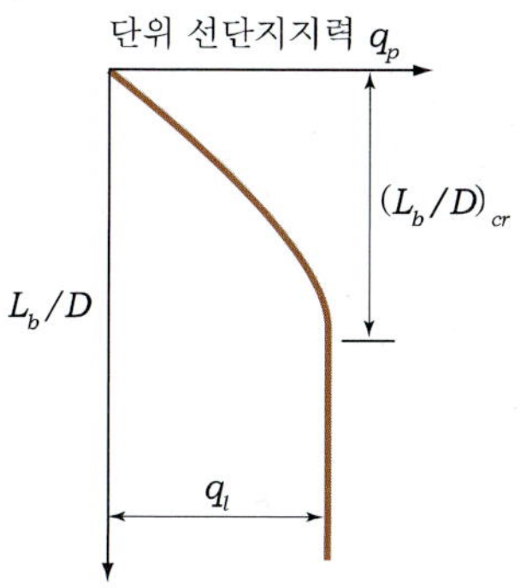

그림 12-11 한계관입비

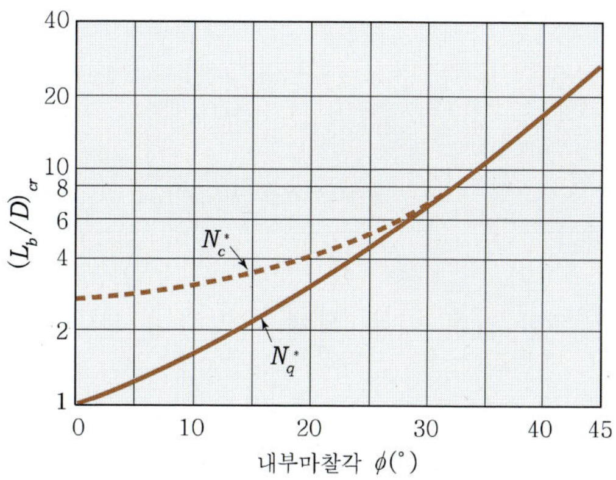

그림 12-12 내부마찰각에 따른 한계관입비$(L_b/D)_{cr}$

지지층의 내부마찰각 ϕ에 따른 지지력계수 N_c*, N_q*의 값은 관입비 L_b/D에 따라 증가하며, $L_b/D = 0.5(L_b/D)_{cr}$가 될 때 최대값이 된다. 실제로 대부분의 경우 말뚝의 관입비 L_b/D는 $0.5(L_b/D)_{cr}$보다 크므로, 선단지지력 q_p를 구할 때는 그림 12-13과 같은 지지력계수 N_c*, N_q*의 최대값을 사용한다.

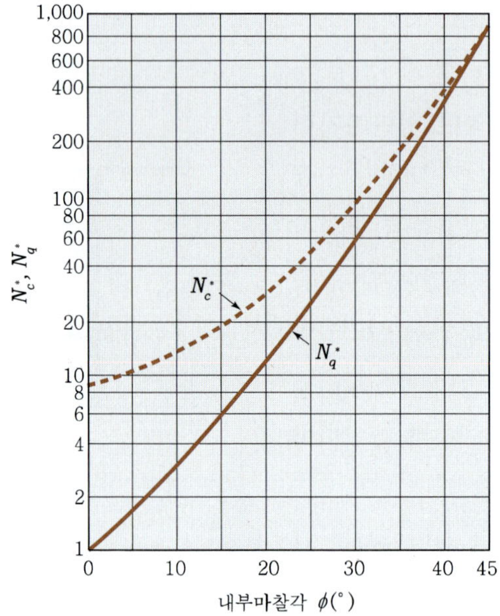

그림 12-13 지지력계수 N_c*, N_q*의 최대값

사질토($c = 0$)에서의 말뚝의 단위면적당 선단지지력 q_p는 식 (12.10)로 구한 값과 식 (12.11)로 구한 값(한계선단지지력)중 작은 값을 사용한다.

$$q_p = q' N_q^* \tag{12.10}$$

$$q_p = 50 N_q^* \tan\phi (\mathrm{kN/m^2}) \tag{12.11}$$

위에서 구한 값을 다음 식에 대입하여 선단지지력 Q_p를 구한다.

$$Q_p = q_p A_p \tag{12.12}$$

비배수상태($\phi = 0$)인 포화 점성토에서의 말뚝의 단위면적당 선단지지력 q_p는 다음 식과 같이 되며, 지지력계수 N_c*값으로는 9를 많이 사용한다. q_p를 식 (12.12)에 대입하여 선단지지력 Q_p를 구한다.

$$q_p = c_u N_c^* = 9 c_u \tag{12.13}$$

여기서, c_u = 말뚝선단 아래 흙의 비배수 점착력

점착력 c와 내부마찰각 ϕ인 점토에서의 말뚝의 선단지지력은 식 (12.5)로 구할 수 있다.

예제 12.1

균질한 사질토($c=0$)에 타입한 콘크리트말뚝의 길이가 10m이고, 말뚝은 직경이 30cm인 원형 단면이다. 사질토의 건조단위중량 γ_d는 18kN/m^3이고 평균 내부마찰각은 35°이다. Meyerhof 방법으로 말뚝의 선단지지력을 구하라.

풀이

균질한 흙이므로 $L_b = L$이며, $\phi = 35°$일 때 그림 12-13에서 $N_q{}^* = 120$

단위면적당 선단지지력은 식 (12.10) 및 식 (12.11)에서

$$q_p = q' N_q{}^* = (18 \times 10) \times 120 = 21{,}600\,\text{kN/m}^2$$

$$q_p = 50 N_q{}^* \tan\phi = 50 \times 120 \times \tan 35° = 4{,}201\,\text{kN/m}^2$$

두 값 중 작은 값 $q_p = 4{,}201\,\text{kN/m}^2$를 사용한다.

식 (12.12)에서 선단지지력

$$Q_p = q_p A_p = 4{,}201 \times \frac{\pi \times 0.3^2}{4} = 296.8\,\text{kN}$$

예제 12.2

점착력이 100kN/m^2인 점토지반에 타입된 강관말뚝의 선단지지력을 구하라. 말뚝의 직경은 40cm, 관입깊이는 30m이다.

풀이

식 (12.13)에서 단위면적당 선단지지력

$$q_p = c_u N_c{}^* = 9 c_u = 9 \times 100 = 900\,\text{kN/m}^2 = 900\,\text{kPa}$$

식 (12.12)에서 선단지지력

$$Q_p = q_p A_p = 900 \times \frac{\pi \times 0.4^2}{4} = 113\,\text{kN}$$

12.7 정역학적 지지력공식에 의한 마찰지지력의 산정

말뚝주면의 마찰지지력 Q_s는 다음과 같이 나타낼 수 있다.

$$Q_s = f A_s = f p L \tag{12.14}$$

여기서, f = 임의 깊이 z에서의 단위면적당 마찰지지력
A_s = 말뚝의 표면적
p = 말뚝단면의 둘레길이(윤변)
L = 말뚝길이(그림 12-14(a))

12.7.1 사질토에서의 마찰지지력

임의 깊이에서의 말뚝의 단위면적당 마찰지지력 f는 다음과 같이 구할 수 있다.

$$f = K\sigma_v{}' \tan\delta \tag{12.15}$$

여기서, K = 토압계수
$\sigma_v{}'$ = 임의 깊이에서의 유효연직응력
δ = 흙과 말뚝 사이의 마찰각

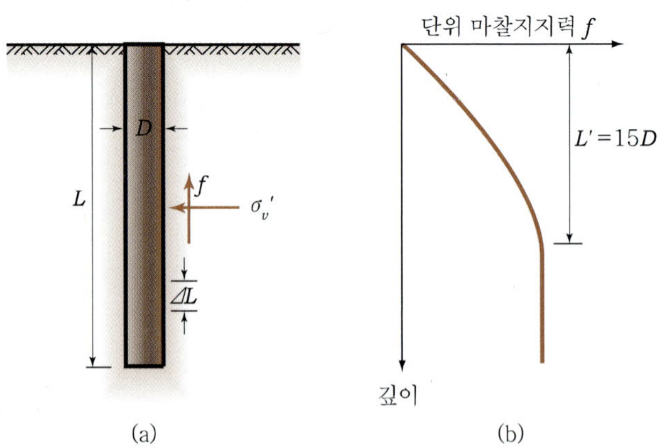

그림 12-14 사질토에서의 마찰지지력

식 (12.15)의 유효연직응력 $\sigma_v{}'$는 말뚝깊이에 따라 증가하지만, 말뚝직경의 15배 되는 깊이까지만

증가하고, 그 아래의 깊이에서는 일정한 값이 되는 것으로 본다(그림 12-14(b)). 흙과 말뚝 사이의 마찰각 δ값은 $0.5\phi \sim 0.8\phi$의 범위에서 선택하여 사용한다.

토압계수 K값은 깊이에 따라 변하지만, 근사적으로 말뚝상부에서는 Rankine의 수동토압계수 K_p와 거의 같고, 말뚝선단에서는 정지토압계수 K_o보다 작은 값이 되며, K값은 말뚝의 설치방법에 따라서도 달라진다. 평균적으로 다음과 같은 K값을 사용하는 것이 좋다.

1. 굴착말뚝 : $K = K_o = 1 - \sin\phi$
2. 타입말뚝(소배토말뚝) : $K = K_o \sim 1.4K_o$
3. 타입말뚝(배토말뚝) : $K = K_o \sim 1.8K_o$

구조물기초 설계기준 해설에서는 흙과 말뚝 사이의 마찰각 δ값으로 콘크리트말뚝이나 나무말뚝에서는 0.75ϕ, 강말뚝에서는 20°를 추천하고 있으며, 토압계수 K값으로는 표 12.2와 같은 값을 추천하고 있다.

표 12.2 타입말뚝 및 굴착말뚝의 K값

말뚝 종류		K	
		느슨한 사질토	조밀한 사질토
타입 말뚝	사수말뚝	0.4	0.9
	H형 강말뚝	0.5	1.0
	배토말뚝	1.0	1.5
	쐐기형 배토말뚝	1.5	2.0
굴착말뚝		0.7	

예제 12.3

균질한 사질토($c = 0$)에 타입한 콘크리트 말뚝의 길이가 10m이고, 말뚝은 직경이 30cm인 원형 단면이다. 사질토의 건조단위중량 γ_d는 18kN/m^3이고 평균 내부마찰각은 35°이다. 말뚝의 마찰지지력을 구하라(단, $K = 1.4$, $\delta = 0.6\phi$).

풀이

임의 깊이에서의 단위면적당 마찰지지력

$$f = K\sigma_v{}' \tan\delta$$

연직응력 $\sigma_v{}'$는 $L' = 15D = 15 \times 0.3 = 4.5\text{m}$까지 증가하고, 그 아래에서는 일정한 값으로 본다.

깊이 $z=0$m 에서의 단위면적당 마찰지지력

$$f=K\sigma_v{}'\tan\delta=1.4\times0\times\tan(0.6\times35)=0\text{kN/m}^2$$

깊이 $z=4.5$m 에서의 단위면적당 마찰지지력

$$f=K\sigma_v{}'\tan\delta=1.4\times(4.5\times18)\times\tan(0.6\times35)=435\text{kN/m}^2$$

$z=0\sim4.5$m 에서의 마찰지지력

$$Q_s=f_{av}A_s=f_{av}pL'=\frac{0+43.5}{2}\times(\pi\times0.3)\times4.5=92.2\text{kN}$$

$z=4.5\sim10$m 에서의 마찰지지력

$$Q_s=f_{av}A_s=f_{av}p(L-L')=43.5\times(\pi\times0.3)\times(10-4.5)=225.4\text{kN}$$

전체 마찰지지력

$$Q_s=92.2+225.4=317.6\text{kN}$$

예제 12.4

예제 12.1과 예제 12.3에서, 말뚝의 허용지지력을 구하라(안전율 3).

풀이

극한지지력 $Q_u=Q_p+Q_s=296.8+317.6=614.4\text{kN}$

허용지지력 $Q_a=\dfrac{Q_u}{FS}=\dfrac{614.4}{3}=204.8\text{kN}$

12.7.2 점성토에서의 마찰지지력

점토층에서의 단위면적당 마찰지지력 f는 다음과 같이 구할 수 있다.

$$f=\alpha c_u \tag{12.16}$$

여기서, α = 부착력계수

c_u = 비배수 점착력

α값은 점토의 비배수 점착력에 따른 값으로 그림 12-15에서 구할 수 있으며, c_u가 약 5t/m^{2}보다 작은 정규압밀점토인 경우 α값은 1이 된다.

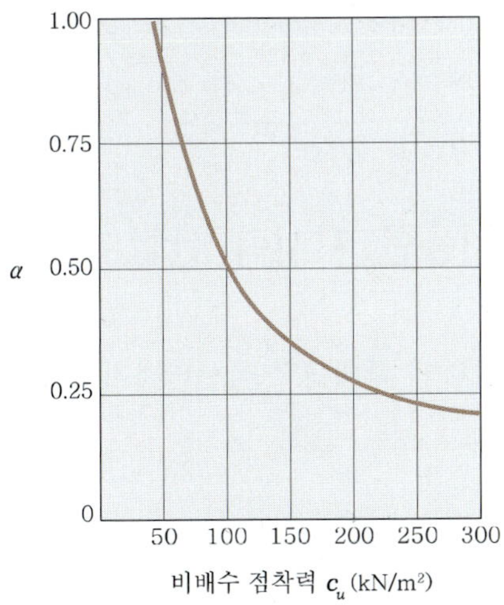

그림 12-15 α값

예제 12.5

그림 12-16과 같은 점토지반에 직경 40cm인 강관 말뚝을 타입하였을 때 마찰지지력을 구하라.

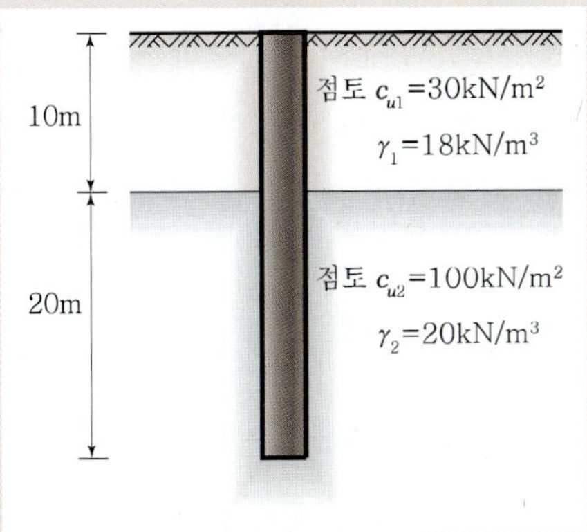

그림 12-16 예제 12.5

풀이

식 (12.14)에서 $Q_s = fA_s = fpL$

식 (12.16)에서 $f = \alpha c_u$

따라서, $Q_s = \alpha c_u pL$

상부토층에서 $c_{u1} = 30\,\text{kN/m}^2$일 때, 그림 12-15에서 $\alpha_1 = 1.0$

하부토층에서 $c_{u2} = 100\,\text{kN/m}^2$일 때, 그림 12-15에서 $\alpha_2 = 0.5$

$Q_s = \alpha_1 c_{u1}(\pi \times 0.4) \times 10 + \alpha_2 c_{u2}(\pi \times 0.4) \times 20$

$$= 1\times30\times(\pi\times0.4)\times10+0.5\times100\times(\pi\times0.4)\times20$$
$$= 376.8+1{,}256 = 1{,}632.8\,\text{kN}$$

12.8 표준관입시험결과를 이용한 지지력 산정

Meyerhof는 사질토에 타입된 말뚝의 단위면적당 선단지지력 q_p를 표준관입시험치 N으로부터 구하는 다음과 같은 식을 제안하였다.

$$q_p(\text{kN/m}^2) = 40\,N\frac{L_b}{D} \le 400N \tag{12.17}$$

여기서, N = 말뚝선단 부근(말뚝선단 위쪽으로 $10D$와 선단 아래로 $4D$ 사이)의 평균 표준관입시험치

L_b = 조밀한 층으로의 관입깊이이며, 균질한 흙에서는 전체 관입깊이

또 Meyerhof는 사질토에 설치된 말뚝의 단위면적당 마찰지지력 f를 표준관입시험치 N으로부터 구하는 식을 제안하였다. 체적변위가 큰 타입말뚝(배토말뚝)은 식 (12.18)을 사용하고, 체적변위가 작은 타입말뚝(소배토말뚝)이나 매입말뚝(천공말뚝)은 식 (12.19)를 사용한다.

$$f(\text{kN/m}^2) = 2N \tag{12.18}$$

$$f(\text{kN/m}^2) = 1N \tag{12.19}$$

여기서, N = 말뚝의 전체 관입깊이에 대한 표준관입시험치의 평균값

점성토에 설치된 말뚝의 단위면적당 마찰지지력 f는 식 (12.20)으로 구할 수 있다.

$$f(\text{kN/m}^2) = 5N \tag{12.20}$$

예제 12.6

균질한 사질토($c=0$)에 타입한 콘크리트 말뚝의 길이가 10m이고, 말뚝은 직경이 30cm인 원형 단면이다. 사질토의 표준관입시험치 N이 16으로 균일할 때, 말뚝의 선단지지력과 마찰지지력을 구하라.

풀이

$$q_p = 40N\frac{L_b}{D} = 40\times16\times\frac{10}{0.3} = 21.333\,\text{kN/m}^2$$

$$q_p = 400\times16 = 6{,}400\,\text{kN/m}^2$$

따라서, 작은 값 $6{,}400\,\text{kN/m}^2$ 사용

선단지지력 $Q_p = q_p A_p = 6{,}400\times\dfrac{\pi\times0.3^2}{4} = 452\,\text{kN}$

$$f = 2N = 2\times16 = 32\,\text{kN/m}^2$$

마찰지지력 $Q_s = fA_s = fpL = 32\times(\pi\times0.3)\times10 = 301.4\,\text{kN}$

12.9 항타공식에 의한 지지력 산정

말뚝을 타입하면서 말뚝의 지지력을 구하는 공식을 항타공식 또는 동적 지지력공식(dynamic formular)이라고 하며, 예정된 깊이에서 말뚝의 지지력이 충분한지를 판단하기 위하여 많이 사용된다.

항타공식은 매우 간편하지만 정밀도가 떨어진다. 점성토에 말뚝을 타입하면 흙이 흐트러져서 주면마찰이 일시적으로 감소하므로 항타공식은 전혀 믿을 수 없으며, 건조한 사질토나 입자가 굵고 젖은 사질토에서 사용하는 것이 좋다.

항타공식으로 구한 말뚝의 지지력은 해머의 효율에 따라 크게 차이가 나므로 항타공식은 사용하지 않는 것이 좋으며, 해머의 효율을 실측한 경우에 한하여 시공관리의 목적으로만 사용하여야 한다.

12.9.1 ENR공식(Engineering News Record formular)

항타공식은 말뚝해머의 타격에너지와 말뚝이 흙속으로 관입하기 위하여 한 일은 같다는 일-에너지 이론에 근거를 둔 것으로서, 말뚝에 가한 타격에너지는 해머의 기계적 마찰, 충격, 말뚝과 흙의 일시적인 압축 등으로 인하여 일부분이 손실된다. 이것을 식으로 나타내면 다음과 같이 된다.

해머의 타격에너지 = 관입에너지 + 손실에너지
= 말뚝저항력 × 말뚝의 관입량 + 말뚝저항력 × 손실량 (12.21)

말뚝저항력이 말뚝의 극한지지력 Q_u 이며, 다음과 같이 된다.

$$W_r h = Q_u S + Q_u C = Q_u (S + C) \tag{12.22}$$

$$Q_u = \frac{W_r h}{S + C} = \frac{H_e e}{S + C} \tag{12.23}$$

여기서, W_r = 램(ram)의 무게

h = 램의 낙하높이(cm)

S = 1회 타격당 말뚝의 관입량(cm)

C = 손실상수

H_e = 해머의 타격에너지

e = 해머효율

에너지손실을 고려하기 위하여 한 개의 상수 C 를 사용하며, 드롭해머에서는 $C = 2.5$cm, 증기해머에서는 $C = 0.25$cm 를 사용한다.

ENR공식은 손실상수를 임의로 정하였기 때문에 부정확하므로, 허용지지력을 구할 때 안전율 6을 사용한다.

말뚝의 관입량 S는 최종 단계에서 여러 차례의 타입으로부터 구한 평균값을 사용한다. 말뚝과 흙의 일시적인 탄성압축량은 그림 12-17과 같은 말뚝의 항타궤적(pile driving trace)으로부터 구할 수 있으며, 말뚝캡의 압축량은 항타시 말뚝캡에 작용하는 응력을 추정하여 구하여야 한다.

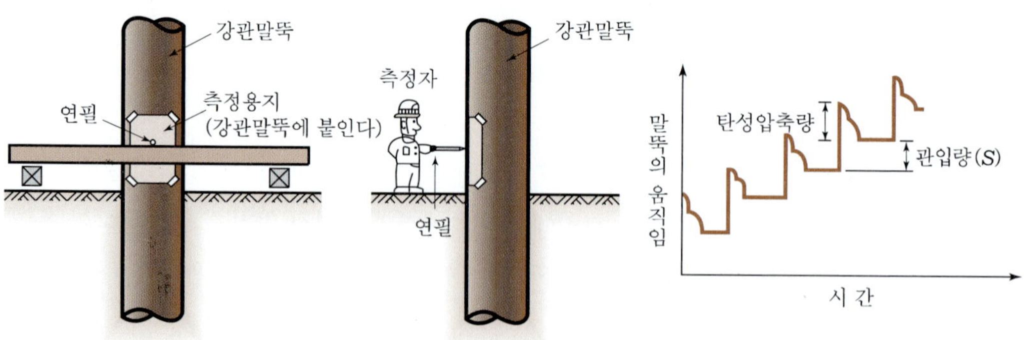

그림 12-17 말뚝 관입량의 측정

12.9.2 Hiley 공식

Hiley공식은 해머효율 이외에 타격효율을 고려하고, 에너지손실을 3가지로 나누어 구한 것으로, 극한지지력 Q_u를 구하는 식은 다음과 같다.

$$Q_u = \frac{W_r\,h\,e}{S + \dfrac{C_1 + C_2 + C_3}{2}} \frac{W_r + n^2 W_p}{W_r + W_p} \tag{12.24}$$

여기서, C_1, C_2, C_3 = 말뚝캡, 말뚝, 흙의 일시적인 탄성압축량(cm)

W_p = 말뚝의 무게

n = 말뚝캡과 램 사이의 반발계수

Hiley공식은 사질토에 타입하는 말뚝의 지지력을 구하는 데는 비교적 정확하며, 극한지지력을 안전율 3으로 나누어 허용지지력을 구한다.

해머의 종류에 따른 효율 e는 표 12.3과 같고, 말뚝의 재질에 따른 반발계수 n의 값은 표 12.4와 같다.

표 12.3 해머효율 e

해머의 종류	효율 e
단동해머, 복동해머	0.7~0.85
디젤해머	0.8~0.9
드롭해머	0.7~0.9

표 12.4 반발계수 n

말뚝 재질	반발계수 n
주철해머와 콘크리트말뚝	0.4~0.5
강말뚝 위에 목재쿠션	0.3~0.4
나무말뚝	0.25~0.3

ENR공식은 오랫동안 여러 차례 수정되어 왔으며, 최근의 수정 ENR공식은 다음과 같다.

$$Q_u = \frac{W_r\,h\,e}{S + 0.25} \frac{W_r + n^2 W_p}{W_r + W_p} \tag{12.25}$$

예제 12.7

직경이 0.3m인 콘크리트 말뚝을 증기해머로 타입하였을 때, 식 (12.23), 식 (12.25)를 이용하여 말뚝의 허용지지력을 구하라.

해머의 타격에너지 = 36kN · m　　램의 무게 = 40kN
말뚝의 전체길이 = 20m　　해머 효율 = 0.8
반발계수 = 0.45　　말뚝캡의 무게 = 3kN
마지막 25mm 관입에 필요한 타격횟수 = 5
콘크리트의 단위중량 = 24kN/m^3

풀이

(1) 식 (12.23)(ENR공식) 사용(안전율 6)

$$Q_u = \frac{W_r\,h}{S+C} = \frac{H_e\,e}{S+C}$$

$$= \frac{(36\times 100)\times 0.8}{2.5/5+0.25} = 3{,}840\,\text{kN}$$

$$Q_a = \frac{Q_u}{FS} = \frac{384}{6} = 640\,\text{kN}$$

(2) 식 (12.25)(수정 ENR공식) 사용(안전율 5)

$$Q_u = \frac{W_r\,h\,e}{S+0.25}\;\frac{W_r+n^2W_p}{W_r+W_p}$$

W_p = 말뚝의 무게($A_p\,L\,\gamma_c$)+캡의 무게

$$= (\pi\times 0.3^2/4)\times 20\times 24+3 = 33.9+3 = 36.9\text{kN}$$

$$Q_u = \frac{(36\times 100)\times 0.8}{0.5+0.25}\times\frac{40+0.45^2\times 36.9}{40+36.9} = 3{,}840\times 0.62 = 2{,}381\text{kN}$$

$$Q_a = \frac{Q_u}{FS} = \frac{2{,}381}{5} = 476.2\,\text{kN}$$

12.10 말뚝재하시험

말뚝의 지지력을 구하는 방법 중 가장 신뢰할 수 있는 방법은 말뚝재하시험(pile load test)이다. 말뚝재하시험은 말뚝을 설계깊이까지 설치한 후 일련의 하중을 가하여 생기는 말뚝의 침하량을 측정하여 하중-침하량 곡선을 구하고, 말뚝의 극한하중이나 허용침하량 이내에서 지지할 수 있는 하중의

크기를 구하는 시험이다.

말뚝재하시험에는 정재하시험(static pile load test), 동재하시험(dynamic pile load test) 등 여러 방법이 있으며, 이들 중 정재하시험이 가장 신뢰성이 높은 편이다.

정재하시험에는 압축시험, 인발시험 및 횡방향시험 등이 있으며, 여기서는 압축시험에 대해서만 설명한다.

말뚝의 압축재하시험에는 설계하중의 2~3배 크기의 재하하중이 필요하다. 재하방법으로는 그림 12-18(a)와 같이 재하장치 위에 콘크리트 블록이나 철근 등을 직접 설치하여 사하중을 가하는 방법과, 그림 12-18(b)와 같이 반력말뚝의 인발저항력을 이용하여 유압잭(hydraulic jack)으로 하중을 가하는 방법이 있다. 또 반력말뚝 대신에 지중앵커나 지하연속벽을 이용하는 경우도 있다. 말뚝의 침하량은 다이알 게이지(dial gage)를 사용하여 측정한다.

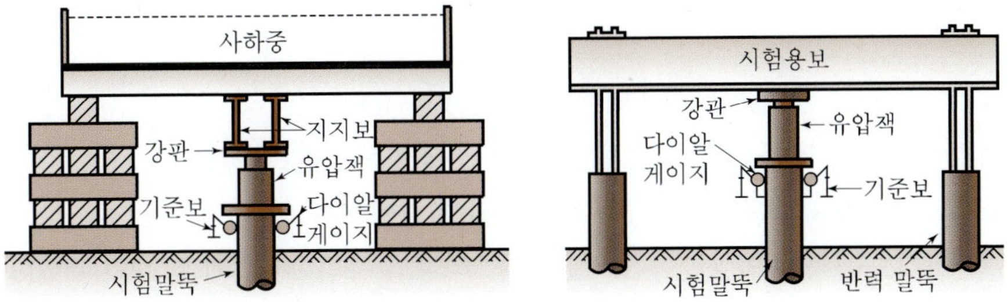

(a) 사하중 재하 방법 (b) 반력말뚝 사용 방법

그림 12-18 말뚝재하시험 장치

사질토지반에 타입한 말뚝의 재하시험은 말뚝타입 후 3~4일 지나면 실시할 수 있으나, 점토지반에 타입한 말뚝의 재하시험은 말뚝타입 후 30~60일 이상 경과한 후에 실시해야 한다. 이는 말뚝 타입시 교란된 점토의 강도가 원래대로 회복되는 데 상당한 시간이 걸리기 때문이다.

점토지반에 타입한 말뚝의 지지력은 시간에 따라 증가하고, 사질토지반에 타입한 말뚝의 지지력은 시간경과와 관계없이 일정한 경향이 있다. 그러나 최근에 사질토지반에서도 시간이 경과하면 지지력이 증가하는 사례가 많이 알려지고 있다.

말뚝재하시험은 현장을 대표할 수 있는 곳에서 실시해야 하며, 전체 말뚝 개수의 1% 이상 또는 구조물별로 1회 실시하는 것이 좋으며, 지반이 불규칙하거나 말뚝의 종류가 바뀔 경우에는 추가로 실시한다. 또 시험말뚝의 길이, 직경, 설치방법 등과 같은 말뚝의 특성은 실제로 시공될 말뚝의 특성과 같아야 한다.

동일한 지반에서도 말뚝의 압축지지력이 말뚝 시공 후 시간의 경과에 따라 변화하기도 하므로, 시공 직후 및 일정한 시간이 경과한 후에 두 차례 재하시험을 실시하여 시간경과 효과를 확인하여야 한다.

12.11 부마찰력

말뚝을 압밀침하 가능성이 있는 지반에 설치하는 경우에는 부마찰력을 고려하여야 한다. 부마찰력(negative skin friction, down drag)은 말뚝 주위의 흙이 말뚝을 아래방향으로 끌어내리는 힘을 말하며, 부주면마찰력이라고도 한다(그림 12-19).

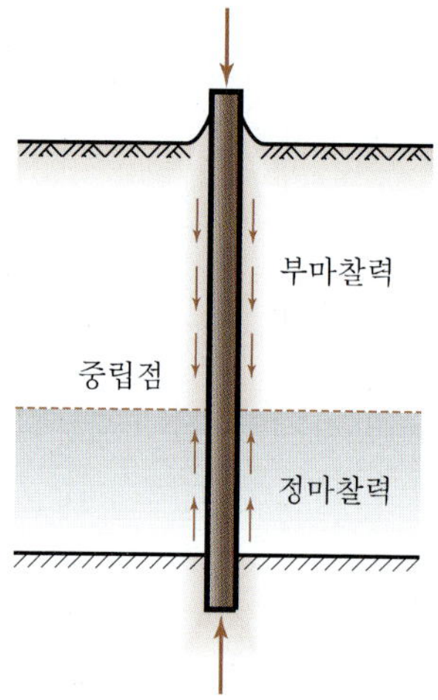

그림 12-19 부마찰력

부마찰력은 말뚝 주위의 흙의 침하가 말뚝의 침하량보다 클 경우에 발생하며, 이러한 현상은 포화 점토층에 타입된 선단지지말뚝에서 쉽게 발생할 수 있다. 포화 점토층에 새로운 성토를 하거나 지하수위가 저하되면 점토층에는 압밀침하가 크게 일어나지만 말뚝은 선단 부분이 구속되어 침하가 작게 일어나서 말뚝에 대해서 하향의 부마찰력이 발생하게 된다.

말뚝주변 지반의 압밀침하량은 지표면에서 최대이고 깊이에 따라 감소한다. 지반침하량이 말뚝의 침하량보다 큰 부분에서는 하향(부, −)의 주면마찰력이 작용하고, 지반침하량이 말뚝의 침하량보다 작은 부분에서는 상향(정, +)의 주면마찰력이 작용한다. 하향의 주면마찰력과 상향의 주면마찰력의 경계점을 중립점이라고 한다.

말뚝을 아래방향으로 끌어내리는 부마찰력이 지나치게 크면 기초의 파괴를 유발시킬 수도 있다. 부마찰력이 발생할 가능성이 있는 지역에서는 부마찰력의 크기를 구하여 말뚝의 지지력에서 빼주어야 한다.

말뚝을 아래로 끌어 내리는 부마찰력을 줄이기 위한 방법에는 말뚝을 아스팔트로 코팅하는 방법, 케이싱(casing) 안에 말뚝을 박아서 말뚝과 지반을 분리하는 방법, 말뚝직경보다 큰 구멍을 미리 만들고 말뚝을 설치한 다음 그 사이를 마찰특성이 작은 벤토나이트용액으로 채우는 방법 등이 있으며, 표면적이 작은 말뚝(H형 강말뚝)을 사용하는 것도 한 방법이다.

12.12 무리말뚝

대부분의 경우 말뚝은 구조물 하중을 흙에 전달하기 위해 여러 개를 함께 사용하며(그림 12-20), 이를 무리말뚝(군항, group pile)이라고 한다. 무리말뚝 상부를 연결하는 콘크리트판을 말뚝캡(pile cap, 말뚝기초판) 또는 확대기초(footing, 푸팅)이라고 하며, 이는 대개 지면과 접하나, 해상플랫폼을 건설할 경우에는 지면보다 상당히 위에 놓이기도 한다.

무리말뚝의 지지력 결정은 매우 복잡한 문제로서 아직 완전히 해결되지 않고 있다. 말뚝을 근접하여 설치하는 경우, 말뚝에 의해서 흙으로 전달되는 응력이 겹치게 되어서 말뚝의 지지력은 감소하게 되며, 이를 무리말뚝 효과라고 한다(그림 12-21). 그러나 암반이나 사질토지반에 타입된 말뚝의 경우에는 지지층내의 응력집중이 크게 문제가 되지 않으므로, 무리말뚝 효과를 고려하지 않아도 된다.

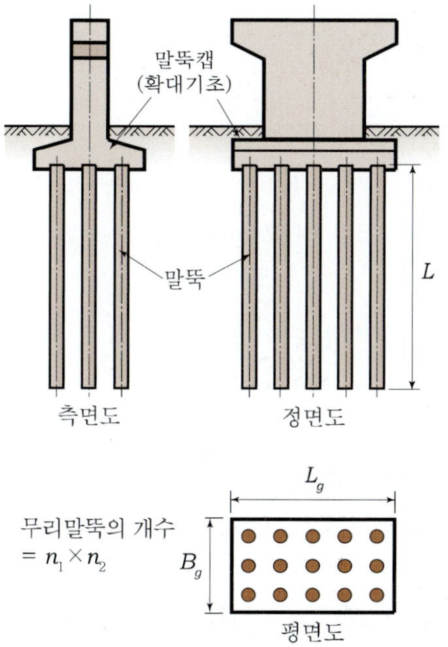

그림 12-20 무리말뚝

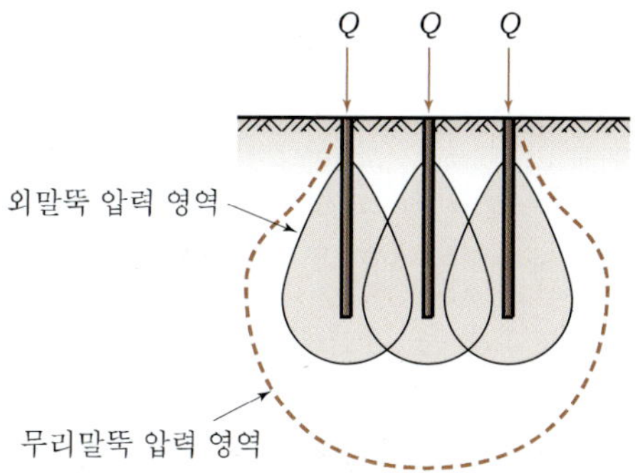

그림 12-21 무리말뚝의 지지력

무리말뚝과 외말뚝(단항, single pile)의 차이점은 다음과 같다.

1. 일반적으로 무리말뚝의 지지력은 외말뚝의 지지력을 합한 값보다 작다.
2. 무리말뚝의 침하량은 동일한 규모의 하중을 받는 외말뚝의 침하량보다 크다.
3. 무리말뚝의 효율성은 외말뚝의 효율성보다 작다.

12.13 무리말뚝의 지지력

무리말뚝의 지지력 Q_g는 다음과 같이 구할 수 있다.

$$Q_g = \eta \sum Q_u \tag{12.26}$$

여기서, $\eta =$ 무리말뚝의 효율

$Q_u =$ 외말뚝의 극한지지력

12.13.1 사질토지반의 무리말뚝의 지지력

사질토지반에 설치한 마찰말뚝의 무리말뚝의 효율은 다음과 같이 구할 수 있다. 그림 12-20에서 말뚝이 $L_g \times B_g \times L$인 블록(block)으로 작용한다면 마찰지지력은 $Q_g = f\,p_g\,L$가 된다. 여기서, $p_g =$ 블록단면의 윤변 $= 2(n_1 + n_2 - 2)d + 4D$이고, $f =$ 단위면적당 마찰지지력, $n_1 \times n_2$는 말뚝의 개수, d는 말뚝의 중심간격, D는 말뚝의 직경이다.

각개로 작용하는 외말뚝 하나의 마찰지지력은 $Q_u = f\,p\,L$이고, $p =$ 말뚝 단면의 윤변이다. 따라서 무리말뚝의 효율은 다음과 같이 된다.

$$\eta = \frac{\text{무리말뚝의 지지력 } Q_g}{\text{외말뚝의 지지력의 합 } \sum Q_u} = \frac{f[2(n_1 + n_2 - 2)d + 4D]L}{n_1\, n_2\, f\, p\, L} = \frac{2(n_1 + n_2 - 2)d + 4D}{n_1\, n_2\, p} \tag{12.27}$$

식 (12.27)에서 말뚝의 중심 간격 d가 큰 경우에는 효율 $\eta > 1$이 되며, 말뚝들은 외말뚝으로 거동하게 되는 것으로 $\eta = 1$로 간주한다.

무리말뚝의 효율은 다음과 같은 Converse-Labarre식을 사용해서 구할 수도 있다.

$$\eta = 1 - \frac{n_1(n_2 - 1) + n_2(n_1 - 1)}{90\, n_1\, n_2}\theta \tag{12.28}$$

여기서, $\theta(^\circ) = \tan^{-1}\dfrac{D}{d}$

$d \geq 3D$로 사질토에 타입된 말뚝의 경우에는 무리말뚝의 효율을 1로 보며, $d = 3D$의 간격으로 사질토에 매입된 천공 무리말뚝의 경우에는 무리말뚝의 효율을 2/3~3/4으로 본다. 암반에 설치한 말뚝의

경우에는 무리말뚝의 효율을 1로 본다. H형 강말뚝이나 정사각형 말뚝에서의 D값은 말뚝단면의 대각선길이와 같다.

지반에 설치한 말뚝캡은 무리말뚝의 지지력을 증가시켜 주는 효과가 있지만, 나중에 흙의 침식이나 굴착으로 인하여 효과가 상실될 가능성이 있으므로, 설계 단계에서는 고려하지 않는다.

예제 12.8

그림 12-20에서 $n_1 = 4$, $n_2 = 3$, $D = 300\text{mm}$, $d = 2.5D$이다. 말뚝의 단면은 원형이고 사질토 지반에 설치되어 있을 때, 식 (12.27)을 사용하여 무리말뚝의 효율을 구하라.

풀이

$$\eta = \frac{2(n_1 + n_2 - 2)d + 4D}{n_1\, n_2\, p}$$

$$d = 2.5D = 2.5 \times 300 = 750\text{mm}$$

$$p = \pi D = 3.14 \times 300 = 942\text{mm}$$

$$\eta = \frac{2(4+3-2) \times 750 + 4 \times 300}{4 \times 3 \times 942} = 0.77 = 77\%$$

예제 12.9

식 (12.28)을 사용하여 예제 12.8을 다시 풀어라.

풀이

$$\eta = 1 - \frac{n_1(n_2 - 1) + n_2(n_1 - 1)}{90\, n_1\, n_2}\theta$$

$$\theta = \tan^{-1}\frac{D}{d} = \tan^{-1}\frac{300}{750} = \tan^{-1}0.4 = 21.8^\circ$$

$$\eta = 1 - \frac{4 \times (3-1) + 3 \times (4-1)}{90 \times 4 \times 3} \times 21.8 = 0.657 = 65.7\%$$

12.13.2 점토지반의 무리말뚝의 지지력

점토지반에 설치한 무리말뚝의 극한지지력은 다음과 같은 방법으로 산정할 수 있다.

1. 외말뚝으로 가정하여 외말뚝의 지지력의 합 $\sum Q_u = n_1 n_2 (Q_p + Q_s)$를 구한다.

외말뚝의 선단지지력 $Q_p = q_p A_p = c_u N_c^* A_p = 9 c_u A_p$

외말뚝의 마찰지지력 $Q_s = f A_s = \alpha c_u p L$

외말뚝의 극한지지력의 합 $\sum Q_u = n_1 n_2 (9 c_u A_p + \alpha c_u p L)$ (12.29)

2. 무리말뚝의 바깥면을 연결한 $L_g \times B_g \times L$의 블록을 가정하여 블록의 극한지지력을 구한다.

블록의 선단지지력 $= q_p A_p = c_u N_c^* (B_g L_g)$

블록의 마찰지지력 $= c_u p_g L = c_u \cdot 2(B_g + L_g) L$

블록의 극한지지력 $\sum Q_u = c_u N_c^* B_g L_g + c_u \cdot 2(B_g + L_g) L$ (12.30)

지지력계수 N_c^*의 값은 그림 12-22에서 구한다.

3. 식 (12.29)와 식 (12.30)의 두 값 중 작은 값이 무리말뚝의 지지력 Q_g이다.

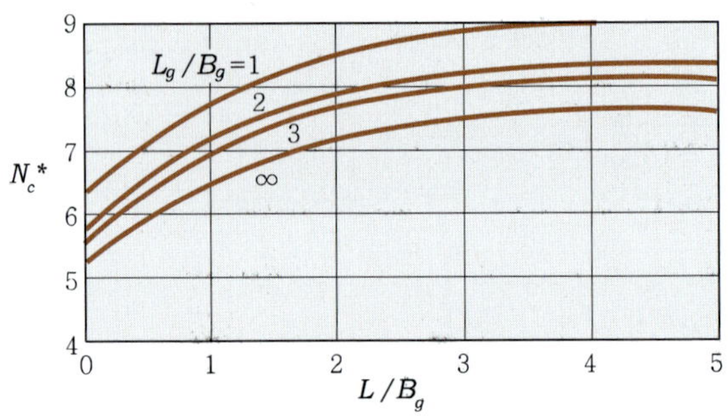

그림 12-22 지지력계수 N_c^*

예제 12.10

그림 12-20에서 $n_1 = 4$, $n_2 = 3$, $D = 300\text{mm}$, $d = 1{,}200\text{mm}$이고, $L = 15\text{m}$이다. 말뚝은 원형 단면이고, $c_u = 70\text{kN/m}^2$인 점토지반에 설치되어 있을 때, 무리말뚝의 허용지지력을 구하라(안전율 4).

풀이

식 (12.29)에서

$$\sum Q_u = n_1 n_2 (9 c_u A_p + \alpha c_u p L)$$

$c_u = 70\text{kN/m}^2$일 때 그림 12-15에서 $\alpha = 0.63$이므로

$$\sum Q_u = 4 \times 3 \times \{9 \times 70 \times (\pi \times 0.3^2/4) + 0.63 \times 70 \times (\pi \times 0.3) \times 15\}$$
$$= 12(44.51 + 623.13) = 8{,}012\text{kN}$$

식 (12.30)에서

$$\sum Q_u = c_u N_c^* B_g L_g + c_u \cdot 2(B_g + L_g) L$$

$$B_g = (n_2 - 1)d + 2 \times \frac{D}{2} = (3-1) \times 1.2 + 2 \times \frac{0.3}{2} = 2.7\text{m}$$

$$L_g = (n_1 - 1)d + 2 \times \frac{D}{2} = (4-1) \times 1.2 + 2 \times \frac{0.3}{2} = 3.9\text{m}$$

그림 12-22에서 $N_c^* = 8.6$

$$\sum Q_u = 70 \times 8.6 \times 2.7 \times 3.9 + 70 \times 2(2.7 + 3.9) \times 15 = 20{,}199\text{kN}$$

따라서, 무리말뚝의 극한지지력 $Q_g = 8{,}012\text{kN} < 20{,}199\text{kN}$

무리말뚝의 허용지지력 $Q_{ga} = \dfrac{Q_g}{FS} = \dfrac{8{,}012}{4} = 2{,}003\text{kN}$

12.14 피어기초의 특징

피어기초는 지반에 구멍을 파고 현장에서 콘크리트를 타설하여 지중에서 양생 제작하는 직경 75cm 이상의 현장타설 콘크리트말뚝(cast-in-place concrete pile)이며, 천공말뚝(bored pile), 굴착피어(drilled pier), 굴착케이슨(drilled caisson), 기초피어(foundation pier) 등도 모두 피어기초와 유사한 의미의 기초이다.

말뚝(pile)과 피어(pier)의 구별은 명확하지 않으나, 말뚝은 피어보다 직경이 작고 주로 타입과 관입에 의하여 시공되는 것이며, 피어는 직경이 약 75cm 이상이며 굴착에 의하여 설치되는 것으로 구분할 수 있다.

피어기초의 종류에는 그림 12-23과 같이 선단지지형 피어기초, 선단관입형 피어기초(socked pier), 선단확대형 피어기초(belled pier) 등이 있다.

피어기초는 구조물기초 바닥까지 구멍을 뚫거나 굴착한 후 콘크리트를 채우며, 지반조건에 따라서

시공시 구멍 주위의 흙이 무너지지 않도록 케이싱(casing)이나 토류판(lagging)을 사용하기도 한다. 피어기초의 직경은 사람이 출입할 수 있을 정도로 충분히 크게 하는 경우가 많다.

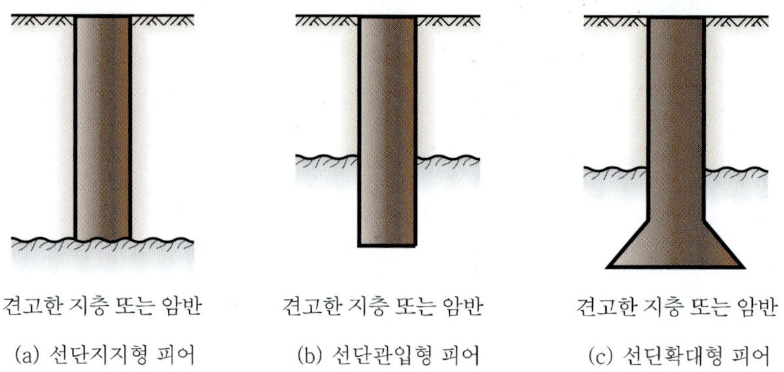

그림 12-23 피어기초의 종류

피어기초의 장점은 다음과 같다.

1. 피어의 지지력은 말뚝의 지지력보다 크기 때문에 소요 개수가 적다.
2. 피어는 큰 수평하중이나 휨모멘트를 받을 수 있다.
3. 조밀한 모래나 자갈층에서는 말뚝을 타입하는 것보다 피어를 설치하는 것이 용이하다.
4. 말뚝 항타시 생기는 소음, 지반진동, 지반융기나 인접말뚝의 변형 등이 발생하지 않는다.
5. 피어의 단면, 길이, 품질 등을 작업중에 변경할 수 있다.
6. 피어의 선단부를 확장할 수 있으므로, 인발력에 대한 저항력이 크다.
7. 굴착된 구멍의 바닥을 사람이 들어가서 직접 검사할 수 있다. 구멍이 작은 말뚝의 경우에는 손전등, 거울, 채취 시료 등을 통하여 지표면에서 육안으로 검사한다.

피어기초의 단점은 다음과 같다.

1. 피어시공을 결정하기 전에 다른 기초보다 더 상세한 지반조사를 하여야 한다.
2. 시공 후 품질검사가 어려우며, 콘크리트 작업시 항상 세심한 감독을 하여야 하고, 날씨가 나쁜 경우에는 작업을 연기하여야 한다.
3. 피어시공을 위한 깊은 굴착이 지반침하와 인접구조물에의 피해를 유발시킬 수 있다.

12.15 피어기초의 시공방법

12.15.1 인력굴착공법(심초공법)

시카고공법(Chicago method)(그림 12-24(a))은 피어의 시공방법 중 가장 오래된 공법의 하나로서, 인력으로 직경 1.1m 이상의 원형구멍을 한번에 0.6~1.8m 정도의 깊이로 굴착하는 방법이다. 굴착된 구멍의 측면은 연직토류판(laggings)을 대고 두 개의 원형 강제 링(ring)으로 고정시킨다. 링을 설치한 후 0.6~1.8m 깊이의 굴착을 계속하고, 굴착이 소요깊이까지 끝난 후 선단부를 확대굴착하고, 구멍을 콘크리트로 채운다.

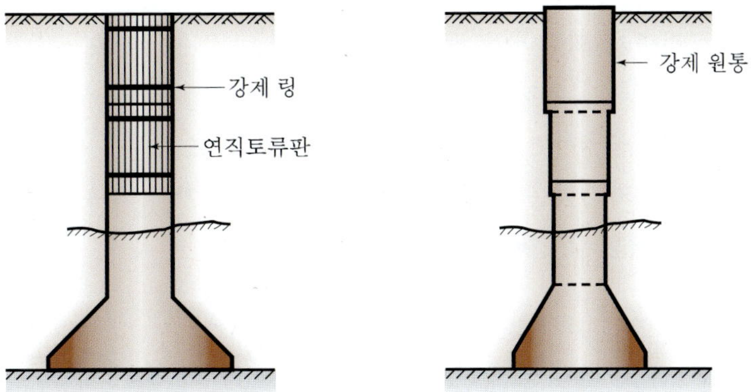

(a) 시카고공법 (b) 가우공법

그림 12-24 인력굴착공법

가우공법(Gow method)(그림 12-24(b))도 인력으로 구멍을 굴착하는 공법으로, 구멍의 직경은 1.2m 이상이고, 구멍의 측면이 무너지지 않도록 중첩식 강제 케이싱(telescopic steel casing)을 사용한다. 케이싱의 직경은 바로 위에 설치한 케이싱의 직경보다 약 50mm 정도 작으며, 케이싱은 콘크리트 타설시 한 번에 한 단면씩 위로 끌어 올린다.

12.15.2 어스드릴공법(earth drill method)

어스드릴공법은 절삭날(cutting edge)이나 절삭톱니(cutting teeth)가 부착된 나선형 오거(open helix auger)를 회전하여 구멍을 굴착하는 공법이다. 켈리(Kelly)라고 불리는 정사각형 축에 부착된 오거를 흙속에 관입하고 회전하며, 날개(flight)에 흙이 채워지면 오거를 지표면 위로 끌어 올린다.

오거의 직경은 여러 가지이며 3m 이상이 되는 것도 있다.

굴착 도중에 암반이 나타나면, 텅스텐 톱니(tungsten carbide teeth)가 부착된 코아통(core barrel)을 회전하여 굴착을 하거나, 무거운 치즐(chisel)을 낙하시켜 굴착을 한다.

또 다른 어스드릴공법으로는 버켓형 드릴(bucket type drill)을 사용하는 방법이 있다. 바닥에 개구부(opening)와 절삭날이 있는 버켓이 켈리축에 부착되어 있고, 버켓을 회전하면 굴착된 흙이 버켓에 모여지고 이것을 주기적으로 끌어 올려서 배토한다.

구멍의 붕괴를 방지하기 위하여 구멍 속에 안정액(벤토나이트용액, 이수)을 채우며, 표층부에는 2~4m 길이의 케이싱을 삽입하기도 한다.

어스드릴공법의 시공순서는 다음과 같다(그림 12-25).

1. 켈리축을 피어 중심에 맞추고 기계를 고정시킨다.
2. 버켓이 부착된 켈리축을 회전하여 굴착을 시작한다.
3. 표층부의 붕괴를 방지하기 위하여 케이싱을 삽입한다.
4. 벤토나이트 안정액을 공급하면서 일정한 깊이까지 굴착을 한다.
5. 굴착토가 구멍바닥에 가라앉은 슬라임(slime, 침전물)을 버켓으로 제거한다. : 1차 처리
6. 지상에서 조립한 철근을 삽입한다.

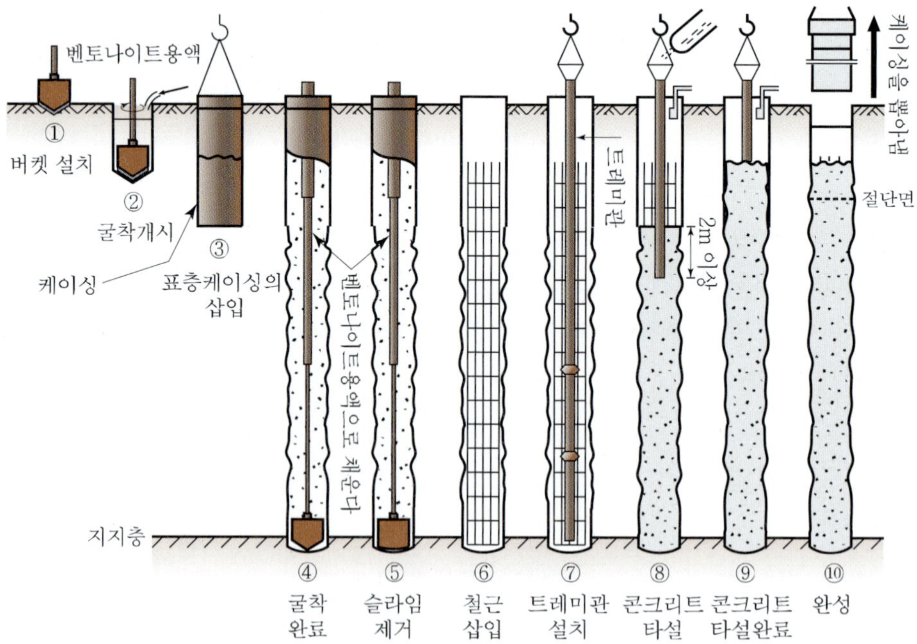

그림 12-25 어스드릴공법의 시공순서

7. 트레미(tremi)관을 설치하고, 안정액 속에 떠 있던 미립자가 서서히 침전된 슬라임을 에어리프트(air lift)나 흡입펌프(suction pump)로 2차 제거한다. : 2차 처리
8. 트레미관을 콘크리트 속에 항상 2m 이상 삽입한 상태로 콘크리트를 타설한다.
9. 콘크리트 타설 완료
10. 케이싱을 뽑아내고, 안정액이나 토사의 혼합 등으로 불량해진 최상부의 콘크리트를 50~80cm 정도 제거한다.

12.15.3 올케이싱공법(all casing method, Benoto공법)

올케이싱공법은 구멍의 붕괴를 방지하기 위하여 전 깊이에 걸쳐 케이싱을 요동 압입하면서 해머그래브(hammmer grab)로 토사를 굴착 배출한 후 콘크리트를 타설하는 공법으로, 베노토공법(Benoto method)이라고도 한다.

올케이싱공법의 시공순서는 다음과 같다(그림 12-26).

1. 피어 중심 위치에 케이싱을 설치한다.
2. 케이싱 안쪽의 흙을 굴착한다.
3. 절삭날이 부착된 길이 6m 정도의 케이싱을 요동(15° 정도의 회전의 반복)하여 마찰력을 저감시키면서 압입한다.
4. 케이싱 안에서 해머그래브를 낙하시켜 흙속에 관입시켜 굴착을 하고, 끌어 올려서 흙을 배출한다.
5. 작업을 반복하여 소정의 깊이까지 굴착을 하고, 슬라임을 제거한다.
6. 지상에서 조립한 철근을 삽입한다.
7. 트레미(tremi)관을 설치한다.
8. 트레미관을 콘크리트 속에 항상 2m 이상 삽입한 상태로 콘크리트를 타설한다.
9. 콘크리트 타설 완료
10. 케이싱을 뽑아내고, 토사의 혼합 등으로 불량해진 최상부의 콘크리트를 50~80cm 정도 제거한다.

올케이싱공법에는 요동식과 회전식이 있으며, 앞에서 설명한 공법은 요동식 올케이싱공법이다. 회전식 올케이싱공법에서는 먼저 굴착비트를 장착한 케이싱을 360° 회전하면서 관입을 한 후에 해머그래브로 토사를 굴착 배출한 후에 콘크리트를 타설한다.

올케이싱공법은 토질조건에 관계없이 시공이 가능하고, 케이싱을 사용하기 때문에 공벽의 붕괴나 여굴을 방지할 수 있으며, 진동과 소음이 적어서 시가지 공사에 적당하다. 반면에 기계가 대형으로 운반 및 작업장소 등에 제한을 받으며, 케이싱을 뽑아 올리는 데 한계가 있으며 철근이 따라 올라올 우려가 있다.

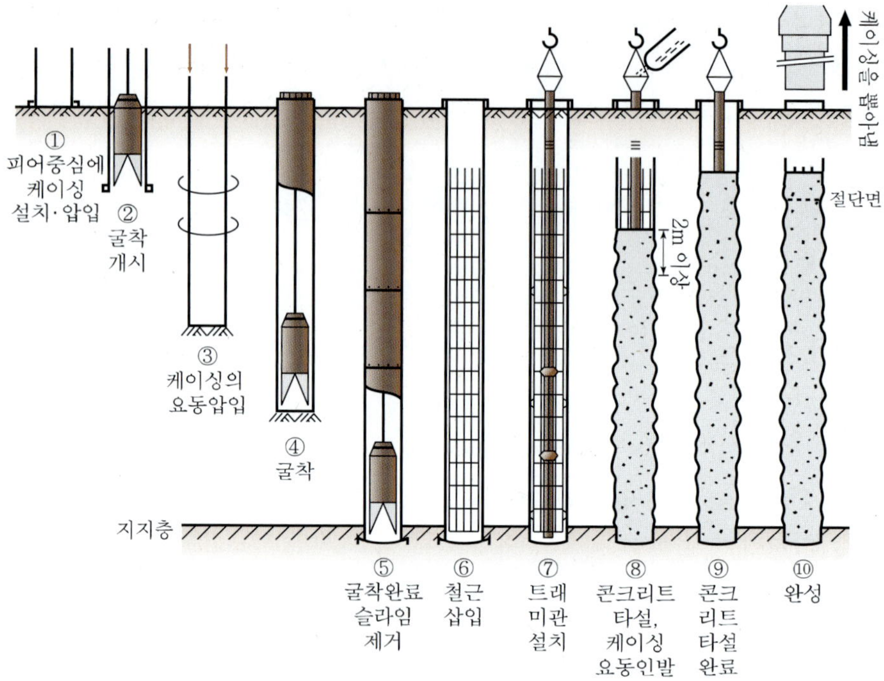

그림 12-26 올케이싱공법의 시공순서

12.15.4 RCD공법(reverse circulation drill method, 리버스공법)

RCD공법은 그림 12-27과 같이 비트(bit)를 회전시켜 굴착한 흙을 굴착파이프(drill pipe)를 통해 물과 함께 배출하는 공법이다. 이 공법에서는 굴착파이프를 연장하는 것만으로 연속굴착이 가능하며, 다른 공법에서처럼 버켓을 끌어 올릴 필요가 없으므로 작업능률이 좋다.

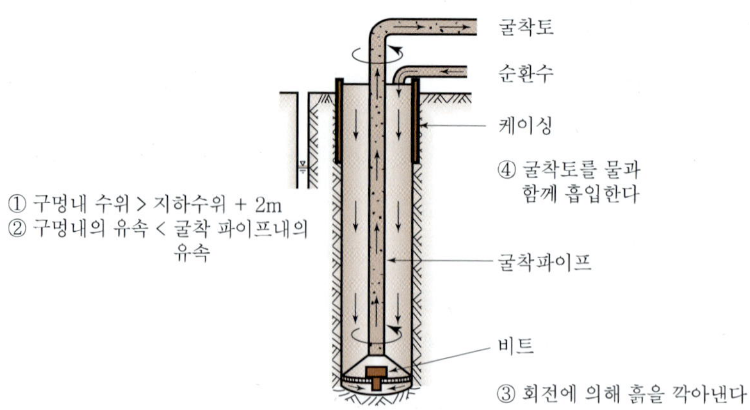

그림 12-27 RCD공법

굴착된 구멍의 붕괴를 방지하기 위하여 구멍내의 수위를 주위 지반의 지하수위보다 2m 정도 높게 유지하여 0.2~0.3kg/cm^{2}의 정수압이 공벽에 작용하도록 해야 한다. 구멍내의 수위가 높으면, 굴착토의 세립분을 함유한 구멍내의 물이 주변 지반으로 유출되면서 공벽에 침전해 이막(mud film)을 형성하여, 공벽의 붕괴를 방지하게 된다. 이때 물 대신 벤토나이트용액을 사용하기도 한다.

RCD공법에서는 굴착파이프와 공벽 사이로 물을 보내고 굴착파이프 내부를 통해 흙과 물을 배출하는 방식으로, 회전식 시추 공법과는 반대의 순환방식이다. 물을 굴착파이프 외부로 보내기 때문에 물의 흐름이 완만하여 공벽이 더욱 안정하며, 파이프 내부를 흐르는 유속이 크기 때문에 굴착된 흙을 용이하게 배출시킬 수 있다.

RCD공법에서도 표층부에 케이싱을 삽입하며, 이는 공벽의 붕괴를 방지할 뿐만 아니라 구멍내의 수위를 확보하기 위해서도 필요하다.

RCD공법의 시공순서는 다음과 같다(그림 12-28).

1. 진동해머나 유압잭을 이용하여 케이싱을 지반에 삽입하면서 해머그래브로 케이싱내의 흙을 굴착한다.
2. 비트를 회전시켜 흙을 굴착하고, 굴착파이프를 통해 물과 함께 흙을 배출하여 소정의 깊이까지 굴착을 한다.
3. 초음파를 이용하여 공벽을 측정한다.
4. 지상에서 조립한 철근을 삽입한다.

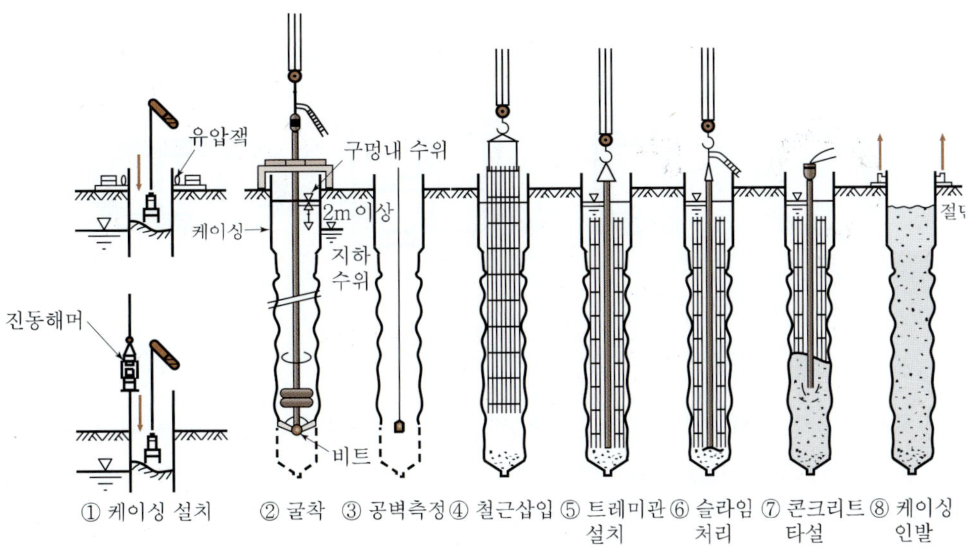

그림 12-28 RCD공법의 시공순서

5. 트레미(tremi)관을 설치한다.
6. 슬라임을 에어리프트(air lift)나 흡입펌프(suction pump)로 제거한다.
7. 트레미관을 콘크리트 속에 항상 2m 이상 삽입한 상태로 콘크리트를 타설한다.
8. 콘크리트 타설을 완료한다.
9. 케이싱을 뽑아내고, 안정액이나 토사의 혼합 등으로 불량해진 최상부의 콘크리트를 50~80cm 정도 제거한다.

12.16 케이슨의 종류

케이슨(caisson)은 수상이나 육상에서 제작한 속이 빈 콘크리트 구조물을 자중이나 적재하중에 의하여 지지층까지 침하시킨 후, 모래, 자갈 또는 콘크리트 등으로 속채움을 하는 기초로서, 오픈케이슨(open cassion), 공기케이슨(pneumatic cassion), 박스케이슨(box cassion)의 3가지 종류가 있다.

12.16.1 오픈케이슨

오픈케이슨은 시공 도중에 상부와 하부가 열려 있는 콘크리트통으로서, 우물통기초(well foundation)라고도 하며, 원형, 정사각형, 직사각형 및 타원형 등 다양한 형태로 제작할 수 있다(그림 12-29).

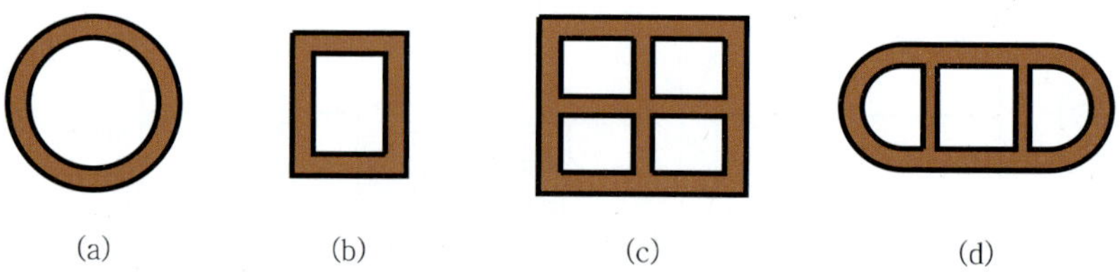

그림 12-29 오픈케이슨의 형태

케이슨은 일반적으로 높이 2~3m로 구분하여 제작하며 이것을 로트(lot) 또는 리프트(lift)라고 한다. 제1로트 하부의 절삭날(cutting edge, 날끝)에는 강제 슈(curve shoe)가 부착되어 있다. 제1로트를 소정의 위치에 놓고 그래브 버켓(grab bucket)으로 케이슨내의 흙을 굴착하여 침하시키면서(그림 12-30) 다음 로트를 연결하고 작업을 진행하여 지지층까지 침하시킨다.

지지층에 도달하면 케이슨 하부에 수중콘크리트를 타설하여 바닥을 막는다. 저면슬래브(concrete

seal)가 양생이 되면 케이슨내의 물을 펌프로 퍼내고, 모래, 자갈이나 콘크리트 등으로 속채움을 한다. 케이슨의 상부는 완전히 육상시공에 의하여 콘크리트를 쳐서 상부슬래브를 만든다(그림 12-31).

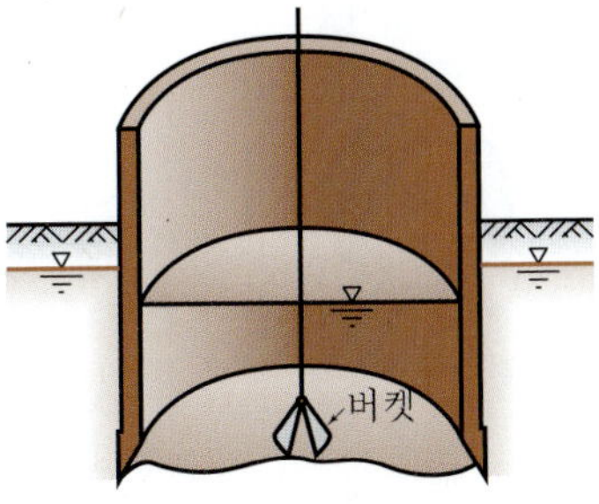

그림 12-30 오픈케이슨의 굴착

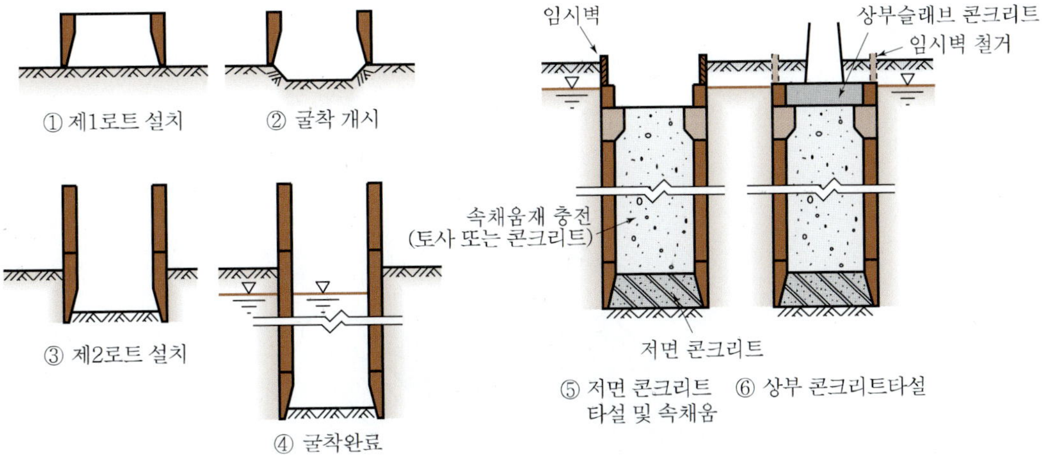

그림 12-31 오픈케이슨의 시공 순서

오픈케이슨을 설치하는 상기 방법은 육상공법이며, 수중공법으로는 축도법과 부동법 및 조하법 등이 있다(그림 12-32).

축도법은 널말뚝으로 물을 막고 모래나 자갈을 채워서 모래섬(sand island)을 만들고, 그 위에 케이슨을 놓은 후 모래를 굴착하여 지지층까지 침하시키는 방법이다. 부동법은 강재로 만든 부동케이슨(floating caisson)을 침설현장까지 예인하여 콘크리트를 타설하고 소정의 위치에 침하시키는 공법으로 예항법이라고도 한다. 조하법은 케이슨을 가라 앉혔을 때 수면 위로 50cm 이상 나올 정도의 높이로 가설발판 위에서 만든 후, 일단 달아 올려서 가설물을 빼내고 서서히 끌어내리는 공법이다.

오픈케이슨은 깊은 곳까지 설치할 수 있고 공사장비가 비교적 간단하며 경제적이나, 케이슨 바닥을 깨끗이 청소할 수 없고 저면콘크리트의 품질관리가 어렵다.

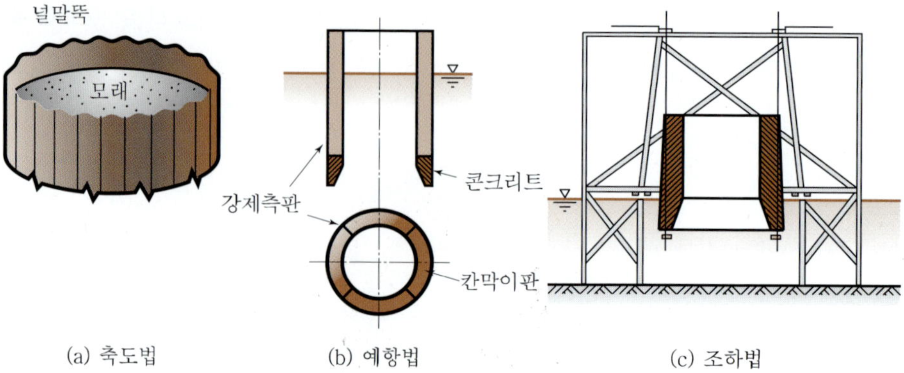

그림 12-32 수중공법

12.16.2 공기케이슨

공기케이슨은 하부에 작업실이 있는 케이슨으로(그림 12-33), 하부가 열려있는 케이슨을 사용하면 굴착된 흙보다 밀려 들어오는 흙이 더 많아서 굴착이 곤란한 곳에서 사용하며, 약 15~40m 깊이에 많이 사용한다.

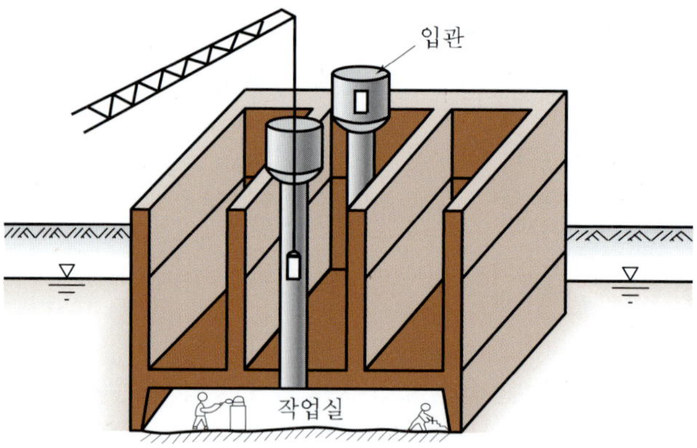

그림 12-33 공기케이슨

공기케이슨은 하부에 2~3m 높이의 작업실이 있으며, 이 작업실에서 인부가 흙을 굴착한다. 작업실 내로 물과 흙이 유입하는 것을 방지하기 위하여 작업실내의 압축공기의 압력을 상당히 높게 유지하여야 한다. 공기압력이 대기압보다 $10t/m^2$ 정도 높을 때까지는 작업자가 큰 불편을 느끼지 않으나, 그 이상의 압력에서 작업하던 인부가 작업실을 떠날 때는 압력강하 적응시간이 필요하며, 대기압보다 약 30 t/m^2 정도 높은 압력의 작업실에 한 번에 1~2시간 이상 있어서는 안된다.

인부는 입관(steel shaft)내의 사다리를 통해 작업실에 출입하며, 굴착된 흙의 제거나 콘크리트 타설도 입관을 이용한다. 대규모 케이슨 건설에서는 여러 개의 입관이 필요하며, 각각의 입관의 상단에 기갑(air lock)을 설치하여 공기압력을 조절하여야 한다.

굴착을 진행함에 따라 케이슨은 점차로 아래로 내려가고, 지지층에 도달하면 작업실을 콘크리트로 채운다(그림 12-34).

공기케이슨은 지하수를 완전히 배제하고 작업을 할 수 있으며, 저면슬래브가 수중콘크리트가 아니므로 품질을 신뢰할 수 있다. 그러나 공기케이슨은 압축공기를 이용하여 시공하므로 기계설비가 복잡하고, 소음과 진동이 크며, 노동조건에 제약을 받으며, 수면 아래 40m 이상의 굴착은 불가능하다.

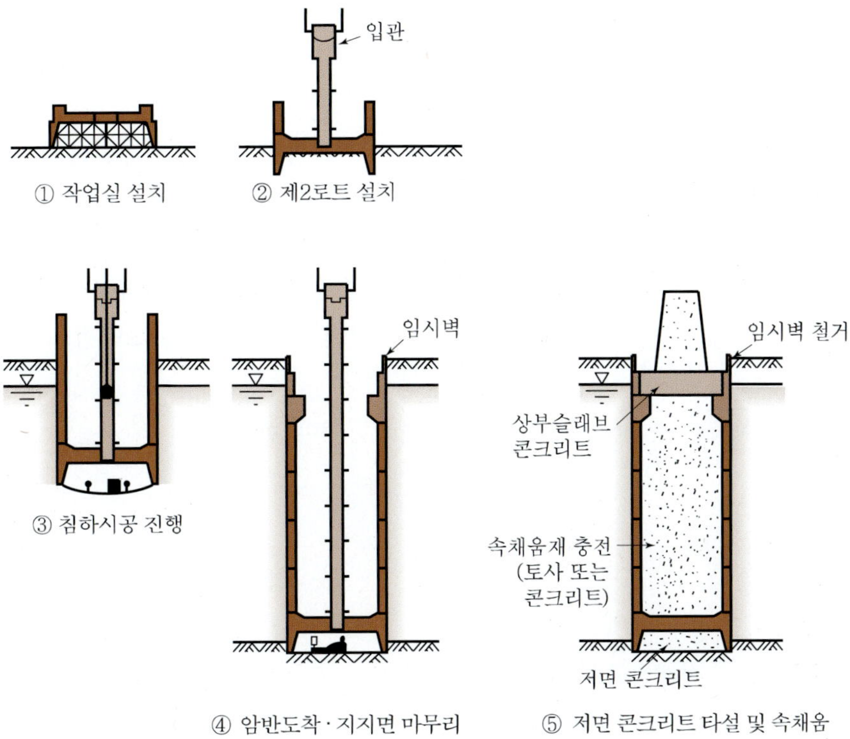

그림 12-34 공기케이슨의 시공 순서

12.16.3 박스케이슨

박스케이슨은 설치식(거치식) 케이슨이라고도 하며, 육상에서 제작한 케이슨을 수상으로 끌고와서 미리 수평하게 다듬은 지지층에 가라앉혀 설치하는 것이다.

박스케이슨은 시공 비용이 적게 들지만, 지지층이 수평하여야 하며, 지지층이 수평하지 않을 경우에는 미리 굴착하여 수평하게 해야 한다. 수심이 깊은 경우에는 사석을 쌓고 그 위에 케이슨을 설치한다(그림 12-35).

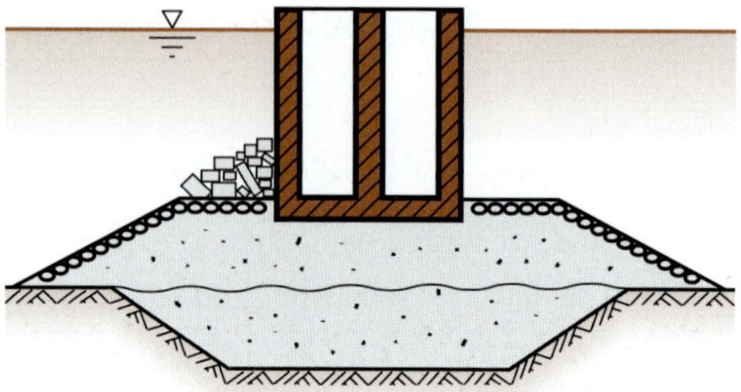

그림 12-35 박스케이슨

12.17 케이슨의 침설

케이슨의 침하는 토사굴착과 케이슨자중 및 적재하중에 의하여 이루어진다. 인력굴착을 할 때는 버켓으로 토사를 실어 올리며, 기계굴착에는 크람셀 버켓, 컷트멜 또는 모래펌프(sand pump) 등을 사용한다.

케이슨이 침하하려면 다음 식과 같은 조건을 만족하여야 한다.

$$W_c + W_s > Q_p + Q_s + B + U \qquad (12.31)$$

여기서, W_c = 케이슨의 무게

W_s = 적재하중의 무게

Q_p = 케이슨 저면의 지지력

Q_s = 케이슨 주면의 마찰력

B = 케이슨에 작용하는 부력

U = 공기케이슨 작업실내의 압축공기에 의한 양압력

초기에는 케이슨 자중에 의하여 침하가 쉽게 일어나지만, 깊이가 커짐에 따라 침하가 곤란하여지면 다음과 같은 침하공법을 사용하여 침하를 촉진시켜야 한다.

1. 적재하중공법 : 레일, 철괴, 콘크리트블록, 흙가마니 등과 같은 적재하중을 가하여 침하를 촉진시키는 공법.
2. 분사공법 : 케이슨 하부의 날끝 부근에서 공기, 물 또는 그의 혼합물을 분사시켜 주면 마찰저항을 감소시키는 공법. 일반적으로 점성토에서는 물을 사용하고, 사질토에서는 물과 공기의 혼합물을 사용하는 것이 효과적이다.
3. 물하중공법 : 케이슨 하부에 수밀한 공간을 설치하고 물을 넣어서 침하하중으로 사용하는 방법.
4. 수위저하공법 : 케이슨 내부의 수위를 내려서 부력을 감소시켜 자중을 증가시키는 방법.
5. 발파공법 : 케이슨 저부의 아래쪽 흙속에 화약을 설치하고 발파시켜서, 케이슨에 진동과 충격을 가하여 마찰저항을 감소시키는 공법.
6. 감압공법 : 공기케이슨 작업실내의 압축공기의 압력을 일시적으로 낮추어서 양압력을 감소시키는 방법.

연습문제

12.1 균질한 사질토($c=0$)에 타입한 콘크리트 말뚝의 길이가 20m이고, 말뚝은 직경이 40cm인 원형 단면이다. 사질토의 건조단위중량 γ_d는 16kN/m^{3}이고 평균 내부마찰각은 30°이다. Meyerhof방법으로 말뚝의 극한선단지지력과 허용선단지지력을 구하라(안전율 3).

12.2 점착력이 50kN/m^{2}인 점토지반에 타입한 강관말뚝의 극한선단지지력과 허용선단지지력을 구하라. 말뚝의 직경은 30cm, 관입깊이는 20m이다.

12.3 문제 12.1에서 말뚝의 마찰지지력을 구하라(단, $K=1.3$, $\delta=0.5\phi$).

12.4 문제 12.1과 문제 12.3에서, 말뚝의 허용지지력을 구하라(안전율 3).

12.5 선단폐쇄 강관말뚝을 그림 12-36과 같이 사질토층에 타입하였을 때, 다음에 답하라. $\gamma_w=10$kN/m^3

(1) Meyerhof 방법으로 선단지지력을 구하라.
(2) 마찰지지력을 구하라($K=1.4$, $\delta=0.7\phi$).
(3) 안전율 $FS=4$를 사용하여 말뚝의 허용지지력을 구하라.

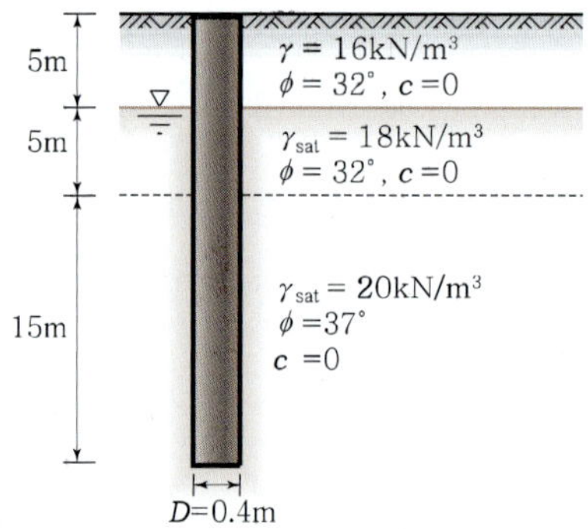

그림 12-36 연습문제 12.5

12.6 직경 40cm의 콘크리트말뚝을 그림 12-37과 같이 점토지반에 설치하였을 때, 마찰지지력을 구하라.

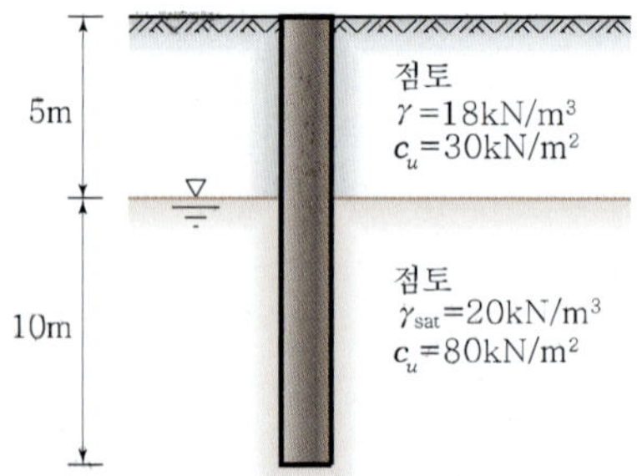

그림 12-37 연습문제 12.6

12.7 직경 30cm인 콘크리트말뚝을 포화된 점토층에 20m 관입하였을 때, 말뚝의 허용지지력을 구하라. $\gamma_{sat} = 19\text{kN/m}^3$, $\phi = 0°$, $c_u = 100\text{kN/m}^2$이며, 안전율 = 3이다.

12.8 균질한 사질토($c = 0$)에 타입한 콘크리트 말뚝의 길이가 20m이고, 말뚝은 직경 40cm인 원형 단면이다. 사질토의 표준관입시험치 N이 25로 균일할 때, 말뚝의 선단지지력과 마찰지지력을 구하라.

12.9 직경 0.3m인 콘크리트말뚝을 증기해머로 타입하였을 때, 식 (12.23), 식 (12.25)를 이용하여 말뚝의 허용지지력을 구하라.

해머의 타격에너지 = 50kN · m	램의 무게 = 30kN
말뚝의 전체길이 = 25m	해머 효율 = 0.7
반발계수 = 0.40	말뚝캡의 무게 = 4kN

마지막 25mm 관입에 필요한 타격횟수 = 6

콘크리트의 단위중량 = 25kN/m^3

12.10 그림 12-20에서 $n_1 = 5$, $n_2 = 4$, $D = 400\text{mm}$, $d = 3D$이다. 말뚝의 단면은 원형이고 사질토지반에 설치되어 있을 때, 식 (12.27)을 사용하여 무리말뚝의 효율을 구하라.

12.11 식 (12.28)을 사용하여 문제 12.10을 다시 풀어라.

12.12 그림 12-20에서 $n_1 = 5$, $n_2 = 4$, $D = 400\text{mm}$, $d = 1{,}000\text{mm}$이고, $L = 12\text{m}$이다. 말뚝은 원형 단면이고, $c_u = 100\text{kN/m}^2$인 점토지반에 설치되어 있을 때, 무리말뚝의 허용지지력을 구하라(안전율 3).

참고문헌

1. 한국지반공학회 (1997). 구조물 기초 설계기준, 구미서관.
2. 한국지반공학회 (2014). 구조물 기초 설계기준, 구미서관.
3. 한국지반공학회 (2018). 구조물 기초 설계기준 해설, 구미서관.
4. 한국지반공학회 (1993). 깊은 기초, 지반공학 시리즈 4, 구미서관
5. 한국지반공학회 (2002). 깊은 기초(개정판), 지반공학 시리즈 4, 구미서관.
6. ASTM D 1143-81. Standard Test Method for Piles under Static Axial Compressive Load.
7. Bowles, J. E. (1997). Foundation Analysis and Design, 3rd ed., McGraw-Hill, New York.
8. Craig, R. F. (1983). Soil Mechanics, 3rd ed., Van Nostrad Reinhold Co. Ltd.
9. Cernica, J.N. (1995). Foundation Design, John Wiley & Sons, Inc., New York.
10. Das, B. M. (1999). Principles of Foundation Engineering, PWS, MA.
11. Liu, C. & Evett, J. B. (1981). Soils and Foundations, Prentice-Hall, Inc., New Jersey.
12. Meryerhof, G. G. (1956). "Penetration Tests and Bearing Capacity of Cohesionless Soils", Journal of the Soil Mechanics and Foundations Division, ASCE, Vol. 82, No. SM1., pp. 1~19.
13. Meyerhof, G. G. (1976). "Bearing Capacity and Settlement of Pile Foundations", Journal of the Geotechnical Engineering Division, ASCE, Vol. 102, No. GT3., pp. 197~228.
14. Michigan State Highway Commission (1965). A Performance Investigation of Pile Driving Hammers and Piles, Lansing, Michigan, pp. 338.
15. Terzaghi, K., & Peck, R .B. (1967). Soil Mechanics in Engineering Practice, John Wiley & Sons, New York.
16. Vesic, A. S. (1967). "Ultimate Loads and Settlements of Deep Foundations in Sand", Symposium on Bearing Capacity and Settlement of Foundations, Duke University, Durham, North Carolina, pp. 53.

제13장

지반조사

SOIL MECHANICS
SOIL MECHANICS

제13장 지반조사

13.1 개 설

상부구조물의 하중을 지지하는 기초를 설계하기 위해서는 기초구조물을 지지할 지반의 성질을 파악하여야 한다. 계획된 구조물 아래에 놓이는 지반의 특성을 조사하는 것을 지반조사(subsurface exploration, subsurface investigation)라고 한다.

지반조사 내용으로는 다음과 같은 것이 있다.

1. 지반의 구성(토층의 종류, 두께 및 횡방향 분포) 및 암반의 위치
2. 기초지반 토질의 물리적 특성 및 역학적 특성
3. 지하수위 측정
4. 지질구조, 지형구조, 지진활동, 수문학적 정보

지반조사의 목적은 다음과 같은 사항을 결정하는 데 필요한 자료를 얻는 것이다.

1. 상부구조물에 적합한 기초의 종류와 깊이의 결정
2. 기초의 지지력 계산
3. 기초의 예상침하량 산정
4. 옹벽, 흙막이벽 등에 작용하는 수평토압의 산정
5. 지반조건에 따른 시공법의 결정
6. 환경에 미치는 영향과 해결책의 검토

13.2 지반조사

13.2.1 지반조사의 단계

지반조사는 예비조사, 개략조사, 본조사, 보충조사, 시공관리조사와 같은 여러 가지 단계로 이루어진다(그림 13-1).

예비조사는 계획 단계에서의 조사로서 주로 자료수집을 하는 조사이다. 자료조사는 현장에 관련된 모든 자료를 조사하여 현장의 지형, 지질, 기후, 재해, 교통 등 지반조사 계획에 필요한 정보를 입수하는 것으로서, 조사자료에는 지형도, 지질도, 토양도, 조석 · 조류 자료, 기후 · 기상 자료, 부근의 지질조사 보고서, 항공사진 및 원격탐사 자료, 지진관계 자료 등이 있다.

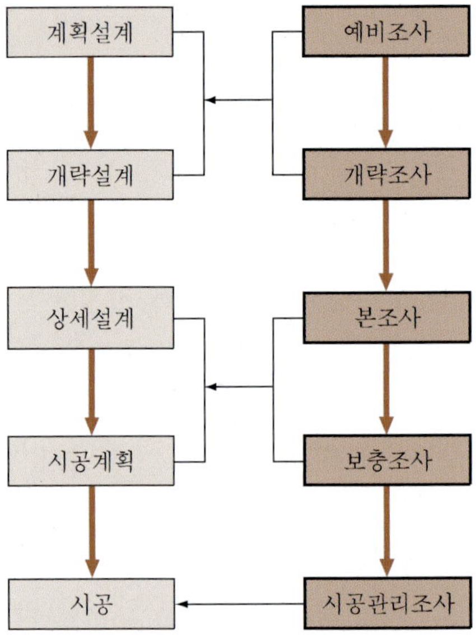

그림 13-1 지반조사의 흐름도

개략조사는 예비조사에서 구한 결과를 토대로 하여 현장답사를 주로 하며 시추(boring)와 시료채취를 하기도 한다. 현장답사(reconnaissance)는 현장의 개괄적인 지형, 지질상태, 현장작업조건 등을 조사하기 위하여, 현장을 방문하여 관찰하는 것으로서, 다음과 같은 정보를 얻을 수 있다.

1. 현장의 전반적 지형, 지질상태 및 배수로의 존재 여부
2. 도로와 철도 건설시에 만들어진 굴착부에서의 토질성층
3. 현장의 식생
4. 건물이나 교량의 교대에 있는 수위의 흔적
5. 지하수위(부근의 우물 관측)
6. 인접 건축물의 형태, 벽의 균열의 존재

본조사는 상세설계를 위한 현장조사(site investigation)로서, 예비조사와 개략조사에서 얻은 개략적인 지질, 토질조건을 토대로 하여 시추, 시료채취, 원위치시험, 실내시험, 물리탐사 등을 실시하는 것으로서, 여기서 지층 구성과 특성, 지지층의 깊이와 지지력, 연약층의 전단강도와 침하특성, 지하수위와 수심 등에 대한 정보를 얻을 수 있다.

보충조사는 구조물의 설계 변경, 시공방법의 결정, 부속 구조물의 설계 등에 필요하거나 지반의

국부적인 변화가 중요한 경우에 실시한다.

시공관리조사는 시공 중의 안정성, 시공방법의 검토, 설계와의 상관성 등을 위하여 실시한다. 시공 중에 시료를 채취하여 시험을 하거나, 지반이나 구조물의 변위나 침하, 지지력 등에 대한 계측이 이에 해당한다.

구조물 기초 설계기준에서는 개략조사를 예비조사에 포함시키고, 보충조사와 시공관리조사를 통합하여 추가조사라고 하여서, 지반조사의 단계를 예비조사, 본조사, 추가조사의 3단계로 분류하고 있다.

13.2.2 지반조사의 간격과 깊이

지반조사의 간격과 깊이는 지층상태, 구조물의 형태와 기능에 따라 아래 사항을 참고로 하여 결정하며, 조사위치는 주변의 지반상태를 잘 대표할 수 있는 곳이어야 하고, 조사과정에서 지반조건 변화에 따라 조사 위치를 조정하는 것이 좋다.

1. 넓은 지역에 걸친 구조물의 경우 조사 지점을 격자형태로 배치한다.
2. 성토(흙쌓기), 절토(땅깍기)에 따라 구분하여 간격 및 깊이를 결정한다.
3. 터널의 경우 도심지터널과 산악터널로 구분하여 결정한다.
4. 연약지반의 경우 연약지반 아래 견고한 지반까지 조사한다.
5. 매립지와 제방의 경우 침하에 영향을 미치는 압축성 지반을 포함하는 깊이까지 조사한다.
6. 얕은 기초의 경우 기초 폭의 1~3배 깊이까지 조사한다.
7. 깊은 기초의 경우 말뚝 선단에서 말뚝 직경 5배 깊이까지 조사하며, 무리말뚝의 경우 말뚝선단에서 B_g(무리말뚝을 둘러싼 직사각형의 짧은 변의 길이) 깊이까지 조사한다.
8. 구조물 기초의 영향 깊이 안에 기반암이 있을 경우에는 기반암 2m 깊이까지 조사한다.

지반조사에 가장 많이 사용되는 방법인 시추의 간격 및 깊이에 대한 뚜렷한 기준은 없으나, 대략적인 기준은 표 13.1, 표 13.2와 같다.

지반조사의 비용은 시공지역의 크기나 위치, 토층의 종류에 따라 달라지며, 일반적으로 지반조사 비용은 총공사비용의 0.1~2.0% 정도이고 공사규모가 커질수록 그 비율은 작아진다.

표 13.1 시추간격

조사 대상	시 추 간 격
단지조성 매립지 공항 기타 광역부지	땅깎기(절토)구간 : 100～200m 흙쌓기(성토)구간 : 200～300m 호안, 방파제 : 100m 구조물 : 해당 구조물 간격 기준에 따른다.
지하철	개착구간 : 100m 터널구간 : 50～100m 고가 및 교량 : 교대 및 교각 위치마다 실시
도로 고속전철	땅깎기(절토)구간 : 150～200m 흙쌓기(성토)구간 : 100～200m 교량 : 교대 및 교각 위치마다 실시 산악터널 : 갱구부 2개소씩(30～50m 간격) 필요시 중간부분도 실시(100～200m 간격)
건축물 정거장 하수처리장	사방 30～50m(최소한 2～3개소)

* 지층상태가 복잡한 경우에는 간격을 1/2로 축소하여 실시하고, 기준에 없는 경우에는 유사한 경우를 참조하여 판단한다.

표 13.2 시추깊이

조사 대상	시 추 깊 이
단지조성 매립지 공항 기타 광역부지	땅깎기(절토)구간 : 계획고 아래 2m까지 흙쌓기(성토)구간 : 연약지반 확인 후 견고한 지반 3~5m까지 호안, 방파제 : 풍화암 아래 3～5m까지 구조물 : 해당구조물 깊이 기준에 따른다.
지하철	개착구간 : 계획고 아래 2m까지 터널구간 : 계획고 아래 $0.5D$~$1D$까지(D는 터널의 직경) 고가 및 교량 : 기반암 아래 2m까지
도로 고속전철	땅깎기(절토)구간 : 계획고 아래 2m까지 흙쌓기(성토)구간 : 연약지반 확인 후 견고한 지반 3~5m까지 교량 : 기반암 아래 2m까지 산악터널 : 계획고 아래 $0.5D$~$1D$까지(D는 터널의 직경)
건축물 정거장 하수처리장	지지층 및 터파기 깊이 아래 2m까지

* 절토, 개착, 터널구간에서 기반암이 확인되지 않은 경우에는 기반암 표면으로부터 2m까지 확인.
* 기반암은 연암 또는 경암을 의미함.

13.3 시추(boring)

시추의 목적은 지층의 변화와 구조를 파악하고 교란시료 및 비교란시료를 채취하며, 또 시추공에서 표준관입시험이나 베인시험과 같은 원위치시험을 실시하거나, 지하수위 관측 및 현장투수시험을 실시하기 위한 것이다.

13.3.1 시굴(test pit)조사

시굴조사(그림 13-2)는 지반조사의 가장 간단한 방법으로서 시험굴조사라고도 하며, 인력으로 또는 백호(backhoe)(그림 13-3)와 같은 굴착기계를 이용하여 구덩이를 파면서 지층의 구성, 함수상태, 지하수위를 파악하는 것을 말한다.

굴착단면은 보통 1.2m×1.8m 정도이고 최대 4~5m 깊이까지 굴착가능하며, 굴착된 구덩이에 들어가서 토층을 직접 관찰할 수 있고 교란시료와 비교란시료를 비교적 손쉽게 채취할 수 있다. 비용이 많이 들지만 신뢰성이 높은 정보를 얻을 수 있으며, 모든 지층에 적용할 수 있으나 붕괴성 지반 및 지하수위 아래의 지반에서는 흙막이를 필요로 하는 경우가 있다.

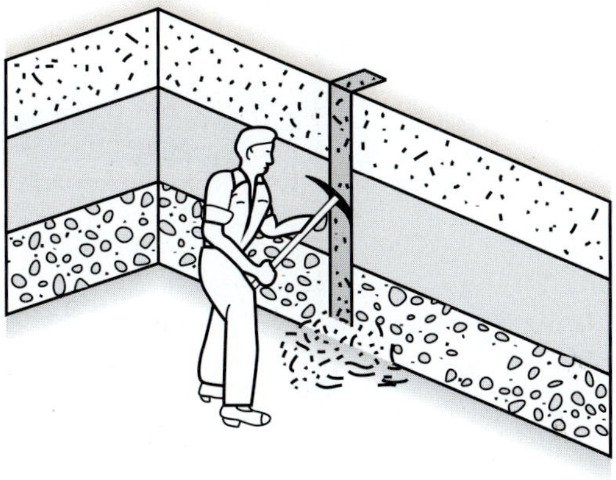

그림 13-2 시굴조사

그림 13-3 백호

13.3.2 오거시추(auger boring)

오거시추는 나사송곳 모양의 오거를 회전하면서 지중에 압입하여 지반을 천공하고 굴착토를 지상으로 배출하는 방법으로서, 굴진방식에 따라 수동식 오거(hand auger)와 기계식 오거(machine auger)가 있다.

수동식 오거에는 인력회전식과 동력회전식이 있다. 인력회전식(그림 13-4)은 굴진 중에 자동적으로 굴착토를 배출하는 통송곳오거(helical auger)와 일정 토량이 오거에 채워진 후 지상에 인출하는 쌍주걱오거(posthole auger)가 있고, 굴착가능 깊이는 3~5m이다. 동력회전식은 엔진에 의하여 회전되고 수동으로 압입되는 방식으로서 그림 13-5와 같이 강관 전체에 나선형 날이 있는 연속오거(continuous flight)를 쓰며, 굴착가능 깊이는 7~9m이다.

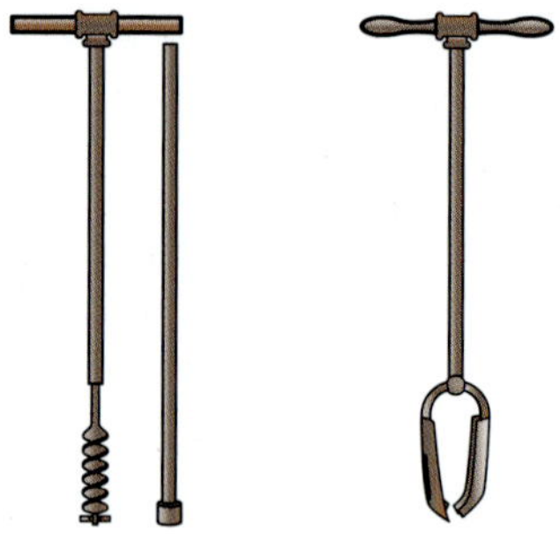

(a) 통송곳어거 (b) 쌍주걱오거

그림 13-4 수동식 오거(인력회전식)

그림 13-5 연속오거

기계식 오거(그림 13-6)는 어스드릴(earth drill), 어스오거(earth auger)라는 연속오거를 트럭에 탑재한 것으로서, 30m까지 굴착이 가능하다.

오거시추는 신속하고 저렴하게 수행할 수 있고, 공내에 송수하지 않고 굴진하여 연속적으로 교란된 흙의 시료를 얻을 수 있으므로, 수동식 오거는 주로 얕은 지반의 조사용으로, 기계식 오거는 대구경 시추나 현장타설 콘크리트말뚝과 같은 공사용으로 적합하다.

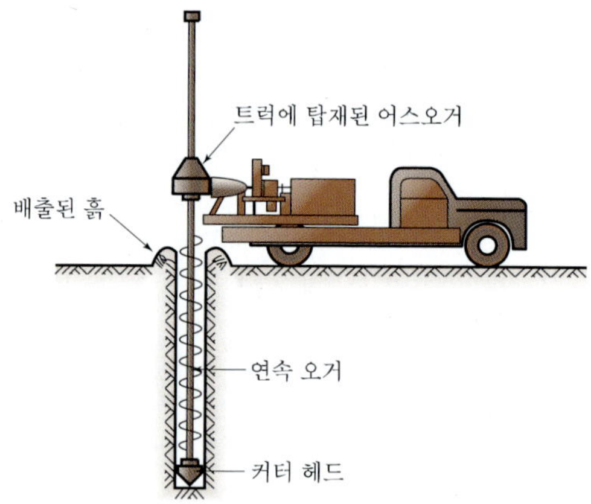

그림 13-6 기계식 오거

13.3.3 충격식 시추(percussion boring)

충격식 시추(그림 13-7)는 무거운 시추용 끌(chisel)을 케이블에 의하여 상하방향으로 작동시켜 그 충격으로 지반을 파쇄 굴진하는 방식으로서, 느슨해진 흙이 지하수와 섞여서 된 슬러리(slurry)는 쉘(shell)이나 모래펌프(sand pump)로 주기적으로 배제한다. 시추공의 붕괴 위험이 있으면 측면지지를 위하여 케이싱(casing)을 삽입한다.

시추공의 직경은 150~300mm 정도이고, 굴착깊이는 50~60m 정도이다. 아주 견고한 암반층이나 자갈층을 관통할 수 있으나, 연약한 점토 및 느슨한 사질토에서는 부적당하며, 시추공 바닥면 아래의 흙이 다소 교란되는 단점이 있다.

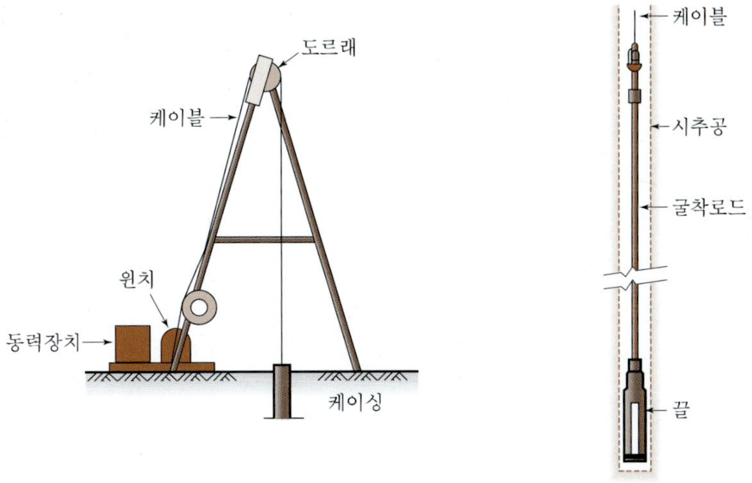

그림 13-7 충격식 시추 장치

13.3.4 수세식 시추(wash boring)

수세식 시추는 그림 13-8과 같이 비트(bit)의 상하운동과 비트 내부를 통해 뿜어진 압력수의 작용에 의하여 지반이 느슨해지고 부서지게 하는 방식으로서, 굴착된 흙입자는 수압에 의하여 지표면으로 운반된다. 시추공에는 대개 케이싱이나 진흙물(泥水, 이수)을 사용하여 공벽붕괴를 방지한다.

이 방법은 장치가 간단하고 경제적이며, 매우 연약한 점토 및 세립의 사질토에 적당하며, 단순히 시료채취나 시추공 바닥에서의 원위치시험 등을 하기 위하여 지반을 굴착하는 수단으로만 사용된다. 이 방법으로 시추를 하면 시추공 바닥면 아래의 지반이 비교적 적게 교란된다.

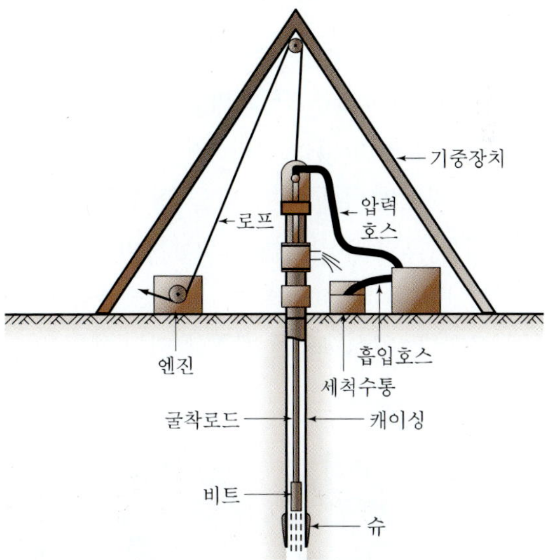

그림 13-8 수세식 시추 장치

13.3.5 회전식 시추(rotary boring)

회전식 시추는 그림 13-9와 같이 굴착로드(drill rod) 끝에 비트를 부착하여 동력으로 회전시켜서 구멍을 파고, 굴착로드 속으로 물이나 진흙물을 보내서 비트에 있는 작은 구멍으로 내뿜어서 비트의 마찰열을 방지하고 흙과 암석부스러기를 구멍 밖으로 밀어내는 방식이다. 진흙물에 떠오르는 흙과 암석부스러기로 토층을 구분할 수 있으며 굴착로드에 전달되는 반응으로 토층의 굳기와 지층변화를 알 수 있다.

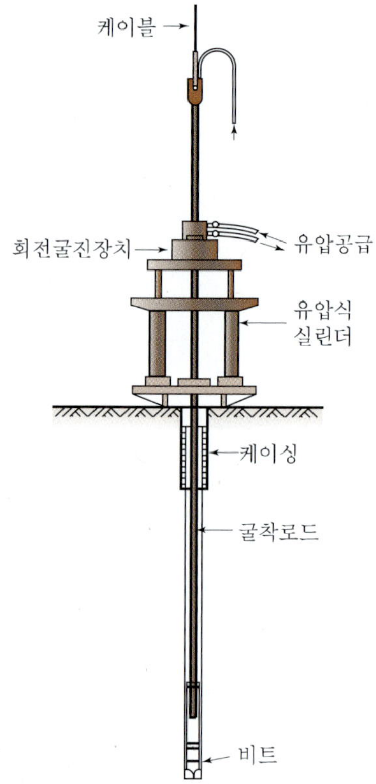

그림 13-9 회전식 시추 장치

천공용 진흙물이 공벽붕괴를 방지하므로 지표토층, 연약토층, 공벽붕괴가 심한 토층을 제외하면 일반적으로 케이싱을 사용할 필요가 없다. 회전식 시추에서, 자연수를 순환하는 경우에는 수세식 시추가 되고, 순환수를 중단하고 굴진하면 오거시추로 분류된다.

이 방법은 토사에서 암반까지 적용 토질의 범위가 넓고 굴진성능이 우수하다. 또 이 방법은 전체 깊이에 걸쳐 공경이 균등하고 공벽이 매끄러우며 공저 지반의 교란이 적으므로, 시료채취 및 공내 원위치시험에 적합하다. 암석시료를 채취할 수 있으므로 암반조사에 이용되기도 한다.

한편 이 방법은 큰 호박돌을 다량으로 함유한 지층, 균열이 심하고 공동이 있는 암반, 빠른 유속의 침투수가 있는 지층에서의 굴진에는 부적합하고, 이수가 공벽 주변 지반에 침투하여 막을 형성하므로 지하수위 관측이나 현장투수시험에는 부적당하다.

비트(그림 13-10)는 시추장치의 선단에서 직접 지층을 천공하는 중요한 기구로서, 연약 토사에는 칼날 비트(blade bit)를, 연암에는 금속 비트(metal bit)를, 경암에는 다이아몬드 비트(diamond bit)를 사용한다. 암석시료를 채취할 때는 채취용 비트(coring bit)를, 암석시료 채취가 필요 없을 때는 비채취

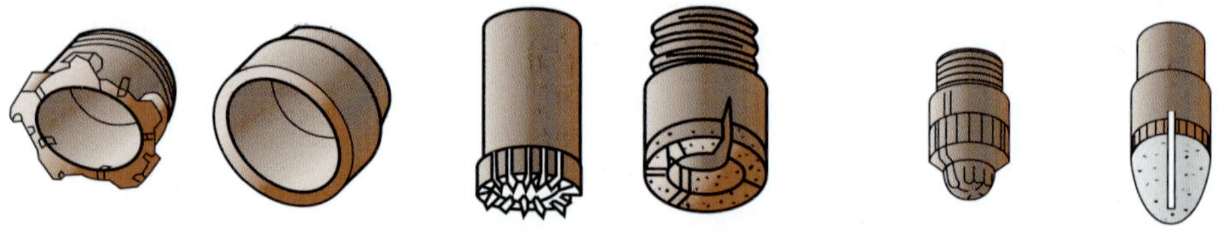

(a) 채취용 금속 비트 (b) 채취용 다이아몬드 비트 (c) 비채취용 다이아몬드 비트

그림 13-10 비트의 종류

용 비트(noncoring bit)를 사용한다.

회전식 시추에 많이 사용하는 비트의 종류와 크기 및 채취시료의 크기, 공벽 붕괴 방지를 위한 케이싱의 규격은 표 13.3과 같다. 10m 이내의 얕은 굴착에서는 BX규격을 많이 사용하며, 깊은 굴착이나 암반층까지의 굴착인 경우에는 NX규격을 많이 사용한다.

표 13.3 비트, 채취시료, 케이싱의 종류와 크기

구 분	비 트		채취시료의 직경(mm)	케 이 싱	
	내경(mm)	외경(mm)		내경(mm)	외경(mm)
EX	21.5	37.7	22.2	41.3	46.0
AX	30.0	48.0	28.6	50.8	57.2
BX	42.0	59.9	41.3	65.1	73.0
NX	54.7	75.7	54.0	81.0	83.9
HX	68.3	98.4	67.5	104.8	114.3

13.3.6 해상 시추

해상에서의 지반조사는 육상조사와는 달리 파랑, 조석, 조류 등의 영향을 받으며, 시추장비를 고정하고 시추와 시료채취 작업을 할 수 있는 안정된 작업대(barge, platform)가 필요하다. 수심 15m 이하인 얕은 바다나 조석차가 작은 바다에서는 뗏목(float)이나 바지선(barge)을 사용하고, 수심 30m 이하인 바다나 조석차가 너무 크지 않은 바다에서는 큰 바지선이나 착지형 시추작업대(self-elevated platform, jack-up platform)를 사용한다.

13.4 시료채취(soil sampling)

13.4.1 교란시료와 비교란시료

지반의 특성을 파악하고 실내시험용 시료를 얻기 위하여 샘플러(sampler)를 사용하여 시료를 채취한다. 채취된 시료는 교란된 정도에 따라 교란시료와 비교란시료로 분류된다.

채취된 비교란시료는 완충재료로 포장한 후에 눕히지 말고 연직으로 세워서 시험실로 운반한다. 운반된 시료는 장기간 방치하면 시료와 샘플러 사이에 부착력이 커지므로 가급적 빨리 추출하는 것이 좋다.

교란시료(disturbed sample)는 원래의 흙입자 배열과 흙구조가 흐트러져서 원위치의 역학적 특성을 구할 수 없는 시료로서, 입도분석시험, 액·소성한계시험, 함수비 측정, 흙입자의 비중시험, 유기물질 성분결정, 흙의 분류 등과 같은 물리적 특성을 파악하는 데 사용한다. 교란시료는 시굴조사, 오거시추, 분리형 원통샘플러(split spoon sampler) 등을 사용하여 구할 수 있다.

비교란시료(undisturbed sample)는 흙입자 배열과 흙구조가 보전되고, 원위치의 역학적 특성을 지니고 있는 시료로서, 단위중량, 투수성, 압축성, 전단강도 등과 같은 역학적 특성을 파악하는 데 사용한다. 비교란시료는 시굴조사, 얇은 관 샘플러(thin wall tube sampler), 고정피스톤 샘플러(stationary piston sampler), 포일 샘플러(foil sampler), 이중관 샘플러(double-tube core barrel) 등을 사용하여 구할 수 있다.

채취된 시료의 교란 원인으로는 다음과 같은 것을 들 수 있다.

1. 흙속에서 받고 있던 구속압력의 제거(응력해방)에 따른 시료의 팽창
2. 샘플러 삽입으로 인해 생기는 흙의 변형
3. 시료와 샘플러 안벽 사이의 마찰에 의한 시료의 변형
4. 시추 또는 시료회수 과정에서 생기는 함수비 변화
5. 큰 지하수압을 받고 있던 흙이 채취 후의 수압감소로 인해 시료 속에 기포 발생
6. 시료취급과 운반과정에서 시료가 받는 충격과 진동
7. 환경(온도, 습도)의 심한 변화

13.4.2 샘플러의 기준

시료의 교란된 정도는 샘플러의 단면적에 대한 변형된 흙의 단면적의 비, 즉 면적비로서 나타낸다(그림 13-11). 면적비 A_r은 식 (13.1)과 같이 구하며, 면적비가 10~15%보다 작으면 비교란시료로 취급할 수 있다.

$$A_r = \frac{D_o^2 - D_i^2}{D_i^2} \times 100(\%) \qquad (13.1)$$

여기서, D_o = 샘플러의 외경

D_i = 샘플러의 내경

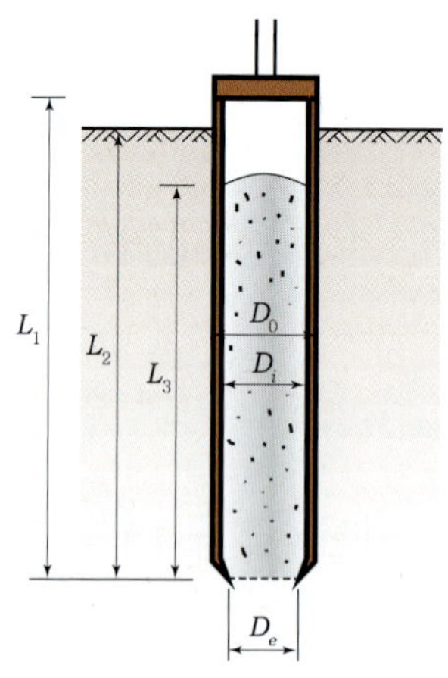

그림 13-11 샘플러의 형상

샘플러 선단의 내경이 작은 경우의 면적비는 식 (13.2)로 구한다.

$$A_r = \frac{D_o^2 - D_e^2}{D_e^2} \times 100(\%) \tag{13.2}$$

여기서, D_e = 샘플러 선단의 내경

점성토나 암석 시료의 교란된 정도는 식 (13.3)으로 구하는 회수율 TCR(total core recovery ratio, R_r)을 사용하기도 한다.

$$TCR = \frac{\text{채취된 시료의 실제 길이 } L_3}{\text{샘플러의 관입 깊이 } L_2} \tag{13.3}$$

회수율이 1인 것은 이론적으로 시료가 샘플러 내에서 압축되지 않았다는 것을 나타내며, 회수율이 1보다 큰 것은 암석조각의 재배열, 선행하중의 제거나 다른 원인에 의해 시료가 느슨해진 것을 나타낸다. 회수율이 95% 이상이면 비교란시료로 취급할 수 있다.

예제 13.1

분리형 원통샘플러(외경 5.1cm, 내경 3.5cm)와 얇은 관 샘플러(외경 5.1cm, 내경 4.8cm)의 면적비를 구하라.

풀이

분리형 원통샘플러 $A_r = \frac{5.1^2 - 3.5^2}{3.5^2} \times 100 = 112.3\%$

얇은 관 샘플러 $A_r = \frac{5.1^2 - 4.8^2}{4.8^2} \times 100 = 12.9\%$

13.5 암석시료 채취

암석시료는 표준관입시험치 N이 100 이상인 단단한 암석층에서 채취되는 시료를 말하며, 연암이나 풍화암에 대한 시료는 흙시료 채취법에 따라 채취한다.

암석시료 샘플러는 암석층을 굴진하는 비트(bit)와 시료통(core barrel)으로 되어 있다. 시료채취는 회전굴착에 의해 진행되며, 이 과정 중 굴착로드를 통하여 물이 순환되어 굴착된 시료는 물과 함께 밖으로 운반된다.

시료채취에서 얻어진 암석시료의 길이로부터 다음과 같이 RQD(rock quality designation, 암질지수)를 구할 수 있고, 이는 암석의 질을 평가하는 기준이 된다.

$$RQD = \frac{\text{10cm 이상인 암석조각들의 길이의 합}}{\text{암석시료의 이론상길이}} \times 100(\%) \qquad (13.4)$$

RQD와 원위치 암질과의 일반적인 관계는 표 3.4와 같다.

표 13.4 RMR와 암질과의 관계

RQD(%)	암 질	E_f/E_{lab}*
0~25	매우 불량(very poor)	0.15
25~50	불 량(poor)	0.20
50~75	보 통(fair)	0.25
75~90	양 호(good)	0.3~0.7
90~100	우 수(excellent)	0.7~1.0

* 현장압축강도 E_f와 실험실압축강도 E_{lab}의 비율

암석은 고결된 광물입자의 집합체로서, 불연속면을 함유하지 않는 암편을 말하며, 암반은 절리나 단층과 같은 불연속면을 갖는 암석의 집합체를 말한다.

암석은 암편의 일축압축강도와 탄성파속도에 따라 풍화암, 연암, 보통암, 경암, 극경암 등으로 구분하기도 한다. 또 표준관입시험치 $N \geq 50$회/15cm인 경우를 풍화암으로, $N < 50$회/15cm인 경우를 풍화토로 구분하는 방법도 있다.

토공작업에서는 지반을 굴착할 수 있는 난이도에 따라 토사, 리핑(ripping)암, 발파암 등으로 구분하기도 하며, 리핑암은 유압리퍼(ripper)로 굴착할 수 있는 정도의 암을 말한다.

암반을 분류하는 방법에는 여러 가지가 있고, 표 13.5와 같이 풍화도에 따라 암반을 분류하는 방법도 있으며, 공학적으로는 RMR분류법, Q시스템분류법 등이 많이 사용된다.

RMR분류법은 암석의 강도(15점), RQD(20점), 절리면의 간격(20점), 절리면의 상태(30점), 지하수 조건(15점) 등에 따라 각각 평점을 합한 RMR(rock mass rating)을 기준으로 하여 암반을 표 13.6과 같이 5등급으로 분류한다.

표 13.5 풍화도에 의한 암반분류

분 류	기 호	상 태
신선 (fresh)	F	풍화된 흔적이 없으며, 타격시 금속음을 내며 울린다.
다소 풍화 (slightly weathered)	SW	신선한 암과 비슷하나, 갈라진 틈의 내부가 다소 풍화 변색되었다.
보통 풍화 (moderately weathered)	MW	전체적으로 풍화 변색되었으며, 암시료는 손으로 부러뜨리거나 칼로 긁을 수 없다.
많이 풍화 (highly weathered)	HW	대부분의 광물이 풍화되었고, 암시료는 손으로 부러뜨리거나 칼로 긁을 수 있다.
완전 풍화 (completely weathered)	CW	광물은 풍화되어 흙으로 변했고, 시료는 쉽게 부서지거나 관입된다.
잔류토 (residual soil)	RS	풍화가 매우 심해 소성을 띠는 흙으로 변한 상태로, 암의 조직과 구조는 완전히 파괴되었다.

표 13.6 RMR분류법

RMR	100 ~ 80	80 ~ 60	60 ~ 40	40 ~ 20	20 이하
등 급	1	2	3	4	5
암반 품질	우 수	양 호	보 통	불 량	매우 불량

예제 13.2

샘플러의 관입깊이가 1,500mm이고, 채취된 시료(석분, 자갈, 암조각)의 길이가 1,300mm이다. 길이가 100mm 이상인 시료의 합은 900mm이다. 회수율(TCR)과 RQD를 구하라.

풀이

$TCR = 1,300/1,500 = 0.87$

$RQD = 900/1,500 = 0.60 = 60\%$

13.6 원위치시험

원위치시험은 사운딩(sounding)과 특성시험으로 구분할 수 있다. 사운딩은 로드(rod) 하단에 부착된 저항체를 지반 중에 관입, 회전, 인발할 때의 저항에 의하여 지반토층의 성상을 조사하는 것으로서, 그 결과를 이용한 경험공식에 의하여 상대밀도나 전단강도 및 여러 가지 토질정수를 추정하는 데 사용하고 있다. 사운딩에는 표준관입시험, 정적 콘관입시험, 동적 콘관입시험, 스웨덴식 관입시험, 베인시험 등이 있다.

특성시험에 속하는 원위치시험은 공내재하시험, 평판재하시험, 투수시험 등이 있으며, 이러한 시험들은 각각 측정하고자 하는 특정토질정수가 있다는 점과 그것을 역학적으로 합리적이고 직접적인 방법으로 측정한다는 점에서 사운딩과 구별된다.

원위치시험의 종류와 특징을 요약하면 표 13.7과 같다.

표 13.7 원위치시험의 종류와 특징

구분	시험법	적용 지반 조건		측정결과	결과 이용
		최 적	부 적 당		
사운딩	표준관입시험	모래층	연약한 점토층, 자갈 섞인 층	N값	층서와 성층 파악, 교란시료 채취, 상대밀도, 전단강도, 변형특성, 지지력
	동적 콘관입시험	모래층, 자갈층	점토층	N_d값	층서 파악, 상대밀도, 전단강도
	정적 콘관입시험	모래층, 실트층, 점토층	자갈층	q_c, f_s	콘관입저항력, 상대밀도, 전단강도, 지지력의 연속측정, 변형특성, 층서, 성층 파악
	스웨덴식 관입시험	약간 굳거나 단단한 점토층, 모래층	연약한 점토층, 자갈 섞인 층	관입하중, 반회전수	지반굳기, 지지력
	베인시험	약간 굳은 점토층	모래층	비배수 점착력, 예민비	지지력, 안정해석
특성시험	공내재하시험	연암, 모래층, 자갈층	연약하거나 예민한 점토층	지반변형계수 지반반력계수	지지력, 압축성
	평판재하시험	모래층, 점토층, 자갈층		지반반력계수 극한지지력	지반의 허용지지력, 침하량
	투수시험	모래층, 자갈층	점토층	투수계수	침투해석

13.7 표준관입시험(standard penetration test : SPT)

13.7.1 표준관입시험 방법

표준관입시험은 한국산업규격(KS) F 2307에 규정되어 있으며, 시험방법은 다음과 같다(그림

13-12). 소정의 깊이까지 시추공을 굴착하고 굴착기를 빼어낸 후, 외경 5.1cm, 내경 3.5cm, 길이 81cm의 분리형 원통샘플러(split spoon sampler)를 시추공 바닥까지 밀어 넣는다.

샘플러에 연결된 굴착로드(rod)의 상단을, 63.5kg의 해머로 75cm 높이에서 낙하 타격하여 샘플러를 45cm 관입시키고, 마지막 30cm 관입에 필요한 타격횟수를 그 깊이에서의 표준관입시험치(N값)라고 한다.

그 다음 샘플러를 인발하고 마개와 연결부를 제거한 후 시료를 꺼내어 용기에 넣어서 실험실로 옮긴다.

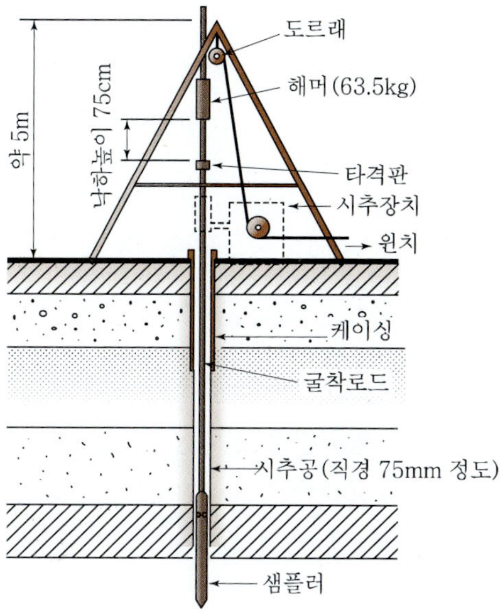

그림 13-12 표준관입시험

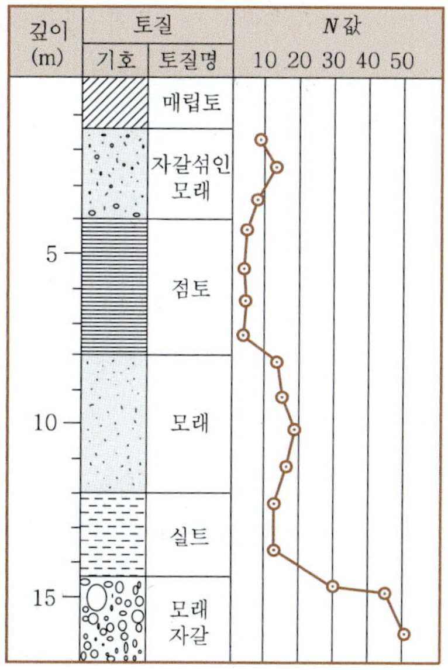

그림 13-13 N값과 주상도

표준관입시험의 성과를 신뢰할 수 있는 최대깊이는 30m 정도이고, 표준관입시험을 1회 시행하는데 필요한 최소깊이는 50cm 정도이나 실제로는 100~150cm 간격으로 실시하는 경우가 많다. 지반이 단단하여 50회 이상 낙하하여도 30cm의 관입이 어려울 경우에는 50/3 등으로 표시하기도 하며, 이는 50회 낙하하여 3cm 관입하였다는 뜻이다.

시추공에서 표준관입시험을 실시하여 얻은 N 값을 주상도에 나타내면 그림 13-13과 같다.

13.7.2 표준관입시험의 특징

표준관입시험의 장점은 N 값을 측정함과 동시에 시료를 채취할 수 있다는 것이다. 이 시료는 심하게 교란되어 역학적 특성 측정에는 부적당하지만, 사용실적이 많고 풍부한 조사결과를 갖고 있으므로 지층의 특성을 파악하는 데 많이 이용되고 있다.

단점은 시험과정에서 시험자의 숙련도와 성실성에 따른 측정치의 오차가 크며, 지반의 토질과 지하수상태 및 측정깊이 등이 N 값에 영향을 미친다. 따라서 표준관입시험을 할 때에는 기구와 시험법에 대한 규정을 성실하게 따르며, 측정된 결과는 지반조건을 고려하여 적절한 수정을 하여야 한다.

지반상태에 따른 N 값의 영향은, 입경 1cm 이상의 자갈이 있는 흙에서는 N 값이 과대하게 측정되고, 지하수위 아래에서는 지하수위 위에서보다 N 값이 작게 나오며, 함수량에 따라서 포화 모래, 건조 모래, 습한 모래 순으로 N 값이 크게 나온다. 또 자체하중만으로도 관입되는 연약한 지반에서는 로드의 유지 상태에 따라 차이가 크게 생긴다.

현장에서 측정한 N 값은 여러 요인에 의해 영향을 받게 되므로, 주요 영향인자인 해머의 에너지 효율, 유효상재하중, 시추공의 직경, 샘플러의 종류, 로드 길이 등을 고려하여 수정하여야 한다.

13.7.3 표준관입시험 결과의 이용

표준관입시험치 N 은, 기초 저면으로부터 아래로 기초의 짧은 변 길이와 같은 두께의 토층에 대하여, 각 시추공에 있어서의 평균값을 구하여 그중에서 가장 작은 평균값을 설계용 N 값으로 한다. 또는 한 지역에 있어 동일 토층에서 측정된 N 값은 수정치 N' 의 평균값에서 표준편차를 뺀 값을 사용한다.

사질토에서의 N 값과 내부마찰각 ϕ 및 상대밀도 D_r 의 관계는 식 (13.5), 식(13.6), 식 (13.7) 및 표 13.8로부터 구할 수 있다.

Dunham : 입자가 둥글고 입도불량한 모래 : $\phi = \sqrt{12N} + 15$
입자가 둥글고 입도양호한 모래 : $\phi = \sqrt{12N} + 20$
입자가 모나고 입도불량한 모래 : $\phi = \sqrt{12N} + 20$
입자가 모나고 입도양호한 모래 : $\phi = \sqrt{12N} + 25$ (13.5)

도로교 시방서 : $\phi = \sqrt{15N} + 15 \leq 45$ (13.6)

Peck : $\phi = 0.3N + 27$ (13.7)

표 13.8 N값과 내부마찰각 ϕ, 상대밀도 D_r, 전체(습윤)단위중량 γ_t의 관계

N	상대밀도 D_r(%)	내부마찰각 ϕ(°)		전체단위중량 γ(kN/m^3)
		Peck	Meyerhof	
0～4	매우 느슨 0～20	28.5 이하	30 이하	11～16
4～10	느슨 20～40	28.5～30	30～35	14～18
10～30	중간 40～60	30～36	35～40	17～20
30～50	조밀 60～80	36～41	40～45	17～22
50 이상	매우 조밀 80～100	41 이상	45 이상	20～23

사질토에서의 N값과 탄성계수 E_s의 관계는 표 13.9에서 근사적으로 추정할 수 있다.

표 13.9 N값과 탄성계수 E_s의 관계

흙	E_s/N
실트, 모래질 실트	0.4
가늘거나 약간 굵은 모래	0.7
굵은 모래	0.1
모래질 자갈, 자갈	1.2～1.5

* E_s의 단위는 MPa(=10^{3}kPa)

점성토 특히 연약한 점성토에서는 표준관입시험의 신뢰성이 매우 낮기 때문에 N값을 가지고 점성토의 역학적 특성을 추정하는 것은 좋지 않으나, 기초계획 단계에서 개략적인 계산을 하기 위한 수단으로는 이용할 수 있다.

점성토의 N값과 연경도(consistency)와 일축압축강도 q_u의 관계는 표 13.10에서 근사적으로 구할 수 있다.

표 13.10 N값과 연경도, 일축압축강도 q_u, 전체(습윤)단위중량 γ의 관계

N	연경도	q_u(kPa)	γ(kN/m^3)
0～2	매우 연약(very soft)	25 이하	16～19
2～4	연약(soft)	25～50	16～19
4～8	약간 굳은(medium)	5～100	17～20
8～15	굳은(stiff)	100～200	19～22
15～30	매우 굳은(very stiff)	200～400	19～22
30 이상	단단한(hard)	400 이상	19～22
관계식		$q_u = 12.5N$	

13.8 콘관입시험(cone penetration test, CPT)

13.8.1 더치콘 관입시험(Dutch cone penetration test, 정적 콘관입시험)

더치콘 관입시험은 직경 3.6cm, 선단면적 10cm^2, 선단각 60°인 더치콘을 흙속에 압입하면서 지반의 관입저항력을 측정하여 토층의 굳기 및 조밀한 정도를 구하는 시험이다(그림 13-14). 이 방법은 점성토와 사질토에 모두 적용할 수 있으나, 주로 연약한 점성토 지반의 특성을 조사하는데 적합하다.

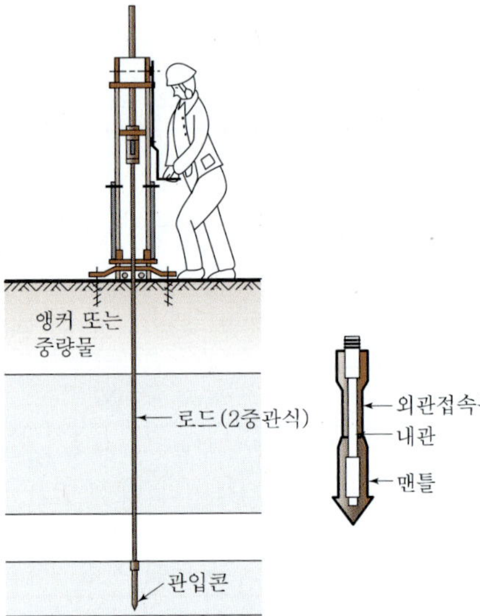

그림 13-14 더치콘 관입시험

기계식 콘인 더치콘에는 내관과 외관의 이중관으로 되어 있는 맨틀콘과, 마찰저항력 f_s을 측정할 수 있는 마찰슬리브(friction sleeve)가 장치되어 있는 마찰맨틀콘이 있다. 관입력은 2t(수동식)과 20t(동력식)의 2종류가 있고 프루빙링(proving ring)이나 로드셀(load cell)로 측정한다.

시험방법은 콘을 로드에 접속하고 관입속도 1cm/sec로 이중관을 지중에 20cm 압입하여 측정깊이까지 도달하면, 내관을 압입하여 콘을 5cm 관입시키고 이때의 압입력을 구한다. 이를 선단면적으로 나누어 콘관입저항력 q_c를 구한다.

이 시험은 시추공을 이용하지 않으므로 표준관입시험에 비하여 간편하고 신속하며 연속적 시험이 가능하므로 지층의 세부적인 상태를 빠짐없이 파악할 수 있다. 깊이 방향의 시험간격은 일반적으로 25cm 정도이고, 시험깊이는 20～30m 정도가 한계이다.

콘관입저항력 q_c와 표준관입시험치 N 및 탄성계수 E_s와의 관계를 표 13.11에 나타내었다.

표 13.11 콘관입저항력 q_c(MPa)와 표준관입시험치 N 및 탄성계수 E_s(MPa)와의 관계

흙의 종류	q_c/N	E_s/q_c
실트, 가는 모래	0.15～0.3	1.5～2
약간 굵은 모래, 실트질 모래	0.3～0.45	3～4
굵은 모래	0.45～0.7	1.5～3
모래질 자갈, 자갈질 모래	0.7～2.0	
실트질 점토, 모래질 점토		5～7

13.8.2 피에조콘 관입시험(piezocone penetration test)

콘을 흙속에 관입하면서 콘관입저항력, 마찰저항력과 함께 간극수압도 동시에 측정할 수 있도록 필터와 트랜스듀서가 설치되어 있는 전기식 콘을 피에조콘이라고 한다(그림 13-15). 피에조콘을 사용하면 깊이방향으로 간극수압을 측정하여 흙의 투수성이나 압밀특성을 추정할 수 있다. 이러한 전기식 콘은 연속적 자동측정이 가능하고 측정오차가 작기 때문에 널리 사용되고 있다.

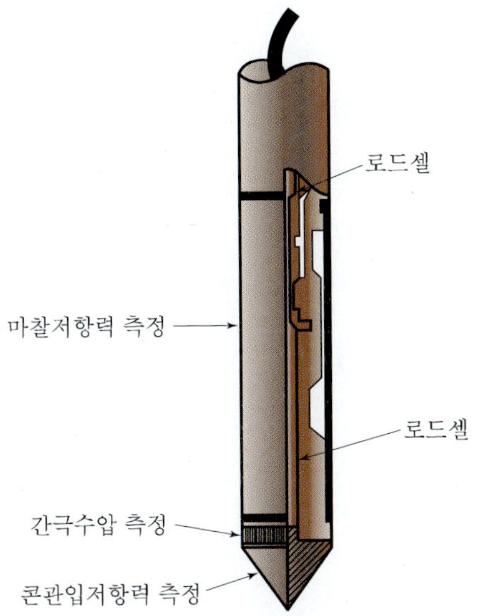

그림 13-15 피에조콘 관입시험기

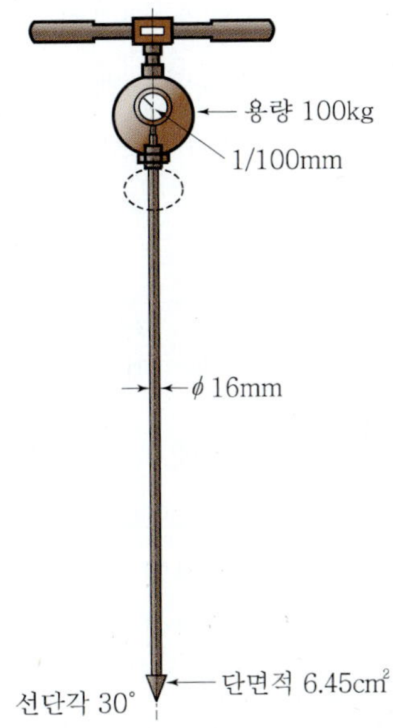

그림 13-16 휴대용 콘관입시험기

최근에는 피에조콘에 특수장치를 부착하여 온도, 전기비저항, 탄성파속도를 측정하거나, 샘플러나 프레셔미터, 카메라 등을 부착하여 시료채취, 재하시험, 흙입자 및 균열의 관찰 등을 실시할 수 있는 전자식 콘이 개발되었다.

13.8.3 휴대용 콘관입시험(portable cone penetration test)

휴대용 콘관입시험은 그림 13-16와 같이 단관식이며 선단면적이 6.45cm^2(= 1in^2)이고 선단각이 30°인 콘을 사용하여, 깊이 10cm마다 1cm/sec의 속도로 관입하여 연약토층의 점착력을 신속하게 측정하는 방법이다. 이 방법은 얕은 깊이의 지반강도를 조사하는 데 사용하며, 또 차량 및 중장비 진입 가능여부를 판정하는 데 사용한다.

13.9 현장베인시험(field vane test, FVT)

현장베인시험은 그림 13-17과 같이 십자형의 베인(직경 5cm, 높이 10cm, 두께 1.6mm)을 로드선단에 장착하여 시추공 바닥에 내리고 지중에 압입한 후, 중심축을 천천히 회전시켜서 베인 주위의 흙이 원통형으로 전단파괴될 때의 회전모멘트를 구하여 점토지반의 점착력(비배수 전단강도)을 구하는 비배수 전단시험이다.

점토층 내의 자갈 등으로부터 베인을 보호하기 위하여 보호관을 사용하기도 하며, 이 경우에는 시추공을 굴착하지 않고 베인을 내장한 보호관을 먼저 압입한 후에 베인을 압입하면 된다.

베인의 회전에 저항하는 힘은 베인 둘레의 원통 표면(수직면 + 수평면)에 작용하는 전단저항력에 의한 것이며, 파괴가 일어날 때의 회전모멘트와 점토의 점착력(비배수 전단강도)와의 관계는 식 (13.8)과 같다.

$$c_u = \frac{T}{\pi D^2\left(\frac{H}{2}+\frac{D}{6}\right)} = \frac{6}{7}\frac{T}{\pi D^3} \tag{13.8}$$

여기서, c_u = 비배수 점착력(비배수 전단강도)

T = 회전모멘트

D = 베인의 직경

H = 베인의 높이

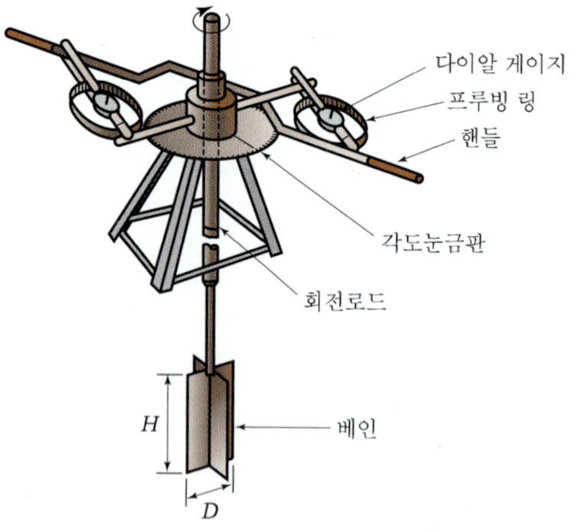

그림 13-17 베인시험기

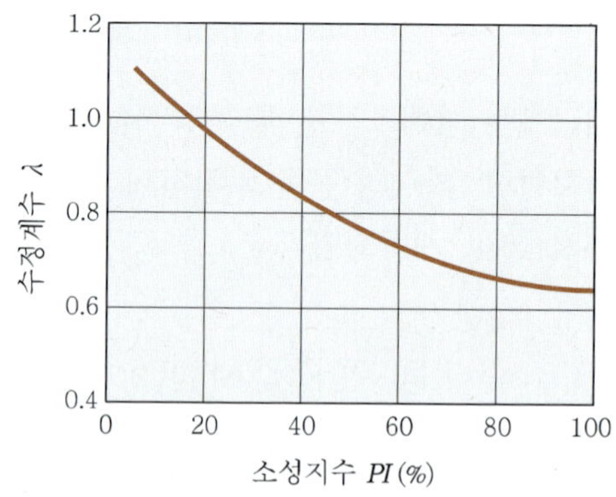

그림 13-18 베인시험에 대한 수정계수

베인시험의 회전속도는 0.1°/sec(= 360°/hr) 이하의 일정한 속도로 회전하여 대체로 5분 이내에 최대저항력 측정이 가능하며, 베인시험은 1m 간격으로 시행하여 깊이에 따르는 전단강도의 변화를 파악하는 것이 좋다.

베인시험으로 구한 점착력의 값은 소성이 클수록 일축압축시험으로 구한 값보다 크게 나타나므로, 현장에서 측정된 점착력의 값은 다음과 같이 수정하여 설계에 사용해야 한다.

$$c_u' = \lambda c_u \tag{13.9}$$

여기서, λ = 수정계수

수정계수 λ의 값은 흙의 소성지수(PI)에 따라 달라지며, 그림 13-18에서 구한다.

예제 13.3

포화점토에 대해 베인시험을 실시하였다. 베인의 높이와 직경은 각각 10cm와 5cm이고, 시험도중 사용한 최대회전모멘트는 1,700N · cm이다. 점성토의 점착력을 구하라.

풀이

$$c_u = \frac{T}{\pi D^2\left(\frac{H}{2}+\frac{D}{6}\right)} = \frac{1,700}{\pi \times 5^2\left(\frac{10}{2}+\frac{5}{6}\right)} = 3.7\text{N/cm}^2 = 37\text{kN/m}^2 = 37\text{kPa}$$

13.10 시추주상도의 작성

각 시추공을 연직방향으로 굴착하면서 구한 상세한 정보를 기록하는 도표가 시추주상도(boring log)이며, 시추주상도에는 다음과 같은 여러 가지 사항을 기록하여야 한다.

1. 시추회사명
2. 시추자의 이름
3. 작업명 및 번호
4. 시추의 횟수 및 종류
5. 시추 날짜
6. 지반 성층. 이것은 오거, 샘플러에 의해 채취된 흙을 관찰하여 구한다.
7. 지하수위 및 관찰 날짜
8. 표준관입시험치 및 깊이

9. 수집된 흙시료의 깊이, 형태 및 번호

10. 암석 시료를 채취할 경우 사용한 시료통의 종류, 시료회수길이, *RQD*

필요한 실내시험을 완료한 후에는 시추자의 현장 주상도와 실내에서 시행한 실험결과로부터 주석을 덧붙여 그림 13-19와 같은 새로운 최종 시추주상도를 준비해야 한다. 이 주상도는 의뢰자에게 제출할 최종 지반조사 보고서에 포함시켜야 한다.

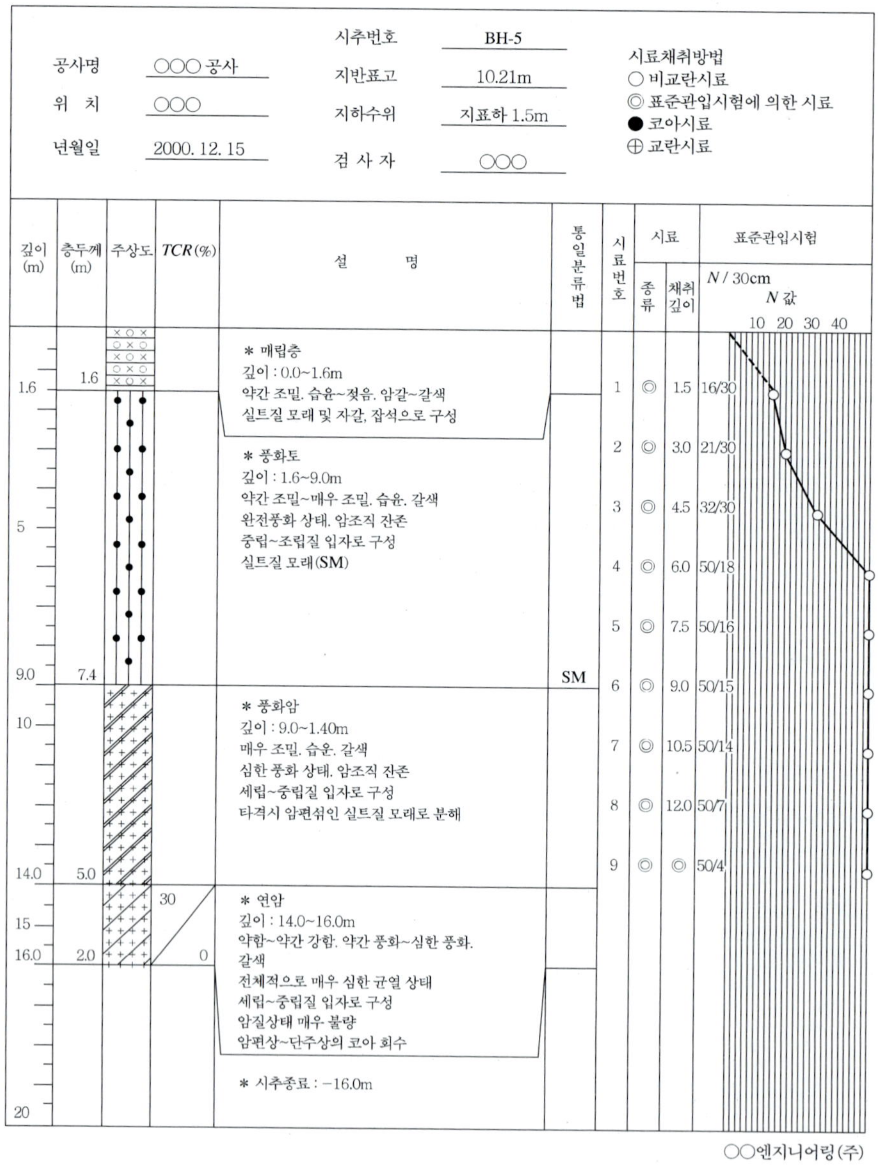

그림 13-19 시추주상도의 예

13.11 지반조사 보고서

현장 및 실내시험을 포함한 지반조사의 모든 정보를 정리하여 설계자나 시공자가 사용할 수 있도록 지반조사 보고서를 작성해야 한다. 지반조사 보고서는 향후 설계 보고서의 기초적적인 자료가 되며, 지반공학적 정보의 제시 및 제시된 정보에 대한 지반공학적 평가의 두 부분으로 나눌 수 있다.

지반공학적 정보의 제시는 다음과 같은 사항을 포함하여야 한다.

1. 지반조사의 목적과 범위
2. 과업에 대한 설명 : 현장의 크기, 지형, 예상 하중, 구조물의 요소, 건설재료
3. 예상 구조물에 대한 지반공학적 중요도 등급
4. 육안조사의 결과 : 지하수의 존재, 주변 구조물의 상황, 단층, 채석장 및 토취장의 위치
5. 현장시험의 날짜, 장비 종류, 작업수량 집계표, 시험방법
6. 시료채취, 운반, 보관의 절차
7. 실내시험의 날짜, 장비 종류, 작업수량 집계표, 시험방법
8. 모든 지반조사자와 도급자의 이름
9. 측량자료
10. 시추공에서의 지하수위 변동 자료
11. 시추주상도
12. 부록 : 현장 및 실내 시험의 결과

지반공학적 정보에 대한 평가는 다음과 같은 사항을 포함하여야 한다.

1. 시험결과를 정리한 그림과 표
2. 지반의 종단면도
3. 지하수위의 계절적 변동 및 수압
4. 각 지층에 대한 지반공학적 자료의 분류
5. 부적절한 현장 및 실내 시험 결과의 재검토
6. 필요할 경우 추가적인 시험의 제안

연습문제

13.1 얇은 관 샘플러의 외경은 7.5cm이고 내경은 7.2cm이다. 이 샘플러의 면적비를 구하라.

13.2 시추조사 중 암석시료를 얻기 위하여 시료통을 2m 굴진하였다. 회수된 암석의 길이가 1.2m이고, 그중 10cm 이상인 시편의 길이의 합이 0.8m라면, 암석의 TCR과 RQD를 구하라.

13.3 포화점토에 대해 베인시험을 실시하였다. 베인의 직경과 높이가 각각 7.5cm와 15cm이고 시험 중 사용한 최대회전모멘트는 3,000N · cm이다. 점성토의 비배수 전단강도를 구하라.

13.4 문제 13.3의 점성토의 액성한계는 55%이고 소성한계는 30%이다. 설계에 이용할 수 있도록 수정한 비배수 전단강도를 구하라.

참고문헌

1. 대한토목학회 (1999). 토목기술강좌 토목시공 지반 분야(1), 기문당.
2. 서효원 역 (1994). 기초지반공학, 탐구문화사.
3. 윤지선 역 (1991). 암석 · 암반의 조사와 시험, 구미서관.
4. 임병조 (1974). 기초공학, 야정문화사.
5. 정인준, 김명모 (1993). 알기 쉬운 토질역학, 3정판, 문운당.
6. 한국지반공학회 (1997). 구조물 기초 설계기준, 구미서관.
7. 한국지반공학회 (2002). 구조물 기초 설계기준, 구미서관.
8. 한국지반공학회 (2003). 구조물 기초 설계기준 해설, 구미서관.
9. 한국지반공학회 (1997). 지반조사 결과의 해석 및 이용, 구미서관.
10. 한국지반공학회 (2003). 지반조사 결과의 해석 및 이용(개정판), 구미서관.
11. 황정규 (1992). 지반공학의 기초이론, 구미서관.
12. American Society of Civil Engineering (1972). "Subsurface Investigation for Design and Construction of Foundation of Buildings", Journal of the Soil Mechanics and Foundation Division, ASCE, Vol. 98, No. SM 5, pp. 481~490.
13. Bjerrum, L. (1972). "Embankments on Soft Ground", Proc. of the Specialty Conference, ASCE, Vol. 2, pp. 1~54.
14. Bowles, J. E. (1997). Foundation Analysis and Design, 5th ed., McGraw-Hill, New York.
15. Craig, R .F. (1983). Soil Mechanics, 3rd ed., Van Nostrad Reinhold Co. Ltd.
16. Cernica, John N. (1995). Foundation Design, John Wiley & Sons, Inc., New York.
17. Das, B. M. (1983). Fundamentals of Soil Dynamics, Elsevier Science Publishing Co., New York.
18. Das, B. M. (1999). Principles of Foundation Engineering, PWS, MA.
19. Dobrin, M. B. (1960). Introduction to Geophysical Propecting, McGraw-Hill, New York.
20. Dunham, J. W. (1954). Pile Foundations for Buildings, Proc. ASCE, Soil Mechanics and Foundation Division, Vol. 80, No. 385.
21. Hvorslev, M. J. (1949). Subsurface Exploration and Sampling of Soils for Civil Engineering Purposes, Waterways Experiment Station, Vicksburg, Miss.
22. Liao, S. S. C. & Whitmanm, R. V. (1986). "Overburden Correction Factors for SPT in Sand", Journal of Geotechnical Engineering, ASCE, Vol. 112, No. 3, pp. 373~377.
23. Mayne, P. W. & Mitchell, J. K. (1988). "Profiling of Overconsolidation Ratio in Clays by Field Vane", Canadian Geotechnical Journal, Vol. 25, No. 1, pp. 150~158.
24. Peck, R. B., Hanson, W. E. & Thornburn, T. H. (1953), Foundation Engineering.

25. Stoke, K. H. & Woods, R. D. (1972), "In Situ Shear Wave Velocity by Cross-Hole Method", Journal of the Soil Mechanics and Foundation Division, ASCE, Vol. 98, No. SM5, pp. 443~460.
26. Terzaghi, K. & Peck, R. B. (1948). "Soil Mechanics in Engineering Practice", John Wiley & Sons, Inc., New York.
27. Terzaghi, K. & Peck, R. B. (1967). "Soil Mechanics in Engineering Practice", 2rd ed., John Wiley & Sons, Inc., New York.
28. U. S. Bureau of Reclamation (1974). Design of Small Dams, 2nd. ed., U. S. Government Printing Office, Washington, D. C.

제 14 장

지반환경공학

SOIL MECHANICS
SOIL MECHANICS

제 14 장 ■ 지반환경공학

14.1 서론

지반환경공학(Environmental Geotechnology)이란 지반에 유입된 유해물질에 의하여 발생한 오염에 대하여 오염의 범위와 양을 조사하고 그 위해성을 파악하여, 오염물질의 종류와 현장의 지반조건에 맞는 오염확산 방지대책 및 정화방안을 연구하는 학문이다.

급속한 산업화와 인구증가의 영향으로 발생하는 막대한 양의 산업폐기물과 생활쓰레기 등에 대한 적절한 처리가 이루어지지 못하면 지반오염으로 이어져 심각한 환경문제로 나타나게 된다. 특히 쓰레기 매립장의 침출수, 노후한 유류저장시설에서 유출된 기름, 처리되지 않은 공장의 폐수, 농약, 폐광 등에서 발생한 중금속 등에 의한 지반오염문제가 점차 심각한 사회문제로 대두되고 있다.

이러한 오염물질의 지반 내로의 유입은 비포화대(unsaturated zone)뿐만 아니라 주요 식수원인 지하수면 아래의 포화대(saturated zone)의 오염까지 유발하므로 이에 대한 대책 마련이 시급한 실정이다.

지반의 오염물질은 지반에 유입되면 비포화대를 거쳐 포화대에 도달하게 되고 지하수의 흐름을 타고 신속하게 광범위한 지역으로 확산된다. 일단 지하수가 오염이 되면 정화처리에는 엄청난 시간과 비용이 소요되며, 정화결과가 환경기준치에 미치지 못하는 경우가 많아서 수자원으로서의 가치를 상실하고 장기적인 환경문제를 일으키어 생태계를 파괴하고 국민건강을 위협하는 경우가 종종 발생하게 된다.

미국 등 선진국의 경우에는 1970년대 후반부터 오염된 지반은 의무적으로 정화하도록 하여 80년대를 거치면서 다양한 지반정화기술이 개발되었고, 오염현장에서 효과가 검증된 기술은 실용화가 이루어졌다.

우리나라에서도 1996년 1월부터 환경부의 토양환경보전법에 의하여 지반오염을 유발할 가능성이 있거나 진행 중인 모든 시설물 및 현장(예: 지하저장시설, 폐광, 쓰레기 매립장, 유독물의 제조 및 저장시설 등)은 토양오염검사를 받고, 만약 오염 정도가 토양오염 우려 기준치 이상이 되면 그 지역은 오염지반 정화처리의 대상이 될 수 있게 되어 있다.

14.2 오염물질의 종류

14.2.1 개요

지반오염은 다양한 원인에 의하여 발생한다. 특히 지하저장탱크(underground storage tank, UST)와 정화조, 농약이 과다하게 살포된 농토, 도시쓰레기 매립지, 산업폐기물 매립지, 폐광 등이 주요한 지반오염발생원이 된다. 이중에서도 지하저장탱크에 의한 오염이 가장 빈도가 높은 것으로 나타났다.

지반오염물질은 크게 다음의 네 가지로 분류한다.

1. 유기화합물(organic compounds)
2. 무기화합물(inorganic compounds)
3. 병원체(pathogens)
4. 방사성 물질(radioactive materials)

유기화합물이란 생명체로부터 추출한 탄소를 함유한 화합물을 뜻한다. 탄소가 다른 원소와 달리 중요하게 취급되는 이유는 탄소 원자가 다른 탄소 원자나 다른 원자들과 다양한 방법으로 공유결합을 할 수 있어서 거의 무한정한 수의 화합물을 형성할 수 있기 때문이다. 화석연료(석탄, 석유)로부터 얻어진 화합물이 여기에 속한다.

무기화합물은 광물질에서 얻어지며, 토양환경보전법에서는 구리, 수은, 납, 카드뮴, 비소, 크롬 등의 중금속 및 그 화합물이 토양오염물질로 분류되고 있다.

병원체란 질병을 일으킬 수 있는 미생물체를 가리킨다. 크게는 박테리아 및 바이러스류가 이에 속한다.

방사성 물질은 우라늄, 라돈, 라듐, 플루토늄 등과 같이 반감기를 갖고 방사능을 방출하는 물질을 가리킨다. 최근 원자력의 이용 증가로 핵폐기물에 의한 지반오염이 문제가 되면서 주목을 받기 시작했다.

위의 네 가지의 지반오염물질 중에서 유기화합물이 지반오염을 일으키는 빈도에 있어서 다른 세 종류의 물질보다 높다. 따라서 본 장에서는 유기화합물에 의한 지반오염에 대하여 주로 다룬다.

14.2.2 유기화합물의 분류

지반환경공학에서 유기화합물은 화학적 구조에 따라 크게 세 종류로 구분한다. 구조속에 벤젠링(C_6H_6)을 가지고 있지 않은 화합물을 탄화수소 화합물(aliphatic compounds), 벤젠링을 가지고 있는 화합물을 방향성 화합물(aromatic compounds)이라고 한다. 그리고 탄화수소 화합물과 방향성 화합물 중에서 한 개 이상의 할로겐원소(F, Cl, Br, I 등)를 포함하고 있는 화합물을 할로겐화 화합물(halogenated hydrocarbons)이라고 한다.

(1) 탄화수소 화합물

탄화수소 화합물 중에서 탄소 원자 사이의 결합이 단일결합만으로 된 화합물을 알칸(alkane)이라 하며, 만일 탄소 원자가 고리를 이루고 있으면 시클로알칸(cycloalkane)이라 한다.

대표적인 알칸에는 메탄, 에탄(CH_3CH_3), 프로판($CH_3CH_2CH_3$)과 부탄($CH_3CH_2CH_2CH_3$) 등이 있다. 알칸들은 주로 기체이고 가솔린도 알칸의 혼합물이다. 시클로알칸은 탄소 원자 사이에 단일결합을 이루는 링 구조체이며, 시클로프로판(cyclopropane)과 시클로헥산(cyclohexane) 등이 있다.

이와 같이 단일결합으로 구성된 탄화수소 화합물을 포화탄화수소(saturated hydrocarbon)라 하며, 이는 "수소로 포화되었다"라는 뜻이다.

이와 달리 탄화수소 화합물이 탄소 원자 사이에 이중결합 혹은 삼중결합을 형성하고 있으면 이를 각각 알켄(alkene)과 알킨(alkyne)이라 하고, 불포화탄화수소(unsaturated hydrocarbon) 화합물이라 한다. 가장 간단한 알켄과 알킨으로는 에틸렌(CH_2CH_2)과 아세틸렌(CHCH)을 들 수 있다.

탄화수소 화합물은 지중에서 박테리아에 의하여 유산소상태에서 작게 분해되므로 방향성이나 헤테로 고리화합물보다는 환경에 미치는 영향이 비교적 적다고 할 수 있다. 예를 들어 헥산(hexane)은 지중에서 아세트산으로 분해되며, 이는 다시 이산화탄소와 물로 최종 분해된다. 헥산과 같은 단순형 알칸(straight-chain alkane)은 가지형 알칸(branched-chain alkane)보다 쉽게 분해된다.

(2) 방향성 화합물

방향성 화합물은 벤젠링(C_6H_6)을 기본 구조로 가지는 석탄, 석유 화합물을 가리킨다. 탄화수소 화합물과 같이 벤젠과 기타 방향족 화합물은 비극성이며, 물에는 잘 녹지 않으나 디에틸에테르, 사염화탄소 혹은 헥산과 같은 유기용매에는 녹는다. 벤젠 그 자신은 용매로서 널리 사용되어 왔다.

벤젠링이 하나 있는 대표적인 방향족 화합물에는 BTEX(benzene, toluene, ethylbenzene, xylene)와 페놀(phenol) 등이 있다.

벤젠링을 두 개 이상 가지고 있는 방향성 화합물을 다환 방향성 화합물(PAH, polycyclic aromatic hydrocarbons)이라 한다. 대표적인 PAH중에는 벤젠링이 두 개 만으로 연결된 화합물인 나프탈렌(naphthalene), 다섯 개 연결된 벤조피렌(benzopyrene) 등이 이다.

일반적으로 벤젠링을 가지고 있는 화합물이 발암성이 있는 것으로 알려져 있으며, 특히 벤젠링이 넷 이상이 되면 발암성이 매우 크므로 다룰 때 주의를 요한다.

벤젠에 다른 기능기(phenyl-)가 연결된 것을 biphenyl이라 하며, 이에 다시 염소(chlorine)가 결합되어 있으면 이를 PCB(polychlorinated biphenyls)라 한다. 지반오염을 일으키는 유기화합물 중에서 PCB가 가장 분해가 어려워서 장기적인 지반 환경오염의 주물질로 알려져 있다. 따라서 최근 선진각국에서는 이 물질에 대한 사용 규제가 엄격히 시행되고 있으며, 과거 PCB 사용에 의한 지반오염처리에 고심하고 있다.

(3) 할로겐화 화합물

탄화수소 화합물과 방향성 화합물 중에서 한 개 이상의 할로겐원소(F, Cl, Br, I 등)를 포함하고 있는 화합물을 할로겐화 화합물이라고 한다. 이 화합물은 유기화합물에 의한 지반오염지역에서 가장 많이 발견되고 생분해가 어려워서 환경에 미치는 폐해가 가장 심각한 물질이다.

할로겐화 화합물은 농약, 살충제, 공업용 용제 등의 주성분으로 사용되고 있다. 탄화수소 화합물계에 속하는 할로겐화 화합물에는 methylene chloride, chloroform, carbon tetrachloride, TCE, vinyl chloride, aldrin, dieldrin 등이 있고, 방향성 화합물계의 할로겐화 화합물에는 농약으로 사용되는 DDD, DDE, DDT 와 다양한 PCB 화합물도 이에 속한다.

할로겐화 화합물에 장기적으로 노출되었을 때 이것이 신체에 미치는 영향은 각 물질마다 매우 다양하다. 예를 들어 carbon tetrachloride는 주로 신경계통과 간, 콩팥 등에 영향을 끼치며, PVC(polyvinyl chloride) 생산에 쓰이는 vinyl chloride는 신경 중추와 호흡기 계통, 혈액 조성에 심각한 장애를 초래할 수 있다. PCB화합물도 신체의 지방조직에 축적되어 발암물질로 작용될 수 있다.

할로겐화 화합물은 지중 내에서 호기성 생분해가 어려워 지중에 유입되면 수십년 이상 장기간 존재하며 지반 오염을 유발한다. 일반적으로 비중이 1이상이어서 지하수 저변까지 가라앉아 처리에도 어려움이 따른다. (그림 14-1, DNAPL)

14.2.3 NAPL

지반환경공학에서 오염물질을 분류할 때는 앞에서 언급한 유기화학적 구분법 외에도 오염물질이 지중에서 거동하는 양상에 따라 구분하기도 한다.

NAPL (nonaqueous phase liquids, 비수용상 액체)은 물이나 공기와 접촉할 때 혼합되지 않는 탄화수소 화합물을 일컫는 용어로서, 물에 녹지 않은 상태의 액체라는 의미로 비수용상 액체라고 한다. 물과 NAPL의 물리적 특성 및 화학적 특성의 차이 때문에 두 액체 사이에는 물리적 경계면이 형성되어 혼합이 이루어지지 않는다.

NAPL을 밀도에 따라 크게 두 가지로 분류하면 밀도가 물보다 작은 LNAPL(light nonaqueous phase liquids, 저밀도 비수용상 액체)과 밀도가 물보다 큰 DNAPL(dense nonaqueous phase liquids, 고밀도 비수용상 액체)로 분류할 수 있다. 따라서 LNAPL은 지중에 유입되어 지하수층에 도달하게 되면 물보다 가벼우므로 지하수층 상부에 뜨게 되고 지하수의 흐름을 타고 이동하게 된다. 그러나 DNAPL의 경우에는 비중이 물보다 크므로 지하수층 아래로 가라앉게 된다(그림 14-1).

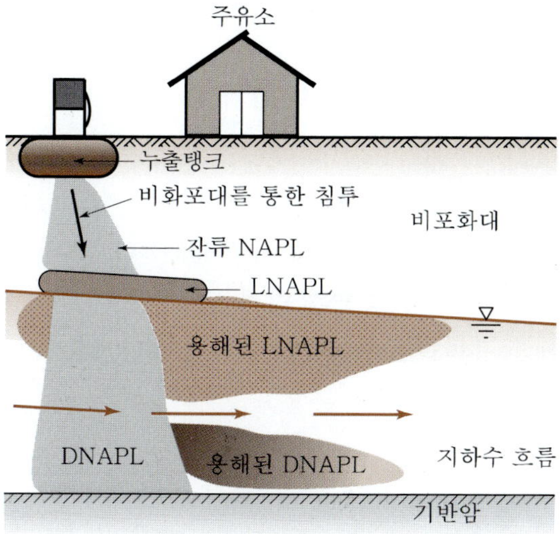

그림 14-1 NAPL의 지중내 거동

지반을 오염시키는 LNAPL은 주로 석유추출물이며, 석유추출물은 용해도가 다양한 여러 화학물질들로 이루어진 복합성분의 유기화합물이다. 알콜(alcohol)이나 MTBE(methyl tertiary-butyl ether, 메틸3부틸에테르)와 같은 성분은 용해도가 매우 크며, 벤젠(benzene), 톨루엔(toluene), 에틸벤젠(ethyl-benzene), 크실렌(xylene, 자일렌) 등과 같은 성분은 용해도가 중간 정도이고, 기타 여러 성분(n-dodecane, n-heptane 등)의 용해도는 매우 작다.

일반적으로 LNAPL은 지하수층에 도달하게 되면 지하수의 흐름을 타고 광범위한 지역으로 확산되어 지하수를 장기간에 걸쳐 지속적으로 오염시키게 된다.

이에 반하여 DNAPL은 밀도가 1.0g/cm^3 이상이 되고, 산업용 세척제, PCB , 농약 등에서 주로 발견된다. 일반적으로 DNAPL은 물보다 무거우므로 지하수 저면에 쌓이거나, 심지어 암반에 형성된 균열틈으로 들어가기도 한다. 따라서 DNAPL의 정화가 LNAPL보다 훨씬 어렵고 비용도 많이 들며 오염지역에 대한 효과적인 정화방안도 개발되어 있지 않다.

14.3 오염물질의 지반내 이동과 변환

14.3.1 개요

오염물질(LNAPL)이 지반에 유입되었을 때 어떠한 이동경로와 변환과정을 거쳐 지반내로 확산되는가를 파악하는 것이 매우 중요하다. 이를 통하여 오염의 규모와 범위를 알고 오염정화의 기본 방침을 세우게 된다.

LNAPL의 지중이동의 개념을 간단히 도시하면 그림 14-2와 같다. LNAPL은 누출되자마자 중력에 의하여 아래로 이동한다.

지중에 누출된 LNAPL의 양이 적은 경우에는 LNAPL이 비포화토층을 통과하면서 모관장력에 의하여 간극속에 남게 되어 단속적인 덩어리를 형성하며, 누출된 LNAPL의 양이 많은 경우에는 불투수층과 같은 차단벽까지 이동하거나 지하수의 영향을 받게 된다.

모관영역에 도달한 LNAPL은 중력과 모관장력에 의하여 횡방향으로 이동하여 포화영역의 상부 경계층을 따라 연속적인 자유층을 형성한다.

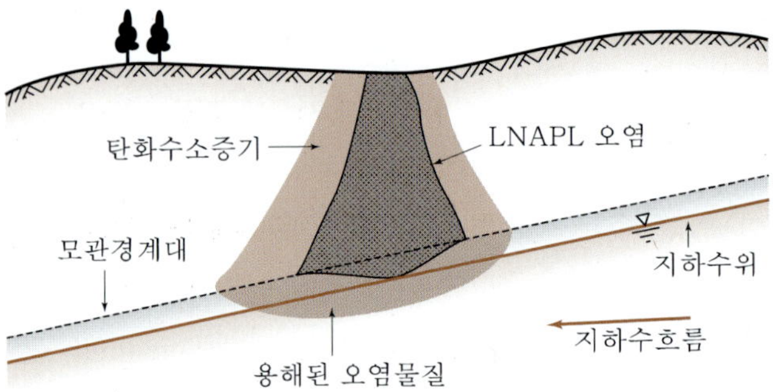

그림 14-2 LNAPL의 누출과 지중이동

대부분의 이동은 동수경사가 최대인 방향으로 이루어지지만 초기에는 다른 방향으로도 약간의 이동이 생기기도 한다. 대규모의 연속적인 LNAPL 덩어리에 의한 압력 때문에 모세관영역과 지하수위가 하강하며, 오염원이 제거되고 LNAPL이 횡방향으로 이동하면 LNAPL에 의한 압력이 감소하여 지하수위가 다시 상승한다.

침투지하수나 침투빗물이 LNAPL과 접촉하여 가용성분을 용해시키고 친수성 오염대를 형성하기도 하며, 또 휘발에 의하여 오염물질이 더욱 확산되기도 한다.

LNAPL의 성분은 지중에서 4가지 상태 즉 친수성(aqueous) 액체, 소수성(nonaqueous) 액체, 기체,

고체 상태로 존재한다. 비포화토층에서는 LNAPL 관련의 오염물질이 4가지 상태 모두로 존재할 수 있으며(그림 14-3), 포화토층에서는 친수성 액체, 소수성 액체, 고체의 3가지 상태로 존재한다.

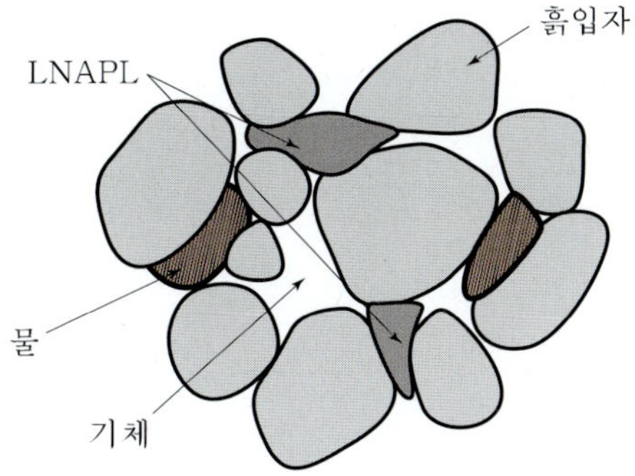

그림 14-3 비포화토층에서의 LNAPL의 4가지 상태

LNAPL의 성분은 환경여건에 따라 서로 다른 상태로 변화하기도 한다. 예를 들면 LNAPL의 가용성 성분이 용해되어 지하수로 혼입될 수 있으며, 같은 성분이 흙입자의 표면에 흡착되었다가 지하수로 방출되기도 한다.

오염물질이 한 상태에서 다른 상태로 전환되는 정도는, 물과 기체의 전환에 관한 Henry상수(Henry's law constant)와 같은 분배계수(partition coefficient)로 나타낼 수 있다. 분배계수는 흙과 LNAPL의 특성에 따른 값이다.

오염물질의 상태 비율을 정확히 알면 정화처리방법을 선정하는 데 도움이 되지만, 이 비율은 고정적인 것이 아니고 정화처리에 따라 또는 시간에 따라 자연적으로 변하기도 한다.

14.3.2 오염물질의 미시적 지중이동

LNAPL과 흙의 특성이 미시적이나 거시적으로 LNAPL의 이동에 영향을 미친다. 복잡한 누출 경위와 흙의 비균질성 때문에 LNAPL의 거시적인 이동을 예측하는 것은 매우 어렵다. LNAPL의 미시적인 이동과 분포에 영향을 미치는 요소는 다음과 같다.

(1) 밀도

비중이 1보다 작은 NAPL 즉 LNAPL은 물보다 가벼워서 물위에 뜨며, 비중이 1보다 큰 NAPL 즉 DNAPL은 물보다 무겁다. 대부분의 유체의 밀도는 온도가 올라가면 감소한다. 따라서 일반적인 지중환경에서의 DNAPL의 밀도는 지중에 열을 발산하는 정화처리 동안에 감소한다.

밀도는 액체의 부력에 영향을 미칠 뿐만 아니라 지중이동에도 영향을 미친다. 흙속에서의 투수성은 액체의 밀도와 점성의 함수이며, 액체의 밀도가 증가하면 투수성도 증가한다.

(2) 점성

점성은 유체가 흐르는 것을 방해하는 성질이다. 점성은 온도의 함수로서, 온도가 올라가면 대부분의 유체의 점성은 감소한다. 점성이 작을수록 유체가 간극속을 흐르는 데 소요되는 에너지는 감소하며, 투수성은 증가한다.

(3) 표면장력

섞이지 않는 두 액체가 접근하게 되면 두 액체 사이에는 계면 에너지(interfacial energy)가 있어서 물리적 경계면이 형성된다. 표면장력(interfacial tension)은 액체 내부와 경계면에서의 분자 인력의 차이로부터 발생하는 계면 에너지이며, 단위는 단위면적당의 에너지이다.

일반적으로 표면장력이 클수록 액체 사이의 경계면의 안정성은 증가한다. 표면장력은 온도, pH, 계면활성제(surfactant) 및 용해된 기체 등에 의해 영향을 받는다. 표면장력이 증가하면 액체의 이동성이 저하된다.

(4) 습윤성

습윤성(wettability)은 섞이지 않는 두 액체가 있을 때 한 액체가 고체입자의 표면에 확산 부착되는 성질을 말한다. 다상구조(multiphase system)에서는 습윤성 유체가 고체입자의 표면을 적시고 비교적 작은 간극을 채우며, 비습윤성 유체는 매우 큰 간극으로 밀려나게 된다.

공기, 물, LNAPL 등이 함께 있는 지하수면 상부층(vadose zone)에서는 일반적으로 물이 흙입자 표면을 적시게 된다. 그러나 공기와 LNAPL만 있는 경우에는 LNAPL이 흙입자 표면을 적시고 간극에서 공기를 밀어낸다. 물과 LNAPL만 있는 포화영역에서는 물이 흙입자 표면을 적시고 간극에서 LNAPL을 밀어낸다.

습윤성에 영향을 미치는 요소는 NAPL 성분, 친수성 성분, 유기물의 존재, 계면활성제, 광물성분, 흙의 포화이력 등이다.

(5) 모관압력

모관압력(capillary pressure)은 습윤성 물질과 비습윤성 물질의 경계면에서의 압력차이다. 모관압력은 액체 분자 상호간의 상대인력(점착력)이나 액체 분자와 고체 표면의 상대인력(부착력)의 척도이다.

모관압력은 흙이 습윤성 액체를 끌어당기고 비습윤성 액체를 밀어내는 성질을 나타내기도 한다.

NAPL과 같은 비습윤성 액체가 흙속으로 들어가려면 가장 큰 간극의 모관압력을 극복하여야 한다. NAPL이 흙속으로 들어가기 위하여 필요한 최소의 압력을 침입압력(entry pressure)이라고 한다.

모관압력은 간극의 크기가 작을수록, 초기 함수비가 작을수록 또 표면장력이 클수록 증가한다.

(6) 포화도

포화도는 간극속에 LNAPL이 들어가 있는 비율을 말하며, LNAPL의 이동은 포화도와 관계가 있다.

연속적인 NAPL의 흐름이 비연속적으로 되고 모관압력에 의하여 움직이지 못하고 있을 때의 포화도를 잔류포화도(residual saturation)라고 한다. 잔류포화도는 오염물질이 간극속에 갇혀서 일반적인 정화방법으로는 제거할 수 없는 정도를 나타낸다.

잔류포화도의 크기는 간극의 크기, 액체와 흙입자의 습윤성, 표면장력, 동수경사, 유량, 액체의 점성과 밀도 등의 여러 인자에 의하여 영향을 받는다. 일반적으로 포화도가 클수록 액체의 지중 내 유동이 원활해진다.

14.3.3 오염물질의 거시적 지중이동

(1) Darcy의 법칙

LNAPL의 이동은 LNAPL의 밀도에 비례하고 점성에 반비례한다. LNAPL의 1차원 이동은 다음 식으로 나타낼 수 있다.

$$v = -k\rho\frac{g}{\mu}\frac{dh}{dl} \tag{14.1}$$

여기서, v = 속도

k = 고유투수계수

ρ = NAPL의 밀도

g = 중력가속도

μ = 동점성계수

$\frac{dh}{dl}$ = NAPL의 동수경사

(2) 거시적 이동에 영향을 미치는 요소

LNAPL의 미시적 이동은 앞에서 설명한 여러 물리적 관계에 의하여 영향을 받지만, LNAPL의 거시적인 이동이나 분산은 다음과 같은 여러 요소의 복합적인 작용에 의하여 영향을 받는다.

1. 누출된 LNAPL의 양
2. 누출속도(한 번에 쏟아진 것인가 또는 오랫동안 계속 누출된 것인가)
3. LNAPL의 침투면적
4. LNAPL의 특성(예 : 밀도, 점성)
5. 지층 및 대수층의 특성(예 : 투수성, 간극의 크기)
6. 유체와 흙입자의 관계(예 : 습윤성)
7. 암석학과 층서학
8. 균열이나 나무뿌리 구멍 등과 같은 거시적 특징

(3) 지하수면 상부층에서의 이동

지표면에 누출된 LNAPL은 중력에 의하여 연직방향으로 내려간다. 누출된 LNAPL의 양이 적을 경우에는 대부분의 LNAPL은 비포화영역의 간극이나 틈속에 잔류하게 된다(그림 14-4).

침수나 지하수위의 상승으로 인하여 잔류된 LNAPL영역으로 물이 흐르게 되면 가용성 성분이 서서히 용해되어 친수성 오염대가 확산되고 지하수가 오염된다. 또한 탄화수소 기체의 이동도 오염을 확산시킨다.

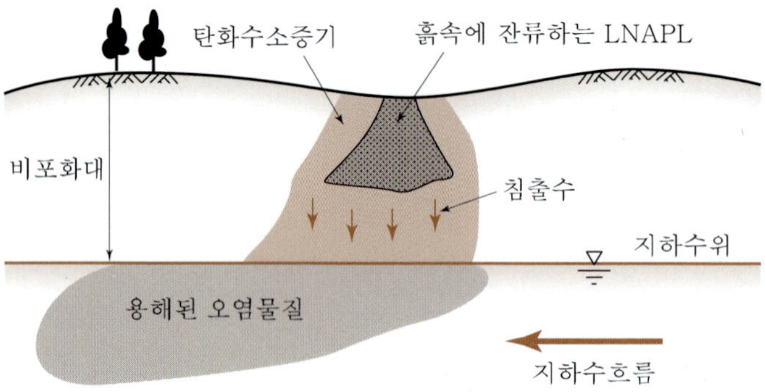

그림 14-4 비포화영역에서의 잔류 LNAPL

LNAPL의 이동은 지층의 비균질성 때문에 더욱 복잡해진다. 예를 들면 그것은 투수성이 큰 경로를 따라 이동하다가도, 투수성이 작은 층을 따라 방향이 바뀌고, 이동 축적되기도 한다(그림 14-5).

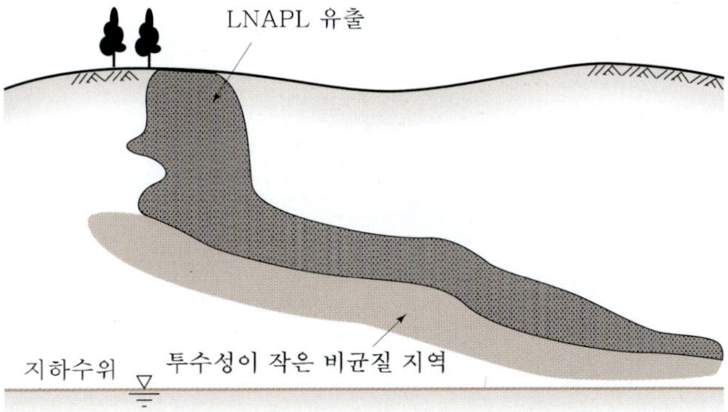

그림 14-5 투수성이 작은 층을 따라 이동하는 LNAPL

(4) 지하수면에서의 이동

누출된 LNAPL이 많은 경우에는 그것이 비포화영역을 지나서 모관영역이나 지하수면까지 도달하게 된다. LNAPL은 지하수면에 가까워지면서 횡방향으로 이동한다.

일반적으로 LNAPL의 이동은 지하수의 흐름 방향으로 발생하지만, 처음에는 LNAPL의 압력 때문에 다른 방향으로 이동하기도 한다(그림 14-2). LNAPL이 많이 축적되면 모관영역을 압박하여 붕괴시키거나 지하수위를 하강시키기도 한다.

LNAPL의 누출량과 누출속도가 클수록 LNAPL의 압력이 커지고 포화영역에서의 침투깊이가 증가한다. 흙속의 모관압력이 증가할수록 LNAPL이 간극수를 밀어내고 침투하기 위해서는 더욱 큰 압력이 필요하다.

(5) 지하수면의 변동으로 인한 영향

지하수면 부근에 축적된 LNAPL은 계절에 따른 유량의 변화나 해안에서의 조류의 영향에 따른 지하수위의 변동에 의해 영향을 받는다.

포화영역 위의 유동성 LNAPL은 지하수위의 변동에 따라 연직방향으로 이동한다. 지하수위가 올라가거나 내려가는 동안 LNAPL은 간극속에 갇히게 되며, 지하수위가 올라가면 지하수위 아래에 잔류 LNAPL이 남게 된다. 지하수위가 계절적 영향으로 변화하게 되면 불포화 토층에 오염물질을 남기게 되어 추후 정화에 어려움이 따르게 된다.

(6) 균열 지반에서의 이동

비포화된 균열 지층으로 들어간 LNAPL은 균열밀도, 방향, 균열폭 등과 같은 특성에 따라 복잡한 경로를 흐르게 된다(그림 14-6). 불투수층으로 여겨지는 점토층에 균열이 있는 경우 LNAPL이 연직방향 및 수평방향으로 이동하기도 한다.

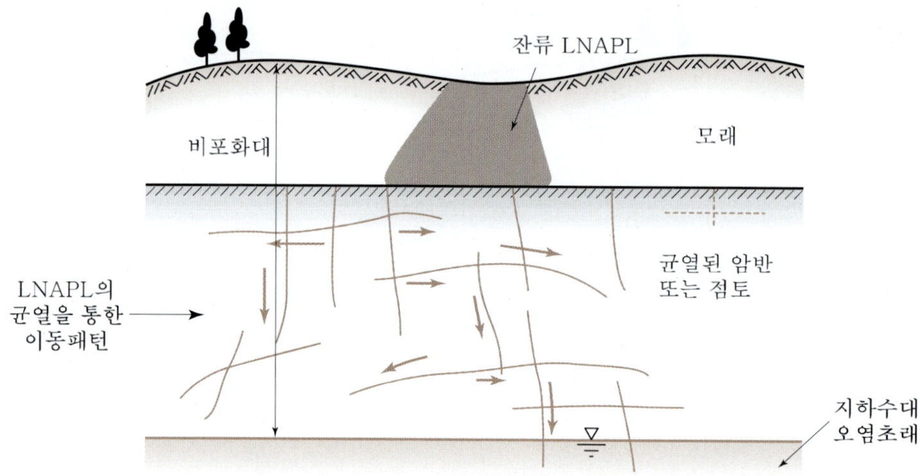

그림 14-6 균열지반에서의 LNAPL의 이동

(7) 인공 경로를 통한 이동

LNAPL은 잘못 그라우팅한 관측정이나 배관이나 설비가 들어있는 트렌치(trench)와 같은 인공경로를 통하여 이동하기도 한다. 굵은 자갈이나 흙으로 되메우기한 트렌치를 따라 LNAPL이 수평방향으로 흐르기도 한다.

14.4 오염물질의 지중변환

LNAPL은 휘발(volatilization), 용해(dissolution), 흡착(sorption) 및 생분해(biodegradation)라는 네 가지의 지중변환(fate) 과정에 따라 지반 내에서의 상태가 변하게 된다.

흙과 LNAPL의 종류에 따라 각 지중변환의 비율이 달라지고 LNAPL의 상태가 바뀌므로 지반오염 발생시 해당 오염물질의 지반내 거동과 더불어 오염지반 내에서의 지중변환 과정을 정확히 파악하는 것이 효과적인 지반정화의 첫 단계라 할 수 있다.

14.4.1 휘발

지반에 유입된 LNAPL은 비포화대를 통과하는 과정에서 간극속의 공기와 접촉하게 되고 이때 휘발이 일어난다. 또한 오염된 지하수의 표면으로부터 비포화대의 간극으로 휘발이 진행되기도 한다. 즉, 액체 상태의 오염물질이 공기와의 접촉으로 휘발하여 기체로 변환하게 된다.

LNAPL은 DNAPL에 비하여 휘발성이 강하므로 휘발에 의한 지중변환이 상태변화에 큰 영향을 미치게 된다. LNAPL이 평형상태에서 액체와 기체 상태로 나뉘어지는 비율은 Henry의 법칙과 Raoult의 법칙으로 설명되며, 이때 LNAPL의 농도가 휘발을 지배하는 요소로 작용한다.

휘발에 대한 지중변환은 휘발성이 비교적 강한 벤젠 등에 의한 지반오염에서 벤젠의 지중 잔존량을 계산하거나 증기추출법(soil vapor extraction, SVE)으로 오염지반을 정화할 때 반드시 고려하여야 한다.

14.4.2 용해

LNAPL이 비포화대를 거쳐 지하수에 도달하게 되면 LNAPL은 지하수에 녹게 되며 이를 용해(dissolution)라고 한다. 물론 강우에 의한 침투수가 비포화대에 있는 LNAPL을 통과하는 과정에서도 용해현상이 일어난다.

용해된 LNAPL은 지하수의 흐름을 타고 이동하여 오염 범위를 확산시키게 된다(그림 14-7).

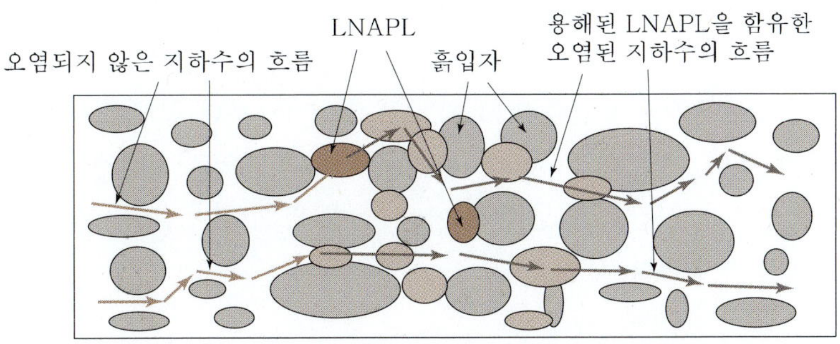

그림 14-7 LNAPL의 용해에 의한 지하수의 오염

LNAPL의 용해속도에 영향을 주는 요소는 크게 두 가지로 나눌 수 있다. 첫 번째 요소는 LNAPL의 물에 대한 용해도이다. 용해도가 큰 LNAPL일수록 지하수에 더 잘 녹게 된다.

LNAPL의 용해속도에 영향을 주는 두 번째 요소는 지하수의 유속과 간극률이다. 유속이 빠르고 간극률이 큰 경우 LNAPL의 용해도 빠르게 진행된다. 그러나 흙입자의 크기는 용해에 그다지 큰 영향을 주지 않는 것으로 나타났다.

14.4.3 흡착

지반으로 유입된 LNAPL은 지하수에 도달하게 되면 용해되고, 용해된 LNAPL은 흙입자에 달라붙거나 혹은 용해된 상태 그대로 지하수에 존재하게 된다. 이와 같이 오염물질이 물리-화학적 과정을 거쳐 흙입자에 달라붙는 현상을 흡착(sorption)이라 한다.

흡착현상은 다음과 같은 여러 가지의 복합적인 물리-화학적 과정에 의하여 발생한다.

1. 물리적 흡착(physical sorption) : 흙입자 표면과 LNAPL분자 사이의 반데르발스 힘에 의한 인력.
2. 수소결합(hydrogen bonding) : 수소(H)와 전기음성도가 큰 F, O 및 N 사이의 결합. 예를 들어 점토 표면의 산소(O)와 페놀의 하이드록실기(OH^-)의 H가 수소결합을 형성하여 페놀이 흙입자에 붙는 현상.
3. 양이온교환(cation exchange) : LNAPL이 가지고 있는 양이온과 점토입자가 함유하고 있는 양이온(Si^{4+}, Al^{3+})이 바뀌면서 LNAPL이 점토입자에 흡착된다.
4. 리간드결합(ligand coordination) : 점토입자 중심의 금속이온 주위에 극성 유기화합물(nonionic polar organic compounds)이 결합을 형성함.
5. 화학적 결합(chemisorption) : LNAPL과 흙입자 사이의 화학적 결합.
6. 소수성 흡착(hydrophobic sorption) : 용해도가 낮은 유기화합물은 물에 녹기보다는 흙에 있는 고유의 유기물에 흡착하려는 성질이 강하다.

이와 같이 여러 경로로 흡착된 오염물질(LNAPL)은 흙입자로부터 쉽게 떨어지지 않으므로 장기적인 지반오염을 초래하게 된다. 양수처리(pump-and -treat)공법으로 지반정화를 시도할 때 초기에는 오염농도가 많이 떨어지나 시간이 지날수록 어떤 한계 밑으로는 떨어지지 않는 잔존현상(tailing effect)도 흡착에 의한 영향이다.

14.4.4 생분해

유기화합물이 미생물에 의하여 분해되려면 먼저 물에 용해되어야 한다. 순수한 LNAPL은 그 자체의 독성 때문에 미생물이 분해하기에 어려움이 있다.

지중에 서식하는 미생물은 호기성 분해의 경우 유해한 유기화합물을 분해하여 최종적으로 물과 이산화탄소로 만들거나, 덜 유해한 물질로 변형시킨다. 이를 생분해라고 하며, LNAPL의 지중변환 및 정화시에 가장 효과적인 처리방법 중의 하나로 알려져 있다.

생분해법으로 오염된 지반을 처리할 경우 지중에 산소(O_2)와 영양분(N, P, K 등)을 공급하여 주면 지중에 서식하는 미생물의 수가 급격히 증가하게 되고 활동이 활발하여지므로 유기화합물을 분해하게 된다.

산소를 공급하여주는 방법은 저농도(200mg/L 이하)의 과산화수소수(H_2O_2), 순수 산소(O_2) 혹은 공기(air)를 주입하는 방법이 쓰이고 있다.

14.5 지반오염의 정화방법

유기화합물에 의하여 오염된 지반의 정화방법은 크게 오염원의 제거 및 차단(source control technologies)과 오염지반의 현장정화(in situ remediation)로 나눌 수 있다.

오염된 지반의 현장정화 방법으로 현재 널리 쓰이고 있는 방법에는 다음과 같은 것들이 있다.

1. 생분해법(bioremediation)
2. 증기추출법(soil vapor extraction, SVE)
3. 양수처리법(pump and treat)
4. 토양세척법(soil flushing)
5. 수압파쇄공법(hydraulic fracturing)
6. 동전기정화법(electrokinetics remediation)

14.5.1 오염원의 제거 및 차단(Source Control Technologies)

(1) 오염원의 제거

오염원의 제거는 오염지반을 굴착하는 방법으로, 지반오염이 국부적이고 지하수에 도달하지 않은 경우에 가장 쉽고 빠른 정화방법이다. 굴착된 오염토양은 물리화학적 및 생화학적 처리 혹은 열처리 및 소각을 거쳐 정화시켜서 원위치에 매립한다.

이 방법은 오염 깊이가 얕은 경우에는 비용이 저렴하고 신속하며 오염물질의 종류에 관계없이 정화가 가능하지만, 도심지에서와 같이 가까이에 건물과 도로 등이 있는 경우에는 주변 구조물에 의하여 굴착작업이 제약을 받게 된다.

또 굴착된 오염토양에서 발생하는 휘발성 오염물질에 의한 공기의 오염도 무시할 수 없으므로 이에 대한 대책도 필요하다. 굴착깊이가 커짐에 따라 비용이 크게 증가하는 단점도 있다.

(2) 오염원의 차단

오염원의 차단은 투수계수가 작은 차폐벽을 설치하여 오염지역을 차단하는 방법으로 주로 널말뚝(sheet pile), 슬러리월(slurry wall), 그라우트 커튼(grout curtain) 등이 이용된다. 이 방법은 오염의 확산을 막고 오염지역의 현장정화를 보다 용이하게 한다.

널말뚝을 이용하는 경우에는 연결 조인트 부위에 누수가 발생할 수 있으나 화학적 내구성이 좋은 네오프렌류의 고무를 조인트 부위에 발라서 팽창에 의한 밀봉, 차수로 누수를 방지하기도 한다.

최근에 크게 주목받고 있는 오염원 차단 기술은 투수성 반응벽체(permeable reactive wall) 기법으로 기존의 차폐벽과는 개념이 다른 투수성 벽체이다. 즉, 오염물질이 벽체를 자유롭게 통과하게 하고 통과하는 과정에서 벽체의 물질과 반응하여 오염농도가 감소하는 것이다(그림 14-8).

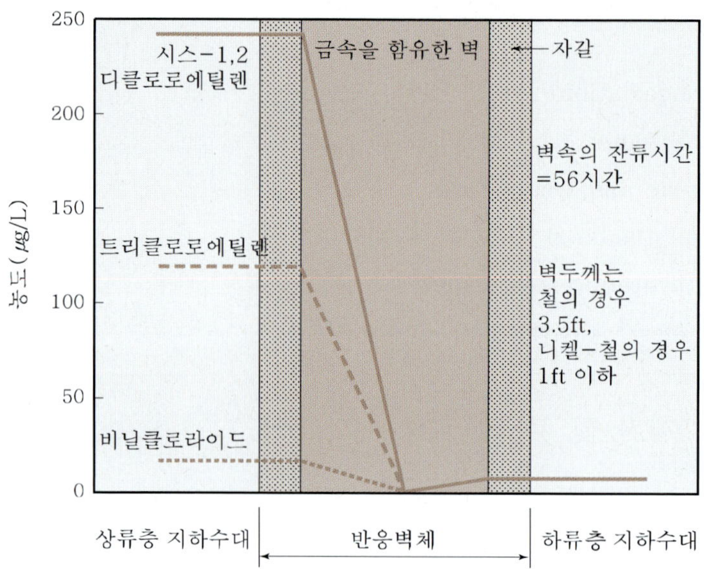

그림 14-8 반응벽체의 오염물질 감소효과의 예

반응벽체는 생물학적 처리벽체(biological treatment wall)와 금속벽체가 주를 이룬다.

생물학적 처리벽체는 생분해(bioremediation) 기법을 벽체에 이용한 것으로 벽체에 산소와 영양분(N, P, K 등)을 공급하여 지중 박테리아의 활동을 증가시켜 벽체를 통과하는 유기화합물을 분해시키는 것이다.

금속벽체는 철 혹은 니켈을 도금한 철을 이용한다. 금속벽체에 의한 오염제거 효과는 LNAPL뿐만 아니라 DNAPL에도 매우 효과가 있다.

쓰레기 매립지에 차폐벽을 설치하고 일부를 반응벽체로 만들면 침출수가 반응벽체를 통하여 자유롭게 빠져나갈 수 있으므로 침출수의 축적도 방지하고 오염도 제거할 수 있을 것으로 기대된다. 이 경우에 반응벽체는 깔때기의 역할을 하므로 이를 깔대기-수문 시스템(funnel and gate system)이라고 한다.

14.5.2 생분해법(Bioremediation)

생분해법은 지중 내에 존재하는 박테리아를 이용하여 오염물질을 분해하는 방법으로, 특정물질을 지중 내에 투여하지 않는다는 점에서 환경친화적인 방법으로 널리 사용되고 있다.

본 생분해법이 진행되는 기본원리는 그림 14-9 및 식 (14.2)와 같이 된다.

$$\text{OC(유기화합물, 오염물질)} + O_2 + \text{영양분(N, P, K)} \xrightarrow{\text{지중 미생물}} CO_2 + H_2O + \text{에너지} + \text{미생물증가} \quad (14.2)$$

위의 식에서 OC(organic compound)란 유기오염물질을 말하며, 산소(O_2)는 유기오염물질을 산화시키는 전자수용체(electron acceptor)의 역할을 한다.

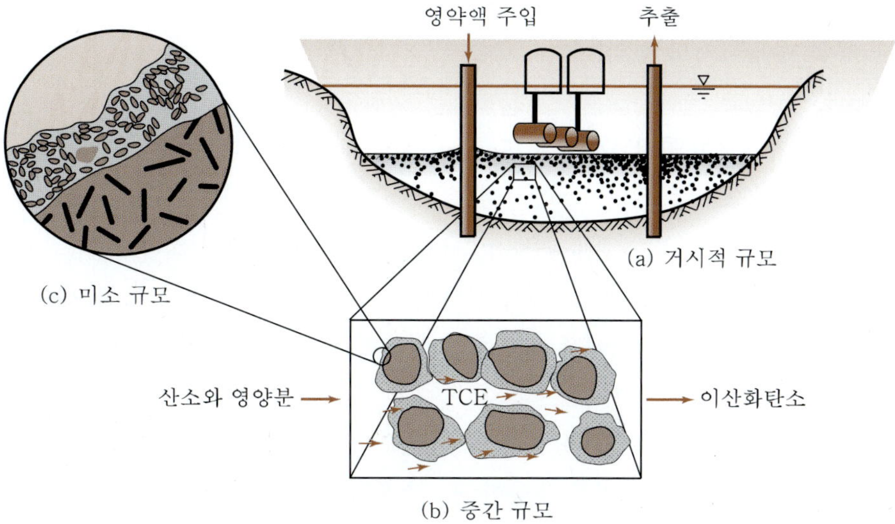

그림 14-9 생분해법의 원리

위의 과정은 산소를 전자수용체로 사용하는 호기성 분해(aerobic degradation)의 과정을 나타낸 식이며, 지하수 심층대나 산소가 거의 존재하지 않는 경우에는 위의 과정의 산소 대신에 NO_3^-, SO_4^-, Fe^{3+}, CO_3^{2-}, CO_2를 전자수용체로 사용하는 혐기성분해(anaerobic degradation)가 일어난다.

혐기성 분해의 부산물로는 메탄(CH_4), 이산화황(H_2S), 이산화탄소(CO_2) 등이 있으며, 호기성 분해와 비교했을 때 반응속도가 매우 느리다.

지중에 존재하는 미생물은 주로 흙의 표면에 붙어서 존재한다. 생분해법에 이용되는 미생물(micro organisms, MOs)은 그 종류가 다양하며, 세균류(bacteria), 진균류(fungi), 조류(algae), 단세포 원생동물(protozoa), 후생동물(metazoa) 등이 있다. 이들 미생물들은 지표면 가까운 곳에는 매우 많은 수가 존재하고 지하수위대까지도 많이 존재하며, 종류별로 많게는 백만 마리(million cells/L)까지 존재하기도 한다.

생분해법의 효율을 높이는 방법으로는 더 많은 산소를 주입시켜 호기성 상태로 만들어 주는 방법과 질소(N), 인(P), 칼륨(K), 칼슘(Ca), 마그네슘(Mg) 등의 영양분을 첨가하는 방법, 그리고 미생물이 더 활발하게 활동할 수 있는 최적의 환경을 조성해주는 방법 등이 있다.

지중 미생물이 활발히 활동하기 위한 최적의 환경으로는 pH는 6.5~7.5 정도, 포화도는 30~90%, 온도는 25~45℃ 그리고 지중에 존재하는 중금속의 양이 적을 것 등으로 알려져 있다.

최근에는 호기성 상태에서 분해되지 않고 혐기성 상태에서만 분해되는 염화물(chlorinated compounds) 등을 분해하기 위해 지중 환경을 혐기성상태로 만들어 주는 시도들을 하고 있다. 이러한 인위적 환경 변화를 위해 설탕 등을 주입하기도 한다. 또한 분해되지 않는 오염물질을 분해하기 위하여 메탄과 벤젠 등을 주입하기도 한다.

14.5.3 토양증기추출법(Soil Vapor Extraction)

토양증기추출법(Soil Vapor Extraction, SVE)은 비포화대에 존재하는 휘발성 또는 반휘발성 오염물질을 함유한 공기를 추출하는 방법으로 현장정화기술 중에서 비포화대에 많이 사용되는 방법이다. 이 방법은 휘발성 NAPL을 비포화대에서 제거하는 데 적합하며, 지중에 잔류하거나 자유상태로 존재하는 NAPL 제거에도 많이 사용된다.

토양증기추출법은 송풍기를 이용하여 청정공기를 오염된 지반에 주입하고, 진공장치를 이용하여 추출정으로부터 증기가 가득 찬 공기를 추출한 후, 추출된 공기는 일정한 처리시설을 거쳐 대기 중에 방출시키는 것이다(그림 14-10).

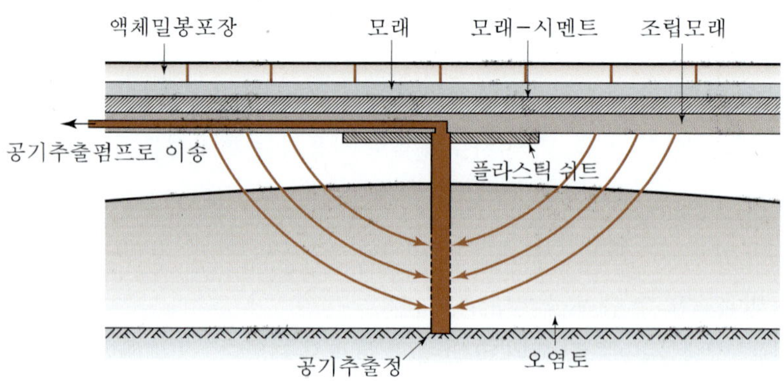

그림 14-10 토양증기추출법

진공추출장치로 발생된 공기 흐름은 오염물질의 휘발과 확산 이동을 유발시키게 된다. 이 과정이 진행되면서 상대적으로 휘발성이 낮은 물질은 흙속에 잔류하게 되고, 잔존하는 오염물질의 휘발성은 감소하게 된다. 이렇게 정화가 진행됨에 따라 정화효율도 점차 낮아지게 된다. 그리고 이 시점 후로는 지층에 존재하는 미생물에 산소를 주입하여 생분해를 활성화시키는 "bioventing"과 같은 다른 방법을 병행하여 지반을 계속적으로 정화하여야 한다.

본 방법은 오염물질의 증기압이 0.5mmHg 이상인 경우에만 적용시킬 수 있다. 적용 흙은 자갈, 모래, 조립 실트와 같은 투수성 비포화지반에 국한되어 적용된다. 점토지반은 지반을 인위적으로 균열을 발생시키지 않기 전에는 투수성이 낮아 효과적이지 못하다. 따라서 지중 내에 액체나 기체의 흐름을 증가시키기 위하여 사용되는 방법인 수압파쇄공법 등을 병행하여 사용하면 증기추출의 효과를 증진시킬 수 있다.

토양증기추출법의 장점은 다음과 같다.

1. 오염지역에 추가적으로 시약을 주입할 필요가 없다.
2. 이 방법으로 오염토를 완전히 처리하면 다른 방법들을 적용할 필요가 없다.

토양증기추출법의 단점은 다음과 같다.

1. 투수성이 크고($k > 10^{-4}$cm/sec) 균질한 지반에만 효과적이다.
2. 투수성 지반 내에 불투수성 층이 존재하는 경우에는 휘발성 지반오염물질의 제거효율이 저하된다.
3. 이 방법은 휘발성이 높은 물질에 효과적이므로 휘발성이 다양한 오염물질이 함유된 지역에서는 추가로 다른 정화기술을 적용하여야 한다.
4. 지하수위가 낮아야 적용범위를 확대할 수 있다. 지하수위가 펌프와 가까우면 진공흡입 시 물이 빠져나와 효율이 극히 저하된다.

14.5.4 양수처리법(Pump-and-Treat)

유기화합물의 오염이 포화대에까지 영향을 미친 경우에는 지반오염 발생지역에 추출정을 설치하고 오염된 지하수를 진공펌프로 양수하여 오염의 농도를 감소시키는 방법을 양수처리법이라고 한다.

양수된 오염된 지하수는 물리화학적 혹은 생물학적 처리를 거쳐 정화한 후 다시 지하수로 유입시키는 순환과정을 거치게 된다. 이 방법으로 지하수의 오염농도를 신속하게 낮추는 것이 가능하여 대부분의 지하수 정화작업에서 다른 정화법과 함께 양수처리법을 이용한다.

진공펌프로 지하수를 양수하게 되면 지하수대의 간극 사이에서 물에 용해되어 있는 오염물질은 추출정을 통하여 쉽게 배출되지만, 흙입자에 흡착되었거나 흙입자 간극의 구석에 끼어있는 용해되지 않은 오염물질은 진공펌프로 조성된 동수경사에 의한 물의 흐름 정도로는 배출되지 않는다. 이것이 장기간에 걸친 지하수오염의 원인이 되며 이를 잔존효과(tailing effect)라고 한다.

이와 같이 흡착되었거나 간극 사이에 끼인 용해되지 않은 LNAPL은 아주 서서히 조금씩 지하수로 용해되므로 이를 양수처리법만으로 완전히 정화하려면 수십 년 이상 걸릴 것으로 예상된다.

또한 양수를 통해 지하수위를 저하시켜 LNAPL이 비포화대에 드러나게 한 후 비포화대에 잔류하게 된 LNAPL을 토양증기추출법과 같은 방법을 이용하여 비교적 쉽게 정화할 수 있다. 이러한 목적으로 지하수위를 저하시키기 위해서는 다수의 추출정이 필요하게 된다.

본 방법은 지반이 비균질이고 투수성이 작은 층이 곳곳에 발달되어 있는 경우에는 효과가 많이 떨어지게 된다. 하지만 이런 문제점에도 불구하고 초기에 오염농도를 신속하게 떨어뜨리는 장점이 있으므로 대부분의 지반정화시 이 방법을 이용한다.

14.5.5 토양세척법(Soil Flushing)

토양세척법은 물이나 다른 수용액 또는 비수용액과 같은 적절한 용매를 사용하여 지반오염물질을 씻어내는 방법이다. 정화대상지역에 적절한 세척용액을 주입하고 일련의 웰포인트(well point)나 지중배수관으로 배수를 시킨다. 그리고 지상으로 추출된 오염수를 처리한 후 처리수를 정화지역에 순환시켜 재사용한다(그림 14-11).

토양 세척과정에서 오염물질은 용해, 유제(emulsion) 형성, 세척용액과의 화학반응에 의하여 세척용액 내로 이동된다. 이동된 오염물질은 이동이 용이하여 지반으로부터 제거가 용이하게 된다. 이와 같이 세척된 용액이 지중이나 지표의 비오염된 지반 또는 지하수로 이동하여 재오염되는 것을 방지하기

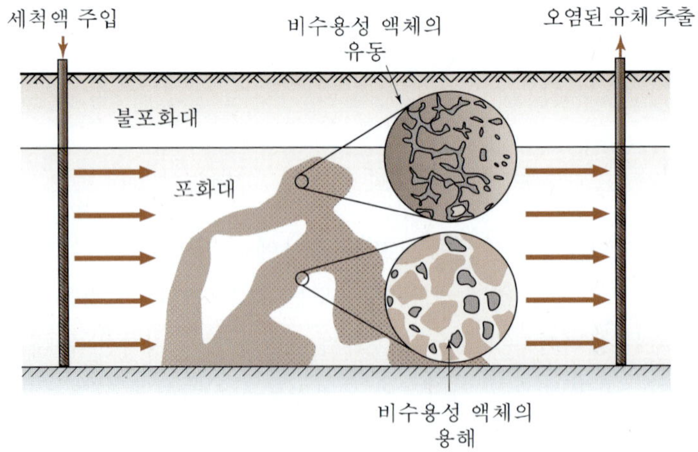

그림 14-11 토양세척법

위하여 지표면에는 세척된 용액의 집수시설이 필요하다.

세척용액으로는 물, 산성 수용액(황산, 염산, 질산, 인산, 탄산), 염기성 수용액(수산화나트륨 등), 계면활성제(surfactant) 등이 있다. 이중에서 물은 수용성 물질 또는 물에 유동되는 물질을 추출하는데 사용되고, 산성 수용액은 금속이나 염기성 유기물질(아민, 에테르, 아닐린 등)의 제거에 사용되며, 염기성 수용액은 금속(아연, 주석, 납 등) 그리고 페놀, 킬레이트 화합물의 제거에 사용된다.

계면활성제는 지중에 흡착되어 있는 오염물질을 탈착시켜 세척효과를 증진시키기 위해 사용된다. 이 방법은 널리 사용되는 방법으로 화학약액 중에서 가장 연구가 활발하고 정화효과가 뛰어난 것으로 알려져 있다.

계면활성제는 기본적으로 양면성의 분자구조를 가지고 있다. 즉, 한쪽 단은 친수성체이고 다른 한쪽 단은 혐수성체로 되어 있어서 상태가 다른 두 물질 사이(공기-물, 기름-물, 물-고체)에 끼어 들어가 두 물질 사이의 결합에너지를 줄이는 성질이 있다. 예를 들어 계면활성제가 물-기름 사이에 들어가게 되면 친수성 단은 물로 향하고 혐수성 단은 기름으로 향하여 두 물질 사이의 결합에너지를 낮추게 되어 결국은 표면장력을 낮추는 효과를 가져 온다. 표면장력이 작아지게 되면 두 물체는 쉽게 분리되고, 분리된 오염물질은 제거가 용이해진다. 이는 계면활성제가 각 물체의 표면상태를 변화시키는 효과가 있음을 나타내며 계면활성제라고 불리게 되는 이유도 된다.

계면활성제의 또 다른 중요한 특징은 용해작용으로서, 혐기성인 유기화합물을 계면활성제로 둘러싸서 마이셀(micelle)을 형성시켜 물에 잘 용해되게 만드는 것이다. 일단 용해된 오염물질은 박테리아가 흙에 흡착된 오염물질을 바로 분해하는 것보다 훨씬 더 분해하기 쉬우므로 오염된 지반의 정화처리가 더욱 용이하게 된다. 이러한 방법을 특별히 계면활성제 생분해법(surfactant-enhanced bioremediation)이라고 한다.

토양세척법에 의한 오염지반의 처리 수준은 세척용액과 오염물질의 접촉, 오염물질에 따른 적절한 용액의 선정, 오염물질의 지반 흡착계수 그리고 지반의 투수계수에 따라 달라진다. 이 방법은 유기물 함량이 낮은 투수성이 큰 지반에 매우 효과적이다.

토양세척법의 장점은 다음과 같다.

1. 토양세척작업이 성공적으로 진행되면 추가적인 처리작업이 필요하지 않으며 오염물질의 제거가 영구적이다.
2. 투수성 지반에 적용이 용이하다.
3. 사용되는 세척용액에 따라 차이가 나지만 비용은 상대적으로 저렴하고, 물만 사용할 때보다 시간이 단축된다.

이 방법의 단점은 다음과 같다.

1. 세척용액에 의하여 지반 내에 2차적인 오염이 발생할 수 있다.
2. 세척용액의 사용에 의하여 지반의 물리적, 화학적 특성이 변할 수 있다.
3. 비오염지역으로 오염물질이 이동할 가능성이 있다.
4. 지반의 투수성이 불균질한 경우 오염물질의 제거가 불완전할 수 있다.

14.5.6 수압파쇄공법(Hydraulic Fracturing)

오염된 지반을 현장에서 정화하는 방법인 생분해법, 증기추출법, 양수처리법 등은 시간이 장기간 소요되며, 투수성이 불량한 세립토에서는 효과적이지 못하다.

이와 같은 경우에 주입정에서 초고압의 물이나 공기를 기존 지층 내로 주입하여 인공균열을 발생시키는 수압파쇄공법 또는 공기파쇄공법을 적용하면 현장정화기술의 효율성을 증가시킬 수 있다. 즉, 수압을 이동하여 파쇄대를 형성하고, 이를 통하여 약액 등이 주입되면 정화의 효율이 향상된다.

수압이 조립질 모래나 과압밀점토에 가해지면 흙입자가 서로 미끄러져 간극의 크기가 증가된다. 반면에 느슨한 모래나 정규압밀점토의 경우에는 흙입자가 역시 서로 미끄러져 오히려 간극의 크기가 감소된다. 이러한 체적변화를 적절하게 조정하여 균열의 초기발생, 전파 및 방향을 조절하여야 한다.

수압파쇄공법은 지하수위 상부 또는 하부 세립토 지층으로부터 액체나 가스를 추출하거나 주입하는데 사용되기도 한다.

14.5.7 동전기정화법(Electrokinetic Remediation)

동전기정화법은 지층 속에 전극을 설치한 후 전류를 가하여 지층의 물리 화학적 및 수리학적 변화를 유도한 후 전도현상을 일으켜 오염물질을 이동 추출 제거하는 방법이다(그림 14-12).

본 방법은 사질토뿐만 아니라 점성토에도 매우 효과적이며, 중금속, 핵종, 페놀, TCE, 톨루엔 및 기타 유기물 및 무기물의 제거가 가능한 것으로 알려져 있다.

지층 속에 설치된 전극에 직류전기가 가해지면 다음과 같은 동전기 현상이 발생하여 흙/물-전해질 시스템이 물리 화학 수리학적으로 변화되어 오염물질이 이동 제거된다.

1. 전기삼투(electro-osmosis) : 전기경사에 의한 간극수의 이동
2. 전기이동(electro-migration) : 전기경사에 의한 전하를 띤 화학물질의 이동
3. 전기영동(electro-phoresis) : 전기경사에 의한 전하를 띤 입자의 이동

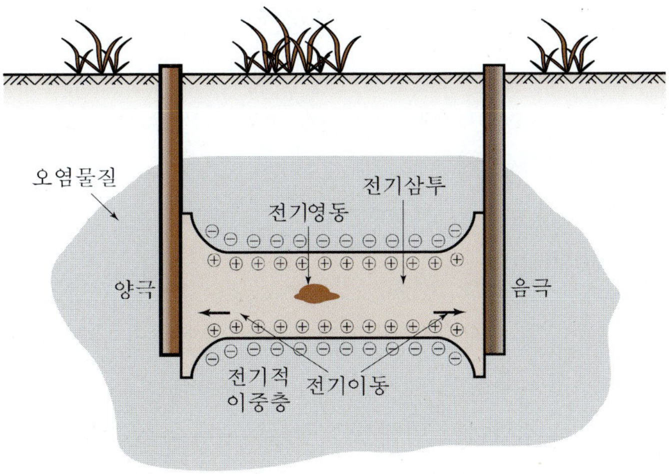

그림 14-12 동전기정화법

(1) 전기분해

포화대 내에 전극을 삽입하고 직류전류를 가하면 전극 바로 주위의 물은 이온화되어 전기분해반응이 일어난다. 즉, 양극 주위에는 물이 산화되며 반대로 음극 주위에서는 물의 환원반응이 일어난다.

따라서 양극에서는 산전선(acid front)이 형성되고 음극에서는 염기전선(base front)이 형성된다. 이때 양극에서는 산소가 방출되고 음극에서는 수소가 방출된다.

이와 같은 전기분해 반응 때문에 동전기적 처리작업 초기에는 양극 주위의 pH는 2 이하로 떨어지게 되고 음극에서는 12 이상으로 증가한다.

(2) pH의 변화

시간이 지나면서 양극에 형성된 산전선은 점차 포화대를 통과하여 음극으로 진행하게 된다. 이러한 진행은 다음과 같은 4종의 물질이동에 의하여 이루어진다.

1. 전기삼투 흐름에 의한 간극수 이류(advection)
2. 외적으로 제고되거나 내적으로 생성된 수리포텐셜 차에 의한 간극수 이류
3. 농도경사에 의한 확산(diffusion)
4. 전기경사에 의한 이온이동(migration)

OH^- 의 생성에 의해 음극에 발달된 염기전선은, 확산과 이동에 의하여 초기에 양극에서 음극으로 향하는 전기삼투 흐름현상과 OH^- 의 느린 이동성 때문에, 음극으로 향하는 산전선보다 훨씬 느리다.

그 결과 산전선이 우세하게 되어 화학작용을 지배하게 된다.

이러한 현상에 의하여 지반내의 pH값이 감소하게 되는데, 감소정도는 양극에서 생선된 산의 양 및 점토의 완충능력(buffering capacity)에 좌우된다. 또한 양이온 교환능력과 유기물질함량이 포화지층의 pH의 변화에 매우 큰 영향을 미친다.

(3) 흡착반응(sorption reaction)

중금속이나 다른 양전하물질은 음전하를 띤 점토표면에 견인되고 흡착된다. 금속들은 서로 상이한 흡착특성을 가지고 있으며, 흡착특성은 매체의 종류에 따라 다르다.

오염된 세립토를 효과적으로 정화하기 위해서는 점토로부터 중금속을 탈착(desorption)시키는 것이 필요하다. 흡착 및 탈착 특성은 포화대 내 점토광물 표면의 전하밀도 또는 양이온 교환능력, 양이온 물질의 특성과 농도, 유기물질과 탄산염의 존재 및 pH에 좌우된다.

(4) 침전 및 용해

동전기적 지반정화과정을 통하여 지층내에 전기화학적 성질상에 극적인 변화가 생겨 염과 흙입자 광물의 침전 및 용해 등을 포함한 여러 화학반응이 일어나게 된다. 지층의 간극수 내 물질이동은 이러한 침전물의 형성과 용해에 크게 영향을 받는다.

전기분해에 의하여 음극에서 생성되는 염기전선에 의하여 대부분의 중금속이온이 결정체가 되어 침전된다. 침전물의 양은 이온물질에 따라 다르며 흙입자와 간극수의 pH의 영향을 크게 받는다. 양극에서 생성되는 산전선이 진행하면서 이들 침전물을 대부분 용해시키기는 하지만 지층 및 침전물의 종류에 따라 용해정도가 다르게 된다.

(5) 오염물질의 이동 포획 및 제거

간극수 내에 존재하는 흙입자의 표면으로부터 탈착된 자유 화학물질은 자신들의 전하특성에 따라 양극 또는 음극의 전극 방향으로 이동하게 된다. 물질이동의 기본적인 추진 특성은 산 또는 염기의 이동 특성과 동일하다. 따라서 이온이동, 이류와 확산에 의하여 이온물질이 매체를 통하여 이동되게 된다. pH가 높은 지역에서는 침전과 수착에 의하여 이동이 지체되게 된다.

간극수 내에 있는 화학물질의 이동 결과, 양이온은 음극으로 모이게 되고 음이온은 양극으로 모이게 된다. 그러면 음극에서 유출수에 섞여 있는 중금속과 다른 양이온성 물질을 지상으로 추출하면 된다. 그리고 지상에 추출된 유출수에서 이온교환법이나 레진컬럼방법 등의 환경공학적 처리방법을 이용하여 오염물질을 제거한다.

14.6 토양오염 및 지하수오염 정화공법 동향

미국 환경청(EPA, Environmental Protection Agency)에서 2007년에 발간한 보고서는 미국내 오염지역의 오염된 토양, 고형 및 액상 폐기물 그리고 지하수의 정화에 적용된 공법에 대하여 설명하였으며, 그림 14-13과 같이 오염원/오염매체와 지하수의 오염을 구분하여 각각 해당하는 정화공법의 동향을 다루었다.

또 보고서는 오염원/오염매체와 지하수의 오염을 정화하는 기술을 표 14.1과 같이 각각 처리공법(treatment technologies)과 차폐공법(containment technologies)으로 분류하여 정리하였다.

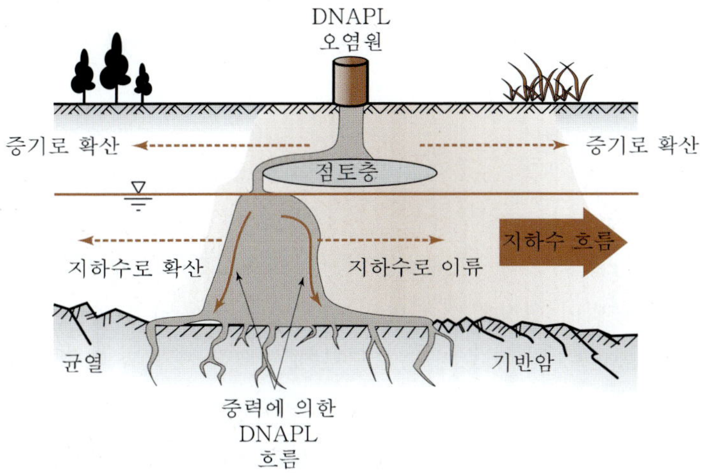

그림 14-13 오염매체와 지하수 오염

표 14.1 오염원/오염매체와 지하수오염의 정화공법의 종류

정화공법		오염원/오염매체	지하수오염
처리공법	능동적 처리	현장외 물리, 화학, 생물학적 처리	양수처리법
	수동적 처리	현장내 물리, 화학, 생물학적 처리	현장내 물리, 화학, 생물학적 처리
차폐공법	능동적 차폐	매립	수직적, 공학적 지하 불투수벽
	수동적 차폐	차수층, 덮개, 벽 등으로 처리	자연적 저감을 모니터링
기타		제도적인 감독, 모니터링, 주민 이동 조치	용수 사용 규제 대체 용수 공급

14.6.1 오염원/오염매체 정화공법

지반내 오염원/오염매체는 토양, 침전물, 슬러지, 고형 폐기물 및 비수용상액체(NAPL)를 포함하지만 지하수오염은 포함하지 않는다.

(1) 오염원/오염매체 정화공법 동향

최근 20여 년 동안 적용된 약 3,000개의 토양 및 지하수 오염 정화공법 중 67%인 약 2,000개에 오염원/오염매체 정화공법이 적용되었으며, 이 정화공법에는 표 14.1과 같은 방법들이 있다.

오염원/오염매체 정화공법 중에서는 2003년 이전에는 대체로 처리공법이 차폐공법보다 많이 적용되었지만, 2004년 이후에는 차폐공법이 처리공법보다 많이 적용되었다.

(2) 현장내 및 현장외 처리공법

현장내 처리공법은 오염물 또는 오염토양을 굴착 및 이송하지 않고 제거, 분해, 고정화시키는 기술이며, 현장외 처리공법은 이들을 굴착 및 준설을 통해 이송시킨 후 복원하는 공법이다.

최근에는 현장내 처리공법이 현장외 처리공법보다 많이 적용되며, 이는 현장내 처리공법 오염물 또는 오염토양을 굴착 및 이송시킬 필요가 없으므로 오염원에 노출될 위험과 경제적 비용을 줄일 수 있기 때문이다.

현장외 처리공법 중에는 고형화/안정화(solidification/stabilization)방법이 많이 적용되고 소각방법의 적용은 감소하고 있다. 현장내 처리공법 중에는 증기추출법이 많이 사용되며, 다상 추출법(multi-phase extraction)과 화학적 처리의 적용도 증가하고 있다.

(3) 처리된 오염물의 종류

오염원/오염매체 처리공법으로 처리한 오염물의 종류와 적용된 정화공법은 다음과 같다.

1. 할로겐족 휘발성 유기화합물, BTEX(benzene, toluene, ethyl benzene, xylene), 비할로겐족 휘발성 유기화합물 : 증기추출법
2. 비할로겐족 반휘발성 유기화합물, PAH(polynuclear aromatic hydrocarbons) : 생분해법
3. PCB(polychlorinated biphenyls), 유기 용매, 살충제 및 제초제, 할로겐 족 반휘발성 유기화합물 : 소각
4. 중금속 : 고형화/안정화

14.6.2 지하수오염 정화공법

(1) 지하수오염 정화공법 동향

지반내 지하수오염 정화공법에는 표 14.1과 같은 방법들이 있으며, 최근에 적용된 약 1,000여개의 지하수 정화공법 중 양수처리법이 700개 이상에 적용되었다.

그러나 양수처리법만 단독 적용하는 사례는 점차 감소하고 현장내 처리공법과 자연저감법(natural attenuation)을 병행하는 사례가 증가하고 있다. 이는 양수처리법이 비용대비 효율성이 우수하지 못하고, 다른 정화공법을 병행하면 양수처리법의 소요시간을 감소시킬 수 있으며, 오염원/오염매체와 지하수를 동시에 정화할 수 있기 때문이다.

(2) 현장내 지하수 처리공법

널리 적용되는 현장내 지하수 처리공법으로는 공기분무법(air sparging), 생분해법(bioremediation), 화학적 처리, 투수성 반응벽체(permeable reactive barriers), 다상 추출법 등이 있다.

최근에 적용된 지하수 처리공법 중 생분해법과 공기분무법이 50% 이상 되었으며, 공기분무법은 감소하고 화학적 처리의 사례가 증가하고 있다.

현장내 지하수 처리공법으로 처리한 오염물의 종류와 적용된 정화공법은 다음과 같다.

1. 할로겐족 및 비 할로겐족 휘발성 유기화합물, BTEX : 공기분무법
2. PAH, 비할로겐족 반휘발성 유기화합물, 유기살충제, 제초제 : 생분해법
3. 중금속류: 화학적처리, 투수성 반응벽체

14.6.3 혁신적인 토양 및 지하수 정화공법

일반적으로 토양 및 지하수의 오염에 대해서는 오염지역의 지질학적 환경을 고려하여 오염지역의 특성을 조사하고, 오염물의 종류, 오염 정도 및 거동과 위해성을 평가한 후 효율성 및 적용성 등에 근거하여 최적의 정화공법을 선정하며 정화한 후 사후관리를 실시한다.

혁신적인(innovative) 정화공법이란 기존의 기술로는 정화가 어렵다고 간주된 오염원/오염매체 그리고 지하수를 보다 경제적이고 효율적으로 제거, 처리하는 새로운 기술을 일컫는다.

최근의 혁신적인 기술의 동향은 현장내 생물학적 정화공법과 다양한 다른 정화공법을 병합하여 사용하며, 지속가능한 친환경적인 정화공법을 선호하고 있다.

국내외 혁신적인 토양 및 지하수 정화공법에는 다음과 같은 것들이 있다.

1. 식물정화공법을 이용한 토양오염 정화
2. 복합 투수성 반응벽체를 이용한 침출수 및 산성 광산폐수 처리
3. 영가철과 점토를 이용한 할로겐족 화합물 처리
4. 연직차수벽을 이용한 오염된 지하수 이동 억제
5. 바이오필터를 이용한 휘발성 유기화합물 및 악취 제거
6. 반응성 나노물질을 이용한 오염물 제거
7. 개량 점토와 인산염을 이용한 중금속 고정화
8. 분자생물학적 기법을 활용한 미생물의 이동성 및 분해능 측정
9. 전자기 기술을 활용한 토양 및 지하수 오염 정화

참고문헌

1. 권호진, 박준범, 박규홍 (1996). 지반오염물질의 특성과 정화(1), 토목학회지 제44권 제11호.
2. 권호진, 박준범, 송영우 (1997). 지반오염 정화기술의 신공법과 동향, 한국지반공학회지 제13권 제2호.
3. 김태용 (2004). 환경산업의 현황과 전망, 삼성지구환경연구소.
4. 박규홍, 권호진, 박준범 (1996). 지반오염물질의 특성과 정화(2), 토목학회지 제44권 제12호.
5. 박정구 (2007). 지하수, 토양 오염의 현상 및 복원 기술 동향, 코네틱 리포트.
6. 박준범, 박규홍, 권호진 (1997). 지반오염물질의 특성과 정화(3), 토목학회지 제45권 제1호.
7. 성익환 (1998). 대도시지역 지하수 오염방지 및 치유 · 개선 대책, 토목학회지 제46권 8호, pp.16~33
8. 송영우, 박준범, 권호진, 김형석 (1996). 생분해처리법을 이용한 유기질토의 처리, 대한토목학회 1996년도 학술발표회 논문집 (III), pp. 249~252.
9. 양임석 (1997). 오염된 군사기지 환경복원기술과 미래전망, 토양환경 관련정책 세미나, 한국토양환경학회, pp.115~125.
10. 정하익, 이용수, 우제윤 (1995). 오염지반 및 지하수 정화기술에 관한 연구, 한국건설기술연구원.
11. 주진철 (2008). 미국내 토양 및 지하수 오염 복원기술 동향, 한국지반공학회지 제 24권 제 2호, pp. 9~15.
12. 최재영 (2007). 국내외 토양 및 지하수 오염정화 기술 연구, 기술 동향, 코네틱 리포트.
13. 한국건설기술연구원 (1995). 오염지반 및 지하수 정화기술에 관한 연구, 연구보고서, KICT/94-GE-1101-2.
14. 한정상 (1997). 지하수 환경과 오염, 전영사, pp.864~868.
15. 환경부 (1996). 토양환경보전법령.
16. 환경부 (1997). 오염토양/지하수 정화기술 개발, 삼성물산(주) 건설부문 기술연구소.
17. Appleton, E. L. (1996). A Nickel-Iron Wall Against Contaminated Groundwater, Environmental Science and Technology, Vol. 30, No. 12, pp. 536~539.
18. Bedient, B. P., Hanadi, S. R., and Charles, J. N. (1994). Groundwater Contamination, Prentice-Hall, Inc., Englewood Cliffs, NJ.
19. Feenstra, S., Mackay, D. M., and Cherry, J. A. (1991). A Method for Assessing Residual NAPL Based on Organic Chemical Concentrations in Soil Samples, Ground Water Monitoring Review, Vol. 11, No. 2, pp. 128~136.
20. Hassett, J. J. and Banwart, W. L. (1989). The Sorption of Nonpolar Organics by Soils and Sediments, Proceedings of a Symposium on Reactions and Movement of Organic Chemicals in Soils, Soil Science Society, Special Publication No. 22, pp. 31~44.
21. Hunt, J. R., Sitar, N., and Udell, K. S. (1988). Nonaqueous Phase Liquid Transport and Cleanup,

1: Analysis of Mechanisms, Water Resources Research, Vol. 24, No. 8, pp. 1247~1258.

22. Johnson, P. C., Kemblowski, M. W., and Colthart, J. D. (1990). Quantitative Analysis for the Cleanup of Hydrocarbon-Contaminated Soil by In-Situ Soil Venting, Groundwater, Vol. 28, No. 3, pp. 413~429.
23. Kovalick, W. W. and Kingscott, J. (1996). Status of Remediation Technology in the United States, Proceedings of the 2nd International Congress on Environmental Geotechnics, International Society for Soil Mechanics and Foundation Engineering and Japanese Geotechnical Society, pp. 285~300.
24. Lide, D. R. (1993~1994). CRC Handbook of Chemistry and Physics, 74th Ed., CRC Press, Boca Raton, Fl.
25. Miller, C. T., Poirier-McNeill, M. M., and Mayer, A. S. (1990). Dissolution of Trapped Nonaqueous Phase Liquids: Mass Transfer Characteristics, Water Resources Research, Vol. 26, No. 11, pp. 2783~2796.
26. Morrill, L. G., Mahilum, B. C., and Mohiuddin, S. H. (1982). Organic Compounds in Soil: Sorption, Degradation and Persistence, Ann Arbor Science Publishers Inc., Ann Arbor, MI.
27. Newell, C. J., Acree, S. D., Ross, R. R., and Huling, S. G. (1995). EPA Ground Water Issue: Light Nonaqueous Phase Liquids, US Environmental Protection Agency, EPA/540/S-95/500.
28. Rosen, M. J. (1989). Surfactant and Interfacial Phenomena, 2nd edition, John Wiley & Sons, Inc., New York, NY.
29. Sabatini, D. A., Knox, R. C., and Harwell, J. H. (1995). "Emerging Technologies in Surfactant-Enhanced Subsurface Remediation", ACS Symposium Series 594, American Chemical Society, Washington DC.
30. Sims, R.C., Sorensen, D., Sims, J., McLean, J., Mahmood, R., Dupont, R., Jurinak, J., and Wagner, K. (1986). "Contaminated Surface Soils In-place 31,Treatment Techniques." Pollution Technology Review, No.132, pp.298~300.
32. US EPA (1995). Abstracts of Remediation Case Studies, EPA-542-R-95-001.
33. US EPA (1995). "Innovative Treatment Technologies : Annual Status Report", EPA 542-R-95-008
34. US EPA (2004). "Cleaning up the Nation's Waste Sites: Markets and Technology Trends"
35. US EPA (2004). "Treatment Technologies for Site Cleanup; Annual Status Report (12 ed)"
36. Whiffin, R. B. and Bahr, J. M. (1984). "Assessment of Purge Well Effectiveness for Aquifer Decontamination", Proceedings of the 4th National Symposium and Exposition on Aquifer Restoration and Ground Water Well Association, pp.75~81.

37. Wilson, J. L. and Conrad, S. H. (1984). Is Physical Displacement of Residual Hydrocarbons a Realistic Possibility in Aquifer Restoration? Proceedings of NWWA/API Conference on Petroleum Hydrocarbons and Organic Chemical in Ground Water: Prevention, Detection, and Restoration, National Ground Water Association, pp. 274~298.

찾아보기

ㄱ

가우공법 467
각변위 428
간극률 25
간극비 25
간극수압 102, 133
간극수압계수 283
강륜롤러 86
강말뚝 438
개단시험 171
건조단위중량 28
겉보기 점착력 147
경사계수 413
계면활성제 531
고강도 프리스트레스트 콘크리트말뚝 437
고무막법 92
고무타이어롤러 87
고정단지지법 353
고정피스톤 샘플러 492
곡률계수 23
공기분무법 537
공기케이슨 474
과압밀비 211
과압밀점토 210
과잉간극수압 219
관입전단파괴 405
교란시료 491
구속압력 262
국부전단파괴 405
군지수 71
균등계수 23
극점 255
극한지지력 404
기성 콘크리트말뚝 436
기초 403
깊은 기초 435
깊이계수 412

ㄴ

나무말뚝 436
내부굴착공법 441
내부마찰각 257
널말뚝벽 353

ㄷ

다짐에너지 74
단립구조 48
동결깊이 152
동결지수 152
동상현상 149
동수경사 137
동적 콘관입시험 496
동형치환 46
드롭해머 440
등가투수계수 172
등수두선 178
디젤해머 440
띠하중 110

ㄹ

$\sqrt{t}$ 방법 236
리간드결합 524
리버스공법 470

ㅁ

마사토 6
마찰말뚝 435
마찰원 방법 378
마찰원 379
마찰지지력 450
말뚝기초 435
말뚝재하시험 458
말뚝캡 440
면모구조 48
면적비 492
모관현상 144
모래 16
모래치환법 92
무각말뚝 438
무기화합물 512
무리말뚝 460
무한사면 361

ㅂ

박스케이슨 475
반발계수 457
반응벽체 526
방사성 물질 512
방향성 화합물 513
배수거리 224
배압 272
배토말뚝 443
법면 361
베노토공법 469
베인시험 502
변수위 투수시험 166
병원체 512
복합활동 390
봉소구조 49
부동법 473
부등침하 427
부마찰력 460
분리형 원통샘플러 492
분사현상 140
비교란시료 491
비배수 전단강도 280
비배수 점착력 281
비배토말뚝 443
비소성 40
비압밀비배수시험 270
비점성토 48
비중 16
비중계분석 20
비트 490
비표면적 49

ㅅ

사면 361
사면내파괴 373
사면파괴 373
사수공법 441
사운딩 495
삼각좌표분류법 59
삼축압축시험 262
상대 투수성 519
상대다짐 89
상대밀도 33
샌드드레인 242
샘플러 492
생분해 524

생분해법 526
선굴착공법 441
선단지지력 445
선단지지말뚝 435
선하중 108
선행압밀압력 210
세립토 63
소성도 63
소성지수 42
소성한계 39
속도수두 136
수동상태 304
수동토압 299
수동토압계수 306, 335
수두손실 137
수세식 시추 489
수정다짐시험방법 74
수정 파괴포락선 288
수중단위중량 31
수직응력 253
수축지수 43
수축한계 37
수평응력 104
순극한지지력 415
스미어 243
스웨덴식 관입시험 496
습윤단위중량 28
습윤성 518
시간계수 228
시굴조사 487
시료채취 491
시추 487
시추간격 486
시추공 주수시험 171
시추깊이 486
시추주상도 503
시카고공법 467
실내다짐시험 74
실트 16

ㅇ

아터버그한계 36
안정계수 376
안정수 376
암석시료 샘플러 494
압력수두 136
압밀계수 234
압밀도 224
압밀배수시험 264
압밀비 237
압밀비배수시험 268
압밀시험 207
압입공법 441
압축계수 222
압축지수 212
액성지수 42
액성한계 36
앵커식 널말뚝 353
얇은 관 샘플러 492
양수처리법 529
양족롤러 87
얕은 기초 403
어스드릴공법 467
연경지수 42
연직 드레인공법 242
연직응력 99
영공기간극곡선 78
영향원 방법 120
예민비 275
예민성 275
오거시추 487
오픈케이슨 472
올케이싱공법 469
옹벽 349
외말뚝 443
용해 523
우물 양수시험 167
원위치시험 495

원형 등분포하중 115
원호활동 373
위치수두 136
유각말뚝 438
유기질 흙 63
유기화합물 512
유동곡선 37
유동지수 42
유로 180
유선 178
유선망 178
유압해머 441
유출속도 160
유한사면 361
유효응력 102, 133
유효입경 23
융기 193
응력경로 286
이방성 7
이산구조 48
이중관 샘플러 492
이질성 7
인장균열깊이 318
일점법 39
일체법 388
일축압축강도 274
일축압축시험 274
임계원 375
입도분석 18
입도분포곡선 21
입도조성분류법 59

ㅈ

자갈 16
자료조사 484
자유단지지법 353
잔류포화도 519
잔존현상 524
저부파괴 373
전단강도 256
전단강도정수 257
전단응력 253
전단저항각 257
전면기초 404
전반전단파괴 405
전수두 136
전응력 101, 133
전체단위중량 28
절편법 373
점성토 16
점토 16
점토광물 44
정규압밀점토 210
정수위 투수시험 164
정역학적 지지력공식 445
정지토압 299
정지토압계수 301
제방하중 112
조립토 62
조하법 473
주동상태 303
주동토압 299
주동토압계수 306, 333
주응력 253
주응력면 253
중력식 우물 168
중립응력 133
중립점 460
즉시침하 203
증기해머 440
지반오염물질 512
지반조사 483
지반환경공학 511
지지력계수 408, 412
직사각형 등분포하중 117
직접전단시험 260
진동롤러 87

진동해머 441
집중하중 105

ㅊ

철근 콘크리트말뚝 437
체분석 19
체적변화계수 222
최대건조단위중량 74
최대주응력 253
최소주응력 253
최적함수비 74
축도법 473
축차응력 263
충격식 시추 488
침윤선 189
침투속도 160
침투수량 179
침투압 139
침하 203

ㅋ

케이슨기초 435
켄틸레버식 널말뚝 353
콘관입시험 500
콘낙하시험 39
콘낙하시험기 39
크기 효과 421

ㅌ

탄성압축량 456
탄성침하 203
탄성침하량 424
탄화수소 화합물 513
토양증기추출법 528
통일분류법 61
투수계수 162
특성시험 496
틱소트로피 276

ㅍ

파괴포락선 256
파이핑 141
팩커시험 171
페이퍼드레인공법 242
평균압밀도 228
평면기점 255
평면활동 370
평판재하시험 420
포일 샘플러 492
포화단위중량 31
포화도 26
표준관입시험 496
표준관입시험치 497
표준다짐시험방법 74
풍화 4
프록터 다짐시험 74
프리스트레스트 콘크리트말뚝 437
피압식 우물 169
피어기초 465
피에조콘 관입시험 501
필터 195

ㅎ

한계동수경사 141
한계선단지지력 448
할로겐화 화합물 514
함수비 27
항타공식 455

항타궤적	456
해상 시추	491
허용지지력	405
허용침하량	427
현장다짐	86
현장답사	484
현장베인시험	502
현장조사	484
현장타설 콘크리트말뚝	438
형상계수	412
화강토	5
확대기초	404
확산이중층	47
활동면	361
활성도	49
회수율	493
회전식 시추	490
횡방향 토압	299
휘발	522
휴대용 콘관입시험	501
흙마개	446
흙막이벽	350
흙쐐기법	339
흙의 탄성계수	426
흙의 포아송비	426
흙입자	3
흡착	523
1차 압밀침하	203
1차 압밀침하량	214
2:1 경사법	122
2차 압밀침하	204, 239
2차 압축지수	239
AASHTO분류법	70
Bishop의 간편법	385
BTEX	513
Coulomb의 토압이론	331
Culmann의 도해법	337
Darcy의 법칙	159
DNAPL	514
ENR공식	455
Fellenius 방법	382
Henry상수	517
Hiley 공식	457
Kelvin 모델	205
LNAPL	514
logt 방법	235
Meyerhof의 지지력 공식	411
Mohr원	254
N값	497
NAPL	514
Rankine의 토압이론	303
RCD공법	470
RQD	494
Stokes의 법칙	20
Terzaghi 모델	204
Terzaghi의 지지력 공식	406

연습문제 정답

SOIL MECHANICS
SOIL MECHANICS

연습문제 정답

제2장

2.1 $2.5\text{g/cm}^3 = 2.5\text{t/m}^3 = 24.5\text{kN/m}^3$

2.2 (1) 균등계수 6.25

(2) 곡률계수 2.25

2.3 (1) 생략

(2) $D_{10} = 0.10\text{mm}$, $D_{30} = 0.18\text{mm}$, $D_{60} = 0.40\text{mm}$

(3) 4.0

(4) 0.81

2.4 자갈 0%, 모래 38%, 실트와 점토 62%

2.5 $e = 0.75$, $n = 43\%$, $S = 67\%$

2.6 $\omega = 20\%$,

$\gamma = 1.71\text{g/cm}^3 = 1.71\text{t/m}^3 = 16.8\text{kN/m}^3$,

$\gamma_d = 1.43\text{g/cm}^3 = 1.43\text{t/m}^3 = 14.0\text{kN/m}^3$

2.7 $\omega = 10\%$, $\gamma = 1.96\text{t/m}^3$, $\gamma_d = 1.79\text{t/m}^3$, $e = 0.51$, $n = 0.34$, $S = 53\%$

2.8 (1) 간극률 0.375

(2) 포화도 90%

(3) 전체단위중량 19.85kN/m^3

(4) 건조단위중량 16.54kN/m^3

(5) 포화단위중량 20.21kN/m^3

(6) 수중단위중량 10.41kN/m^3

2.9 (1) 2.48

(2) 0.62

(3) 18.75kN/m^3

2.10 (1) 14.43kN/m^3

(2) 18.04kN/m^3

(3) 18.78kN/m^3

(4) 0.74kN

2.11 (1) 간극비 0.49

(2) 간극률 0.33

(3) 함수비 18.15%

(4) 건조단위중량 17.76kN/m^3

2.12 4.4kN

2.13 50%

2.14 0.58

2.15 37%

2.16 61%

2.17 (1) 1.5g/cm^3, 0.77

(2) 1.53g/cm^3, 0.73

(3) 1.67g/cm^3, 0.59

2.18 39.8%

2.19 액성한계 55.4%, 소성한계 15.3%, 소성지수 40.1%

2.20 (1), (4)

2.21 18.1%

2.22 소성지수 70%, 수축지수 35%

2.23 액성지수 43%, 연경지수 57%

2.24 $22.22\text{cm}^2/\text{g}$, $222.22\text{cm}^2/\text{g}$, $2222.22\text{cm}^2/\text{g}$

제3장

3.1 (A) 점토

(B) 모래질 점토

(C) 롬

(D) 자갈섞인 실트롬

(E) 자갈섞인 점토롬

(F) 자갈섞인 점토

3.2 (A) SP : 입도불량한 모래

(B) SW-SM : 실트 섞인 입도양호한 모래

(C) MH : 모래 섞인 소성이 큰 실트

(D) CH : 압축성이 큰 점토

(E) CL : 모래질 압축성이 작은 점토

3.3 (1) A-4(3)

(2) A-7-6(28)

(3) A-6(8)

(4) A-7-6(8)

(5) A-2-4(0)

(6) A-3(0)

(7) A-2-4(0)

3.4 (A) $5.63\text{kg}\cdot\text{cm/cm}^3 = 552\text{kN}\cdot\text{m/m}^3$

(B) $5.60\text{kg}\cdot\text{cm/cm}^3 = 549\text{kN}\cdot\text{m/m}^3$

(C) $25.31\text{kg}\cdot\text{cm/cm}^3 = 2,480\text{kN}\cdot\text{m/m}^3$

(D) $25.21\text{kg}\cdot\text{cm/cm}^3 = 2,471\text{kN}\cdot\text{m/m}^3$

(E) $25.30\text{kg}\cdot\text{cm/cm}^3 = 2,479\text{kN}\cdot\text{m/m}^3$

3.5 최대건조단위중량 $1.53\text{g/cm}^3 = 1.53\text{t/m}^3 = 14.99\text{kN/m}^3$, 최적함수비 14%

3.6 생략

3.7 (1) 함수비 10% : 55.6g

(2) 함수비 15% : 194.4g

(3) 함수비 20% : 333.3g

3.8 93%

3.9 1.66g/cm^3, 94.9%

제4장

4.1 (1) 깊이 2m : $34\text{kN/m}^2 = 552\text{kPa}$

(2) 깊이 4m : $67\text{kN/m}^2 = 69\text{kPa}$

(3) 깊이 6m : $99\text{kN/m}^2 = 99\text{kPa}$

(4) 깊이 8m : $135\text{kN/m}^2 = 135\text{kPa}$

(5) 깊이 10m : $171\text{kN/m}^2 = 171\text{kPa}$

4.2 전연직응력 $109.4\text{kN/m}^2 = 109.4\text{kPa}$

간극수압 $68.6\text{kN/m}^2 = 68\text{kPa}$

유효연직응력 $40.8\text{kN/m}^2 = 40.8\text{kPa}$

4.3 (1) 깊이 2m : 전연직응력 34kPa, 간극수압 0kPa, 유효연직응력 34kPa

(2) 깊이 4m : 전연직응력 67kPa, 간극수압 9.8kPa, 유효연직응력 57.2kPa

(3) 깊이 6m : 전연직응력 99kPa, 간극수압 29.4kPa, 유효연직응력 69.6kPa

(4) 깊이 8m : 전연직응력 135kPa, 간극수압 49kPa, 유효연직응력 86kPa

(5) 깊이 10m : 전연직응력 171kPa, 간극수압 68.6kPa, 유효연직응력 102.4kPa

4.4 (1) 깊이 3m : 1,061Pa

(2) 깊이 6m : 265Pa

(3) 깊이 9m : 118Pa

(4) 깊이 12m : 66.3Pa

(5) 깊이 15m : 42.4Pa

4.5 (1) 깊이 2m : 64.1Pa

(2) 깊이 4m : 134.9Pa

(3) 깊이 6m : 122.7Pa

(4) 깊이 8m : 94.0Pa

4.6 259.1Pa

4.7 1,654.2kPa

4.8 200kPa, 200kPa

4.9 (1) 깊이 0m : 54kPa

(2) 깊이 2m : 41kPa

(3) 깊이 4m : 22kPa

(4) 깊이 8m : 8kPa

4.10 (1) 깊이 2m : 53.4kPa

(2) 깊이 4m : 51.3kPa

4.11 (1) 200kPa
(2) 125kPa
(3) 35kPa

4.12 (1) 깊이 2m : 7.6kPa
(2) 깊이 5m : 6.0kPa

4.13 11kPa

4.14 (1) 깊이 1m : 100kPa
(2) 깊이 3m : 40kPa
(3) 깊이 5m : 21.4kPa

4.15 (1) 41.4kPa (2) 45kPa

제5장

5.1 (1) 전응력 72kPa, 간극수압 0kPa, 유효응력 72kPa
(2) 전응력 91.6kPa, 간극수압 58.8kPa, 유효응력 33.8kPa

5.2 (1) A점 : 압력수두 0m, 위치수두 40m, 전수두 40m, 수두손실 0m
(2) B점 : 압력수두 5m, 위치수두 35m, 전수두 40m, 수두손실 0m
(3) C점 : 압력수두 20m, 위치수두 20m, 전수두 40m, 수두손실 0m
(4) D점 : 압력수두 12m, 위치수두 8m, 전수두 20.8m, 수두손실 19.2m
(5) E점 : 압력수두 8m, 위치수두 0m, 전수두 8m, 수두손실 32m
(6) F점 : 압력수두 5m, 위치수두 −5m, 전수두 0m, 수두손실 40m
(7) 동수경사 1.6

5.3 (1) 5.71m (2) 11.19kN/m^3 (3) 111.9kN

5.4 2.12m

5.5 (1) 관 : 30cm, −30g/cm^2
(2) 흙 : 150cm, −150g/cm^2

5.6 (1) A점 : 전응력 0kPa, 간극수압 0kPa, 유효응력 0kPa
(2) B점 : 바로 위 : 전응력 37.8kPa, 간극수압 0kPa, 유효응력 37.8kPa
바로 아래 : 전응력 37.8kPa, 간극수압 −4.9kPa, 유효응력 42.7kPa
(3) C점 : 전응력 58.1kPa, 간극수압 0kPa, 유효응력 58.1kPa
(4) D점 : 전응력 101.5kPa, 간극수압 19.6kPa, 유효응력 81.9kPa

5.7 (1) A점 : 압력수두 4m, 위치수두 6m, 전수두 10m
B점 : 압력수두 −0.5m, 위치수두 3m, 전수두 2.5m
C점 : 압력수두 −2m, 위치수두 2m, 전수두 0m
(2) A점 : 압력수두 9m, 위치수두 −5m, 전수두 4m
B점 : 압력수두 7m, 위치수두 −4m, 전수두 3m
C점 : 압력수두 1m, 위치수두 −1m, 전수두 0m
(3) A점 : 압력수두 9m, 위치수두 −5m, 전수두 4m
B점 : 압력수두 6m, 위치수두 −5m, 전수두 1m
C점 : 압력수두 5m, 위치수두 −5m, 전수두 0m

제6장

6.1 동수경사 0.3, 유출속도 0.024cm/sec, 침투속도 0.06cm/sec, 유량 7.2cm^3/sec

6.2 0.01cm/sec

6.3 0.0133cm/sec

6.4 0.00186cm/sec

6.5 0.122m/min

6.6 0.138m/min

6.7 수평방향 등가투수계수 0.048cm/sec,
연직방향 등가투수계수 0.032cm/sec

6.8 (1) A점 : 6.5m, B점 : 5.5m, C점 : 2.5m,
D점 : 2.5m
(2) $15cm^3/sec/cm$
(3) $45cm^3/sec/cm$

6.9 (1) A점 : 13.5m, B점 : 10.5m, C점 : 6m
(2) $1.5cm^3/sec/cm = 12.96m^3/day/m$

6.10 (1) D점 : 186.2kPa
E점 : 171.5kPa
F점 : 144.55kPa
G점 : 71.05kPa
H점 : 83.3kPa
I점 : 68.6kPa
(2) 0.75, 0.27

6.11 $6.67cm^3/sec/cm$

6.12 식 (6.61) 이용 : $0.518cm^3/sec/cm$

6.13 1.57

제7장

7.1

압력 p (t/m^2)	0	0.5	1	2	4	8	16	32
간극비 e	0.351	0.323	0.311	0.293	0.271	0.236	0.184	0.125

7.2 (1) 생략
(2) $C_c = 0.22$, $C_s = 0.06$
(3) 생략

7.3 0.68

7.4 37.53cm

7.5 (1) $p_c = 300kN$: 16.68cm
(2) $p_c = 150kN$: 21.37cm

7.6 (1) 29.15cm (2) 5.80cm

7.7 $0.00625m^2/kN$, $0.0036m^2/kN$,
$7.1 \times 10^{-6}cm/sec$

7.8 (1) 20m
(2) 60%
(3) 8m

7.9 (1) 0m : 100%, 0kPa
(2) 3m : 69%, 31kPa
(3) 6m : 57%, 43kPa
(4) 9m : 69%, 31kPa
(5) 12m : 100%, 0kPa

7.10 53%, 74%

7.11 (1) 중앙부 압밀도 : 5%,
$z/H = 0.3$에서의 압밀도 : 50%
(2) 평균압밀도 : 36%

7.12 27cm

7.13 (1) 50% 압밀시간 : 475일
(2) 90% 압밀시간 : 2,045일

7.14 (1) 50% 압밀시간 : 1,900일
(2) 90% 압밀시간 : 8,179일

7.15 $0.196cm^2/sec$

7.16 (1) 최종압밀량 : 15.6cm
(2) 712.5일

7.17 생략

7.18 생략

7.19 20.1cm

7.20 15개월

7.21 약 2.5m

제8장

8.1 $\sigma = 182.14$kPa, $\tau = 38.3$kPa

8.2 생략

8.3 185.03kPa

8.4 약 24°

8.5 225kN

8.6 (1) $\phi = 32.74°$

(2) 전단력 185.04kN

8.7 $c = 57.4$kPa, $\phi = 16.6°$

8.8 $\phi = 29.4°$

8.9 (1) $\phi = 30°$

(2) $\theta = 60°$

(3) $\sigma = 150$kPa, $\tau = 86.6$kPa

8.10 (1) 200kPa

(2) 생략

8.11 91.2kPa

8.12 (1) $\phi_{cu} = 15.83°$

(2) $\phi' = 25.38°$

8.13 (1) 17.1°

(2) 63.5kPa

8.14 (1) $\Delta\sigma_d = 115.9$kPa

(2) 54.5kPa

8.15 (1) 비배수 전단강도정수 $c_u = 0.18$MPa, $\phi_u = 0°$

(2) 배수 전단강도정수 $c' =$ 약 0MPa, $\phi' =$ 약 40°

8.16 (1) 최대주응력 0.2MPa

(2) 최소주응력 0MPa

(3) 점착력 0.1MPa

(4) 비배수전단강도 0.1MPa

8.17 (1) 상부 : 15.1kPa

(2) 중앙 : 42.19kPa

(3) 하부 : 69.33kPa

8.18 (1) 상부 : 26.19kPa

(2) 중앙 : 73.44kPa

(3) 하부 : 120.70kPa

8.19 (1) $\alpha' = 26.57°$, $a' = 0.025$kPa

(2) $\phi' = 30.01°$, $c' = 0.029$kPa

8.20 (1) $\alpha = 14.53°$, $a = 71.6$kPa

(2) $\phi = 15.02°$, $c = 74.1$kPa

제9장

9.1 (1) 34.7kN, 1m

(2) 55.8kN, 1.33m

(3) 84kN, 1.67m

9.2 (1) 22.1kN, 1m

(2) 35.4kN, 1.33m

(3) 56.0kN, 1.67m

9.3 (1) 278.9kN, 1m

(2) 523.6kN, 1.33m

(3) 546.0kN, 1.67m

9.4 (1) 38.9kN, 1.22m

(2) 56.2kN, 1.58m

(3) 88kN, 1.97m

9.5 (1) ① 전체 주동토압 90.1kN/m, 1.45m

② 전체 수동토압 649.2kN/m, 1.68m

(2) ① 전체 주동토압 208.7kN/m, 2.07m

② 전체 수동토압 1,681.1kN/m, 2.61m

9.6 (1) 인장균열 발생 전 185.8kN/m

(2) 인장균열 발생 후 230.2kN/m

9.7 (1) 66.6kN/m, 2.54m

(2) 820.8kN/m, 2.29m

9.8 전체 주동토압 68.5kN/m

전체 수동토압 584.5kN/m

9.9 (1) 전체 주동토압 99.1kN/m

전체 수동토압 1,068.6kN/m

(2) 전체 주동토압 93.3kN/m

전체 수동토압 1,478.1kN/m

(3) 전체 주동토압 91.0kN/m

전체 수동토압 2,185.7kN/m

9.10 생략

9.11 121.6kN/m, 2.31m

9.12 258.9kN/m

9.13 63.9kN/m

제10장

10.1 (1) 2.23

(2) 15.24m

10.2 1.30

10.3 1.59

10.4 2.85

10.5 10.61m

10.6 약 4.61m

10.7 약 18.4kN/m^2 = 18.4kPa

10.8 약 18.18m

10.9 약 1.8

10.10 생략

10.11 생략

제11장

11.1 719kN/m^2 = 719kPa

11.2 7,824kN

11.3 245kN/m^2 =245kPa

11.4 8,115kN

11.5 6,249.6kN

11.6 327.8kN/m^2 = 327.8kPa

11.7 (1) 5m : 7,823.7kN

(2) 3m : 7,736.4kN

(3) 1m : 7,596.9kN

11.8 306.2kN/m^2 = 306.2kPa

11.9 459.3kN/m^2 = 459.3kPa

11.10 (1) 점토지반 : 0.25MPa

(2) 사질토지반 1.88MPa

11.11 (1) 점토지반 : 100mm

(2) 사질토지반 : 45.37mm

11.12 (1) 연성기초 : 2.62cm

(2) 강성기초 : 2.00cm

제12장

12.1 (1) 극한선단지지력 207kN

(2) 허용선단지지력 69kN

12.2 (1) 극한선단지지력 32kN

(2) 허용선단지지력 8kN

12.3 713.5kN

12.4 307kN

12.5 (1) 710kN

(2) 1,588.5kN

(3) 575kN

12.6 792kN

12.7 335.4kN

12.8 (1) 선단지지력 1,256.6kN

(2) 마찰지지력 1,256.6kN

12.9 (1) 식 (12.23) : 875kN

(2) 식 (12.25) : 506.4kN

12.10 73.2%

12.11 68.26%

12.12 5,778kN

제13장

13.1 8.5%

13.2 (1) $TCR = 60\%$

(2) $RQD = 40\%$

13.3 19.4kPa

13.4 18.2kPa

저자 약력

권 호 진
서울대학교 공과대학 토목공학과 졸업
서울대학교 대학원 토목공학과 공학석사
서울대학교 대학원 토목공학과 공학박사
토질 및 기초 기술사 / 현대건설(주) 근무
전) 광주대학교 공과대학 교수

박 준 범
서울대학교 공과대학 토목공학과 졸업
서울대학교 대학원 토목공학과 공학석사
미국 Houston대학교 토목공학과 공학박사
미국 West Virginia대학교 박사 후 연구원
서울대학교 공과대학 교수

송 영 우
서울대학교 공과대학 토목공학과 졸업
서울대학교 대학원 토목공학과 공학석사
서울대학교 대학원 토목공학과 공학박사
제15회 기술고등고시 합격
전) 한남대학교 공과대학 교수

이 영 생
서울대학교 공과대학 토목공학과 졸업
서울대학교 대학원 토목공학과 공학석사
서울대학교 대학원 토목공학과 공학박사
서울대학교 대학원 토목공학과 강사
경기대학교 공과대학 교수

토질역학 정가 30,000원

저자 : 권호진 · 박준범 · 송영우 · 이영생

발행인 : 임혜진
발행처 : 도서출판 구미서관

발행 : 1999년 3월 8일 제1판 1쇄
2009년 3월 5일 제2판 1쇄
2019년 6월 20일 제2판 8쇄
2021년 3월 5일 제3판 1쇄
2023년 2월 15일 제3판 2쇄

등록 : 1979년 6월 29일 No.9–6호

주소 : 서울시 마포구 신촌로 2길 5-15 구미빌딩
전화 : 02–333–1101
팩스 : 02–335–2201
http://www.goomibook.com
ISBN : 979–11–6257–140–8 (93530)